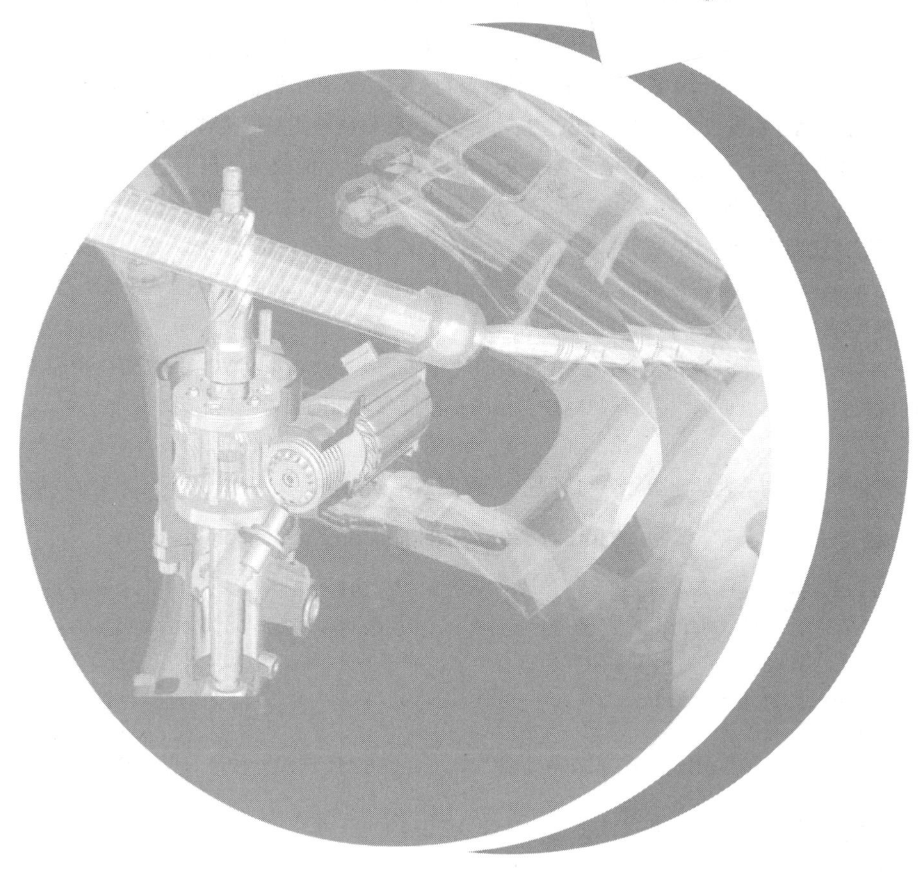

AutoCAD 2022 机械制图实用案例教程

李 巍 ◎ 编著

清華大学出版社
北 京

内 容 简 介

本书结合丰富案例，系统全面地讲解了AutoCAD 2022的基本功能及其在机械绘图中的具体应用。

全书共9章，分为3篇，第1篇为设计基础篇，主要介绍机械设计和AutoCAD 2022的基本知识，包括AutoCAD机械设计的基本知识、AutoCAD 2022机械绘图基础设置、绘制机械平面图、创建图形标注；第2篇为设计进阶篇，主要介绍AutoCAD中高级命令的应用，包括创建和插入表格、创建面域和图案填充、机械三维绘图、图形打印和输出等；第3篇为机械实例篇，介绍机械设计的有关知识和经验，并通过减速器这一经典机械实例进行讲解。本书在讲解过程中，注意由浅入深，从易到难，对于每一个命令，都尽量详细讲解各选项的含义，以方便读者理解和掌握。每章均安排了课堂练习和课后习题，用以提高读者学以致用的能力。

本书结构严谨、案例丰富，具有很强的针对性和实用性，既可以作为高等院校相关专业或CAD培训机构的教材，也可以作为从事CAD工作的工程技术人员的自学指南。

图书在版编目（CIP）数据

AutoCAD 2022机械制图实用案例教程 / 李巍编著．—北京：清华大学出版社，2024.3
ISBN 978-7-302-65748-4

Ⅰ．① A…　Ⅱ．①李…　Ⅲ．①机械制图－AutoCAD软件－教材　Ⅳ．① TH126

中国国家版本馆CIP数据核字(2024)第052354号

责任编辑：袁勤勇　薛　阳
封面设计：杨玉兰
责任校对：李建庄
责任印制：丛怀宇

出版发行：清华大学出版社
网　　址：https://www.tup.com.cn，https://www.wqxuetang.com
地　　址：北京清华大学学研大厦A座　　**邮　　编**：100084
社 总 机：010-83470000　　**邮　　购**：010-62786544
投稿与读者服务：010-62776969，c-service@tup.tsinghua.edu.cn
质 量 反 馈：010-62772015，zhiliang@tup.tsinghua.edu.cn
印 装 者：北京同文印刷有限责任公司
经　　销：全国新华书店
开　　本：185mm×260mm　　**印　　张**：27.75　　**字　　数**：641千字
版　　次：2024年3月第1版　　**印　　次**：2024年3月第1次印刷
定　　价：79.80元

产品编号：097787-02

前言 Foreword

关于 AutoCAD

AutoCAD是Autodesk公司开发的专门用于计算机辅助绘图与设计的一款软件，具有界面友好、功能强大、易于掌握、使用方便和体系结构开放等特点。在机械设计、室内装潢、建筑施工、园林土木等领域有着广泛的应用。作为第一个引进中国市场的CAD软件，经过几十年的发展和普及，AutoCAD已经成为国内使用最为广泛的设计类应用软件之一。本书系统、全面地讲解了使用其最新版本AutoCAD 2022进行机械设计的方法和技巧。

本书内容

本书是一本中文版AutoCAD 2022机械设计的案例教程。全书结合120多个知识点案例和综合实例，让读者在绘图实践中轻松掌握AutoCAD 2022的基本操作和技术精髓。本书包含以下内容。

第1章　AutoCAD机械设计的基本知识：主要介绍AutoCAD机械设计的基本知识，包括绘图标准、图纸种类、绘图技法等内容。

第2章　AutoCAD机械绘图基础设置：主要介绍AutoCAD绘图基础设置，包括绘图环境设置等内容。

第3章　绘制机械平面图：主要介绍机械二维平面图形的绘制与编辑。通过本章的学习，读者会对AutoCAD平面图形的绘制方法有一个全面的了解和认识，并能熟练掌握常用的绘图命令。

第4章　创建图形标注：AutoCAD包含了一套完整的尺寸标注命令，可以标注直径、半径、角度、直线及圆心位置等对象，还可以标注引线、形位公差等辅助说明。本章将介绍机械制图相关的文字与尺寸标注的创建和编辑的功能。

第5章　创建和插入表格：主要介绍有关表格与图块的知识，包括创建表格和编辑表格的方法，以及图块的创建等。

第6章　创建面域和图案填充：面域是AutoCAD中一类特殊的图形对象，它除了可以用于填充图案和着色外，还可以分析其几何属性和物理属性，在模型分析中具有十分重要的意义。本章将介绍机械设计中的面域和图案填充。

第 7 章　机械三维绘图：主要介绍 AutoCAD 三维机械绘图知识，包括三维绘图的基本环境、坐标系以及建模和渲染。

第 8 章　图形打印和输出：主要介绍 AutoCAD 出图过程中涉及的一些问题，包括模型空间与图样空间的转换、打印样式、打印比例设置等。

第 9 章　机械设计技术综合实训：以实例的形式，全方位讲解机械制图的具体应用，包括零件图和三维建模等案例，具有很强的实用性。

本书特色

（1）零点起步，轻松入门。本书内容循序渐进、通俗易懂，每个重要的知识点都采用实例讲解，读者可以边学边练，通过实际操作理解各种功能。

（2）实战演练，逐步精通。安排了行业中大量经典的实例，每个章节都有实例示范来提升读者的实战经验。实例串起多个知识点，帮助读者提高应用水平，快步迈向高手行列。

（3）多媒体教学，身临其境。本书内容丰富，配套资源不仅有 PPT 课件、教学大纲、课后习题集，还赠送本书案例的视频教学和全书案例素材的源文件。

本书作者

本书由长安大学信息工程学院李巍编著。

由于编者水平有限，书中疏漏与不足之处在所难免，恳请批评指正。

编　者

2024 年 1 月

目录 Contents

第1篇　设计基础篇

第 2 篇 设计进阶篇

第 3 篇　机械实例篇

第 1 篇　设计基础篇

第1章 chapter 1

AutoCAD机械设计的基本知识

机械设计（Machine Design），是根据使用要求对机械的工作原理、结构、运动方式、力和能量的传递方式、各个零件的材料和形状尺寸、润滑方法等进行分析和计算并将其转换为具体的描述以作为制造依据的工作过程。

本章概括机械设计流程并简单介绍机械制图的规范、标准，以帮助读者快速掌握机械设计基本知识。

1.1 熟悉机械设计流程

机械设计的流程总的来说可以分为如下5个阶段。

1. 市场调研阶段

根据用户订货、市场需要和新科研成果制定设计任务。机械设计是一项与现实生活紧密联系的工作，因此在最开始，也是要受到市场行为影响的。经济学中的经典理论是“需求和供给”，而对于机械设计来说，便可以说成是“有需求才有设计”。

2. 初步设计阶段

包括确定机械的工作原理和基本结构形式，进行运动设计、结构设计并绘制初步总图，进行初步审查。机械设计不是一项简单的工作，但是它的目的却很单一，那就是解决某一现实问题。因此本阶段的工作重点便是从原理上解释设计方案“如何解决问题”，一般来说，在本阶段要绘制出机械原理图，如图1-1所示。

3. 技术设计阶段

包括修改设计（根据初步评审意见）、绘制全部零部件和新的总图以及进行第二次审查。当第二阶段的机械原理图通过评审之后，就可以绘制总的装配图和部分主要的零件图，如图1-2所示。

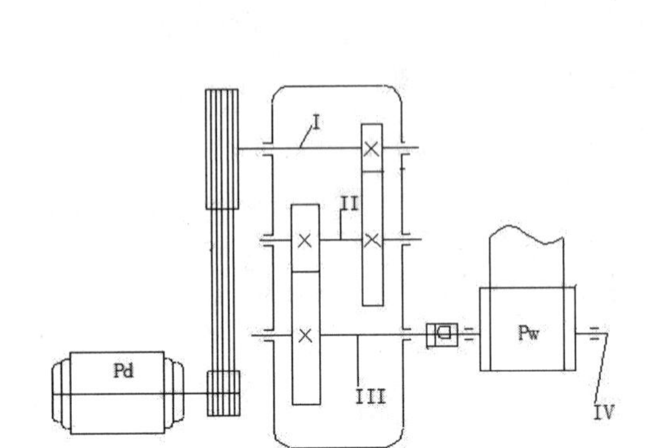

图 1-1　机械原理图

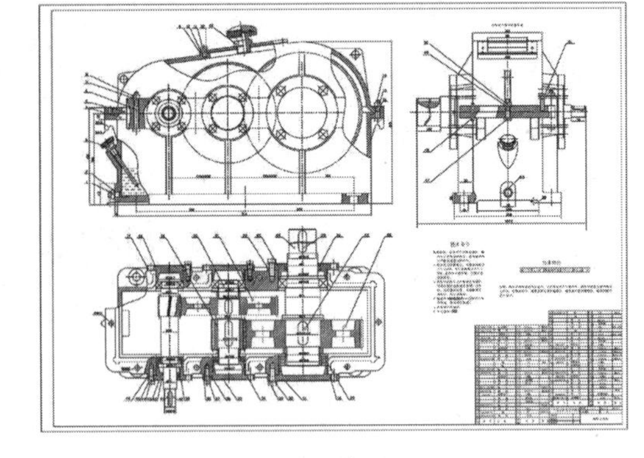

图 1-2　装配图

提示：机械原理图是由各种机械零部件的简略图组合而成的，主要用来表达机械的运行原理。其中，液压系统的原理图应用最为广泛。

4. 绘制工作图

包括最后的修改（根据二次评审意见）、绘制全部工作图（零件图、部件装配图和总装配图等，如图 1-3 所示）、制定全部技术文件（零件表、易损件清单、使用说明等，如图 1-4 所示）。简而言之，这个阶段的工作就是将设计图转换为生产用图，然后编制工艺，下发车间进行生产。

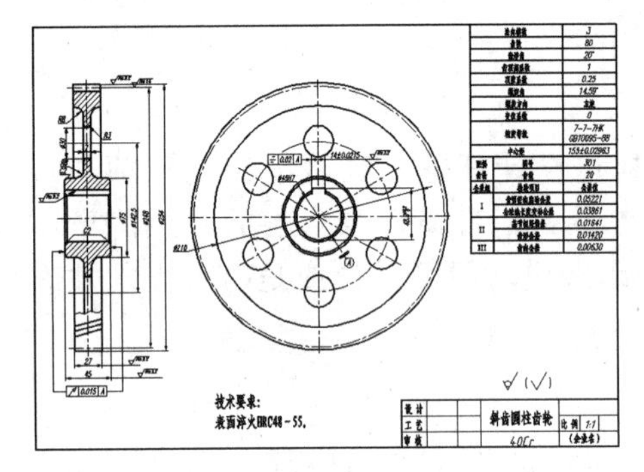

图 1-3　零件图

bom [共享]

	A	B	C	D	E	F	G	H	I
1	12	GB93-87	弹簧垫圈 3	4	65Mn	0.12	0.0001	0.0005	氧化
2	11	GB819-85	十字槽沉头螺钉 M3	4	A3	0.75	0.0008	0.003	
3	10	GB818-85	十字槽盘头螺钉 M3	4	A3	0.15	0.0002	0.0006	
4	9	GB818-85	十字槽盘头螺钉 M3	4	A3	1.214	0.0012	0.0049	
5	8	BS-001	标签	1			0	0	
6	7	506B-7	TBwormshaft	1	Hpb59-	135.16	0.1352	0.1352	
7	6	506B-6	TBoffsetshaft	1	45	247.22	0.2472	0.2472	
8	5	506B-5	TBrearcover	1	Ly12	53.6	0.0536	0.0536	氧化
9	4	506B-4	TBroundcover	1	45	615.72	0.6157	0.6157	
10	3	506B-3	上盖	1	ZL102	71.67	0.0717	0.0717	发蓝
11	2	506B-2	TBwormgear	1	Hpb59-	296.5	0.2965	0.2965	
12	1	506B-1	TBhousing	1	HT20-4	3950.39	3.9504	3.9504	发蓝

Sheet1 / Sheet2 / Sheet3

图 1-4　明细表

5. 定型设计

对于某些设计任务比较简单的机械设计（如简单机械的新型设计、一般机械的继承设计或变型设计等）可省去初步设计程序，直接进入第 4 阶段绘制工作图。对于一般的机械制造企业来说，大部分工作都属于定型设计，因为其产品均有成熟的标准和设计经验，如生产液压缸、减速器这些机械的企业。

1.2　了解机械制图标准

在机械制图中，绘图前需要根据国家标准或企业要求进行一些必要的设置，制定统一的绘图标注，如图幅、比例、字体、线型、尺寸标注等。为了提高绘图效率，也可以将设置好的绘图标准保存为样板文件，避免每次绘图时重复工作。

1.2.1 图纸图幅及格式

图幅是指图纸页面的大小。图幅大小和图框有严格的规定，详见 GB/T 14689 与 GB/T 10609。主要有 A0、A1、A2、A3、A4 多种规格，同一图幅大小还可分为横式幅面和立式幅面两种，以短边作为垂直边的称为横式，以短边作为水平边的称为立式。一般 A0~A3 图纸宜横式使用，必要时，也可以立式使用。

在机械制图国标中，对图幅大小做了统一规定，各图幅的规格如表 1-1 所示。

表 1-1 图幅国家标准（单位：mm）

幅面代号	A0	A1	A2	A3	A4
$B\times L$	841×1189	594×841	420×594	297×420	210×297
a	25				
c	10			5	
e	20		10		

提示： a 表示留给装订一边的空余宽度，c 表示其他 3 条边的空余宽度，e 表示无装订边的空余宽度。

1.2.2 图框格式

机械制图的图框格式分为留装订边和不留装订边两种类型，如表 1-2 所示。同一产品的图样只能采用一种样式，并均应画出图框线和标题栏。图框线用粗实线绘制。一般情况下，标题栏位于图纸右下角，也允许位于图纸右上角。

表 1-2 基本幅面的图框格式

<table>
<tr><th colspan="2">图纸类型</th><th>X 型（横放）</th><th>Y 型（竖放）</th><th>说　明</th></tr>
<tr><td rowspan="2">常用情况</td><td>装订型</td><td> 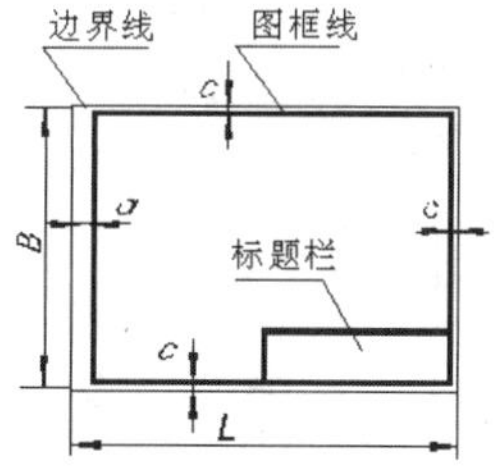边界线 图框线 c a c B 标题栏 c L</td><td> 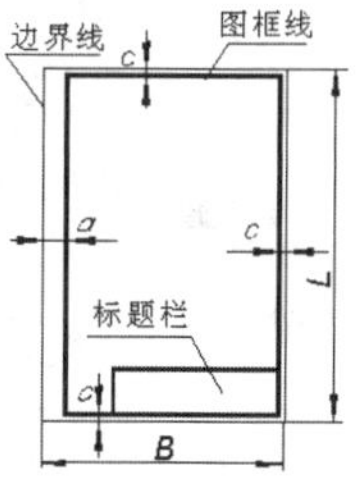边界线 图框线 c a c L 标题栏 c B</td><td rowspan="2">（1）图样通常应按此图例绘制。
（2）标题栏应位于图纸右下方</td></tr>
<tr><td>非装订型</td><td> 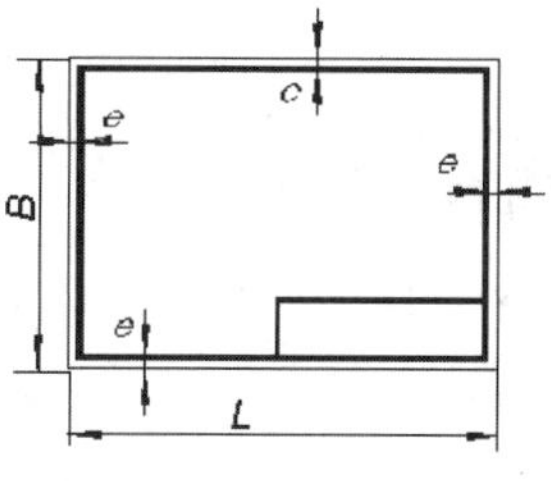c e e B e L</td><td>e e e L e B</td></tr>
</table>

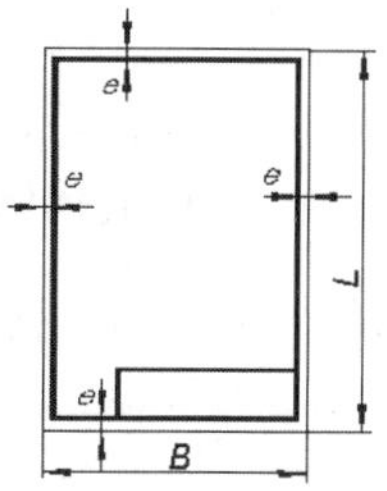

1.2.3 标题栏

零件图中的标题栏应配置在图框的右下角。它一般由更改区、签字区、其他区、名称以及代号区组成。填写的内容主要有零件的名称、材料、数量、比例、图样代号以及设计、审核、批准者的姓名、日期等。标题栏的尺寸和格式已经标准化，可参见有关标准，如图 1-5 所示为常见的零件图标题栏形式与尺寸。

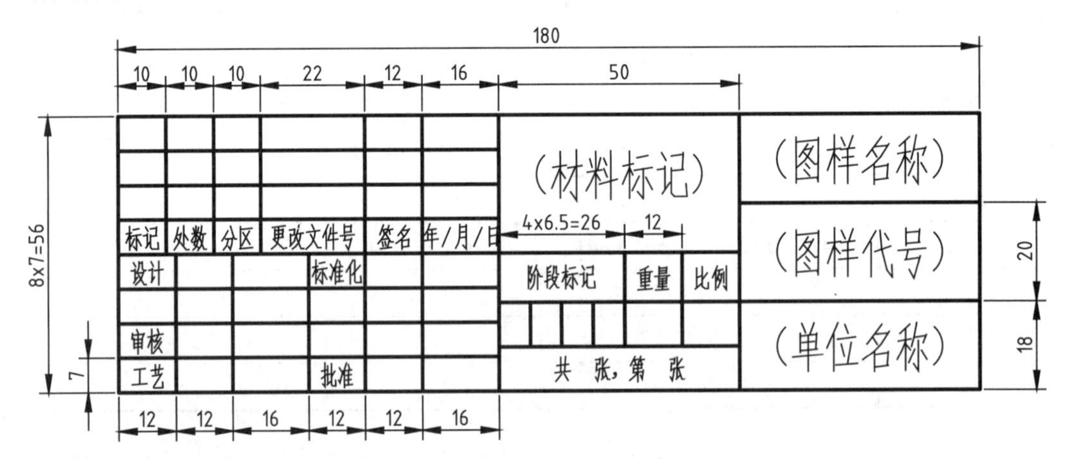

图 1-5 零件图标题栏

1.2.4 比例

比例是指机械制图中图形与实物相应要素的尺寸之比。例如，比例为 1 ∶ 1 表示实物与图样相应的尺寸相等，比例大于 1 则实物的大小比图样的大小要小，称为放大比例；比例小于 1 则实物的大小比图样的大小要大，称为缩小比例，如图 1-6 所示。

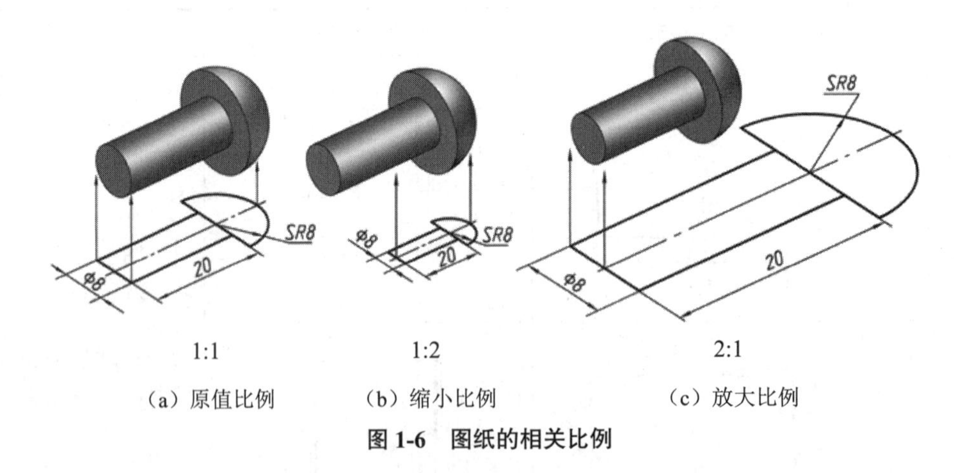

1:1　　1:2　　2:1

（a）原值比例　（b）缩小比例　（c）放大比例

图 1-6 图纸的相关比例

如表 1-3 所示为国家标准（GB/T 14690）规定的制图比例种类和系列。

表 1-3 比例的种类与系列

比例种类	比例	
	优先选取的比例	允许选取的比例
原比例	1 ∶ 1	1 ∶ 1
放大比例	5 ∶ 1 2 ∶ 1 5×10*n* ∶ 1 2×10*n* ∶ 1 1×10*n* ∶ 1	4 ∶ 1 2.5 ∶ 1 4×10*n* ∶ 1 2.5×10*n* ∶ 1
缩小比例	1 ∶ 2 1 ∶ 5 1 ∶ 10 1 ∶ 2×10*n* 1 ∶ 5×10*n* 1 ∶ 1×10*n*	1 ∶ 1.5 1 ∶ 2.5 1 ∶ 3 1 ∶ 4 1 ∶ 1.5×10*n* 1 ∶ 2.5×10*n* 1 ∶ 3×10*n* 1 ∶ 4×10*n*

机械制图中常用的 3 种比例为 2 ∶ 1、1 ∶ 1 和 1 ∶ 2。比例的标注符号应以“∶”表示，标注方法如 1 ∶ 1、1 ∶ 100 等。比例一般应标注在标题栏的比例栏内，局部视图或者剖视图也需要在视图名称的下方或者右侧标注比例，如图 1-7 所示。

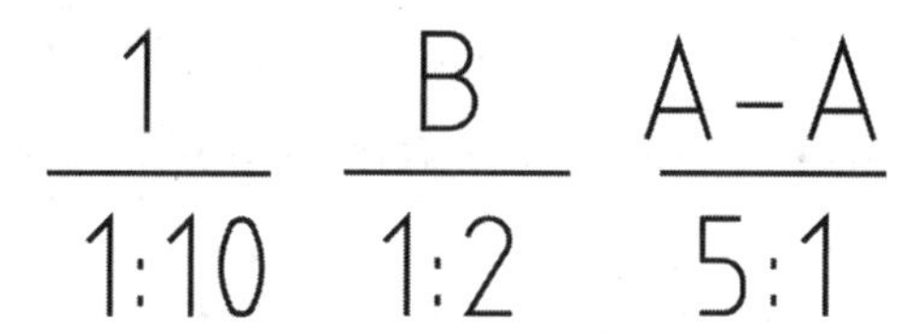

图 1-7 比例的另行标注

1.2.5 字体

文字是机械制图中必不可少的要素，因此国家标准对字体也做了相应的规定，详见 GB/T 14691。对机械图样中书写的汉字、字母、数字的字体及字号（字高）规定如下。

（1）图样中书写的字体必须做到字体端正、笔画清楚、排列整齐、间隔均匀。汉字应写成仿宋体，并应采用国家正式公布推行的简化字。

（2）字体的号数，即字体的高度（单位为 mm），分为 20、14、10、7、5、3.5、2.5 这 7 种，字体的宽度约等于字体高度的 2/3。

（3）斜体字字头向右倾斜，与水平线约成 75° 角。

（4）用作指数、分数、极限偏差、注脚等的数字及字母，一般采用小一号字体。

如图 1-8 所示为机械制图的字体示例。

R3 2×45° M24-6H
Φ20 +0.010 -0.023 Φ15 0 -0.011
78±0.1 10Js5(±0.003)
Φ65H7 10f6 3P6 3p6
90 H7/f6 Φ9H7/c6

图 1-8 字体的应用示例

提示：数字及字母的笔画宽度约为字体高度的 1/10，汉字字高不宜采用 2.5。

1.2.6 图线

在机械制图中，不同线型和线宽的图形表示不同的含义，因此不同对象的图层应设置不同的线型。在机械制图国家标准（GB/T 4457.4）中，对机械图形中使用的各种图层的名称、线型、线宽及在图形中的格式都做了相关规定，如表1-4所示。

表1-4 图线的形式和作用

图线名称	图 线	线 宽	绘制主要图形
粗实线	▬▬▬	*b*	可见轮廓线
细实线	———	约 *b*/3	剖面线、尺寸线、尺寸界线、引出线、弯折线、牙底线、齿根线、辅助线、过渡线等
细点画线	—·——·—	约 *b*/3	中心线、轴线、齿轮节线等
虚线	— —— —	约 *b*/3	不可见轮廓线、不可见过渡线
波浪线	～～	约 *b*/3	断裂处的边界线、剖视和视图的分界线
粗点画线	▬·▬·▬	*b*	有特殊要求的线或者表面的表示线
双点画线	—··——··—	约 *b*/3	相邻辅助零件的轮廓线、极限位置的轮廓线、假象投影轮廓线

1.2.7 尺寸标注

在机械制图国家标准（GB/T 4458.4—2003）中，对尺寸标注的基本规则、尺寸线、尺寸界线、标注尺寸的符号、简化标注以及尺寸的公差与配合标注等，都有详细的规定，尺寸标注要素的规定如下。

1. 尺寸线和尺寸界线

（1）尺寸线和尺寸界线均以细实线画出。

（2）尺寸线应平行于表示其长度或距离的线段。

（3）图形的轮廓线、中心线或它们的延长线，可以用作尺寸界线，但是不能用作尺寸线，如图1-9所示。

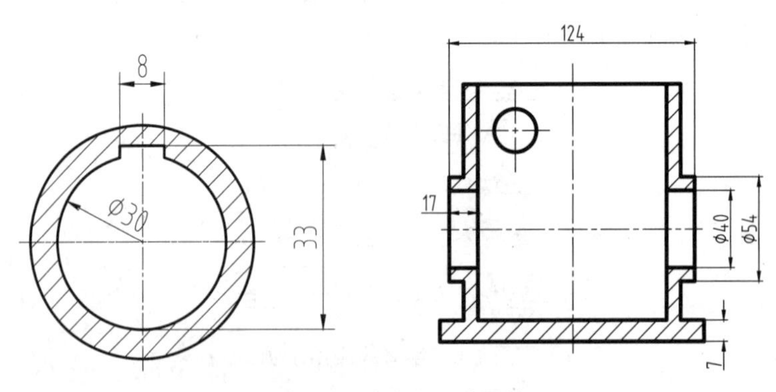

图1-9 尺寸线和尺寸界线

（4）尺寸界线一般应与尺寸线垂直。当尺寸界线过于贴近轮廓线时，允许将其倾斜画出，在光滑过渡处，需用细实线将其轮廓线延长，从其交点引出尺寸界线。

2. 尺寸线终端

尺寸线终端有箭头或者细斜线、点等多种形式。机械制图中使用较多的是箭头和斜线，如图 1-10 所示。箭头适用于各类图形的标注，斜线一般只是用于建筑或者室内尺寸标注，箭头尖端与尺寸界线接触，不得超出或者离开。当然，图形也可以使用其他尺寸线终端形式，但是同一图样中只能采用一种尺寸线终端形式。

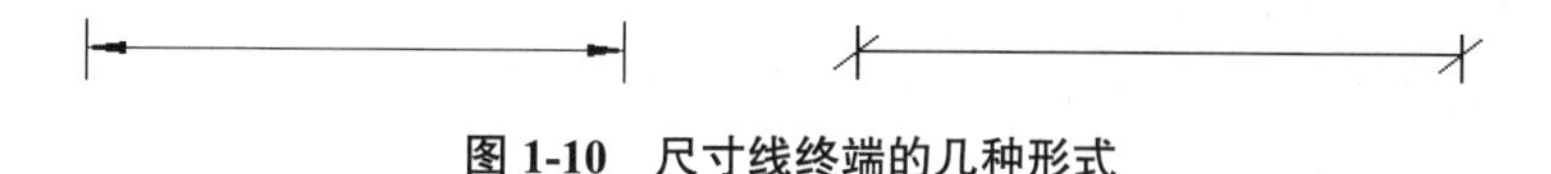

图 1-10　尺寸线终端的几种形式

3. 尺寸数字的规定

尺寸数字一般标注在尺寸线的上方或者尺寸线中断处。同一图样内尺寸数字的字号大小应一致，位置不够可引出标注。当尺寸线呈竖直方向时，尺寸数字在尺寸的左侧，字头朝左，其余方向时，字头须朝上，如图 1-11 所示。尺寸数字不可被任何线通过。当尺寸数字不可避免地被图线通过时，必须把图线断开，如图 1-12 所示的中心线。

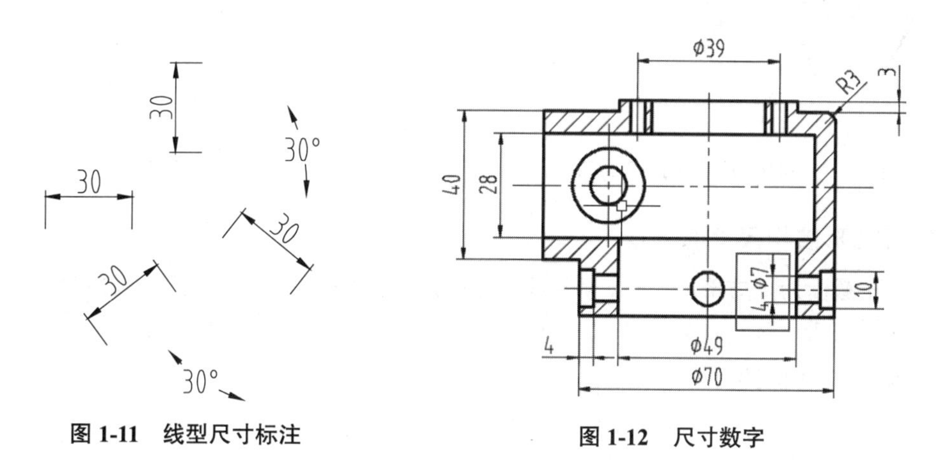

图 1-11　线型尺寸标注　　**图 1-12　尺寸数字**

尺寸数字前的符号用来区分不同类型的尺寸，如表 1-5 所示。

表 1-5　尺寸标注常见前缀符号的含义

Ø	R	S	t	□	±	×	<	-
直径	半径	球面	板状零件厚度	正方形	正负偏差	参数分隔符	斜度	连字符

4. 直径及半径尺寸的标注

直径尺寸的数字前应加前缀“Ø”，半径尺寸的数字前应加前缀“R”，其尺寸线应通过圆弧的圆心。当圆弧的半径过大时，可以使用如图 1-13 所示两种圆弧标注方法。

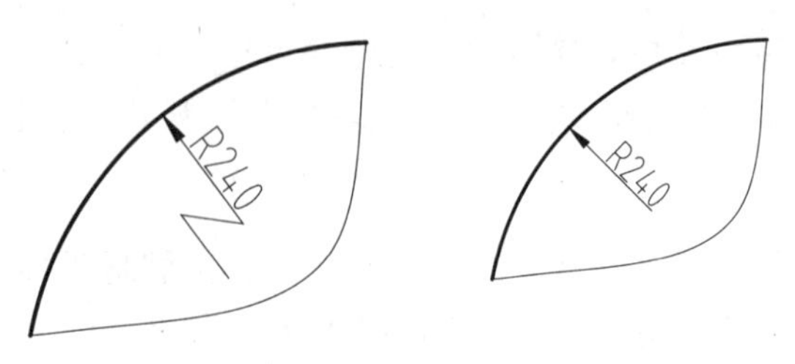

图 1-13　圆弧半径过大的标注方法

5. 弦长及弧长尺寸的标注

（1）弦长和弧长的尺寸界线应平行于该弦或者弧的垂直平分线，当弧度较大时，可沿径向引出尺寸界线。

（2）弦长的尺寸线为直线，弧长的尺寸线为圆弧，在弧长的尺寸线上方须用细实线画出“⌒”弧度符号，如图 1-14 所示。

6. 球面尺寸的标注

标注球面的直径和半径时，应在符号“Ø”和“R”前再加前缀“S”，如图 1-15 所示。

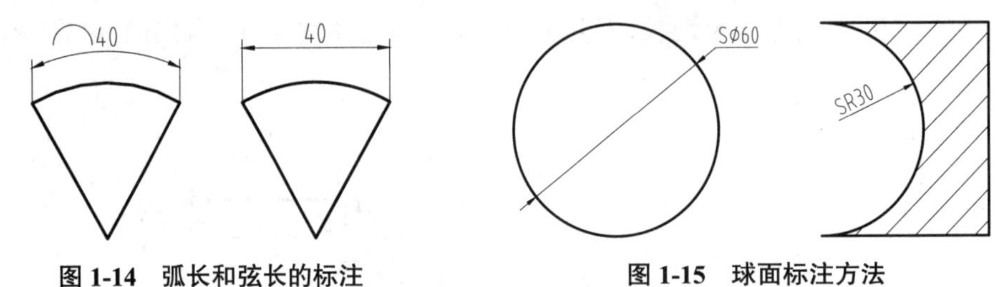

图 1-14　弧长和弦长的标注

图 1-15　球面标注方法

7. 正方形结构尺寸的标注

对于正截面为正方形的结构，可在正方形边长尺寸之前加前缀“□”或以“边长 × 边长”的形式进行标注，如图 1-16 所示。

8. 角度尺寸标注

（1）角度尺寸的尺寸界线应沿径向引出，尺寸线为圆弧，圆心是该角的顶点，尺寸线的终端为箭头。

（2）角度尺寸值一律写成水平方向，一般注写在尺寸线的中断处，角度尺寸标注如图 1-17 所示。

其他结构的标注请参考国家相关标准。

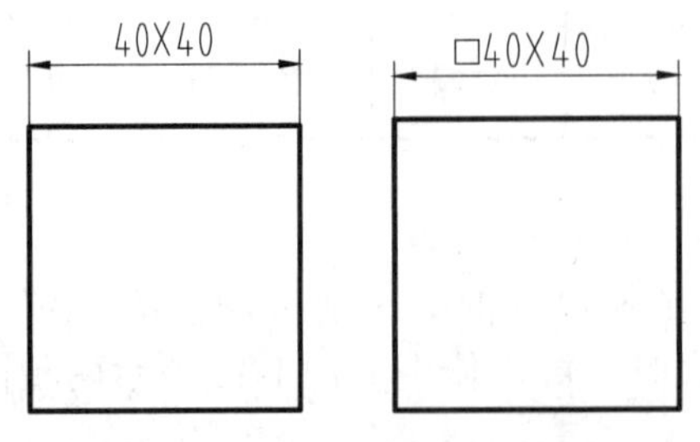

图 1-16　正方形的标注方法

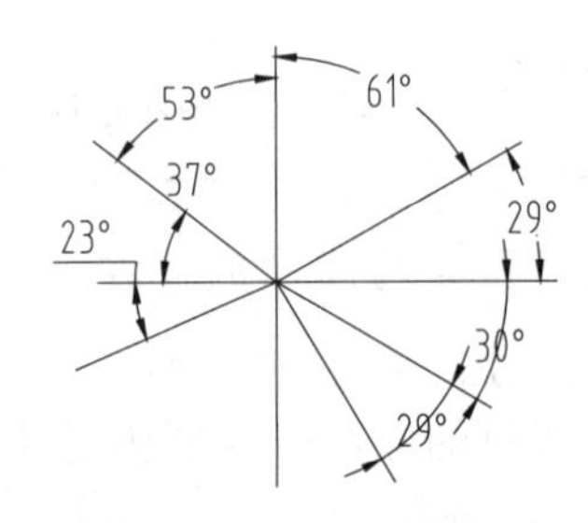

图 1-17　角度尺寸的标注

1.3 机械设计要点

机械设计是一项繁复的工作，并不只是绘图那么简单，其背后还有大量的约束条件需要考虑。

1.3.1 设计机器应满足的基本条件

机器作为机械设计的最终成品，除了要满足必要的使用要求外，还需满足如下几点要求。

1. 功能要求

满足机器预定的工作要求，如机器工作部分的运动形式、速度、运动精度和平稳性、需要传递的功率，以及某些使用上的特殊要求（如高温、防潮等）。

2. 安全可靠性要求

（1）使整个技术系统和零件在规定的外载荷和规定的工作时间内，能正常工作而不发生断裂、过度变形、过度磨损，不丧失稳定性。

（2）能实现对操作人员的防护，保证人身安全和身体健康。

（3）对于技术系统的周围环境和人不致造成危害和污染，同时要保证机器对环境的适应性。

3. 经济性

在产品整个设计周期中，必须把产品设计、销售及制造三方面作为一个系统来考虑，用价值工程理论指导产品设计，正确使用材料，采用合理的结构尺寸和工艺，以降低产品的成本。设计机械系统和零部件时，应尽可能标准化、通用化、系列化，以提高设计质量、降低制造成本。

4. 维护要求

机械系统要外形美观，便于操作和维修。此外，还必须考虑有些机械由于工作环境和要求不同，而对设计提出某些特殊要求，如食品卫生条件、耐腐蚀、高精度要求等。

1.3.2 设计机械零件时应满足的基本要求

零件是机器的基本组成部分，是机器满足使用要求的关键所在。如果机器的最终效果没能达到预期，那极有可能是其中的某一零件出了问题。因此在设计机械零件时，需要满足如下要求。

1. 避免在预定寿命期内失效的要求

零件在工作中发生断裂或不允许的残余变形统属强度不足。上述失效形式，除了用于安全装置中预定适时破坏的零件外，对任何零件都是应当避免的。因此具有适当的强度是设计零件时必须满足的最基本条件。

为了提高机械零件的强度，在设计时原则上可以采用以下措施。

（1）采用强度高的材料。

（2）使零件具有足够的截面尺寸。

（3）合理地设计零件的截面形状，以增大截面的惯性矩。

（4）采用热处理和化学热处理方法，以提高材料的机械强度特性。

（5）提高运动零件的制造精度，以降低工作时的动载荷。

（6）合理地配置机器中各零件的相互位置，以降低作用于零件上的载荷等。

2. 结构工艺性要求

零件具有良好的结构工艺性，是指在既定的生产条件下，能够方便而经济地生产出来，并便于装配。所以零件的结构工艺性应从毛坯制造、机械加工过程及装配等几个生产环节加以综合考虑。工艺性还和批量大小及具体的生产条件相关。为了改善零件的工艺性，就应当熟悉当前的生产水平及条件。对零件的结构工艺性具有决定性影响的零件结构设计，在整个设计工作中占有很大的比重，因而必须予以足够的重视。

3. 可靠性要求

零件可靠度的定义与机器可靠度的定义是相同的，即在规定的使用时间内和预定的环境条件下，零件能够正常地完成其功能的概率。对于绝大多数机械来说，失效的发生都是随机性的。因此，为了提高零件的可靠性，就应当在工作条件和零件的性能两个方面使其随机变化尽可能地小。此外，在使用中加强维护和对工作条件进行监测，也可以提高零件的可靠性。

4. 经济性要求

零件的经济性首先表现在零件本身的生产成本上。设计零件时，应力求设计出耗费（包括钱财、制造时间及人工）最少的零件。

要降低零件的成本，首先要采用轻型的零件结构，以降低材料消耗；采用少余量或无余量的毛坯或简化零件结构，以减少加工工时。这些对降低零件成本均有显著的作用。工艺性良好的结构就意味着加工及装配费用低，所以工艺性对经济性有直接的影响。

采用廉价而供应充足的材料以代替贵重材料；对于大型零件采用组合结构以代替整体结构，都可以在降低材料费用方面起到积极的作用。

另外，尽可能采用标准化的零部件，就可在经济性方面取得很大的效益。

5. 质量小的要求

对绝大多数零件来说，都应当力求减小其质量。减小质量有两方面的好处：一方面可以节约材料；另一方面，对于运动零件来说，可以减小惯性，改善机器的动力性能。

为了减小质量，可采取如下措施：采用缓冲装置来降低零件上所受的冲击载荷；采用安全装置来限制作用在主要零件上的最大载荷；从零件上应力较小处削减部分材料，以改善零件受力的均匀性，从而提高材料的利用率；采用与工作载荷相反方向的预载荷，以降低零件上的工作载荷；采用轻型薄壁的冲压件或焊接件来代替铸、锻零件，以及采用强重比高的材料等。

1.3.3 设计方法

合理的设计方法是保证设计质量、加快设计速度、避免和减少设计失误的基石。而在现代先进的计算机技术下，机械设计方法也与传统方式有了较大不同。

1. 传统设计方法

传统的机械设计方法以经验为基础，运用长期的设计实践和理论计算而形成的经验、公式、图表、设计手册等作为设计的依据，通过经验公式近似系数或类比的方法进行设计。

2. 现代设计方法

现代设计方法是传统设计的延伸和发展，并深入、丰富和完善，是以满足市场产品的质量、性能、时间、成本、价格综合效益为最优目的，以计算机辅助设计技术为主体，以知识为依托，以多科学方法及技术为手段，研究、改进、创造产品活动过程所用到的技术总称。

现代设计方法又可以细分为如下若干种类。

（1）信息论方法：如信息分析法、技术预测法等。

（2）系统论方法：如系统分析法、人机工程以及面向产品生命周期的设计。

（3）控制论方法：如动态分析法等。

（4）对应论方法：如相似设计、反求工程设计等。

（5）智能论方法：如CAE、并行工程、人工智能等。

（6）寿命论方法：如可靠性设计、价值工程和稳健性设计等。

（7）离散论方法：如有限元和边界元方法。

（8）模糊论方法：如模糊评价和决策等。

（9）突变论方法：如创造性设计等。

（10）艺术方法：如艺术造型等。

1.3.4 设计准则

机械设计的最终结果是以一定的结构形式表现出来的，按所设计的结构进行加工、装配，制造成最终的产品。所以，机械结构设计应满足作为产品的多方面要求，基本要求有功能、可靠性、工艺性、经济性和外观造型等方面的要求。此外，还应改善零部件的受力，提高强度、刚度、精度和寿命。因此，机械结构设计是一项综合性的技术工作。结构设计的错误或不合理，可能造成零部件不应有的失效，使机器达不到设计精度的要求，给装配和维修带来极大的不方便。机械结构设计过程中应考虑如下结构设计准则。

1. 实现预期功能的设计准则

产品设计的主要目的是实现预定的功能要求，因此实现预期功能的设计准则是结构设计首先要考虑的问题。要满足功能要求，必须做到以下几点。

（1）明确功能：结构设计是要根据其在机器中的功能和与其他零部件相互的连接关系，确定参数尺寸和结构形状。零部件主要的功能有承受载荷、传递运动和动力，以及保证或保持有关零件或部件之间的相对位置或运动轨迹等。设计的结构应能满足从机器整体考虑对它的功能要求。

（2）合理分配功能：设计产品时，根据具体情况，通常有必要将任务进行合理的分配，即将一个功能分解为多个分功能。每个分功能都要有确定的结构承担，各部分结构之间应具有合理、协调的联系，以达到总功能的实现。多结构零件承担同一功能可以减轻零件负担，延长使用寿命。V 型带截面的结构是任务合理分配的一个例子。纤维绳用来承受拉力；橡胶填充层承受带弯曲时的拉伸和压缩；包布层与带轮轮槽作用，产生传动所需的摩擦力。例如，若只靠螺栓预紧产生的摩擦力来承受横向载荷时，会使螺栓的尺寸过大，可增加抗剪元件，如销、套筒和键等，以分担横向载荷来解决这一问题。

（3）功能集中：为了简化机械产品的结构，降低加工成本，便于安装，在某些情况下，可由一个零件或部件承担多个功能。功能集中会使零件的形状更加复杂，但要有度，否则反而会影响加工工艺、增加加工成本，设计时应根据具体情况而定。

2. 满足强度要求的设计准则

1）等强度准则

零件截面尺寸的变化应与其内应力变化相适应，使各截面的强度相等。按等强度原理设计的结构，材料可以得到充分的利用，从而减轻重量、降低成本，如悬臂支架、阶梯轴的设计等，如图 1-18 所示。

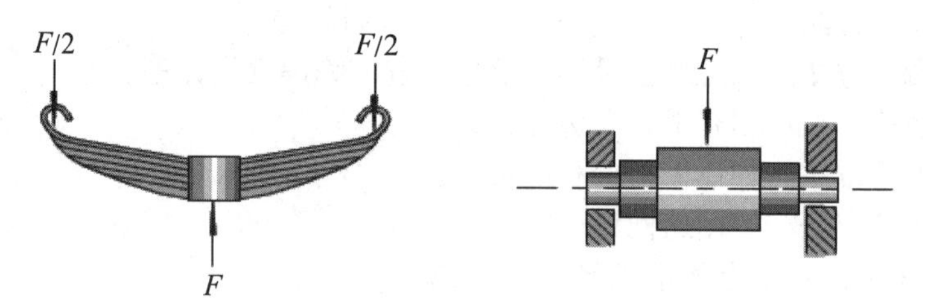

图 1-18　悬臂支架的设计

2）合理力流

为了直观地表示力在机械构件中怎样传递的状态，将力看作犹如水在构件中流动，这些力线汇成力流。力流在结构设计考察中起着重要的作用。

力流在构件中不会中断，任何一条力线都不会突然消失，必然是从一处传入，从另一处传出。力流的另一个特性是它倾向于沿最短的路线传递，从而在最短路线附近力流密集，形成高应力区。其他部位力流稀疏，甚至没有力流通过，从应力角度上讲，材料未能充分利用。因此，若为了提高构件的刚度，应该尽可能按力流最短路线来设计零件的形状，减少承载区域，从而减少累积变形，提高整个构件的刚度，使材料得到充分利用。

3）减小应力集中

当力流方向急剧转折时，力流在转折处会过于密集，从而引起应力集中，设计中应在结构上采取措施，使力流转向平缓。应力集中是影响零件疲劳强度的重要因素。结构设计时，应尽量避免或减小应力集中。其方法在相应的章节会做介绍，如增大过渡圆角、采用卸载结构等。

4）使载荷平衡

在机器工作时，常产生一些无用的力，如惯性力、斜齿轮轴向力等，这些力不但增加了轴和轴衬等零件的负荷，降低其精度和寿命，同时也降低了机器的传动效率。载荷平衡就是指采取结构措施部分或全部平衡无用力，以减轻或消除其不良的影响。这些结构措施主要采用平衡元件、对称布置等。

例如，同一轴上的两个斜齿圆柱齿轮所产生的轴向力，可通过合理选择轮齿的旋向及螺旋角的大小使轴向力相互抵消，使轴承负载减小。

3. 满足结构刚度的设计准则

为保证零件在使用期限内正常地实现其功能，必须使其具有足够的刚度。

4. 考虑加工工艺的设计准则

机械零部件结构设计的主要目的是：保证功能的实现，使产品达到要求的性能。但是，结构设计的结果对产品零部件的生产成本及质量有着不可低估的影响。因此，在结构设计中应力求使产品有良好的加工工艺性。

好的加工工艺指的是零部件的结构易于加工制造，任何一种加工方法都有可能不能制造某些结构的零部件，或生产成本很高，或质量受到影响。因此，对于设计者，认识一种加工方法的特点非常重要，以便在设计结构时尽可能地扬长避短。实际中，零部件结构工艺性受到诸多因素的制约，如生产批量的大小会影响坯件的生成方法；生产设备的条件可能会限制工件的尺寸；此外，造型、精度、热处理、成本等方面都有可能对零部件结构的工艺性有制约作用。结构设计中应充分考虑上述因素对工艺性的影响。

5. 考虑装配的设计准则

装配是产品制造过程中的重要工序，零部件的结构对装配的质量、成本有直接的影响。有关装配的结构设计准则简述如下。

1）合理划分装配单元

整机应能分解成若干可单独装配的单元（部件或组件），以实现平行且专业化的装配作业，缩短装配周期，并且便于逐级技术检验和维修。

2）使零部件得到正确安装

防止装配错误。如图1-19所示轴承座用两个销钉定位。图1-19（a）中两销钉反向布置，到螺栓的距离相等，装配时很可能将支座旋转180°安装，导致座孔中心线与轴的中心线位置偏差增大。因此，应将两定位销布置在同一侧，或使两定位销到螺栓的距离不等。

3）使零部件便于装配和拆卸

结构设计中，应保证有足够的装配空间，如扳手空间；避免过长配合以免增加装配难度，使配合面擦伤，如有些阶梯轴的设计；为便于拆卸零件，应给出安放拆卸工具的位置，如轴承的拆卸。

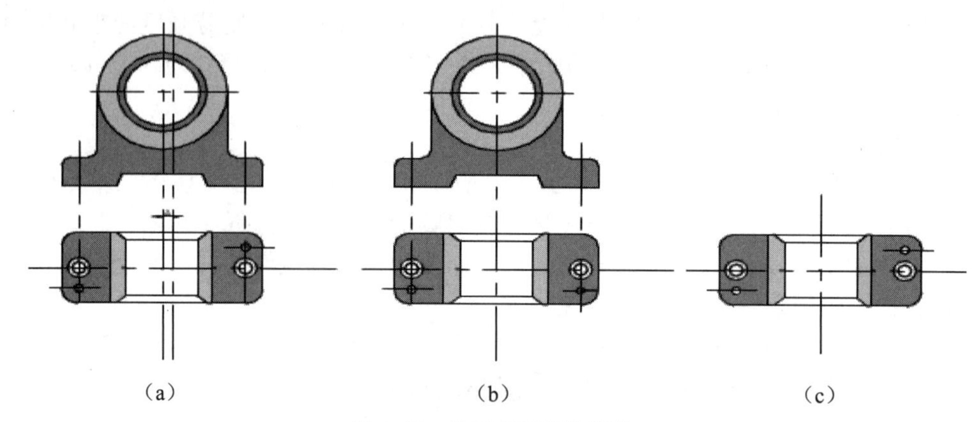

图 1-19　轴承座的安装设计

6. 考虑维护修理的设计准则

（1）产品的配置应根据其故障率的高低、维修的难易、尺寸和质量的大小以及安装特点等统筹安排，凡需要维修的零部件，都应具有良好的可达性；对故障率高而又需要经常维修的部位及应急开关，应提供最佳的可达性。

（2）产品特别是易损件、常拆件和附加设备的拆装要简便，拆装时零部件进出的路线最好是直线或平缓的曲线。

（3）产品的检查点、测试点等系统的维护点，都应布置在便于接近的位置上。

（4）需要维修和拆装的产品，其周围要有足够的操作空间。

（5）维修时一般应能看见内部的操作，其通道除了能容纳维修人员的手或臂外，还应留有供观察的适当间隙。

7. 考虑造型设计的准则

产品的设计不仅要满足功能要求，还应考虑产品造型的美学价值，使之对人产生吸引力。从心理学角度看，人 60% 的决定取决于第一印象。技术产品的社会属性是商品，在买方市场的时代，为产品设计一个能吸引顾客的外观是一个重要的设计要求；同时造型美观的产品可使操作者减少因精力疲惫而产生的误操作。

1.3.5　载荷和应力分类

作用在机械零件上的载荷可分为静载荷和变载荷两类。不随时间变化或变化较缓慢的载荷称为静载荷。随时间变化的载荷称为变载荷。在设计计算中，还常把载荷分为名义载荷与计算载荷。根据额定功率用力学公式计算出作用在零件上的载荷称为名义载荷，它没有反映载荷随时间作用的不均匀性、载荷在零件上分布的不均匀性及其他影响零件受载的因素。因此，常用载荷系数 K 来考虑这些因素的综合影响。载荷系数 K 与名义载荷的乘积即称为计算载荷。

按应力随时间变化的特性不同，可分为静应力和变应力。不随时间变化或变化缓慢的应力称为静应力，如图 1-20 所示。随时间变化的应力称为变应力，如图 1-21 所示。绝大多数机械零件都是处于变应力状态下工作的。

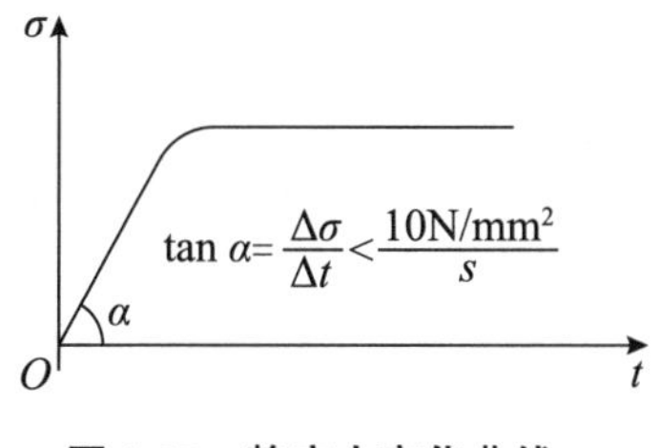

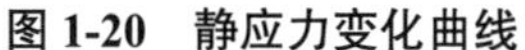
图 1-20 静应力变化曲线

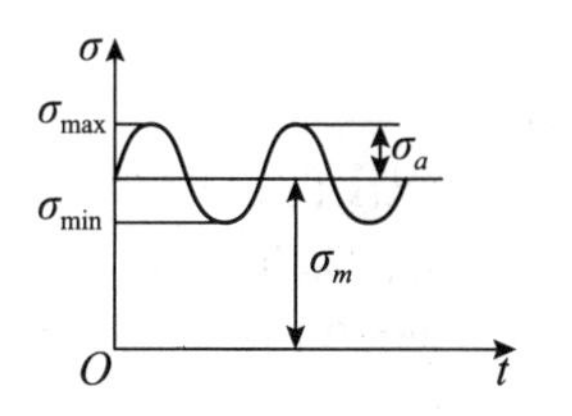

图 1-21 变应力变化曲线

通常在设计时，对于应力变化次数较少（例如，在整个使用寿命期间应力变化次数小于103的通用零件）的变应力，可近似地按静应力处理。变应力由变载荷产生，也可能由静载荷产生。零件的失效形式与材料的极限应力及零件工作时的应力类型有关。在进行强度计算时，首先要弄清楚零件所受应力的类型。

1.3.6 提高机械零件疲劳强度的措施

在零件的设计阶段，除了采取提高零件强度的一般措施外，还可以通过以下一些设计措施来提高机械零件的疲劳强度。

（1）尽可能降低零件上的应力集中的影响，是提高零件疲劳强度的首要措施。零件结构形状和尺寸的突变是应力集中的结构根源。因此，为了降低应力集中，应尽量减少零件结构形状和尺寸的突变或使其变化尽可能平滑和均匀。为此，要尽可能地增大过渡处的圆角半径，同一零件上相邻截面处的刚性变化应尽可能小。

（2）在不可避免地要产生较大应力集中的结构处，可采用减荷槽来降低应力集中的作用。

（3）选用疲劳强度高的材料和规定能够提高材料疲劳强度的热处理方法及强化工艺。

（4）提高零件的表面质量。如将处在应力较高区域的零件表面加工得较为光洁；对于工作在腐蚀性介质中的零件规定适当的表面保护等。

（5）尽可能地减少或消除零件表面可能发生的初始裂纹，对于延长零件的疲劳寿命有着比提高材料性能更为显著的作用。因此，对于重要的零件，在设计图纸上应规定出严格的检验方法及要求。

1.4 机械设计分析

在设计和生产中，各种机器、设备和工程设施都是通过工程图样来表达设计意图和制造要求的。因此，人们常常把工程图样称为“工程界的语言”，要对一项机械设计进行分析，就必须读懂这门语言。

1.4.1 确定图纸的种类

前文说过，机械设计是一项复杂的工作，设计的内容和形式也有很多种，但无论是其中的哪一种，机械设计体现在图纸上的结果都只有两个，即装配图和零件图。

1. 装配图

装配图是表达机器或部件的图样，主要表达机构的工作原理和装配关系。在机械设计过程中，装配图的绘制通常在零件图之前，主要用于机器或部件的装配、调试、安装、维修等场合，是生产中一种重要的技术文件。

在产品或部件的设计过程中，一般是先画出装配图，然后再根据装配图进行零件设计，画出零件图；在产品或部件的制造过程中，先根据零件图进行零件加工和检验，再依据装配图所制定的装配工艺规程将零件装配成机器或部件；在产品或部件的使用、维护及维修过程中，也经常要通过装配图来了解产品或部件的工作原理及构造。

2. 零件图

零件图即装配图中各个零部件的详细图纸。零件图是制造和检验零件的主要依据，是设计部门提交给生产部门的重要技术文件，也是进行技术交流的重要资料。

零件图是生产中指导制造和检验该零件的主要图样，它不仅要把零件的内、外结构形状和大小表达清楚，还需要对零件的材料、加工、检验、测量提出必要的技术要求。

1.4.2 读取图纸相关信息

图纸是通过不同的视图来表达零件的尺寸、外形和结构的。选择视图时不能局限于 3 个基本视图，还要采用局部视图、剖视图等表达零件的结构形状。

各种视图的使用一般包含以下信息。

（1）基本视图包括主视图、俯视图和左视图，从 3 个不同的视角表达零件的外形轮廓。有时，基本视图不足以表现零件的全部特征，这时需要在基本视图上添加剖视图，剖视图的表现形式包括全剖、半剖、局部剖以及旋转剖。像轴套这样简单的零件，一个视图就能表达清楚。

（2）在零件过于复杂或者零件的尺寸比较大，不能在固定的图幅中清楚表达这些零件的细节时，就需要用到局部视图。在一般视图中把要放大的细节标记出来，并复制到视图以外的空白区域，再将复制出来的图形放大，即创建了局部放大图，也称为局部视图。

（3）断面图一般用来表现板材或零件肋板形状和厚度，分为重合断面和移出断面两种。有些零件的肋板在 3 个视图中不能很好地表现出自身的形状，不方便零件的制造和检验，这时就需要使用断面图来表达。

1.4.3 确定视图并分析外形

视图的确定原则是在完整、清晰地表示零件形状的前提下，力求制图简便。

1. 零件分析

零件分析是认识零件的过程，也是确定零件表达方案的前提。零件的结构形状及工作位置或加工位置不同，视图选择也就不同。因此，在选择视图之前，应首先对零件进行形体分析和结构分析，并了解零件的制作和加工情况，以便确切地表达零件的结构形状，反映零件的设计和工艺要求。

2. 主视图的选择

主视图是表达零件形状最重要的视图，其选择是否合理将直接影响其他视图的选择和看图是否方便，甚至影响到画图时图幅的合理利用。一般来说，零件主视图的选择应满足“合理位置”和“形状特征”两个基本原则。

1）合理位置原则

“合理位置”通常是指零件的加工位置和工作位置。

加工位置是零件在加工时所处的位置。主视图应尽量表示零件在机床上加工时所处的位置。这样在加工时才可以直接进行图物对照，便于识图和测量尺寸，可减少差错。如轴套类零件的加工，大部分工序是在车床或磨床上进行，因此通常要按加工位置（即轴线水平放置）绘制其主视图，如图 1-22 所示。

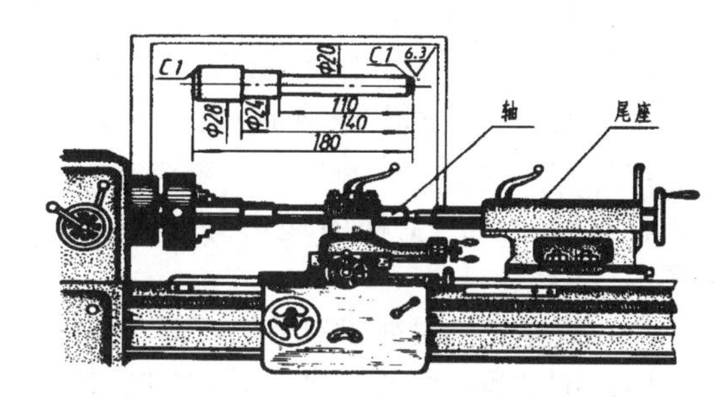

图 1-22　轴类零件的加工位置

工作位置是零件在装配体中所处的位置。零件主视图的放置，应尽量与零件在机器或部件中的工作位置一致。这样便于根据装配关系来考虑零件的形状及有关尺寸，便于校对。

2）形状特征原则

确定了零件的安放位置后，还要确定主视图的投影方向。形状特征原则就是将最能反映零件形状特征的方向作为主视图的投影方向，即主视图要较多地反映零件各部分的形状及它们之间的相对位置，以满足清晰表达零件的要求。如图 1-23 和图 1-24 所示是机床尾架主视图投影方向的比较。由图可知，图 1-23 的表达效果显然比图 1-24 的表达效果要好很多。

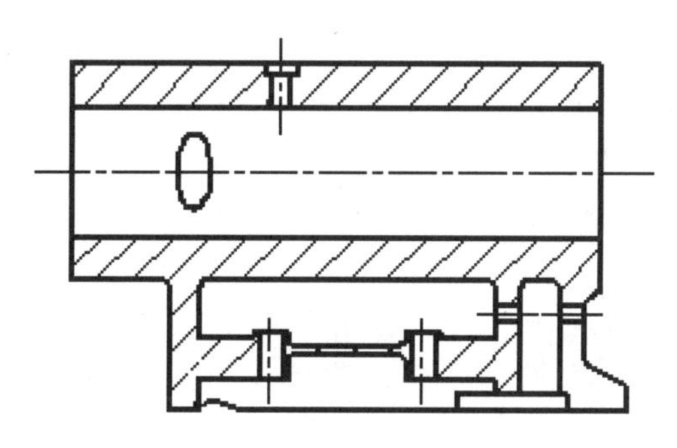

图 1-23　合理的主视图投影方向

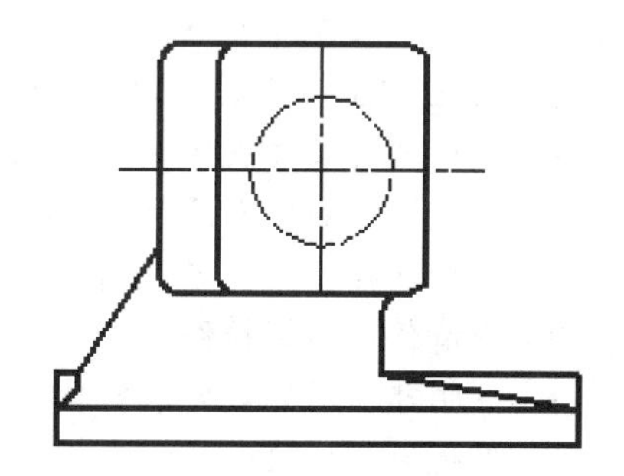

图 1-24　不合理的主视图投影方向

3. 选择其他视图

一般来讲，仅用一个主视图是不能完整反映零件的结构形状的，必须选择其他视图，包括剖视、断面、局部放大图和简化画法等各种表达方法。主视图确定后，对其表达未尽的部分，再选择其他视图予以完善表达。具体选用时，应注意以下几点。

（1）根据零件的复杂程度及内、外结构形状，全面地考虑还应需要的其他视图，使每个所选视图应具有独立存在的意义及明确的表达重点，注意避免不必要的细节重复，在明确表达零件的前提下，使视图数量最少。

（2）优先考虑采用基本视图，当有内部结构时应尽量在基本视图上做剖视；对尚未表达清楚的局部结构和倾斜的部分结构，可增加必要的局部（剖）视图和局部放大图；有关的视图应尽量保持直接投影关系，配置在相关视图附近。

（3）按照视图要表达零件形状要正确、完整、清晰、简便的要求，需进一步综合、比较、调整、完善，选出最佳的表达方案。

不同的零件类型，选择视图的方案也不一样，下面是一些典型零件常用的表达方法。

（1）轴套类：主视图通常为基本视图，其余视图常用移出断面或者是局部放大图。

（2）板座类：主视图常用剖视图，其他视图一般为基本视图。

（3）轮盘类：主视图常用全剖视图，其他视图一般用基本视图。

（4）叉架类：主视图通常用基本视图加局部剖视图，其余视图常用剖视图、局部视图、移出断面图等。

（5）箱体类：常用 3 个基本视图表达，每个视图一般均要进行剖切，其余视图常用局部视图、断面图。

1.4.4 细节的把握

机械图纸是机械设计方案的具体表达，其中牵涉了大量的数据和设计师的思想，如此繁杂的信息集合体便难免出现错误和遗漏，因此作为一个合格的设计师，必须对一些容易犯错的细节进行把握，本书对此总结如下。

- 转动部位设计润滑点（手动或自动）。
- 转动部位设计安全罩（设观察门）。
- 20kg 以上质量的零部件设计起吊螺孔或吊耳。
- 轴承座安装位设计定位与承力的调节螺栓。
- 涉及高度变化或调整的连接面设计调整垫片。
- 螺栓连接件设计定位销或定位挡块。
- 分清楚现场焊接件与工厂焊接。
- 注明非通用焊接要求的特殊焊接。
- 剖视油封反映油封方向。
- 大件连接设计双螺母放松。
- 注明不涂漆范围。

- 运动件的运动范围（始、终位置）和运动轨迹表示。
- 工作状态与非工作状态的安全设计。
- 强化承力部位（如加强筋）弱化非承力部位（如减重孔）。
- 完善设计线性公差、配合公差及形位公差。
- 合理设计加工粗糙度。
- 准确编写技术要求。

1.5 AutoCAD 2022 界面

下面我们来了解 AutoCAD 2022 的界面（图 1-25）。

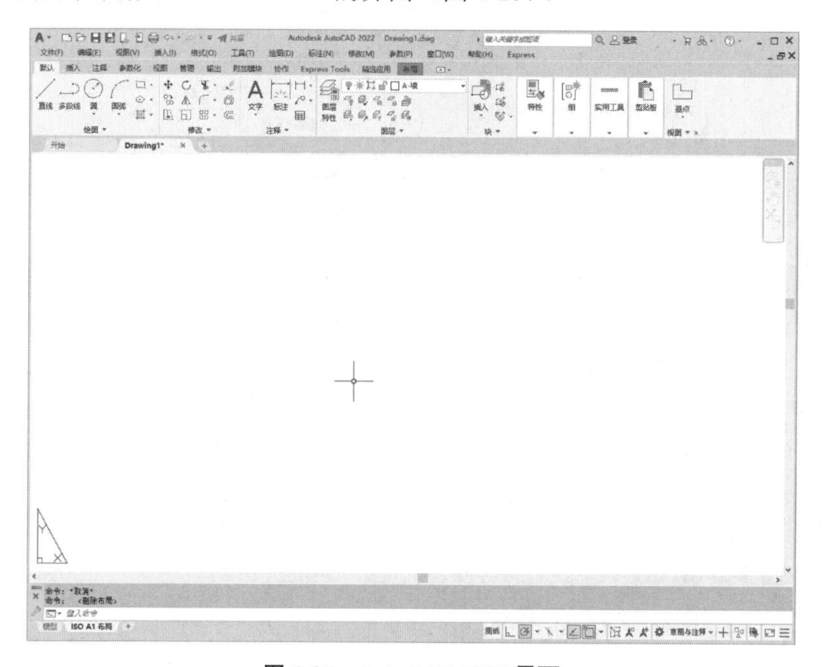

图 1-25 AutoCAD 2022 界面

1.5.1 AutoCAD 2022 工作空间的设置

为了满足不同用户的多方位需求，AutoCAD 2022 提供了 3 种不同的工作空间：草图与注释、三维基础和三维建模。用户可以根据工作需要随时进行切换，AutoCAD 2022 默认工作空间为【草图与注释】空间。切换工作空间的方法有以下几种。

（1）菜单栏：选择【工具】|【工作空间】菜单命令，在子菜单中选择相应的工作空间，如图 1-26 所示。

（2）状态栏：直接单击状态栏上的【切换工作空间】按钮，在弹出的子菜单中选择相应的空间类型，如图 1-27 所示。

（3）快速访问工具栏：单击【快速访问】工具栏上的草图与注释按钮，在弹出的下拉列表中选择所需工作空间，如图 1-28 所示。

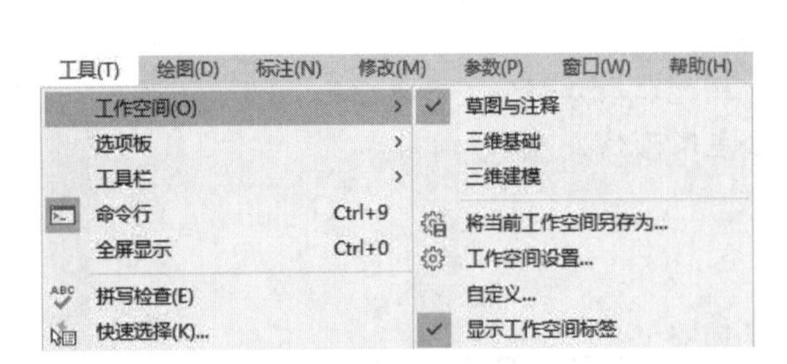

图 1-26 通过菜单栏选择工作空间

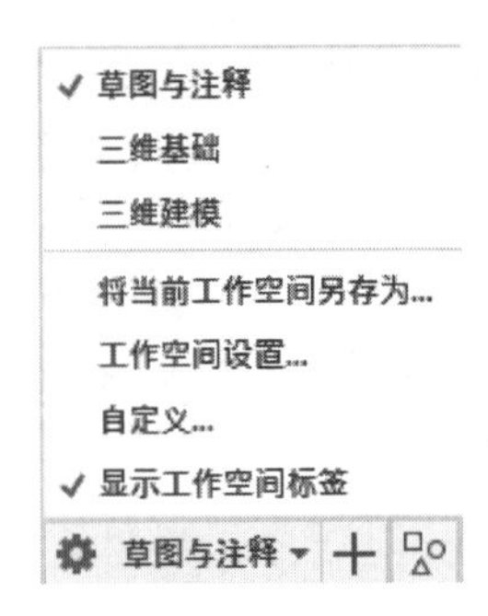

图 1-27 通过切换按钮选择工作空间

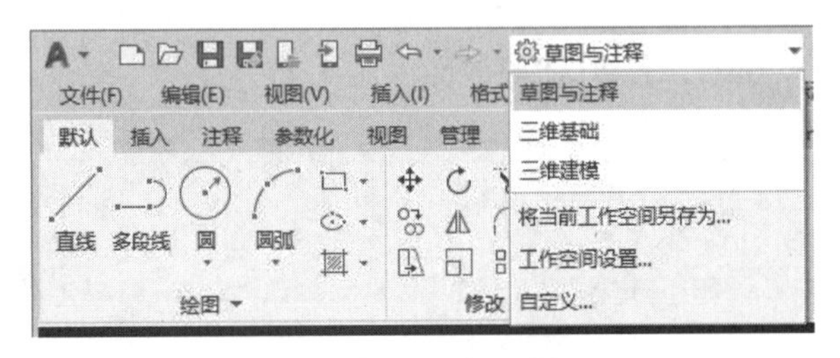

图 1-28 工作空间列表栏

下面分别对 3 种工作空间的特点及其切换方法进行讲解。

1. 草图与注释空间

【草图与注释】工作空间是 AutoCAD 2022 默认工作空间，该空间用功能区替代了工具栏和菜单栏，这也是目前比较流行的一种界面形式，已经在 Office、Creo、Solidworks 等软件中得到了广泛的应用。当需要调用某个命令时，需要先切换至功能区下的相应面板，然后再单击面板中的按钮。【草图与注释】工作空间的功能区，包含的是最常用的二维图形的绘制、编辑和标注命令，因此非常适合绘制和编辑二维图形时使用，如图 1-29 所示。

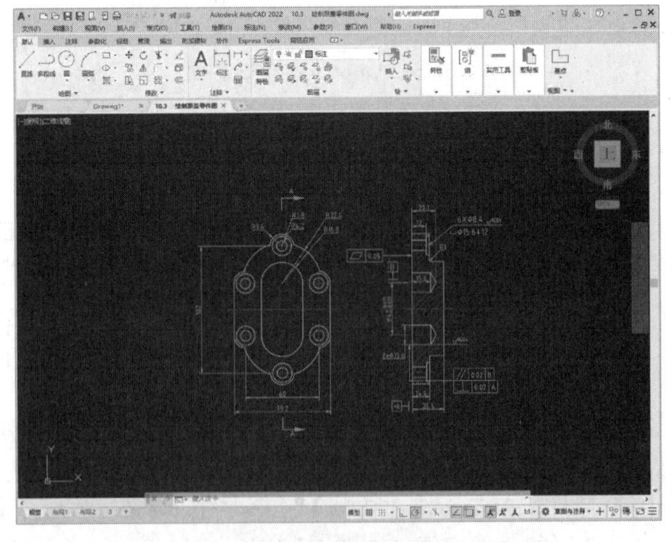

图 1-29 AutoCAD 2022【草图与注释】空间

2. 三维基础空间

【三维基础】空间与【草图与注释】工作空间类似，主要以单击功能区面板按钮的方式调用命令。但【三维基础】空间功能区包含的是基本的三维建模工具，如各种常用三维建模、布尔运算以及三维编辑工具按钮，能够非常方便地创建简单的基本三维模型，如图 1-30 所示。

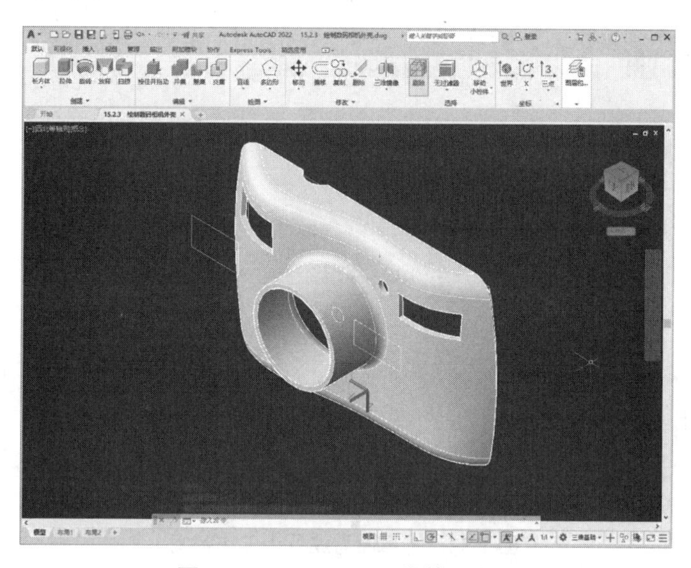

图 1-30 AutoCAD 三维基础空间

3. 三维建模空间

【三维建模】工作空间适合创建、编辑复杂的三维模型，其功能区集成了【三维建模】【视觉样式】【光源】【材质】和【渲染】等面板，为绘制和观察三维图形、附加材质、创建动画、设置光源等操作提供了非常便利的环境，如图 1-31 所示。

图 1-31 AutoCAD 三维建模空间

1.5.2 AutoCAD 2022 的工作界面

启动 AutoCAD 2022 后即进入如图 1-32 所示的工作空间与界面，该空间类型为【草图与注释】工作空间，该空间提供了十分强大的“功能区”，十分方便初学者使用。

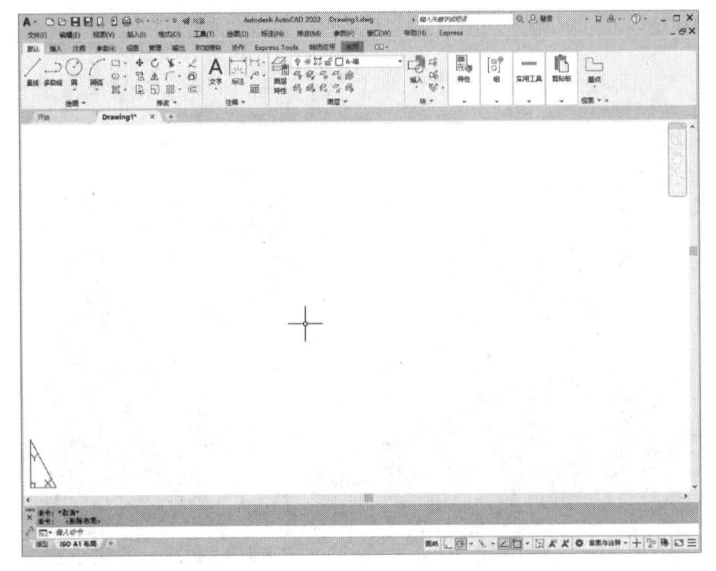

图 1-32 【草图与注释】工作空间

AutoCAD 2022 操作界面包括标题栏、菜单栏、工具栏、快速访问工具栏、交互信息工具栏、标签栏、功能区、绘图区、光标、坐标系、命令行、状态栏、布局标签、滚动条、状态栏等，如图 1-33 所示。

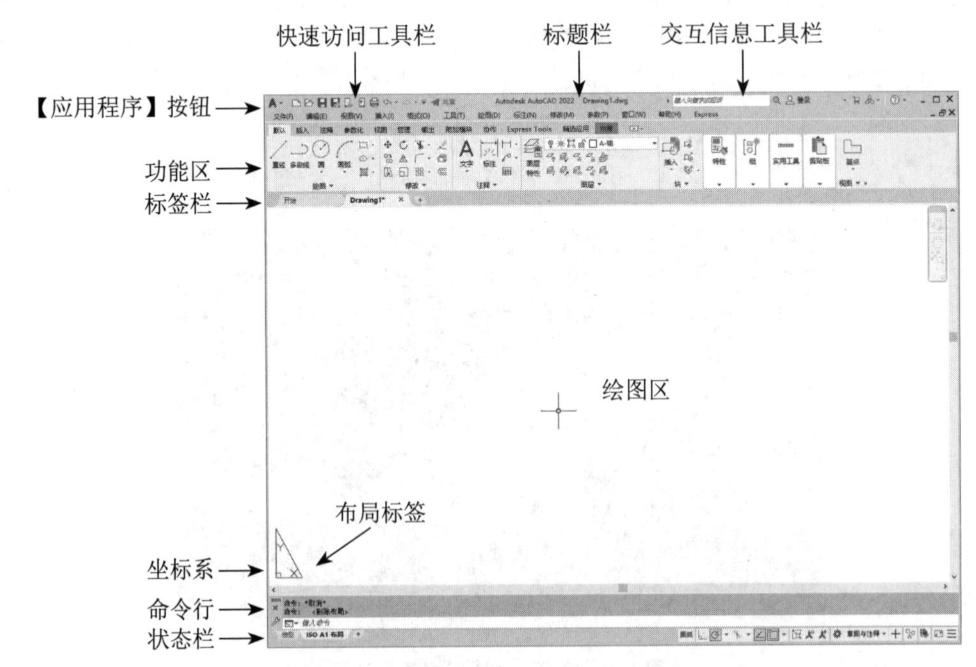

图 1-33 AutoCAD 2022 默认工作界面

1.【应用程序】按钮

【应用程序】按钮位于界面左上角。单击该按钮，系统弹出用于管理 AutoCAD 图形文件的命令列表，包括【新建】【打开】【保存】【另存为】【输出】及【打印】等命令，如图 1-34 所示。

【应用程序】菜单除了可以调用如上所述的常规命令外，调整其显示为“小图像”或“大图像”，然后将鼠标置于菜单右侧排列的【最近使用文档】名称上，可以快速预览打开过的图像文件内容，如图 1-34 所示。

此外，在【应用程序】|【搜索】按钮左侧的空白区域内输入命令名称，即会弹出与之相关的各种命令的列表，选择其中对应的命令即可快速执行，如图 1-35 所示。

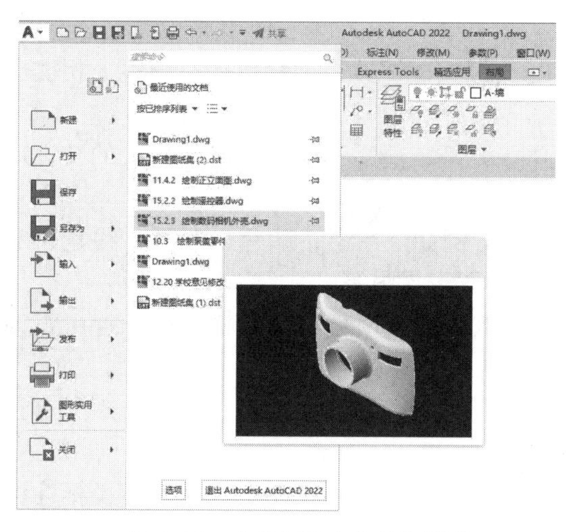

图 1-34　【应用程序】按钮菜单

图 1-35　搜索功能

2. 标题栏

标题栏位于 AutoCAD 窗口的最上端，它显示了系统正在运行的应用程序和用户正打开的图形文件的信息。第一次启动 AutoCAD 时，标题栏中显示的是 AutoCAD 启动时创建并打开的图形文件名 Drawing1.dwg，可以在保存文件时对其进行重命名。

3. 快速访问工具栏

快速访问工具栏位于标题栏的左上角，它包含最常用的快捷按钮，以方便用户使用。默认状态下，它由 7 个快捷按钮组成，依次为【新建】、【打开】、【保存】、【另存为】、【从手机打开】、【保存到手机】、【打印】、【重做】和【放弃】，如图 1-36 所示。

图 1-36　快速访问工具栏

快速访问工具栏右侧为工作空间列表框，用于切换 AutoCAD 2022 工作空间。用户可以通过相应的操作在快速访问工具栏中增加或删除按钮，右击快速访问工具栏，在弹出的快捷菜单中选择【自定义快速访问工具栏】命令，即可在弹出的【自定义用户界面】对话框中进行设置。

4. 菜单栏

菜单栏位于标题栏的下方，与其他 Windows 程序一样，AutoCAD 的菜单栏也是下拉形式的，并在下拉菜单中包含子菜单。AutoCAD 2022 的菜单栏包括 13 个菜单：【文件】【编辑】【视图】【插入】【格式】【工具】【绘图】【标注】【修改】【参数】【窗口】【帮助】、Express，几乎包含所有的绘图命令和编辑命令，其作用分别如下。

文件：用于管理图形文件，例如，新建、打开、保存、另存为、输出、打印和发布等。

编辑：用于对文件图形进行常规编辑，例如，剪切、复制、粘贴、清除、链接、查找等。

视图：用于管理 AutoCAD 的操作界面，例如，缩放、平移、动态观察、相机、视口、三维视图、消隐和渲染等。

插入：用于在当前 AutoCAD 绘图状态下，插入所需的图块或其他格式的文件，例如，PDF 参考底图、字段等。

格式：用于设置与绘图环境有关的参数，例如，图层、颜色、线型、线宽、文字样式、标注样式、表格样式、点样式、厚度和图形界限等。

工具：用于设置一些绘图的辅助工具，例如，选项板、工具栏、命令行、查询和向导等。

绘图：提供绘制二维图形和三维模型的所有命令，例如，直线、圆、矩形、正多边形、圆环、边界和面域等。

标注：提供对图形进行尺寸标注时所需的命令，例如，线型标注、半径标注、直径标注、角度标注等。

修改：提供修改图形时所需的命令，例如，删除、复制、镜像、偏移、阵列、修剪、倒角和圆角等。

参数：提供对图形约束时所需的命令，例如，几何约束、动态约束、标注约束和删除约束等。

窗口：用于在多文档状态时设置各个文档的屏幕，例如，层叠、水平平铺和垂直平铺等。

帮助：提供使用 AutoCAD 2022 所需的帮助信息。

Express：数据输入、输出、查找与替换。

操作技巧：如果需要在这些工作空间中显示菜单栏，可以单击快速访问工具栏右端的下拉按钮，在弹出的菜单中选择【显示菜单栏】命令。

5. 功能区

功能区是一种智能的人机交互界面，用于显示与绘图任务相关的按钮和控件，存在于【草图与注释】【三维建模】和【三维基础】空间中。【草图与注释】空间的功能区选项板包含【默认】【插入】【注释】【参数化】【视图】【管理】【输出】【布局】等选项卡，如图 1-37 所示。每个选项卡包含若干面板，每个面板又包含许多由图标表示的命令按钮。系统默认的是【默认】选项卡。

图 1-37　功能区

1）【默认】功能选项卡

【默认】功能选项卡从左至右依次为【绘图】【修改】【图层】【注释】【块】【特性】【组】【实用工具】及【剪贴板】9 大功能面板，如图 1-38 所示。

图 1-38　【默认】功能选项卡

2）【插入】功能选项卡

【插入】功能选项卡从左至右依次为【块】【块定义】【参照】【输入】【数据】【链接和提取】和【位置】7 大功能面板，如图 1-39 所示。

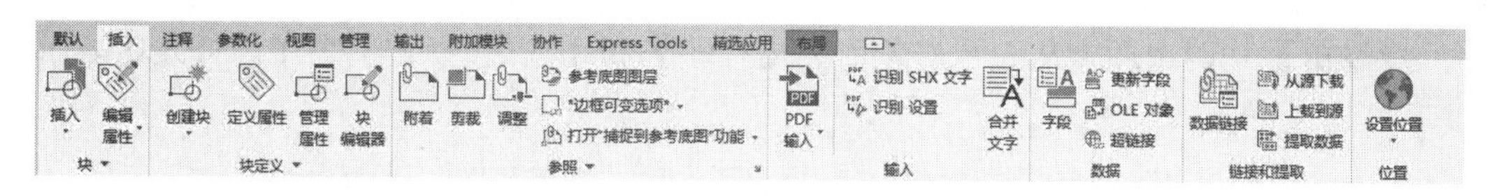

图 1-39　【插入】功能选项卡

3）【注释】功能选项卡

【注释】功能选项卡从左至右依次为【文字】【标注】【中心线】和【引线】4 大功能面板，如图 1-40 所示。

图 1-40　【注释】功能选项卡

4）【参数化】功能选项卡

【参数化】功能选项卡从左至右依次为【几何】【标注】【管理】3 大功能面板，如图 1-41 所示。

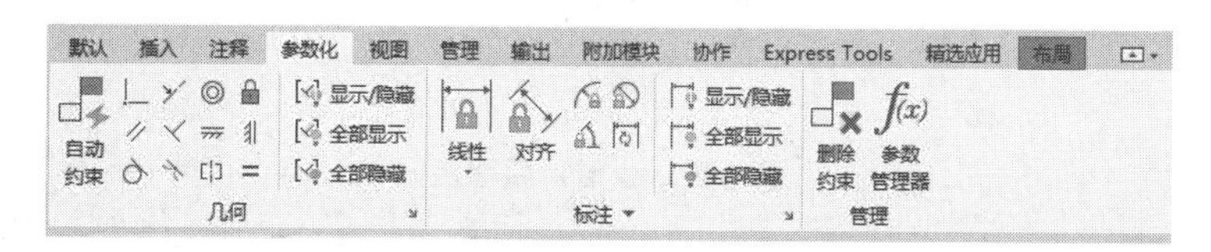

图 1-41　【参数化】功能选项卡

5）【视图】功能选项卡

【视图】功能选项卡从左至右依次为【视口工具】【命名视图】【模型视口】【选项

板】和【界面】5 大功能面板，如图 1-42 所示。

图 1-42 【视图】功能选项卡

6)【管理】功能选项卡

【管理】功能选项卡从左至右依次为【动作录制器】【自定义设置】【应用程序】【CAD 标准】和【清理】5 大功能面板，如图 1-43 所示。

图 1-43 【管理】功能选项卡

7)【输出】功能选项卡

【输出】功能选项卡从左至右依次为【打印】和【输出为 DWF/PDF】两大功能面板，如图 1-44 所示。

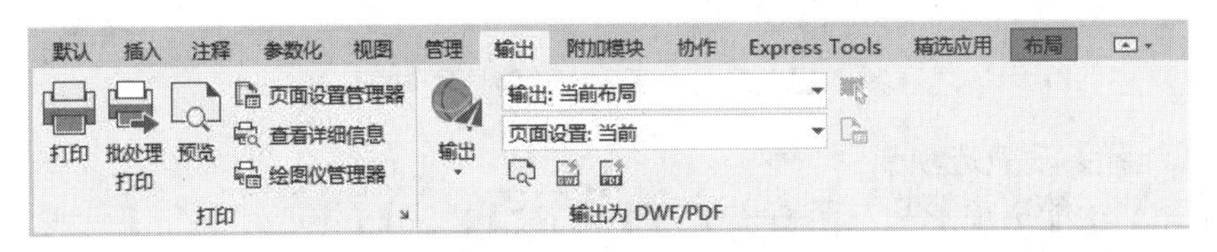

图 1-44 【输出】功能选项卡

注意：在功能区选项卡中，有些面板按钮右下角有箭头，表示有扩展菜单，单击箭头，扩展菜单会列出更多的工具按钮，如图 1-45 所示的【绘图】面板。

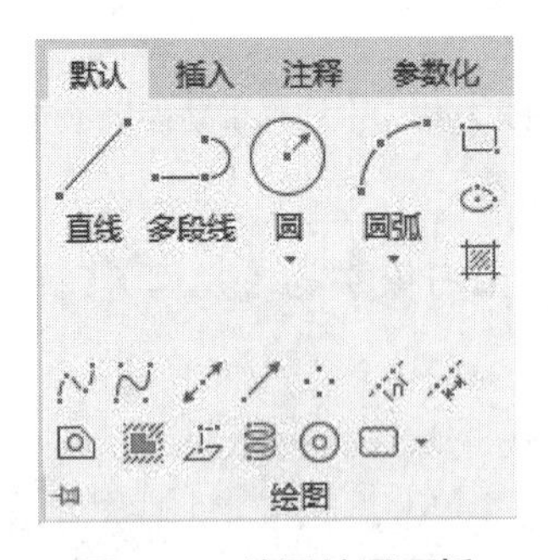

图 1-45 绘图扩展面板

6. 工具栏

工具栏是 AutoCAD【草图与注释】工作空间调用命令的主要方式之一，它是图标型工具按钮的集合，工具栏中的每个按钮图标都形象地表示出了该工具的作用。单击这些图标按钮，即可调用相应的命令。

AutoCAD 2022 提供了五十余种已命名的工具栏，如果还需要调用其他工具栏，可使用如下几种方法。

（1）菜单栏：执行【工具】|【工具栏】|AutoCAD 命令，如图 1-46 所示。

（2）快捷键：可以在任意工具栏上单击鼠标右键，在弹出的快捷菜单中进行相应的选择，如图 1-47 所示。

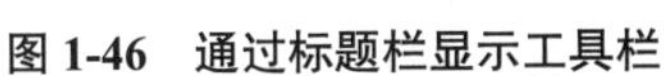

图 1-46　通过标题栏显示工具栏

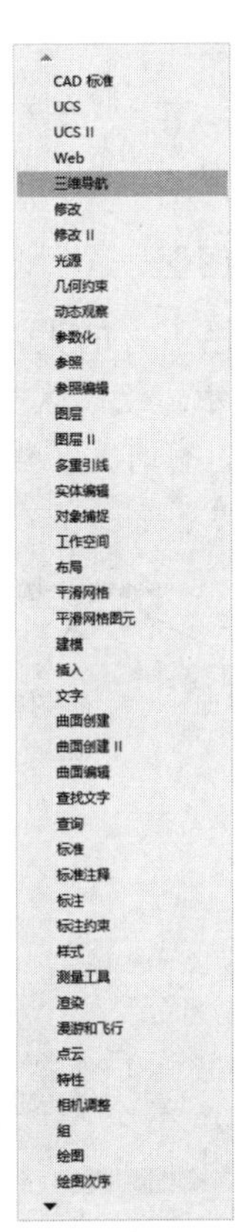

图 1-47　快捷菜单

提示：工具栏在【草图与注释】【三维基础】和【三维建模】空间中默认为隐藏状态，但可以通过在这些空间显示菜单栏，然后通过上面介绍的方法将其显示出来。

7. 标签栏

在【草图与注释】工作空间中，标签栏位于【功能区】的下方，由文件选项卡标签和加号按钮组成。AutoCAD 2022 的标签栏和一般网页浏览器中的标签栏作用相同，每一个新建或打开的图形文件都会在标签栏上显示一个文件标签，单击某个标签，即可切换至相应的图形文件，单击文件标签右侧的【×】按钮，可以快速将该标签文件关闭，从而方便了多图形文件的管理，如图 1-48 所示。

单击文件选项卡右侧的【+】按钮，可以快速新建图形文件。在标签栏空白处单击鼠标右键，系统会弹出一个快捷菜单，该菜单中各命令的含义如下。

新建：单击【新建】按钮，新建空白文件。

打开：单击【打开】按钮，打开已有文件。
全部保存：保存所有标签栏中显示的文件。
全部关闭：关闭标签栏中显示的所有文件，但是不会关闭 AutoCAD 2022 软件。

图 1-48　标签栏

8. 绘图区

标题栏下方的大片空白区域即为绘图区，是用户进行绘图的主要工作区域，如图 1-49 所示。绘图区实际上是无限大的，用户可以通过缩放、平移等命令来观察绘图区的图形。有时为了增大绘图空间，可以根据需要关闭其他界面元素，例如，工具栏和选项板等。

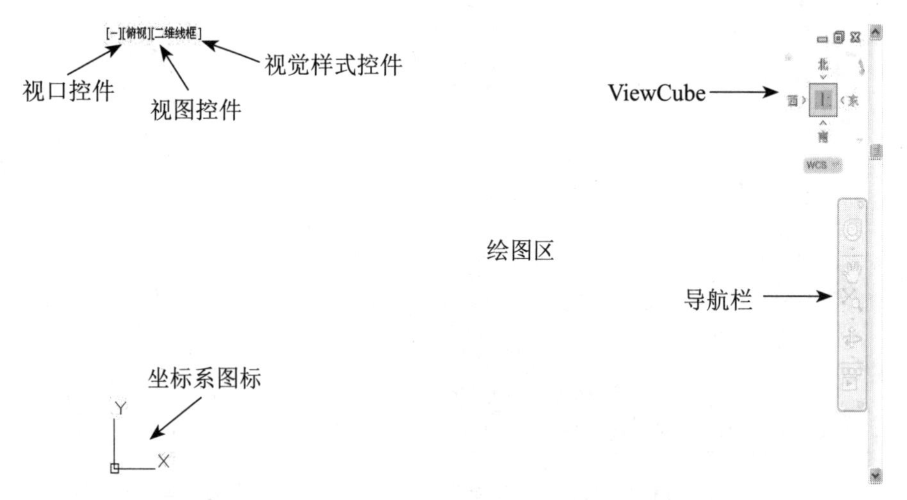

图 1-49　绘图区

图形窗口左上角的 3 个快捷功能控件，可以快速地修改图形的视图方向和视觉样式。

在图形窗口左下角显示有一个坐标系图标，以方便绘图人员了解当前的视图方向。此外，绘图区还会显示一个十字光标，其交点为光标在当前坐标系中的位置。当移动鼠标时，光标的位置也会相应改变。

绘图窗口右侧显示 ViewCube 工具和导航栏，用于切换视图方向和控制视图。

单击绘图区右上角的【恢复窗口】按钮，可以将绘图区单独显示，如图 1-50 所示。此时绘图区窗口显示了【绘图区】标题栏、窗口控制按钮、坐标系、十字光标等元素。

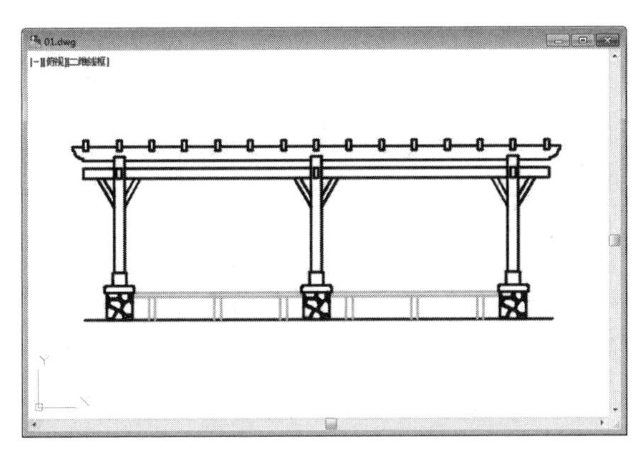

图 1-50 绘图区窗口

9. 命令行与文本窗口

命令行位于绘图窗口的底部，用于接收和输入命令，并显示 AutoCAD 提示信息，如图 1-51 所示。命令窗口中间有一条水平分界线，它将命令窗口分成两部分：命令行和命令历史窗口，位于水平分界线下方的为命令行，它用于接收用户输入的命令，并显示 AutoCAD 提示信息。

位于水平分界线下方的为命令历史窗口，它含有 AutoCAD 启动后所用过的全部命令及提示信息，该窗口有垂直滚动条，可以上下滚动查看以前用过的命令。

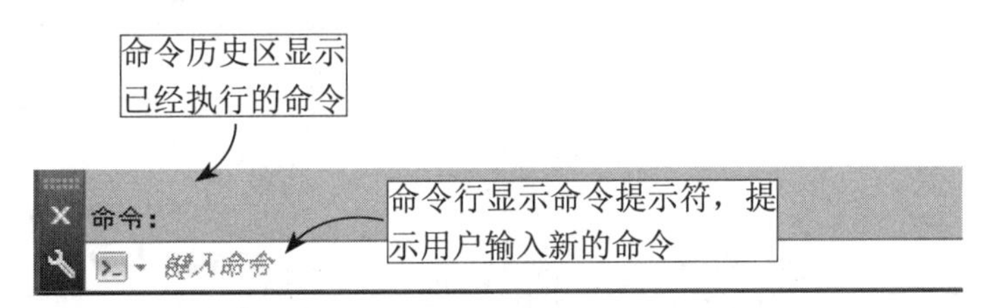

图 1-51 命令行窗口

AutoCAD 文本窗口的作用和命令窗口的作用一样，它记录了对文档进行的所有操作。文本窗口显示了命令行的各种信息，也包括出错信息，相当于放大后的命令行窗口，如图 1-52 所示。

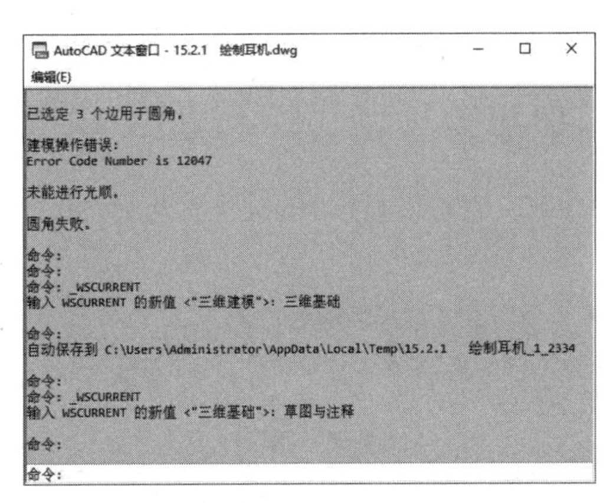

图 1-52 文本窗口

文本窗口在默认界面中没有直接显示，需要通过命令调取。调用文本窗口的方法有如下两种。

（1）菜单栏：执行【视图】|【显示】|【文本窗口】命令。

（2）快捷键：F2 键。

接下来了解命令行窗口的一些常用操作。

（1）将光标移至命令行窗口的上边缘，当光标呈 形状时，按住鼠标左键向上拖动鼠标可以增加命令行窗口显示的行数，如图 1-53 所示。

（2）鼠标左键按住命令行窗口灰色区域，可以对其进行移动，使其成为浮动窗口，如图 1-54 所示。

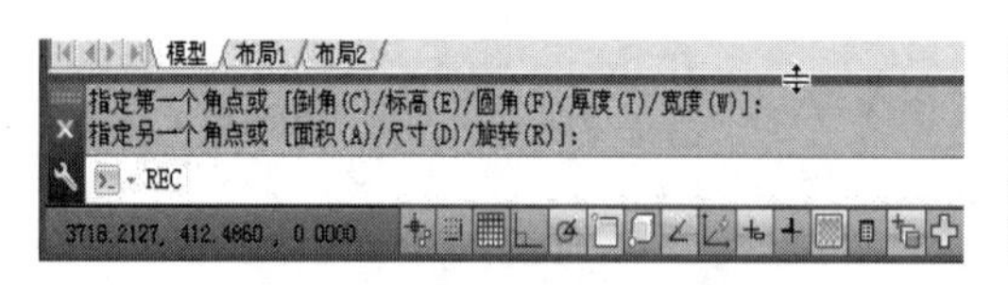

图 1-53　增加命令行显示行数

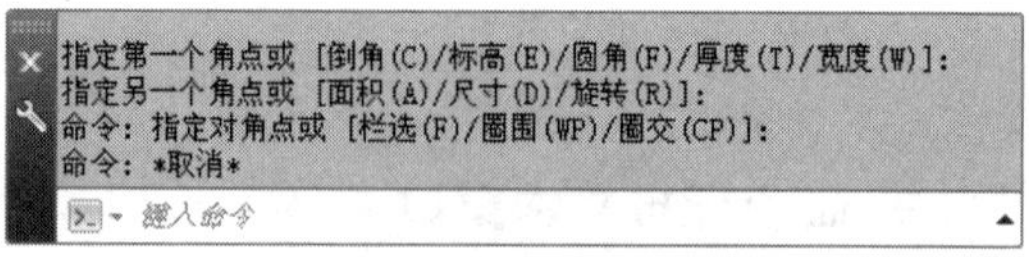

指定第一个角点或 [倒角(C)/标高(E)/圆角(F)/厚度(T)/宽度(W)]:
指定另一个角点或 [面积(A)/尺寸(D)/旋转(R)]:
命令: 指定对角点或 [栏选(F)/圈围(WP)/圈交(CP)]:
命令: *取消*
键入命令

图 1-54　命令行浮动窗口

在工作中通常除了可以调整命令行窗口的大小与位置外，在其窗口内单击鼠标右键，选择【选项】命令，单击弹出的【选项】对话框中的【字体】按钮，还可以调整命令行内的字体，如图 1-55 所示。

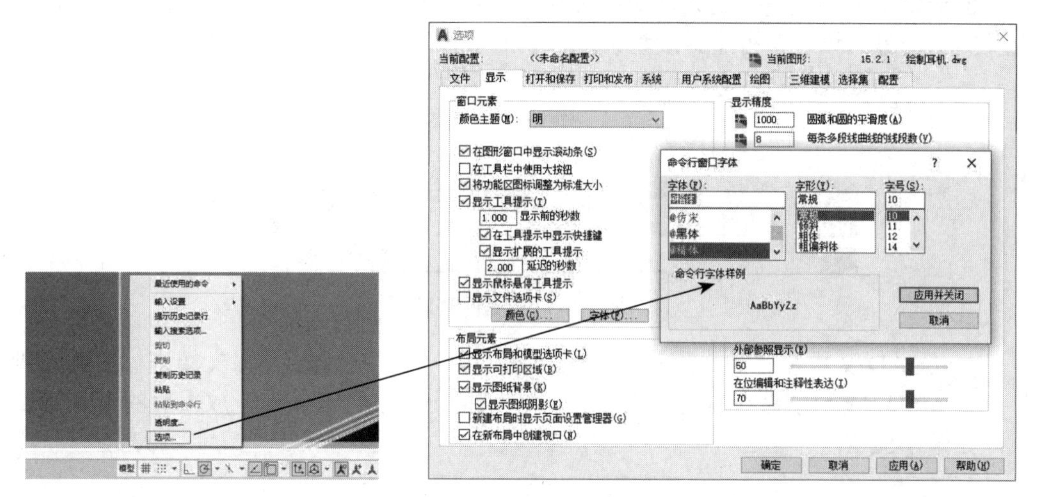

图 1-55　调整命令行字体

10. 状态栏

状态栏位于屏幕的底部，它可以显示 AutoCAD 当前的状态，主要由 4 部分组成，如图 1-56 所示。

图 1-56　状态栏

1）快速查看工具

使用其中的工具可以方便地预览打开的图形，以及打开图形的模型空间与布局，并在其间进行切换。图形将以缩略图形式显示在应用程序窗口的底部。

模型 模型：用于模型与图纸空间之间的转换。

快速查看布局 布局1：快速查看绘制图形的图幅布局。

新建布局 +：新建一个布局。

2）绘图辅助工具

绘图辅助工具主要用于控制绘图的性能，其中包括推断约束、捕捉模式、栅格显示、正交模式、极轴追踪、对象捕捉、三维对象捕捉、对象捕捉追踪、允许 / 禁止动态 UCS、动态输入、显示 / 隐藏线宽、显示 / 隐藏透明度、快捷特性和选择循环等工具。各工具按钮的具体说明如下。

捕捉模式：该按钮用于开启或者关闭捕捉。捕捉模式可以使光标很容易抓取到每一个栅格上的点。

栅格显示：该按钮用于开启或者关闭栅格的显示。

正交模式：该按钮用于开启或者关闭正交模式。正交即光标只能走与 X 轴或者 Y 轴平行的方向，不能画斜线。

极轴追踪：该按钮用于开启或者关闭极轴追踪模式。用于捕捉和绘制与起点水平线成一定角度的线段。

等轴测草图：等轴测草图的开关。

显示小控件：用于控制移动、旋转和缩放的控件显示。

对象捕捉追踪：该按钮用于开启或者关闭对象捕捉追踪。该功能和对象捕捉功能一起使用，用于追踪捕捉点在线性方向上与其他对象的特殊交点。

允许 / 禁止动态 UCS ：用于切换允许或禁止动态 UCS。

3）注释工具

用于显示缩放注释的若干工具。对于模型空间和图纸空间，将显示不同的工具。当图形状态栏打开后，将显示在绘图区域的底部；当图形状态栏关闭时，图形状态栏上的工具移至应用程序状态栏。

注释比例 1:1：注释时可通过此按钮调整注释的比例。

注释可见性：单击该按钮，可选择仅显示当前比例的注释或是显示所有比例的注释。

自动添加注释比例：注释比例更改时，通过该按钮可以自动将比例添加至注释性对象。

4）工作空间工具

切换工作空间：可通过此按钮切换 AutoCAD 2022 的工作空间。

注释监视器开关+：用于控制是否显示注释。

隔离对象：当需要对大型图形的个别区域重点进行操作并需要显示或隐藏部分对象时，可以使用该功能在图形中临时隐藏或显示选定的对象。

全屏显示：用于开启或退出 AutoCAD 2022 的全屏显示。

自定义☰：用于设置状态栏的显示内容。

1.6 投影基本原理和投影视图

将投影线通过物体向选定的平面进行投射，并在该平面上得到图形的方法称为投影法。根据投影法所得到的图形称为投影图，也可称为投影；投影法中得到投影的平面称为投影面。

1.6.1 投影法的基本原理

投影分为中心投影法和平行投影法两大类，在机械制图中常常采用平行投影法。而平行投影法也分为正投影法和斜投影法，如图 1-57 所示。

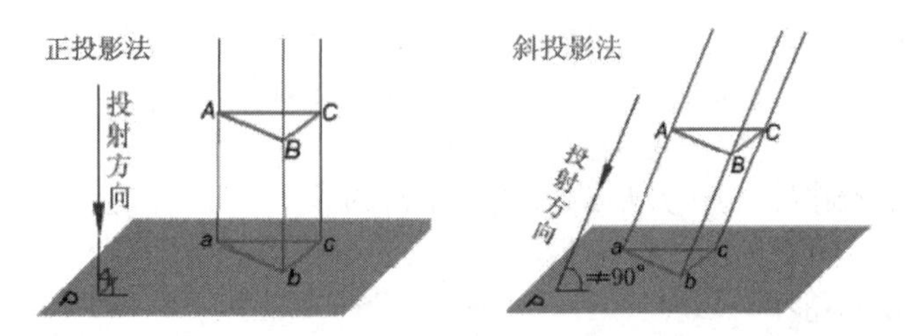

图 1-57 平行投影法

一般只用一个方向的投影来表达形体是不确定的，通常需将形体向几个方向投影才能完整清晰地表达出形体的形状和结构。

1.6.2 三面投影图

在机械制图中，最常用的是三视图。三视图是机械图样中最基本的图形，它是将物体放在三投影面体系中，分别向 3 个投影面投射所得到的图形，即主视图、俯视图、左视图。

将三投影面体系展开在一个平面内，三视图之间满足三等关系，即“主俯视图长对正、主左视图高齐平、俯左视图宽相等”，如图 1-58 所示，三等关系这个重要的特性是绘图和读图的依据。

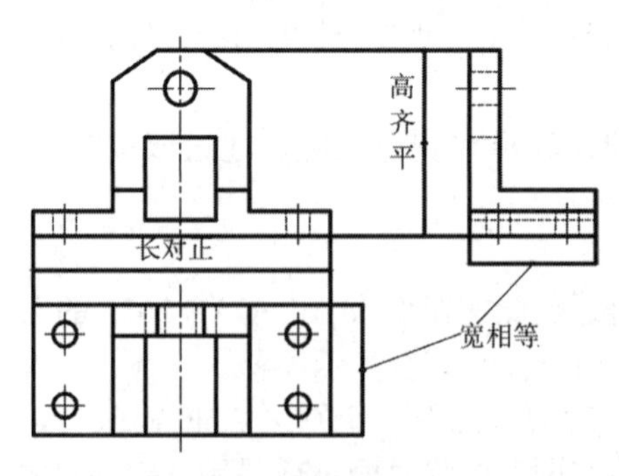

图 1-58 基本投影视图

当机件的结构十分复杂时，使用三视图来表达机件就会十分困难。在国家标准规定中，在原有的 3 个投影面上可增加 3 个投影面，使 6 个投影面形成一个正六面体，6

个投影面分别对应右视图、主视图、左视图、后视图、仰视图、俯视图。

（1）主视图：由前向后投射的是主视图。

（2）俯视图：由上向下投射的是俯视图。

（3）左视图：由左向右投射的是左视图。

（4）右视图：由右向左投射的是右视图。

（5）仰视图：由下向上投射的是仰视图。

（6）后视图：由后向前投射的是后视图。

各视图展开后都要遵循“长对正、高齐平、宽相等”的投影原则。

1.7 工程图中常用的基本视图

本节主要介绍剖视图、局部视图、断面图和局部放大图的表达方法。

1.7.1 剖视图

在机械绘图中，三视图可基本表达机件外形，对于简单的内部结构可用虚线表示。但当零件的内部结构较复杂时，视图的虚线也将增多，要清晰地表达机件内部形状和结构，必须采用剖视图的画法。

1. 剖视图的概念

用剖切平面剖开机件，将处在观察者和剖切平面之间的部分移去，而将其余部分向投影面投射所得的图形称为剖视图，简称剖视，如图1-59所示。

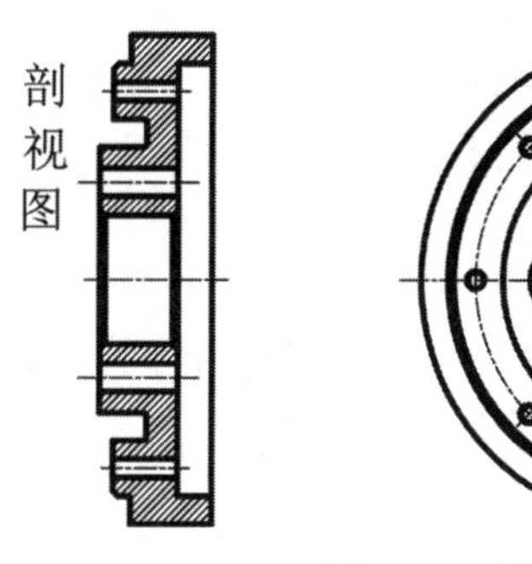

图1-59 剖视图

剖视图将机件剖开，使得内部原来不可见的孔、槽变为可见，虚线变成了可见线。由此解决了内部虚线过多的问题。

2. 剖视图的画法

剖视图的画法应遵循以下原则。

（1）画剖视图时，要选择适当的剖切位置，使剖切图平面尽量通过较多的内部结构（孔、槽等）的轴线或对称平面，并平行于选定的投影面。

（2）内外轮廓要完整。机件剖开后，处在剖切平面之后的所有可见轮廓线都应完整画出，不得遗漏。

（3）要画剖面符号。在剖视图中，凡是被剖切的部分应画上剖面符号。金属材料的剖面符号应画成与水平方向成45°角的互相平行、间隔均匀的细实线，同一机件各个视图的剖面符号应相同。但是如果图形主要轮廓与水平方向成45°或接近45°角时，该图剖面线应画成与水平方向30°或60°角，其倾斜方向仍应与其他视图的剖面线一致。

3. 剖视图的分类

为了用较少的图形完整清晰地表达机械结构，就必须使每个图形能较多地表达机件的形状。在同一个视图中将普通视图与剖视图结合使用，能够最大限度地表达更多结构。按剖切范围的大小，剖视图可分为全剖视图、半剖视图、局部剖视图。按剖切面的种类和数量，剖视图可分为阶梯剖视图、旋转剖视图、斜剖视图和复合剖视图。

1）全剖视图的绘制

用剖切平面将机件全部剖开后进行投影所得到的剖视图称为全剖视图，如图1-60所示。全剖视图一般用于表达外部形状比较简单而内部结构比较复杂的机件。

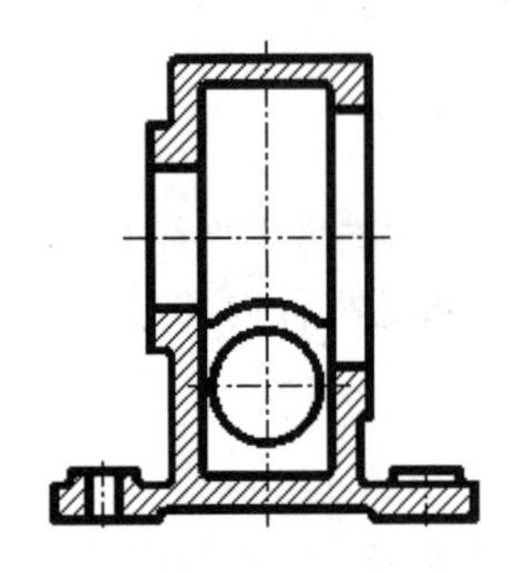

图1-60　全剖视图

提示：当剖切平面通过机件对称平面，且全剖视图按投影关系配置，中间又无其他视图隔开时，可以省略剖切符号标注，否则必须按规定方法标注。

2）半剖视图的绘制

当物体具有对称平面时，在垂直对称平面的投影面上所得的图形，可以以对称中心线为界，一半画成剖视图，另一半画成普通视图，这种剖视图称为半剖视图，如图1-61所示。

半剖视图既充分地表达了机件的内部结构，又保留了机件的外部形状，具有内外兼顾的特点。但半剖视图只适宜于表达对称的或基本对称的机件。当机件的俯视图前后对称时，也可以使用半剖视图表示。

3）局部剖视图的绘制

用剖切平面局部剖开机件所得的剖视图称为局部剖视图，如图1-62所示。局部剖视图一般使用波浪线或双折线分界来表示剖切的范围。

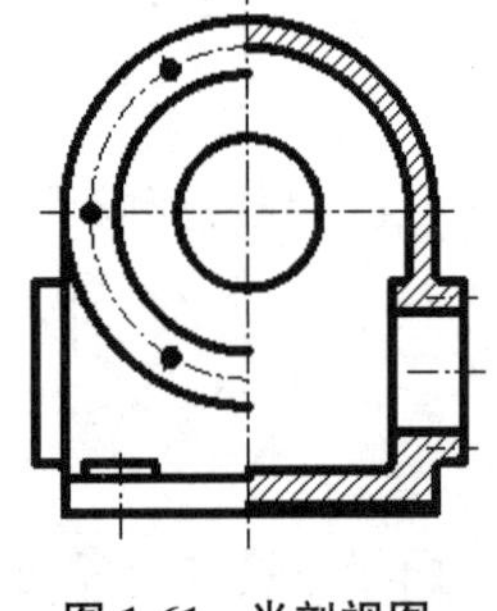

图1-61　半剖视图

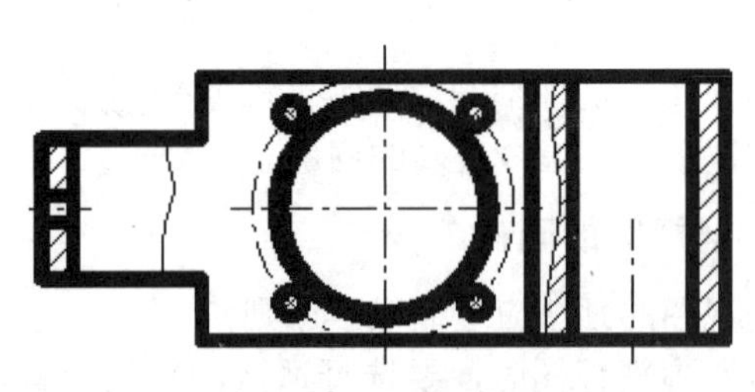

图1-62　局部剖视图

局部剖视图是一种比较灵活的表达方法，剖切范围根据实际需要决定。但使用时要考虑到看图方便，剖切不要过于零碎。它常用于下列两种情况。

（1）机件只有局部内部结构要表达，而又不便或不宜采用全部剖视图时。

（2）不对称机件需要同时表达其内、外形状时，宜采用局部剖视图。

1.7.2　局部视图

当采用一定数量的基本视图后，机件上仍有部分结构形状尚未表达清楚，而又没有必要再画出完整的其他的基本视图时，可采用局部视图来表达。

局部视图是将机件的某一部分向基本投影面投影得到的视图。局部视图是不完整的基本视图，利用局部视图可以减少基本视图的数量，使表达简洁，重点突出。

局部视图一般用于下面两种情况。

（1）用于表达机件的局部形状。如图 1-63 所示，画局部视图时，一般可按向视图（指定某个方向对机件进行投影）的配置形式配置。当局部视图按基本视图的配置形式配置时，可省略标注。

（2）用于节省绘图时间和图幅，对称的零件视图可只画一半或四分之一，并在对称中心线画出两条与其垂直的平行细直线，如图 1-64 所示。

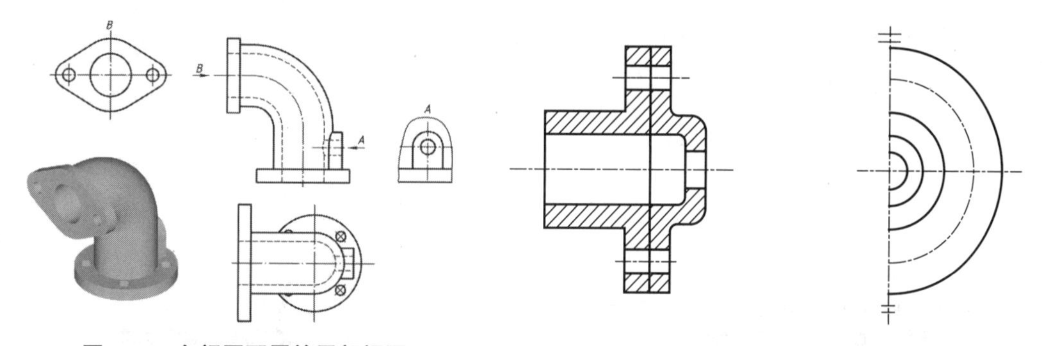

图 1-63　向视图配置的局部视图　　**图 1-64　对称零件的局部视图**

画局部视图时应注意以下几点。

（1）在相应的视图上用带字母的箭头指明所表示的投影部位和投影方向，并在局部视图上方用相同的字母标明。

（2）局部视图尽量画在有关视图的附近，并直接保持投影联系。也可以画在图纸内的其他地方。当表示投影方向的箭头标在不同的视图上时，同一部位的局部视图的图形方向可能不同。

（3）局部视图的范围用波浪线表示。所表示的图形结构完整且外轮廓线又封闭时，波浪线可省略。

1.7.3　断面图

假想用剖切平面将机件在某处切断，只画出切断面形状的投影并画上规定的剖面符号的图形称为断面图。断面一般用于表达机件的某部分的断面形状，如轴、孔、槽等结构。

为了得到断面结构的实体图形，剖切平面一般应垂直于机件的轴线或该处的轮廓线。断面图分为移出断面图和重合断面图。

1. 移出断面图

移出断面图的轮廓线用粗实线绘制，画在视图的外面，尽量放置在剖切位置的延长线上，一般情况下只需画出断面的形状，但是，当剖切平面通过回转曲面形成的孔或凹槽时，此孔或凹槽按剖视图画，或当断面为不闭合图形时，要将图形画成闭合的图形。

完整的剖面标记由 3 部分组成。粗短线表示剖切位置，箭头表示投影方向，拉丁字母表示断面图名称。当移出断面图放置在剖切位置的延长线上时，可省略字母；当图形对称（向左或向右投影得到的图形完全相同）时，可省略箭头；当移出断面图配置在剖切位置的延长线上，且图形对称时，可不加任何标记，如图 1-65 所示。

提示： 移出断面图也可以画在视图的中断处，此时若剖面图形对称，可不加任何标记；若剖面图形不对称，要标注剖切位置和投影方向。

2. 重合断面图

剖切后将断面图形重叠在视图上，这样得到的剖面图称为重合断面图。

重合断面图的轮廓线要用细实线绘制，而且当断面图的轮廓线和视图的轮廓线重合时，视图的轮廓线应连续画出，不应间断。当重合断面图形不对称时，要标注投影方向和断面位置标记，如图 1-66 所示。

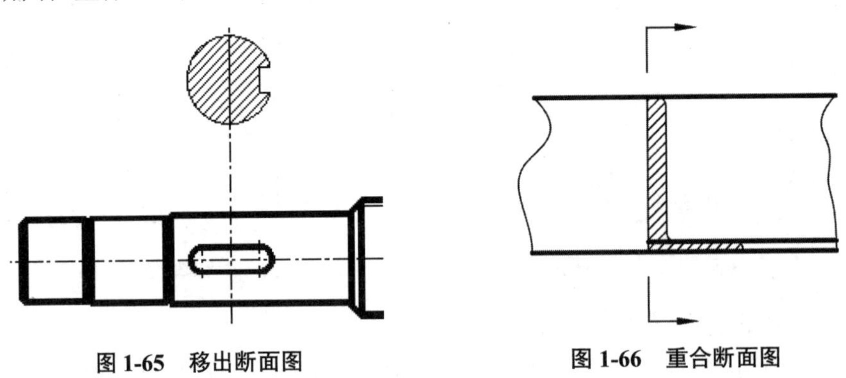

图 1-65　移出断面图　　　　图 1-66　重合断面图

提示： 注意区分断面图与剖视图，断面图仅画出机件断面的图形，而剖视图则要画出剖切平面以后所有部分的投影。

1.7.4　局部放大图

当物体某些细小结构在视图上表示不清楚或不便标注尺寸时，可以用大于原图形的绘图比例在图纸上其他位置绘制该部分图形，这种图形称为局部放大图，如图 1-67 所示。

局部放大图可以画成视图、剖视或断面图，它与被放大部分的表达形式无关。画图时，在原图上用细实线圆圈出被放大部分，尽量将局部放大图配置在被放大图样部分附近，在放大图上方注明放大图的比例。若图中有多处要作局部放大时，还要用罗马数字作为放大图的编号。

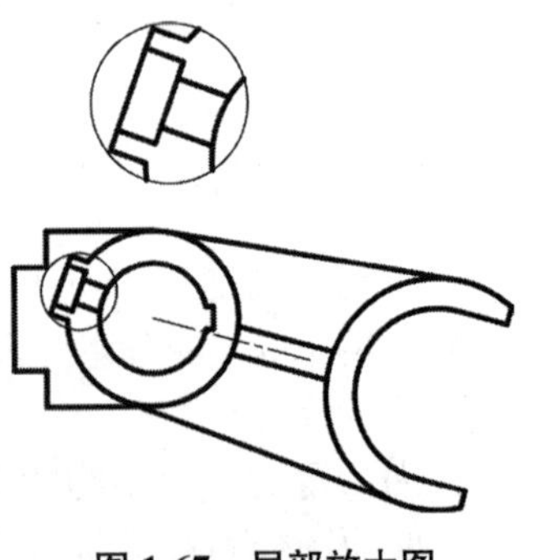

图 1-67　局部放大图

1.8 零 件 图

零件图是表示零件结构、大小以及技术要求的图样，能够让识图者清楚地看出零件的结构和制造工艺等，也是制造零件和检验零件是否合格的最重要的依据。

1.8.1 零件的分类

零件是组成机械不可拆分的最小单元，根据零件的作用及其结构，其一般分为以下几类。

1. 标准件和常用件

标准件的规格都有一定的国家标准，如螺栓、轴承、销钉等。

2. 非标准件

非标准件的结构和尺寸可根据实际需要定义，常用的非标准件按其结构分为以下几类。

（1）轴套类零件（齿轮轴）。

（2）板座类零件（底座、轴承座等）。

（3）轮盘类零件（齿轮、端盖等）。

（4）叉架类零件（拨叉、叉架等）。

（5）箱体类零件（齿轮箱、泵体等）。

1.8.2 零件图的内容

为了使识图者能全面认识零件的材料、结构、尺寸、工艺要求等，并通过零件图制造和检验零件，零件图的内容要尽量全面并且清晰。

一个完整的零件图一般包括以下内容。

（1）一组视图，包括主视图、俯视图和左视图，一般如果零件通过两个视图就可以表达清楚，则另一个视图可以不用绘制。

（2）完整的尺寸标注，包括基本尺寸和基本公差、形位公差等。

（3）技术要求。注明零件的加工、检验要求，零件图上不便于图示的信息也可在技术要求中说明。

（4）标题栏。包含零件的名称、材料、编号、设计者信息等内容，填写完整的标题栏有助于图纸的查找、分类和保存。

1.8.3 零件的画法

使用 AutoCAD 绘图时，也应遵守绘图的国家标准，尽可能发挥计算机资源共享的优点，绘制零件图一般分为以下几个步骤。

1. 创建模板

在绘制零件图之前，应根据图纸幅面大小和版式的不同，分别建立符合机械制图国家标准的若干机械图样模板。模板中包括图纸幅面、图层、使用文字的一般样式、尺寸标注的一般样式等，这样在绘制零件图时，就可以直接调用建立好的模板进行绘图，有利于提高绘图效率。

2. 绘制零件图

以创建的模板为图形样板，利用常用绘图和图形编辑命令、数据输入方法绘制零件图。绘制零件图时，一般首先绘制主视图，再根据“长对正、高齐平、宽相等”的原则，绘制其他两个视图，有必要的话根据基本视图绘制断面图和局部放大图，在需要剖面线的位置填充图案。

3. 标注尺寸

零件图绘制完成之后，使用尺寸工具标注尺寸。尺寸标注需要正确、完整、清晰和合理。尺寸标注有以下原则。

（1）既要考虑设计要求，又要考虑工艺要求。

（2）主要尺寸的标注应从设计基准出发进行标注。

（3）一般尺寸应从工艺基准出发进行标注。

4. 编写技术要求

零件图的技术要求就是对零件的尺寸精度、零件表面状况等品质的要求。它直接影响零件的质量，是零件图的重要内容之一。在 AutoCAD 中一般使用【多行文字】命令编写技术要求。

5. 填写标题栏

标题栏中写明零件名称、材料、图号、绘图人的名字、绘图单位、绘图日期等。

6. 保存文件

选择【文件】|【另存为】命令，输入零件图的文件名，保存文件到指定的文件夹。

1.8.4 零件的技术要求

尺寸、粗糙度与形位公差标注完毕后，就可以在图纸的空白处填写技术要求。图纸的技术要求一般包括以下内容。

（1）零件的表面结构要求。

（2）零件热处理和表面修饰的说明，如热处理的温度范围，表面是否渗氮或者镀铬等。

（3）如果零件的材料特殊，也可以在技术要求中详细写明。

（4）关于特殊加工的检验、实验的说明，如果是装配图，则可以写明装配顺序和装配后的使用方法。

（5）各种细节的补充，如倒角、倒圆等。

（6）各种在图纸上不能表达出来的设计意图，均可在技术要求中提及。

1.9 装 配 图

装配图主要表达机构的工作原理和装配关系。在机械设计过程中，装配图的绘制通常在零件图之前，主要用于机器或部件的装配、调试、安装、维修等场合，是生产中一种重要的技术文件。

在产品或部件的设计过程中，一般是先画出装配图，然后再根据装配图进行零件设计，画出零件图；在产品或部件的制造过程中，先根据零件图进行零件加工和检验，再依据装配图所制定的装配工艺规程将零件装配成机器或部件；在产品或部件的使用、维护及维修过程中，也经常要通过装配图来了解产品或部件的工作原理及构造。

1.9.1 装配图的内容

一般情况下，设计或制作一个产品都需要使用到装配图，一张完整的装配图应该包括以下内容。

1. 一组视图

一组视图能正确、完整、清晰地表达产品或部件的工作原理、各组成零件间的相互位置和装配关系及主要零件的结构形状。

画装配图时，部件大多按工作位置放置。主视图方向应选择反映部件主要装配关系及工作原理的方位，主视图的表达方法多采用剖视的方法；其他视图的选择以进一步准确、完整、简便地表达各零件间的结构形状及装配关系为原则，因此多采用局部剖、拆去某些零件后的视图、断面图等表达方法。

装配图的视图表达方法和零件图基本相同，在装配图中也可以使用各种视图、剖视图、断面图等表达方法。但装配图的侧重点是将装配图的结构、工作原理和零件图的装配关系正确、清晰地表达清楚。

2. 必要的尺寸

装配图的尺寸标注和零件图不同，零件图要清楚地标注所有尺寸，确保能准确无误地绘制出零件图，而装配图上只需标注出机械或部件的性能、安装、运输、装配有关的尺寸，包括以下尺寸类型。

（1）特性尺寸：表示装配体的性能、规格或特征的尺寸，它常常是设计或选择使用装配体的依据。

（2）装配尺寸：是指装配体各零件间装配关系的尺寸，包括配合尺寸和相对位置尺寸。

（3）安装尺寸：表示装配体安装时所需要的尺寸。

（4）外形尺寸：装配体的外形轮廓尺寸（如总长、总宽、总高等），是装配体在包装、运输、安装时所需的尺寸。

（5）其他重要尺寸：是经计算或选定的不能包括在上述几类尺寸中的重要尺寸，如运动零件的极限位置尺寸。

3. 技术要求

装配图中的技术要求就是采用文字或符号来说明机器或部件的性能、装配、检验、使用、外观等方面的要求。技术要求一般注写在明细表的上方或图纸下部空白处，如果内容很多，也可另外编写成技术文件作为图纸的附件，如图 1-68 所示。

技术要求

1. 采用螺母及开口垫圈手动夹紧工件。
2. 非加工内表面涂红防锈漆，外表面喷漆应光滑平整，不应有脱皮凸起等缺陷。
3. 对刀块工作平面对定位键工作平面平行度0.05/100mm。
4. 对刀块工作平面对夹具底面垂直度0.05/100mm。
5. 定位轴中心线对夹具底面垂直度0.05/100mm。

图 1-68 技术要求

技术要求的内容应简明扼要、通俗易懂。技术要求的条文应编写顺序号，仅一条时不写顺序号。装配图技术要求的内容如下。

（1）装配体装配后所达到的性能要求。

（2）装配图装配过程中应注意到的事项及特殊加工要求。

（3）检验、实验方面的要求。

（4）使用要求。

4. 零部件序号、标题栏和明细栏

按国家标准规定的格式绘制标题栏和明细栏，并按一定格式将零部件进行编号，填写标题栏和明细栏。

1）零部件序号

零部件序号是由圆点、指引线、水平线或圆（细实线）、数字组成，序号写在水平线上侧或小圆内，如图 1-69 所示。

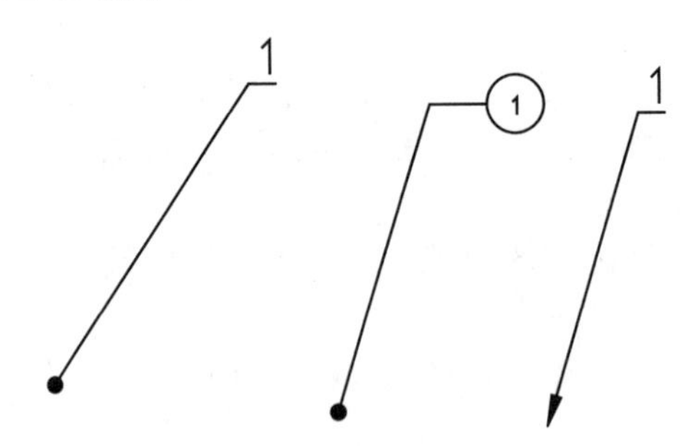

图 1-69 零件序号的标注类型

在机械制图中，序号的标注形式有多种，序号的排列也需要遵循一定的原则，这些原则总结如下。

（1）在装配图中所有的零部件都必须编写序号。

（2）装配图中零部件序号要与明细栏中的序号一致。

（3）序号字体应与尺寸标注一致，字高一般比尺寸标注的字高大一至二号。

（4）同一装配图中的零件序号类型应一致。

（5）装配图中的每个零件都必须编写序号，相同零件只要编写一个序号。

（6）指引线应由零件可见轮廓内引出，零件太薄或太小时建议用箭头指向，如图 1-70 所示。

（7）如果是一组紧固件，以及装配关系清晰的零件组，可采用公共指引线，如图 1-71 所示。

（8）指引线应避免彼此相交，也不用过长。若指引线必须经过剖面线，应避免引出线与剖面线平行。必要时可以画成折线，但是只能折一次。

（9）序号应按水平或垂直方向排列整齐，并按顺时针或逆时针方向顺序编号。

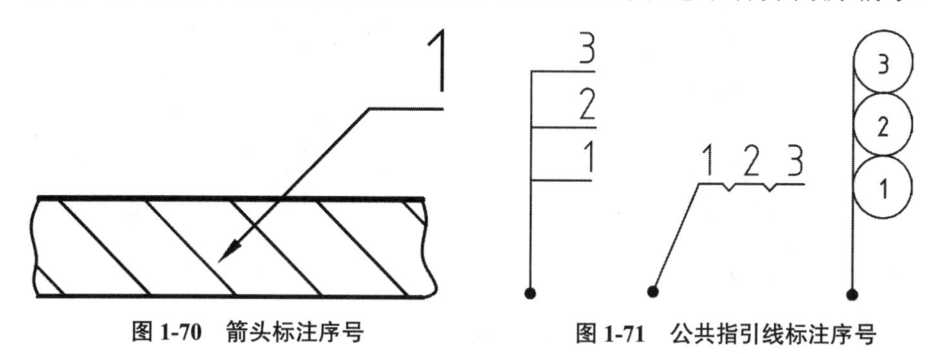

图 1-70 箭头标注序号

图 1-71 公共指引线标注序号

2）标题栏和明细栏

为了方便装配时零件的查找和图样的管理，必须对零件编号，列出零件的明细栏。明细栏是装配体中所有零件的目录，一般绘制在标题栏上方，可以和标题栏相连在一起，也可以单独画出。明细栏序号按零件编号从下到上列出，以方便修改。明细栏中的竖直轮廓线用粗实线绘出，水平轮廓线用细实线绘出。

如图 1-72 所示是明细栏的常用形式和尺寸。

(180)

11	37	33	11	35	11	12	30
4	-04	缸筒	1	45			
3	-03	连接法兰	2	45			
2	-02	缸头	1	QT400			
1	-01	活塞杆	1	45			
序号	代　号	名　称	数量	材　料	单件 重量	总计 重量	备　注

8 8 8 8 12

标记	处数	更改文件号	签字	日期	零件图标题栏

图 1-72 装配图明细栏

总的来说，装配图是表达设计思想及技术交流的工具，是指导生产的基本技术文件。因此，无论是在设计机器还是测绘机器时，必须画出装配图。

1.9.2 使用 AutoCAD 画装配图的一般步骤

在实际绘图过程中，国家标准对装配图的绘制方法进行了一些总结性的规定。

（1）相邻两零件的接触表面和配合表面只画出一条轮廓线，不接触的表面和非配合表面应画两条轮廓线，如图 1-73 所示。如果距离太近，可以按比例放大并画出。

（2）相邻两零件的剖面线，倾斜方向应尽量相反，当不能使其相反时，则剖面线的间距不应该相等，或者使剖面线相互错开，如图 1-74 所示的机座与轴承、机座与端盖、轴承与端盖。

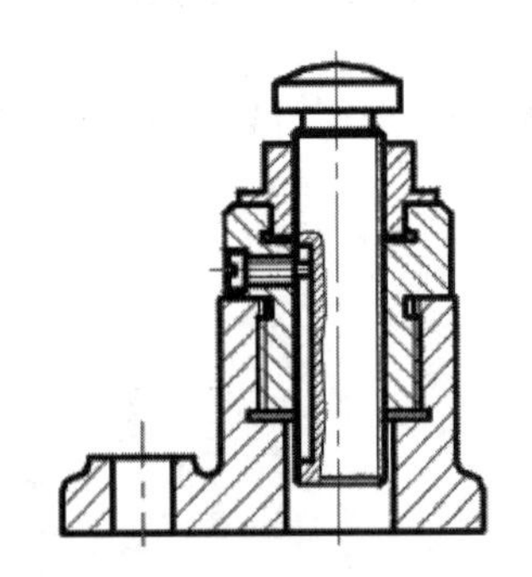

图 1-73　接触表面和不接触表面画法

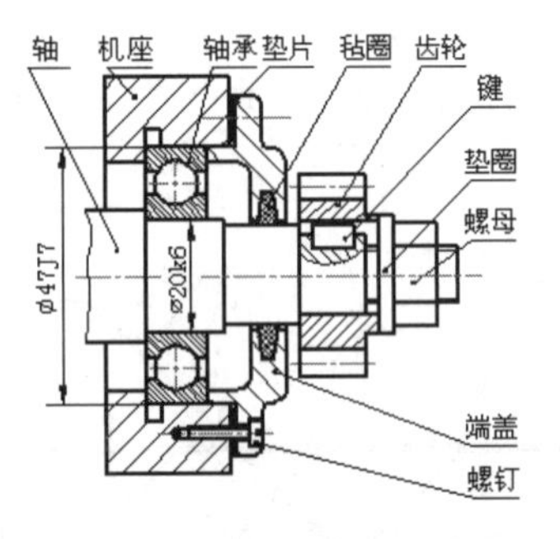

图 1-74　相邻零件的剖切面画法

（3）同一装配图中的同一零件的剖面方向、间隔都应一致。

（4）在装配图中，对于紧固件及轴、球、手柄、键、连杆等实心零件，若沿纵向剖切且剖切平面通过其对称平面或轴线时，这些零件均按不剖切绘制，如需表明零件的凹槽、键槽、销孔等结构，可用局部剖视表示。

（5）在装配图中，宽度小于或等于 2mm 的窄剖面区域，可全部涂黑表示，如图 1-75 所示。

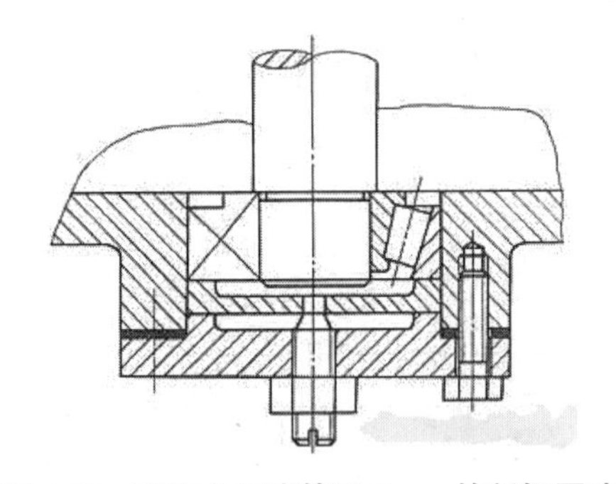

图 1-75　宽度小于或等于 2mm 的剖切画法

1.9.3 使用 AutoCAD 绘制二维装配图的方法

除了 1.9.2 节所介绍的一般画法，在 AutoCAD 中还有一些比较特殊的方法，总结如下。

（1）拆卸画法：在装配图的某一视图中，为表达一些重要零件的内、外部形状，可假想拆去一个或几个零件后绘制该视图。如图 1-76 所示为轴承装配图中，俯视图的右半部为拆去轴承盖、螺栓等零件后画出的。

（2）假想画法：在装配图中，为了表达与本部件存在装配关系但又不属于本部件的相邻零部件，可用双点画线画出相邻零部件的部分轮廓，当需要表达运动零件的运动范围或极限位置时，也可用双点画线画出该零件在极限位置处的轮廓。

（3）单独表达某个零件的画法：在装配图中，当某个零件的主要结构在其他视图中未能表示清楚，而该零件的形状对部件的工作原理和装配关系的理解起着十分重要的作用时，可单独画出该零件的某一视图。如图 1-77 所示为转子油泵的 B 向视图。

（4）简化画法：在装配图中，对于若干相同的零部件组，可详细地画出一组，其余只需用点画线表示其位置即可；零件的工艺结构，如倒角、圆角、退刀槽、拔模斜度、滚花等均可不画出。

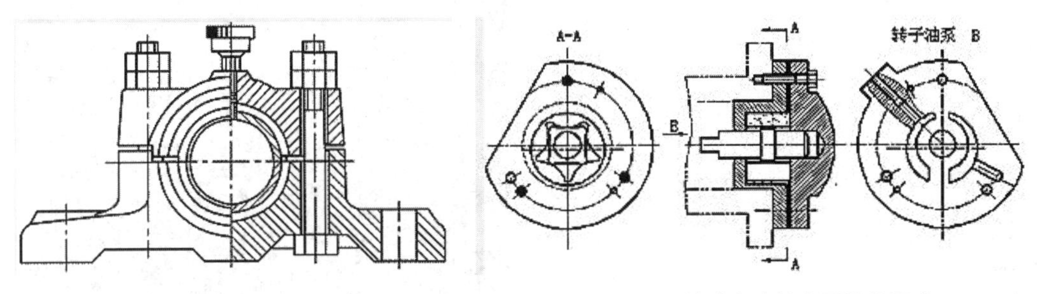

图 1-76　拆卸画法　　　　图 1-77　单独表达某个零件的画法

1.10 课堂练习：图形文件管理

应用所学知识完成以下练习。

1.10.1 新建 AutoCAD 图形文件

（1）双击桌面上的 AutoCAD 2022 快捷图标，启动软件。

（2）选择【文件】|【新建】菜单命令，如图 1-78 所示。

（3）系统弹出【选择样板】对话框，在【文件名】列表框中选择一个适合的样板，如图 1-79 所示。然后单击【打开】按钮，即可新建一个图形文件。

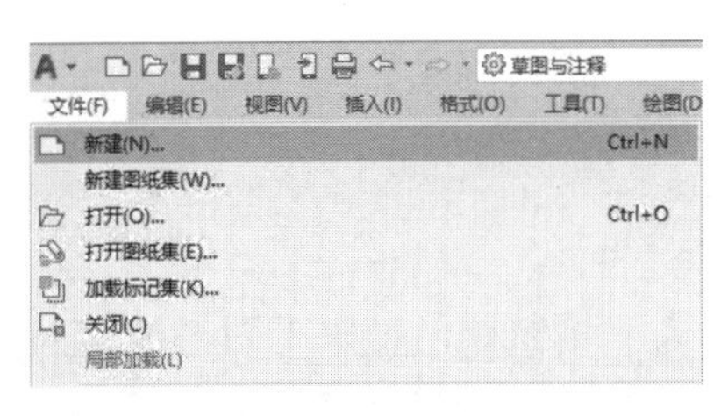

图 1-78　【文件】菜单

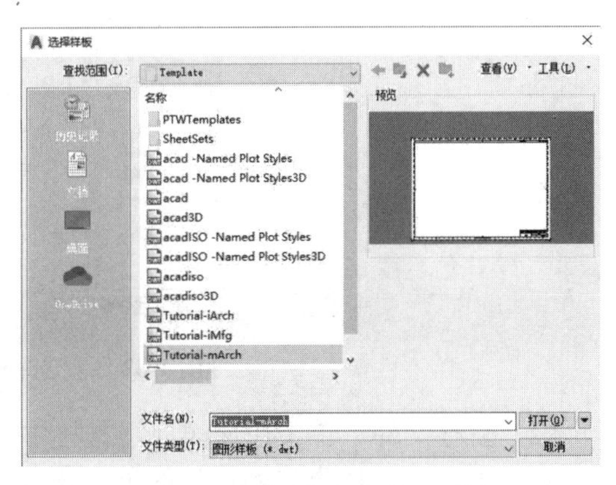

图 1-79　【选择样板】对话框

1.10.2 打开已有 AutoCAD 图形文件

（1）启动 AutoCAD 2022，选择【文件】|【打开】命令，或者按 Ctrl+O 组合键，打开【选择文件】对话框。

（2）在【选择文件】对话框中浏览到素材文件夹并选择素材文件，如图 1-80 所示。

（3）单击【打开】按钮，打开图形如图 1-81 所示。

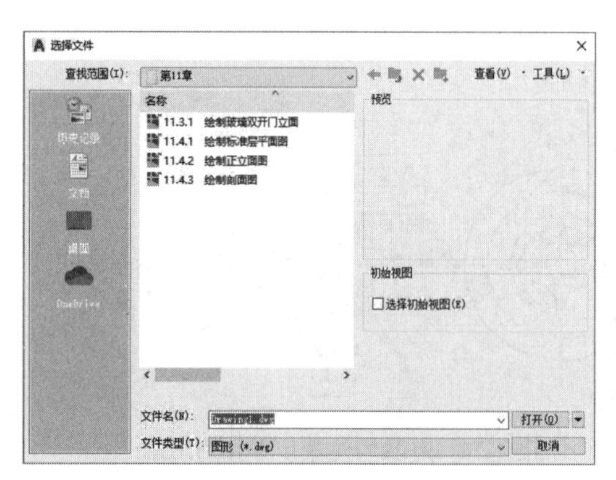

图 1-80 【选择文件】对话框

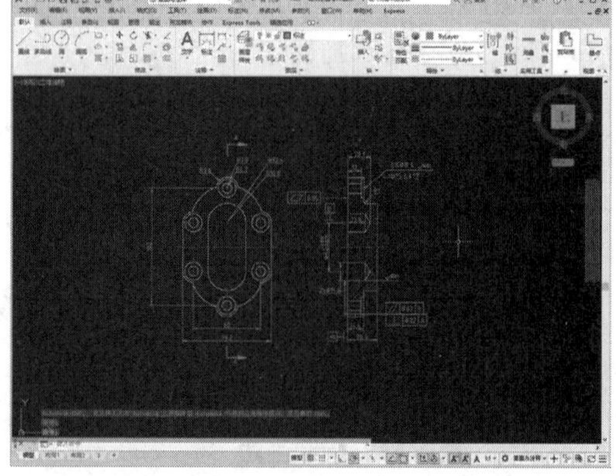

图 1-81 打开文件后的效果

1.10.3 保存绘制的 AutoCAD 图形文件

（1）启动 AutoCAD 2022，选择【文件】|【新建】命令，弹出【选择样板】对话框，在【文件名】列表框中选择样板文件 acad.dwt，如图 1-82 所示。单击【打开】按钮，新建图形文件。

图 1-82 【选择样板】对话框

（2）另存文件。单击快速访问工具栏中的【另存为】按钮，弹出【图形另存为】对话框，单击【文件类型】右边的▼按钮，在弹出的下拉菜单中选择【AutoCAD 图形样板（*.dwt）】命令，如图 1-83 所示。

（3）系统返回【图形另存为】对话框，选择合适的保存路径，输入文件名，如图 1-84 所示。

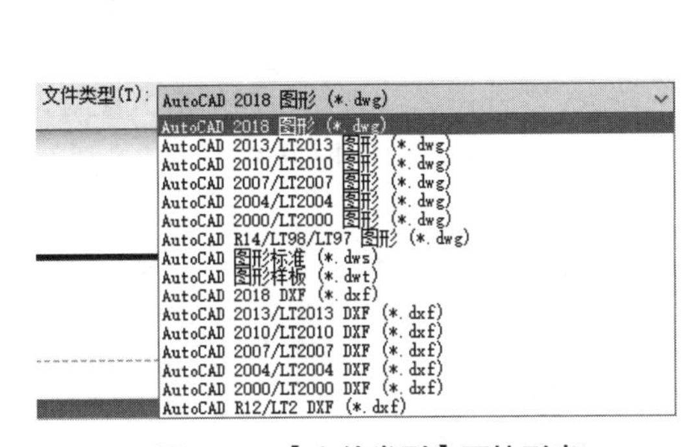

图 1-83 【文件类型】下拉列表

图 1-84 保存文件

（4）关闭文件。单击标签栏上的【关闭】按钮，关闭文件。

1.11 AutoCAD 机械制图赏析

如图 1-85 所示，便是一张完整的减速器设计装配图。该图线条选用合理，布局清晰，尺寸没有遗漏，且明细表和序列号一一对应，能完整地显示出减速器的工作状态。

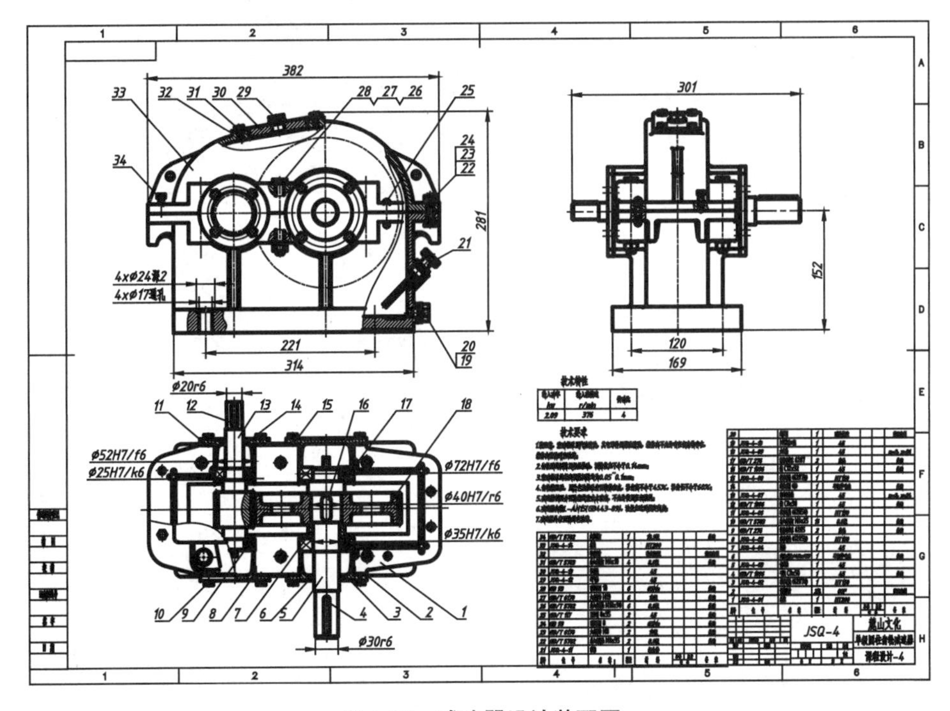

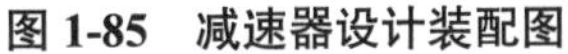
图 1-85 减速器设计装配图

高清图

1.12 课后总结

本章介绍了启动与退出 AutoCAD 2022、AutoCAD 2022 工作界面、图形文件管理、设置绘图环境、AutoCAD 2022 执行命令的方式、AutoCAD 视图的控制、图层管理、辅助绘图工具、AutoCAD 的坐标系等这些内容，熟练掌握这些内容是绘制机械图纸的基础，也是深入学习 AutoCAD 功能的重要前提。

本章还介绍了机械绘图的一些基本知识，包括投影视图、剖视图、局部放大图等，这些设计知识可以帮助读者更快地掌握设计方法，更好地走上工作岗位。

1.13 课后习题

（1）在 AutoCAD 2022 中，默认情况下线宽的大小单位为__________。

（2）AutoCAD 2022 初始界面，其【草图与注释】空间界面主要包括__________、__________、__________、__________、__________、__________、__________等几部分。

（3）AutoCAD 2022 中，图形文件的管理功能主要包括__________、__________、__________、__________等。

（4）AutoCAD 2022 提供了__________、__________与__________三个绘图空间。

（5）AutoCAD 启动命令的方式有____________、____________、____________和____________等几种。

第2章 chapter 2

AutoCAD 机械绘图基础设置

要利用 AutoCAD 来绘制图形，首先就要了解坐标、对象选择和一些辅助绘图工具方面的内容。本章将深入阐述相关内容，并通过实例来帮助读者加深理解。此外，本章还将介绍 AutoCAD 绘图环境的设置，如背景颜色、光标大小等。

2.1　设置机械绘图环境

绘图环境指的是绘图的单位、图纸的界限、绘图区的背景颜色等。本章将介绍这些设置方法，而且可以将大多数设置保存在一个样板中，这样就无须在每次绘制新图形时重新进行设置。

2.1.1　设置绘图单位

在绘制图形前，一般需要先设置绘图单位，如绘图比例设置为 1 ∶ 1，则所有图形的尺寸都会按照实际绘制尺寸来标出。设置绘图单位，主要包括长度和角度的类型、精度和起始方向等内容。

设置图形单位主要有以下两种方法。

（1）菜单栏：选择【格式】|【单位】命令。

（2）命令行：输入 UNITS/UN。

执行上述任一命令后，系统将弹出如图 2-1 所示的【图形单位】对话框。该对话框中各选项的含义如下。

【长度】：用于选择长度单位的类型和精确度。

【角度】：用于选择角度单位的类型和精确度。

【顺时针】复选框：用于设置旋转方向。如选中此复选框，则表示按顺时针旋转的角度为正方向，未选中则表示按逆时针旋转的角度为正方向。

【插入时的缩放单位】：用于选择插入图块时的单位，也是当前绘图环境的尺寸单位。

【方向】按钮：用于设置角度方向。单击该按钮将弹出如图 2-2 所示的【方向控制】对话框，在其中可以设置基准角度，即设置 0° 角。

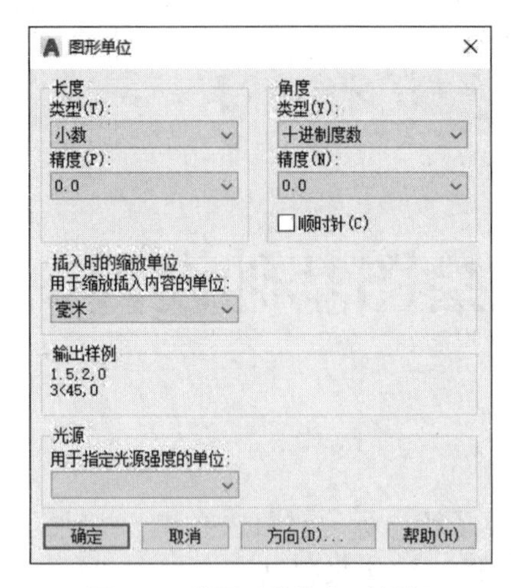

图 2-1 【图形单位】对话框

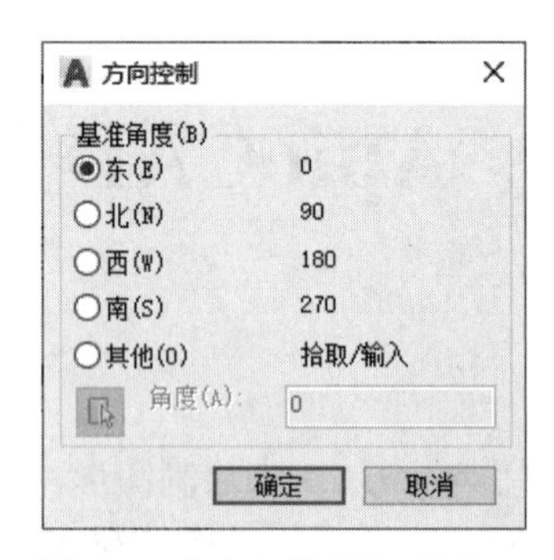

图 2-2 【方向控制】对话框

2.1.2 设置绘图区域

绘图界限是在绘图空间中假想的一个绘图区域，用可见栅格进行标示。图形界限相当于图纸的大小，一般根据国家标准关于图幅尺寸的规定设置。当打开图形界限边界检验功能时，一旦绘制的图形超出了绘图界限，系统将发出提示，并不允许绘制超出图形界限范围的点。

可以使用以下两种方式调用图形界限命令。

（1）命令行：输入 LIMITS。

（2）菜单栏：选择【格式】|【图形界限】命令。

下面以设置 A3 大小图形界限为例，介绍绘图界限的设置方法，具体操作步骤如下。

（1）单击快速访问工具栏中的【新建】按钮，新建图形文件。在命令行中输入 LIMITS 并按 Enter 键，设置图形界限，命令行操作过程如下。

```
命令: LIMITS↙                          //调用【图形界限】命令
重新设置模型空间界限:
指定左下角点或 [开 (ON)/关 (OFF)]<0.000,0.000>:↙
                                        //按空格键或者 Enter 键默认坐标原点为图形界限的
                                        //左下角点。此时若选择 ON 选项，则绘图时图形不能
                                        //超出图形界限，若超出系统则不予绘出，选 OFF 则准
                                        //予超出图形界限
指定右上角点 :420.000, 297.000↙        //输入图纸长度和宽度值，按 Enter 键确定，再按
                                        //Esc 键退出，完成图形界限设置
```

（2）再双击鼠标滚轮，使图形界限最大化显示在绘图区域中，然后单击状态栏中的【栅格显示】按钮，即可直观地观察到图形界限范围。

（3）结束上述操作后，显示超出界限的栅格。此时可在状态栏栅格按钮上右击，选择【设置】选项，打开如图 2-3 所示的【草图设置】对话框，取消勾选【显示超出

界限的栅格】复选框。单击【确定】按钮退出，结果如图 2-4 所示。

图 2-3 【草图设置】对话框

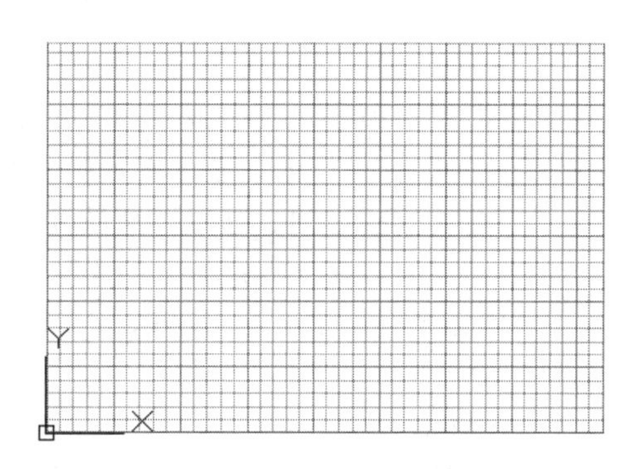

图 2-4 取消超出界限栅格显示

2.2 辅助绘图工具

本节将介绍 AutoCAD 2022 辅助工具的设置。通过对辅助功能进行适当的设置，可以提高制图的工作效率和绘图的准确性。在实际绘图中，用鼠标定位虽然方便快捷，但精度不够，因此为了解决快速准确定位问题，AutoCAD 提供了一些绘图辅助工具，如动态输入、栅格、栅格捕捉、正交和极轴追踪等。

2.2.1 对象捕捉

通过【对象捕捉】功能可以精确定位现有图形对象的特征点，如圆心、中点、端点、节点、象限点等，从而为精确绘制图形提供了有利条件。

鉴于点坐标法与直接肉眼确定法的各种弊端，AutoCAD 提供了【对象捕捉】功能。在【对象捕捉】开启的情况下，系统会自动捕捉某些特征点，如圆心、中点、端点、节点、象限点等。因此，【对象捕捉】的实质是对图形对象特征点的捕捉，如图 2-5 所示。

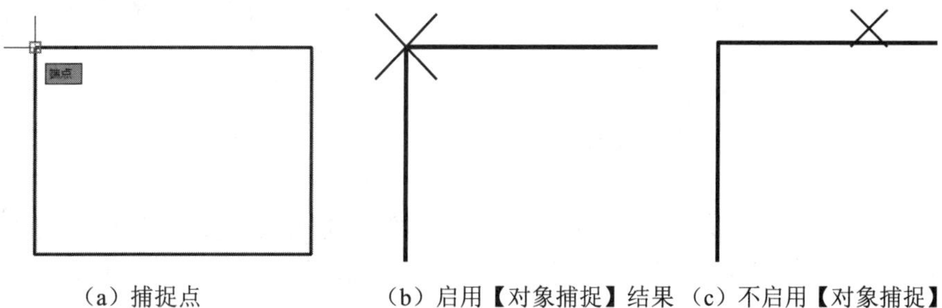

（a）捕捉点　　（b）启用【对象捕捉】结果　（c）不启用【对象捕捉】结果

图 2-5 对象捕捉

【对象捕捉】功能生效需要具备以下两个条件。

（1）【对象捕捉】开关必须打开。

（2）必须是在命令行提示输入点位置的时候。

如果命令行并没有提示输入点位置，则【对象捕捉】功能是不会生效的。因此，【对象捕捉】实际上是通过捕捉特征点的位置，代替命令行输入特征点的坐标。

开启和关闭【对象捕捉】功能的方法如下。

（1）菜单栏：选择【工具】|【草图设置】命令，弹出【草图设置】对话框。选择【对象捕捉】选项卡，选中或取消选中【启用对象捕捉】复选框，也可以打开或关闭对象捕捉，但这种操作太烦琐，实际中一般不使用。

（2）快捷键：按 F3 键可以切换开、关状态。

（3）状态栏：单击状态栏上的【对象捕捉】按钮，若亮显则为开启，如图 2-6 所示。

（4）命令行：输入 OSNAP，打开【草图设置】对话框，单击【对象捕捉】标签，勾选【启用对象捕捉】复选框。

在设置对象捕捉点之前，需要确定哪些特征点是需要的，哪些是不需要的。这样不仅可以提高效率，也可以避免捕捉失误。使用任何一种开启【对象捕捉】的方法之后，系统都将弹出【草图设置】对话框，在【对象捕捉模式】选项区域中勾选用户需要的特征点，单击【确定】按钮，退出对话框即可，如图 2-7 所示。

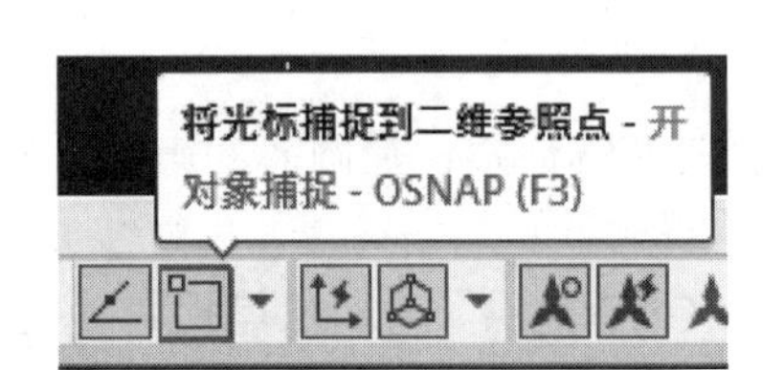

图 2-6 状态栏中开启【对象捕捉】功能

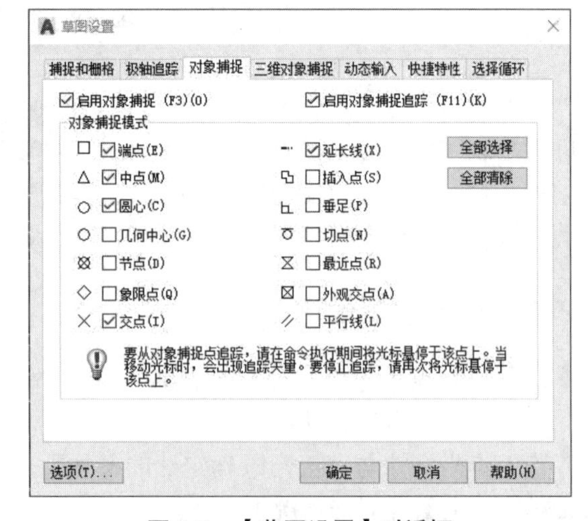

图 2-7 【草图设置】对话框

在 AutoCAD 2022 中，对话框中共列出 14 种对象捕捉点和对应的捕捉标记，含义分别如下。

【端点】：捕捉直线或曲线的端点。

【中点】：捕捉直线或是弧段的中心点。

【圆心】：捕捉圆、椭圆或弧的中心点。

【几何中心】：捕捉多段线、二维多段线和二维样条曲线的几何中心点。

【节点】：捕捉用【点】【多点】【定数等分】【定距等分】等 POINT 类命令绘制的点对象。

【象限点】：捕捉位于圆、椭圆或是弧段上 0°、90°、180°和 270°处的点。

【交点】：捕捉两条直线或是弧段的交点。

【延长线】：捕捉直线延长线路径上的点。

【插入点】：捕捉图块、标注对象或外部参照的插入点。

【垂足】：捕捉从已知点到已知直线的垂线的垂足。

【切点】：捕捉圆、弧段及其他曲线的切点。

【最近点】：捕捉处在直线、弧段、椭圆或样条曲线上，而且距离光标最近的特征点。

【外观交点】：在三维视图中，从某个角度观察两个对象可能相交，但实际并不一定相交，可以使用【外观交点】功能捕捉对象在外观上相交的点。

【平行线】：选定路径上的一点，使通过该点的直线与已知直线平行。

启用【对象捕捉】功能之后，在绘图过程中，当十字光标靠近这些被启用的捕捉特征点后，将自动对其进行捕捉，效果如图 2-8 所示。这里需要注意的是，在【对象捕捉】选项卡中，各捕捉特征点前面的形状符号，如□、×、○等，便是在绘图区捕捉时显示的对应形状。

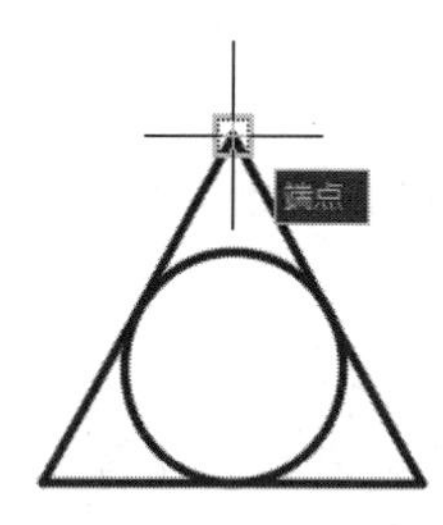

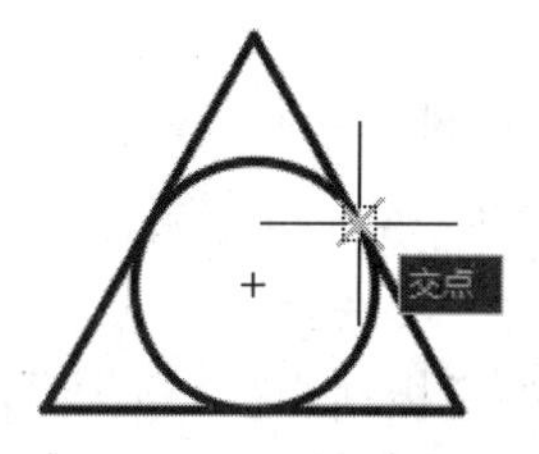

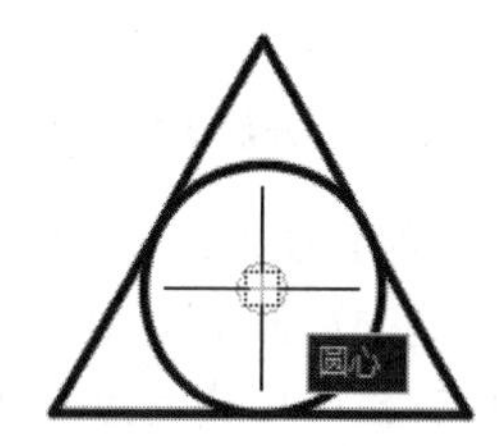

图 2-8　各捕捉效果

操作技巧： 当需要捕捉一个物体上的点时，只要将鼠标靠近某个或某些物体，不断地按 Tab 键，这个或这些物体的某些特征点（如直线的端点、中间点、垂直点、与物体的交点、圆的四分圆点、中心点、切点、垂直点、交点）就会轮换显示出来，选择需要的点，左键单击即可以捕捉这些点，如图 2-9 所示。

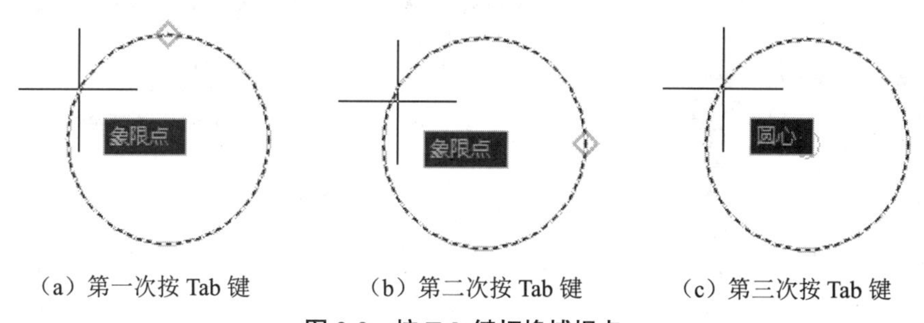

（a）第一次按 Tab 键　（b）第二次按 Tab 键　（c）第三次按 Tab 键

图 2-9　按 Tab 键切换捕捉点

2.2.2　极轴追踪和极轴捕捉

除了 2.2.1 节介绍的【对象捕捉】，在 AutoCAD 中还提供了【极轴追踪】和【极轴捕捉】功能，分别介绍如下。

1. 极轴追踪

【极轴追踪】功能实际上是极坐标的一个应用。使用极轴追踪绘制直线时，捕捉到一定的极轴方向即确定了极角，然后输入直线的长度即确定了极半径，因此和正交绘制直线一样，极轴追踪绘制直线一般使用长度输入确定直线的第二点，代替坐标输入。【极轴追踪】功能可以用来绘制带角度的直线，如图 2-10 所示。

一般来说，极轴可以绘制任意角度的直线，包括水平的 0°、180° 与垂直的 90°、270° 等，因此某些情况下可以代替【正交】功能使用。【极轴追踪】绘制的图形如图 2-11 所示。

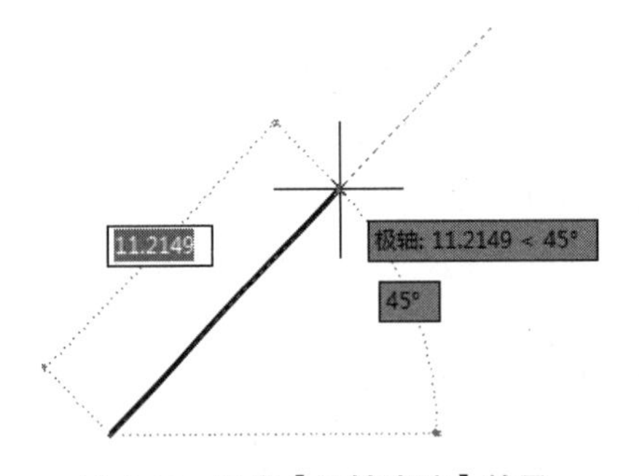

图 2-10 开启【极轴追踪】效果

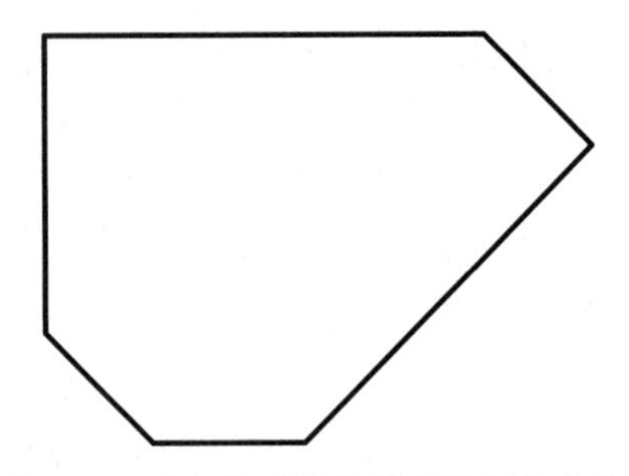

图 2-11 【极轴追踪】模式绘制的直线

【极轴追踪】功能的开、关切换有以下两种方法。

（1）快捷键：按 F10 键切换开、关状态。

（2）状态栏：单击状态栏上的【极轴追踪】按钮，若亮显则为开启。

右键单击状态栏上的【极轴追踪】按钮，弹出追踪角度列表，如图 2-12 所示，其中的数值便为启用【极轴追踪】时的捕捉角度。然后在弹出的快捷菜单中选择【正在追踪设置】选项，则打开【草图设置】对话框，在【极轴追踪】选项卡中可设置极轴追踪的开关和其他角度值的增量角等，如图 2-13 所示。

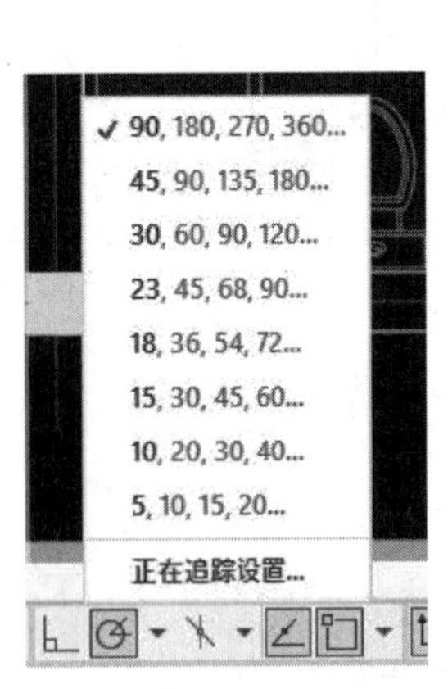

图 2-12 选择【正在追踪设置】命令

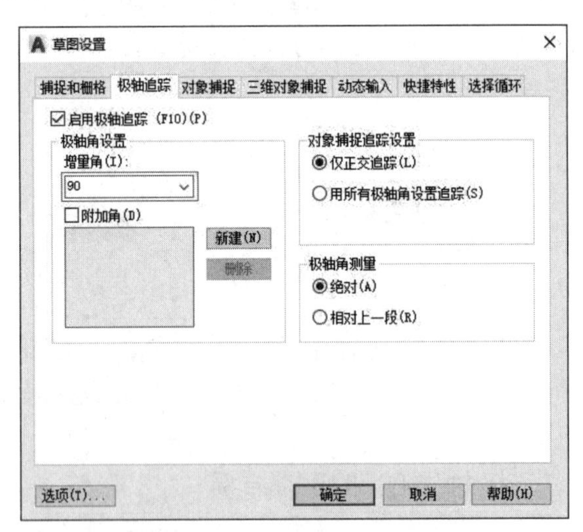

图 2-13 【极轴追踪】选项卡

【极轴追踪】选项卡中各选项的含义如下。

【增量角】列表框：用于设置极轴追踪角度。当光标的相对角度等于该角，或者是该角的整数倍时，屏幕上将显示出追踪路径，如图 2-14 所示。

【附加角】复选框：增加任意角度值作为极轴追踪的附加角度。勾选【附加角】复选框，并单击【新建】按钮，然后输入所需追踪的角度值，即可捕捉到附加角的角度，如图 2-15 所示。

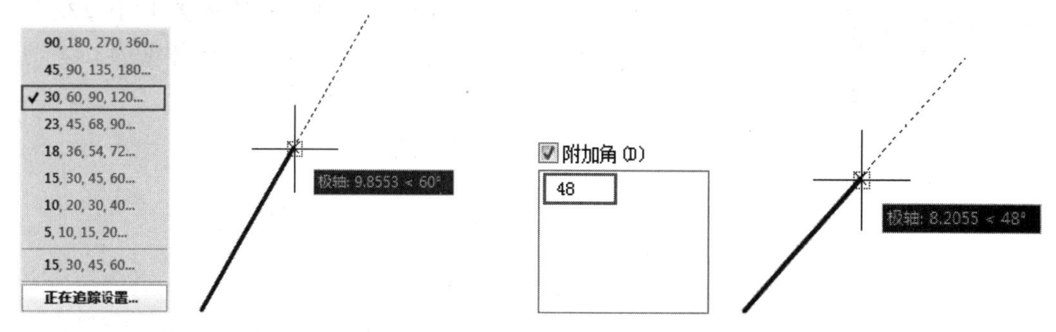

图 2-14　设置【增量角】进行捕捉　　图 2-15　设置【附加角】进行捕捉

【仅正交追踪】单选按钮：当对象捕捉追踪打开时，仅显示已获得的对象捕捉点的正交（水平和垂直方向）对象捕捉追踪路径，如图 2-16 所示。

【用所有极轴角设置追踪】单选按钮：对象捕捉追踪打开时，将从对象捕捉点起沿任何极轴追踪角进行追踪，如图 2-17 所示。

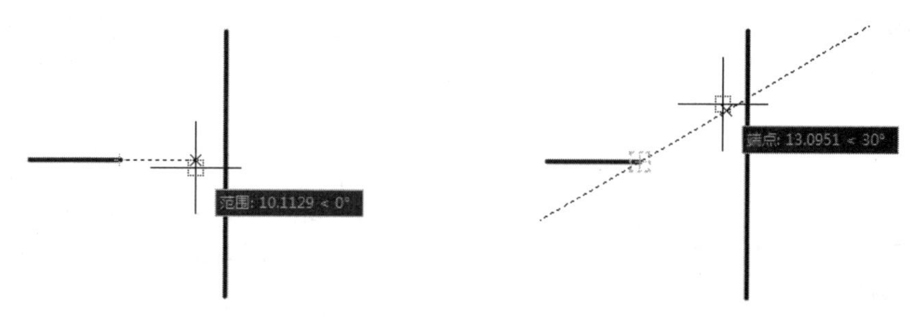

图 2-16　仅从正交方向显示对象捕捉路径　　图 2-17　可从极轴追踪角度显示对象捕捉路径

【极轴角测量】选项组：设置极轴角的参照标准。【绝对】单选按钮表示使用绝对极坐标，以 X 轴正方向为 0°。【相对上一段】单选按钮根据上一段绘制的直线确定极轴追踪角，上一段直线所在的方向为 0°，如图 2-18 所示。

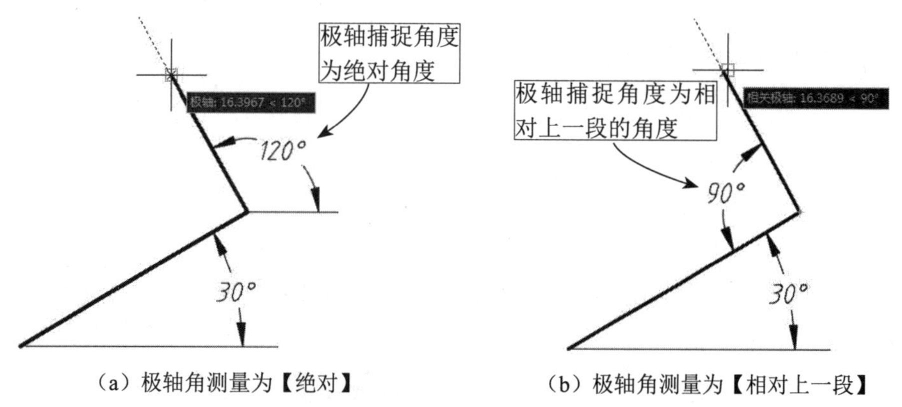

（a）极轴角测量为【绝对】　　（b）极轴角测量为【相对上一段】

图 2-18　不同的【极轴角测量】效果

操作技巧： 细心的读者可能发现，极轴追踪的增量角与后续捕捉角度都是成倍递增的，如图 2-19 所示；但图中唯有一个例外，那就是 23° 的增量角后直接跳到了 45° ，与后面的各角度也不成整数倍关系。这是由于 AutoCAD 的角度单位精度设置为整数，因此 22.5° 就被四舍五入为 23° 。所以只需选择菜单栏【格式】|【单位】，在【图形单位】对话框中将角度精度设置为【0.0】，即可使得 23° 的增量角还原为 22.5° ，使用极轴追踪时也能正常捕捉至 22.5° ，如图 2-19 所示。

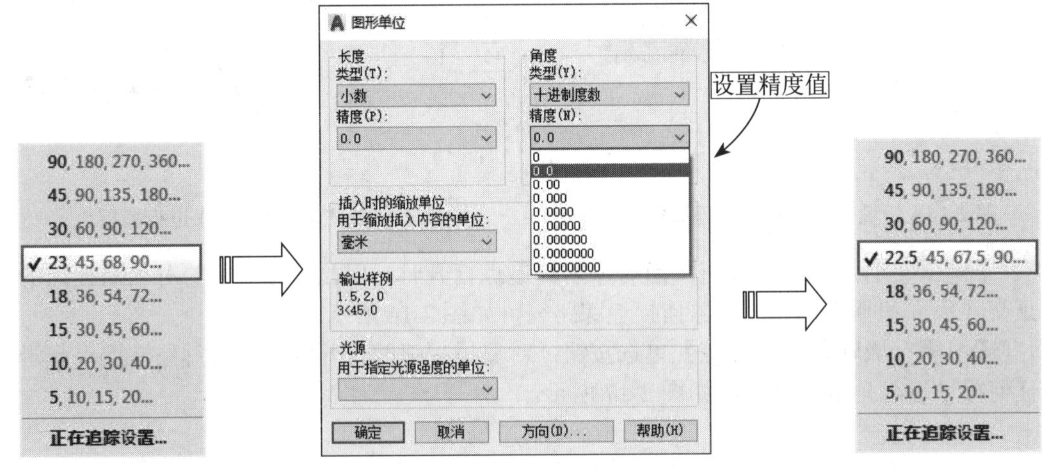

图 2-19　图形单位与极轴捕捉的关系

2. 极轴捕捉

将捕捉类型设定为 PolarSnap。如果启用了【捕捉】模式并在极轴追踪打开的情况下指定点，光标将沿在【极轴追踪】选项卡上相对于极轴追踪起点设置的极轴对齐角度进行捕捉。

启用 PolarSnap 后，【捕捉间距】变为不可用，同时【极轴间距】文本框变为可用，可在该文本框中输入要进行捕捉的增量距离，如果该值为 0，则 PolarSnap 捕捉的距离采用【捕捉 X 轴间距】文本框中的值。启用 PolarSnap 后无法将光标定位至栅格点上，但在执行【极轴追踪】的时候，可将增量固定为设定的整数倍，效果如图 2-20 所示。

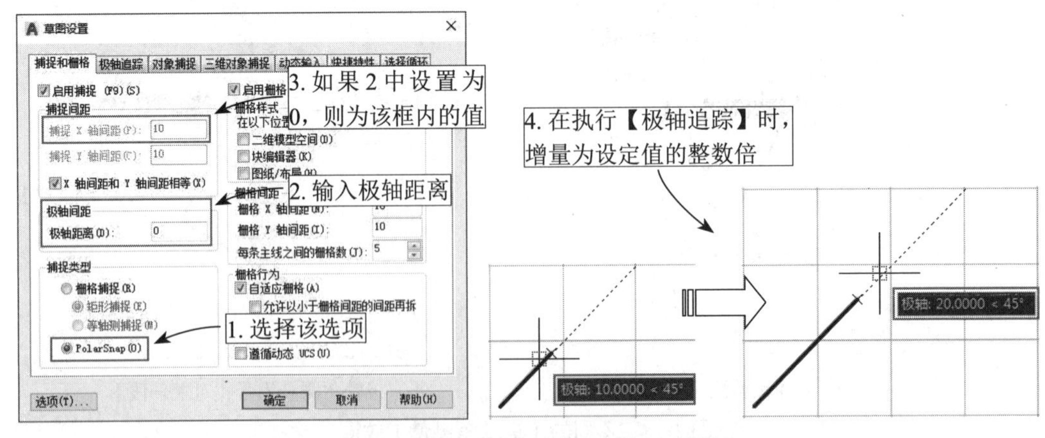

图 2-20　PolarSnap（极轴捕捉）效果

PolarSnap 设置应与【极轴追踪】或【对象捕捉追踪】结合使用，如果两个追踪功能都未启用，则 PolarSnap 设置视为无效。

2.2.3 对象追踪

在绘图过程中，除了需要掌握对象捕捉的应用外，也需要掌握对象追踪的相关知识和应用的方法，从而能提高绘图的效率。

【对象捕捉追踪】功能的开、关切换有以下两种方法。

（1）快捷键：按 F11 快捷键，切换开、关状态。

（2）状态栏：单击状态栏上的【对象捕捉追踪】按钮。

启用【对象捕捉追踪】后，在绘图的过程中需要指定点时，光标可以沿基于其他对象捕捉点的对齐路径进行追踪，如图 2-21 所示为中点捕捉追踪效果，如图 2-22 所示为交点捕捉追踪效果。

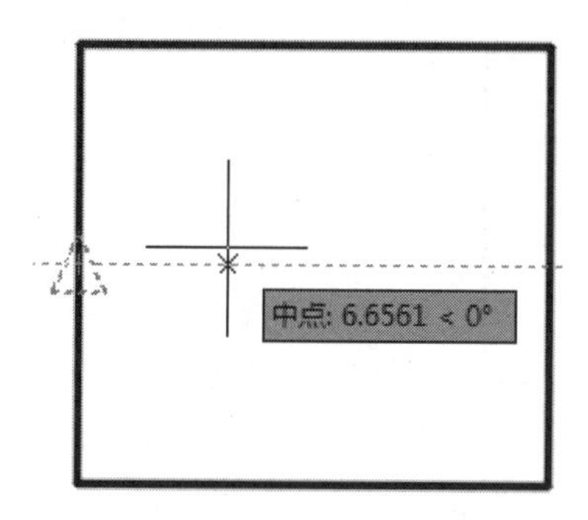

图 2-21 中点捕捉追踪

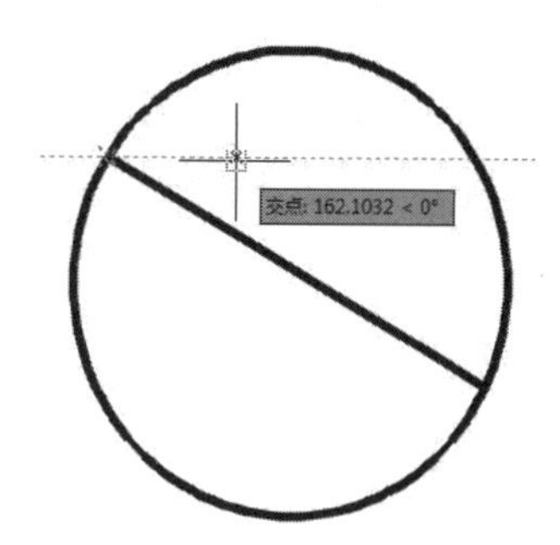

图 2-22 交点捕捉追踪

操作技巧：由于对象捕捉追踪的使用是基于对象捕捉进行操作的，因此，要使用对象捕捉追踪功能，必须先开启一个或多个对象捕捉功能。

已获取的点将显示一个小加号（+），一次最多可以获得 7 个追踪点。获取点之后，当在绘图路径上移动光标时，将显示相对于获取点的水平、垂直或指定角度的对齐路径。

例如，在如图 2-23 所示的示意图中，启用了【端点】对象捕捉，单击直线的起点 1 开始绘制直线，将光标移动到另一条直线的端点 2 处获取该点，然后沿水平对齐路径移动光标，定位要绘制的直线的端点 3。

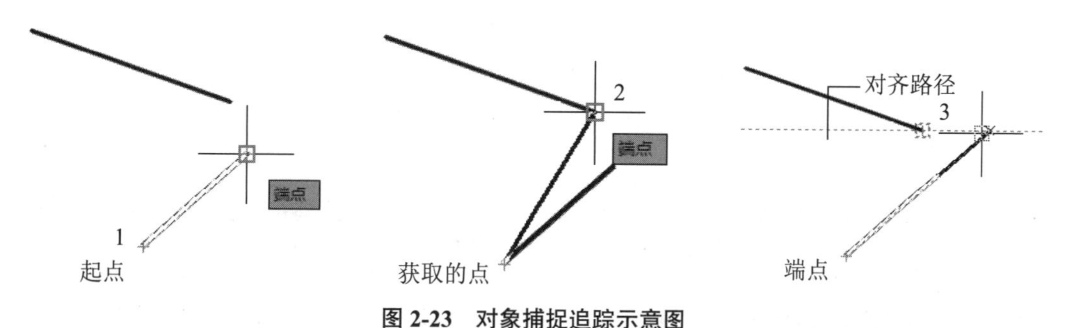

图 2-23 对象捕捉追踪示意图

2.3 坐 标 系

AutoCAD 的图形定位，主要是由坐标系统进行确定。要想正确、高效地绘图，必须先了解 AutoCAD 坐标系的概念和坐标输入方法。在指定坐标点时，既可以使用直角坐标，也可以使用极坐标。在 AutoCAD 中，一个点的坐标有绝对直角坐标、绝对极坐标、相对直角坐标和相对极坐标 4 种方法表示。

2.3.1 绝对直角坐标

绝对直角坐标是指相对于坐标原点（0，0）的直角坐标，要使用该指定方法指定点，应输入逗号隔开的 *X*、*Y* 和 *Z* 值，即用（*X*，*Y*，*Z*）表示。当绘制二维平面图形时，其 *Z* 值为 0，可省略而不必输入，仅输入 *X*、*Y* 值即可，如图 2-24 所示。

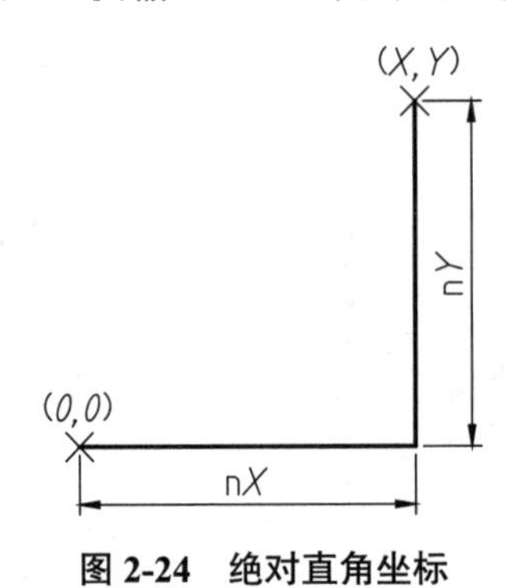

图 2-24 绝对直角坐标

2.3.2 绝对极坐标

该坐标方式是指相对于坐标原点（0，0）的极坐标。例如，坐标（12<30）是指从 *X* 轴正方向逆时针旋转 30°，距离原点 12 个图形单位的点，如图 2-25 所示。在实际绘图工作中，由于很难确定与坐标原点之间的绝对极轴距离，因此该方法使用较少。

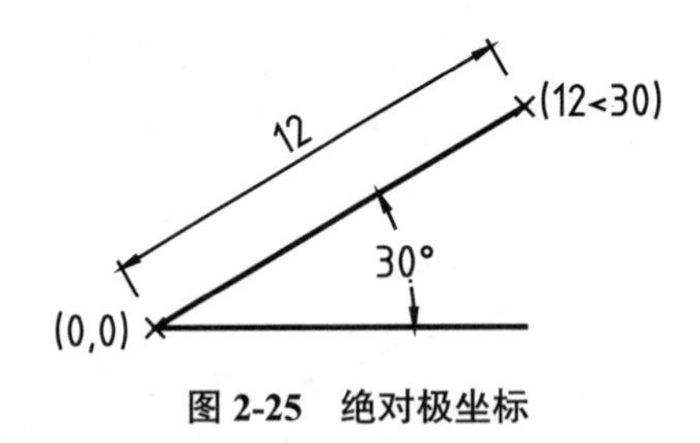

图 2-25 绝对极坐标

2.3.3 相对直角坐标

相对直角坐标是基于上一个输入点而言，以某点相对于另一特定点的相对位置来定义该点的位置。相对特定坐标点（*X*，*Y*，*Z*）增加（n*X*，n*Y*，n*Z*）的坐标点的输入格式为（@n*X*，n*Y*，n*Z*）。相对坐标输入格式为（@*X*，*Y*），“@”符号表示使用相对坐标输入，是指定相对于上一个点的偏移量，如图 2-26 所示。

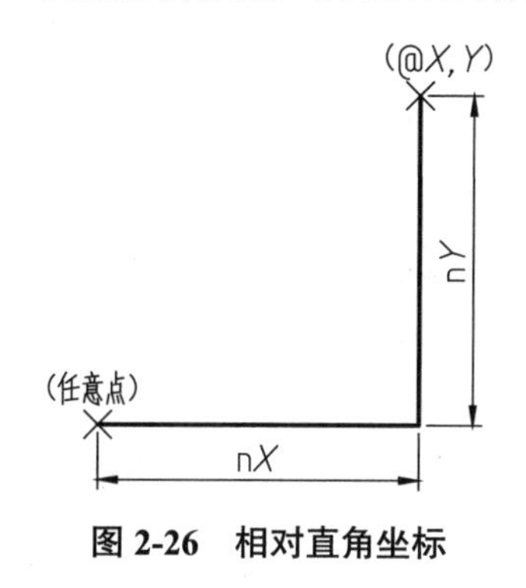

图 2-26 相对直角坐标

2.3.4 相对极坐标

以某一特定点为参考极点，输入相对于参考极点的距离和角度来定义一个点的位置。相对极坐标输入格式为（@A< 角度），其中，A 表示指定与特定点的距离。例如，坐标（@14<45）是指相对于前一点角度为 45°，距离为 14 个图形单位的一个点，如图 2-27 所示。

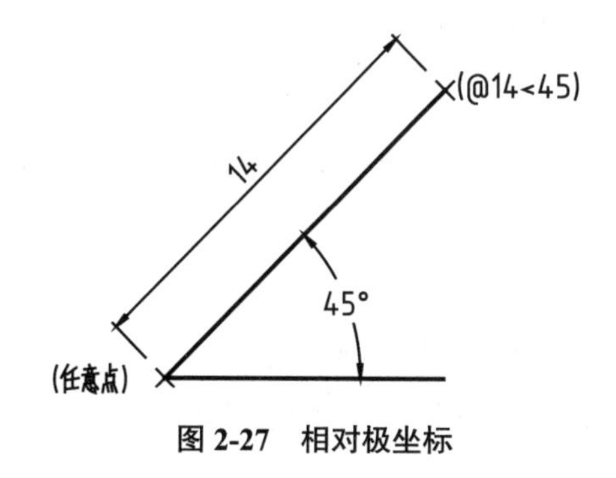

图 2-27 相对极坐标

2.3.5 用户坐标系

在 AutoCAD 2022 中，世界坐标系（WCS）和用户坐标系（UCS）是常用的两大坐标系。世界坐标系是系统默认的二维图形坐标系，它的原点及各个坐标轴方向固定不变。对于二维图形绘制，世界坐标系足以满足要求，但在三维建模过程中，需要频繁地定位对象，使用固定不变的坐标系十分不便。三维建模一般需要使用用户坐标系，用户坐标系是用户自定义的坐标系，可在建模过程中灵活创建。

UCS 表示了当前坐标系的坐标轴方向和坐标原点位置，也表示了相对于当前 UCS 的 XY 平面的视图方向，尤其在三维建模环境中，它可以根据不同的指定方位来创建模型特征。

在 AutoCAD 2022 中管理 UCS 主要有如下几种常用方法。

（1）功能区：单击【坐标】面板上的工具按钮，如图 2-28 所示。

（2）菜单栏：选择【工具】|【新建 UCS】命令，如图 2-29 所示。

（3）命令行：UCS。

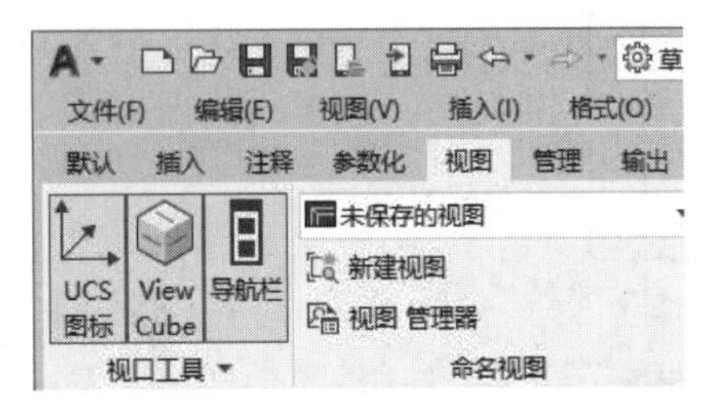

图 2-28 【坐标】面板中的工具按钮

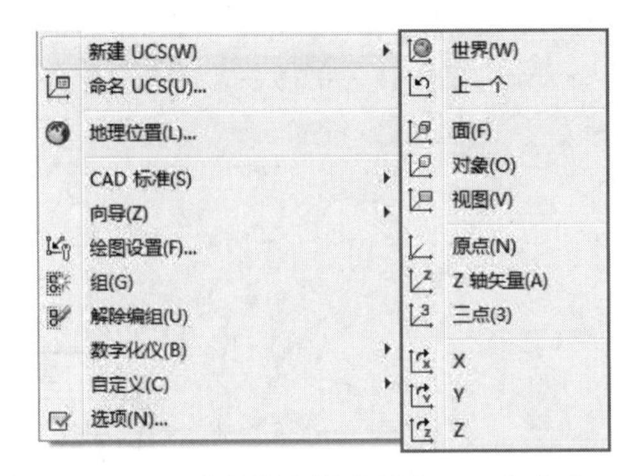

图 2-29 菜单栏中的【新建 UCS】命令

2.4 图形的显示

在用户确实需要的情况下，可以通过【特性】面板或工具栏为所选择的图形对象单独设置特性，绘制出既属于当前层，又具有不同于当前层特性的图形对象。

2.4.1 操作方式

在 AutoCAD 中打开对象的【特性】选项板有以下几种常用方法。

（1）功能区：在【默认】选项卡的【特性】面板中选择要编辑的属性栏，如图 2-30 所示。

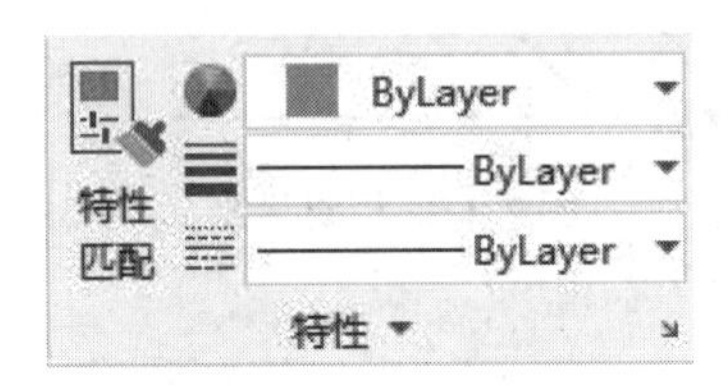

图 2-30 【特性】面板

（2）菜单栏：选择要查看特性的对象，然后选择【修改】|【特性】命令；也可先执行菜单命令，再选择对象。

（3）命令行：选择要查看特性的对象，然后在命令行中输入 PROPERTIES 或 PR 或 CH 并按 Enter 键。

（4）快捷键：选择要查看特性的对象，然后按快捷键 Ctrl+1。

该面板分为多个选项列表框，分别控制对象的不同特性。选择一个对象，然后在对应选项列表框中选择要修改的特性，即可修改对象的特性。

如果只选择了单个图形，执行以上任意一种操作将打开该对象的【特性】选项板，如图 2-31 所示，对其中所显示的图形信息进行修改即可。

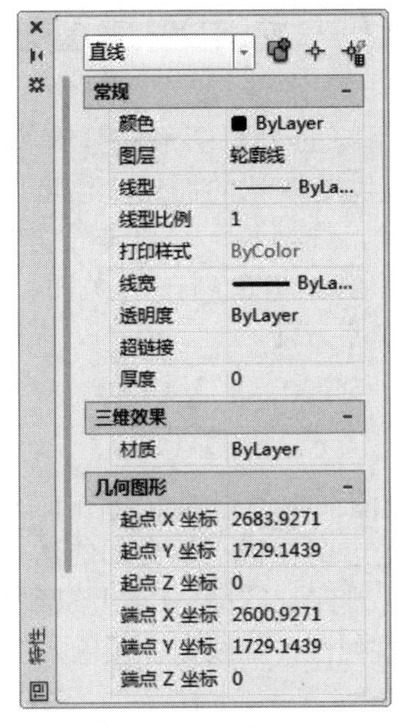

图 2-31　单个图形的【特性】选项板

2.4.2　选项说明

从选项板中可以看到，该选项板不但列出了颜色、线宽、线型、打印样式、透明度等图形常规属性，还增添了【三维效果】以及【几何图形】两大属性列表框，可以查看和修改其材质效果以及几何属性。

如果同时选择了多个对象，弹出的选项板则显示了这些对象的共同属性，在不同特性的项目上显示“* 多种 *”，如图 2-32 所示。在【特性】选项板中包括选项列表框和文本框等项目，选择相应的选项或输入参数，即可修改对象的特性。

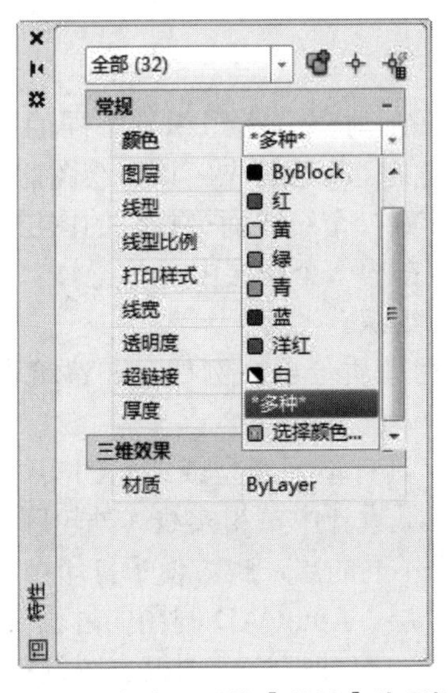

图 2-32　多个图形的【特性】选项板

2.5 应用图层管理

图层是 AutoCAD 提供给用户的组织图形的强有力工具。AutoCAD 的图形对象必须绘制在某个图层上，它可以是默认的图层，也可以是用户自己创建的图层。利用图层的特性，如颜色、线宽、线型等，可以非常方便地区分不同的对象。此外，AutoCAD 还提供了大量的图层管理功能（打开 / 关闭、冻结 / 解冻、加锁 / 解锁等），这些功能使用户在组织图层时非常方便。

2.5.1 图层的概念

AutoCAD 图层相当于传统图纸中使用的重叠图纸。它就如同一张张透明的图纸，整个 AutoCAD 文档就是由若干透明图纸上下叠加的结果，如图 2-33 所示。用户可以根据不同的特征、类别或用途，将图形对象分类组织到不同的图层中。同一个图层中的图形对象具有许多相同的外观属性，如线宽、颜色、线型等。

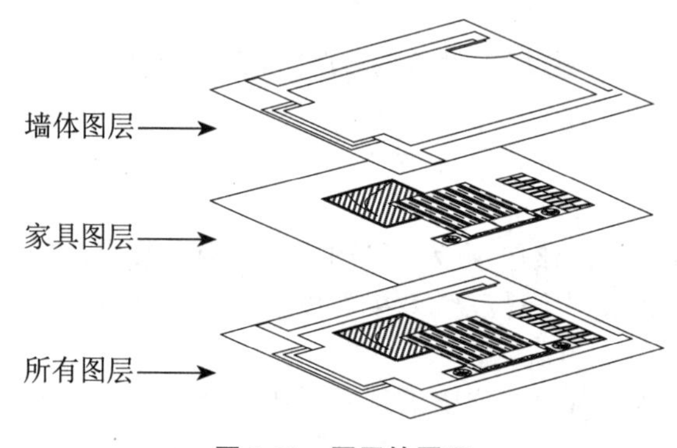

图 2-33 图层的原理

2.5.2 标准图层设置

按照图层组织数据，将图形对象分类组织到不同的图层中，这是 AutoCAD 设计人员的一个良好习惯。在新建文档时，首先应该在绘图前大致设计好文档的图层结构。多人协同设计时，更应该设计好一个统一而又规范的图层结构，以便数据交换和共享。切忌将所有的图形对象全部放在同一个图层中。

图层可以按照以下的原则组织。

（1）按照图形对象的使用性质分层。例如，在建筑设计中，可以将墙体、门窗、家具、绿化分在不同的层。

（2）按照外观属性分层。具有不同线型或线宽的实体应当分属不同的图层，这是一个很重要的原则。例如，机械设计中，粗实线（外轮廓线）、虚线（隐藏线）和点画线（中心线）就应该分属 3 个不同的层，也方便了打印控制。

（3）按照模型和非模型分层。AutoCAD 制图的过程实际上是建模的过程。图形对象是模型的一部分；文字标注、尺寸标注、图框、图例符号等并不属于模型本身，是设计人员为了便于设计文件的阅读而人为添加的说明性内容。所以模型和非模型应当分属不同的层。

2.5.3 图层的作用

按图层组织数据有很多好处。

（1）图层结构有利于设计人员对 AutoCAD 文档的绘制和阅读。不同工种的设计人员，可以将不同类型数据组织到各自的图层中，最后统一叠加。

（2）阅读文档时，可以暂时隐藏不必要的图层，减少屏幕上的图形对象数量，提高显示效率，也有利于看图。

（3）修改图纸时，可以锁定或冻结其他工种的图层，以防误删、误改他人图纸。

（4）按照图层组织数据，可以减少数据冗余，压缩文件数据量，提高系统处理效率。许多图形对象都有共同的属性。如果逐个记录这些属性，那么这些共同属性将被重复记录。而按图层组织数据以后，具有共同属性的图形对象同属一个层。

2.6 图层管理器

图层的新建、设置等操作通常在【图层特性管理器】选项板中进行。此外，用户也可以使用【图层】面板或【图层】工具栏快速管理图层。【图层特性管理器】选项板中可以控制图层的颜色、线型、线宽、透明度、是否打印等，本节仅介绍其中常用的前 3 种，后面的设置操作方法与此相同，便不再介绍。

（1）命令行：LAYER/LA。

（2）功能区：在【默认】选项卡中，单击【图层】面板上的【图层特性】工具按钮，如图 2-34 所示。

（3）菜单栏：执行【格式】|【图层】命令，如图 2-35 所示。

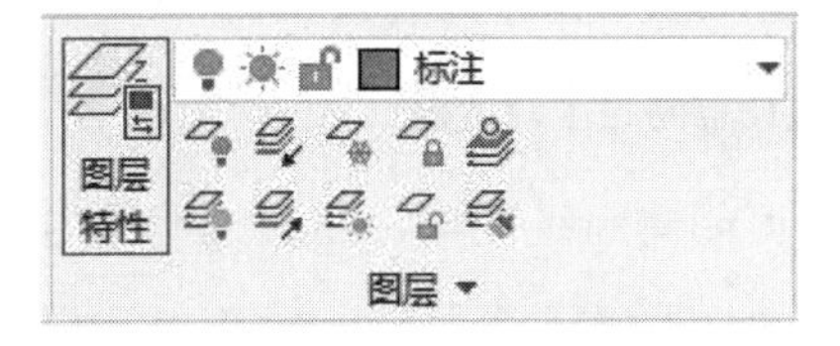

图 2-34 【图层】面板中的【图层特性】按钮

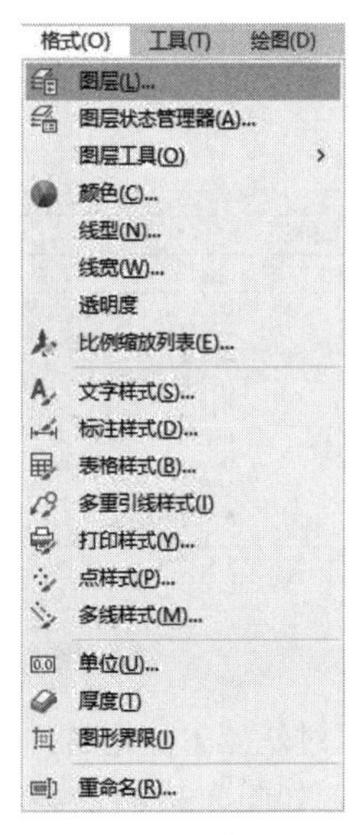

图 2-35 【图层】菜单命令

【图层特性管理器】选项板主要分为图层树状区与图层设置区两部分，如图2-36所示。

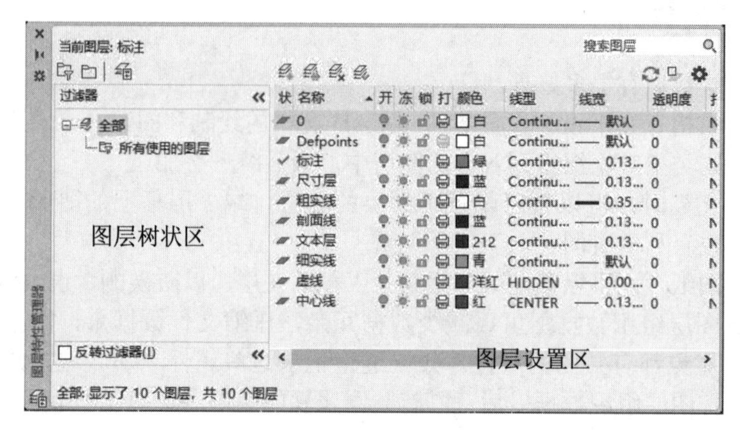

图2-36 图层特性管理器

1. 图层树状区

图层树状区用于显示图形中图层和过滤器的层次结构列表，其中，【全部】用于显示图形中所有的图层，而【所有使用的图层】过滤器则为只读过滤器，过滤器按字母顺序进行显示。

图层树状区中各选项及功能按钮的作用如下。

【新建特性过滤器】按钮：单击该按钮将弹出如图2-37所示的【图层过滤器特性】对话框，此时可以根据图层的若干特性（如颜色、线宽）创建特性过滤器。

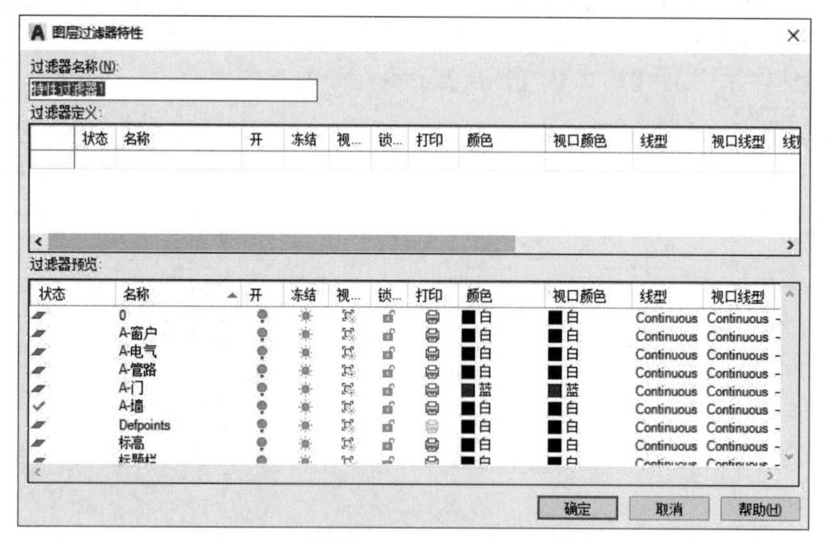

图2-37 【图层过滤器特性】对话框

【新建组过滤器】按钮：单击该按钮可创建组过滤器，在组过滤器内可包含多个特性过滤器，如图2-38所示。

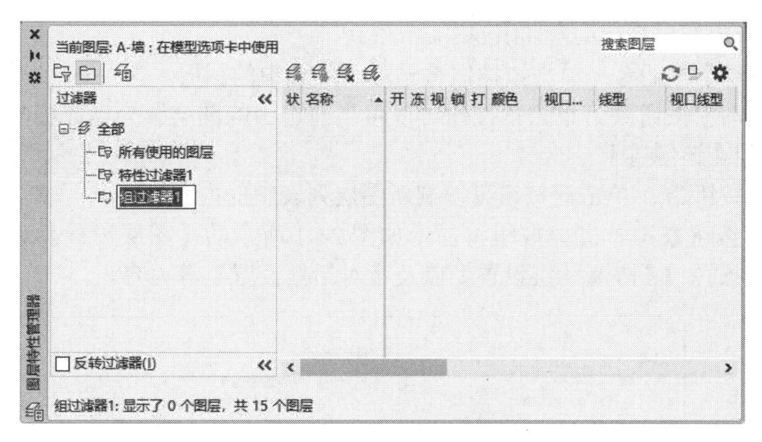

图 2-38　创建组过滤器

【图层状态管理器】按钮：单击该按钮将弹出如图 2-39 所示的【图层状态管理器】对话框，通过该对话框中的列表可以查看当前保存在图形中的图层状态、存在空间、图层列表是否与图形中的图层列表相同以及可选说明。

【反转过滤器】复选框：勾选该复选框后，将在右侧列表中显示所有与过滤性不符合的图层，当【特性过滤器 1】中选择到所有颜色为绿色的图层时，勾选该复选框将显示所有非绿色的图层，如图 2-40 所示。

【状态栏】：在状态栏内罗列出了当前过滤器的名称、列表视图中显示的图层数与图形中的图层数等信息。

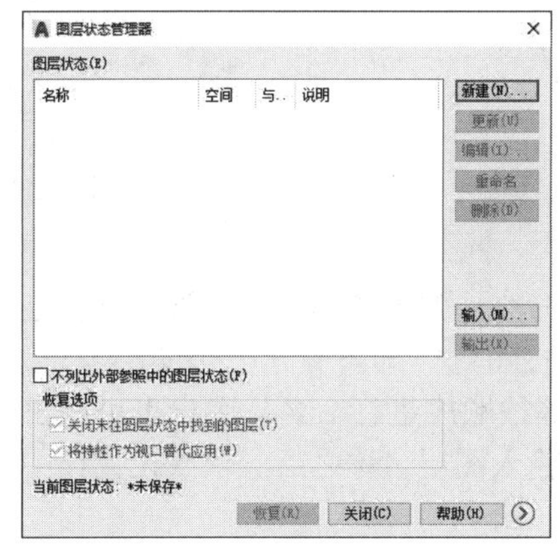

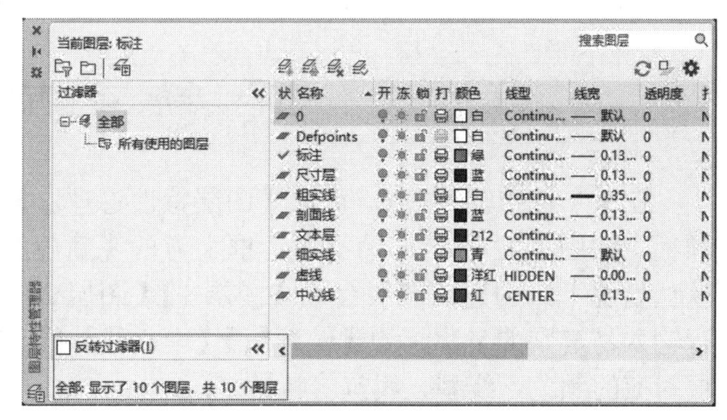

图 2-39　图层状态管理器

图 2-40　反转过滤器

2. 图层设置区

图层设置区具有搜索、创建、删除图层等功能，并能显示图层具体的特性与说明。图层设置区中各选项及功能按钮的作用如下。

【搜索图层】文本框：通过在其左侧的文本框内输入搜索关键字符，可以按名称快速搜索至相关的图层列表。

【新建图层】按钮：单击该按钮可以在列表中新建一个图层。

【在所有视口中都被冻结的新图层视口】按钮：单击该按钮可以创建一个新图层，

但在所有现有的布局视口中会将其冻结。

【删除图层】按钮：单击该按钮将删除当前选中的图层。

【置为当前】按钮：单击该按钮可以将当前选中的图层置为当前层，用户所绘制的图形将存放在该图层上。

【刷新】按钮：单击该按钮可以刷新图层列表中的内容。

【设置】按钮：单击该按钮将显示如图 2-41 所示的【图层设置】对话框，用于调整【新图层通知】【隔离图层设置】以及【对话框设置】等内容。

图 2-41 【图层设置】对话框

2.7 新建图层

在命令行中输入 LA，调用【图层特性管理器】命令，弹出【图层特性管理器】选项板，如图 2-42 所示，单击对话框上方的【新建】按钮，即可新建一个图层项目。默认情况下，创建的图层会以【图层 1】【图层 2】等按顺序进行命名，用户也可以自行输入易辨别的名称，如【轮廓线】【中心线】等。输入图层名称之后，依次设置该图层对应的颜色、线型、线宽等特性。

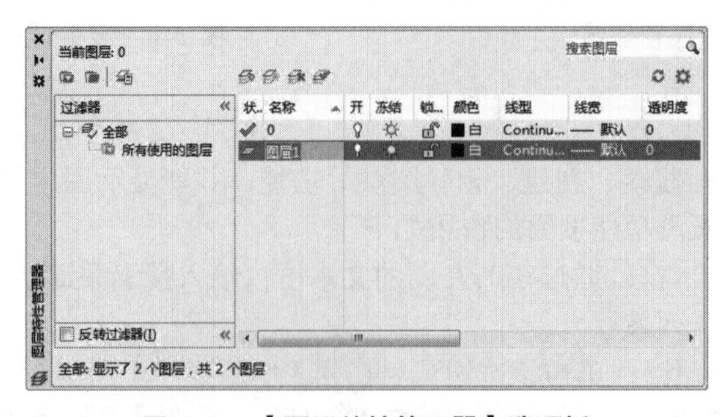

图 2-42 【图层特性管理器】选项板

设置为当前的图层项目前会出现✔符号。如图 2-43 所示为将粗实线图层置为当前图层，颜色设置为红色、线型为实线、线宽为 0.3mm 的结果。

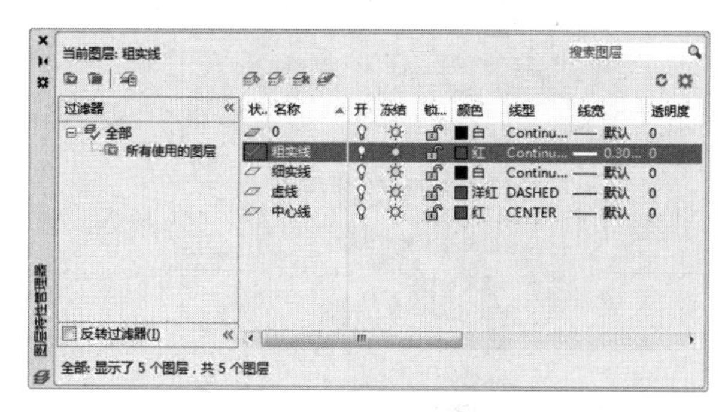

图 2-43　粗实线图层

操作技巧：图层的名称最多可以包含 255 个字符，并且中间可以含有空格，图层名区分大小写字母。图层名不能包含的符号有<、>、^、“、”、;、?、*、|、,、=、’ 等，如果用户在命名图层时提示失败，可检查是否含有这些非法字符。

2.8　图层修改

图层的新建、设置、删除等操作通常在【图层特性管理器】选项板中进行。此外，用户也可以使用【图层】面板或【图层】工具栏快速管理图层。

2.8.1　删除图层

在图层创建过程中，如果新建了多余的图层，此时可以单击【删除】按钮✖将其删除，但 AutoCAD 规定以下 4 类图层不能被删除，如图 2-44 所示。

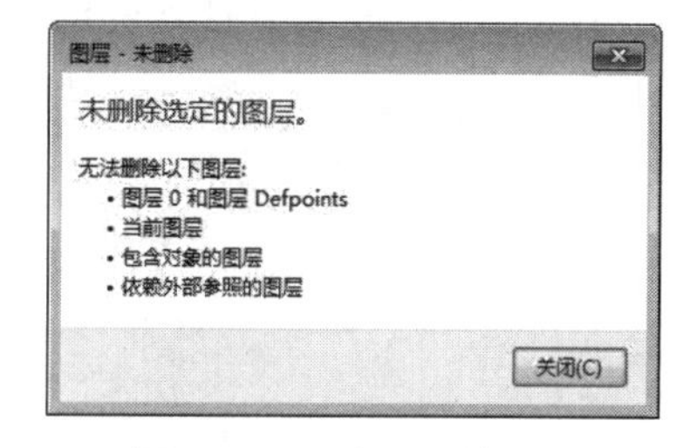

图 2-44　无法删除的图层

（1）图层 0 和图层 Defpoints。

（2）当前图层。要删除当前层，可以改变当前层到其他层。

（3）包含对象的图层。要删除该层，必须先删除该层中所有的图形对象。

（4）依赖外部参照的图层。要删除该层，必先删除外部参照。

2.8.2　命名图层

为了更直接地了解到该图层上的图形对象，用户通常会以该图层要绘制的图形对象为其重命名，如【轴线】【轮廓线】等。图层重命名的方法为右键单击所创建的图层，在弹出的快捷菜单中选择【重命名图层】选项，如图 2-45 所示，或者直接按 F2 键，此时名称文本框呈可编辑状态，输入名称即可，也可以在创建新图层时直接输入新名称。

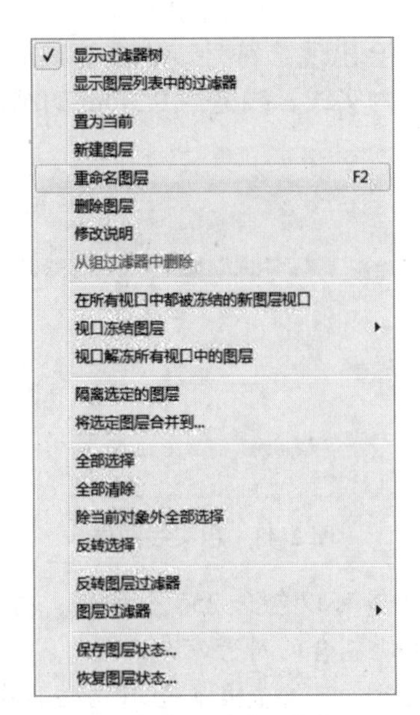

图 2-45　图层重命名

注意： 图层名称不能包含通配符（* 和？）和空格，也不能与其他图层重名。

2.8.3　切换图层

在 AutoCAD 中还可以十分灵活地进行图层转换，即将某一图层内的图形转换至另一图层，同时使其颜色、线型、线宽等特性发生改变。

如果某图形对象需要转换图层，可以先选择该图形对象，然后单击【图层】面板中的【图层控制】下拉列表框，选择要转换的目标图层即可，如图 2-46 所示。

图 2-46　图层转换

绘制复杂的图形时，由于图形元素的性质不同，用户常需要将某个图层上的对象转换到其他图层上，同时使其颜色、线型、线宽等特性发生改变。除了之前所介绍的方法之外，其余在 AutoCAD 中转换图层的方法如下。

1. 通过【图层控制】列表转换图层

选择图形对象后，在【图层控制】下拉列表中选择所需图层。操作结束后，列表框自动关闭，被选中的图形对象转移至刚选择的图层上。

2. 通过【图层】面板中的命令转换图层

在【图层】面板中，有如下命令可以帮助转换图层。

（1）【匹配图层】按钮：先选择要转换图层的对象，然后按 Enter 键确认，再选择目标图层对象，即可将原对象匹配至目标图层。

（2）【更改为当前图层】按钮：选择图形对象后单击该按钮，即可将对象图层转换为当前图层。

2.9　课堂练习：改变图层中的属性

本节结合机械设计工作中的具体应用，通过以下例子为读者巩固前文所学的知识。

2.9.1　打开或关闭图层

在使用 AutoCAD 绘图时，有时会在绘图区的空白处随意绘制一些辅助图形。待图纸全部绘制完毕后，既不想让辅助图形影响整张设计图的完整性，又不想删除这些辅助图形，这时就可以使用图层关闭工具来将其隐藏。

（1）打开素材文件“第 2 章 \2.9.1 打开或关闭图层 .dwg”，其中已经绘制好了一个完整图形，但在图形上方还有绘制过程中遗留的辅助图形，如图 2-47 所示。

（2）冻结图层。在【默认】选项卡中，打开【图层】面板中的【图层控制】下拉列表，在列表框内找到 Defpoints 层，单击该层前的【冻结】按钮，变成，即可冻结 Defpoints 层，如图 2-48 所示。

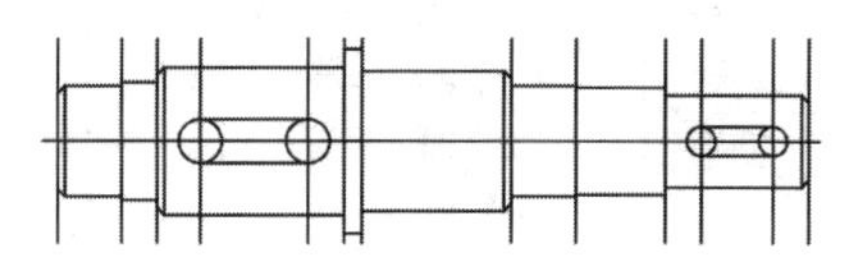

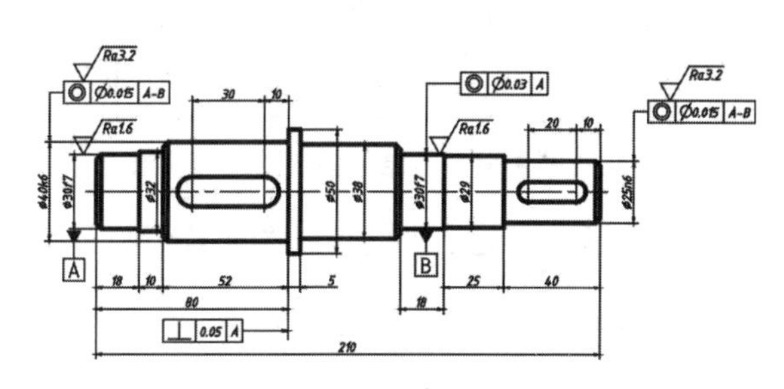

图 2-47　素材图形

状	名称	开	冻	锁	打	颜色	线型	线宽	透明度
	0					白	Continu...	默认	0
✓	图层1					白	Continu...	默认	0
	Defpoints					白	Continu...	默认	0
	标注					绿	Continu...	0.13...	0
	尺寸层					蓝	Continu...	0.13...	0
	粗实线					白	Continu...	0.35...	0
	剖面线					蓝	Continu...	0.13...	0
	文本层					212	Continu...	0.13...	0
	细实线					青	Continu...	默认	0
	虚线					洋红	HIDDEN	0.00...	0
	中心线					红	CENTER	0.13...	0

图 2-48　关闭不需要的图形图层

高清图

（3）关闭 Defpoints 层之后的图形如图 2-49 所示，可见上方的辅助图形被消隐。

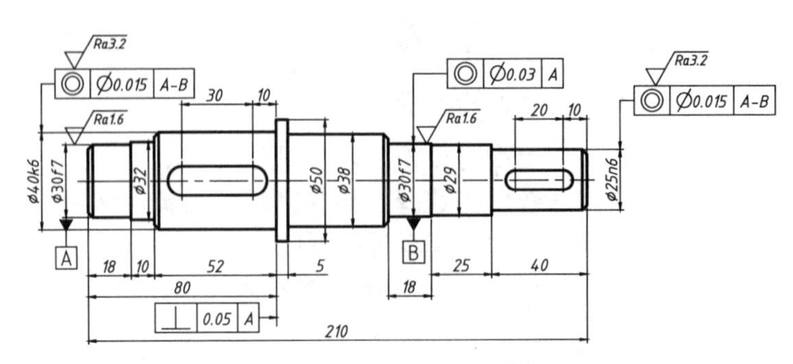

图 2-49　图层关闭之后的结果

2.9.2　在所有视图中冻结或解冻图层

除了图层关闭工具可以隐藏图形外，还可以使用冻结工具来达到相同的效果。本例便同样使用 2.9.1 节中的素材，仅将操作换为冻结，然后再解释这两种操作之间的异同。

（1）使用上例的素材文件进行操作，用作对比。打开素材文件“第 2 章 \2.9.1 打开或关闭图层 .dwg”，如图 2-50 所示。

（2）冻结图层。在【默认】选项卡中，打开【图层】面板中的【图层控制】下拉列表，在列表框内找到 Defpoints 层，单击该层前的【冻结】按钮☀，变成❄，即可冻结 Defpoints 层，如图 2-51 所示。

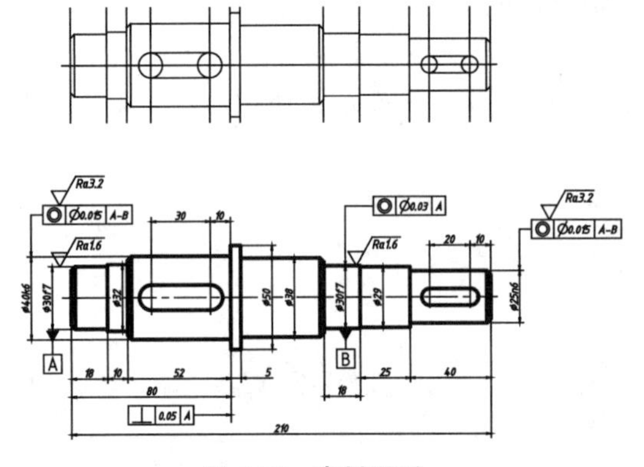

高清图

图 2-50　素材图形

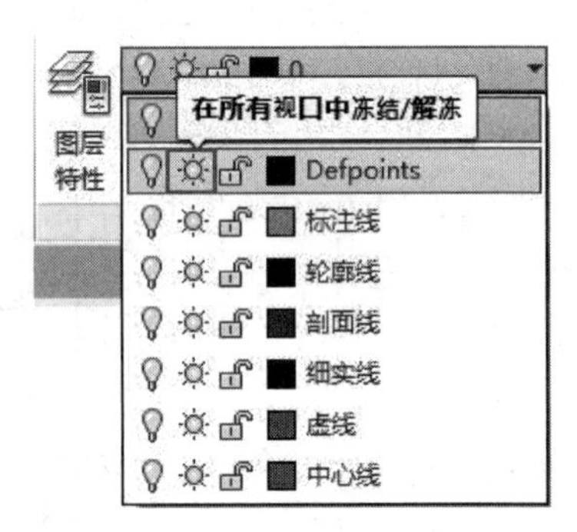

图 2-51　冻结不需要的图形图层

（3）冻结 Defpoints 层之后的图形如图 2-52 所示，可见上方的辅助图形被消隐。

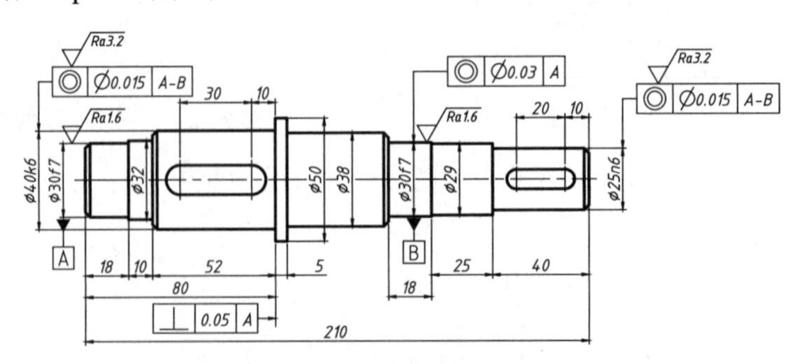

图 2-52　图层冻结之后的结果

图层的冻结和关闭都能使得该图层上的对象全部被隐藏，看似效果一致，其实仍有不同。被关闭的图层，不能显示、不能编辑、不能打印，但仍然存在于图形当中，图形刷新时仍会计算该层上的对象，可以近似理解为被“忽视”；而被冻结的图层，除了不能显示、不能编辑、不能打印之外，还不会再被认为属于图形，图形刷新时也不会再计算该层上的对象，可以理解为被“无视”。

图层冻结和关闭的一个典型区别就是视图刷新时的处理差别，如果选择关闭 Defpoints 层，那双击鼠标中键进行范围缩放时，效果如图 2-53 所示，辅助图形虽然已经隐藏，但图形上方仍空出了它的区域；反之，冻结效果则如图 2-54 所示，相当于删除了辅助图形。

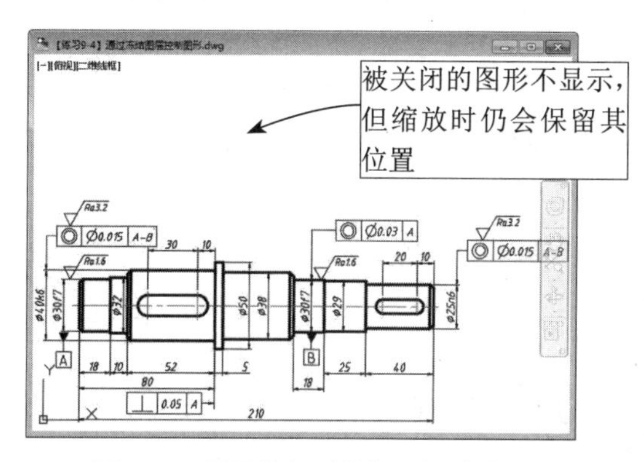

图 2-53 图层关闭时的视图缩放效果

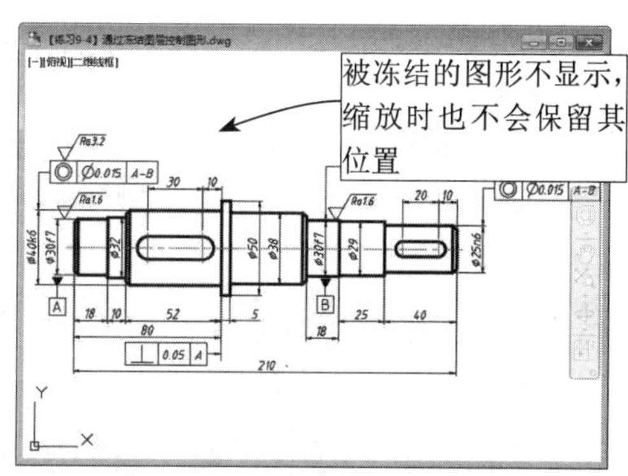

图 2-54 图层冻结时的视图缩放效果

2.9.3 设置线型

有时设置好了非连续线型（如虚线、中心线）的图层，但绘制时仍会显示出实线的效果。这通常是因为线型比例值过大，修改数值即可显示出正确的线型效果，如图 2-55 所示。具体操作方法说明如下。

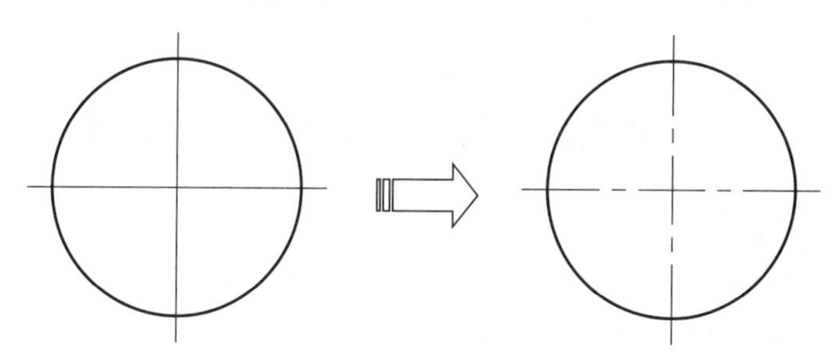

图 2-55 线型比例的变化效果

（1）打开“第 2 章\2.9.3 设置线型 .dwg”素材文件，如图 2-56 所示，图形的中心线为实线显示。

（2）在【默认】选项卡中，单击【特性】面板中【线型】下拉列表中的【其他】按钮，如图 2-57 所示。

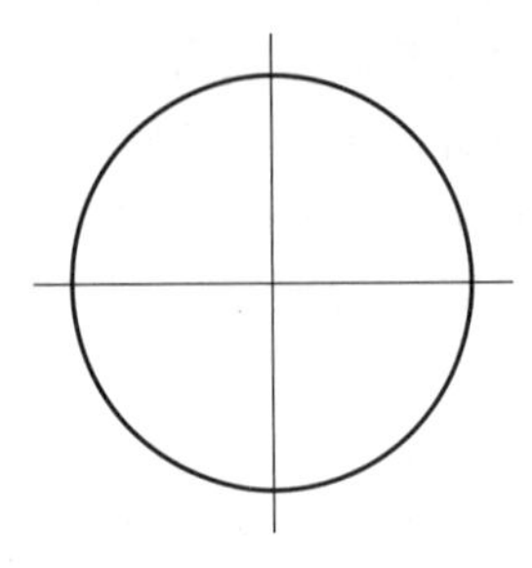

图 2-56 素材图形

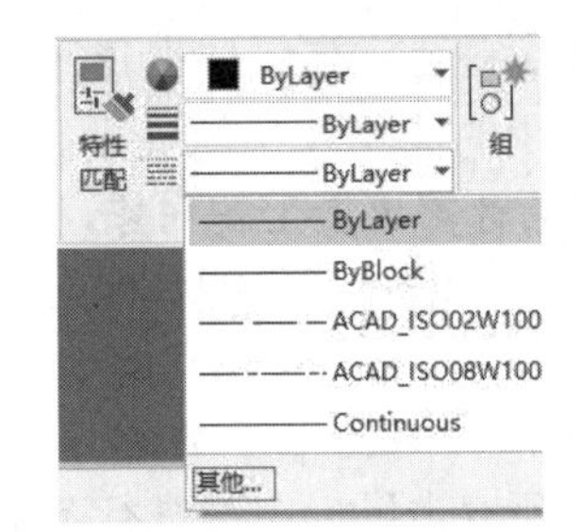

图 2-57 【特性】面板中的【其他】按钮

（3）系统弹出【线型管理器】对话框，在中间的【线型】列表框中选中中心线所在的图层 CENTER，然后在右下方的【全局比例因子】文本框中输入新值为 0.2，如图 2-58 所示。

（4）设置完成之后，单击对话框中的【确定】按钮返回绘图区，可以看到中心线的效果发生了变化，为合适的点画线，如图 2-59 所示。

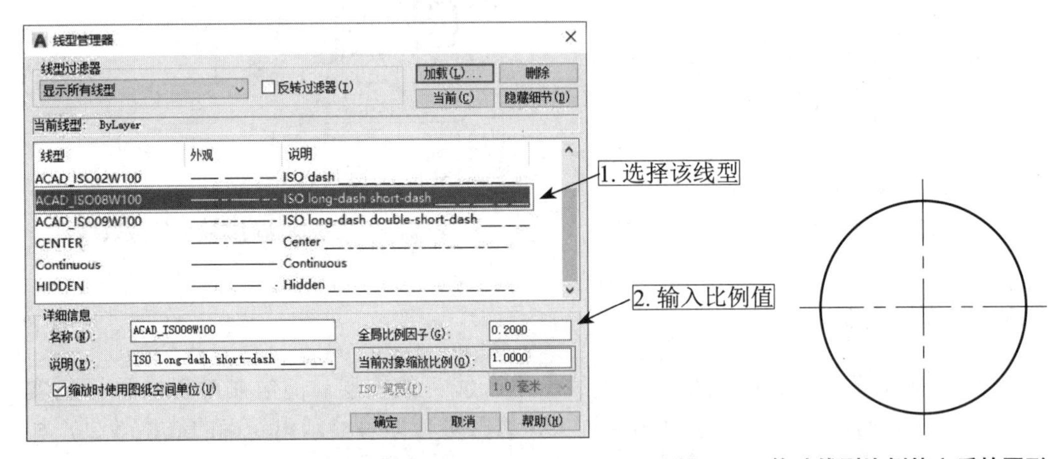

图 2-58 【线型管理器】对话框　　图 2-59 修改线型比例值之后的图形

2.10 课堂练习：设置机械图层样式

本案例介绍基本图层的创建，在该实例中要求分别建立【轮廓线】【中心线】【标注线】【剖面线】和【虚线】层，这些图层的主要特性如表 2-1 所示（根据《GB/T 17450—技术制图 图线》所述适用于机械工程制图）。

表 2-1 图层的主要特性

序 号	图 层 名	线宽 / mm	线 型	颜 色	打印属性
1	轮廓线	0.3	CONTINUOUS	黑	打印
2	标注线	0.18	CONTINUOUS	绿	打印
3	中心线	0.18	CENTER	红	打印
4	剖面线	0.18	CONTINUOUS	黄	打印

续表

序　号	图 层 名	线宽 / mm	线　　型	颜　　色	打 印 属 性
5	符号线	0.18	CONTINUOUS	33	打印
6	虚线	0.18	DASHED	洋红	打印

（1）单击【图层】面板中的【图层特性】按钮，打开如图 2-60 所示的【图层特性管理器】选项板。

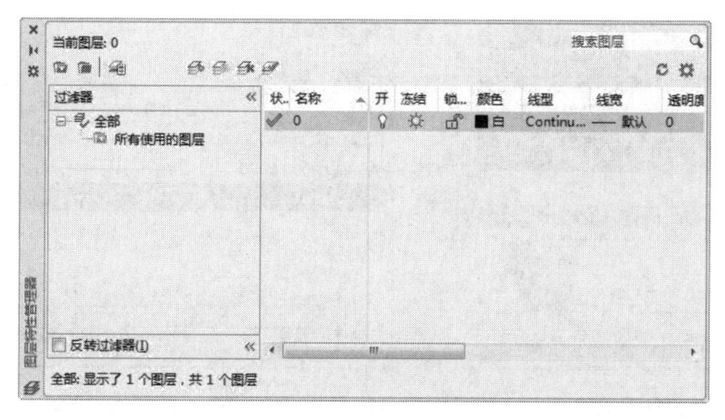

图 2-60　【图层特性管理器】选项板

（2）新建图层。单击【新建】按钮，新建【图层 0】，如图 2-61 所示。此时文本框呈可编辑状态，在其中输入文字“中心”并按 Enter 键，完成中心线图层的创建，如图 2-62 所示。

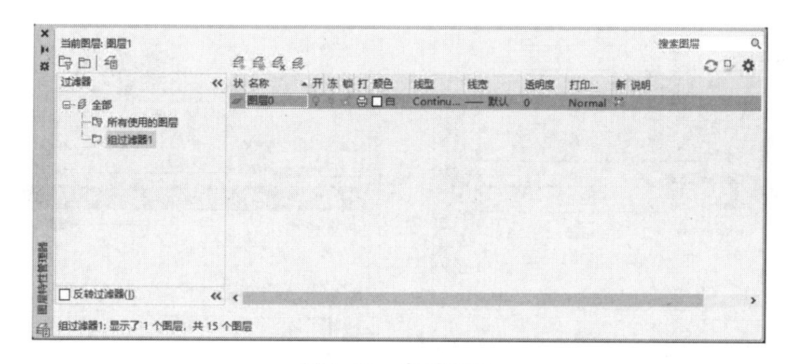

图 2-61　新建图层

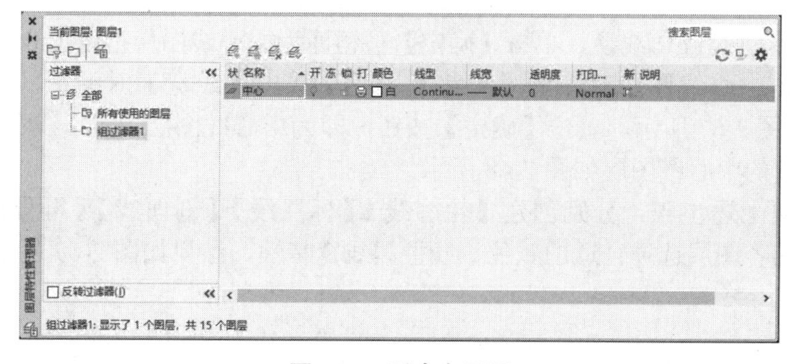

图 2-62　重命名图层

（3）设置图层特性。单击中心线图层对应的【颜色】项目，弹出【选择颜色】对话框，选择红色作为该图层的颜色，如图 2-63 所示。单击【确定】按钮，返回【图层特性管理器】选项板。

（4）单击中心线图层对应的【线型】项目，弹出【选择线型】对话框，如图 2-64 所示。

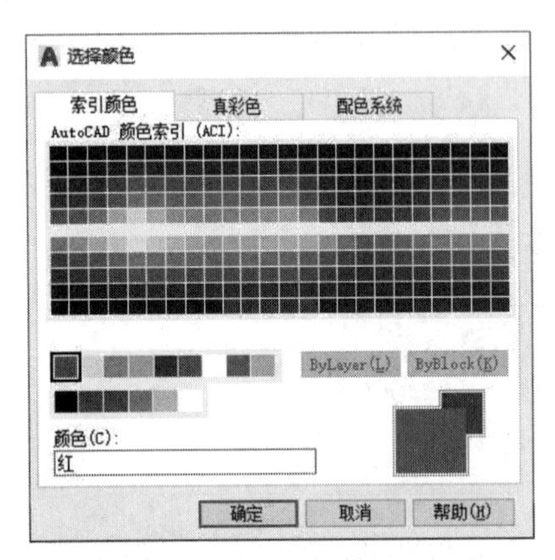

图 2-63　选择图层颜色

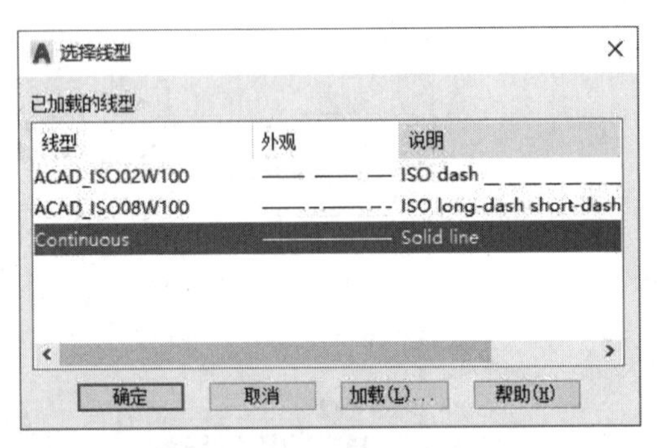

图 2-64　【选择线型】对话框

（5）加载线型。如果对话框中没有需要的线型，单击【加载】按钮，弹出【加载或重载线型】对话框，如图 2-65 所示，选择 CENTER 线型，单击【确定】按钮，将其加载到【选择线型】对话框中，如图 2-66 所示。

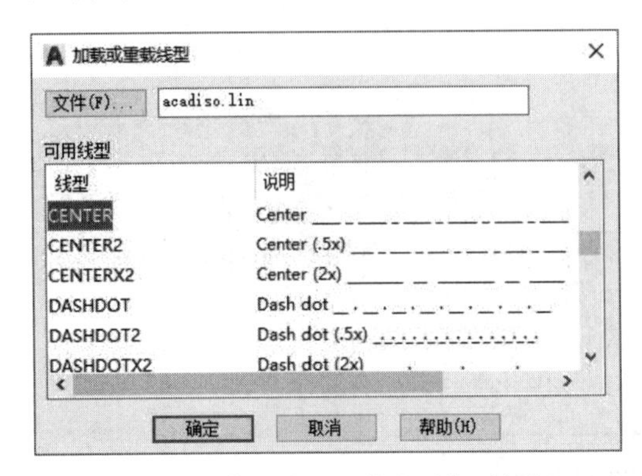

图 2-65　【加载或重载线型】对话框

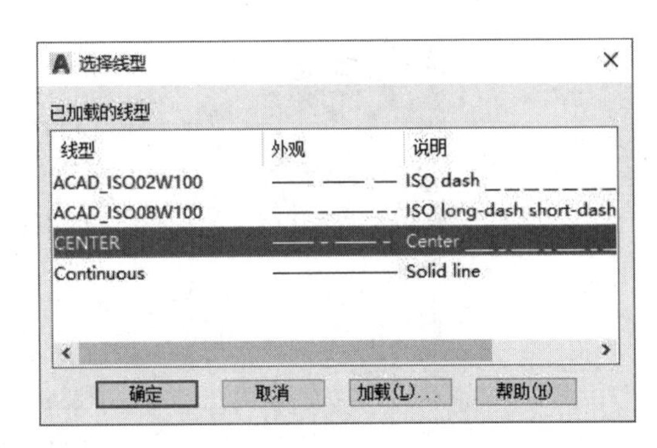

图 2-66　加载的 CENTER 线型

（6）选择 CENTER 线型，单击【确定】按钮即为中心线图层指定了线型。

（7）单击中心线图层对应的【线宽】项目，弹出【线宽】对话框，选择线宽为 0.18 mm，如图 2-67 所示，单击【确定】按钮，即为中心线图层指定了线宽。

（8）创建的中心线图层如图 2-68 所示。

（9）重复上述步骤，分别创建【轮廓线】【标注线】【剖面线】【符号线】和【虚线】图层，为各图层选择合适的颜色、线型和线宽特性，结果如图 2-69 所示。

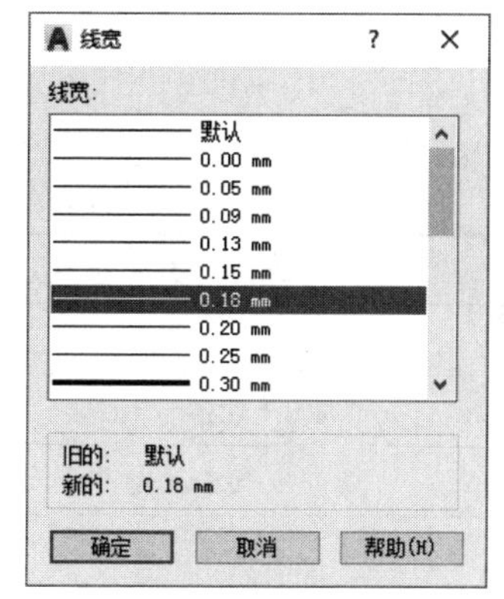

图 2-67 选择线宽

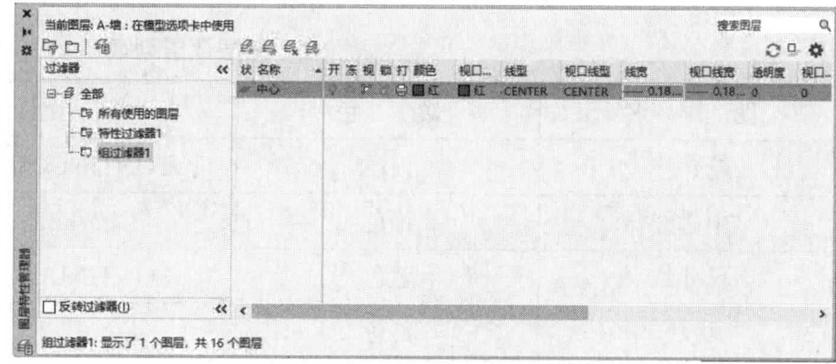

图 2-68 创建的中心线图层

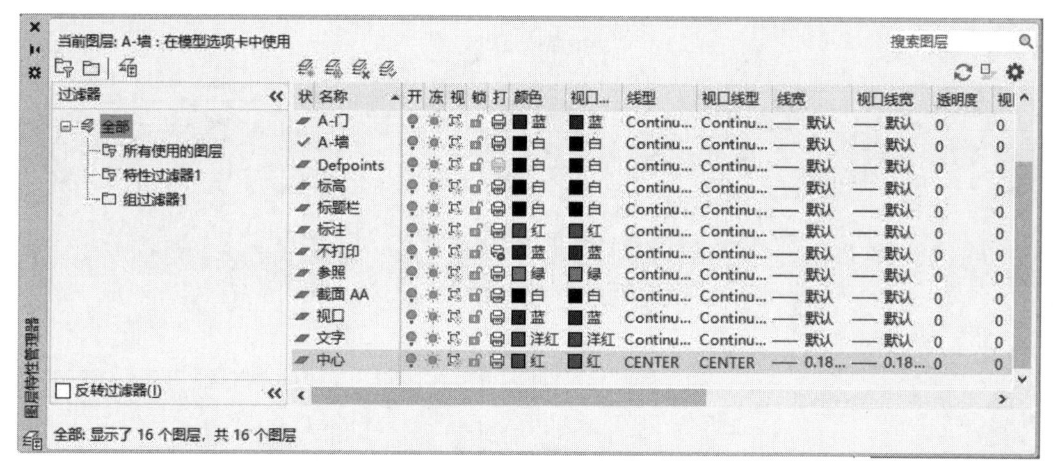

图 2-69 创建剩余的图层

2.11 课后总结

图层是 AutoCAD 中查看和管理图形的强有力工具。利用图层的特性，如颜色、线宽、线型等，可以非常方便地区分不同的对象。此外，AutoCAD 还提供了大量的图层管理工具，如打开 / 关闭、冻结 / 解冻、加锁 / 解锁等，这些功能使用户在管理对象时非常方便。

2.12 课后习题

1. 简答题

（1）AutoCAD 2022 中，默认情况下的线宽是多少？

（2）图层具有哪些作用？

2. 操作题

参照如表 2-2 所示的要求创建各图层。

表 2-2　图层要求列表

图　层　名	颜　　色	线　　型	线　　宽
轮廓线	白色	CONTINUOUS	0.5
中心线	绿色	CENTER	0.1
尺寸线	蓝色	CONTINUOUS	0.1
虚线	红色	DASHED	0.1

第3章 chapter 3

绘制机械平面图

任何复杂的图形都可以分解成多个基本的二维图形，这些图形包括点、直线、圆、多边形、圆弧和样条曲线等，AutoCAD 2022 为用户提供了丰富的绘图功能，用户可以非常轻松地绘制这些图形。通过本章的学习，用户将会对 AutoCAD 平面图形的绘制方法有一个全面的了解和认识，并能熟练掌握常用的绘图命令。

3.1 绘制点

点是所有图形中最基本的图形对象，可以用来作为捕捉和偏移对象的参考点。

3.1.1 创建点

从理论上来讲，点是没有长度和大小的图形对象。在 AutoCAD 中，系统默认情况下绘制的点显示为一个小圆点，在屏幕中很难看清，因此可以使用【点样式】设置，调整点的外观形状，也可以调整点的尺寸大小，以便根据需要，让点显示在图形中。在绘制单点、多点、定数等分点或定距等分点之后，经常需要调整点的显示方式，以方便对象捕捉，绘制图形。

1. 点样式

执行【点样式】命令的方法有以下几种。

（1）功能区：单击【默认】选项卡【实用工具】面板中的【点样式】按钮 点样式...，如图 3-1 所示。

（2）菜单栏：选择【格式】|【点样式】命令。

（3）命令行：DDPTYPE。

执行该命令后，将弹出如图 3-2 所示的【点样式】对话框，可以在其中设置共计 20 种点的显示样式和大小。

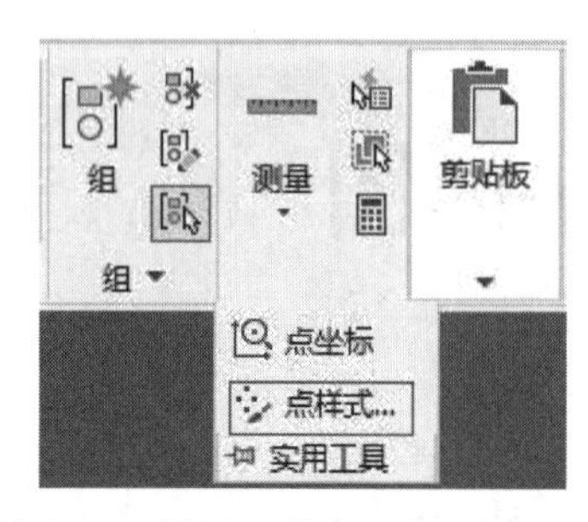

图 3-1 面板中的【点样式】按钮

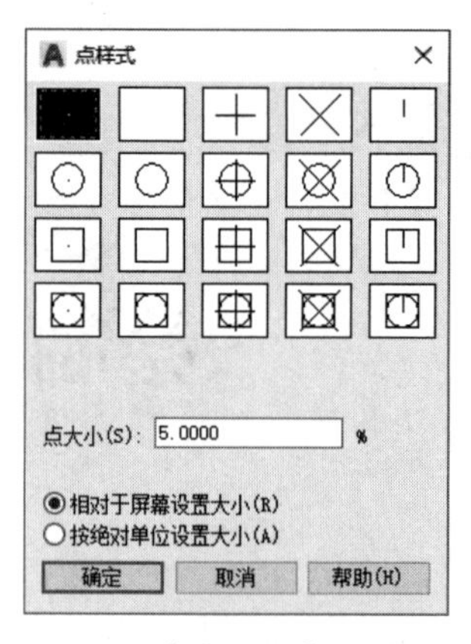

图 3-2 【点样式】对话框

对话框中各选项的含义说明如下。

【点大小】文本框：用于设置点的显示大小，与下面的两个选项有关。

【相对于屏幕设置大小】单选按钮：用于按 AutoCAD 绘图屏幕尺寸的百分比设置点的显示大小，在进行视图缩放操作时，点的显示大小并不改变，在命令行输入 RE 命令即可重新生成，始终保持与屏幕的相对比例，如图 3-3 所示。

【按绝对单位设置大小】单选按钮：使用实际单位设置点的大小，同其他的图形元素（如直线、圆），当进行视图缩放操作时，点的显示大小也会随之改变，如图 3-4 所示。

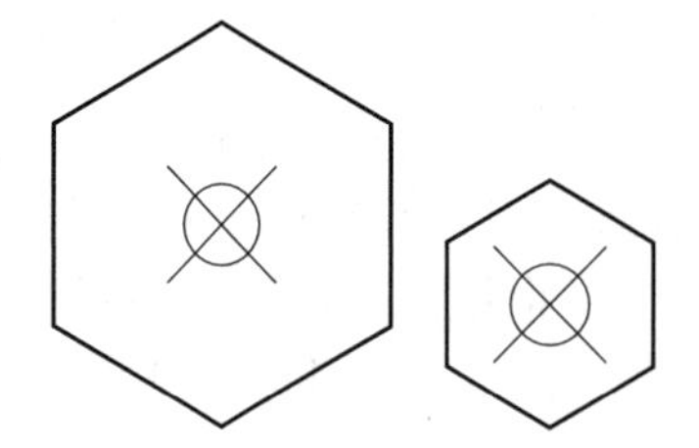

图 3-3 视图缩放时点大小相对于屏幕不变

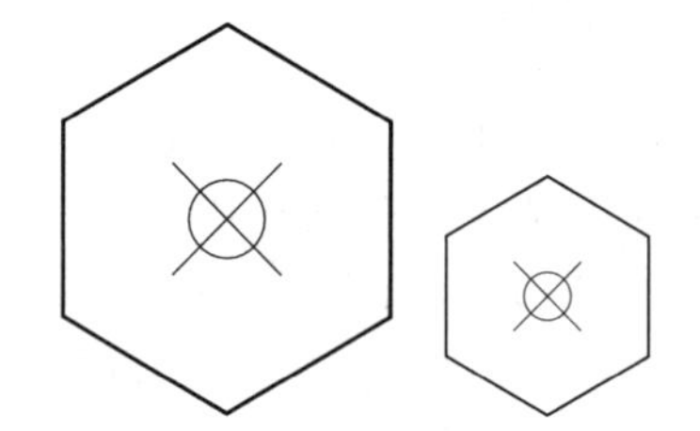

图 3-4 视图缩放时点大小相对于图形不变

【点样式】与【文字样式】【标注样式】等不同，在同一个 dwg 文件中有且仅有一种点样式，而文字样式、标注样式可以“设置”出多种不同的样式。要想设置点视觉效果不同，唯一能做的便是在“特性”中选择不同的颜色。

2. 单点和多点

在 AutoCAD 2022 中，点的绘制通常使用【多点】命令来完成，【单点】命令已不太常用。

1）单点

绘制单点就是执行一次命令只能指定一个点，指定完后自动结束命令。执行【单点】命令有以下几种方法。

（1）菜单栏：选择【绘图】|【点】|【单点】命令，如图 3-5 所示。

（2）命令行：PONIT 或 PO。

设置好点样式之后，选择【绘图】|【点】|【单点】命令，根据命令行提示，在绘

图区任意位置单击，即完成单点的绘制，结果如图 3-6 所示。命令行操作如下。

```
命令： _point
当前点模式：  PDMODE=33  PDSIZE=0.0000
指定点：                    //在任意位置单击放置点，放置后便自动结束【单点】命令
```

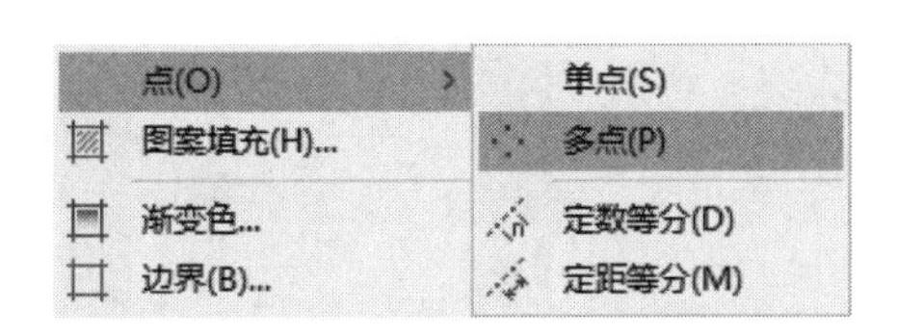

图 3-5 菜单栏中的【单点】命令

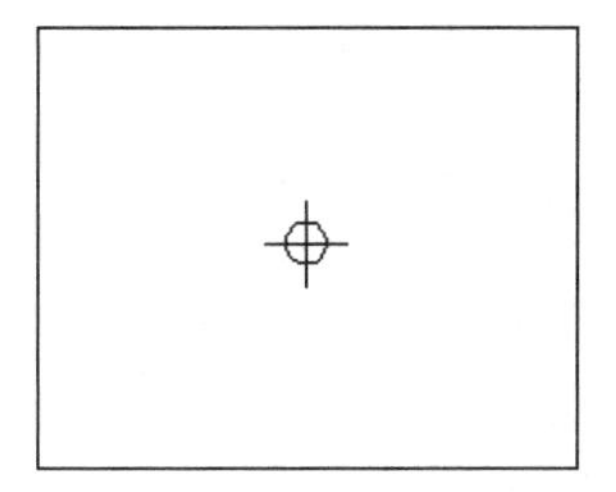

图 3-6 绘制单点效果

2）多点

绘制多点就是指执行一次命令后可以连续指定多个点，直到按 Esc 键结束命令。执行【多点】命令有以下几种方法。

（1）功能区：单击【绘图】面板中的【多点】按钮⁖，如图 3-7 所示。

（2）菜单栏：选择【绘图】|【点】|【多点】命令。

设置好点样式之后，单击【绘图】面板中的【多点】按钮⁖，根据命令行提示，在绘图区任意 6 个位置单击，按 Esc 键退出，即可完成多点的绘制，结果如图 3-8 所示。命令行操作如下。

```
命令： _point
当前点模式：  PDMODE=33  PDSIZE=0.0000     //在任意位置单击放置点
指定点： *取消*                           //按 Esc 键完成多点绘制
```

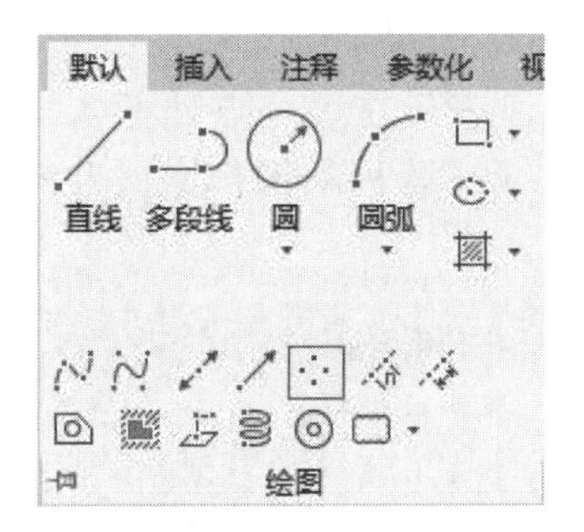

图 3-7 【绘图】面板中的【多点】按钮

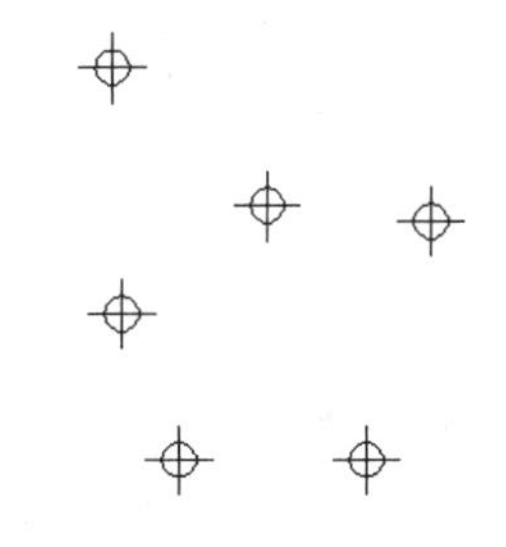

图 3-8 绘制多点效果

3.1.2 编辑点

点的编辑方法包括【定数等分】和【定距等分】，它们可以将对象按指定的数量分为等长的多段，并在各等分位置生成点。

1. 定数等分

执行【定数等分】命令的方法有以下几种。

（1）功能区：单击【绘图】面板中的【定数等分】按钮，如图 3-9 所示。
（2）菜单栏：选择【绘图】|【点】|【定数等分】命令。
（3）命令行：DIVIDE 或 DIV。

执行命令后，命令行出现如下提示。

```
命令：_divide                //执行【定数等分】命令
选择要定数等分的对象：       //选择要等分的对象，可以是直线、圆、圆弧、样条曲线、多段线
输入线段数目或 [块(B)]：     //输入要等分的段数
```

命令行中出现的各选项含义说明如下。

【输入线段数目】：该选项为默认选项，输入数字即可将被选中的图形进行平分，如图 3-10 所示。

【块（B）】：该命令可以在等分点处生成用户指定的块，如图 3-11 所示。

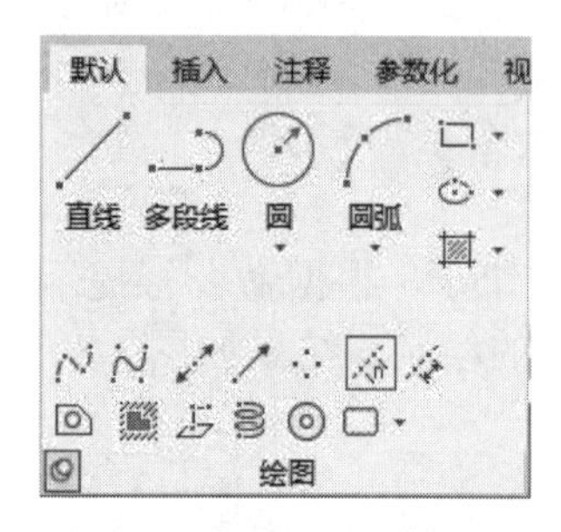

图 3-9 【定数等分】按钮

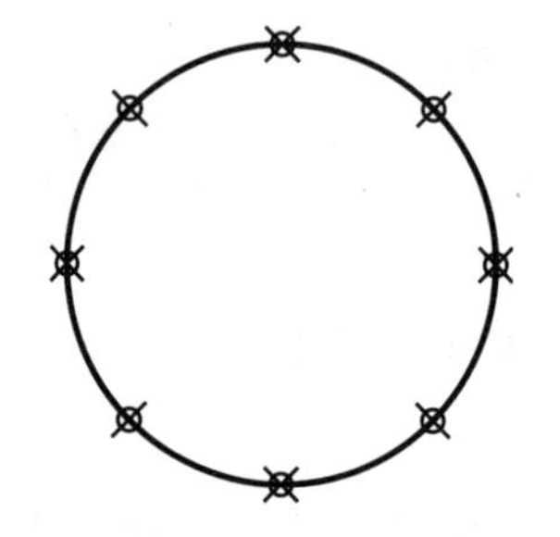

图 3-10 以点定数等分

图 3-11 以块定数等分

操作技巧：在命令操作过程中，命令行有时会出现“输入线段数目或 [块（B）]:”这样的提示，其中的英文字母如“块（B）”等，是执行各选项命令的输入字符。如果要选择【块（B）】选项，那只需在该命令行中输入 B 即可。

执行等分点命令时，选择【块（B）】选项，表示在等分点处插入指定的块，操作效果如图 3-12 所示，命令行操作如下。相比于【阵列】操作，该方法有一定的灵活性。

```
命令：_divide                              //执行【定数等分】命令
选择要定数等分的对象：                     //选择要等分的对象，如图 3-12 中的样条曲线
输入线段数目或 [块(B)]：B↙                 //选择【块(B)】选项
输入要插入的块名：1↙                       //输入要插入的块名称，如“1”
是否对齐块和对象？[是(Y)/否(N)] <Y>:↙      //默认对齐
输入线段数目：12↙                          //输入“块(B)”等分的数量
```

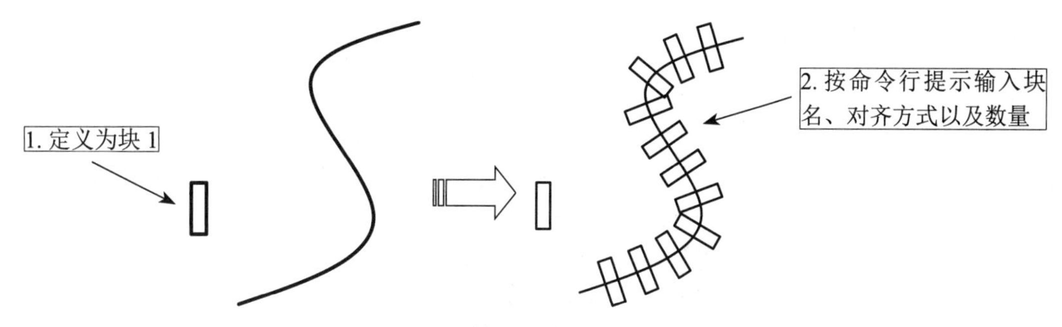

图 3-12 定数等分中的“块（B）”等分

2. 定距等分

【定距等分】是将对象分为长度为指定值的多段，并在各等分位置生成点。执行【定距等分】命令的方法有以下几种。

（1）功能区：单击【绘图】面板中的【定距等分】按钮，如图 3-13 所示。

（2）菜单栏：选择【绘图】|【点】|【定距等分】命令。

（3）命令行：MEASURE 或 ME。

执行命令后，命令行提示如下。

```
命令 : _measure              // 执行【定距等分】命令
选择要定距等分的对象 :       // 选择要等分的对象，可以是直线、圆、圆弧、样条曲线、多段线
指定线段长度或 [ 块 (B)]：   // 输入要等分的单段长度
```

命令行中出现的各选项含义说明如下。

【指定线段长度】：该选项为默认选项，输入的数字即为分段的长度，如图 3-14 所示。

【块（B）】：该命令可以在等分点处生成用户指定的块。

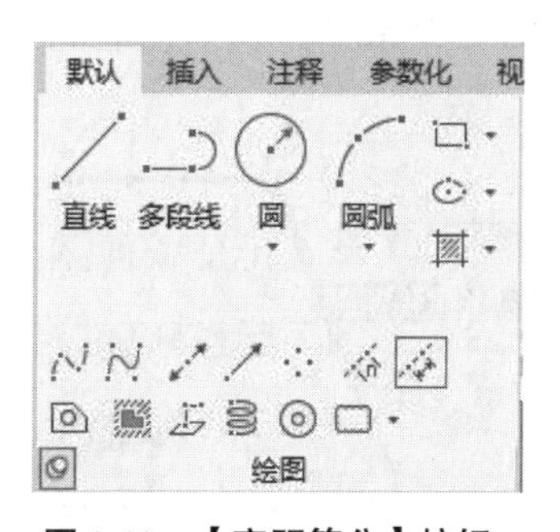

图 3-13 【定距等分】按钮

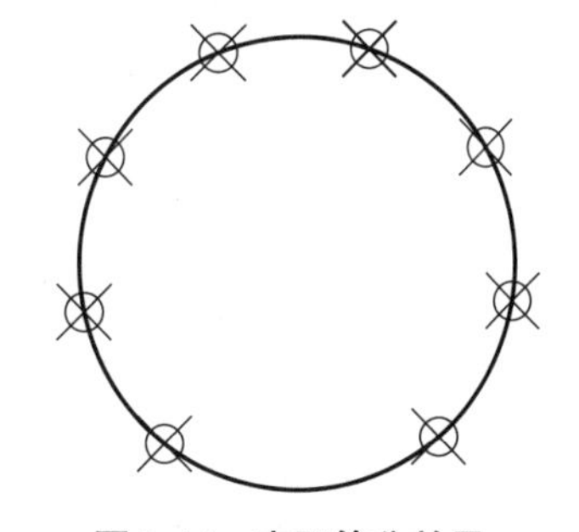

图 3-14 定距等分效果

3.2 绘 制 线

直线类图形是 AutoCAD 中最基本的图形对象，在 AutoCAD 中，根据用途的不同，可以将线分类为直线、射线、构造线、多线和多段线。不同的直线对象具有不同的特

性，下面进行详细讲解。

3.2.1 直线

直线是绘图中最常用的图形对象，只要指定了起点和终点，就可绘制出一条直线。执行【直线】命令的方法有以下几种。

（1）功能区：单击【绘图】面板中的【直线】按钮。

（2）菜单栏：选择【绘图】|【直线】命令。

（3）命令行：LINE 或 L。

执行命令后，命令行提示如下。

```
命令：_line                          //执行【直线】命令
指定第一个点：                        //输入直线段的起点，用鼠标指定点或在命令行中输入
                                     //点的坐标
指定下一点或 [放弃(U)]:               //输入直线段的端点。也可以用鼠标指定一定角度后，
                                     //直接输入直线的长度
指定下一点或 [放弃(U)]:               //输入下一直线段的端点。输入“U”表示放弃之前的
                                     //输入
指定下一点或 [闭合(C)/放弃(U)]:       //输入下一直线段的端点。输入“C”使图形闭合，或
                                     //按 Enter 键结束命令
```

命令行中出现的各选项含义说明如下。

【指定下一点】：当命令行提示【指定下一点】时，用户可以指定多个端点，从而绘制出多条直线段。但每一段直线又都是一个独立的对象，可以进行单独的编辑操作，如图 3-15 所示。

【闭合（C）】：绘制两条以上直线段后，命令行会出现【闭合（C）】选项。此时如果输入 C，则系统会自动连接直线的起点和最后一个端点，从而绘制出封闭的图形，如图 3-16 所示。

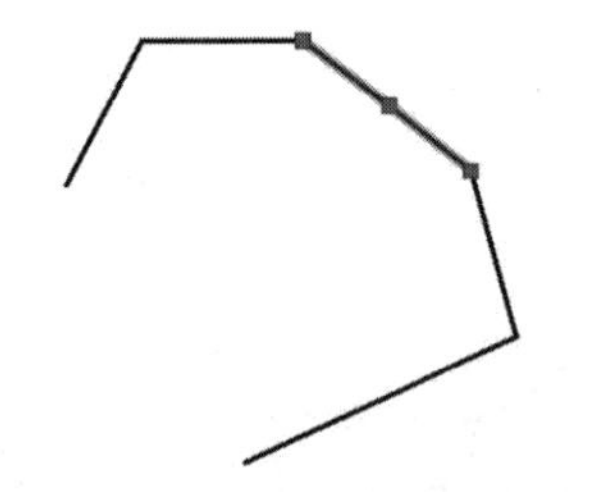

图 3-15 每一段直线均可单独编辑

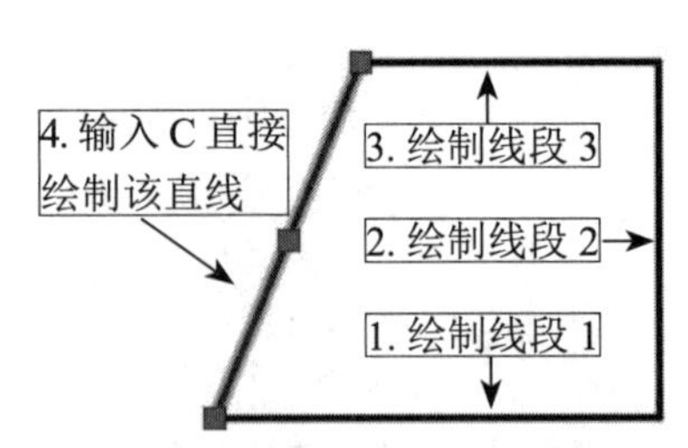

图 3-16 输入 C 绘制封闭图形

【放弃（U）】：命令行出现【放弃（U）】选项时，如果输入 U，则会擦除最近一次绘制的直线段，如图 3-17 所示。

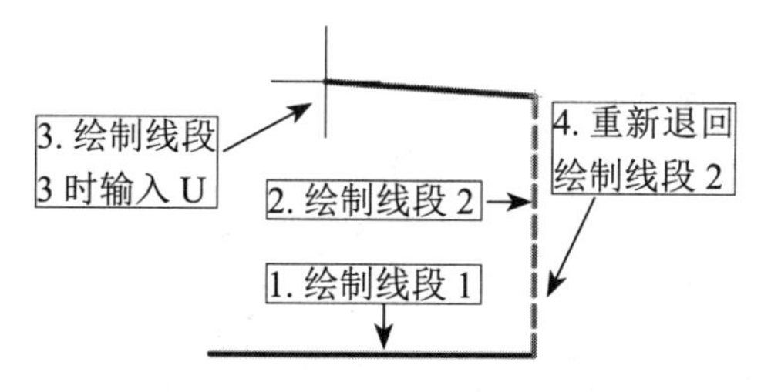

图 3-17 输入 U 重新绘制直线

若命令行提示【指定第一个点】时，按 Enter 键，系统则会自动把上次绘线（或弧）的终点作为本次直线操作的起点。特别地，如果上次操作为绘制圆弧，那按 Enter 键后会绘出通过圆弧终点的与该圆弧相切的直线段，该线段的长度由鼠标在屏幕上指定的一点与切点之间线段的长度确定，操作效果如图 3-18 所示，命令行操作如下。

```
命令： _line
指定第一个点 ： 直线长度 ： 20          // 按 Enter 键确认起点，然后输入直线长度
指定下一点或 [ 放弃 (U)]：             // 按 Esc 键完成绘制
```

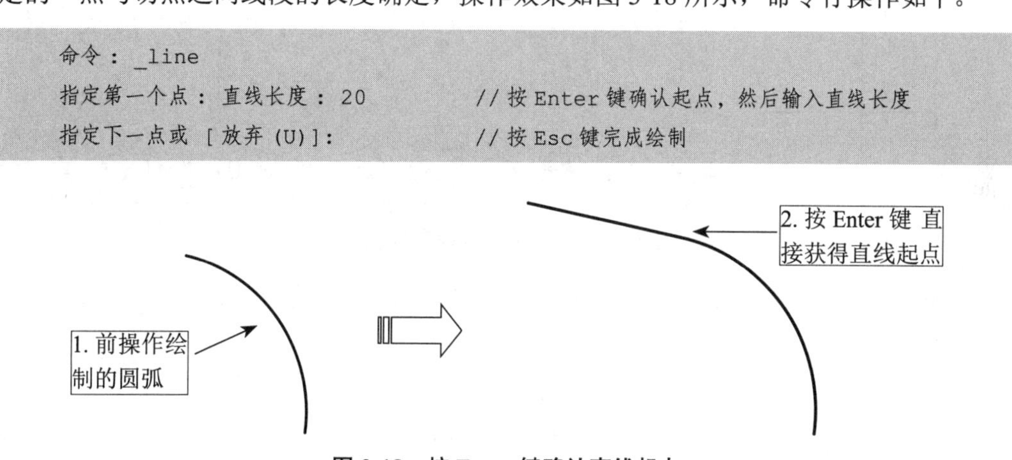

图 3-18 按 Enter 键确认直线起点

3.2.2 射线

射线是一端固定而另一端无限延伸的直线，它只有起点和方向，没有终点。射线在 AutoCAD 中使用较少，通常用来作为辅助线，尤其在机械制图中可以作为三视图的投影线使用。

绘制射线的方法有以下几种。

（1）功能区：单击【绘图】面板中的【射线】按钮。

（2）菜单栏：选择【绘图】|【射线】命令。

（3）命令行：RAY。

3.2.3 构造线

构造线是两端无限延伸的直线，没有起点和终点，主要用于绘制辅助线和修剪边界，在建筑设计中常用来作为辅助线，在机械设计中也可作为轴线使用。构造线只需指定两个点即可确定位置和方向。绘制构造线有以下执行方法。

（1）功能区：单击【绘图】面板中的【构造线】按钮。

（2）菜单栏：选择【绘图】|【构造线】命令。

（3）命令行：XLINE 或 XL。

按上面方式执行命令后，命令行提示如下。

```
命令 : _xline                                                    // 执行【构造线】命令
指定点或 [ 水平 (H) / 垂直 (V) / 角度 (A) / 二等分 (B) / 偏移 (O)]:   // 输入第一个点
指定通过点 :                                                      // 输入第二个点
指定通过点 :                          // 继续输入点，可以继续画线，按 Enter 键结束命令
```

命令行中出现的各选项含义说明如下。

【水平（H）】【垂直（V）】：选择【水平（H）】或【垂直（V）】选项，可以绘制水平和垂直的构造线，如图 3-19 所示。

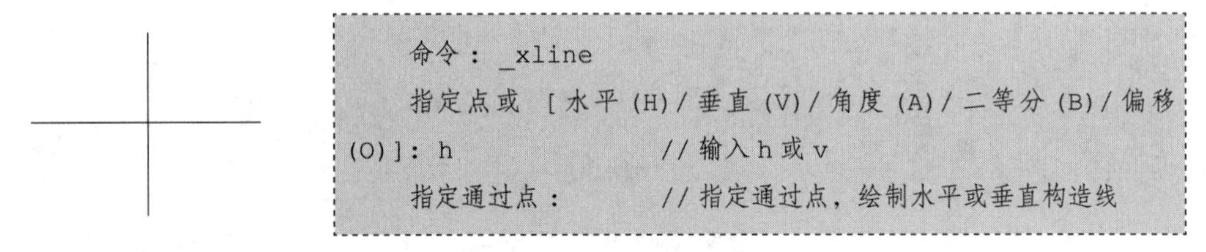

```
命令 : _xline
指定点或 [ 水平 (H) / 垂直 (V) / 角度 (A) / 二等分 (B) / 偏移 (O)]: h      // 输入 h 或 v
指定通过点 :        // 指定通过点，绘制水平或垂直构造线
```

图 3-19　绘制水平或垂直构造线

【角度（A）】：选择【角度（A）】选项，可以绘制用户所输入角度的构造线，如图 3-20 所示。

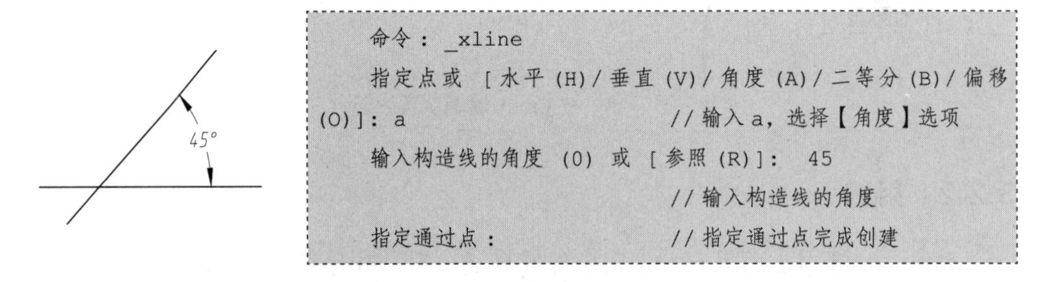


```
命令 : _xline
指定点或 [ 水平 (H) / 垂直 (V) / 角度 (A) / 二等分 (B) / 偏移 (O)]: a      // 输入 a，选择【角度】选项
输入构造线的角度 (0) 或 [ 参照 (R)]: 45
                                // 输入构造线的角度
指定通过点 :                     // 指定通过点完成创建
```

图 3-20　绘制成角度的构造线

【二等分（B）】：选择【二等分（B）】选项，可以绘制两条相交直线的角平分线，如图 3-21 所示。绘制角平分线时，使用捕捉功能依次拾取顶点 O、起点 A 和端点 B 即可（A、B 可为直线上除 O 点外的任意点）。

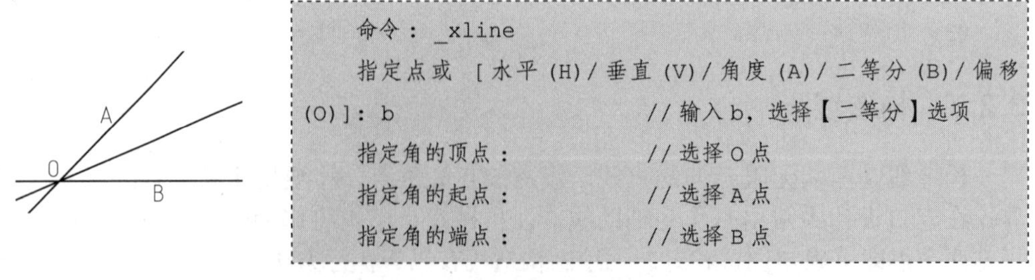


```
命令 : _xline
指定点或 [ 水平 (H) / 垂直 (V) / 角度 (A) / 二等分 (B) / 偏移 (O)]: b      // 输入 b，选择【二等分】选项
指定角的顶点 :          // 选择 O 点
指定角的起点 :          // 选择 A 点
指定角的端点 :          // 选择 B 点
```

图 3-21　绘制二等分构造线

【偏移（O）】：选择【偏移（O）】选项，可以由已有直线偏移出平行线，如图3-22所示。该选项的功能类似于【偏移】命令。通过输入偏移距离和选择要偏移的直线来绘制与该直线平行的构造线。

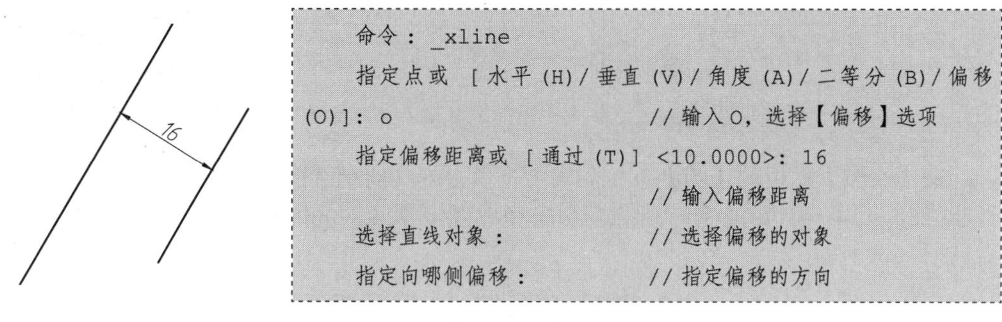


```
    命令： _xline
    指定点或 [水平(H)/垂直(V)/角度(A)/二等分(B)/偏移(O)]: o          //输入O，选择【偏移】选项
    指定偏移距离或 [通过(T)] <10.0000>: 16
                                 //输入偏移距离
    选择直线对象：               //选择偏移的对象
    指定向哪侧偏移：             //指定偏移的方向
```

图3-22　绘制偏移的构造线

构造线是真正意义上的“直线”，可以向两端无限延伸。构造线在控制草图的几何关系、尺寸关系方面，有着极其重要的作用，如三视图中“长对正、高齐平、宽相等”的辅助线，如图3-23所示（图中细实线为构造线，粗实线为轮廓线，下同）。

而且构造线不会改变图形的总面积，因此，它们的无限长的特性对缩放或视点没有影响，并会被显示图形范围的命令所忽略。和其他对象一样，构造线也可以移动、旋转和复制。因此构造线常用来绘制各种绘图过程中的辅助线和基准线，如机械上的中心线、建筑中的墙体线，如图3-24所示。所以绘制构造线是绘图提高效率的常用手段。

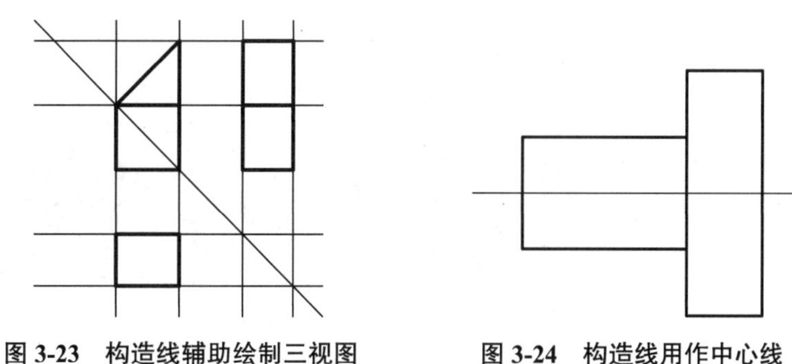

图3-23　构造线辅助绘制三视图　　图3-24　构造线用作中心线

3.3　绘　制　圆

在AutoCAD中，圆、圆弧、椭圆、椭圆弧和圆环都属于圆类图形，其绘制方法相对于直线对象较复杂，下面分别对其进行讲解。

3.3.1　圆

圆是绘图中最常用的图形对象，因此它的执行方式与功能选项也最为丰富。执行【圆】命令的方法有以下几种。

（1）功能区：单击【绘图】面板中的【圆】按钮。

（2）菜单栏：选择【绘图】|【圆】命令，然后在子菜单中选择一种绘圆方法。

（3）命令行：CIRCLE 或 C。

执行命令后，命令行提示如下。

```
命令 : _circle                                          // 执行【圆】命令
指定圆的圆心或 [ 三点 (3P)/ 两点 (2P)/ 切点、切点、半径 (T)]:   // 选择圆的绘制方式
指定圆的半径或 [ 直径 (D)]: 3↙                  // 直接输入半径或用鼠标指定半径长度
```

在【绘图】面板的【圆】下拉列表中提供了 6 种绘制圆的命令，各命令的含义如下。

【圆心、半径（R）】：用圆心和半径方式绘制圆，如图 3-25 所示，为默认的执行方式。

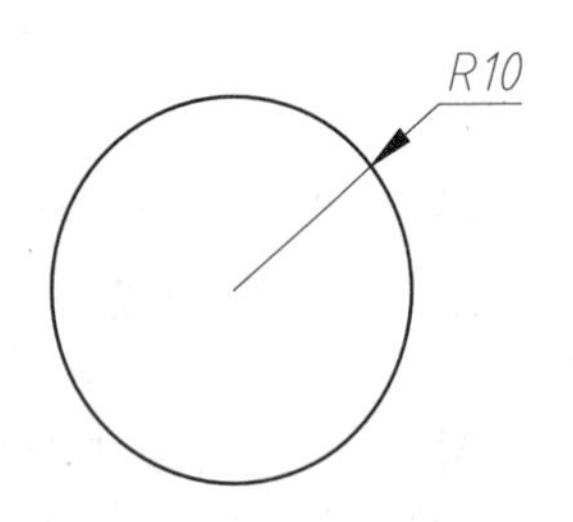


```
    命令: C↙
    CIRCLE 指定圆的圆心或 [ 三点 (3P)/ 两点 (2P)/ 切点、切点、
半径 (T)]:                    // 输入坐标或用鼠标单击确定圆心
    指定圆的半径或 [ 直径 (D)]: 10↙
                              // 输入半径值，也可以输入相对于圆心的
                              // 相对坐标，确定圆周上一点
```

图 3-25 【圆心、半径（R）】绘制圆

【圆心、直径（D）】：用圆心和直径方式绘制圆，如图 3-26 所示。

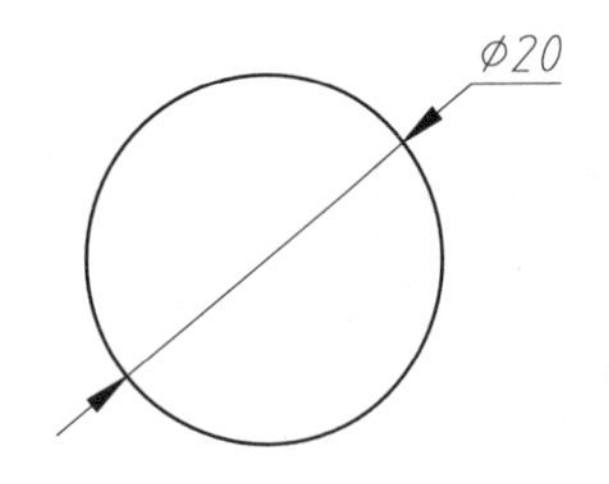


```
    命令: C↙
    CIRCLE 指定圆的圆心或 [ 三点 (3P)/ 两点 (2P)/ 切点、切点、
半径 (T)]:                         // 输入坐标或用鼠标单击确定圆心
    指定圆的半径或 [ 直径 (D)]<80.1736>: D↙  // 选择直径选项
    指定圆的直径 <200.00>: 20↙                // 输入直径值
```

图 3-26 【圆心、直径（D）】绘制圆

【两点（2P）】：通过两点（2P）绘制圆，实际上是以这两点的连线为直径，以两点连线的中点为圆心画圆。系统会提示指定圆直径的第一端点和第二端点，如图 3-27 所示。

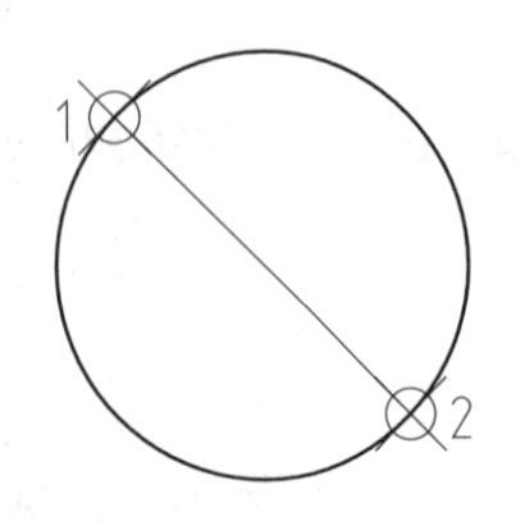


```
    命令: C↙
    CIRCLE 指定圆的圆心或 [ 三点 (3P)/ 两点 (2P)/ 切点、切点、
半径 (T)]: 2P↙              // 选择【两点】选项
    指定圆直径的第一个端点: // 输入坐标或单击确定直径第一个端点 1
    指定圆直径的第二个端点: // 单击确定直径第二个端点 2，或输入
                            // 相对于第一个端点的相对坐标
```

图 3-27 【两点（2P）】绘制圆

【三点（3P）】◯：通过三点（3P）绘制圆，实际上是绘制这三点确定的三角形的唯一的外接圆。系统会提示指定圆上的第一点、第二点和第三点，如图 3-28 所示。

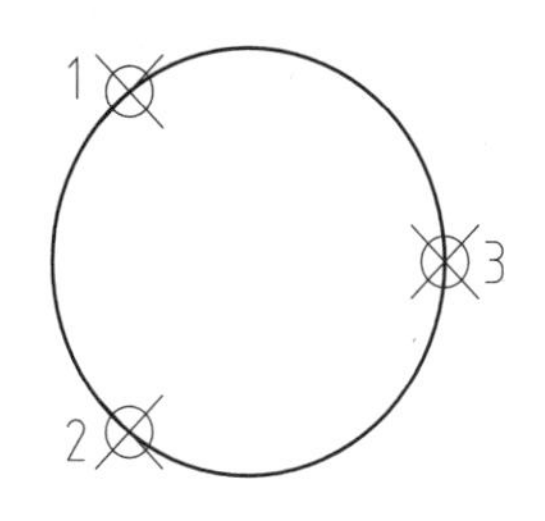


```
    命令：C↙
    CIRCLE 指定圆的圆心或 [ 三点 (3P) / 两点 (2P) / 切点、切点、
半径 (T)]: 3P↙                             // 选择【三点】选项
    指定圆上的第一个点:                     // 单击确定第 1 点
    指定圆上的第二个点:                     // 单击确定第 2 点
    指定圆上的第三个点:                     // 单击确定第 3 点
```

图 3-28 【三点（3P）】绘制圆

【相切、相切、半径（T）】◯：如果已经存在两个图形对象，再确定圆的半径值，就可以绘制出与这两个对象相切的公切圆。系统会提示指定圆的第一切点和第二切点及圆的半径，如图 3-29 所示。

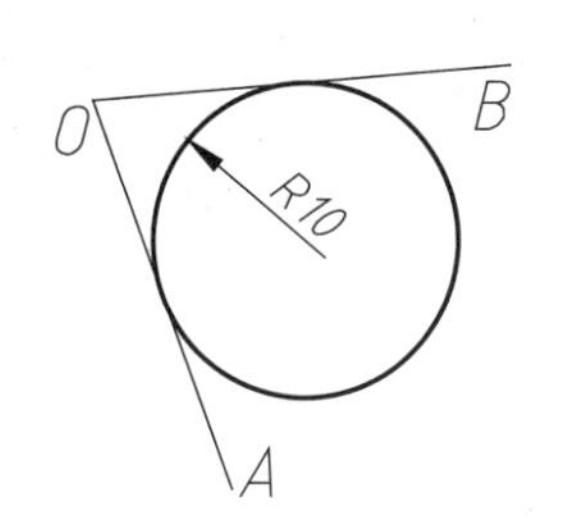


```
    命令 : _circle
    指定圆的圆心或 [ 三点 (3P) / 两点 (2P) / 切点、切点、半径
(T)]: T                          // 选择【切点、切点、半径】选项
    指定对象与圆的第一个切点 : // 单击直线 OA 上任意一点
    指定对象与圆的第二个切点 : // 单击直线 OB 上任意一点
    指定圆的半径 : 10           // 输入半径值
```

图 3-29 【相切、相切、半径（T）】绘制圆

【相切、相切、相切（A）】◯：选择三条切线来绘制圆，可以绘制出与三个图形对象相切的公切圆，如图 3-30 所示。

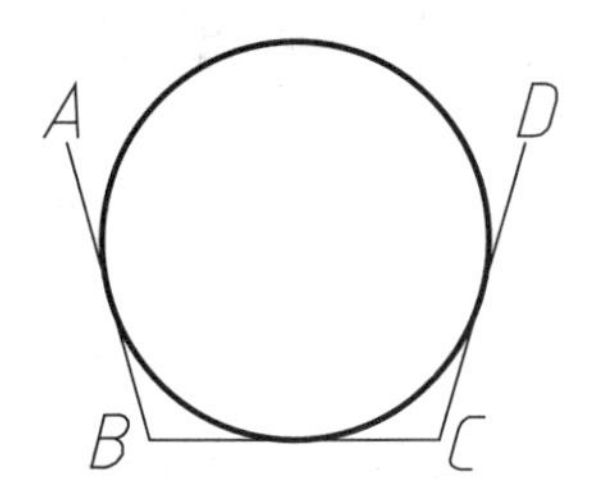


```
    命令 : _circle
    指定圆的圆心或 [ 三点 (3P) / 两点 (2P) / 切点、切点、半径
(T)]: _3p          // 单击面板中的【相切、相切、相切】按钮
    指定圆上的第一个点 : _tan 到      // 单击直线 AB 上任意一点
    指定圆上的第二个点 : _tan 到      // 单击直线 BC 上任意一点
    指定圆上的第三个点 : _tan 到      // 单击直线 CD 上任意一点
```

图 3-30 【相切、相切、相切（A）】绘制圆

3.3.2 圆弧

圆弧即圆的一部分，在技术制图中，经常需要用圆弧来光滑连接已知的直线或曲线。执行【圆弧】命令的方法有以下几种。

（1）功能区：单击【绘图】面板中的【圆弧】按钮。

（2）菜单栏：选择【绘图】|【圆弧】命令。

（3）命令行：ARC 或 A。

执行命令后，命令行提示如下。

```
命令：_arc                                          //执行【圆弧】命令
指定圆弧的起点或 [圆心(C)]:                          //指定圆弧的起点
指定圆弧的第二个点或 [圆心(C)/端点(E)]:              //指定圆弧的第二点
指定圆弧的端点：                                    //指定圆弧的端点
```

在【绘图】面板【圆弧】按钮的下拉列表中提供了 11 种绘制圆弧的命令，各命令的含义如下。

【三点（P）】：通过指定圆弧上的三点绘制圆弧，需要指定圆弧的起点、通过的第二个点和端点，如图 3-31 所示。

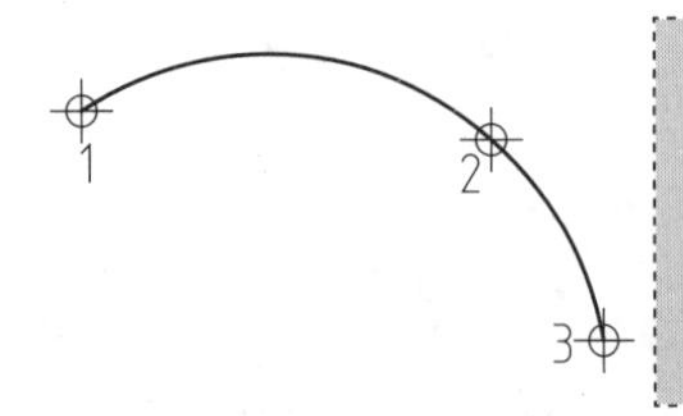


```
命令：_arc
指定圆弧的起点或 [圆心(C)]:                      //指定圆弧的起点 1
指定圆弧的第二个点或 [圆心(C)/端点(E)]:          //指定点 2
指定圆弧的端点：                                //指定点 3
```

图 3-31 【三点（P）】绘制圆弧

【起点、圆心、端点（S）】：通过指定圆弧的起点、圆心、端点绘制圆弧，如图 3-32 所示。

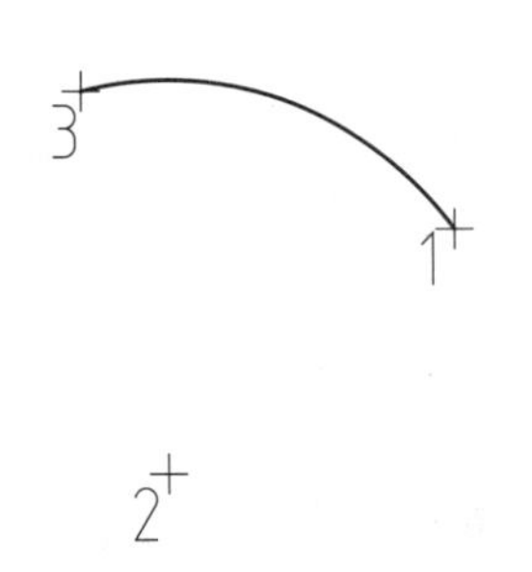


```
命令：_arc
指定圆弧的起点或 [圆心(C)]:                      //指定圆弧的起点 1
指定圆弧的第二个点或 [圆心(C)/端点(E)]: _c
                                                //系统自动选择
指定圆弧的圆心：                                //指定圆弧的圆心 2
指定圆弧的端点(按住 Ctrl 键以切换方向)或 [角度(A)/弦
长(L)]:                                         //指定圆弧的端点 3
```

图 3-32 【起点、圆心、端点（S）】绘制圆弧

【起点、圆心、角度（T）】：通过指定圆弧的起点、圆心、包含角度绘制圆弧。执行此命令时会出现“指定夹角”的提示，在输入角时，如果当前环境设置逆时针方向为角度正方向，且输入正的角度值，则绘制的圆弧是从起点绕圆心沿逆时针方向绘制，反之则沿顺时针方向绘制，如图 3-33 所示。

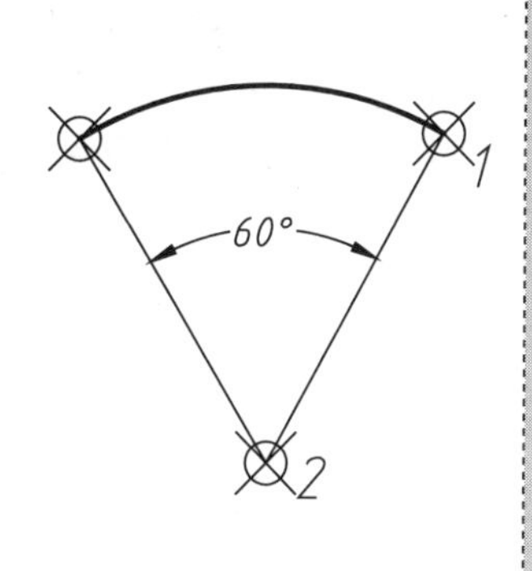


```
命令：_arc
指定圆弧的起点或 [圆心(C)]:                    //指定圆弧的起点1
指定圆弧的第二个点或 [圆心(C)/端点(E)]: _c
                                               //系统自动选择
指定圆弧的圆心：                                //指定圆弧的圆心2
指定圆弧的端点(按住 Ctrl 键以切换方向)或 [角度(A)/弦
长(L)]: _a                                     //系统自动选择
指定夹角(按住 Ctrl 键以切换方向): 60
                                               //输入圆弧夹角角度
```

图 3-33 【起点、圆心、角度（T）】绘制圆弧

【起点、圆心、长度（A）】：通过指定圆弧的起点、圆心、弦长绘制圆弧，如图 3-34 所示。另外，在命令行提示的“指定弦长”提示信息下，如果所输入的值为负，则该值的绝对值将作为对应整圆的空缺部分的圆弧的弦长。

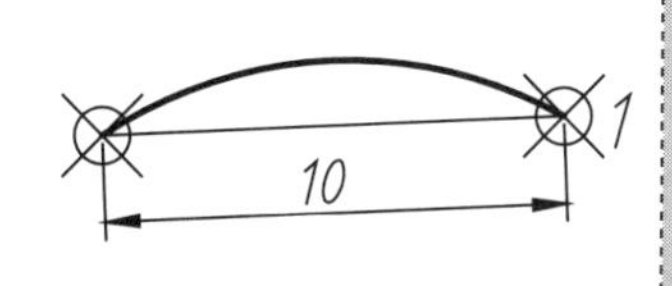

2

```
命令：_arc
指定圆弧的起点或 [圆心(C)]:                    //指定圆弧的起点1
指定圆弧的第二个点或 [圆心(C)/端点(E)]: _c
                                               //系统自动选择
指定圆弧的圆心：                                //指定圆弧的圆心2
指定圆弧的端点(按住 Ctrl 键以切换方向)或 [角度(A)/弦
长(L)]: _l                                     //系统自动选择
指定弦长(按住 Ctrl 键以切换方向): 10          //输入弦长
```

图 3-34 【起点、圆心、长度（A）】绘制圆弧

【起点、端点、角度（N）】：通过指定圆弧的起点、端点、包含角绘制圆弧，如图 3-35 所示。

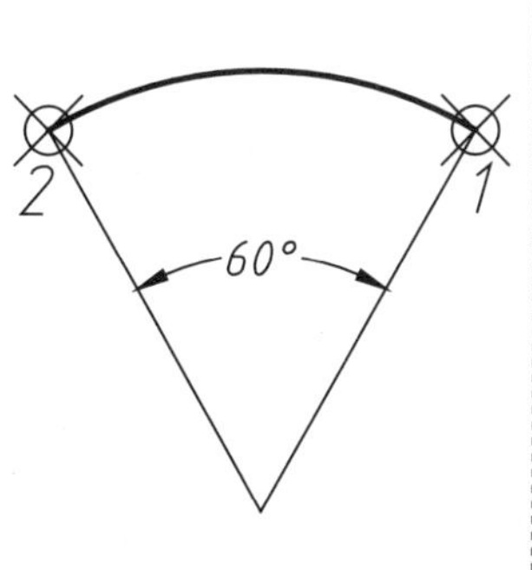


```
命令：_arc
指定圆弧的起点或 [圆心(C)]:                    //指定圆弧的起点1
指定圆弧的第二个点或 [圆心(C)/端点(E)]: _e
                                               //系统自动选择
指定圆弧的端点：                                //指定圆弧的端点2
指定圆弧的中心点(按住 Ctrl 键以切换方向)或 [角度(A)/
方向(D)/半径(R)]: _a                           //系统自动选择
指定夹角(按住 Ctrl 键以切换方向): 60
                                               //输入圆弧夹角角度
```

图 3-35 【起点、端点、角度（N）】绘制圆弧

【起点、端点、方向（D）】：通过指定圆弧的起点、端点和圆弧的起点切向绘

制圆弧，如图 3-36 所示。命令执行过程中会出现“指定圆弧的起点切向”提示信息，此时拖动鼠标动态地确定圆弧在起始点处的切线方向和水平方向的夹角。拖动鼠标时，AutoCAD 会在当前光标与圆弧起始点之间形成一条线，即为圆弧在起始点处的切线。确定切线方向后，单击拾取键即可得到相应的圆弧。

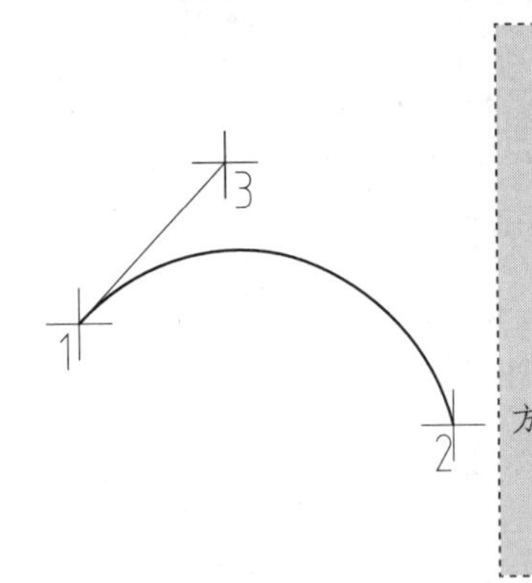


```
命令：_arc
指定圆弧的起点或 [圆心(C)]:            //指定圆弧的起点 1
指定圆弧的第二个点或 [圆心(C)/端点(E)]: _e
                                       //系统自动选择
指定圆弧的端点：                        //指定圆弧的端点 2
指定圆弧的中心点(按住 Ctrl 键以切换方向)或 [角度(A)/
方向(D)/半径(R)]: _d                    //系统自动选择
指定圆弧起点的相切方向(按住 Ctrl 键以切换方向):
                                       //指定点 3 确定方向
```

图 3-36 【起点、端点、方向（D）】绘制圆弧

【起点、端点、半径（R）】：通过指定圆弧的起点、端点和圆弧半径绘制圆弧，如图 3-37 所示。

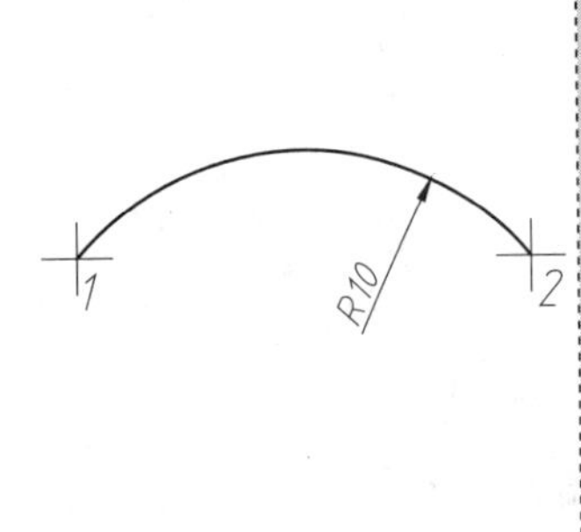


```
命令：_arc
指定圆弧的起点或 [圆心(C)]:            //指定圆弧的起点 1
指定圆弧的第二个点或 [圆心(C)/端点(E)]: _e
                                       //系统自动选择
指定圆弧的端点：                        //指定圆弧的端点 2
指定圆弧的中心点(按住 Ctrl 键以切换方向)或 [角度(A)/
方向(D)/半径(R)]: _r                    //系统自动选择
指定圆弧的半径(按住 Ctrl 键以切换方向): 10
                                       //输入圆弧的半径
```

图 3-37 【起点、端点、半径（R）】绘制圆弧

【圆心、起点、端点（C）】：以圆弧的圆心、起点、端点方式绘制圆弧，如图 3-38 所示。

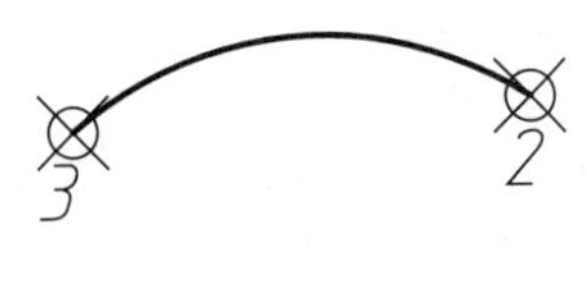


```
命令：_arc
指定圆弧的起点或 [圆心(C)]: _c         //系统自动选择
指定圆弧的圆心：                        //指定圆弧的圆心 1
指定圆弧的起点：                        //指定圆弧的起点 2
指定圆弧的端点(按住 Ctrl 键以切换方向)或 [角度(A)/弦
长(L)]:                                //指定圆弧的端点 3
```

图 3-38 【圆心、起点、端点（C）】绘制圆弧

【圆心、起点、角度（E）】：以圆弧的圆心、起点、圆心角方式绘制圆弧，如图 3-39 所示。

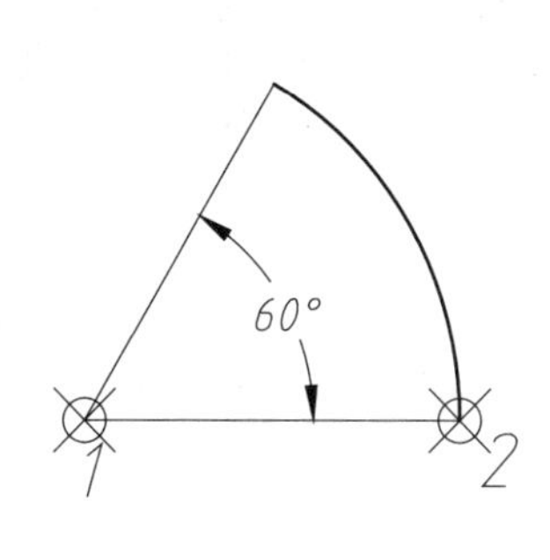


```
命令：_arc
指定圆弧的起点或 [圆心(C)]：_c        //系统自动选择
指定圆弧的圆心：                      //指定圆弧的圆心 1
指定圆弧的起点：                      //指定圆弧的起点 2
指定圆弧的端点(按住 Ctrl 键以切换方向)或 [角度(A)/弦长(L)]：_a        //系统自动选择
指定夹角(按住 Ctrl 键以切换方向)：60
                                      //输入圆弧的夹角角度
```

图 3-39 【圆心、起点、角度（E）】绘制圆弧

【圆心、起点、长度（L）】：以圆弧的圆心、起点、弧长方式绘制圆弧，如图 3-40 所示。

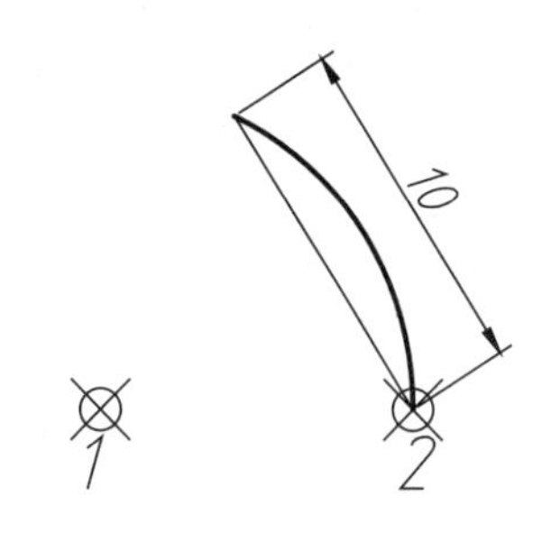


```
命令：_arc
指定圆弧的起点或 [圆心(C)]：_c        //系统自动选择
指定圆弧的圆心：                      //指定圆弧的圆心 1
指定圆弧的起点：                      //指定圆弧的起点 2
指定圆弧的端点(按住 Ctrl 键以切换方向)或 [角度(A)/弦长(L)]：_l        //系统自动选择
指定弦长(按住 Ctrl 键以切换方向)：10 //输入弦长
```

图 3-40 【圆心、起点、长度（L）】绘制圆弧

【连续（O）】：绘制其他直线与非封闭曲线后选择【绘图】|【圆弧】|【继续】命令，系统将自动以刚才绘制的对象的终点作为即将绘制的圆弧的起点。

3.3.3 圆环

圆环是由同一圆心、不同直径的两个同心圆组成的，控制圆环的参数是圆心、内直径和外直径。圆环可分为“填充环”（两个圆形中间的面积填充，可用于绘制电路图中的各接点）和“实体填充圆”（圆环的内直径为 0，可用于绘制各种标识）。

执行【圆环】命令的方法有以下 3 种。

（1）功能区：在【默认】选项卡中，单击【绘图】面板中的【圆环】按钮◎。

（2）菜单栏：选择【绘图】|【圆环】菜单命令。

（3）命令行：DONUT 或 DO。

执行该命令后，命令行提示如下。

```
命令：_donut                          //执行【圆环】命令
指定圆环的内径 <0.5000>:10↙           //指定圆环内径
指定圆环的外径 <1.0000>:20↙           //指定圆环外径
```

```
指定圆环的中心点或 <退出>:              // 在绘图区中指定一点放置圆环，放置位置为圆心
指定圆环的中心点或 <退出>: *取消*       // 按 Esc 键退出圆环命令
```

在绘制圆环时，命令行提示指定圆环的内径和外径，正常圆环的内径小于外径，且内径不为零，则效果如图 3-41 所示；若圆环的内径为 0，则圆环为一黑色实心圆，如图 3-42 所示；如果圆环的内径与外径相等，则圆环就是一个普通圆，如图 3-43 所示。

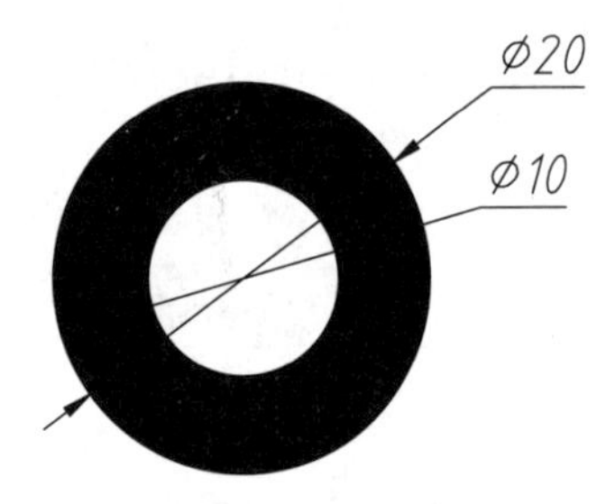

图 3-41　内、外径不相等

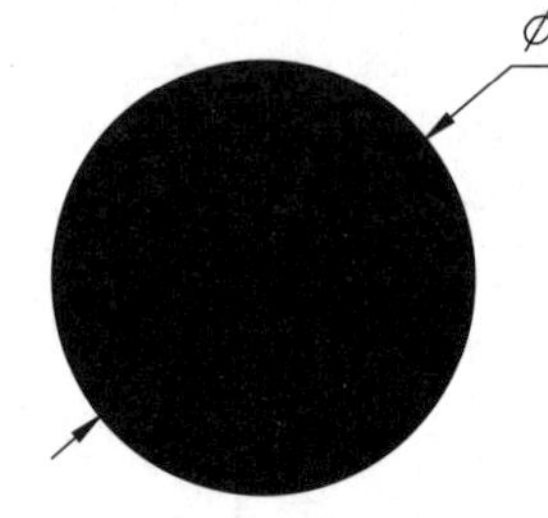

图 3-42　内径为 0，外径为 20

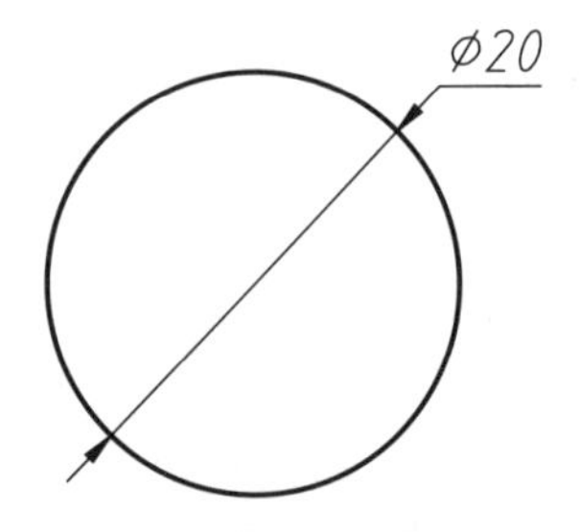

图 3-43　内径与外径均为 20

AutoCAD 默认情况下，所绘制的圆环为填充的实心图形。如果在绘制圆环之前在命令行中输入 FILL，则可以控制圆环和圆的填充可见性。执行 FILL 命令后，命令行提示如下。

```
命令: FILL↙
输入模式 [开(ON)]|[关(OFF)]<开>:     // 输入 ON 或者 OFF 来选择填充效果的开、关
```

选择【开】模式，表示绘制的圆环和圆都会填充，如图 3-44 所示；而选择【关】模式，表示绘制的圆环和圆不予填充，如图 3-45 所示。

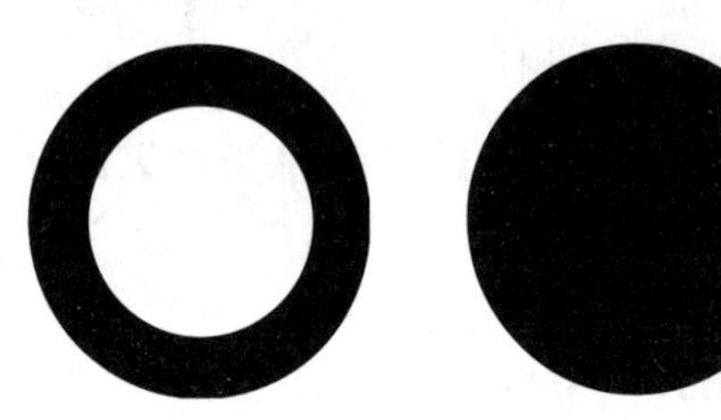

图 3-44　填充效果为【开】

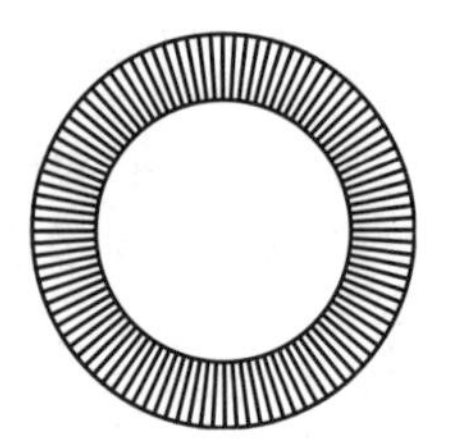

图 3-45　填充效果为【关】

此外，执行【直径】标注命令，可以对圆环进行标注。但标注值为外径与内径之和的一半，如图 3-46 所示。

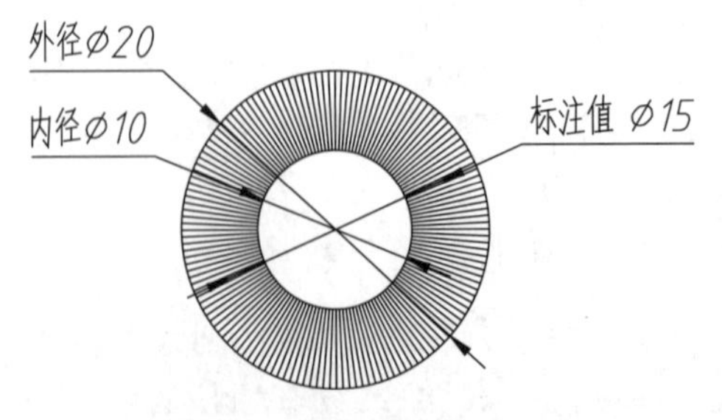

图 3-46　圆环对象的标注值

3.3.4 课堂练习：风扇叶片的绘制

圆类图形是 AutoCAD 中创建方法最多的图形，这得益于它在机械图形中随处可见的各种应用，如涡轮、桨叶等轮廓，减速器的外形等。因此熟练掌握各种圆类图形的创建方法，对于提高 AutoCAD 的机械造型能力很有帮助。

（1）打开素材文件“第 3 章\3.3.4 课堂练习：风扇叶片的绘制 .dwg”，其中已绘制好了水平和垂直的两条中心线，如图 3-47 所示。

（2）打开正交模式。单击【绘图】面板中的【构造线】按钮，在命令行中选择【偏移】选项，将水平中心线向上分别偏移 60、70，将垂直构造线向两侧分别偏移 50、40，绘制 4 条构造线，得到交点 *A*、*B*、*C*，如图 3-48 所示。

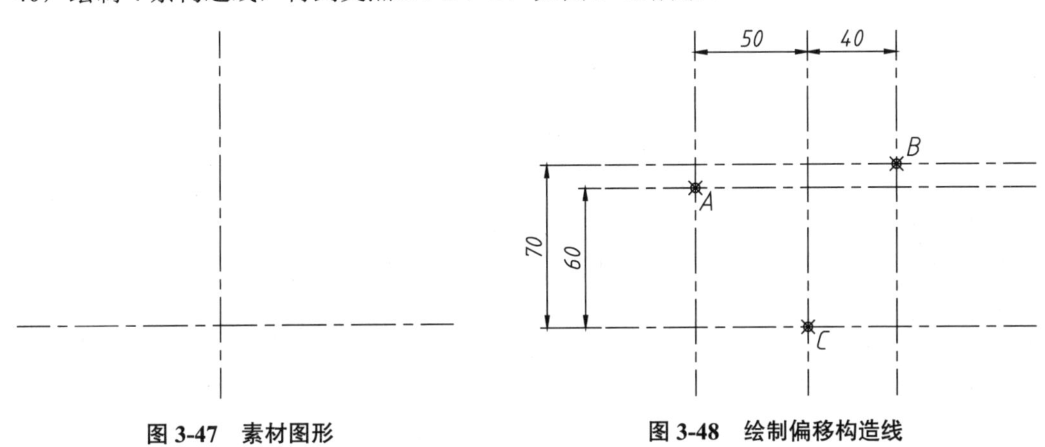

图 3-47 素材图形　　图 3-48 绘制偏移构造线

（3）单击【绘图】面板中的【圆】按钮，使用【圆心、半径】方式，依次在 *A*、*B* 点绘制半径为 20、40 的圆，如图 3-49 所示。

（4）在【修改】面板中单击【修剪】按钮，修剪出圆弧，如图 3-50 所示。

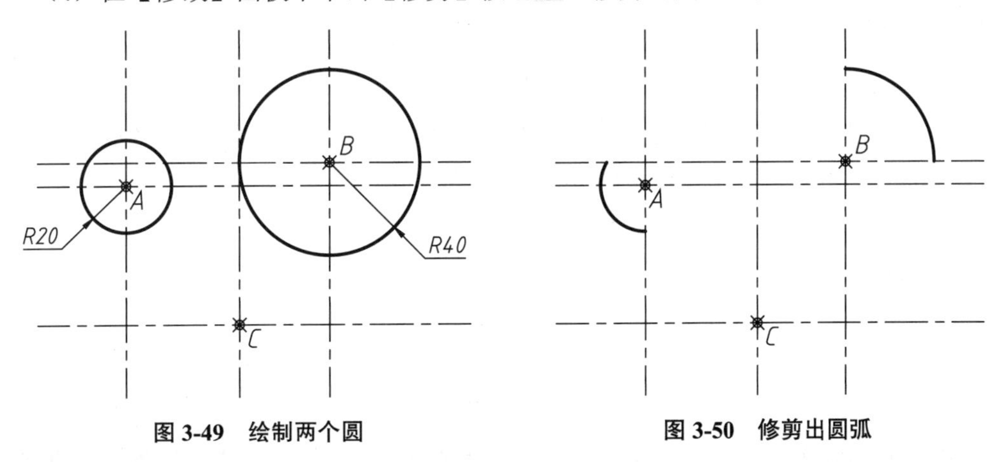

图 3-49 绘制两个圆　　图 3-50 修剪出圆弧

（5）单击【绘图】面板中的【圆】按钮，使用【圆心、直径】方式，以 *C* 点为圆心绘制直径为 20、40 的同心圆，如图 3-51 所示。

（6）单击【绘图】面板中的【圆弧】列表下的【起点、端点、半径】按钮，依次绘制出半径分别为 40、72、126 的圆弧，如图 3-52 所示。风扇叶片绘制完成。

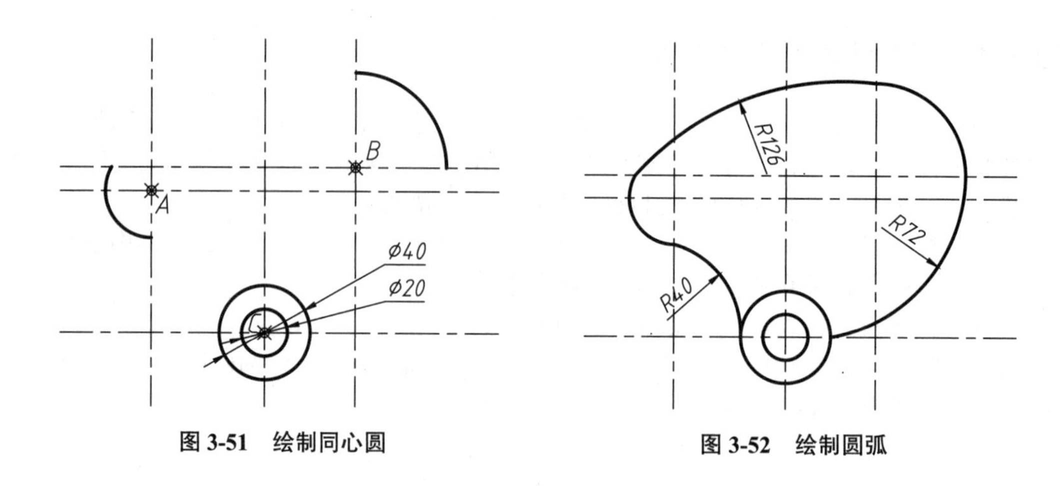

图 3-51 绘制同心圆

图 3-52 绘制圆弧

3.4 矩 形

矩形就是人们通常说的长方形，是通过输入矩形的任意两个对角位置确定的，在 AutoCAD 中绘制矩形可以为其设置倒角、圆角以及宽度和厚度值，如图 3-53 所示。

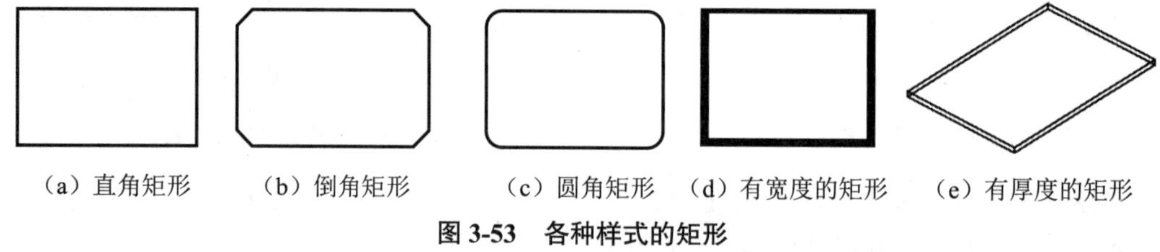

（a）直角矩形 （b）倒角矩形 （c）圆角矩形 （d）有宽度的矩形 （e）有厚度的矩形

图 3-53 各种样式的矩形

3.4.1 操作方式

调用【矩形】命令的方法如下。

（1）功能区：在【默认】选项卡中，单击【绘图】面板中的【矩形】按钮▭。

（2）菜单栏：执行【绘图】|【矩形】菜单命令。

（3）命令行：RECTANG 或 REC。

3.4.2 命令提示

执行该命令后，命令行提示如下。

```
命令： _rectang                                                   //执行【矩形】命令
指定第一个角点或 [倒角(C)/标高(E)/圆角(F)/厚度(T)/宽度(W)]: //指定矩形的第一个角点
指定另一个角点或 [面积(A)/尺寸(D)/旋转(R)]:                     //指定矩形的对角点
```

在指定第一个角点前，有 5 个子选项，而指定第二个对角点的时候有 3 个，各选项含义具体介绍如下。

【倒角（C）】：用来绘制倒角矩形，选择该选项后可指定矩形的倒角距离，如图 3-54 所示。设置该选项后，执行矩形命令时此值成为当前的默认值，若不需要设置倒角，则要再次将其设置为 0。

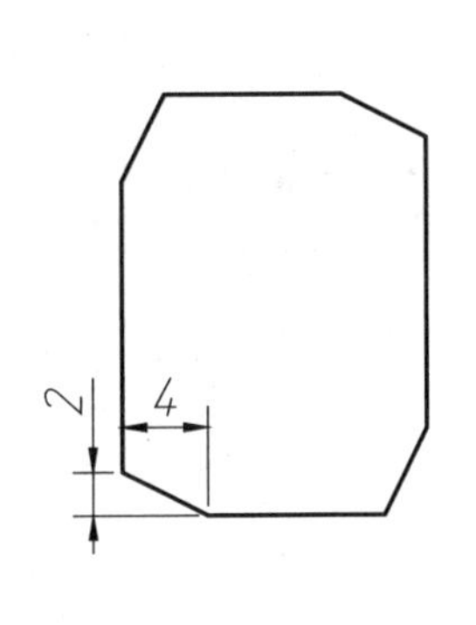


```
命令：_rectang
指定第一个角点或 [倒角(C)/标高(E)/圆角(F)/厚度(T)/宽度(W)]：C                //选择【倒角】选项
指定矩形的第一个倒角距离 <0.0000>：2//输入第一个倒角距离
指定矩形的第二个倒角距离 <2.0000>：4//输入第二个倒角距离
指定第一个角点或 [倒角(C)/标高(E)/圆角(F)/厚度(T)/宽度(W)]：                   //指定第一个角点
指定另一个角点或 [面积(A)/尺寸(D)/旋转(R)]：
                                                //指定第二个角点
```

图 3-54　【倒角（C）】绘制矩形

【标高（E）】：指定矩形的标高，即 Z 方向上的值。选择该选项后可在高为标高值的平面上绘制矩形，如图 3-55 所示。

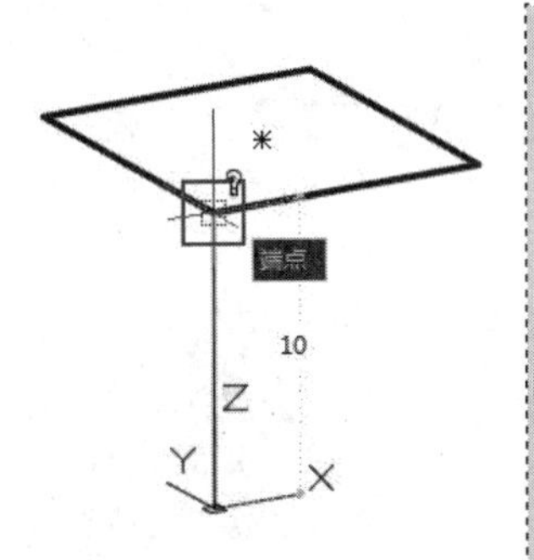


```
命令：_rectang
指定第一个角点或 [倒角(C)/标高(E)/圆角(F)/厚度(T)/宽度(W)]：E                //选择【标高】选项
指定矩形的标高 <0.0000>：10                    //输入标高
指定第一个角点或 [倒角(C)/标高(E)/圆角(F)/厚度(T)/宽度(W)]：                   //指定第一个角点
指定另一个角点或 [面积(A)/尺寸(D)/旋转(R)]：
                                                //指定第二个角点
```

图 3-55　【标高（E）】绘制矩形

【圆角（F）】：用来绘制圆角矩形。选择该选项后可指定矩形的圆角半径，绘制带圆角的矩形，如图 3-56 所示。

```
命令：_rectang
指定第一个角点或 [倒角(C)/标高(E)/圆角(F)/厚度(T)/宽度(W)]：F                //选择【圆角】选项
指定矩形的圆角半径 <0.0000>：5                //输入圆角半径值
指定第一个角点或 [倒角(C)/标高(E)/圆角(F)/厚度(T)/宽度(W)]：                   //指定第一个角点
指定另一个角点或 [面积(A)/尺寸(D)/旋转(R)]：
                                                //指定第二个角点
```

图 3-56　【圆角（F）】绘制矩形

操作技巧：当矩形的长度和宽度太小而无法使用当前设置创建矩形时，绘制出来的矩形将不进行圆角或倒角。

【厚度（T）】：用来绘制有厚度的矩形，该选项为要绘制的矩形指定Z轴上的厚度值，如图3-57所示。

```
命令：_rectang
指定第一个角点或 [倒角(C)/标高(E)/圆角(F)/厚度(T)/宽度(W)]：T          //选择【厚度】选项
指定矩形的厚度 <0.0000>：2                                          //输入矩形厚度值
指定第一个角点或 [倒角(C)/标高(E)/圆角(F)/厚度(T)/宽度(W)]：          //指定第一个角点
指定另一个角点或 [面积(A)/尺寸(D)/旋转(R)]：                          //指定第二个角点
```

图3-57 【厚度（T）】绘制矩形

【宽度（W）】：用来绘制有宽度的矩形，该选项为要绘制的矩形指定线的宽度，效果如图3-58所示。

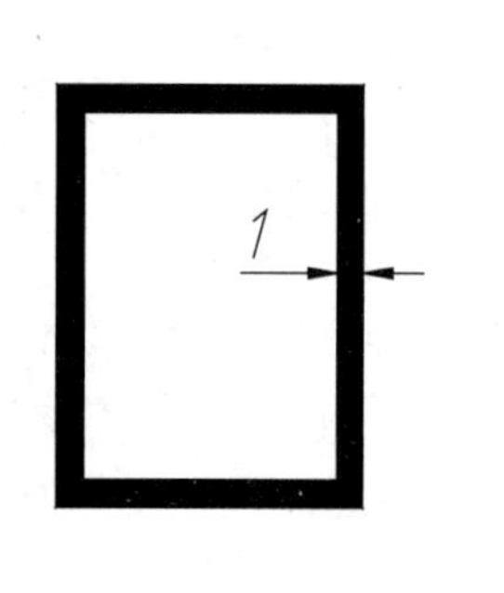


```
命令：_rectang
指定第一个角点或 [倒角(C)/标高(E)/圆角(F)/厚度(T)/宽度(W)]：W          //选择【宽度】选项
指定矩形的线宽 <0.0000>：1                                          //输入线宽值
指定第一个角点或 [倒角(C)/标高(E)/圆角(F)/厚度(T)/宽度(W)]：          //指定第一个角点
指定另一个角点或 [面积(A)/尺寸(D)/旋转(R)]：                          //指定第二个角点
```

图3-58 【宽度（W）】绘制矩形

【面积】：该选项提供另一种绘制矩形的方式，即通过确定矩形面积大小的方式绘制矩形。

【尺寸】：该选项通过输入矩形的长和宽确定矩形的大小。

【旋转】：选择该选项，可以指定绘制矩形的旋转角度。

3.4.3 课堂练习：绘制插板平面图

（1）启动AutoCAD 2022，新建一空白文档。

（2）绘制插板轮廓。单击【绘图】面板中的【矩形】按钮，绘制带宽度的矩形，如图3-59所示。命令行操作过程如下。

```
命令: _rectang
指定第一个角点或 [倒角(C)/标高(E)/圆角(F)/厚度(T)/宽度(W)]: C↙
指定矩形的第一个倒角距离 <0.0000>: 1↙
指定矩形的第二个倒角距离 <1.0000>: 1↙
指定第一个角点或 [倒角(C)/标高(E)/圆角(F)/厚度(T)/宽度(W)]: W↙
指定矩形的线宽 <0.0000>: 1↙
指定第一个角点或 [倒角(C)/标高(E)/圆角(F)/厚度(T)/宽度(W)]: 0,0
指定另一个角点或 [面积(A)/尺寸(D)/旋转(R)]: 35,40↙
```

（3）绘制辅助线。单击【绘图】面板中的【直线】按钮，连接矩形中点，绘制两条相互垂直的辅助线，如图3-60所示。

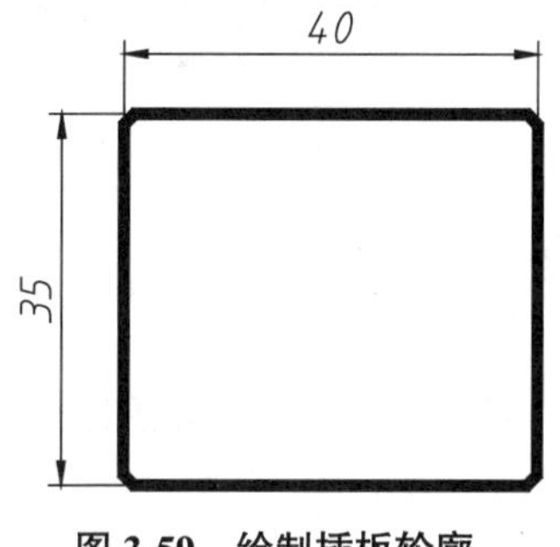

图3-59 绘制插板轮廓

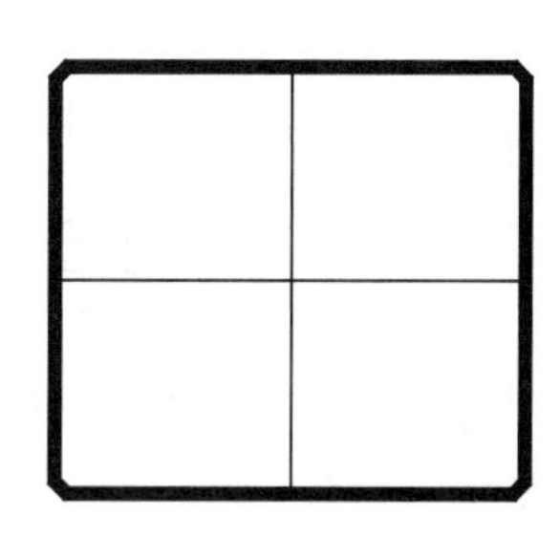

图3-60 绘制辅助线

（4）偏移中心线。在命令行中输入O执行【偏移】命令，分别偏移水平和竖直中心线，如图3-61所示。

（5）在命令行中输入FILL并按Enter键，关闭图形填充。命令行操作如下。

```
命令: FILL↙
输入模式 [开(ON)]|[关(OFF)]<开>:
命令: off↙                                    //关闭图形填充
```

（6）绘制垂直插孔。单击【绘图】面板中的【矩形】按钮，设置倒角距离为0，矩形宽度为1，以辅助线交点为对角点，绘制如图3-62所示的插孔，绘制完成之后删除多余的构造线。

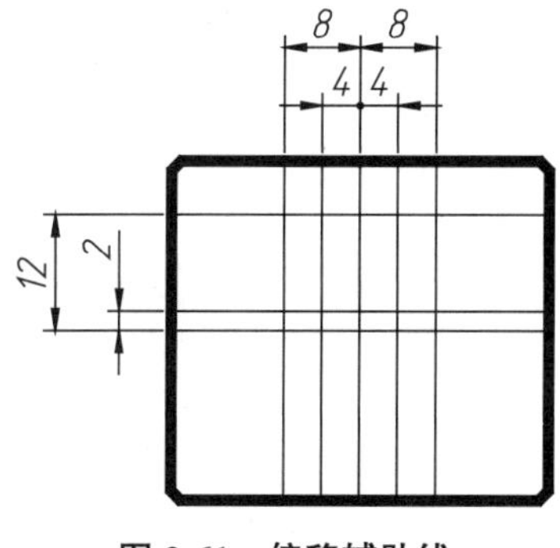

图3-61 偏移辅助线

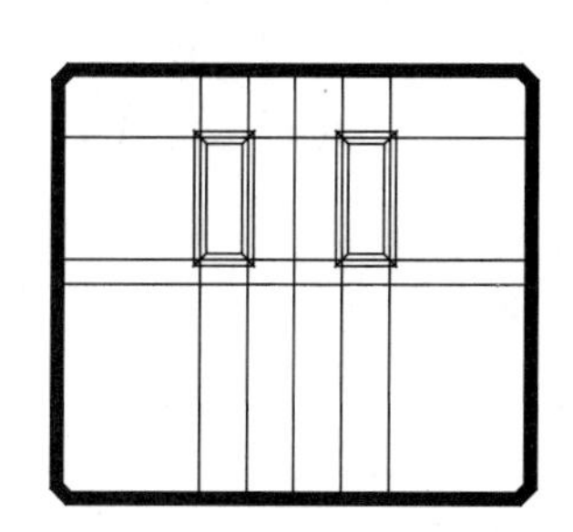

图3-62 绘制插孔矩形

（7）再次偏移辅助线。删去先前偏移所得的辅助线，然后再在命令行中输入 O 执行【偏移】命令，分别偏移水平和竖直中心线，如图 3-63 所示。

（8）单击【绘图】面板中的【矩形】按钮▭，保持矩形参数不变，以构造线交点为对角点绘制矩形，如图 3-64 所示。插板平面图绘制完成。

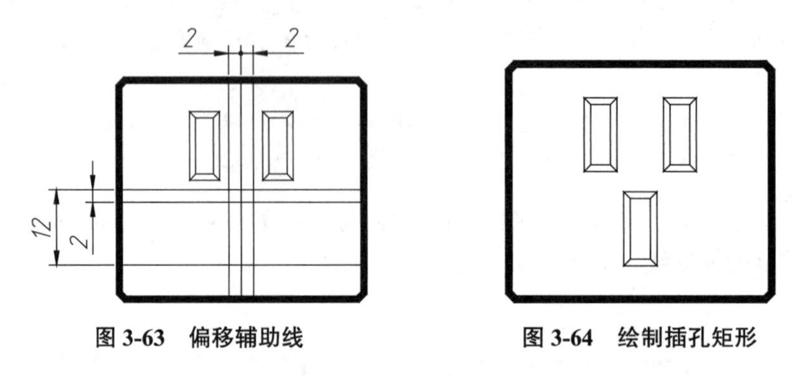

图 3-63　偏移辅助线　　　图 3-64　绘制插孔矩形

3.5 多边形

正多边形是由三条或三条以上长度相等的线段首尾相接形成的闭合图形，其边数范围值为 3~1024，如图 3-65 所示为各种正多边形效果。

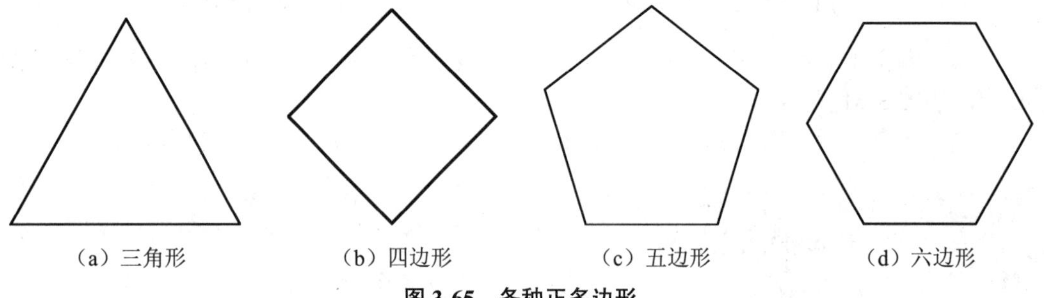

（a）三角形　（b）四边形　（c）五边形　（d）六边形

图 3-65　各种正多边形

3.5.1　操作方式

启动【多边形】命令有以下 3 种方法。

（1）功能区：在【默认】选项卡中，单击【绘图】面板中的【多边形】按钮⬠。

（2）菜单栏：选择【绘图】|【多边形】菜单命令。

（3）命令行：POLYGON 或 POL。

3.5.2　命令提示

执行【多边形】命令后，命令行将出现如下提示。

```
命令：POLYGON↙                                    //执行【多边形】命令
输入侧面数 <4>:                                    //指定多边形的边数，默认状态为四边形
指定正多边形的中心点或 [边(E)]:                     //确定多边形的一条边来绘制正多边形，由
                                                  //边数和边长确定
输入选项 [内接于圆(I)/外切于圆(C)] <I>:             //选择正多边形的创建方式
指定圆的半径：                                     //指定创建正多边形时的内接于圆或外切于
                                                  //圆的半径
```

执行【多边形】命令时，在命令行中共有4种绘制方法，各方法具体介绍如下。

【中心点】：通过指定正多边形中心点的方式来绘制正多边形，为默认方式，如图3-66所示。

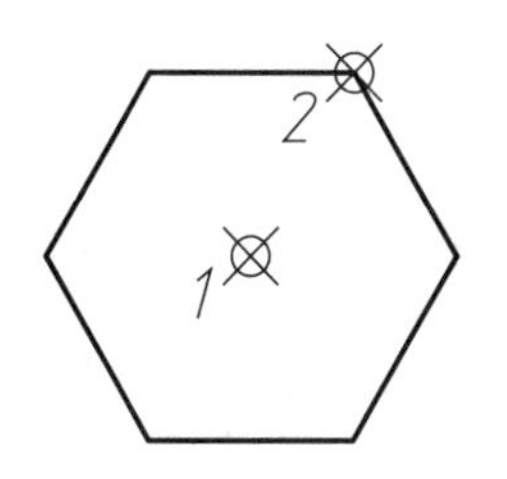


```
命令：_polygon
输入侧面数 <5>: 6                                  //指定边数
指定正多边形的中心点或 [边(E)]:                     //指定中心点1
输入选项 [内接于圆(I)/外切于圆(C)] <I>:
                                                  //选择多边形创建方式
指定圆的半径：100                                  //输入圆半径或指定端点2
```

图3-66 【中心点】绘制多边形

【边(E)】：通过指定多边形边的方式来绘制正多边形。该方式将通过边的数量和长度确定正多边形，如图3-67所示。选择该方式后不可指定【内接于圆】或【外切于圆】选项。

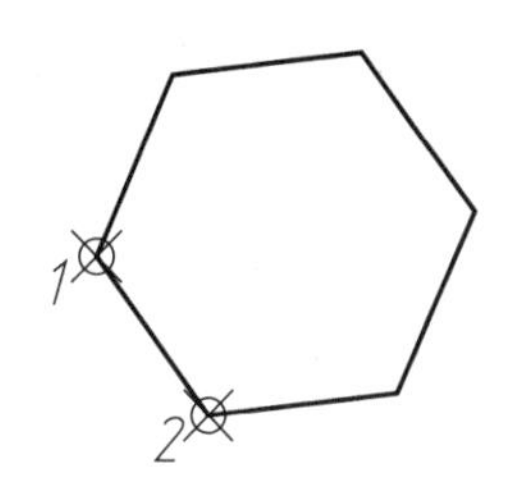


```
命令：_polygon
输入侧面数 <5>: 6                                  //指定边数
指定正多边形的中心点或 [边(E)]: E                   //选择【边】选项
指定边的第一个端点：                                //指定多边形某条边的端点1
指定边的第一个端点：                                //指定多边形某条边的端点2
```

图3-67 【边(E)】绘制多边形

【内接于圆(I)】：该选项表示以指定正多边形内接圆半径的方式来绘制正多边形，如图3-68所示。

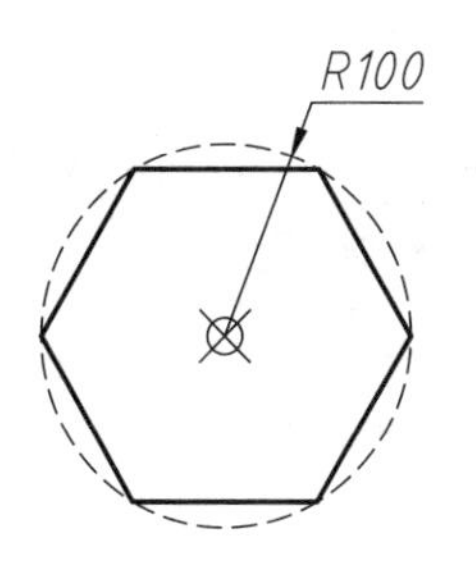


```
命令：_polygon
输入侧面数 <5>: 6                                  //指定边数
指定正多边形的中心点或 [边(E)]:                     //指定中心点
输入选项 [内接于圆(I)/外切于圆(C)] <I>:
                                                  //选择【内接于圆】方式
指定圆的半径：100                                  //输入圆半径
```

图3-68 【内接于圆(I)】绘制多边形

【外切于圆（C)】：内接于圆表示以指定正多边形内接圆半径的方式来绘制正多边形；外切于圆表示以指定正多边形外切圆半径的方式来绘制正多边形，如图 3-69 所示。

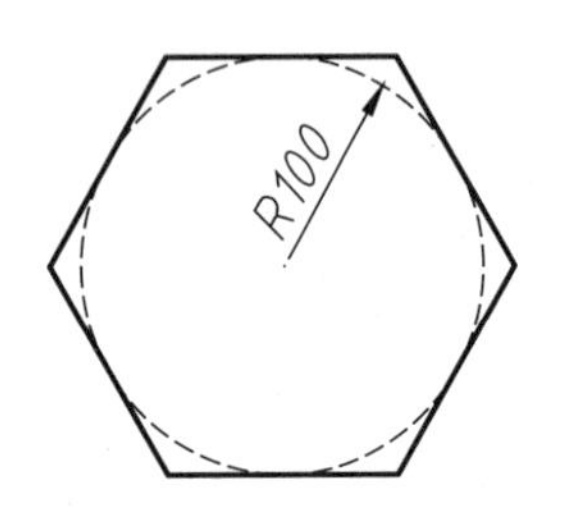


```
命令 : _polygon
输入侧面数 <5>: 6                    // 指定边数
指定正多边形的中心点或 [ 边 (E)]:      // 指定中心点
输入选项 [ 内接于圆 (I) / 外切于圆 (C)] <I>: C
                                     // 选择【外切于圆】方式
指定圆的半径 : 100                    // 输入圆半径
```

图 3-69 【外切于圆（C）】绘制多边形

3.5.3 课堂练习：外六角扳手的绘制

外六角扳手如图 3-70 所示，是一种用来装卸外六角螺钉的手工工具，不同规格的螺钉对应不同大小的扳手，具体可以翻阅 GB/T 5782。本案例将绘制适用于 M10 螺钉的外六角扳手，尺寸如图 3-71 所示。图中的“(*SW*) *14*”即表示对应螺钉的对边宽度为 14，是扳手的主要规格参数。具体操作步骤如下。

图 3-70 外六角扳手

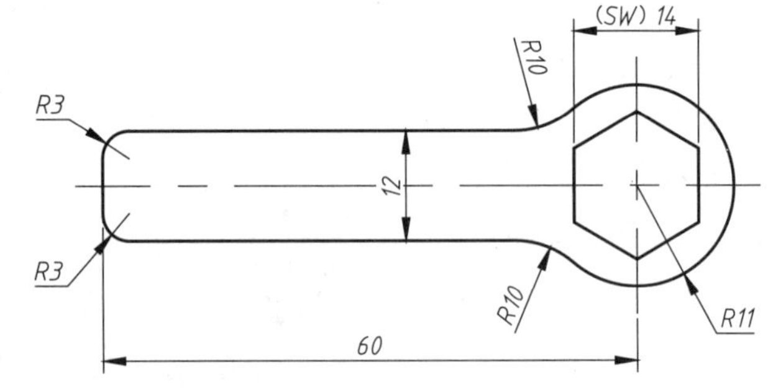

图 3-71 M10 螺钉用外六角扳手

（1）打开“第 3 章\3.5.3 课堂练习：外六角扳手的绘制 .dwg”素材文件，其中已经绘制好了中心线，如图 3-72 所示。

（2）绘制正多边形。单击【绘图】面板中的【正多边形】按钮⬠。在中心线的交点处绘制正六边形，外切圆的半径为 7，结果如图 3-73 所示。命令行操作如下。

```
命令 : _polygon
输入侧面数 <4>: 6↙
指定正多边形的中心点或 [ 边 (E)]:                  // 指定中心线交点为中心点
输入选项 [ 内接于圆 (I) / 外切于圆 (C)] <I>: C↙    // 选择外切圆类型
指定圆的半径 : 7↙
```

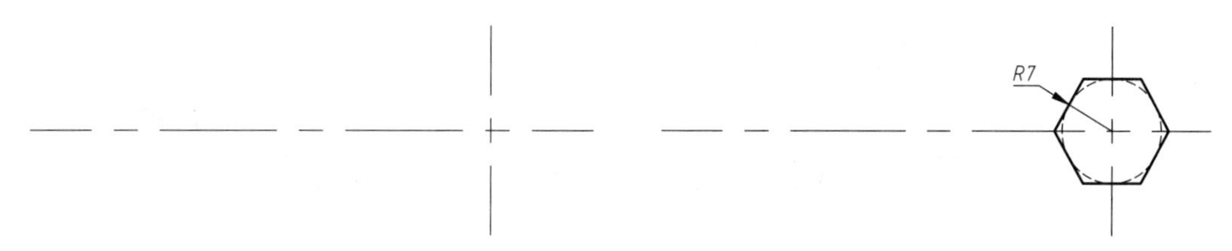

图 3-72　素材文件　　　　图 3-73　创建正六边形

（3）单击【修改】面板中的【旋转】按钮，将正六边形旋转 90°，如图 3-74 所示，命令行操作如下。

```
命令：_rotate
UCS 当前的正角方向：  ANGDIR=逆时针   ANGBASE=0
选择对象：找到 1 个
选择对象：↙                                          //选择正六边形
指定基点：                                            //指定中心线交点为基点
指定旋转角度，或 [复制 (C)/参照 (R)] <270>:  90↙     //输入旋转角度
```

（4）单击【绘图】面板中的【圆】按钮，以中心线的交点为圆心，绘制半径为 11 的圆，如图 3-75 所示。

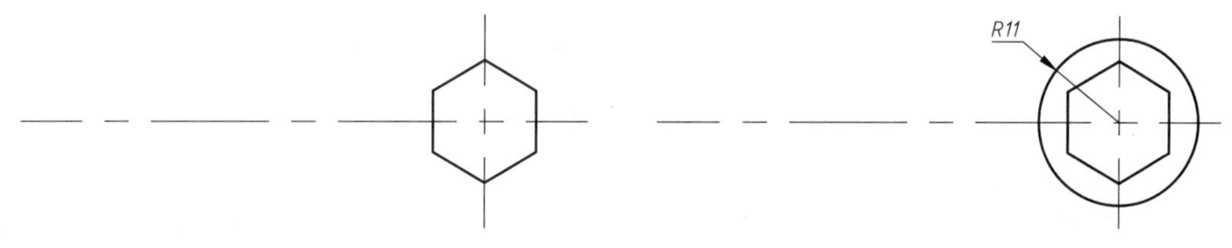

图 3-74　旋转图形　　　　图 3-75　绘制圆

（5）绘制矩形。以中心线交点为起始对角点，相对坐标（@-60，12）为终端对角点，绘制一个矩形，如图 3-76 所示。命令行操作如下。

```
命令：_rectang
指定第一个角点或 [倒角 (C)/标高 (E)/圆角 (F)/厚度 (T)/宽度 (W)]:  //选择中心线交点
指定另一个角点或 [面积 (A)/尺寸 (D)/旋转 (R)]: @-60,12↙   //输入另一个角点的相对坐标
```

（6）单击【修改】面板中的【移动】按钮，将矩形向下移动 6 个单位，如图 3-77 所示，命令行操作过程如下。

```
命令：_move
选择对象：找到 1 个                              //选择矩形
选择对象：↙                                      //按 Enter 键结束选择
指定基点或 [位移 (D)] <位移>:                    //任意指定一点为基点
指定第二个点或 <使用第一个点作为位移>: 6↙        //光标向下移动，引出追踪线确
                                                 //保垂直，输入长度 6
```

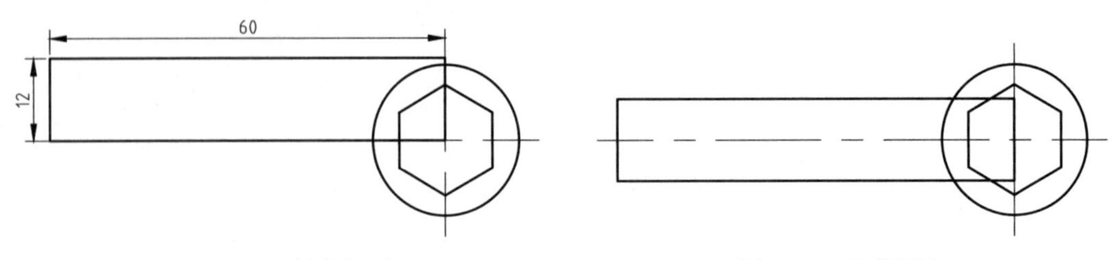

图 3-76 绘制矩形　　图 3-77 移动矩形

（7）单击【修改】面板中的【修剪】按钮，启用命令后按空格键或者按 Enter 键，将多余线条全部修剪掉，如图 3-78 所示。

（8）单击【修改】面板中的【圆角】按钮，对图形进行倒圆角操作，最终如图 3-79 所示。

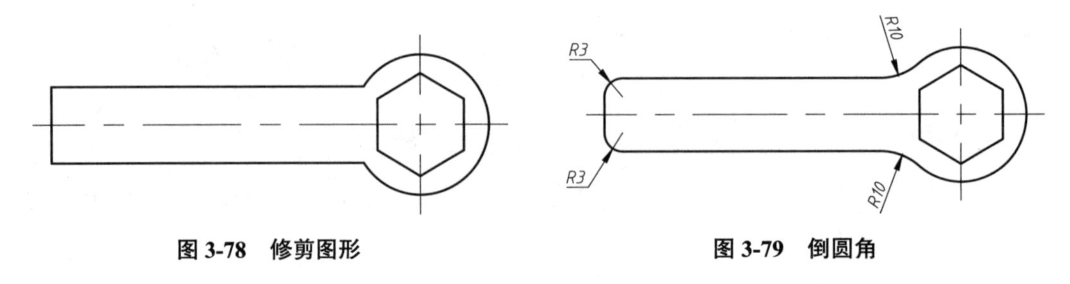

图 3-78 修剪图形　　图 3-79 倒圆角

3.6 创建椭圆和椭圆弧

椭圆和椭圆弧图形在建筑绘图中经常出现，在机械绘图中也常用来绘制轴测图。

3.6.1 椭圆

椭圆是到两定点（焦点）的距离之和为定值的所有点的集合，与圆相比，椭圆的半径长度不一，形状由定义其长度和宽度的两条轴决定，较长的称为长轴，较短的称为短轴，如图 3-80 所示。在建筑绘图中，很多图形都是椭圆形的，如地面拼花、室内吊顶造型等，在机械制图中也一般用椭圆来绘制轴测图上的圆。

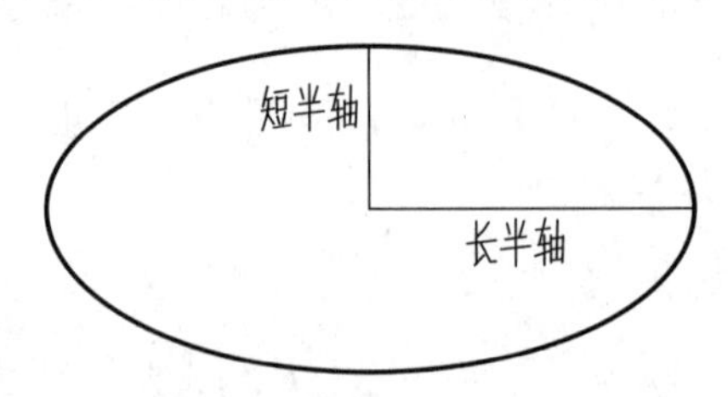

图 3-80 椭圆的长轴和短轴

在 AutoCAD 2022 中启动绘制【椭圆】命令有以下几种常用方法。

（1）功能区：单击【绘图】面板中的【椭圆】按钮，即【圆心】或【轴，端点】按钮，如图 3-81 所示。

（2）菜单栏：执行【绘图】|【椭圆】命令，如图 3-82 所示。

（3）命令行：ELLIPSE 或 EL。

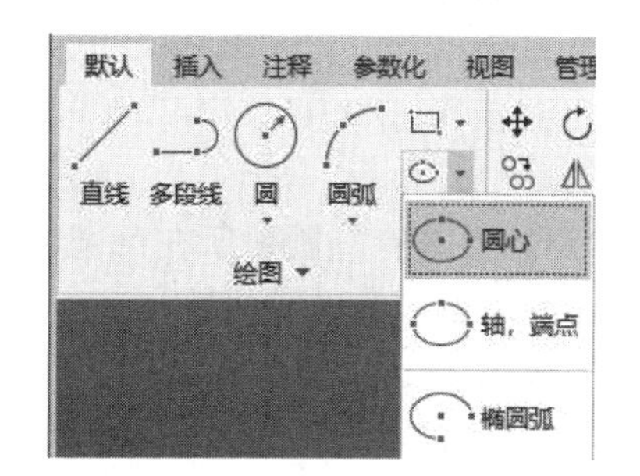

图 3-81 【绘图】面板中的【椭圆】按钮

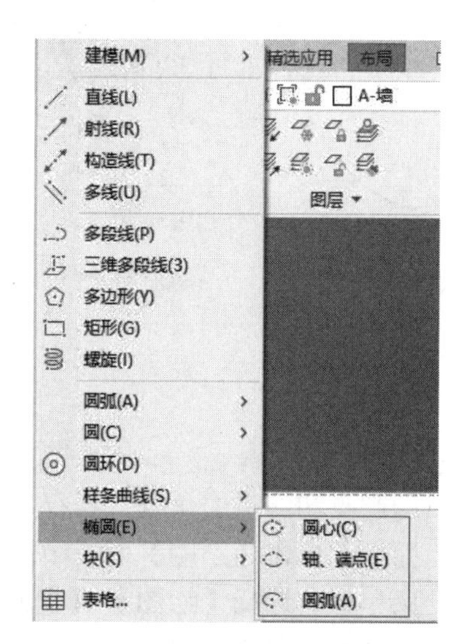

图 3-82 菜单栏【绘图】|【椭圆】命令

执行该命令后，命令行提示如下。

```
命令：_ellipse                                  //执行【椭圆】命令
指定椭圆的轴端点或 [圆弧(A)/中心点(C)]: _c       //系统自动选择绘制对象为椭圆
指定椭圆的中心点：                              //在绘图区中指定椭圆的中心点
指定轴的端点：                                  //在绘图区中指定一点
指定另一条半轴长度或 [旋转(R)]:                  //在绘图区中指定一点或输入数值
```

在【绘图】面板【椭圆】按钮的下拉列表中有【圆心】和【轴，端点】两种方法，各方法含义介绍如下。

【圆心】：通过指定椭圆的中心点、一条轴的一个端点及另一条轴的半轴长度来绘制椭圆，如图 3-83 所示，即命令行中的【中心点（C）】选项。

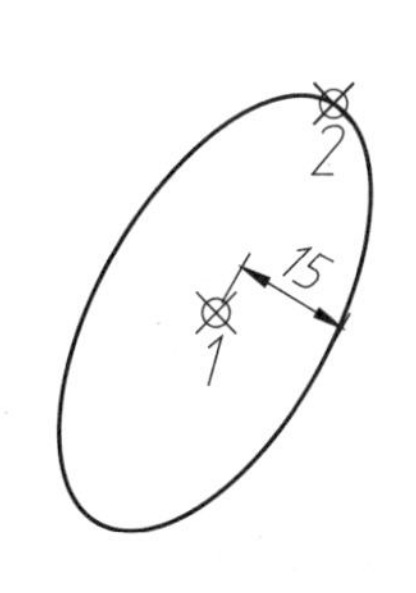


```
命令：_ellipse                       //执行【椭圆】命令
指定椭圆的轴端点或 [圆弧(A)/中心点(C)]: _c
                                     //系统自动选择椭圆的绘制方法
指定椭圆的中心点：                   //指定中心点 1
指定轴的端点：                       //指定轴端点 2
指定另一条半轴长度或 [旋转(R)]: 15↙
                                     //输入另一半轴长度
```

图 3-83 【圆心】绘制椭圆

【轴，端点】：通过指定椭圆一条轴的两个端点及另一条轴的半轴长度来绘制椭圆，如图 3-84 所示，即命令行中的【圆弧（A）】选项。

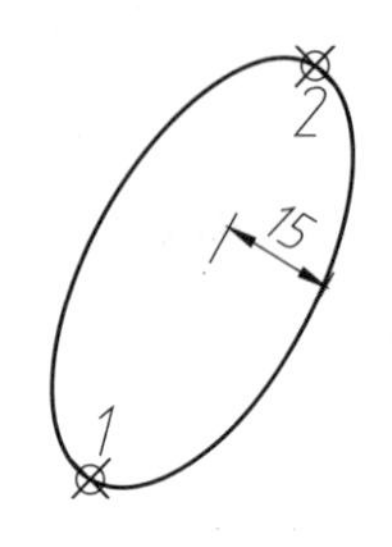


```
命令：_ellipse                                  //执行【椭圆】命令
指定椭圆的轴端点或 [圆弧(A)/中心点(C)]:          //指定点1
指定轴的另一个端点：                             //指定点2
指定另一条半轴长度或 [旋转(R)]: 15↙
                                                //输入另一半轴的长度
```

图 3-84 【轴，端点】绘制椭圆

3.6.2 椭圆弧

椭圆弧是椭圆的一部分。绘制椭圆弧需要确定的参数有椭圆弧所在椭圆的两条轴及椭圆弧的起点和终点的角度。执行【椭圆弧】命令的方法有以下两种。

（1）面板：单击【绘图】面板中的【椭圆弧】按钮。

（2）菜单栏：选择【绘图】|【椭圆】|【椭圆弧】命令。

执行命令后，命令行提示如下。

```
命令：_ellipse                              //执行【椭圆弧】命令
指定椭圆的轴端点或 [圆弧(A)/中心点(C)]: _a  //系统自动选择绘制对象为椭圆弧
指定椭圆弧的轴端点或 [中心点(C)]:           //在绘图区指定椭圆一轴的端点
指定轴的另一个端点：                        //在绘图区指定该轴的另一端点
指定另一条半轴长度或 [旋转(R)]:             //在绘图区中指定一点或输入数值
指定起点角度或 [参数(P)]:                   //在绘图区中指定一点或输入椭圆弧的起始角度
指定端点角度或 [参数(P)/夹角(I)]:           //在绘图区中指定一点或输入椭圆弧的终止角度
```

【椭圆弧】中各选项含义与【椭圆】一致，唯有在指定另一半轴长度后，会提示指定起点角度与端点角度来确定椭圆弧的大小，这时有两种指定方法，即【角度（A）】和【参数（P）】，分别介绍如下。

【角度（A）】：输入起点与端点角度来确定椭圆弧，角度以椭圆轴中较长的一条为基准来进行确定，如图 3-85 所示。

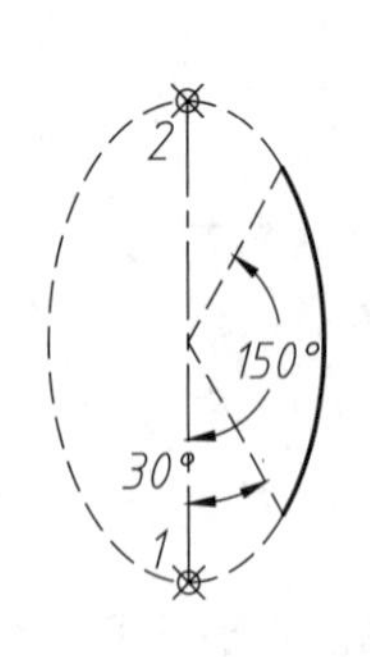


```
命令：_ellipse                              //执行【椭圆】命令
指定椭圆的轴端点或 [圆弧(A)/中心点(C)]: _a
                                           //系统自动选择绘制椭圆弧
指定椭圆弧的轴端点或 [中心点(C)]:           //指定轴端点1
指定轴的另一个端点：                        //指定轴端点2
指定另一条半轴长度或 [旋转(R)]: 6↙          //输入另一半轴长度
指定起点角度或 [参数(P)]: 30↙               //输入起始角度
指定端点角度或 [参数(P)/夹角(I)]: 150↙
                                           //输入终止角度
```

图 3-85 【角度（A）】绘制椭圆弧

【参数（P）】：用参数化矢量方程式（$p(n)=c+a\times\cos(n)+b\times\sin(n)$，其中，$n$ 是用户输入的参数；c 是椭圆弧的半焦距；a 和 b 分别是椭圆长轴与短轴的半轴长）定义椭圆弧的端点角度。使用起点参数选项可以从角度模式切换到参数模式。模式用于控制计算椭圆的方法。

【夹角（I）】：指定椭圆弧的起点角度后，可选择该选项，然后输入夹角角度来确定圆弧，如图 3-86 所示。值得注意的是，89.4°~90.6° 的夹角值无效，因为此时椭圆将显示为一条直线，如图 3-87 所示。这些角度值的倍数将每隔 90° 产生一次镜像效果。

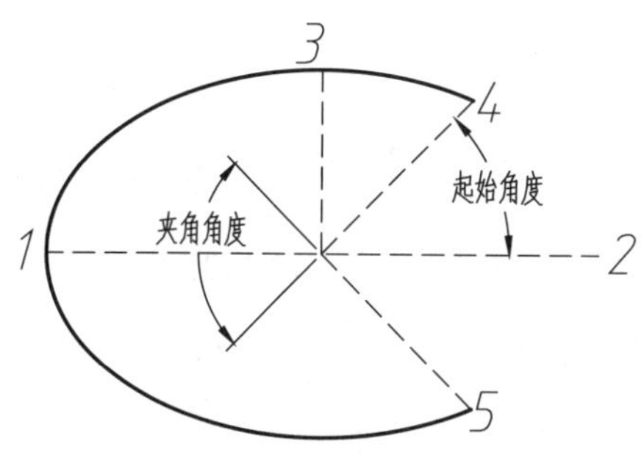

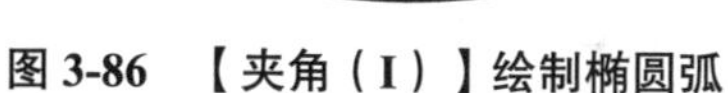
图 3-86 【夹角（I）】绘制椭圆弧

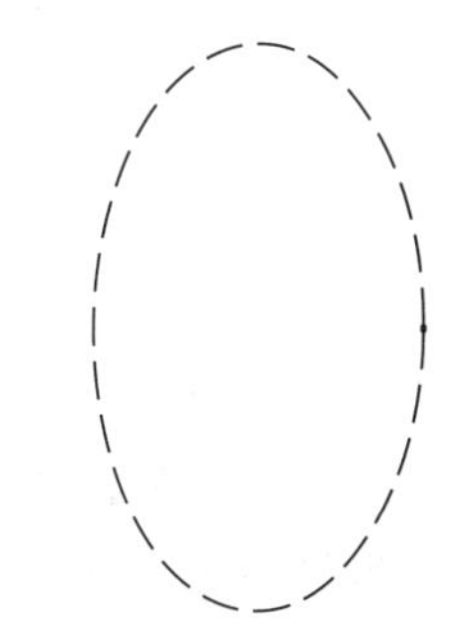

图 3-87 89.4°~90.6° 的夹角不显示椭圆弧

操作技巧： 椭圆弧的起始角度从长轴开始计算。

3.7 创建多线

多线是一种由多条平行线组成的组合图形对象，它可以由 1~16 条平行直线组成。多线在实际工程设计中的应用非常广泛，通常可以用来绘制各种键槽，因为多线特有的特征形式可以一次性将键槽形状绘制出来，因此相较于直线、圆弧等常规作图方法，有一定的便捷性。

3.7.1 设置多线样式

系统默认的 STANDARD 样式由两条平行线组成，并且平行线的间距是定值。如果要绘制不同规格和样式的多线（带封口或更多数量的平行线），就需要设置多线的样式。

执行【多线样式】命令的方法有以下几种。

（1）菜单栏：选择【格式】|【多线样式】命令。

（2）命令行：MLSTYLE。

使用上述方法打开【多线样式】对话框，其中可以新建、修改或者加载多线样式，如图 3-88 所示；单击其中的【新建】按钮，可以打开【创建新的多线样式】对话框，然后定义新多线样式的名称，如图 3-89 所示。

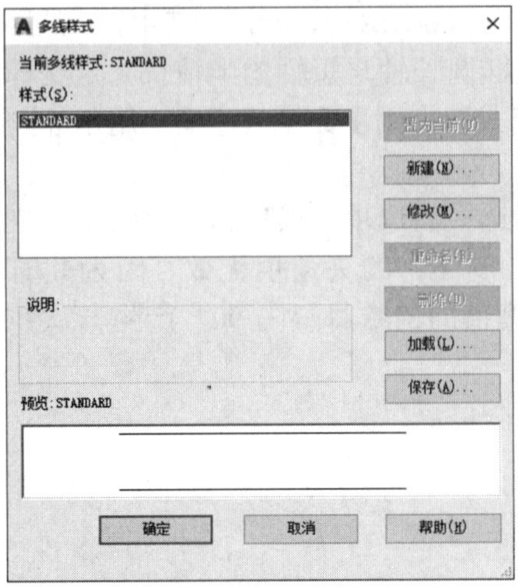

图 3-88 【多线样式】对话框

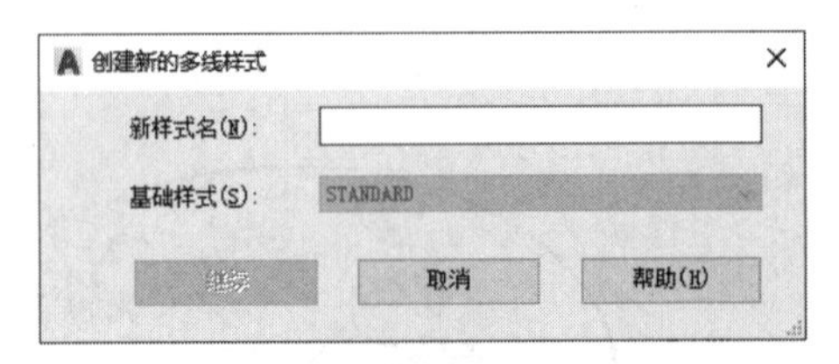

图 3-89 【创建新的多线样式】对话框

接着单击【继续】按钮，打开【新建多线样式】对话框，可以在其中设置多线的各种特性，如图 3-90 所示。

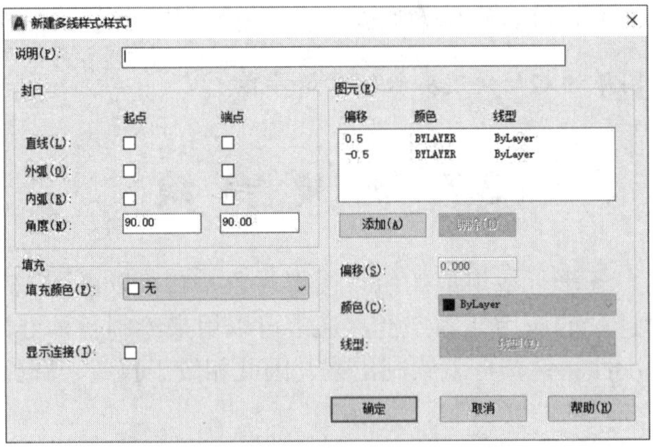

图 3-90 【新建多线样式】对话框

【新建多线样式】对话框中各选项的含义如下。

【封口】：设置多线的平行线段之间两端封口的样式。当取消【封口】选项区中的复选框勾选时，绘制的多段线两端将呈打开状态，如图 3-91 所示为多线的各种封口形式。

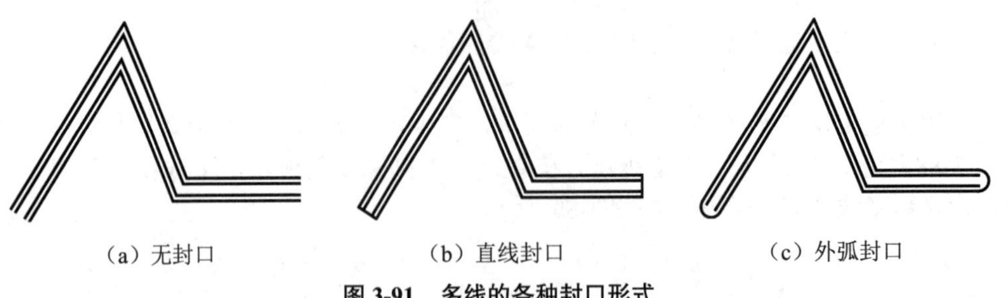

（a）无封口　（b）直线封口　（c）外弧封口

图 3-91 多线的各种封口形式

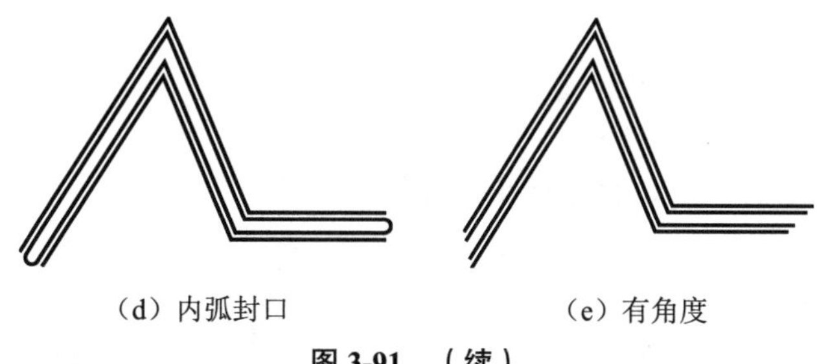

（d）内弧封口　　（e）有角度

图 3-91 （续）

【填充颜色】下拉列表：设置封闭的多线内的填充颜色，选择【无】选项，表示使用透明颜色填充，如图 3-92 所示。

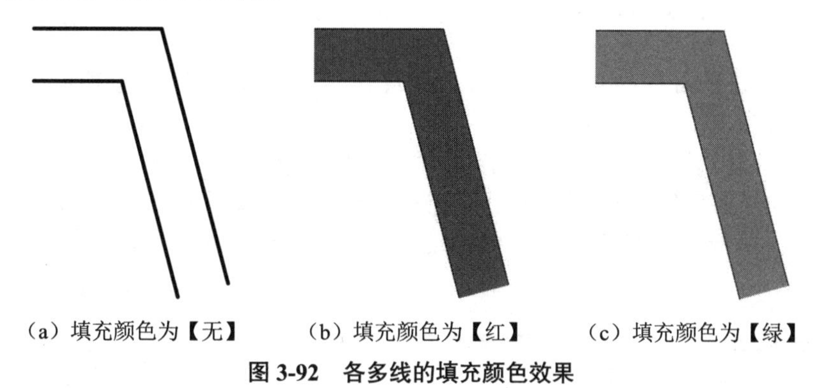

（a）填充颜色为【无】　（b）填充颜色为【红】　（c）填充颜色为【绿】

图 3-92 各多线的填充颜色效果

【显示连接】复选框：显示或隐藏每条多线段顶点处的连接，效果如图 3-93 所示。

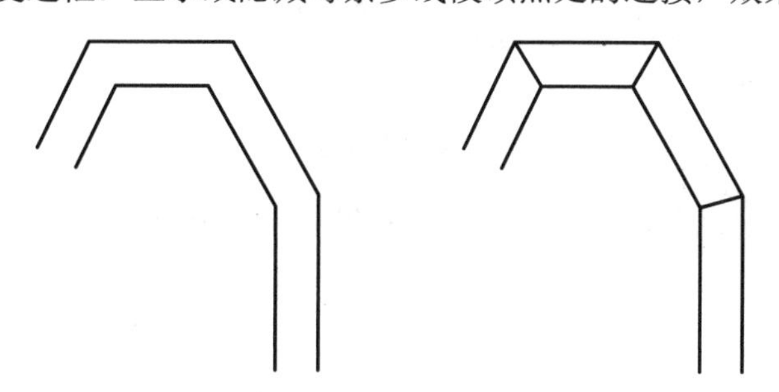

（a）不勾选【显示连接】效果　（b）勾选【显示连接】效果

图 3-93 【显示连接】复选框效果

【图元】：构成多线的元素，通过单击【添加】按钮可以添加多线的构成元素，也可以通过单击【删除】按钮删除这些元素。

【偏移】：设置多线元素从中线的偏移值，值为正表示向上偏移，值为负表示向下偏移。

【颜色】：设置组成多线元素的直线线条颜色。

【线型】：设置组成多线元素的直线线条线型。

3.7.2 绘制多线

在 AutoCAD 中执行【多线】命令的方法不多，只有以下两种。不过读者也可以向功能区中添加【多线】按钮。

（1）菜单栏：选择【绘图】|【多线】命令。

（2）命令行：MLINE 或 ML。

执行【多边形】命令后，命令行将出现如下提示。

```
命令： _mline                                    //执行【多线】命令
当前设置：对正 = 上，比例 = 20.00，样式 = STANDARD      //显示当前的多线设置
指定起点或 [对正(J)/比例(S)/样式(ST)]:          //指定多线起点或修改多线设置
指定下一点：                                     //指定多线的端点
指定下一点或 [放弃(U)]:                          //指定下一段多线的端点
指定下一点或 [闭合(C)/放弃(U)]:                  //指定下一段多线的端点或按 Enter 键结束
```

执行【多线】命令的过程中，命令行会出现 3 种设置类型:【对正（J)】【比例（S)】【样式（ST)】，分别介绍如下。

【对正（J)】：设置绘制多线时相对于输入点的偏移位置。该选项有【上】【无】和【下】3 个选项，【上】表示多线顶端的线随着光标移动，【无】表示多线的中心线随着光标移动，【下】表示多线底端的线随着光标移动，如图 3-94 所示。

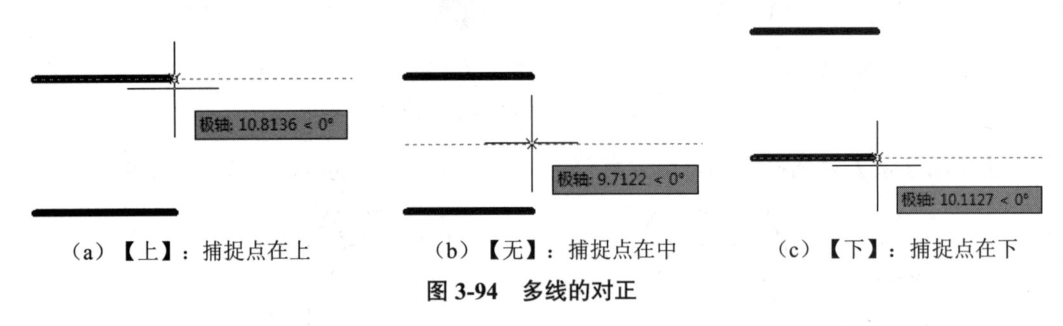

（a）【上】：捕捉点在上　（b）【无】：捕捉点在中　（c）【下】：捕捉点在下

图 3-94　多线的对正

【比例（S)】：设置多线样式中多线的宽度比例，可以快速定义多线的间隔宽度，如图 3-95 所示。

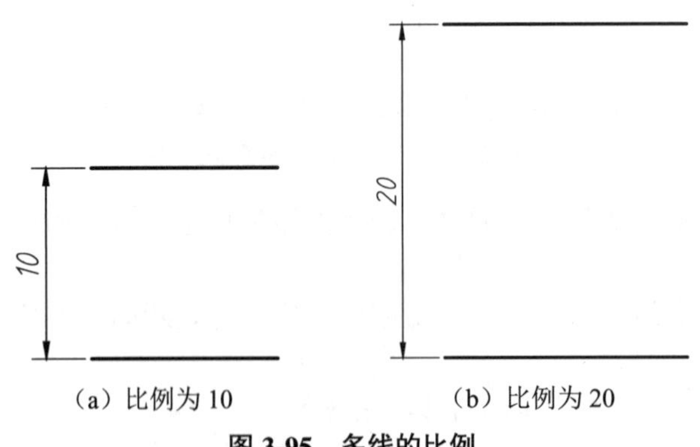

（a）比例为 10　（b）比例为 20

图 3-95　多线的比例

【样式（ST)】：设置绘制多线时使用的样式，默认的多线样式为 STANDARD，选择该选项后，可以在提示信息“输入多线样式”或“？”后面输入已定义的样式名。输入“？”则会列出当前图形中所有的多线样式。

3.7.3 编辑多线

之前介绍了多线是复合对象，只能将其分解为多条直线后才能编辑。但在AutoCAD中，也可以用自带的【多线编辑工具】对话框进行编辑。打开【多线编辑工具】对话框的方法有以下3种。

（1）菜单栏：执行【修改】|【对象】|【多线】命令，如图3-96所示。

（2）命令行：MLEDIT。

（3）快捷操作：双击绘制的多线图形。

执行上述任一命令后，系统自动弹出【多线编辑工具】对话框，如图3-97所示。根据图样单击选择一种合适的工具图标，即可使用该工具编辑多线。

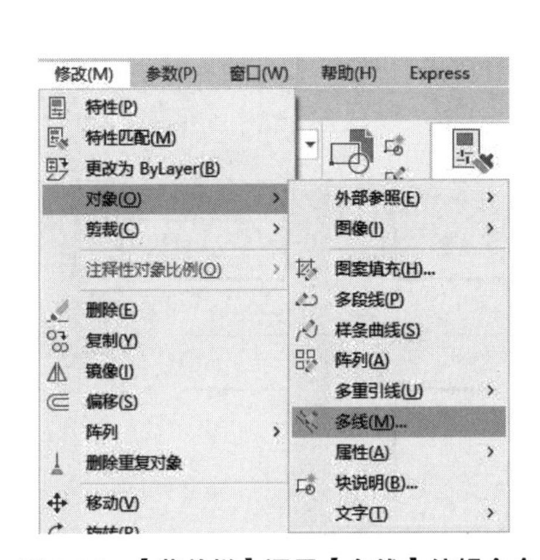

图 3-96 【菜单栏】调用【多线】编辑命令

图 3-97 【多线编辑工具】对话框

【多线编辑工具】对话框中共有4列12种多线编辑工具：第一列为十字交叉编辑工具，第二列为T形交叉编辑工具，第三列为角点结合编辑工具，第四列为中断或接合编辑工具。具体介绍如下。

【十字闭合】：可在两条多线之间创建闭合的十字交点。选择该工具后，先选择第一条多线，作为打断的隐藏多线；再选择第二条多线，即前置的多线，效果如图3-98所示。

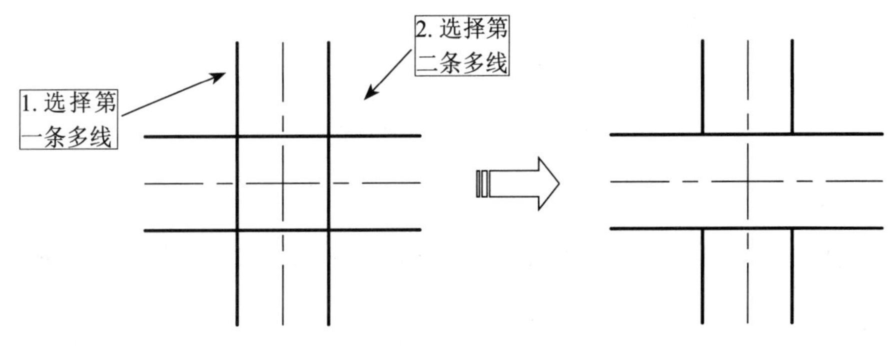

图 3-98 十字闭合

【十字打开】：在两条多线之间创建打开的十字交点。打断将插入第一条多线的所有元素和第二条多线的外部元素，效果如图 3-99 所示。

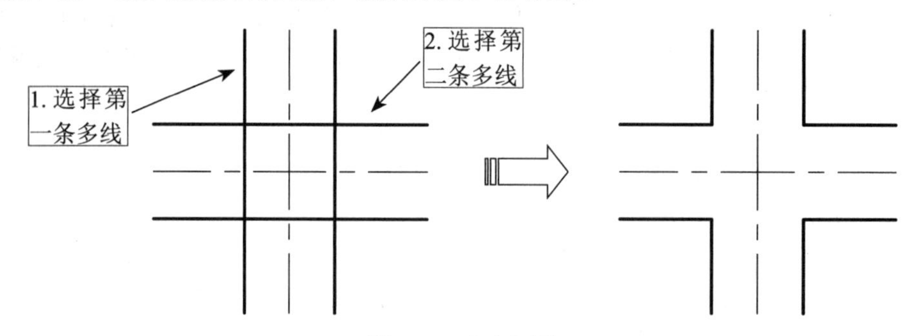

图 3-99　十字打开

【十字合并】：在两条多线之间创建合并的十字交点。选择多线的次序并不重要，效果如图 3-100 所示。

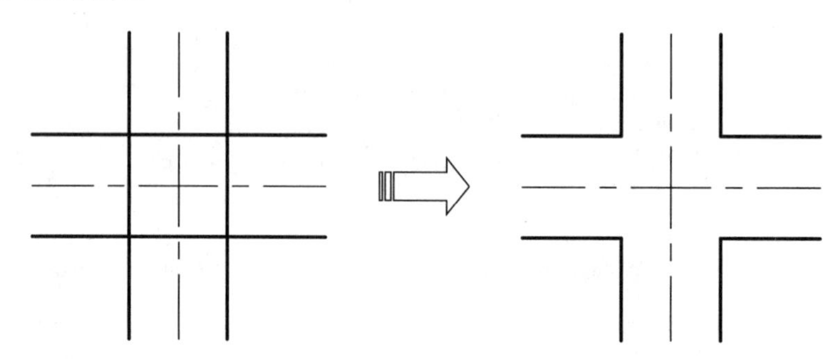

图 3-100　十字合并

操作技巧：对于双数多线来说，【十字打开】和【十字合并】结果是一样的；但对于三线，中间线的结果是不一样的，效果如图 3-101 所示。

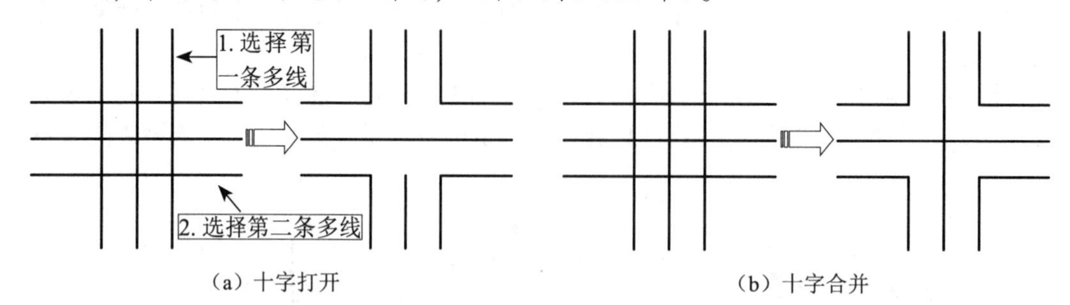

图 3-101　三线的编辑效果

【T 形闭合】：在两条多线之间创建闭合的 T 形交点。将第一条多线修剪或延伸到与第二条多线的交点处，如图 3-102 所示。

【T 形打开】：在两条多线之间创建打开的 T 形交点。将第一条多线修剪或延伸到与第二条多线的交点处，如图 3-103 所示。

【T 形合并】：在两条多线之间创建合并的 T 形交点。将多线修剪或延伸到与另一条多线的交点处，如图 3-104 所示。

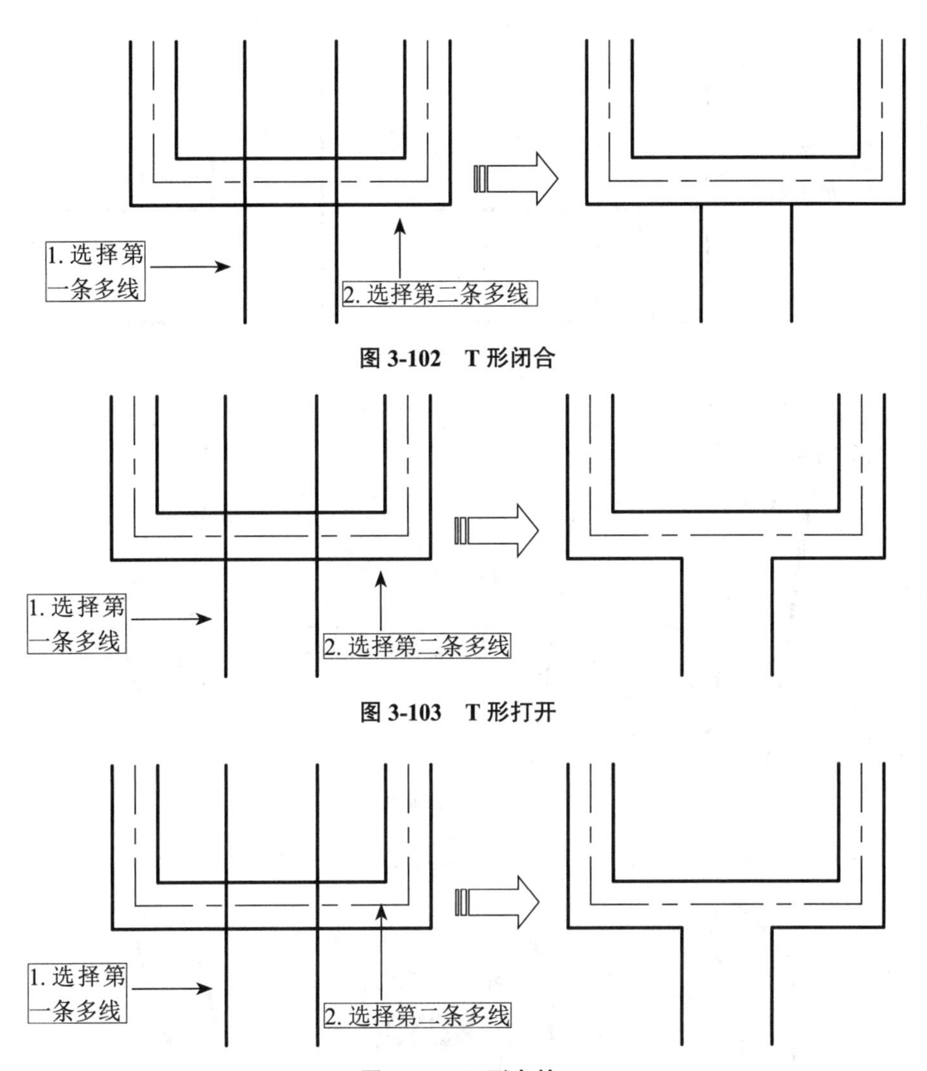

图 3-102　T 形闭合

图 3-103　T 形打开

图 3-104　T 形合并

操作技巧：【T 形闭合】【T 形打开】和【T 形合并】的选择对象顺序应先选择 T 字的下半部分，再选择 T 字的上半部分，如图 3-105 所示。

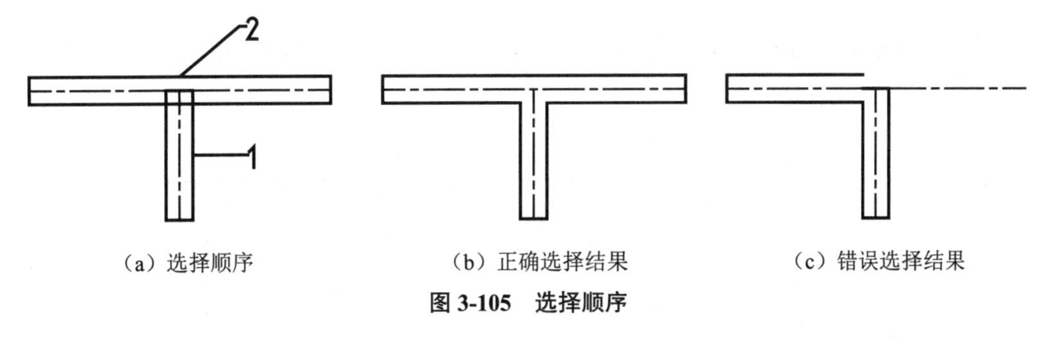

（a）选择顺序　（b）正确选择结果　（c）错误选择结果

图 3-105　选择顺序

【角点结合】：在多线之间创建角点结合。将多线修剪或延伸到它们的交点处，效果如图 3-106 所示。

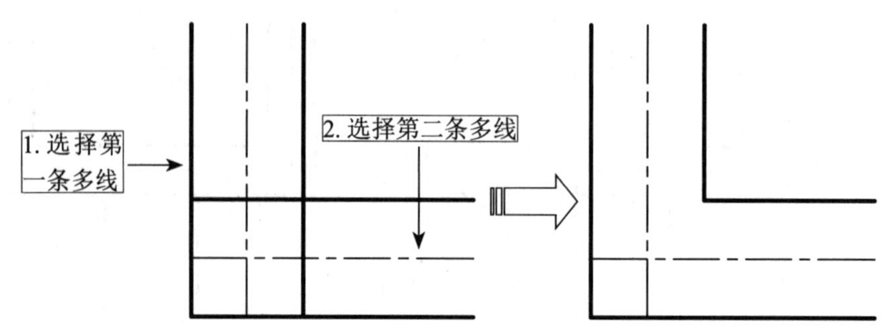

图 3-106 角点结合

【添加顶点】：向多线上添加一个顶点。新添加的角点就可以用于夹点编辑，效果如图 3-107 所示。

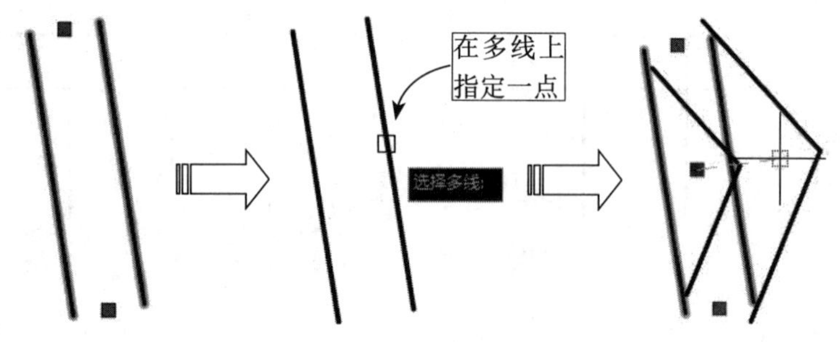

图 3-107 添加顶点

【删除顶点】：从多线上删除一个顶点，效果如图 3-108 所示。

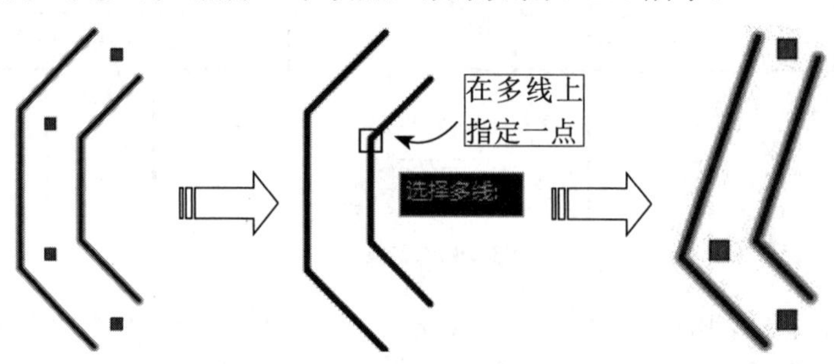

图 3-108 删除顶点

【单个剪切】：在选定多线元素中创建可见打断，效果如图 3-109 所示。

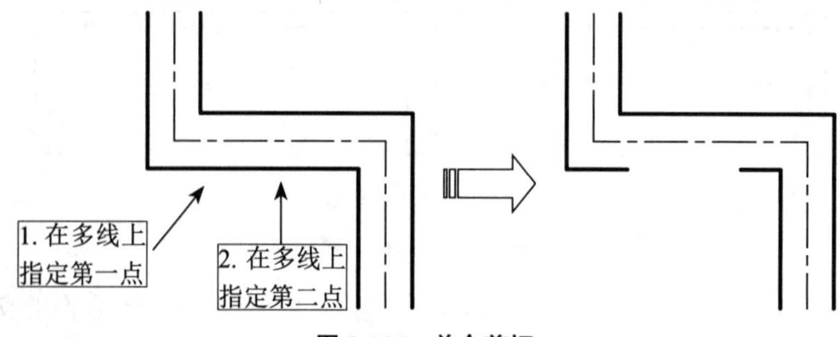

图 3-109 单个剪切

【全部剪切】：创建穿过整条多线的可见打断，效果如图 3-110 所示。

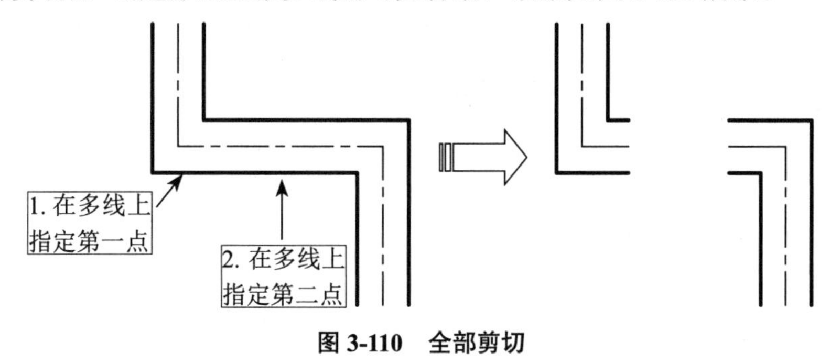

图 3-110 全部剪切

【全部接合】：将已被剪切的多线线段重新接合起来，如图 3-111 所示。

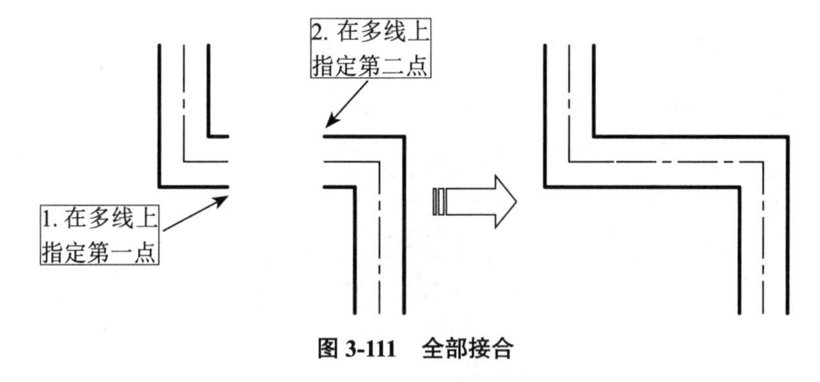

图 3-111 全部接合

3.8 绘制多段线

多段线又称为多义线，是 AutoCAD 中常用的一类复合对象。由多段线所构成的图形是一个整体，可以统一对其进行编辑修改。

3.8.1 创建多段线

使用【多段线】命令可以生成由若干条直线和圆弧首尾连接形成的复合线实体。所谓复合对象，是指图形的所有组成部分均为一个整体，单击时会选择整个图形，不能进行选择性编辑。直线与多段线的选择效果对比如图 3-112 所示。

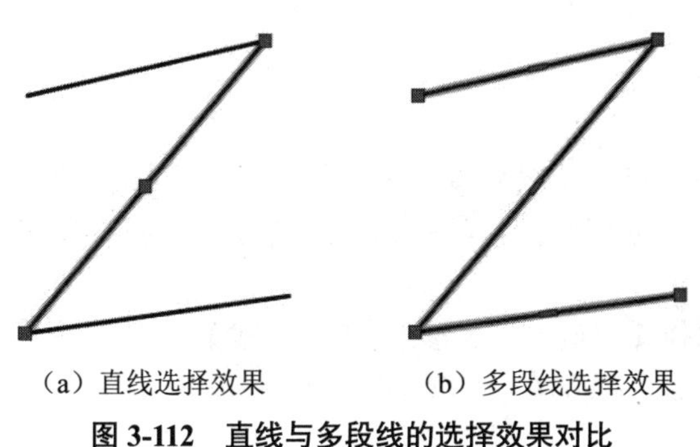

（a）直线选择效果 （b）多段线选择效果

图 3-112 直线与多段线的选择效果对比

调用【多段线】命令的方式如下。

（1）功能区：单击【绘图】面板中的【多段线】按钮，如图 3-113 所示。

（2）菜单栏：调用【绘图】|【多段线】菜单命令，如图 3-114 所示。

（3）命令行：PLINE 或 PL。

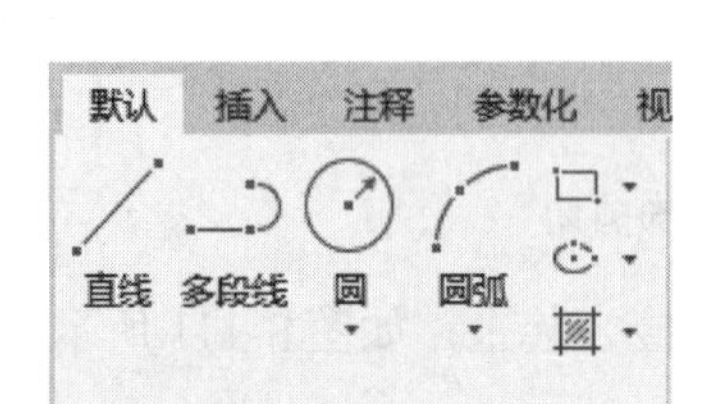

图 3-113 【绘图】面板中的【多段线】按钮

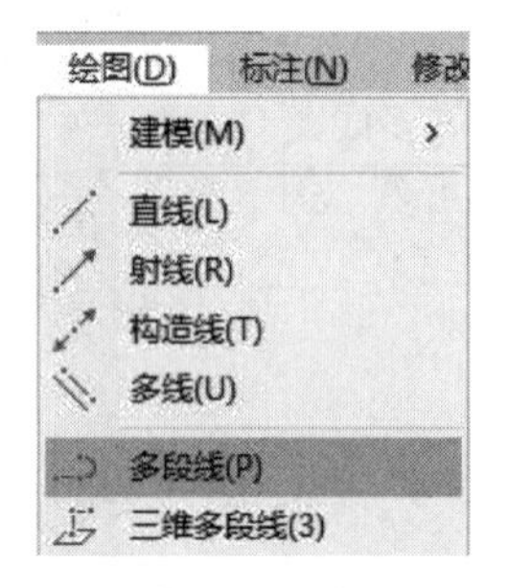

图 3-114 【多段线】菜单命令

执行上述任一命令后，命令行将出现如下提示。

```
命令：_pline                    //执行【多段线】命令
指定起点：                      //在绘图区中任意指定一点为起点，有临时的加号标记显示
当前线宽为 0.0000               //显示当前线宽
指定下一个点或 [圆弧(A)/半宽(H)/长度(L)/放弃(U)/宽度(W)]:
                                //指定多段线的端点
指定下一点或 [圆弧(A)/闭合(C)/半宽(H)/长度(L)/放弃(U)/宽度(W)]:
                                //指定下一段多段线的端点
指定下一点或 [圆弧(A)/闭合(C)/半宽(H)/长度(L)/放弃(U)/宽度(W)]:
                                //指定下一端点或按 Enter 键结束
```

命令行中各选项的含义如下。

【圆弧（A）】：选择该选项，将以绘制圆弧的方式绘制多段线。

【半宽（H）】：选择该选项，将指定多段线的半宽值，AutoCAD 将提示用户输入多段线的起点宽度和终点宽度。常用此选项绘制箭头。

【长度（L）】：选择该选项，将定义下一条多段线的长度。

【放弃（U）】：选择该选项，将取消上一次绘制的一段多段线。

【宽度（W）】：选择该选项，可以设置多段线宽度值。建筑制图中常用此选项来绘制具有一定宽度的地平线等元素。

3.8.2 编辑多段线

多段线绘制完成以后，可以根据不同的需要进行编辑，除了可以使用修剪的方式编辑多段线外，还可以使用多段线编辑命令进行编辑。执行编辑多段线命令的方法有以下几种。

（1）菜单栏：选择【修改】|【对象】|【多段线】命令。

（2）命令行：在命令行中输入 PEDIT 或 PE 并按 Enter 键。

执行该命令后，命令行提示如下。

```
命令：PEDIT 选择多段线或 [ 多条 (M)]：
选择多线段后，命令行提示如下。
输入选项 [ 闭合 ()/ 合并 (J)/ 宽度 (W)/ 编辑顶点 (E)/ 拟合 (F)/ 样条曲线 (S)/ 非曲线化
(D)/ 线型生成 (L)/ 反转 (R)/ 放弃 (U)]：
```

其中各选项的含义如下。

【闭合（C）】：可以将原多段线通过修改的方式闭合起来。执行此选项后，命令将自动变为【打开（O）】，如果再执行【打开（O）】命令又会切换回来。

【合并（J）】：可以将多段线与其他直线合并成一个整体。注意，“其他直线”必须是与多段线首或尾相连接的直线。此选项在绘图过程中应用相当广泛。

【宽度（W）】：可以将多线段的各部分线宽设置为所输入的宽度（不管原线宽为多少）。

【编辑顶点（E）】：通过在屏幕上绘制 × 来标记多段线的第一个顶点。如果已指定此顶点的切线方向，则在此方向上绘制箭头。

【拟合（F）】：创建连接每一对顶点的平滑圆弧曲线。曲线经过多段线的所有顶点并使用任何指定的切线方向。

【样条曲线（S）】：将选定多段线的顶点用作样条曲线拟合多段线的控制点或边框。除非原始多段线闭合，否则曲线经过第一个和最后一个控制点。

【非曲线化（D）】：删除圆弧拟合或样条曲线拟合多段线插入的其他顶点并拉直多段线的所有线段。

【线型生成（L）】：生成通过多段线顶点的连续图案的线型。此选项关闭时，将生成始末顶点处为虚线的线型。

3.9 创建螺旋线

在日常生活中，随处可见各种螺旋线，如弹簧、发条、螺纹、旋转楼梯等，如图 3-115 所示。如果要绘制这些图形，仅使用【圆弧】【样条曲线】等命令是很难的，因此在 AutoCAD 2022 中，就提供了一项专门用来绘制螺旋线的命令——【螺旋】。

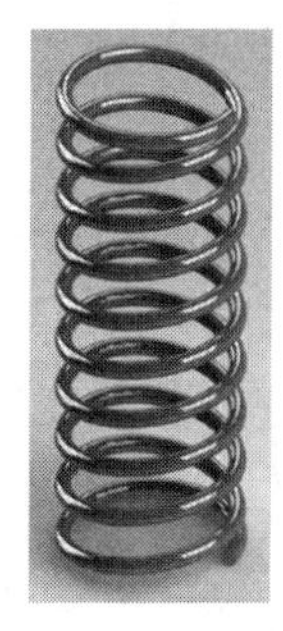

（a）弹簧

（b）发条

（c）旋转楼梯

图 3-115 各种螺旋图形

3.9.1 操作方式

绘制螺旋线的方法有以下几种。

（1）功能区：在【默认】选项卡中，单击【绘图】面板中的【螺旋】按钮，如图 3-116 所示。

（2）菜单栏：执行【绘图】|【螺旋】菜单命令，如图 3-117 所示。

（3）命令行：HELIX。

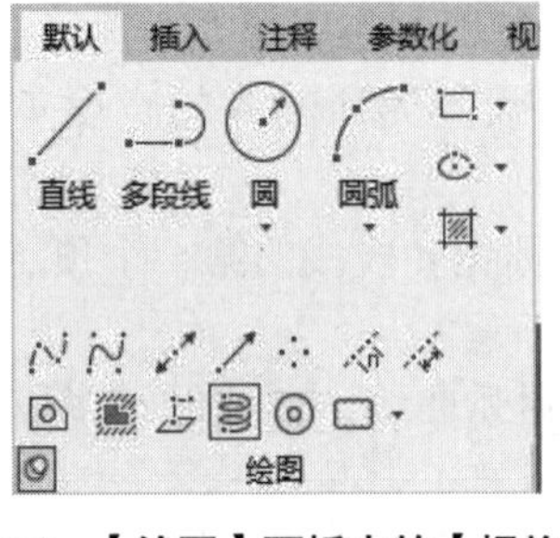

图 3-116 【绘图】面板中的【螺旋】按钮

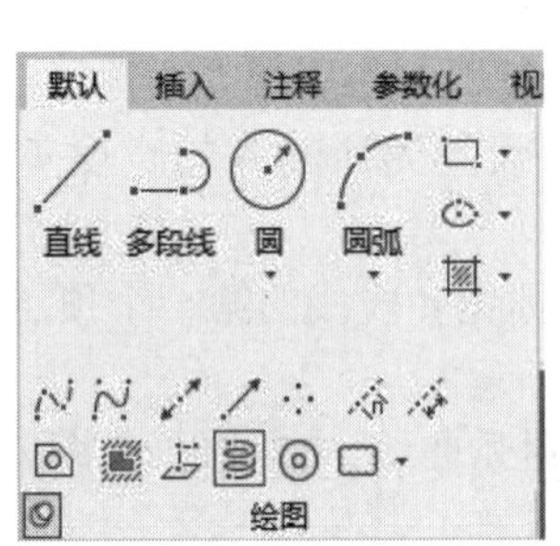

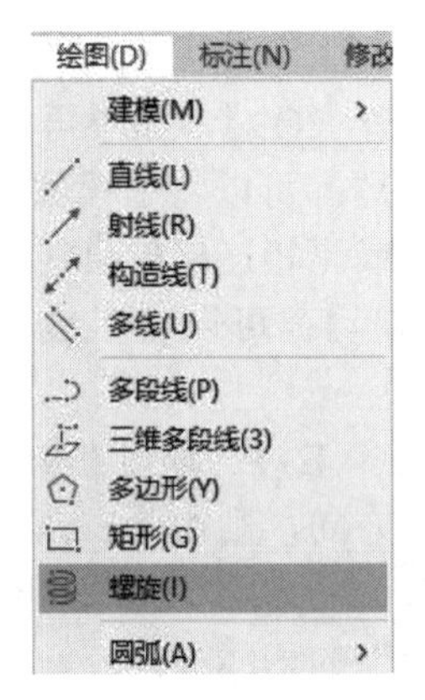

图 3-117 【螺旋】菜单命令

3.9.2 绘制螺旋线

执行【螺旋】命令后，根据命令行提示设置各项参数，即可绘制螺旋线，如图 3-118 所示。命令行提示如下。

```
命令：_Helix                                            //执行【螺旋】命令
圈数 = 3.0000      扭曲 =CCW                            /当前螺旋线的参数设置
指定底面的中心点：                                      //指定螺旋线的中心点
指定底面半径或 [直径(D)] <1.0000>: 10↙                  //输入最里层的圆半径值
指定顶面半径或 [直径(D)] <10.0000>: 30↙                 //输入最外层的圆半径值
指定螺旋高度或 [轴端点(A)/圈数(T)/圈高(H)/扭曲(W)] <1.0000>:
                     //输入螺旋线的高度值，绘制三维的螺旋线，或按 Enter 键完成操作
```

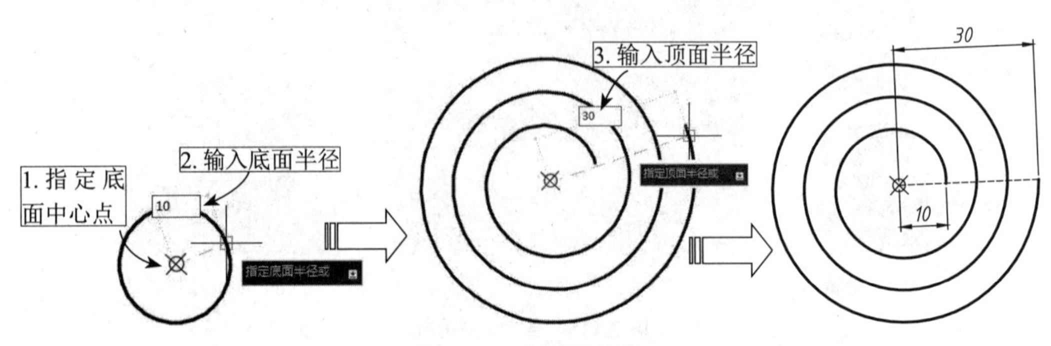

图 3-118 创建螺旋线

螺旋线的绘制与【螺旋】命令中各项参数设置有关，命令行中各选项说明解释如下。

【底面中心点】：即设置螺旋基点的中心。

【底面半径】：指定螺旋底面的半径。初始状态下，默认的底面半径设定为1。以后再执行【螺旋】命令时，底面半径的默认值则始终是先前输入的任意实体图元或螺旋的底面半径值。

【顶面半径】：指定螺旋顶面的半径。默认值与底面半径相同。底面半径和顶面半径可以相等（但不能都设定为0），这时创建的螺旋线在二维视图下外观就为一个圆，但三维状态下则为一标准的弹簧型螺旋线，如图3-119所示。

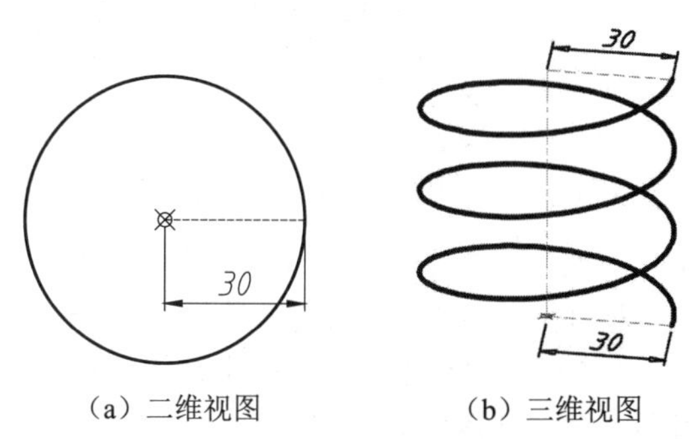

（a）二维视图　　（b）三维视图

图3-119　不同视图下的螺旋线显示效果

【螺旋高度】：为螺旋线指定高度，即Z轴方向上的值，从而创建三维的螺旋线。各种不同底面半径和顶面半径值，在相同螺旋高度下的螺旋线如图3-120所示。

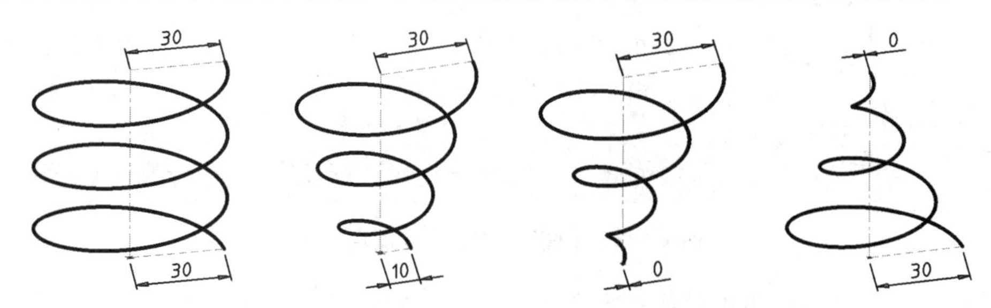

图3-120　不同半径、相同高度的螺旋线效果

【轴端点（A）】：通过指定螺旋轴的端点位置，确定螺旋线的长度和方向。轴端点可以位于三维空间的任意位置，因此可以通过该选项创建指向各方向的螺旋线，效果如图3-121所示。

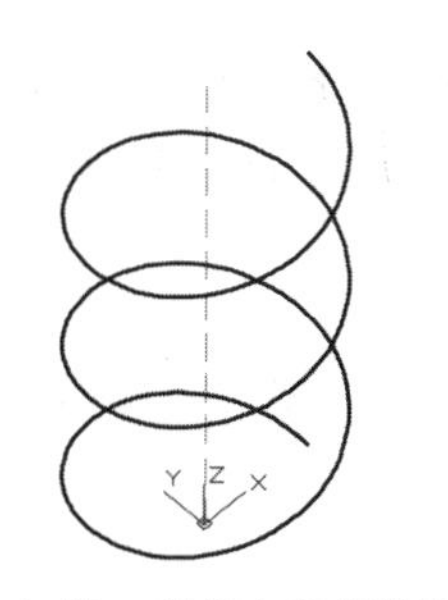

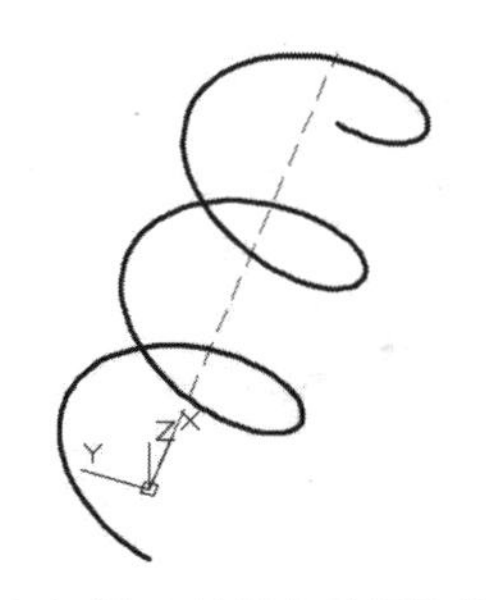

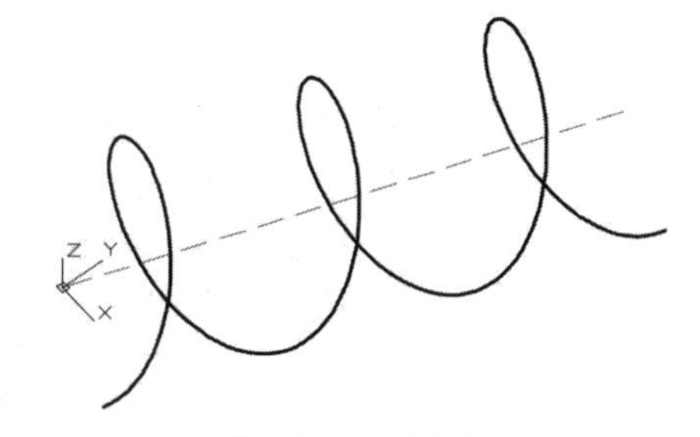

（a）沿Z轴指向的螺旋线　（b）沿X轴指向的螺旋线　（c）指向任意方向的螺旋线

图3-121　通过轴端点可以指定螺旋线的指向

【圈数（T）】：通过指定螺旋的圈（旋转）数，确定螺旋线的高度。螺旋的圈数最大不能超过500。在初始状态下，圈数的默认值为3。圈数指定后，再输入螺旋的高度值，则只会实时调整螺旋的间距值（即“圈高”），效果如图3-122所示。

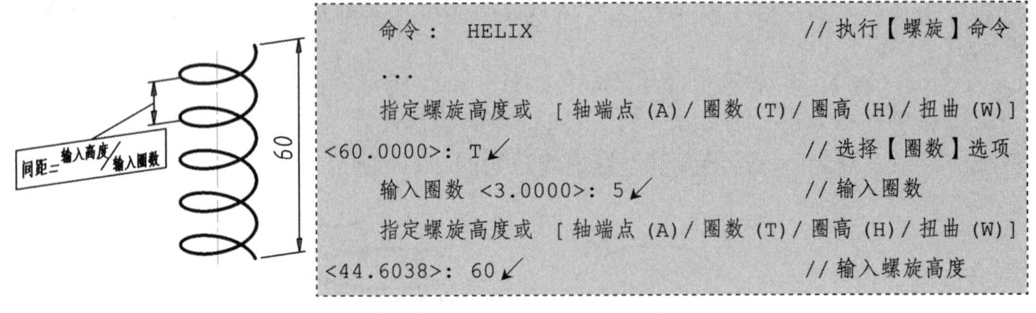

图 3-122 【圈数（T）】绘制螺旋线

操作技巧：一旦执行【螺旋】命令，则圈数的默认值始终是先前输入的圈数值。

【圈高（H）】：指定螺旋内一个完整圈的高度。如果已指定螺旋的圈数，则不能输入圈高。选择该选项后，会提示“指定圈间距”，指定该值后，再调整总体高度时，螺旋中的圈数将相应地自动更新，如图3-123所示。

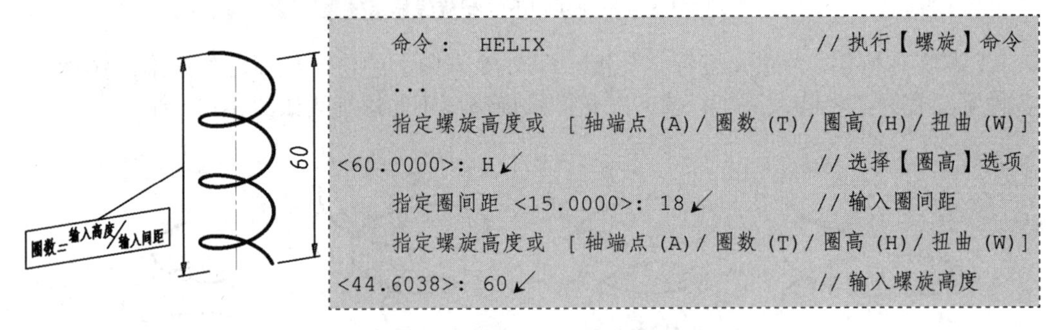

图 3-123 【圈高（H）】绘制螺旋线

【扭曲（W）】：可指定螺旋扭曲的方向，有【顺时针】和【逆时针】两个子选项，默认为【逆时针】方向。

3.10 修订云线

修订云线是一类特殊的线条，它的形状类似于云朵，主要用于突出显示图纸中已修改的部分，在园林绘图中常用于绘制灌木，如图3-124所示。其组成参数包括多个控制点、最大弧长和最小弧长。

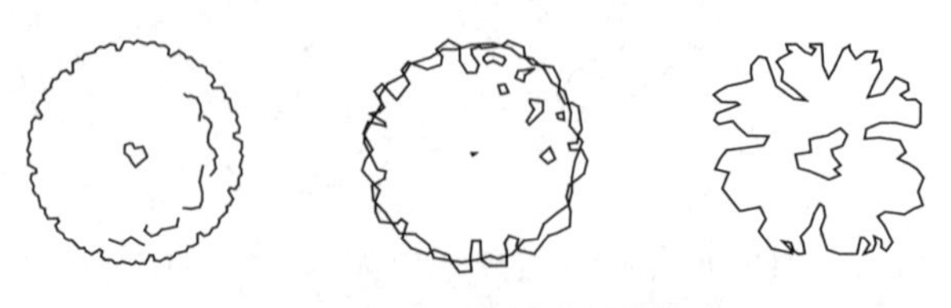

图 3-124 修订云线绘制的灌木

3.10.1 操作方式

绘制修订云线的方法有以下几种。

（1）功能区：单击【绘图】面板中的【矩形】按钮、【多边形】按钮、【徒手画】按钮，如图 3-125 所示。

（2）菜单栏：【绘图】|【修订云线】菜单命令，如图 3-126 所示。

（3）命令行：REVCLOUD。

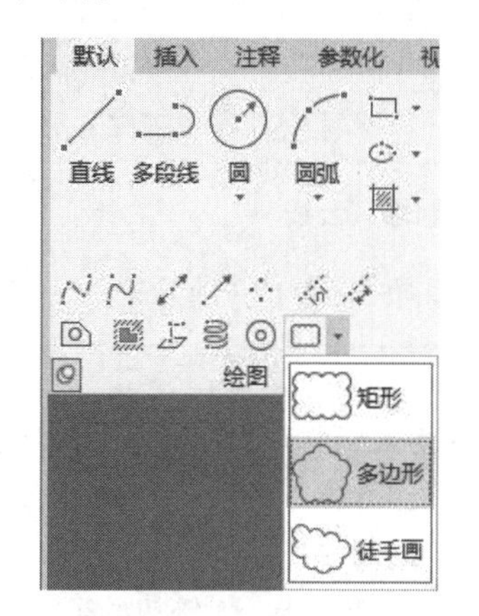

图 3-125 【绘图】面板中的修订云线

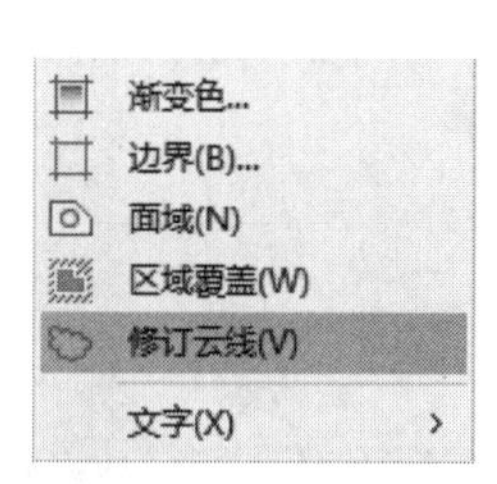

图 3-126 【菜单栏】调用【修订云线】命令

3.10.2 绘制云线

使用任意方法执行该命令后，命令行都会在前几行出现如下提示。

```
命令：_revcloud                                        //执行【修订云线】命令
最小弧长：3  最大弧长：5  样式：普通  类型：多边形      //显示当前修订云线的设置
指定起点或 [弧长(A)/对象(O)/矩形(R)/多边形(P)/徒手画(F)/样式(S)/修改(M)]
<对象>: _F                                  //选择修订云线的创建方法或修改设置
```

其命令行各选项含义如下。

【弧长（A）】：指定修订云线的弧长，选择该选项后可指定最小与最大弧长，其中最大弧长不能超过最小弧长的 3 倍。

【对象（O）】：指定要转换为修订云线的单个闭合对象，如图 3-127 所示。

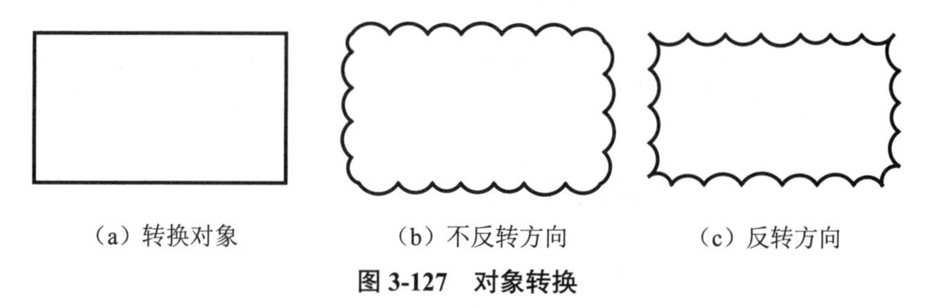

（a）转换对象　（b）不反转方向　（c）反转方向

图 3-127 对象转换

【矩形（R）】：通过绘制矩形创建修订云线，如图 3-128 所示。

```
命令：_revcloud
最小弧长：3  最大弧长：5  样式：普通  类型：矩形
指定第一个角点或 [弧长(A)/对象(O)/矩形(R)/多边形(P)/徒手画(F)/样式(S)/修改(M)] <对象>: _R
                                        //选择【矩形】选项
指定第一个角点或 [弧长(A)/对象(O)/矩形(R)/多边形(P)/徒手画(F)/样式(S)/修改(M)] <对象>:
                                        //指定矩形的一个角点1
指定对角点：                            //指定矩形的对角点2
```

图 3-128 【矩形（R）】绘制修订云线

【多边形（P）】：通过绘制多段线创建修订云线，如图 3-129 所示。

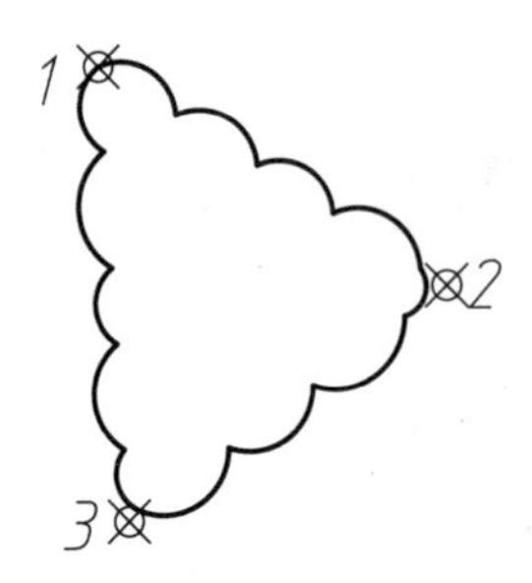


```
命令：_revcloud
指定起点或 [弧长(A)/对象(O)/矩形(R)/多边形(P)/徒手画(F)/样式(S)/修改(M)] <对象>: _P //选择【多边形】选项
指定起点或 [弧长(A)/对象(O)/矩形(R)/多边形(P)/徒手画(F)/样式(S)/修改(M)] <对象>:   //指定多边形的起点1
指定下一点：                            //指定多边形的第二点2
指定下一点或 [放弃(U)]:                 //指定多边形的第三点3
```

图 3-129 【多边形（P）】绘制修订云线

【徒手画（F）】：通过绘制自由形状的多段线创建修订云线，如图 3-130 所示。

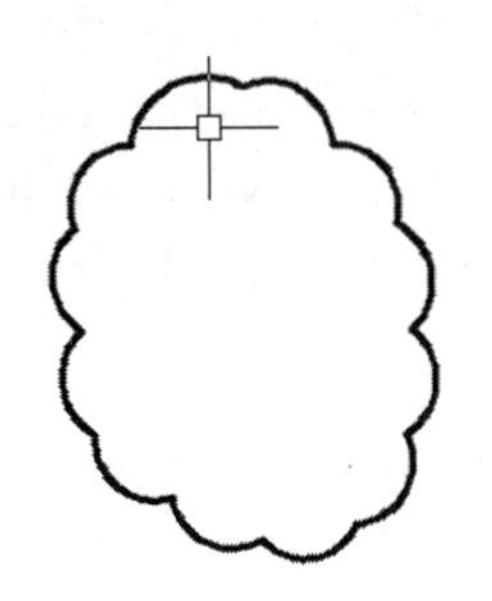

```
命令：_revcloud
指定起点或 [弧长(A)/对象(O)/矩形(R)/多边形(P)/徒手画(F)/样式(S)/修改(M)] <对象>: _F //选择【徒手画】选项
最小弧长：3  最大弧长：5  样式：普通  类型：徒手画
指定第一个点或 [弧长(A)/对象(O)/矩形(R)/多边形(P)/徒手画(F)/样式(S)/修改(M)] <对象>: //指定多边形的起点
沿云线路径引导十字光标...指定下一点或 [放弃(U)]:
```

图 3-130 【徒手画（F）】绘制修订云线

【样式（S）】：用于选择修订云线的样式，选择该选项后，命令提示行将出现“选择圆弧样式 [普通 (N)/(C)]< 普通 >：”的提示信息，默认为【普通】选项，如图 3-131 所示。

【修改（M）】：对绘制的云线进行修改。

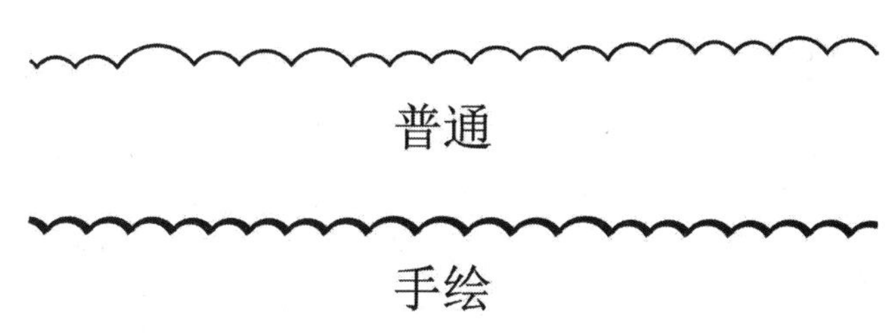

图 3-131 样式效果

操作技巧：在绘制修订云线时，若不希望它自动闭合，可在绘制过程中将鼠标移动到合适的位置后，单击鼠标右键来结束修订云线的绘制。

3.11 创建并编辑样条曲线

样条曲线是经过或接近一系列给定点的平滑曲线，它能够自由编辑，以及控制曲线与点的拟合程度。在景观设计中，常用来绘制水体、流线形的园路及模纹等；在建筑绘图中，常用来表示剖面符号等图形；在机械产品设计领域，则常用来表示某些产品的轮廓线或剖切线。

3.11.1 操作方式

调用【样条曲线】命令的方法如下。

（1）功能区：单击【绘图】滑出面板上的【样条曲线拟合】按钮或【样条曲线控制点】按钮，如图 3-132 所示。

（2）菜单栏：选择【绘图】|【样条曲线】命令，然后在子菜单中选择【拟合点】或【控制点】命令，如图 3-133 所示。

（3）命令行：SPLINE 或 SPL。

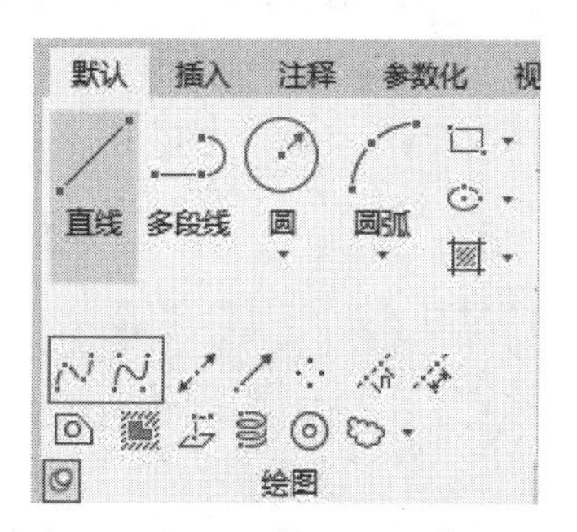

图 3-132 【绘图】面板中的样条曲线按钮

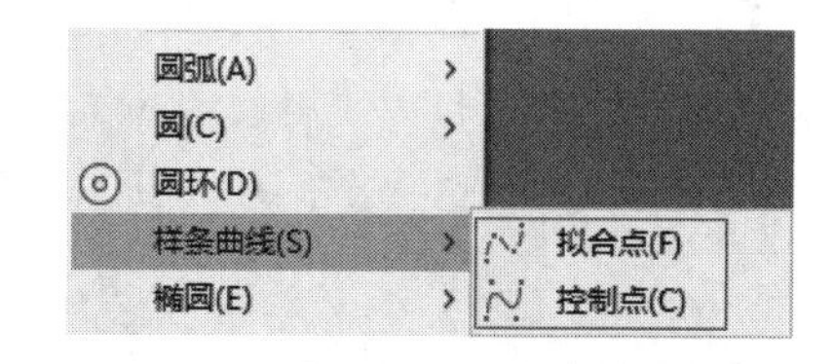

图 3-133 【样条曲线】的菜单命令

3.11.2 SPLINE 命令详解

在 AutoCAD 2022 中，样条曲线可分为“拟合点样条曲线”和“控制点样条曲线”两种。“拟合点样条曲线”的拟合点与曲线重合，如图 3-134 所示；“控制点样条曲线”

是通过曲线外的控制点控制曲线的形状，如图 3-135 所示。

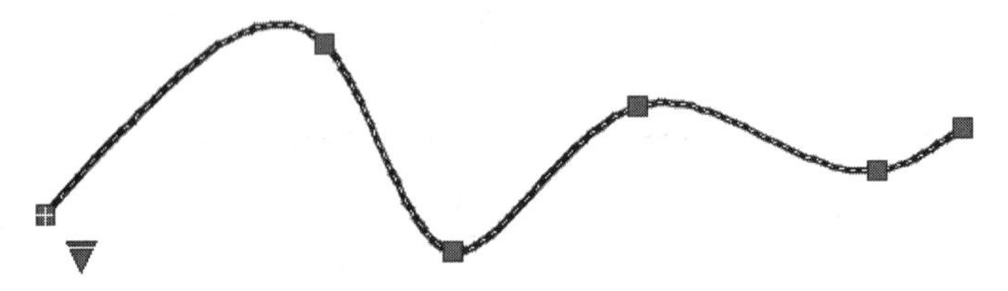

图 3-134　拟合点样条曲线

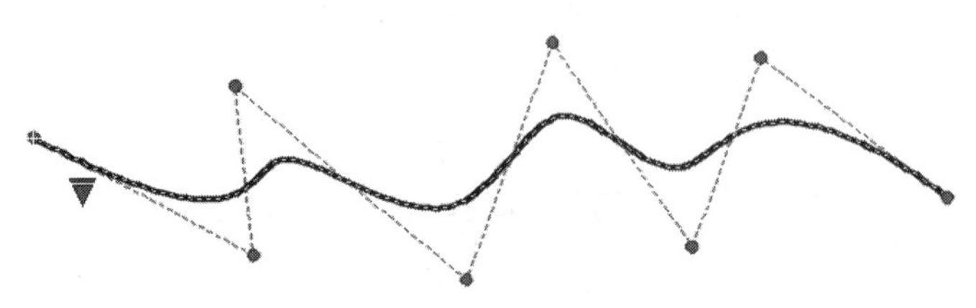

图 3-135　控制点样条曲线

执行【样条曲线拟合】命令时，命令行操作介绍如下。

```
命令：_SPLINE                                                   //执行【样条曲线拟合】命令
当前设置：方式 = 拟合　节点 = 弦                                //显示当前样条曲线的设置
指定第一个点或 [方式 (M)/ 节点 (K)/ 对象 (O)]：_M                 //系统自动选择
输入样条曲线创建方式 [拟合 (F)/ 控制点 (CV)] < 拟合 >：_FIT       //系统自动选择【拟合】方式
当前设置：方式 = 拟合　节点 = 弦                                //显示当前方式下的样条曲线
                                                                //设置
指定第一个点或 [方式 (M)/ 节点 (K)/ 对象 (O)]：                   //指定样条曲线起点或选择创
                                                                //建方式
输入下一个点或 [起点切向 (T)/ 公差 (L)]：                         //指定样条曲线上的第 2 点
输入下一个点或 [端点相切 (T)/ 公差 (L)/ 放弃 (U)/ 闭合 (C)]：      //指定样条曲线上的第 3 点
                                                                //要创建样条曲线，最少需指
                                                                //定 3 个点
```

执行【样条曲线控制点】命令时，命令行操作介绍如下。

```
命令：_SPLINE                                                   //执行【样条曲线控制点】命令
当前设置：方式 = 控制点　阶数 =3                                 //显示当前样条曲线的设置
指定第一个点或 [方式 (M)/ 阶数 (D)/ 对象 (O)]：_M                 //系统自动选择
输入样条曲线创建方式 [拟合 (F)/ 控制点 (CV)] < 拟合 >：_CV        //系统自动选择【控制点】方式
当前设置：方式 = 控制点　阶数 =3                                 //显示当前方式下的样条曲线设置
指定第一个点或 [方式 (M)/ 阶数 (D)/ 对象 (O)]：                   //指定样条曲线起点或选择创建方式
输入下一个点：                                                  //指定样条曲线上的第 2 点
输入下一个点或 [闭合 (C)/ 放弃 (U)]：                             //指定样条曲线上的第 3 点
```

3.11.3 选项说明

虽然在 AutoCAD 2022 中绘制样条曲线有【样条曲线拟合】和【样条曲线控制点】两种方式，但是操作过程却基本一致，只有少数选项有区别（【节点】与【阶数】），因此命令行中各选项均统一介绍如下。

【拟合（F）】：即执行【样条曲线拟合】方式，通过指定样条曲线必须经过的拟合点来创建 3 阶（三次）B 样条曲线。在公差值大于 0（零）时，样条曲线必须在各个点的指定公差距离内。

【控制点（CV）】：即执行【样条曲线控制点】方式，通过指定控制点来创建样条曲线。使用此方法创建 1 阶（线性）、2 阶（二次）、3 阶（三次）直到最高为 10 阶的样条曲线。通过移动控制点调整样条曲线的形状通常可以提供比移动拟合点更好的效果。

【节点（K）】：指定节点参数化，是一种计算方法，用来确定样条曲线中连续拟合点之间的零部件曲线如何过渡。该选项下分为 3 个子选项:【弦】【平方根】和【统一】。

【阶数（D）】：设置生成的样条曲线的多项式阶数。使用此选项可以创建 1 阶（线性）、2 阶（二次）、3 阶（三次）直到最高 10 阶的样条曲线。

【对象（O）】：执行该选项后，选择二维或三维的、二次或三次的多段线，可将其转换成等效的样条曲线，如图 3-136 所示。

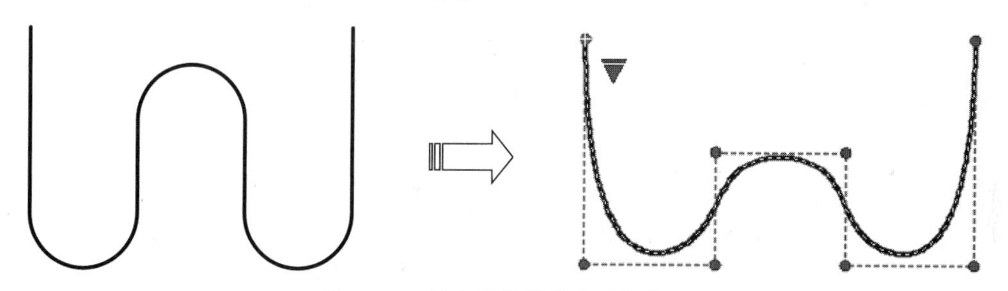

图 3-136 将多段线转换为样条曲线

操作技巧： 根据 DELOBJ 系统变量的设置，可设置保留或放弃原多段线。

3.11.4 编辑样条曲线

与多段线一样，AutoCAD 2022 也提供了专门编辑【样条曲线】的工具。由 SPLINE 命令绘制的样条曲线具有许多特征，如数据点的数量及位置、端点特征性及切线方向等，用 SPLINEDIT（编辑样条曲线）命令可以改变曲线的这些特征。

要对样条曲线进行编辑，有以下 3 种方法。

（1）功能区：在【默认】选项卡中，单击【修改】面板中的【编辑样条曲线】按钮，如图 3-137 所示。

（2）菜单栏：选择【修改】|【对象】|【样条曲线】菜单命令，如图 3-138 所示。

（3）命令行：SPEDIT。

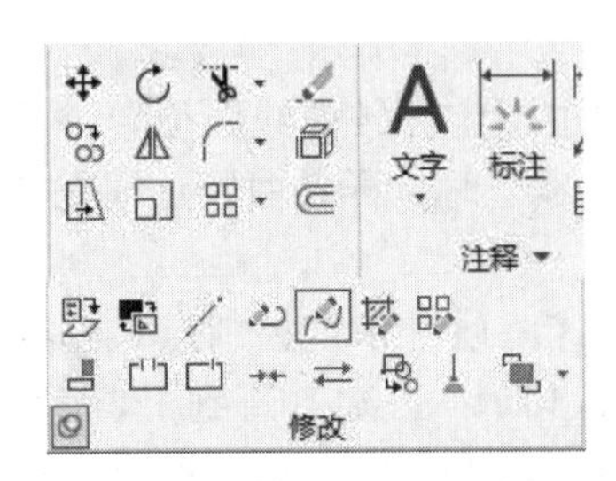

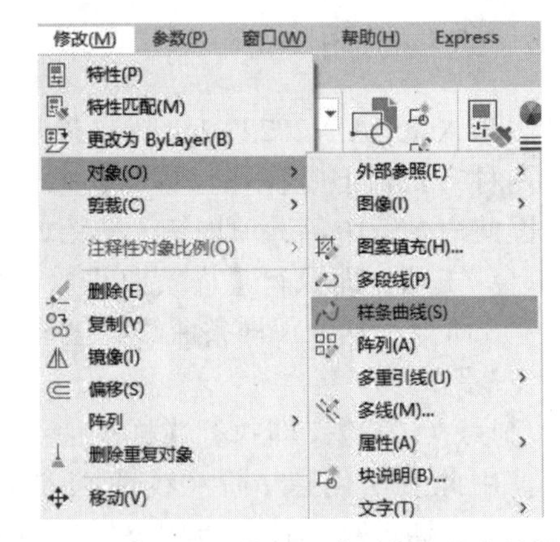

图 3-137 【绘图】面板中的编辑样条曲线按钮　图 3-138 【菜单栏】调用【样条曲线】编辑命令

按上述方法执行【编辑样条曲线】命令后，选择要编辑的样条曲线，便会在命令行中出现如下提示。

```
输入选项 [ 闭合 (C) / 合并 (J) / 拟合数据 (F) / 编辑顶点 (E) / 转换为多线段 (P) / 反转 (R) / 放弃 (U) / 退出 (X) ]:< 退出 >
```

选择其中的子选项即可执行对应命令，命令行中各选项的含义说明如下。

1. 闭合（C）

用于闭合开放的样条曲线，执行此选项后，命令将自动变为【打开（O)】，如果再执行【打开（O)】命令又会切换回来，如图 3-139 所示。

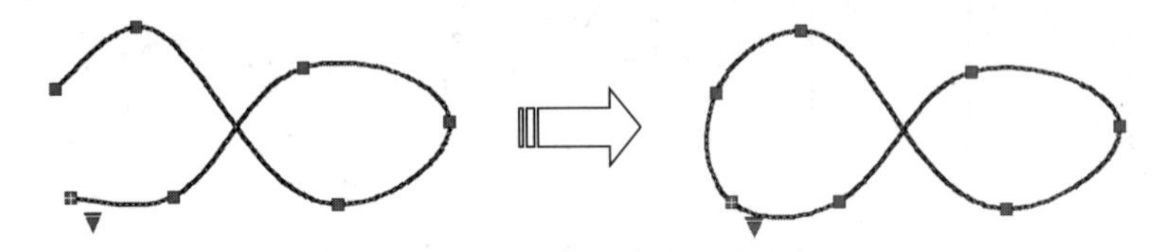

图 3-139 闭合的编辑效果

2. 合并（J）

将选定的样条曲线与其他样条曲线、直线、多段线和圆弧在重合端点处合并，以形成一个较大的样条曲线。对象在连接点处使用扭折连接在一起（C0 连续性），如图 3-140 所示。

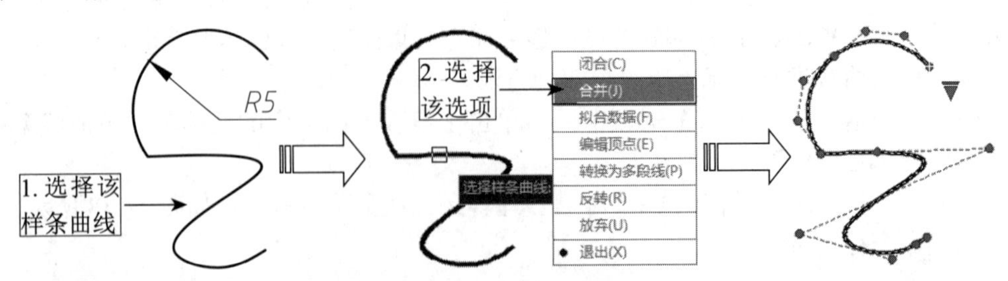

图 3-140 将其他图形合并至样条曲线

3. 拟合数据（F）

用于编辑“拟合点样条曲线”的数据。拟合数据包括所有的拟合点、拟合公差及绘制样条曲线时与之相关联的切线。

选择该选项后，样条曲线上各控制点将会被激活，命令行提示如下。

```
输入拟合数据选项 [ 添加 (A) / 闭合 (C) / 删除 (D) / 扭折 (K) / 移动 (M) / 清理 (P) / 切线 (T) / 公差 (L) / 退出 (X) ]:< 退出 >:
```

对应的选项表示各个拟合数据编辑工具，各选项的含义如下。

【添加（A）】：为样条曲线添加新的控制点。选择一个拟合点后，指定要以下一个拟合点（将自动亮显）方向添加到样条曲线的新拟合点；如果在开放的样条曲线上选择了最后一个拟合点，则新拟合点将添加到样条曲线的端点；如果在开放的样条曲线上选择第一个拟合点，则可以选择将新拟合点添加到第一个点之前或之后，效果如图 3-141 所示。

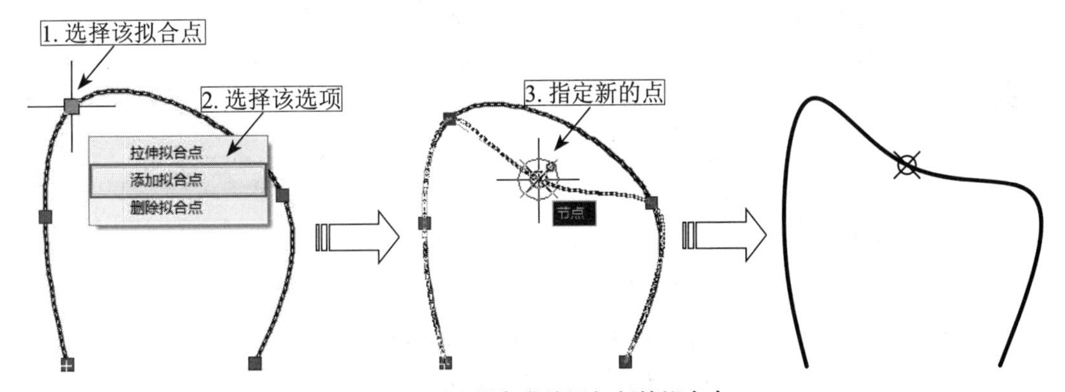

图 3-141 为样条曲线添加新的拟合点

【闭合（C）】：用于闭合开放的样条曲线，如图 3-139 所示。

【删除（D）】：用于删除样条曲线的拟合点并重新用其余点拟合样条曲线，如图 3-142 所示。

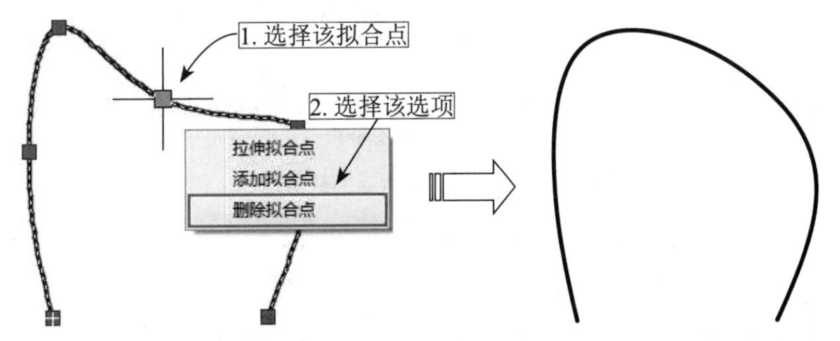

图 3-142 删除样条曲线上的拟合点

【扭折（K）】：凭空在样条曲线上的指定位置添加节点和拟合点，这不会保持在该点的相切或曲率连续性，效果如图 3-143 所示。

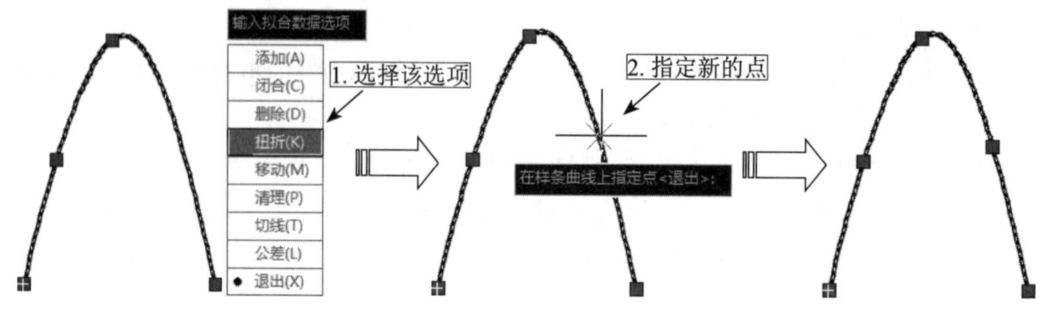

图 3-143 在样条曲线上添加节点

【移动（M）】：可以依次将拟合点移动到新位置。

【清理（P）】：从图形数据库中删除样条曲线的拟合数据，将样条曲线从“拟合点”转换为“控制点”，如图 3-144 所示。

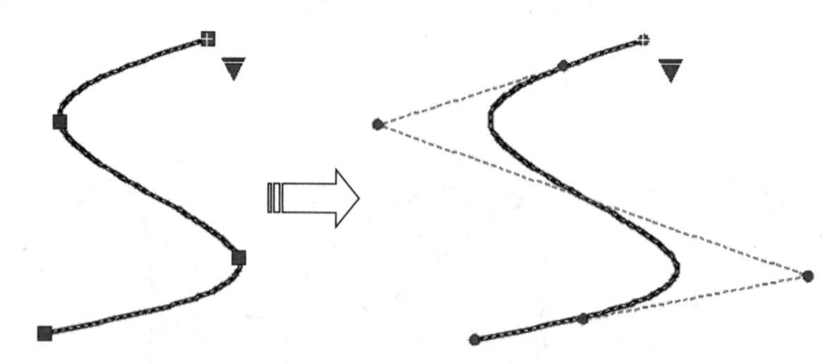

图 3-144 将样条曲线从“拟合点”转换为“控制点”

【切线（T）】：更改样条曲线的开始和结束切线。指定点以建立切线方向。可以使用对象捕捉，例如垂直或平行，效果如图 3-145 所示。

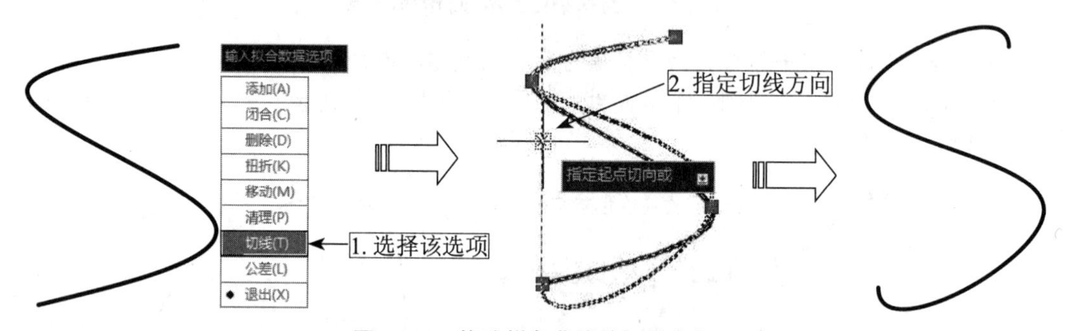

图 3-145 修改样条曲线的切线方向

【公差（L）】：重新设置拟合公差的值。

【退出（X）】：退出拟合数据编辑。

4. 编辑顶点（E）

用于精密调整“控制点样条曲线”的顶点，选取该选项后，命令行提示如下。

```
输入顶点编辑选项 [添加(A)/删除(D)/提高阶数(E)/移动(M)/权值(W)/退出(X)] <退出>:
```

对应的选项表示编辑顶点的多个工具，各选项的含义如下。

【添加（A）】：在位于两个现有的控制点之间的指定点处添加一个新控制点，如图 3-146 所示。

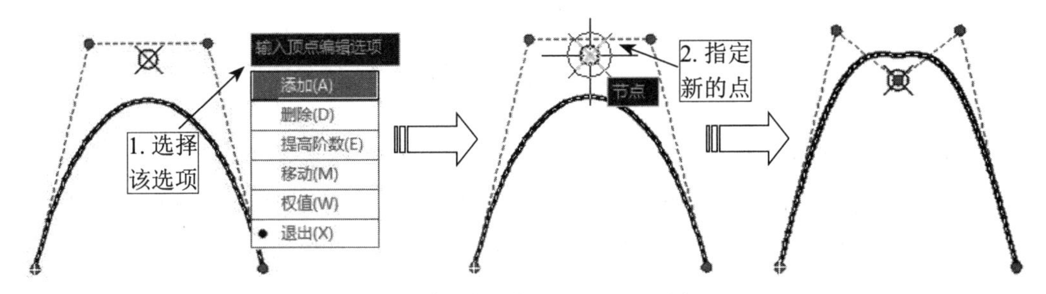

图 3-146　在样条曲线上添加顶点

【删除（D）】：删除样条曲线的顶点，如图 3-147 所示。

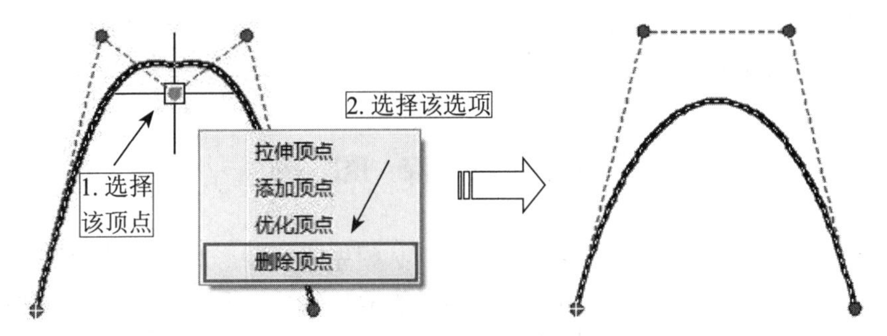

图 3-147　删除样条曲线上的顶点

【提高阶数（E）】：增大样条曲线的多项式阶数（阶数加 1），阶数最高为 26。这将增加整个样条曲线的控制点的数量，效果如图 3-148 所示。

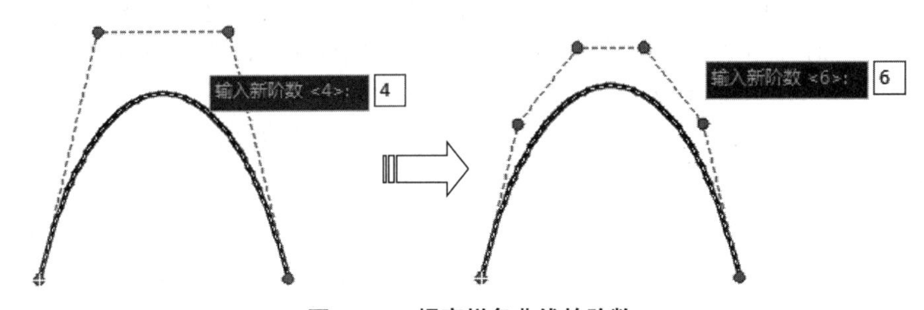

图 3-148　提高样条曲线的阶数

【移动（M）】：将样条曲线上的顶点移动到合适位置。

【权值（W）】：修改不同样条曲线控制点的权值，并根据指定控制点的新权值重新计算样条曲线。权值越大，样条曲线越接近控制点，如图 3-149 所示。

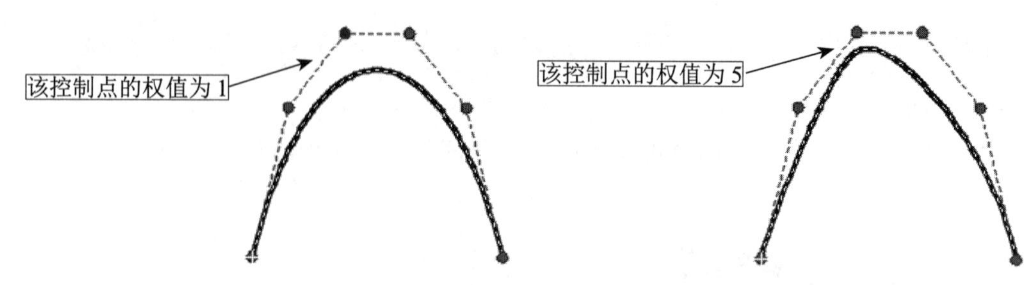

图 3-149　提高样条曲线控制点的权值

5. 转换为多段线（P）

用于将样条曲线转换为多段线。精度值决定生成的多段线与样条曲线的接近程度，有效值为介于 0~99 的任意整数。但是较高的精度值会降低性能。

6. 反转（E）

可以反转样条曲线的方向。

7. 放弃（U）

还原操作，每选择一次将取消上一次的操作，可一直返回到编辑任务开始时的状态。

3.12 选择图形

对图形进行任何编辑和修改操作的时候，必须先选择图形对象。针对不同的情况，采用最佳的选择方法，能大幅提高图形的编辑效率。AutoCAD 2022 提供了多种选择对象的基本方法，如点选、框选、栏选、围选等。

3.12.1 单击选择

如果选择的是单个图形对象，可以使用点选的方法。直接将拾取光标移动到选择对象上方，此时该图形对象会虚线亮显表示，单击鼠标左键，即可完成单个对象的选择。点选方式一次只能选中一个对象，如图 3-150 所示。连续单击需要选择的对象，可以同时选择多个对象，如图 3-151 所示，虚线显示部分为被选中的部分。

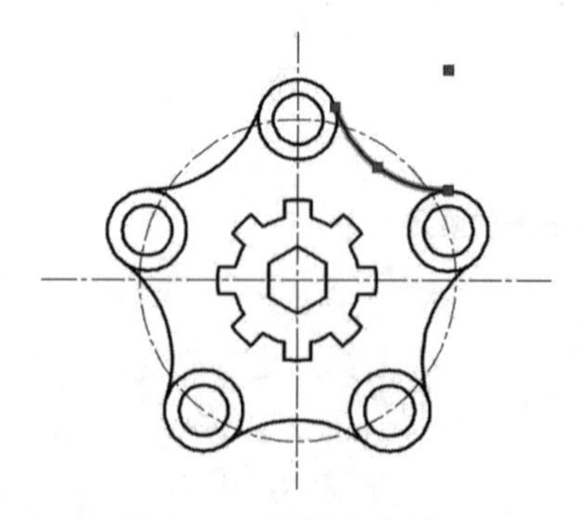

图 3-150　点选单个对象

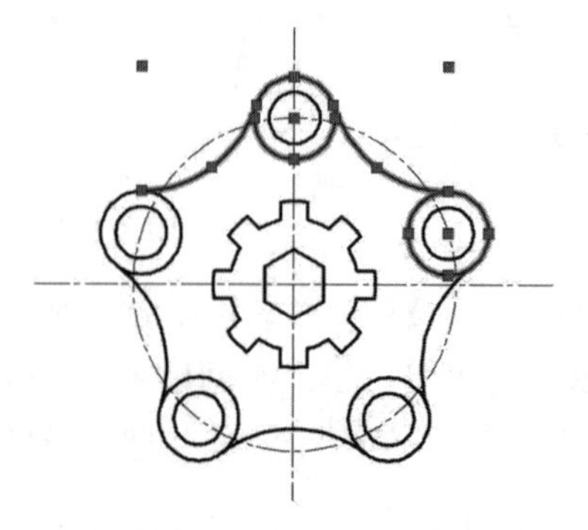

图 3-151　点选多个对象

操作技巧： 按下 Shift 键并再次单击已经选中的对象，可以将这些对象从当前选择集中删除。按 Esc 键，可以取消对当前全部选定对象的选择。

3.12.2 窗口选择

如果需要同时选择多个或者大量的对象，再使用点选的方法不仅费时费力，而且容易出错。此时，宜使用 AutoCAD 2022 提供的窗口、窗交、栏选等选择方法。

1. 窗口选择

窗口选择是通过定义矩形窗口选择对象的一种方法。利用该方法选择对象时，从左往右拉出矩形窗口，框住需要选择的对象，此时绘图区将出现一个实线的矩形方框，选框内颜色为蓝色，如图 3-152 所示；释放鼠标后，被方框完全包围的对象将被选中，如图 3-153 所示，虚线显示部分为被选中的部分，按 Delete 键删除选择对象，结果如图 3-154 所示。

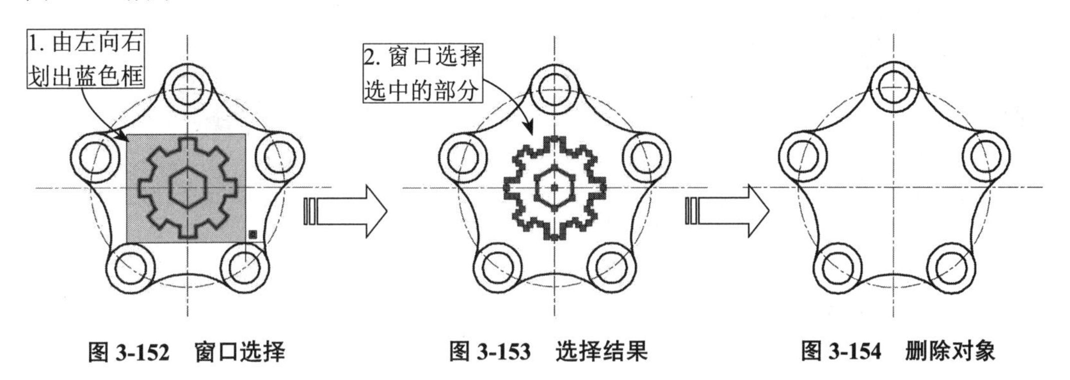

图 3-152 窗口选择　　图 3-153 选择结果　　图 3-154 删除对象

2. 窗交选择

窗交选择对象的选择方向正好与窗口选择相反，它是按住鼠标左键向左上方或左下方拖动，框住需要选择的对象，框选时绘图区将出现一个虚线的矩形方框，选框内颜色为绿色，如图 3-155 所示，释放鼠标后，与方框相交和被方框完全包围的对象都将被选中，如图 3-156 所示，虚线显示部分为被选中的部分，删除选中对象，如图 3-157 所示。

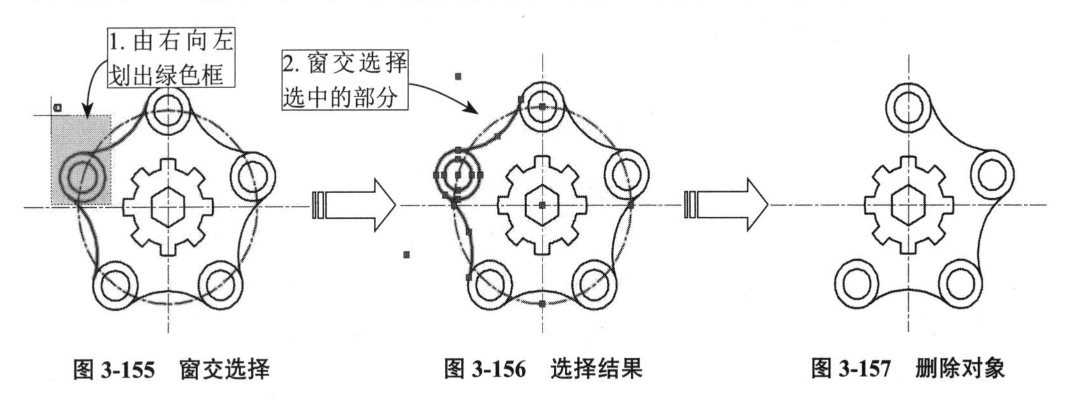

图 3-155 窗交选择　　图 3-156 选择结果　　图 3-157 删除对象

3.13 删除和恢复图形

AutoCAD绘图不可能一蹴而就，要想得到最终的完整图形，自然需要用到各种修剪命令将多余的部分剪去或删除，因此修剪类命令是AutoCAD编辑命令中最为常用的一类。

3.13.1 删除图形

【删除】命令可将多余的对象从图形中完全清除，是AutoCAD最为常用的命令之一，使用也最为简单。在AutoCAD 2022中执行【删除】命令的方法有以下4种。

（1）功能区：在【默认】选项卡中，单击【修改】面板中的【删除】按钮，如图3-158所示。

（2）菜单栏：选择【修改】|【删除】菜单命令，如图3-159所示。

（3）命令行：ERASE或E。

（4）快捷操作：选中对象后直接按Delete键。

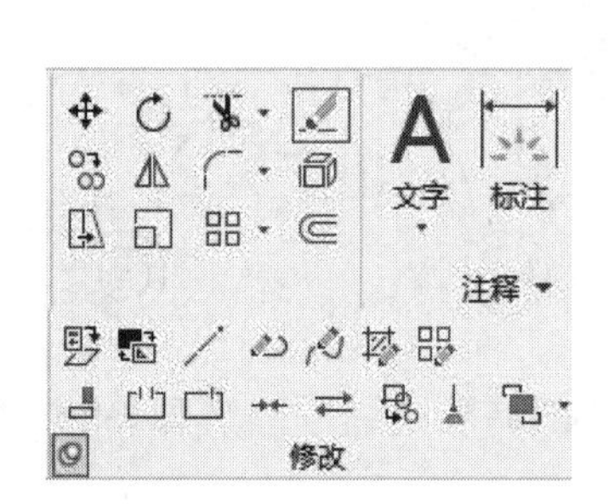

图3-158 【修改】面板中的【删除】按钮

图3-159 【删除】菜单命令

执行上述命令后，根据命令行的提示选择需要删除的图形对象，按Enter键即可删除已选择的对象，如图3-160所示。

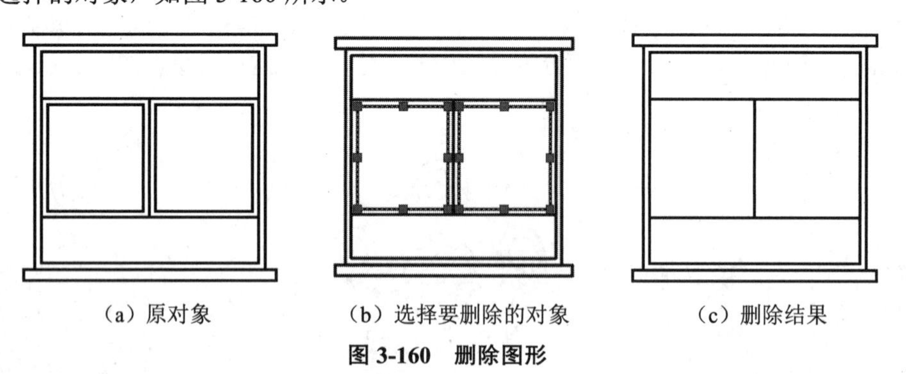

（a）原对象 （b）选择要删除的对象 （c）删除结果

图3-160 删除图形

3.13.2 恢复图形

在绘图时如果意外删错了对象，可以使用UNDO【撤销】命令或OOPS【恢复删除】

命令将其恢复。

（1）UNDO【撤销】：即放弃上一步操作，快捷键为Ctrl+Z，对所有命令有效。

（2）OOPS【恢复删除】：OOPS 可恢复由上一个 ERASE【删除】命令删除的对象，该命令对 ERASE 有效。

此外，【删除】命令还有一些隐藏选项，在命令行提示“选择对象”时，除了用选择方法选择要删除的对象外，还可以输入特定字符，执行隐藏操作，介绍如下。

（1）输入“L”：删除绘制的上一个对象。

（2）输入“P”：删除上一个选择集。

（3）输入“All”：从图形中删除所有对象。

（4）输入“ ?”：查看所有选择方法列表。

3.14 放弃和重做

在使用 AutoCAD 绘图的过程中，难免会需要重复用到某一命令或对某命令进行了误操作，因此有必要了解命令的重复、撤销与重做方面的知识。

3.14.1 放弃操作

在绘图过程中，如果执行了错误的操作，此时就需要放弃操作。执行【放弃】命令有以下几种方法。

（1）菜单栏：选择【编辑】|【放弃】命令。

（2）工具栏：单击【快速访问】工具栏中的【放弃】按钮。

（3）命令行：Undo 或 U。

（4）快捷键：Ctrl+Z。

3.14.2 重做操作

通过【重做】命令，可以恢复前一次或者前几次已经放弃执行的操作，【重做】命令与【撤销】命令是一对相对的命令。执行【重做】命令有以下几种方法。

（1）菜单栏：选择【编辑】|【重做】命令。

（2）工具栏：单击快速访问工具栏中的【重做】按钮。

（3）命令行：REDO。

（4）快捷键：Ctrl+Y。

操作技巧： 如果要一次性撤销之前的多个操作，可以单击【放弃】按钮后的展开按钮，展开操作的历史记录如图 3-161 所示。该记录按照操作的先后，由下往上排列，移动指针选择要撤销的最近几个操作，如图 3-162 所示，单击即可撤销这些操作。

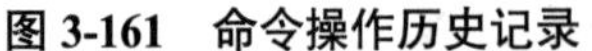
图 3-161 命令操作历史记录

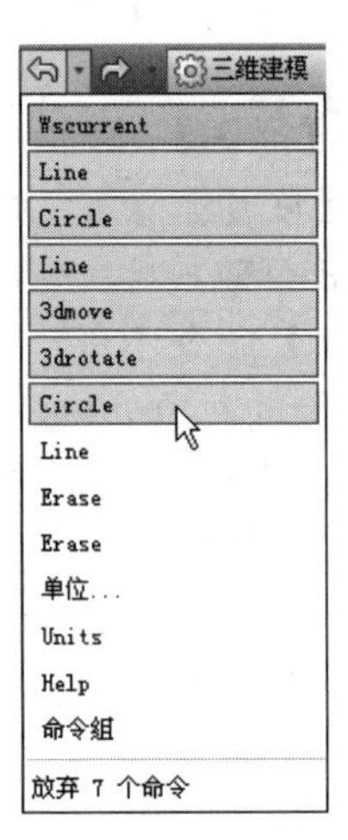

图 3-162 选择要撤销的最近几个命令

3.15 复制、偏移、镜像和阵列

如果设计图中含有大量重复或相似的图形，就可以使用图形复制类命令进行快速绘制，如【复制】【偏移】【镜像】【阵列】等。

3.15.1 复制对象

【复制】命令是指在不改变图形大小、方向的前提下，重新生成一个或多个与原对象一模一样的图形。在命令执行过程中，需要确定的参数有复制对象、基点和第二点，配合坐标、对象捕捉、栅格捕捉等其他工具，可以精确复制图形。

在 AutoCAD 2022 中调用【复制】命令有以下几种常用方法。

（1）功能区：单击【修改】面板中的【复制】按钮，如图 3-163 所示。

（2）菜单栏：执行【修改】|【复制】命令，如图 3-164 所示。

（3）命令行：COPY 或 CO 或 CP。

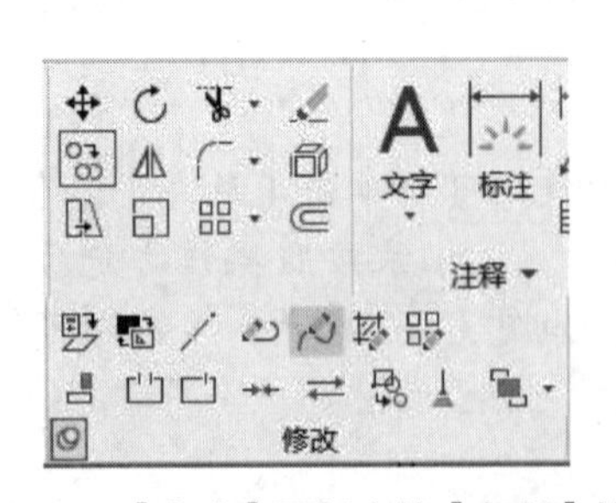

图 3-163 【修改】面板中的【复制】按钮

图 3-164 【复制】菜单命令

执行【复制】命令后，选择需要复制的对象，指定复制基点，然后拖动鼠标指定新基点即可完成复制操作，继续单击，还可以复制多个图形对象，如图3-165所示。命令行操作如下。

```
命令：_copy                                                  //执行【复制】命令
选择对象：找到 1 个                                          //选择要复制的图形
当前设置： 复制模式 = 多个                                   //当前的复制设置
指定基点或 [位移(D)/模式(O)] <位移>:                         //指定复制的基点
指定第二个点或 [阵列(A)] <使用第一个点作为位移>:             //指定放置点1
指定第二个点或 [阵列(A)/退出(E)/放弃(U)] <退出>:             //指定放置点2
指定第二个点或 [阵列(A)/退出(E)/放弃(U)] <退出>:             //按Enter键完成操作
```

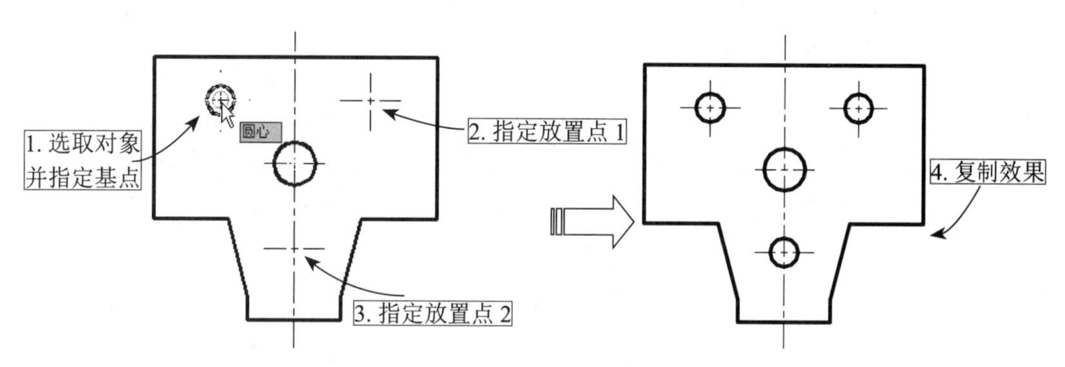

图3-165 复制对象

执行【复制】命令时，命令行中出现的各选项介绍如下。

【位移（D)】：使用坐标指定相对距离和方向。指定的两点定义一个矢量，指示复制对象的放置离原位置有多远以及以哪个方向放置。基本与【移动】【拉伸】命令中的【位移（D)】选项一致，在此不多加赘述。

【模式（O)】：该选项可控制【复制】命令是否自动重复。选择该选项后会有【单一（S)】【多个（M)】两个子选项，【单一（S)】可创建选择对象的单一副本，执行一次复制后便结束命令；而【多个（M)】则可以自动重复。

【阵列（A)】：选择该选项，可以以线性阵列的方式快速大量复制对象，如图3-166所示。命令行操作如下。

```
命令：_copy                                                  //执行【复制】命令
选择对象：找到 1 个                                          //选择复制对象
当前设置： 复制模式 = 多个
指定基点或 [位移(D)/模式(O)] <位移>:                         //指定复制基点
指定第二个点或 [阵列(A)] <使用第一个点作为位移>: A           //输入A，选择【阵列】选项
输入要进行阵列的项目数：4                                    //输入阵列的项目数
指定第二个点或 [布满(F)]: 10                                 //移动鼠标确定阵列间距
指定第二个点或 [阵列(A)/退出(E)/放弃(U)] <退出>:             //按Enter键完成操作
```

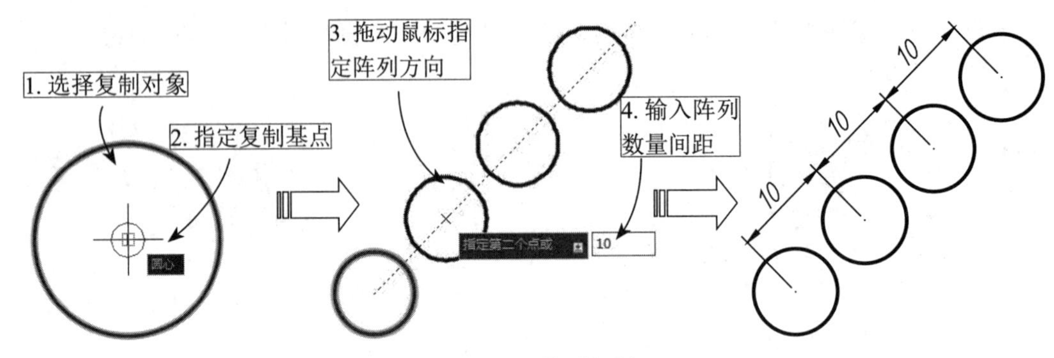

图 3-166 阵列复制

3.15.2 偏移对象

使用【偏移】工具可以创建与源对象成一定距离的形状相同或相似的新图形对象。可以进行偏移的图形对象包括直线、曲线、多边形、圆、圆弧等，如图 3-167 所示。

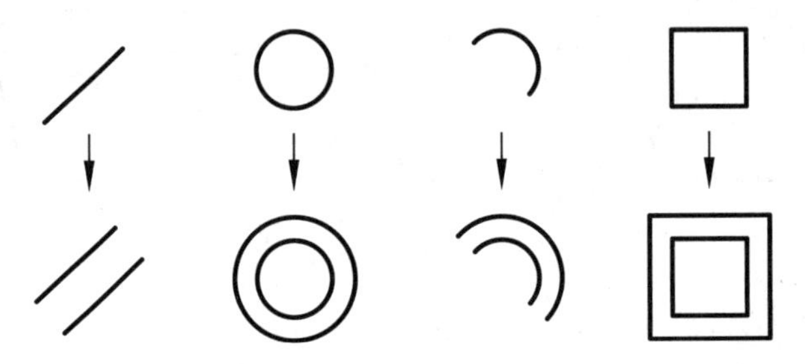

图 3-167 各图形偏移示例

在 AutoCAD 2022 中调用【偏移】命令有以下几种常用方法。

（1）功能区：单击【修改】面板中的【偏移】按钮⊂，如图 3-168 所示。

（2）菜单栏：执行【修改】|【偏移】命令，如图 3-169 所示。

（3）命令行：OFFSET 或 O。

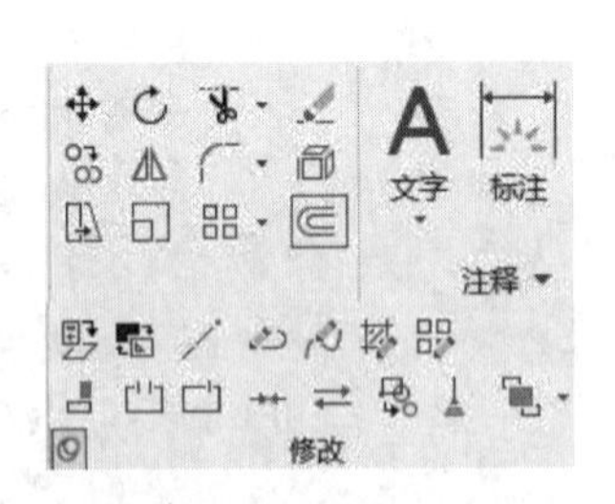

图 3-168 【修改】面板中的【偏移】按钮

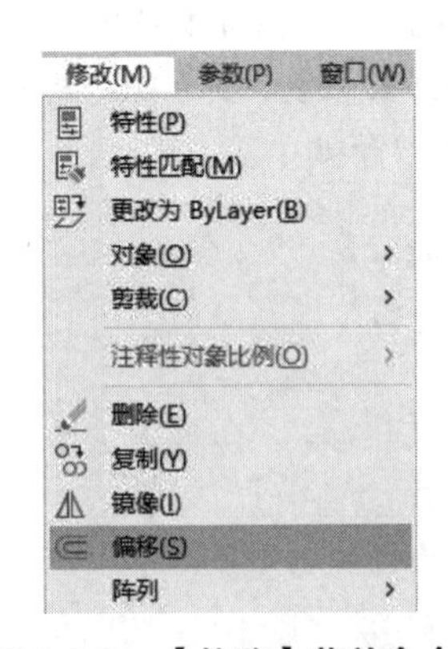

图 3-169 【偏移】菜单命令

偏移命令需要输入的参数有需要偏移的源对象、偏移距离和偏移方向。只要在需要偏移的一侧的任意位置单击即可确定偏移方向，也可以指定偏移对象通过已知的点。

执行【偏移】命令后命令行操作如下。

```
命令: _OFFSET↙                                                    //调用【偏移】命令
指定偏移距离或 [通过(T)/删除(E)/图层(L)] <通过>:                  //输入偏移距离
选择要偏移的对象，或 [退出(E)/放弃(U)] <退出>:                     //选择偏移对象
指定通过点或 [退出(E)/多个(M)/放弃(U)] <退出>:                    //输入偏移距离或指定目标点
```

命令行中各选项的含义如下。

【通过（T）】：指定一个通过点定义偏移的距离和方向，如图 3-170 所示。

【删除（E）】：偏移源对象后将其删除。

【图层（L）】：确定将偏移对象创建在当前图层上还是源对象所在的图层上。

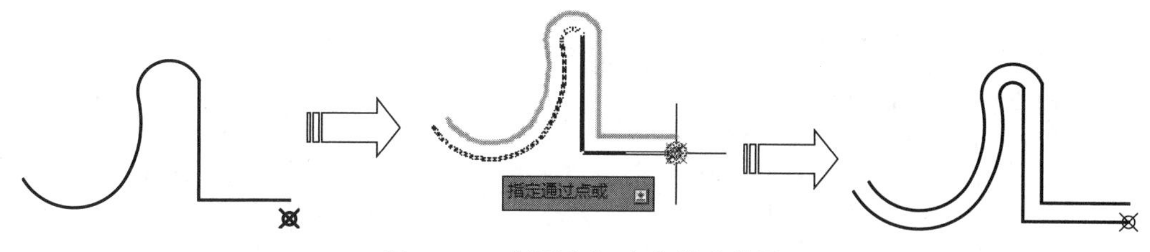

图 3-170 【通过（T）】偏移效果

3.15.3 镜像对象

【镜像】命令是指将图形绕指定轴（镜像线）镜像复制，常用于绘制结构规则且有对称特点的图形，如图 3-171 所示。AutoCAD 2022 通过指定临时镜像线镜像对象，镜像时可选择删除或保留原对象。

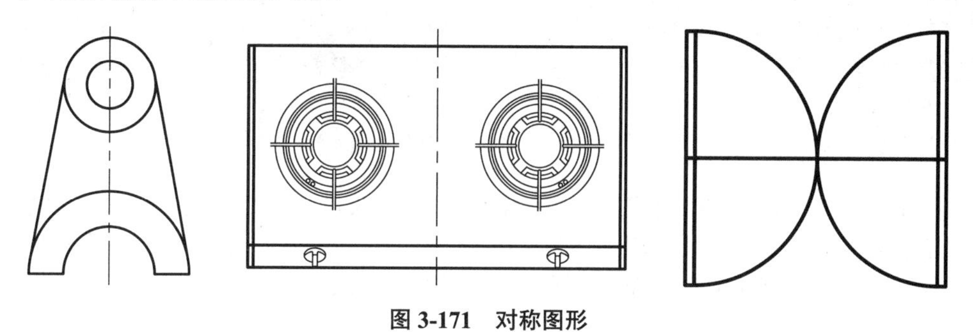

图 3-171 对称图形

在 AutoCAD 2022 中【镜像】命令的调用方法如下。

（1）功能区：单击【修改】面板中的【镜像】按钮，如图 3-172 所示。

（2）菜单栏：执行【修改】|【镜像】命令，如图 3-173 所示。

（3）命令行：MIRROR 或 MI。

在命令执行过程中，需要确定镜像复制的对象和对称轴。对称轴可以是任意方向的，所选对象将根据该轴线进行对称复制，并且可以选择删除或保留源对象。在实际工程设计中，许多对象都为对称形式，如果绘制了这些图例的一半，就可以通过【镜像】命令迅速得到另一半，如图 3-174 所示。

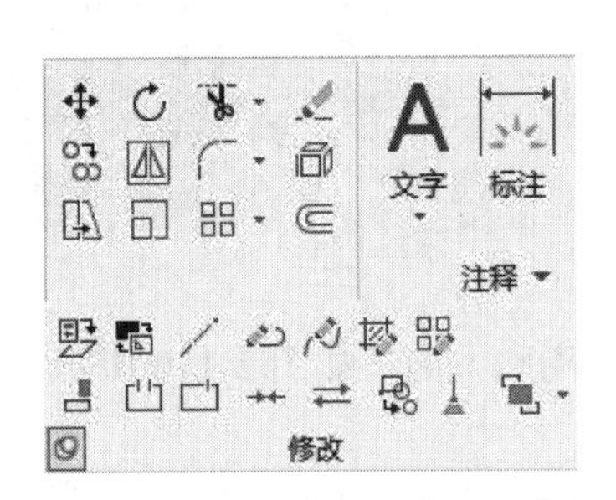

图 3-172 【功能区】调用【镜像】命令

图 3-173 【菜单栏】调用【镜像】命令

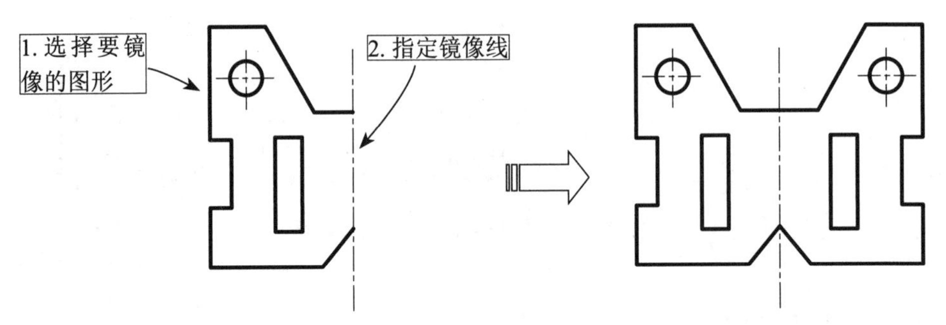

图 3-174 镜像图形

调用【镜像】命令，命令行提示如下。

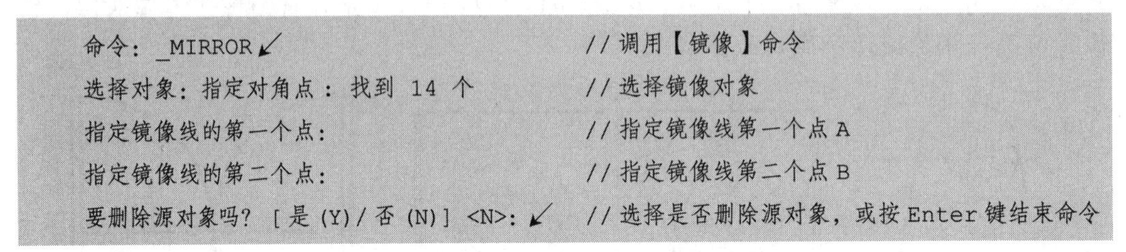

```
命令: _MIRROR↙                                  // 调用【镜像】命令
选择对象: 指定对角点 : 找到 14 个                 // 选择镜像对象
指定镜像线的第一个点:                             // 指定镜像线第一个点 A
指定镜像线的第二个点:                             // 指定镜像线第二个点 B
要删除源对象吗? [是(Y)/否(N)] <N>: ↙             // 选择是否删除源对象，或按 Enter 键结束命令
```

操作技巧：如果是水平或者竖直方向镜像图形，可以使用【正交】功能快速指定镜像轴。

镜像操作十分简单，命令行中的子选项不多，只有在结束命令前可选择是否删除源对象。如果选择【是】，则删除选择的镜像图形，效果如图 3-175 所示。

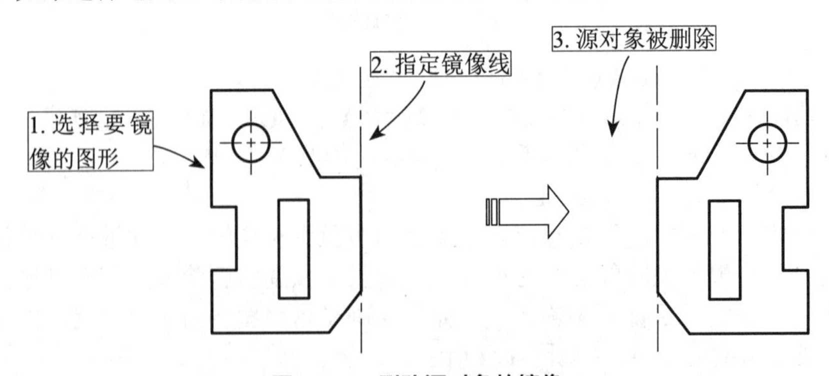

图 3-175 删除源对象的镜像

3.15.4　图形阵列类

【复制】【镜像】和【偏移】等命令，一次只能复制得到一个对象副本。如果想要按照一定规律大量复制图形，可以使用 AutoCAD 2022 提供的【阵列】命令。【阵列】是一个功能强大的多重复制命令，它可以一次将选择的对象复制多个并按指定的规律进行排列。

在 AutoCAD 2022 中，提供了 3 种阵列方式：矩形阵列、极轴（即环形）阵列、路径阵列，可以按照矩形、环形（极轴）和路径的方式，以定义的距离、角度和路径复制出源对象的多个对象副本，如图 3-176 所示。

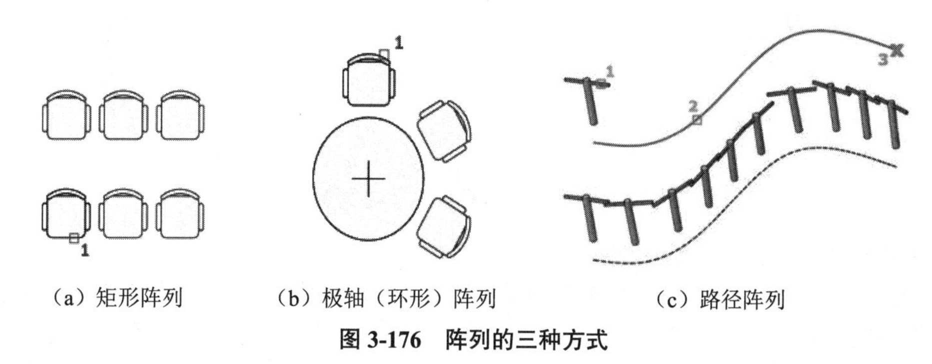

（a）矩形阵列　（b）极轴（环形）阵列　（c）路径阵列

图 3-176　阵列的三种方式

1. 矩形阵列

矩形阵列就是将图形呈行列类进行排列，如园林平面图中的道路绿化、建筑立面图的窗格、规律摆放的桌椅等。调用【阵列】命令的方法如下。

（1）功能区：在【默认】选项卡中，单击【修改】面板中的【矩形阵列】按钮，如图 3-177 所示。

（2）菜单栏：执行【修改】|【阵列】|【矩形阵列】命令，如图 3-178 所示。

（3）命令行：ARRAYRECT。

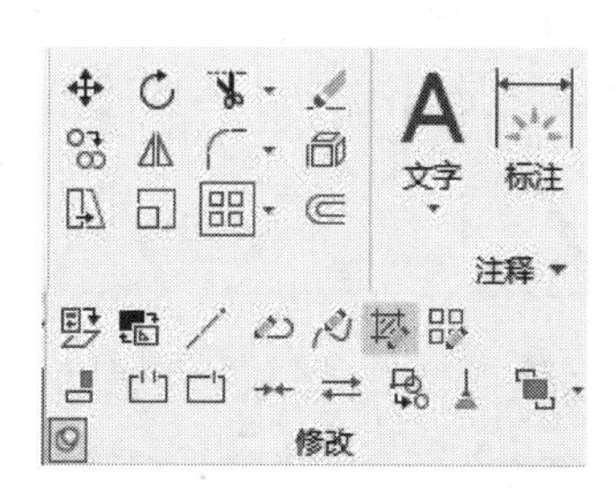

图 3-177　【功能区】调用【矩形阵列】命令　图 3-178　【菜单栏】调用【矩形阵列】命令

使用矩形阵列需要设置的参数有阵列的【源对象】【行】和【列】的数目、【行距】和【列距】。行和列的数目决定了需要复制的图形对象有多少个。

调用【阵列】命令，功能区显示矩形方式下的【阵列创建】选项卡，如图 3-179

所示，命令行提示如下。

```
命令：_arrayrect                                    // 调用【矩形阵列】命令
选择对象：找到 1 个                                  // 选择要阵列的对象
类型 = 矩形  关联 = 是                               // 显示当前的阵列设置
选择夹点以编辑阵列或 [关联(AS)/基点(B)/计数(COU)/间距(S)/列数(COL)/行数(R)/
层数(L)/退出(X)]:↙                                  // 设置阵列参数，按 Enter 键退出
```

图 3-179 【阵列创建】选项卡

命令行中主要选项介绍如下。

【关联（AS）】：指定阵列中的对象是关联的还是独立的。选择【是】，则单个阵列对象中的所有阵列项目都关联，类似于块，更改源对象则所有项目都会更改；选择【否】，则创建的阵列项目均作为独立对象，更改一个项目不影响其他项目，【阵列创建】选项卡中的【关联】按钮亮显则为【是】，反之为【否】，如图 3-180 所示。

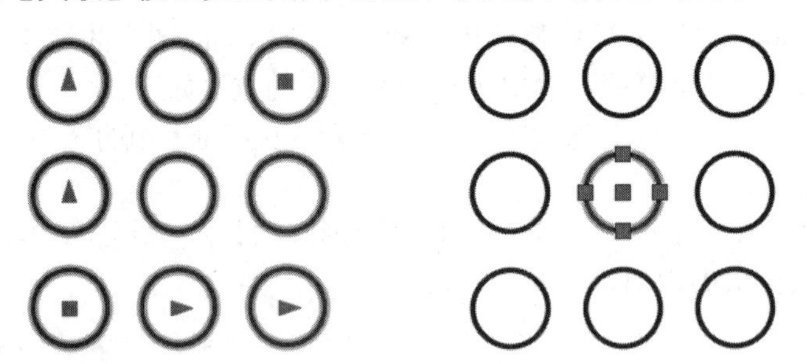

（a）选择【是】：所有对象关联　　（b）选择【否】：所有对象独立

图 3-180 阵列的关联效果

【基点（B）】：定义阵列基点和基点夹点的位置，默认为质心，如图 3-181 所示。该选项只有在启用【关联】时才有效。效果同【阵列创建】选项卡中的【基点】按钮。

（a）默认为质心处　　（b）其余位置

图 3-181 不同的基点效果

【计数（COU）】：可指定行数和列数，并使用户在移动光标时可以动态观察阵列结果，如图 3-182 所示。效果同【阵列创建】选项卡中的【列数】【行数】文本框。

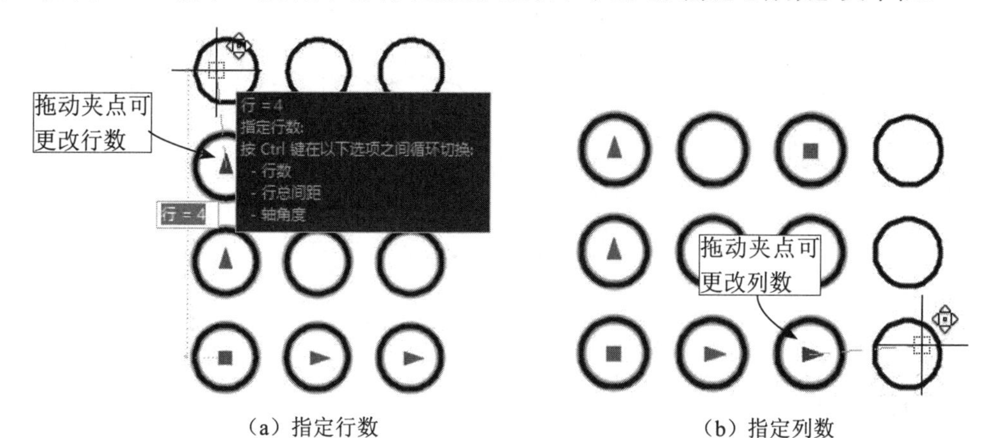

（a）指定行数　　（b）指定列数

图 3-182　更改阵列的行数与列数

操作技巧：在矩形阵列的过程中，如果希望阵列的图形往相反的方向复制，在列数或行数前面加“-”符号即可，也可以向反方向拖动夹点。

【间距（S）】：指定行间距和列间距并使用户在移动光标时可以动态观察结果，如图 3-183 所示。效果同【阵列创建】选项卡中的两个【介于】文本框。

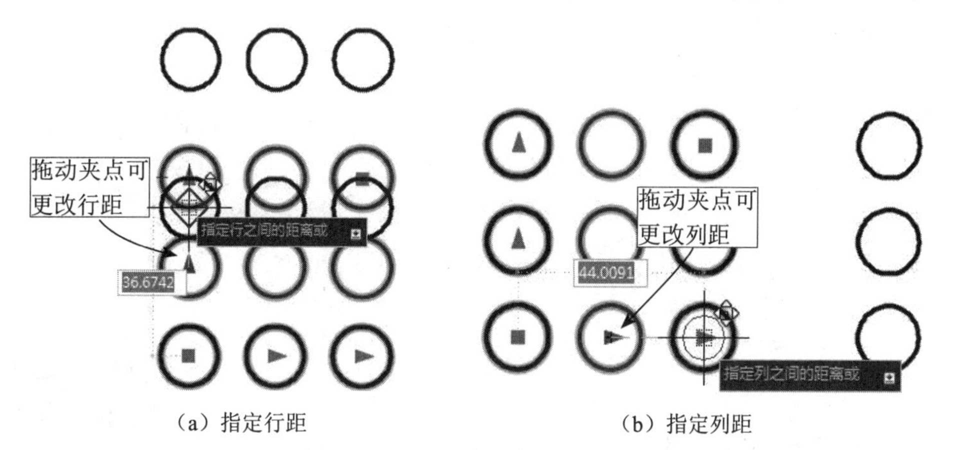

（a）指定行距　　（b）指定列距

图 3-183　更改阵列的行距与列距

【列数（COL）】：依次编辑列数和列间距，效果同【阵列创建】选项卡中的【列】面板。

【行数（R）】：依次指定阵列中的行数、行间距以及行之间的增量标高。如图 3-184 所示即为【增量标高】为 10 的效果。

【层数（L）】：指定三维阵列的层数和层间距，效果同【阵列创建】选项卡中的【层级】面板，二维情况下无须设置。

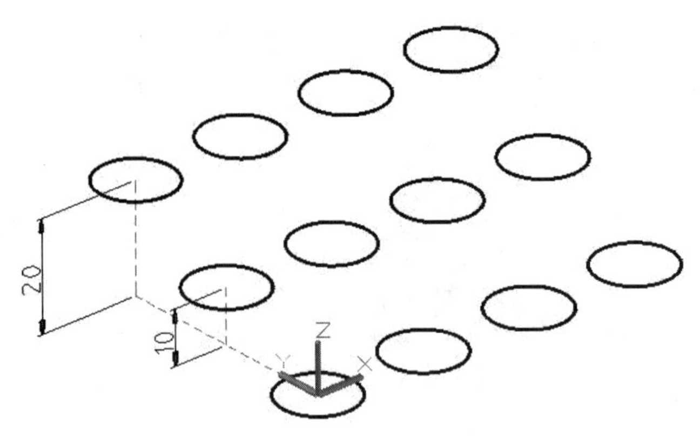

图 3-184　阵列的增量标高效果

2. 路径阵列

路径阵列可沿曲线（可以是直线、多段线、三维多段线、样条曲线、螺旋、圆弧、圆或椭圆）阵列复制图形，通过设置不同的基点，能得到不同的阵列结果。在园林设计中，使用路径阵列可快速复制园路与街道旁的树木，或者草地中的汀步图形。

调用【路径阵列】命令的方法如下。

（1）功能区：在【默认】选项卡中，单击【修改】面板中的【路径阵列】按钮，如图 3-185 所示。

（2）菜单栏：执行【修改】|【阵列】|【路径阵列】命令，如图 3-186 所示。

（3）命令行：ARRAYPATH。

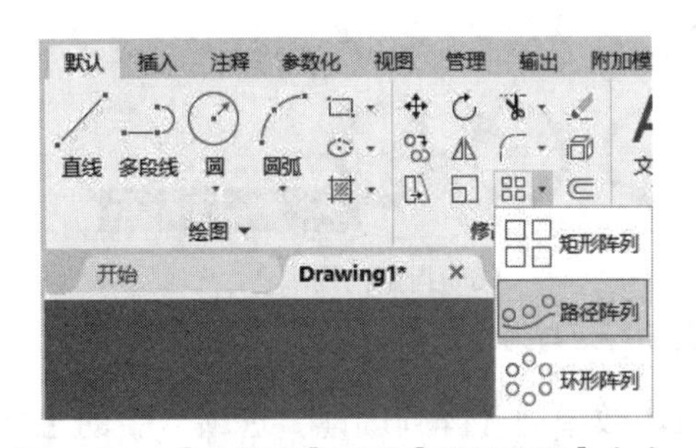

图 3-185　【功能区】调用【路径阵列】命令

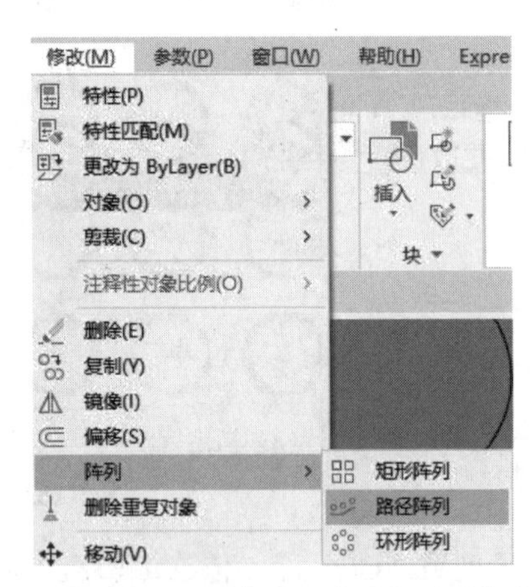

图 3-186　【菜单栏】调用【路径阵列】命令

路径阵列需要设置的参数有【阵列路径】【阵列对象】和【阵列数量】【方向】等。调用【阵列】命令，功能区显示路径方式下的【阵列创建】选项卡，如图 3-187 所示，命令行提示如下。

```
命令: _arraypath                                    //调用【路径阵列】命令
选择对象: 找到 1 个                                  //选择要阵列的对象
选择对象:
类型 = 路径  关联 = 是                               //显示当前的阵列设置
选择路径曲线:                                        //选取阵列路径
选择夹点以编辑阵列或 [关联(AS)/方法(M)/基点(B)/切向(T)/项目(I)/行(R)/层
(L)/对齐项目(A)/Z 方向(Z)/退出(X)] <退出>: ↙          //设置阵列参数，按Enter键退出
```

图 3-187 【阵列创建】选项卡

命令行中主要选项介绍如下。

【关联(AS)】：与【矩形阵列】中的【关联】选项相同，这里不重复讲解。

【方法(M)】：控制如何沿路径分布项目，有【定数等分(D)】和【定距等分(M)】两种方式。

【基点(B)】：定义阵列的基点。路径阵列中的项目相对于基点放置，选择不同的基点，进行路径阵列的效果也不同，如图 3-188 所示。效果同【阵列创建】选项卡中的【基点】按钮。

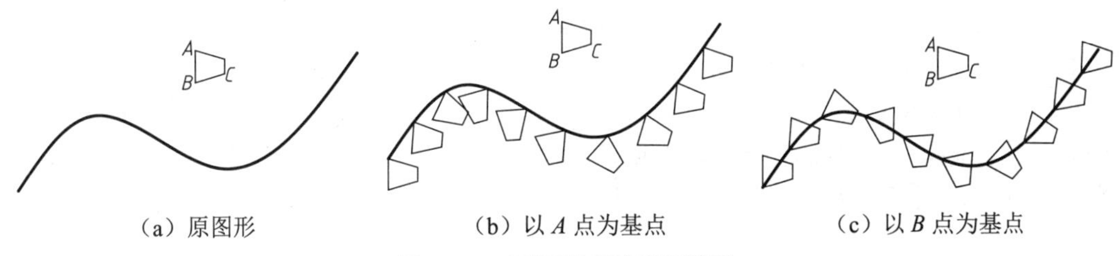

(a) 原图形　(b) 以 A 点为基点　(c) 以 B 点为基点

图 3-188 不同基点的路径阵列

【切向(T)】：指定阵列中的项目如何相对于路径的起始方向对齐，不同基点、切向的阵列效果如图 3-189 所示。效果同【阵列创建】选项卡中的【切线方向】按钮。

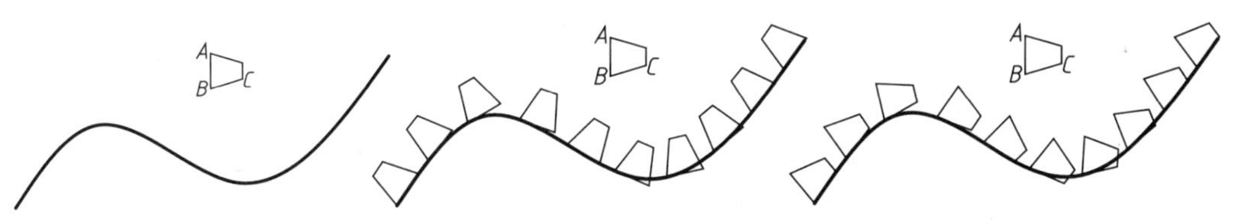

(a) 原图形　(b) 以 A 点为基点，AB 为方向矢量　(c) 以 B 点为基点，BC 为方向矢量

图 3-189 不同基点、切向的路径阵列

【项目(I)】：根据【方法】设置，指定项目数（方法为定数等分）或项目之间的距离（方法为定距等分），如图 3-190 所示。效果同【阵列创建】选项卡中的【项目】

面板。

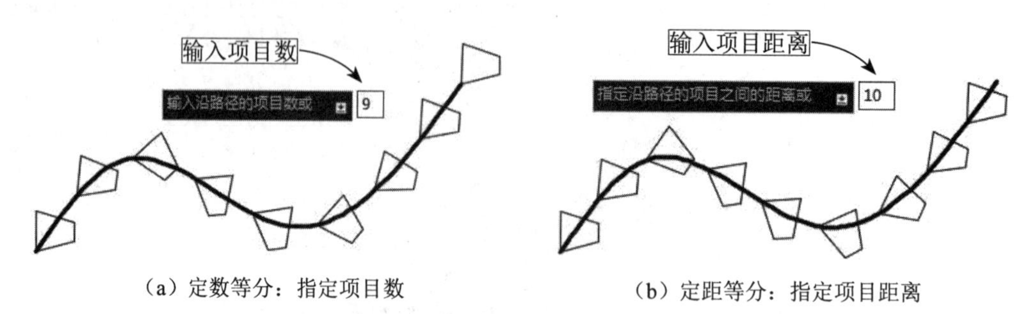

（a）定数等分：指定项目数　　（b）定距等分：指定项目距离

图 3-190　根据所选方法输入阵列的项目数

【行（R）】：指定阵列中的行数、它们之间的距离以及行之间的增量标高，如图 3-191 所示。效果同【阵列创建】选项卡中的【行】面板。

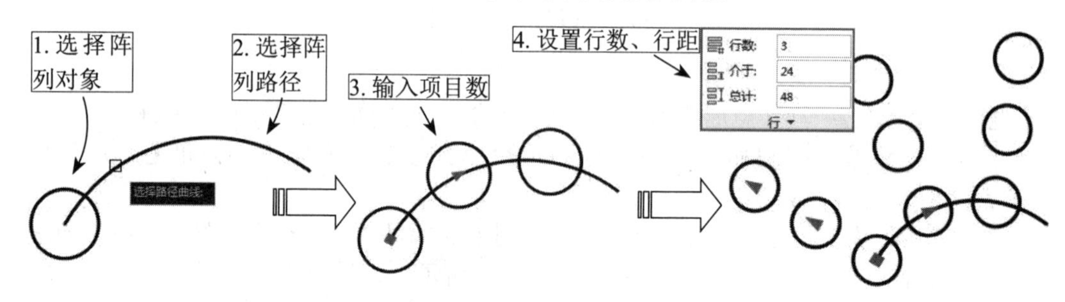

图 3-191　路径阵列的【行】效果

【层（L）】：指定三维阵列的层数和层间距，效果同【阵列创建】选项卡中的【层级】面板，二维情况下无须设置。

【对齐项目（A）】：指定是否对齐每个项目以与路径的方向相切，对齐相对于第一个项目的方向，效果对比如图 3-192 所示。【阵列创建】选项卡中的【对齐项目】按钮亮显则开启，反之关闭。

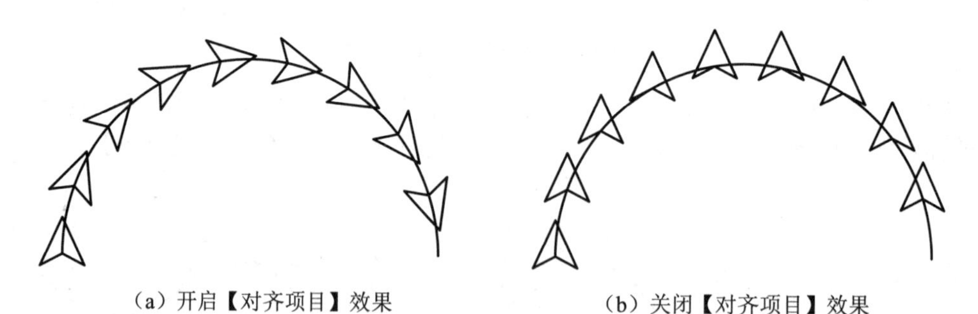

（a）开启【对齐项目】效果　　（b）关闭【对齐项目】效果

图 3-192　对齐项目效果

【Z 方向（Z）】：控制是否保持项目的原始 Z 方向或沿三维路径自然倾斜项目。

3. 环形阵列

【环形阵列】即极轴阵列，是以某一点为中心点进行环形复制，阵列结果是使阵列对象沿中心点的四周均匀排列成环形。调用【极轴阵列】命令的方法如下。

（1）功能区：在【默认】选项卡中，单击【修改】面板中的【环形阵列】按钮，如图 3-193 所示。

（2）菜单栏：执行【修改】|【阵列】|【环形阵列】命令，如图 3-194 所示。

（3）命令行：ARRAYPOLAR。

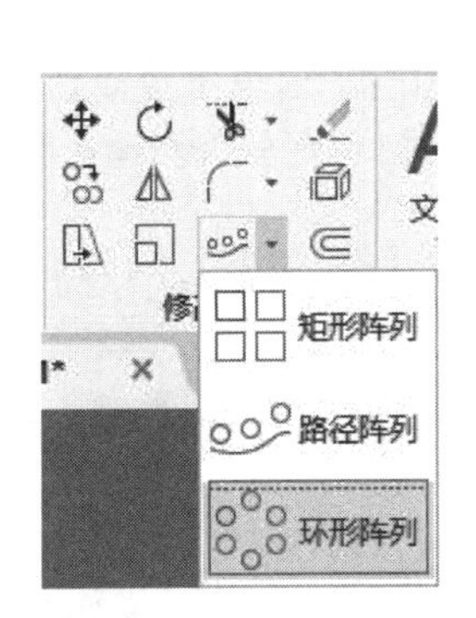

图 3-193 功能区调用【环形阵列】命令

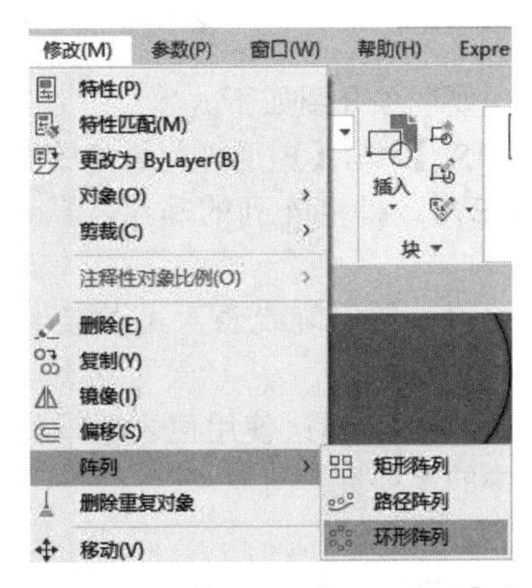

图 3-194 菜单栏调用【环形阵列】命令

【环形阵列】需要设置的参数有阵列的【源对象】【项目总数】【中心点位置】和【填充角度】。填充角度是指全部项目排成的环形所占有的角度。例如，对于 360° 填充，所有项目将排满一圈，如图 3-195 所示；对于 240° 填充，所有项目只排满三分之一圈，如图 3-196 所示。

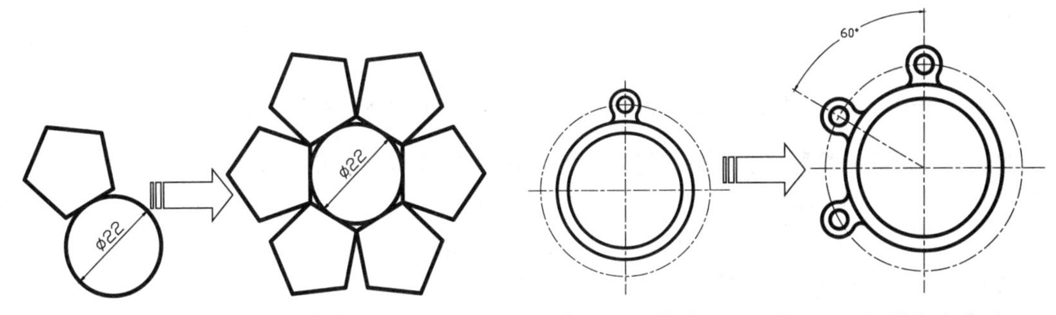

图 3-195 指定项目总数和填充角度阵列

图 3-196 指定项目总数和项目间的角度阵列

调用【阵列】命令，功能区面板显示【阵列创建】选项卡，如图 3-197 所示，命令行提示如下。

```
命令: _arraypolar                                    //调用【环形阵列】命令
选择对象: 找到 1 个                                   //选择阵列对象
选择对象:
类型 = 极轴  关联 = 是                                //显示当前的阵列设置
指定阵列的中心点或 [基点(B)/旋转轴(A)]:                //指定阵列中心点
选择夹点以编辑阵列或 [关联(AS)/基点(B)/项目(I)/项目间角度(A)/填充角度(F)/行
(ROW)/层(L)/旋转项目(ROT)/退出(X)] <退出>: ↙          //设置阵列参数并按 Enter 键退出
```

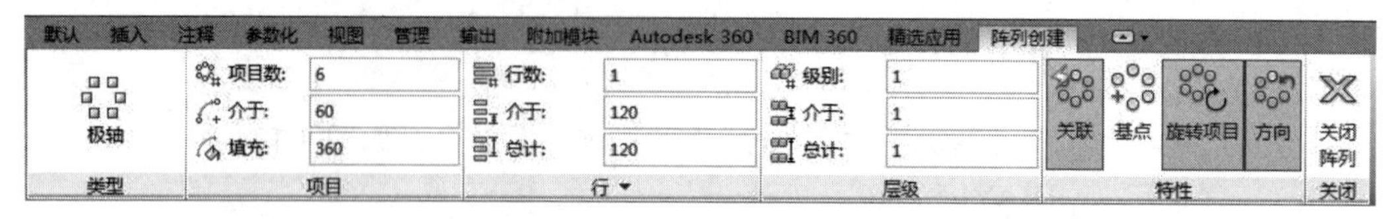

图 3-197 【阵列创建】选项卡

命令行主要选项介绍如下。

【关联（AS）】：与【矩形阵列】中的【关联】选项相同，这里不重复讲解。

【基点（B）】：指定阵列的基点，默认为质心，效果同【阵列创建】选项卡中的【基点】按钮。

【项目（I）】：使用值或表达式指定阵列中的项目数，默认为360° 填充下的项目数，如图 3-198 所示。

【项目间角度（A）】：使用值表示项目之间的角度，如图 3-199 所示。同【阵列创建】选项卡中的【项目】面板。

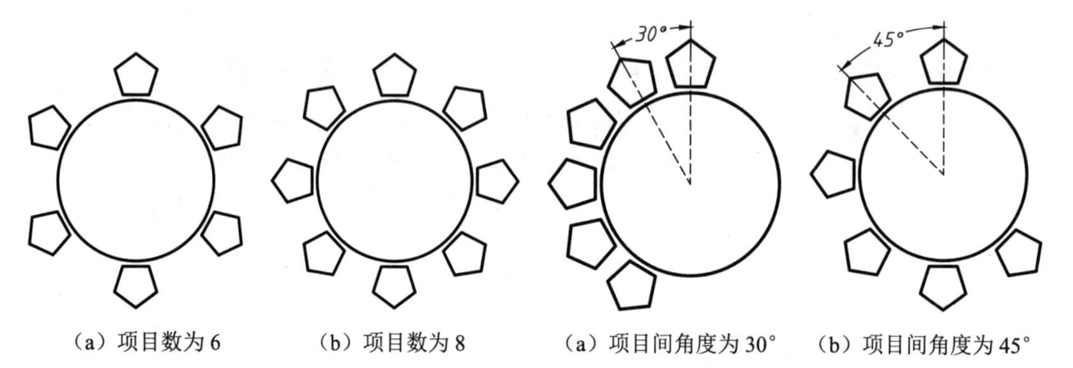

（a）项目数为 6　　（b）项目数为 8

图 3-198 不同的项目数效果

（a）项目间角度为 30°　　（b）项目间角度为 45°

图 3-199 不同的项目间角度效果

【填充角度（F）】：使用值或表达式指定阵列中第一个和最后一个项目之间的角度，即环形阵列的总角度。

【行（ROW）】：指定阵列中的行数、它们之间的距离以及行之间的增量标高，效果与【路径阵列】中的【行（R）】选项一致，在此不重复讲解。

【层（L）】：指定三维阵列的层数和层间距，效果同【阵列创建】选项卡中的【层级】面板，二维情况下无须设置。

【旋转项目（ROT）】：控制在阵列项时是否旋转项，效果对比如图 3-200 所示。【阵列创建】选项卡中的【旋转项目】按钮亮显则开启，反之关闭。

（a）开启【旋转项目】效果

（b）关闭【旋转项目】效果

图 3-200 旋转项目效果

3.16 移动、旋转和缩放图形

在绘图的过程中，可能要对某一图元进行移动、旋转或拉伸等操作来辅助绘图，因此操作类命令也是使用极为频繁的一类编辑命令。

3.16.1 移动对象

【移动】命令是将图形从一个位置平移到另一位置，移动过程中，图形的大小、形状和倾斜角度均不改变。在调用命令的过程中，需要确定的参数有需要移动的对象、移动基点和第二点。【移动】命令有以下几种调用方法。

（1）功能区：单击【修改】面板中的【移动】按钮✥，如图3-201所示。

（2）菜单栏：执行【修改】|【移动】命令，如图3-202所示。

（3）命令行：MOVE或M。

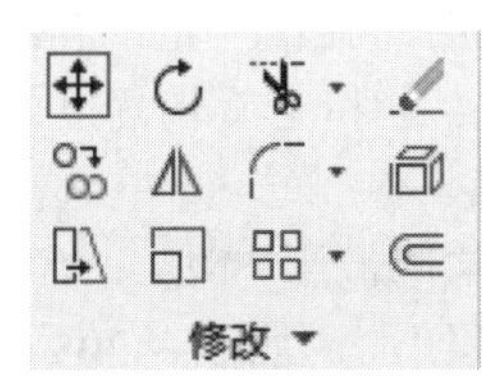

图3-201 【修改】面板中的【移动】按钮

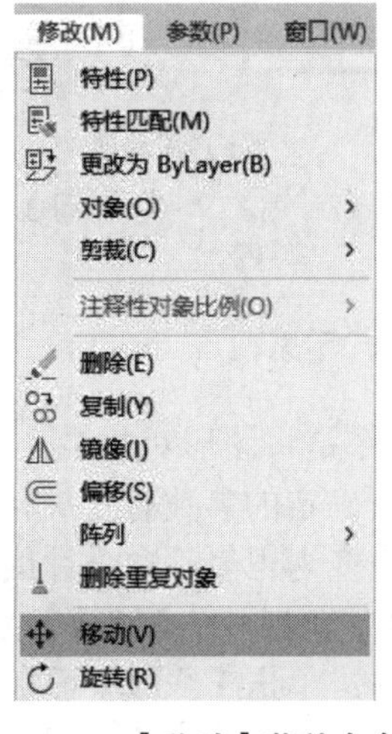

图3-202 【移动】菜单命令

调用【移动】命令后，根据命令行提示，在绘图区中拾取需要移动的对象后单击右键确定，然后拾取移动基点，最后指定第二个点（目标点）即可完成移动操作，如图3-203所示。命令行操作如下。

```
命令：_move                                    //执行【移动】命令
选择对象：找到 1 个                             //选择要移动的对象
指定基点或 [位移(D)] <位移>:                    //选择移动的参考点
指定第二个点或 <使用第一个点作为位移>:           //选择目标点，放置图形
```

执行【移动】命令时，命令行中只有一个子选项【位移（D）】，该选项可以输入坐标以表示矢量。输入的坐标值将指定相对距离和方向，如图3-204所示为输入坐标（500，100）的位移结果。

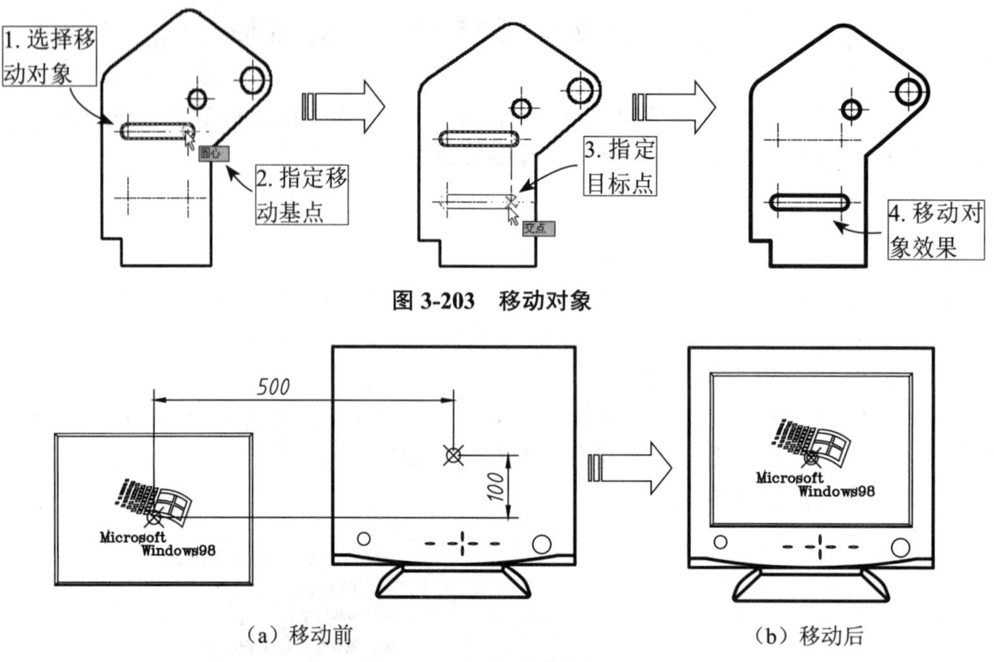

图 3-203　移动对象

（a）移动前　（b）移动后

图 3-204　位移移动效果图

3.16.2　旋转对象

【旋转】命令是将图形对象绕一个固定的点（基点）旋转一定的角度。在调用命令的过程中，需要确定的参数有【旋转对象】【旋转基点】和【旋转角度】。默认情况下，逆时针旋转的角度为正值，顺时针旋转的角度为负值。

在 AutoCAD 2022 中，【旋转】命令有以下几种常用调用方法。

（1）功能区：单击【修改】面板中的【旋转】按钮，如图 3-205 所示。

（2）菜单栏：执行【修改】|【旋转】命令，如图 3-206 所示。

（3）命令行：ROTATE 或 RO。

图 3-205　【修改】面板中的【旋转】按钮

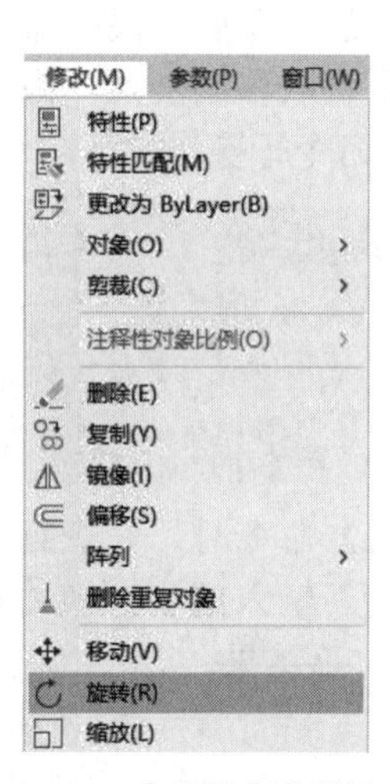

图 3-206　【旋转】菜单命令

按上述方法执行【旋转】命令后，命令行提示如下。

```
命令： ROTATE                                          //执行【旋转】命令
UCS 当前的正角方向： ANGDIR=逆时针  ANGBASE=0          //当前的角度测量方式和基准
选择对象：找到 1 个                                    //选择要旋转的对象
指定基点：                                            //指定旋转的基点
指定旋转角度，或 [复制(C)/参照(R)] <0>:  45             //输入旋转的角度
```

在命令行提示“指定旋转角度”时，除了默认的旋转方法，还有【复制（C）】和【参照（R）】两种旋转，分别介绍如下。

默认旋转：利用该方法旋转图形时，源对象将按指定的旋转中心和旋转角度旋转至新位置，不保留对象的原始副本。执行上述任一命令后，选取旋转对象，然后指定旋转中心，根据命令行提示输入旋转角度，按 Enter 键即可完成旋转对象操作，如图 3-207 所示。

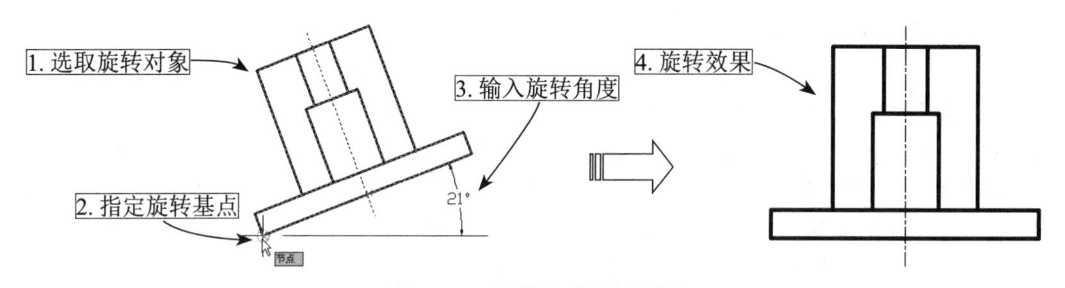

图 3-207　默认方式旋转图形

【复制（C）】：使用该旋转方法进行对象的旋转时，不仅可以将对象的放置方向调整一定的角度，还能保留源对象。执行【旋转】命令后，选择旋转对象，然后指定旋转中心，在命令行中激活【复制（C）】子选项，并指定旋转角度，按 Enter 键退出操作，如图 3-208 所示。

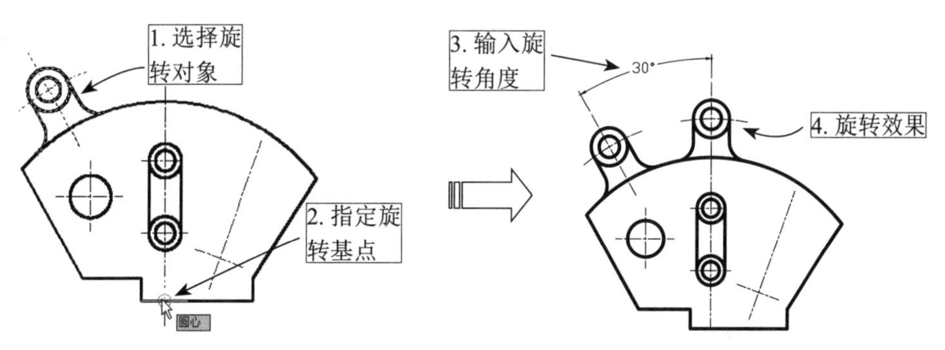

图 3-208　【复制（C）】旋转对象

【参照（R）】：可以将对象从指定的角度旋转到新的绝对角度，特别适合于旋转那些角度值为非整数或未知的对象。执行【旋转】命令后，选择旋转对象然后指定旋转中心，在命令行中激活【参照（R）】子选项，再指定参照第一点、参照第二点，这两点的连线与 X 轴的夹角即为参照角，接着移动鼠标即可指定新的旋转角度，如

图 3-209 所示。

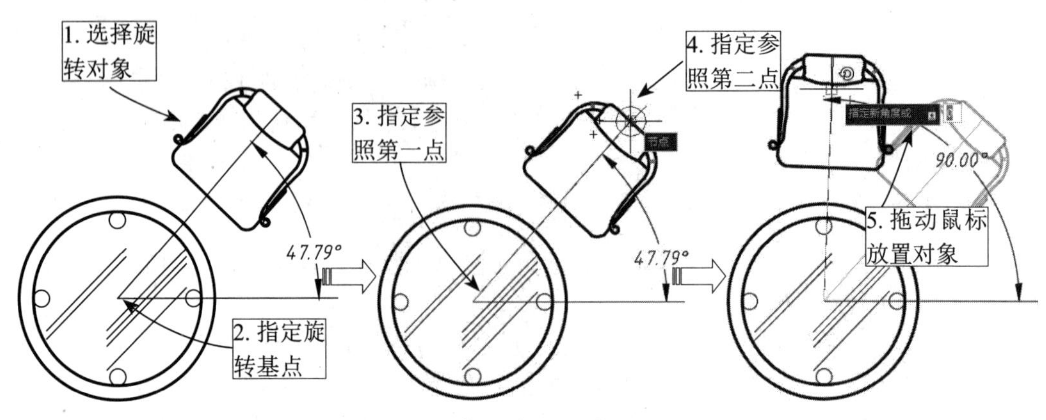

图 3-209 【参照（R）】旋转对象

3.16.3 缩放对象

利用【缩放】工具可以将图形对象以指定的缩放基点为缩放参照，放大或缩小一定比例，创建出与源对象成一定比例且形状相同的新图形对象。在命令执行过程中，需要确定的参数有【缩放对象】【基点】和【比例因子】。比例因子也就是缩小或放大的比例值，比例因子大于 1 时，缩放结果是使图形变大，反之则使图形变小。

在 AutoCAD 2022 中，【缩放】命令有以下几种调用方法。

（1）功能区：单击【修改】面板中的【缩放】按钮，如图 3-210 所示。

（2）菜单栏：执行【修改】|【缩放】命令，如图 3-211 所示。

（3）命令行：SCALE 或 SC。

图 3-210 【修改】面板中的【缩放】按钮

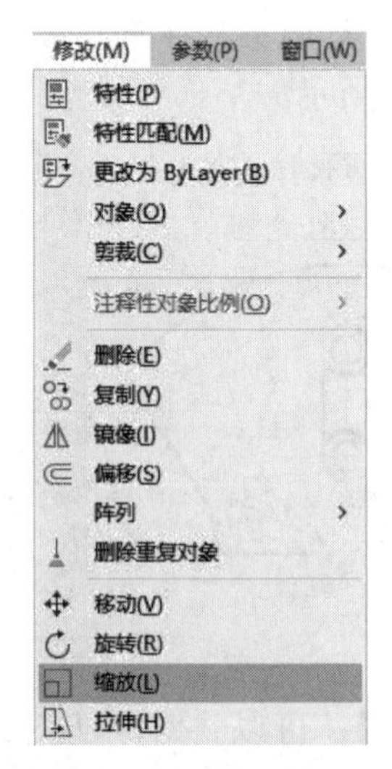

图 3-211 【缩放】菜单命令

执行以上任一方式启用【缩放】命令后，命令行操作提示如下。

```
命令：_scale                                    //执行【缩放】命令
选择对象：找到 1 个                              //选择要缩放的对象
指定基点：                                      //选择缩放的基点
指定比例因子或 [复制(C)/参照(R)]: 2              //输入比例因子
```

【缩放】命令与【旋转】差不多，除了默认的操作之外，同样有【复制（C)】和【参照（R)】两个子选项，介绍如下。

默认缩放：指定基点后直接输入比例因子进行缩放，不保留对象的原始副本，如图 3-212 所示。

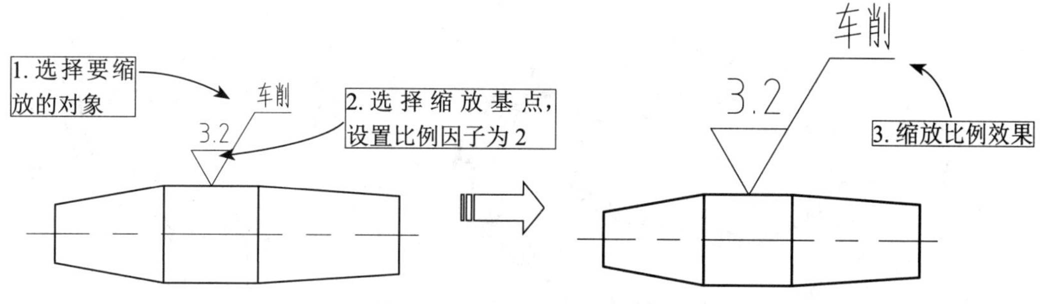

图 3-212　默认方式缩放图形

【复制（C)】：在命令行输入 c，选择该选项进行缩放后可以在缩放时保留源图形，如图 3-213 所示。

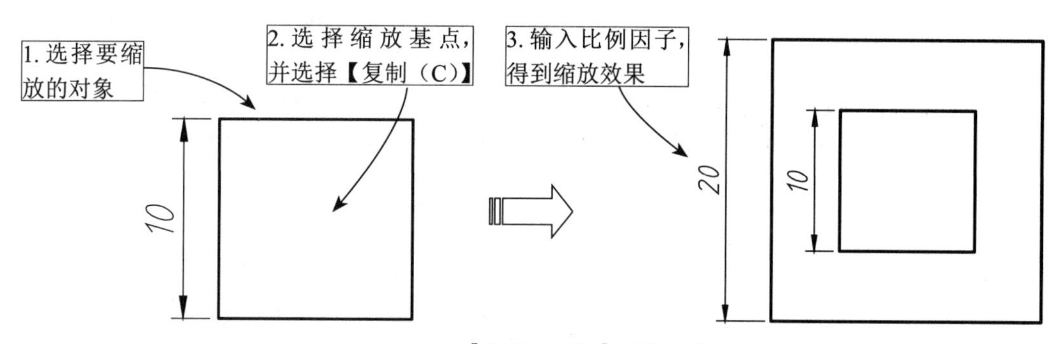

图 3-213　【复制（C）】缩放图形

【参照（R)】：如果选择该选项，则命令行会提示用户需要输入【参照长度】和【新长度】数值，由系统自动计算出两长度之间的比例数值，从而定义出图形的缩放因子，对图形进行缩放操作，如图 3-214 所示。

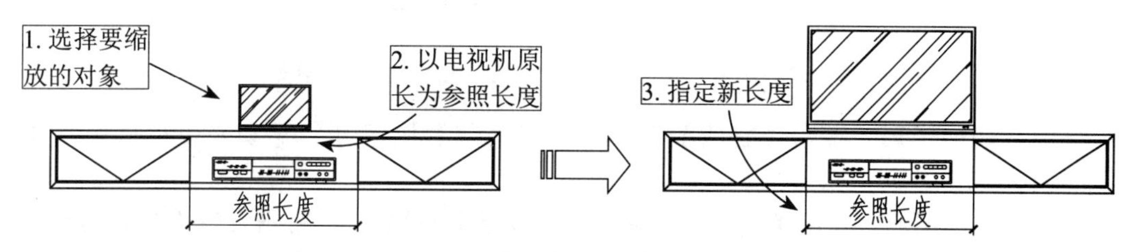

图 3-214　【参照（R）】缩放图形

3.17 课堂练习：绘制挡圈图形

弹性挡圈分为轴用与孔用两种，如图 3-215 所示，都是用来紧固在轴或孔上的圈形机件，可以防止装在轴或孔上其他零件的窜动。弹性挡圈的应用非常广泛，在各种工程机械与农业机械上都很常见。弹性挡圈通常采用 65Mn 板料冲切制成，截面呈矩形。

弹性挡圈的规格与安装槽标准可参阅 GB/T 893（孔用）与 GB/T 894（轴用），本例便利用【偏移】命令绘制如图 3-216 所示的轴用弹性挡圈。

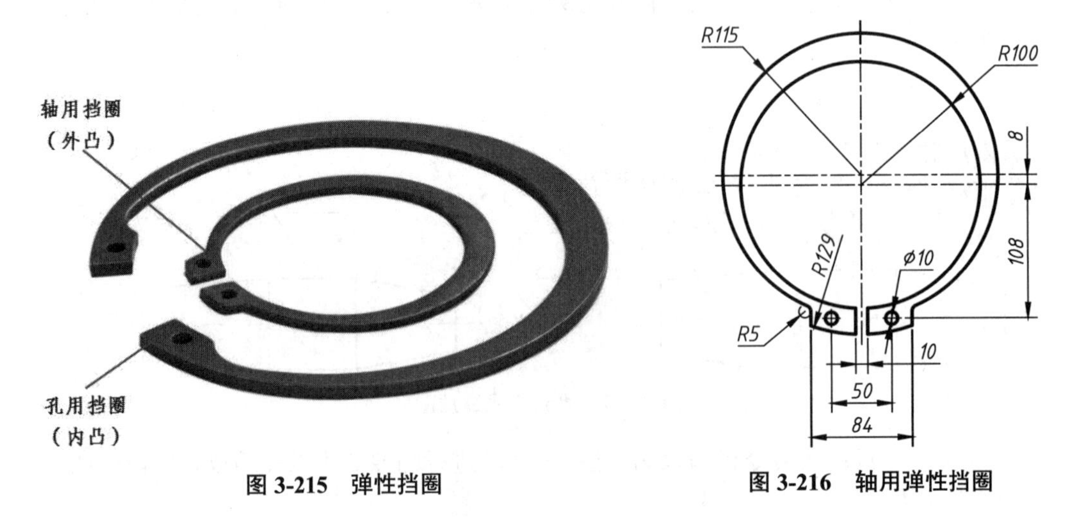

图 3-215 弹性挡圈　　图 3-216 轴用弹性挡圈

（1）打开素材文件“第 3 章\3.17 课堂练习：绘制挡圈图形 .dwg”，素材图形如图 3-217 所示，已经绘制好了 3 条中心线。

（2）绘制圆弧。单击【绘图】面板中的【圆】按钮，分别在上方的中心线交点处绘制半径为 115、129 的圆，下方的中心线交点处绘制半径为 100 的圆，结果如图 3-218 所示。

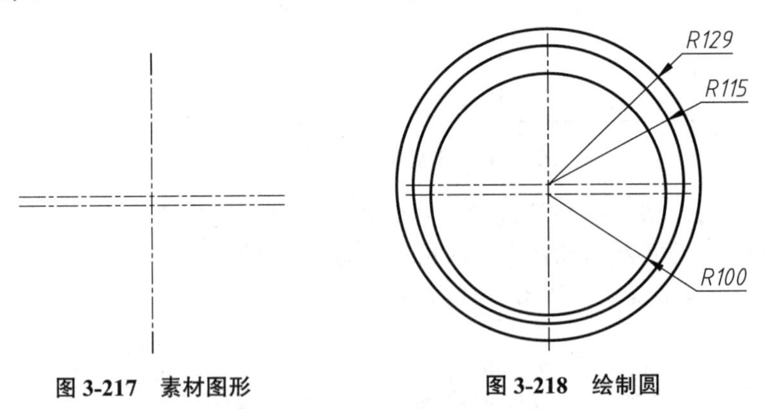

图 3-217 素材图形　　图 3-218 绘制圆

（3）修剪图形。单击【修改】面板中的【修剪】按钮，修剪左侧的圆弧，如图 3-219 所示。

（4）偏移图形。单击【修改】面板中的【偏移】按钮，将垂直中心线分别向右偏移 5、42，结果如图 3-220 所示。

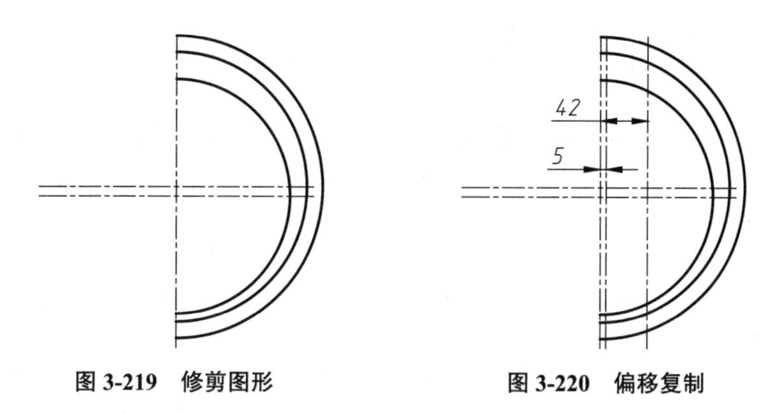

图 3-219　修剪图形　　　图 3-220　偏移复制

（5）绘制直线。单击【绘图】面板中的【直线】按钮，绘制直线，删除辅助线，结果如图 3-221 所示。

（6）偏移中心线。单击【修改】面板中的【偏移】按钮，将竖直中心线向右偏移 25，将下方的水平中心线向下偏移 108，如图 3-222 所示。

（7）绘制圆。单击【绘图】面板中的【圆】按钮，在偏移出的辅助中心线交点处绘制直径为 10 的圆，如图 3-223 所示。

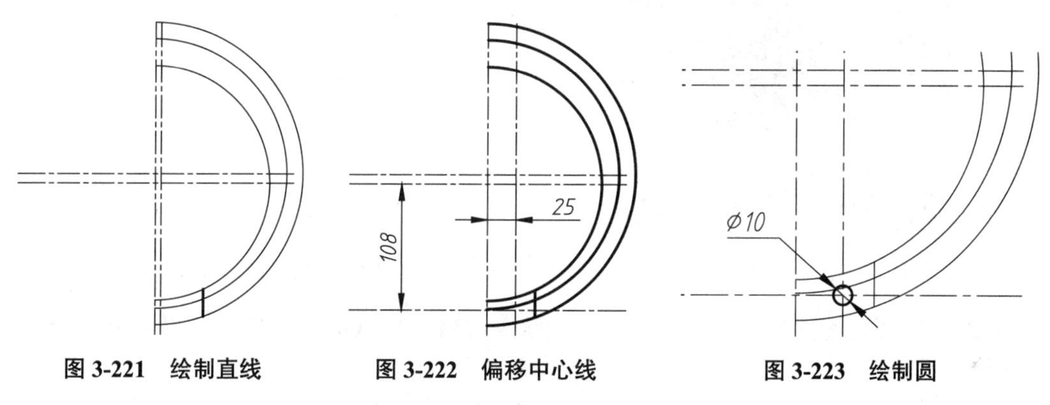

图 3-221　绘制直线　　　图 3-222　偏移中心线　　　图 3-223　绘制圆

（8）修剪图形。单击【修改】面板中的【修剪】按钮，修剪出右侧图形，如图 3-224 所示。

（9）镜像图形。单击【修改】面板中的【镜像】按钮，以垂直中心线作为镜像线，镜像图形，结果如图 3-225 所示。

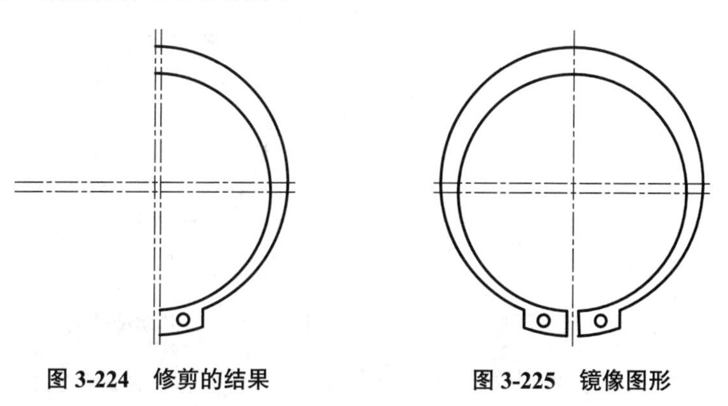

图 3-224　修剪的结果　　　图 3-225　镜像图形

3.18 课堂练习：绘制六角螺母

六角螺母与螺栓、螺钉配合使用，起连接紧固机件作用，如图 3-226 所示。其中，1 型六角螺母应用最广，包括 A、B、C 这 3 种级别。C 级螺母用于表面比较粗糙、对精度要求不高的机器、设备或结构上；A 级和 B 级螺母用于表面比较光洁、对精度要求较高的机器、设备或结构上。2 型六角螺母的厚度 *M* 较大，多用于需要经常装拆的场合；六角薄螺母的厚度 *M* 较小，多用于表面空间受限制的零件。

六角螺母作为一种标准件，有规定的形状和尺寸关系，如图 3-227 所示为六角螺母的尺寸参数标准，随着机械行业的发展，标准也处于不断变化中。

由于螺母有成熟的标准体系，因此只需写明对应的国标号与螺纹的公称直径大小，就可以准确地指定某种螺钉。如装配图明细表中写明“M10A—GB/T 6170”，就可知表示的是“1 型六角螺母，螺纹公称直径为 M10，性能等级 A 级”。

图 3-226　六角螺母

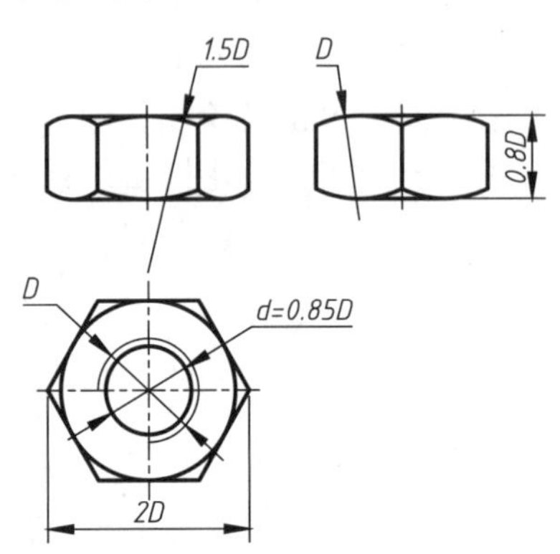

图 3-227　六角螺母的尺寸参数

本案例便按图 3-227 中的参数，绘制这一“M10A—GB/T 6170”六角螺母。具体步骤如下。

（1）打开素材文件“第 3 章 \3.18 课堂练习：绘制六角螺母 .dwg”，如图 3-228 所示，已经绘制好了对应的中心线。

（2）切换到【轮廓线】图层，执行 C【圆】和 POL【正多边形】命令，在交叉的中心线上绘制俯视图，如图 3-229 所示。

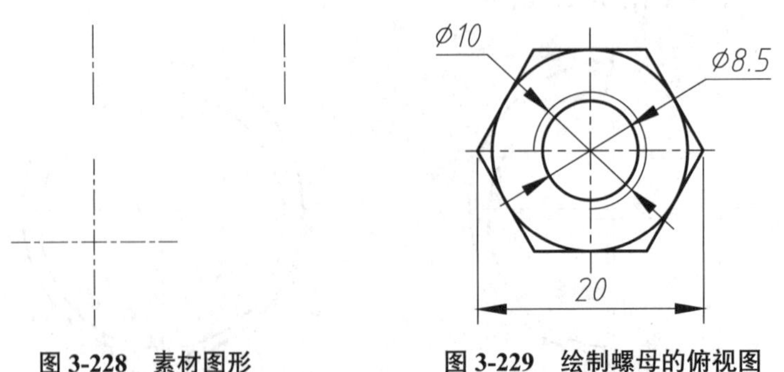

图 3-228　素材图形　　图 3-229　绘制螺母的俯视图

（3）根据三视图基本准则“长对正、高齐平、宽相等”绘制主视图和左视图轮廓线，如图 3-230 所示。

（4）执行 C【圆】命令，绘制与直线 *AB* 相切、半径为 15 的圆，绘制与直线 *CD* 相切、半径为 10 的圆；再执行 TR【修剪】命令，修剪图形，结果如图 3-231 所示。

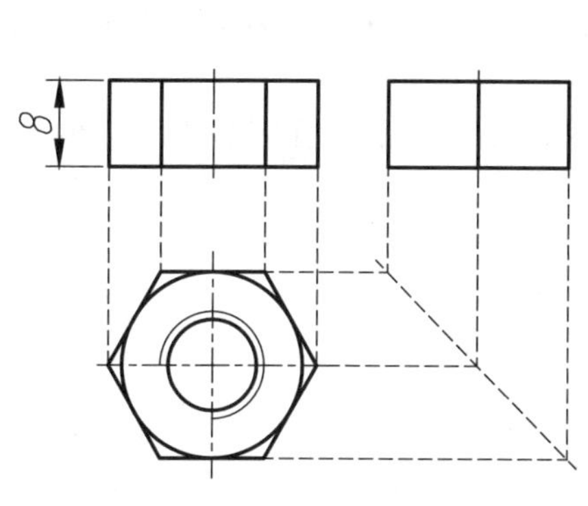

图 3-230 绘制轮廓线

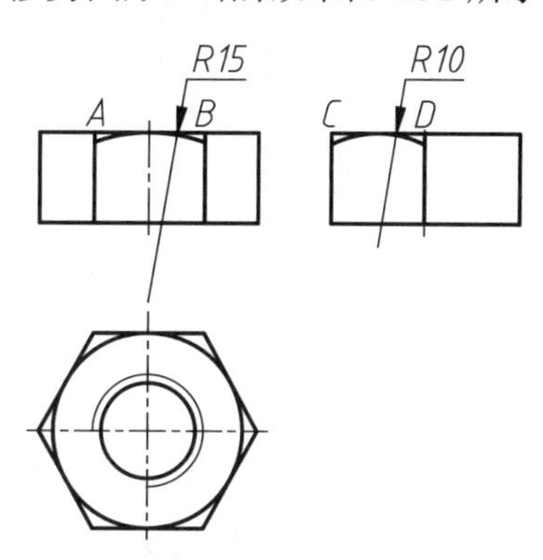

图 3-231 绘制螺母上的圆弧

（5）单击【修改】面板中的【打断于点】按钮，将最上方的轮廓线在 *A*、*B* 两点打断，如图 3-232 所示。

（6）执行 L【直线】命令，在主视图上绘制通过 *R*15 圆弧两端点的水平直线，如图 3-233 所示。执行 A【圆弧】命令，以水平直线与轮廓线的交点作为圆弧起点、终点，轮廓线的中点作为圆弧的中点，绘制圆弧，最后修剪图形，结果如图 3-234 所示。

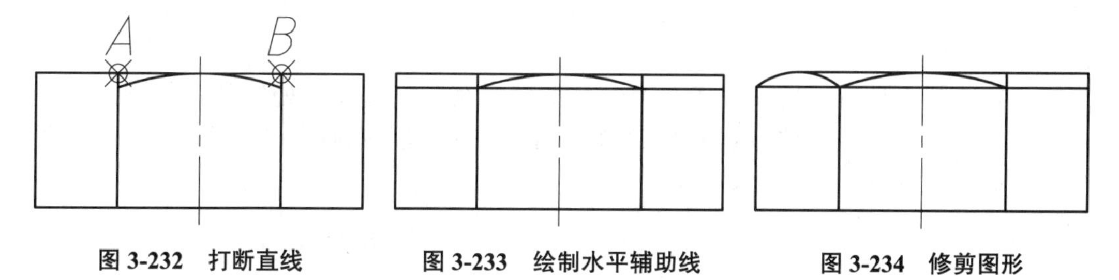

图 3-232 打断直线　　图 3-233 绘制水平辅助线　　图 3-234 修剪图形

（7）镜像图形。执行 MI【镜像】命令，以主视图水平中线作为镜像线，镜像图形。同样的方法镜像左视图，结果如图 3-235 所示。

（8）修剪图形如图 3-236 所示，再选择【文件】|【保存】命令，保存文件，完成绘制。

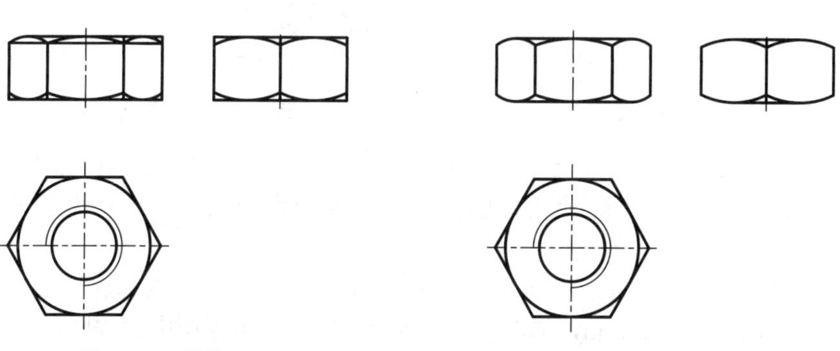

图 3-235 镜像图形　　图 3-236 图形的最终修剪效果

3.19 课堂练习：绘制直齿圆柱齿轮

齿轮的绘制一般需要先根据齿轮参数表来确定尺寸。这些参数取决于设计人员的具体计算与实际的设计要求。本案例便根据如图 3-237 所示的参数表来绘制一直齿圆柱齿轮。

（1）打开素材文件“第 3 章\3.19 课堂练习：绘制直齿圆柱齿轮 .dwg”，如图 3-238 所示，已经绘制好了对应的中心线。

齿廓	渐开线		齿顶高系数		ha	1
齿数	z	29	顶隙系数		c	0.25
模数	m	2	齿宽		b	15
螺旋角	β	0°	中心距		a	87±0.027
螺旋角方向	–		配对齿轮	图号		
压力角	α	20°		齿数	z	58
齿厚	公法线长度尺寸 W		$21.48^{-0.105}_{-0.155}$		跨齿数 K	3
	跨球（圆柱）尺寸 M				球（圆柱）尺寸 Dm	

图 3-237 齿轮参数表

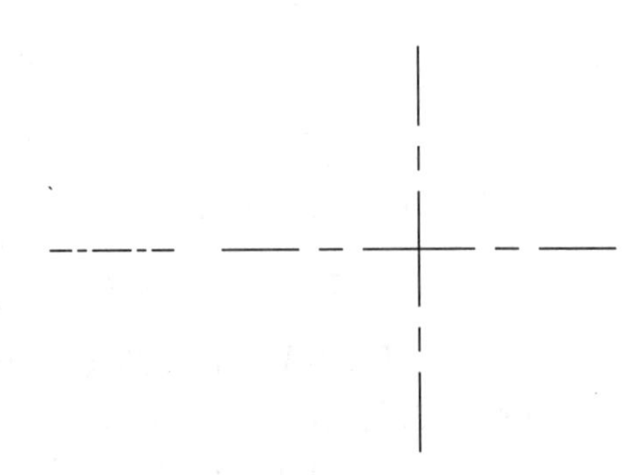

图 3-238 素材图形

（2）绘制左视图。切换至【中心线】图层，在交叉的中心线交点处绘制分度圆，尺寸可以根据参数表中的数据算得：“分度圆直径 = 模数 × 齿数”，即 Ø58mm，如图 3-239 所示。

（3）绘制齿顶圆。切换至【轮廓线】图层，在分度圆圆心处绘制齿顶圆，尺寸同样可以根据参数表中的数据算得：“齿顶圆直径 = 分度圆直径 +2× 齿轮模数”，即 Ø62mm，如图 3-240 所示。

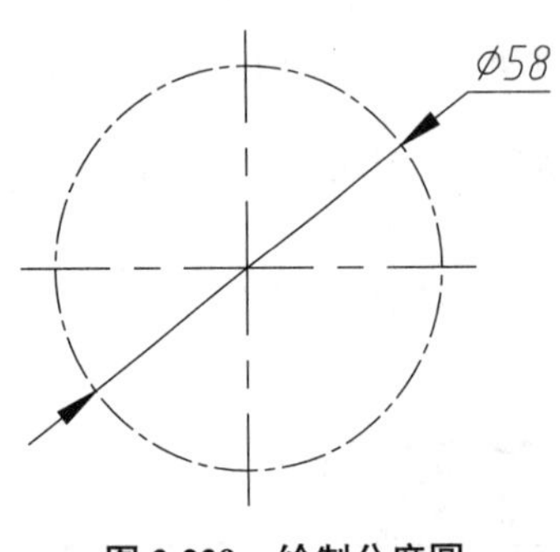

图 3-239 绘制分度圆

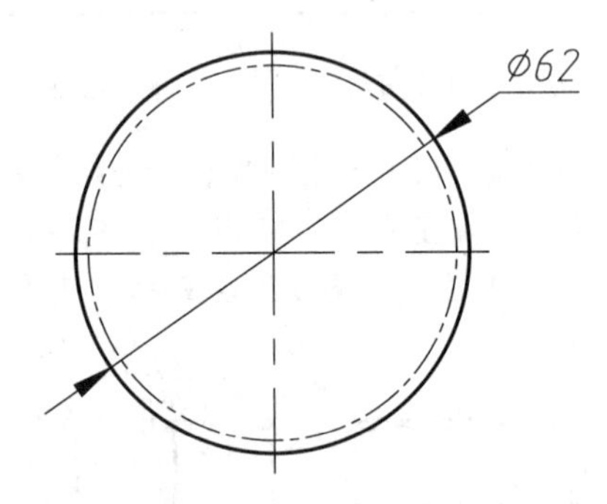

图 3-240 绘制齿顶圆

（4）绘制齿根圆。切换至【细实线】图层，在分度圆圆心处绘制齿根圆，尺寸同样根据参数表中的数据算得：“齿根圆直径 = 分度圆直径 −2×1.25× 齿轮模数”，即 Ø53mm，如图 3-241 所示。

（5）根据三视图基本准则“长对正，高齐平，宽相等”绘制齿轮主视图轮廓线，齿宽根据参数表可知为 15mm，如图 3-242 所示。要注意主视图中齿顶圆、齿根圆与分度圆的线型。

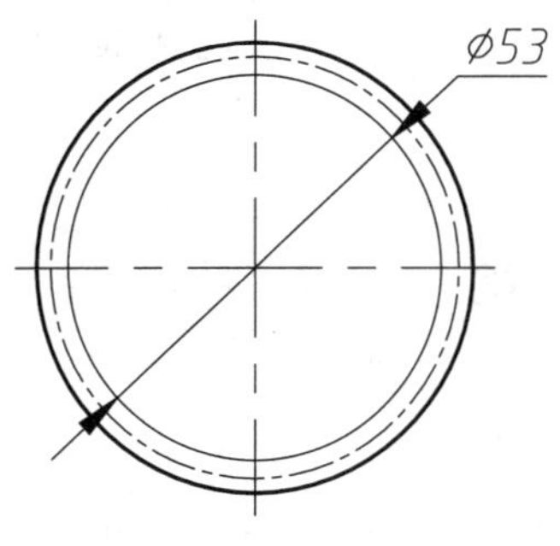

图 3-241　绘制齿根圆

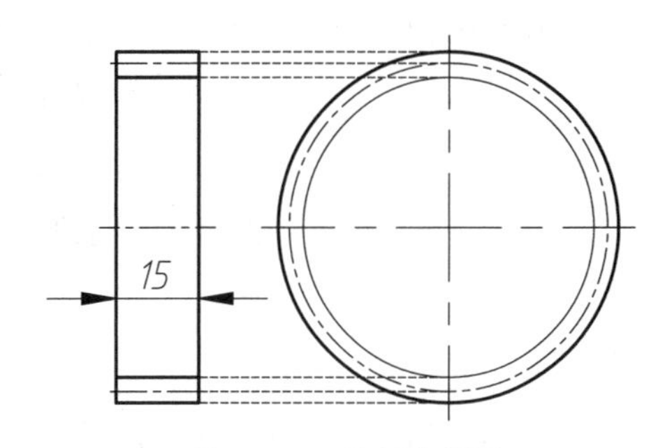

图 3-242　绘制主视图

（6）根据齿轮参数表可以绘制出上述图形，接着需要根据装配的轴与键来绘制轮毂部分，绘制的具体尺寸如图 3-243 所示。

（7）根据三视图基本准则“长对正，高齐平，宽相等”绘制主视图中轮毂的轮廓线，如图 3-244 所示。

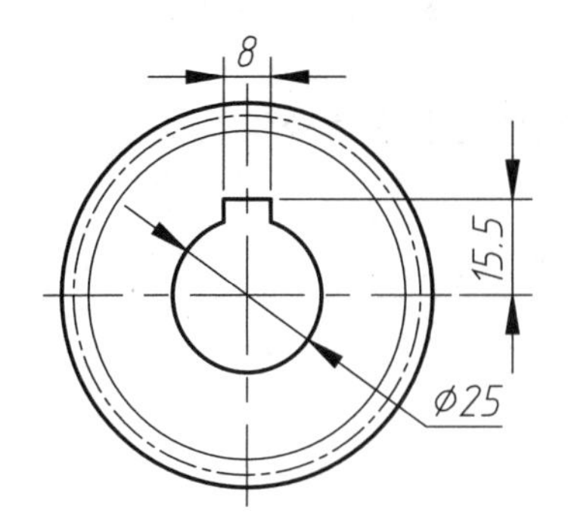

图 3-243　绘制轮毂部分

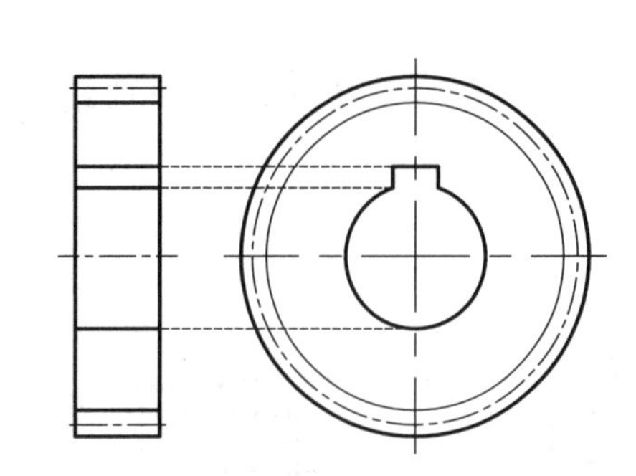

图 3-244　绘制主视图中的轮毂

（8）执行 CHA【倒角】命令，为图形主视图倒角，如图 3-245 所示。

（9）执行【图案填充】命令，选择图案为 ANSI31，比例为 0.8，角度为 0°，填充图案，结果如图 3-246 所示。

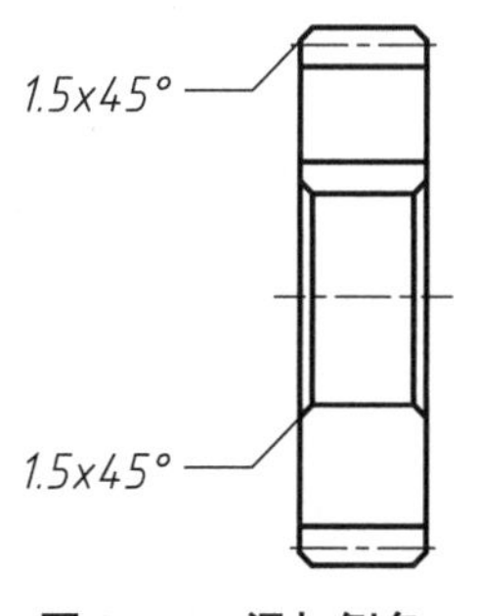

图 3-245　添加倒角

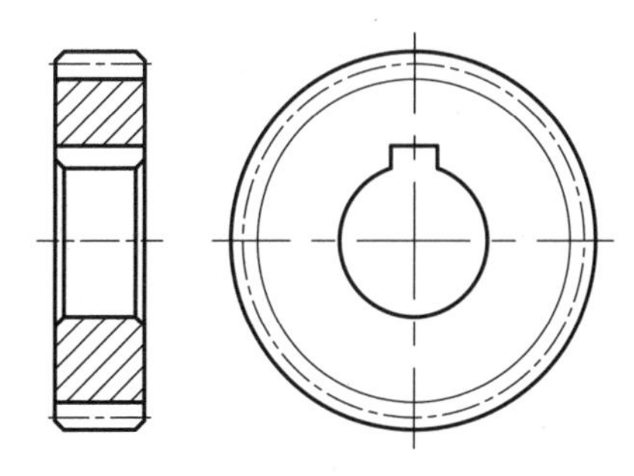

图 3-246　添加剖面线

3.20 课后总结

在刚接触 AutoCAD 时，读者肯定会觉得它绘图不如传统的手工绘图一样随心所欲，但只要勤加练习，熟练掌握本章所提到的各操作命令，必然会发现 AutoCAD 相较于传统绘图的过人之处，这种差异在后面章节的学习中将尤为明显。

3.21 课后习题

1. 简答题

（1）在 AutoCAD 2022 中，绘制多段线、样条曲线、多线、图案填充的快捷命令是什么？

（2）AutoCAD 2022 新建多线样式中，如果将【封口】复选框中的【直线】【外弧】【内弧】的【起点】和【端点】都选中，会出现什么样的效果图？

2. 操作题

（1）利用【直线】【圆弧】【多段线】和【图案填充】等命令绘制如图 3-247 所示的图形。

（2）利用【直线】【圆】【样条曲线】和【图案填充】等命令绘制如图 3-248 所示的图形。

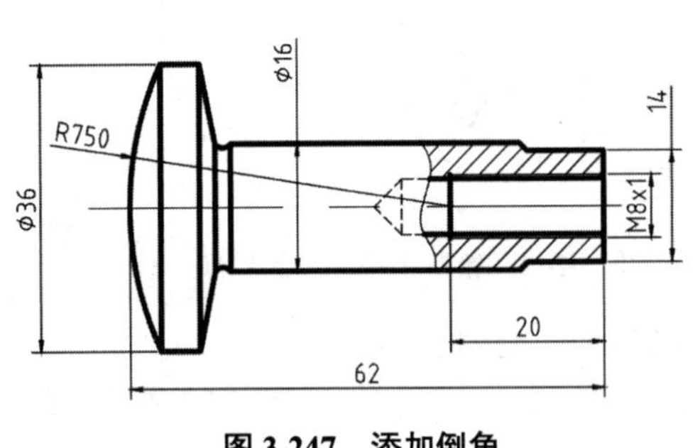

图 3-247　添加倒角

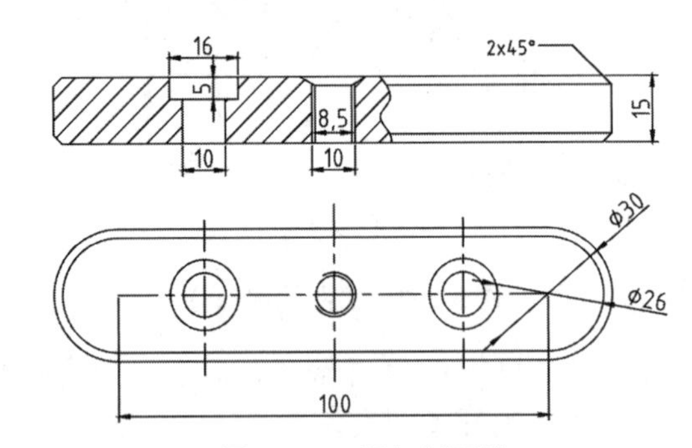

图 3-248　添加剖面线

第 4 章 chapter 4

创建图形标注

使用 AutoCAD 进行设计绘图时，首先要明确的一点就是：**图形中的线条长度，并不代表物体的真实尺寸，一切数值应按标注为准**。无论是零件加工还是建筑施工，所依据的是标注的尺寸值，因而尺寸标注是绘图中最为重要的部分。一些成熟的设计师，在现场或无法使用 AutoCAD 的场合，会直接用笔在纸上手绘出一张草图，图不一定要画得好看，但记录的数据却力求准确。由此也可见，图形仅是标注的辅助而已。

对于不同的对象，其定位所需的尺寸类型也不同。AutoCAD 2022 包含一套完整的尺寸标注的命令，可以标注直径、半径、角度、直线及圆心位置等对象，还可以标注引线、形位公差等辅助说明。

4.1 尺寸标注样式介绍

尺寸标注在 AutoCAD 中是一个复合体，以块的形式存储在图形中。在标注尺寸时需要遵循一定的规则，以避免标注混乱或引起歧义。

4.1.1 尺寸标注的组成

在 AutoCAD 中，一个完整的尺寸标注由“尺寸界线”“尺寸线”“尺寸箭头”“尺寸文字”4 个要素构成，如图 4-1 所示。AutoCAD 的尺寸标注命令和样式设置，都是围绕着这 4 个要素进行的。

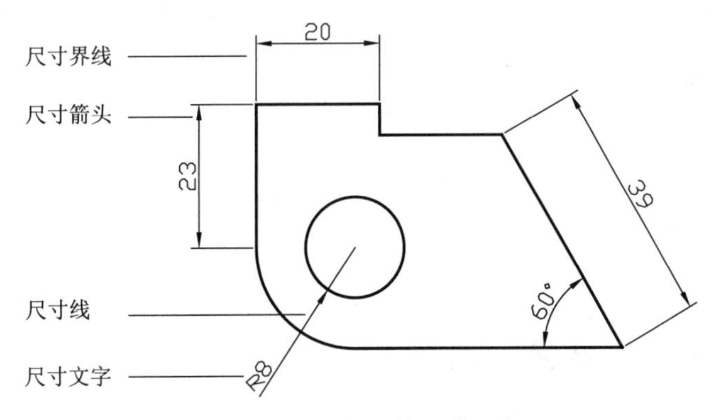

图 4-1 尺寸标注的组成要素

各组成部分的作用与含义分别如下。

（1）尺寸界线：也称为投影线，用于标注尺寸的界限，由图样中的轮廓线、轴线或对称中心线引出。标注时，延伸线从所标注的对象上自动延伸出来，它的端点与所标注的对象接近但并未相连。

（2）尺寸箭头：也称为标注符号。标注符号显示在尺寸线的两端，用于指定标注的起始位置。AutoCAD 默认使用闭合的填充箭头作为标注符号。此外，AutoCAD 还提供了多种箭头符号，以满足不同行业的需要，如建筑制图的箭头以 45° 的粗短斜线表示，而机械制图的箭头以实心三角形箭头表示等。

（3）尺寸线：用于表明标注的方向和范围。通常与所标注对象平行，放在两延伸线之间，一般情况下为直线，但在角度标注时，尺寸线呈圆弧形。

（4）尺寸文字：表明标注图形的实际尺寸大小，通常位于尺寸线上方或中断处。在进行尺寸标注时，AutoCAD 会自动生成所标注对象的尺寸数值，也可以对标注的文字进行修改、添加等编辑操作。

4.1.2 尺寸标注的原则

尺寸标注要求对标注对象进行完整、准确、清晰的标注，标注的尺寸数值真实地反映标注对象的大小。国家标准对尺寸标注做了详细的规定，要求尺寸标注必须遵守以下基本原则。

（1）物体的真实大小应以图形上所标注的尺寸数值为依据，与图形的显示大小和绘图的精确度无关。

（2）图形中的尺寸为图形所表示的物体的最终尺寸，如果是绘制过程中的尺寸（如在涂镀前的尺寸等），则必须另加说明。

（3）物体的每一尺寸，一般只标注一次，并应标注在最能清晰反映该结构的视图上。

对机械制图进行尺寸标注时，应遵循如下规定。

（1）符合国家标准的有关规定，标注制造零件所需的全部尺寸，不重复不遗漏，尺寸排列整齐，并符合设计和工艺的要求。

（2）每个尺寸一般只标注一次，尺寸数字为零件的真实大小，与所绘图形的比例及准确性无关。尺寸标注以 mm 为单位，若采用其他单位则必须注明单位名称。

（3）标注文字中的字体按照国家标准规定书写，图样中的字体为仿宋体，字号分为 1.8、2.5、3.5、5、7、10、14 和 20 等 8 种，其字体高度应按 $\sqrt{2}$ 的比率递增。

（4）字母和数字分为 A 型和 B 型，A 型字体的笔画宽度（d）与字体高度（h）符合 $d=h/14$，B 型字体的笔画宽度与字体高度符合 $d=h/10$。在同一张纸上，只允许选用一种形式的字体。

（5）字母和数字分为直体和斜体两种，但在同一张纸上只能采用一种书写形式，常用的是斜体。

4.2 尺寸标注样式管理

【标注样式】用来控制标注的外观，如箭头样式、文字位置和尺寸公差等。在同一个 AutoCAD 文档中，可以同时定义多个不同的命名样式。修改某个样式后，就可以自动修改所有用该样式创建的对象。

绘制不同的工程图纸，需要设置不同的尺寸标注样式，要系统地了解尺寸设计和制图的知识，请参考机械或建筑等有关行业制图的国家规范和标准，以及其他的相关资料。

4.2.1 新建标注样式

同之前介绍过的【多线】命令一样，尺寸标注在 AutoCAD 中也需要指定特定的样式来进行下一步操作。但尺寸标注样式的内容相当丰富，涵盖了标注从箭头形状到尺寸线的消隐、伸出距离、文字对齐方式等诸多方面。因此可以通过在 AutoCAD 中设置不同的标注样式，使其适应不同的绘图环境，如机械标注、建筑标注等。

如果要新建标注样式，可以通过【标注样式和管理器】对话框来完成。在 AutoCAD 2022 中调用【标注样式和管理器】有如下几种常用方法。

（1）功能区：在【默认】选项卡中单击【注释】面板下拉列表中的【标注样式】按钮，如图 4-2 所示。

（2）菜单栏：执行【格式】|【标注样式】命令，如图 4-3 所示。

（3）命令行：DIMSTYLE 或 D。

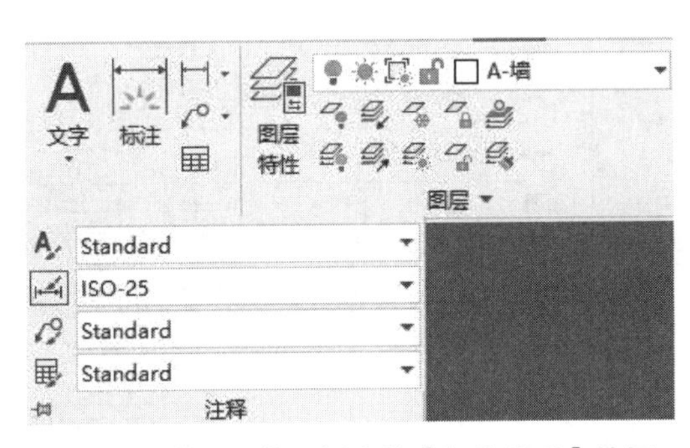

图 4-2 【注释】面板中的【标注样式】按钮

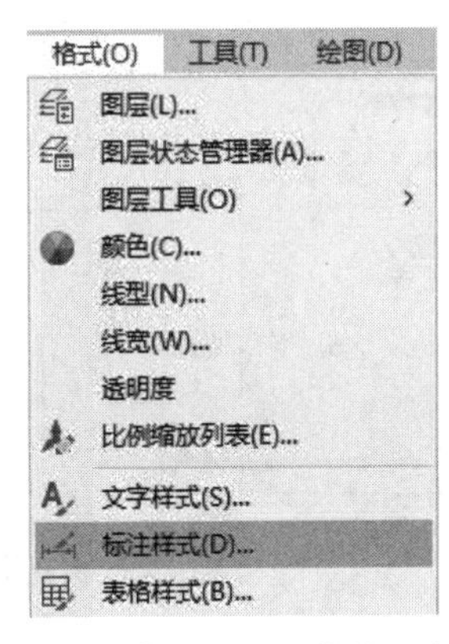

图 4-3 【标注样式】菜单命令

执行上述任一命令后，系统弹出【标注样式管理器】对话框，如图 4-4 所示。

单击【新建】按钮，系统弹出【创建新标注样式】对话框，如图 4-5 所示。然后在【新样式名】文本框中输入新样式的名称，单击【继续】按钮，即可打开【新建标注样式】对话框进行新建。

【标注样式管理器】对话框中各按钮的含义介绍如下。

【置为当前】：将在左边【样式】列表框中选定的标注样式设定为当前标注样式。当前样式将应用于所创建的标注。

【新建】：单击该按钮，打开【创建新标注样式】对话框，输入名称后可打开【新建标注样式】对话框，从中可以定义新的标注样式。

【修改】：单击该按钮，打开【修改标注样式】对话框，从中可以修改现有的标注样式。该对话框各选项均与【新建标注样式】对话框一致。

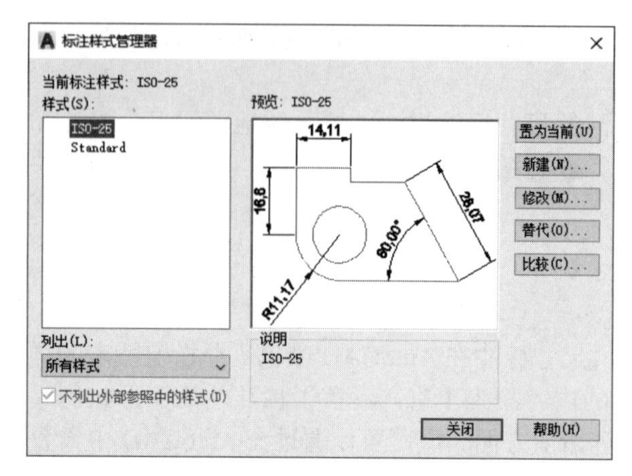

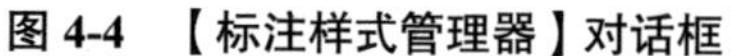
图 4-4 【标注样式管理器】对话框

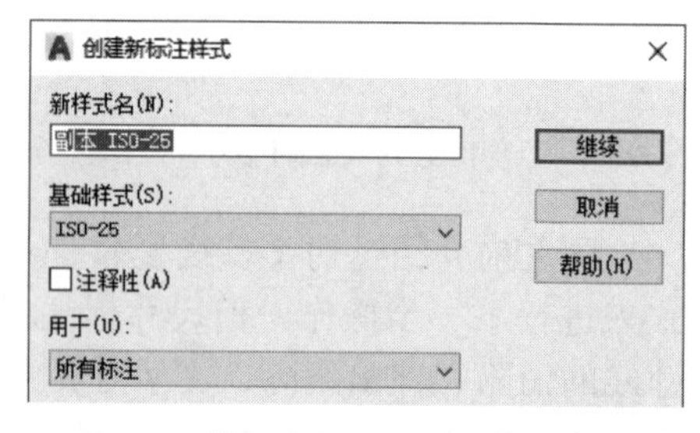

图 4-5 【创建新标注样式】对话框

【替代】：单击该按钮，打开【替代当前样式】对话框，从中可以设定标注样式的临时替代值。该对话框各选项与【新建标注样式】对话框一致。替代将作为未保存的更改结果显示在【样式】列表中的标注样式下，如图 4-6 所示。

【比较】：单击该按钮，打开【比较标注样式】对话框，如图 4-7 所示。从中可以比较所选定的两个标注样式（选择相同的标注样式进行比较，则会列出该样式的所有特性）。

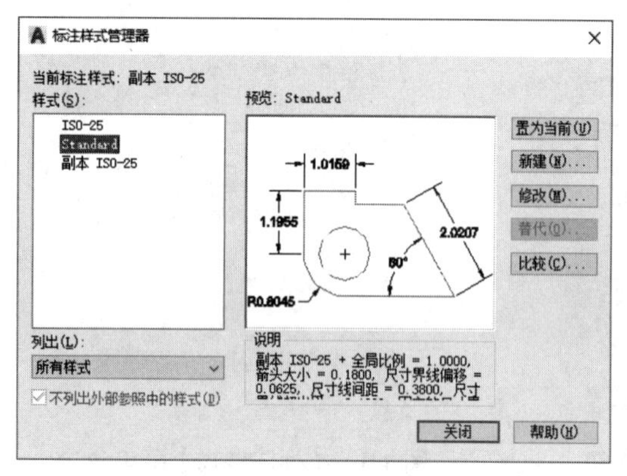

图 4-6 样式替代效果

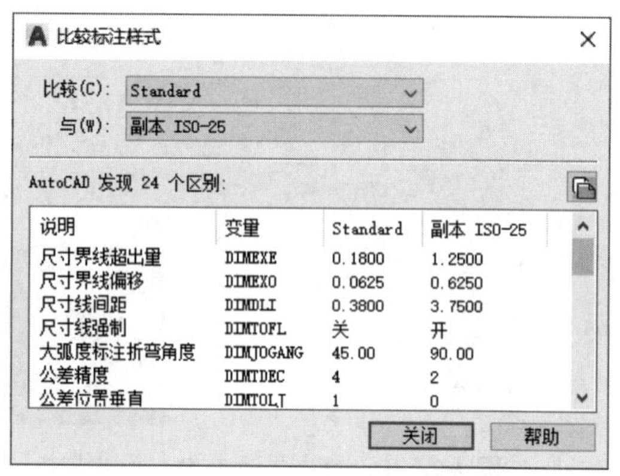

图 4-7 【比较标注样式】对话框

【创建新标注样式】对话框中各按钮的含义介绍如下。

【基础样式】：在该下拉列表框中选择一种基础样式，新样式将在该基础样式的基础上进行修改。

【注释性】：勾选该【注释性】复选框，可将标注定义成可注释对象。

【用于】下拉列表：选择其中的一种标注，即可创建一种仅适用于该标注类型（如仅用于直径标注、线性标注等）的标注子样式，如图 4-8 所示。

设置了新样式的名称、基础样式和适用范围后，单击该对话框中的【继续】按钮，系统弹出【新建标注样式】对话框，在上方 7 个选项卡中可以设置标注中的直线、符号和箭头、文字、单位等内容，如图 4-9 所示。

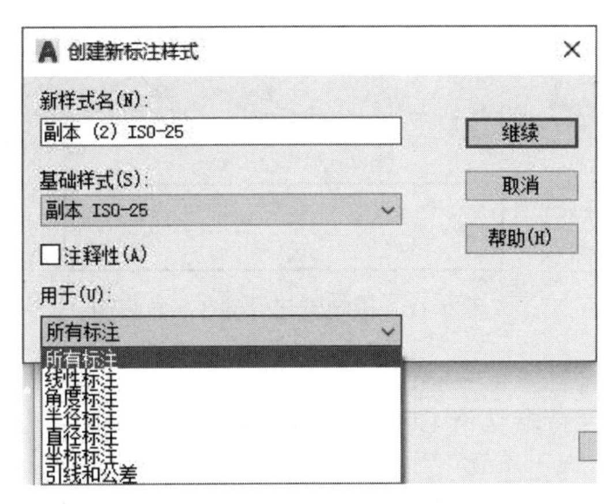

图 4-8　用于选定的标注

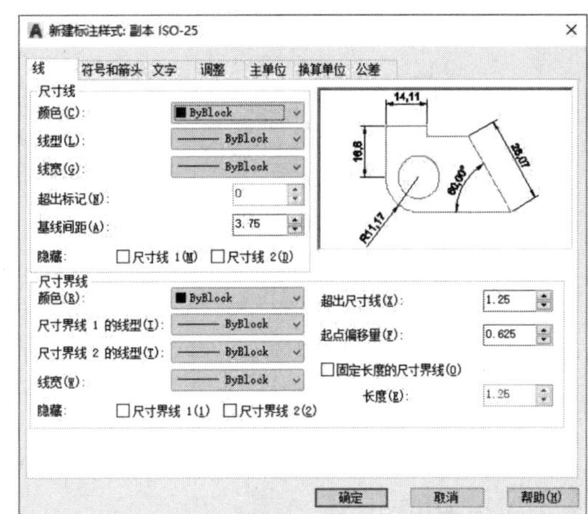

图 4-9　【新建标注样式】对话框

操作技巧： AutoCAD 2022 中的标注按类型分，只有“线性标注”“角度标注”“半径标注”“直径标注”“坐标标注”“引线标注”6 个类型。

4.2.2　设置标注样式

在上文新建标注样式的介绍中，打开【新建标注样式】对话框之后的操作是最重要的，这也是本节所要着重讲解的。在【新建标注样式】对话框中可以设置尺寸标注的各种特性，对话框中有【线】【符号和箭头】【文字】【调整】【主单位】【换算单位】和【公差】共 7 个选项卡，如图 4-9 所示，每一个选项卡对应一种特性的设置，分别介绍如下。

1.【线】选项卡

切换到【新建标注样式】对话框中的【线】选项卡，如图 4-9 所示，可见【线】选项卡中包括【尺寸线】和【尺寸界线】两个选项组。在该选项卡中可以设置尺寸线、尺寸界线的格式和特性。

1）【尺寸线】选项组

【颜色】：用于设置尺寸线的颜色，一般保持默认值 Byblock（随块）即可。也可以使用变量 DIMCLRD 设置。

【线型】：用于设置尺寸线的线型，一般保持默认值 Byblock（随块）即可。

【线宽】：用于设置尺寸线的线宽，一般保持默认值 Byblock（随块）即可。也可以使用变量 DIMLWD 设置。

【超出标记】：用于设置尺寸线超出量。若尺寸线两端是箭头，则此框无效；若在对话框的【符号和箭头】选项卡中设置了箭头的形式是【倾斜】和【建筑标记】时，可以设置尺寸线超过尺寸界线外的距离，如图 4-10 所示。

【基线间距】：用于设置基线标注中尺寸线之间的间距。

【隐藏】：【尺寸线 1】和【尺寸线 2】分别控制了第一条和第二条尺寸线的可见性，如图 4-11 所示。

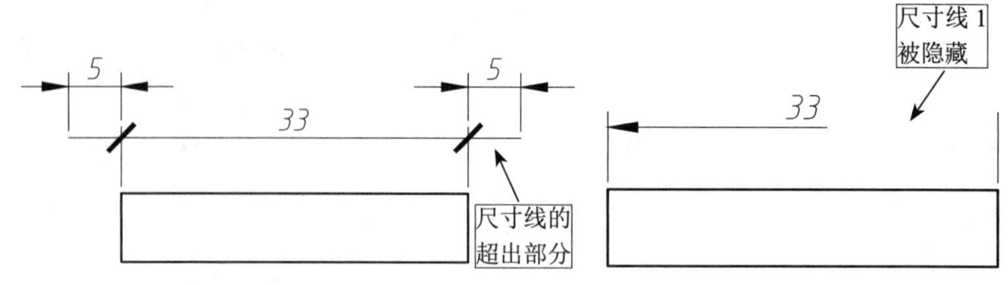

图 4-10 【超出标记】设置为 5 时的示例　　图 4-11 【隐藏尺寸线 1】效果图

2）【尺寸界线】选项组

【颜色】：用于设置延伸线的颜色，一般保持默认值 Byblock（随块）即可。也可以使用变量 DIMCLRD 设置。

【线型】：分别用于设置【尺寸界线 1】和【尺寸界线 2】的线型，一般保持默认值 Byblock（随块）即可。

【线宽】：用于设置延伸线的宽度，一般保持默认值 Byblock（随块）即可。也可以使用变量 DIMLWD 设置。

【隐藏】：【尺寸界线 1】和【尺寸界线 2】分别控制了第一条和第二条尺寸界线的可见性。

【超出尺寸线】：控制尺寸界线超出尺寸线的距离，如图 4-12 所示。

【起点偏移量】：控制尺寸界线起点与标注对象端点的距离，如图 4-13 所示。

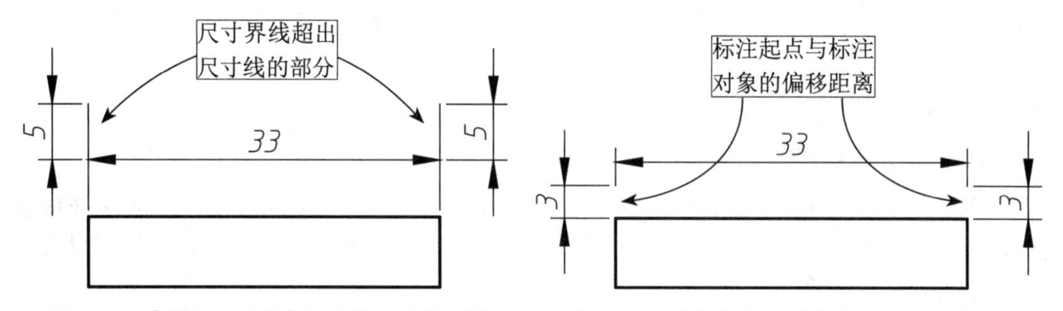

图 4-12 【超出尺寸线】设置为 5 时的示例　　图 4-13 【起点偏移量】设置为 3 时的示例

设计点拨：如果是在机械制图的标注中，为了区分尺寸标注和被标注对象，用户应使尺寸界线与标注对象不接触，因此尺寸界线的【起点偏移量】一般设置为 2 ~ 3mm。

2.【符号和箭头】选项卡

【符号和箭头】选项卡中包括【箭头】【圆心标记】【折断标注】【弧长符号】【半径折弯标注】和【线性折弯标注】共 6 个选项组，如图 4-14 所示。

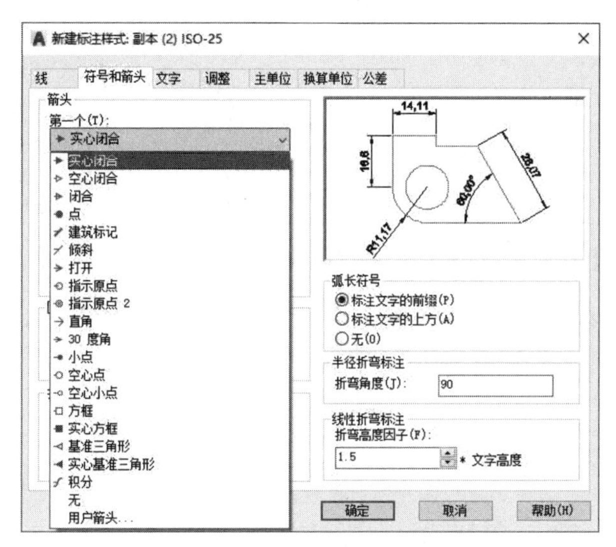

图 4-14 【符号和箭头】选项卡

1）【箭头】选项组

【第一个】以及【第二个】：用于选择尺寸线两端的箭头样式。在建筑绘图中通常设为【建筑标注】或【倾斜】样式，如图 4-15 所示；机械制图中通常设为【箭头】样式，如图 4-16 所示。

【引线】：用于设置快速引线标注（命令：LE）中的箭头样式，如图 4-17 所示。

【箭头大小】：用于设置箭头的大小。

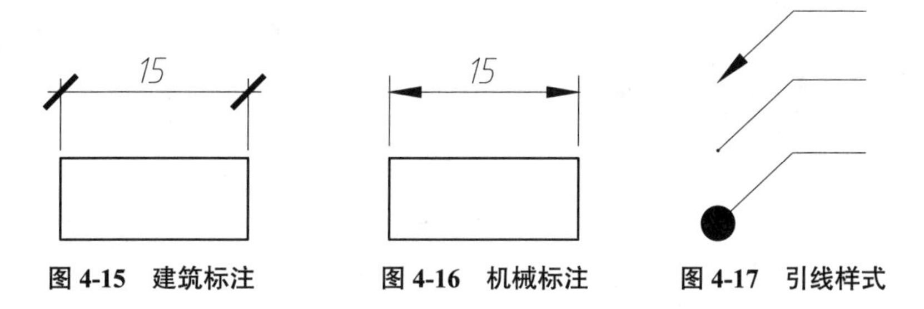

图 4-15 建筑标注 **图 4-16 机械标注** **图 4-17 引线样式**

操作技巧： AutoCAD 中提供了 19 种箭头，如果选择了第一个箭头的样式，第二个箭头会自动选择和第一个箭头一样的样式。也可以在第二个箭头下拉列表中选择不同的样式。

2）【圆心标记】选项组

圆心标记是一种特殊的标注类型，在使用【圆心标记】时，可以在圆弧中心生成一个标注符号，【圆心标记】选项组用于设置圆心标记的样式。各选项的含义如下。

【无】：使用【圆心标记】命令时，无圆心标记，如图 4-18 所示。

【标记】：创建圆心标记。在圆心位置将会出现小十字架，如图 4-19 所示。

【直线】：创建中心线。在使用【圆心标记】命令时，十字架线将会延伸到圆或圆弧外边，如图 4-20 所示。

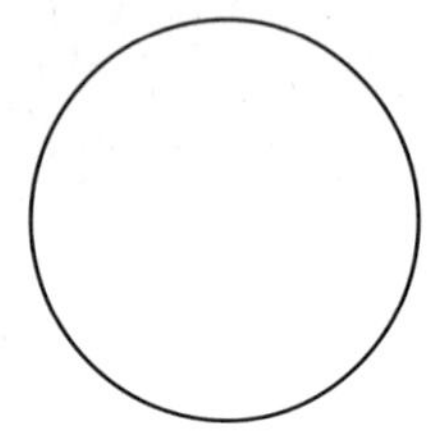

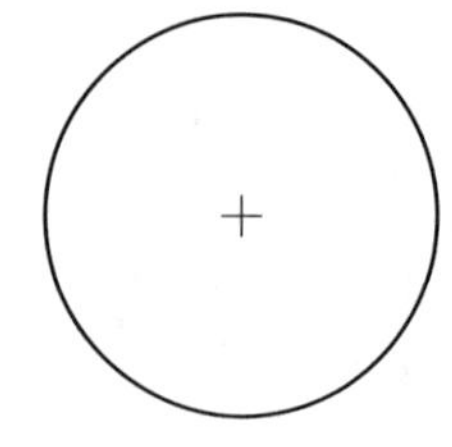

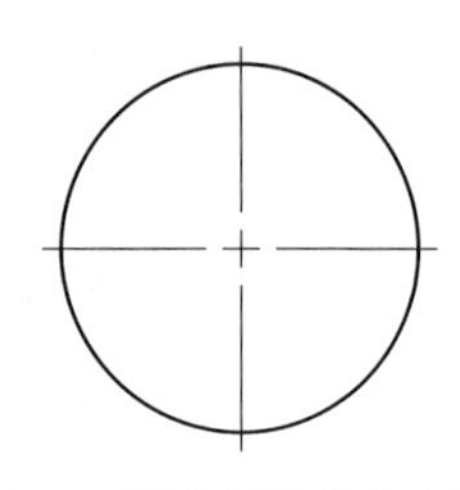

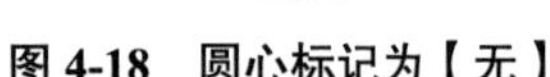

图 4-18　圆心标记为【无】　图 4-19　圆心标记为【标记】　图 4-20　圆心标记为【直线】

操作技巧：可以取消选中【调整】选项卡中的【在尺寸界线之间绘制尺寸线】复选框，这样就能在标注直径或半径尺寸时，同时创建圆心标记，如图 4-21 所示。

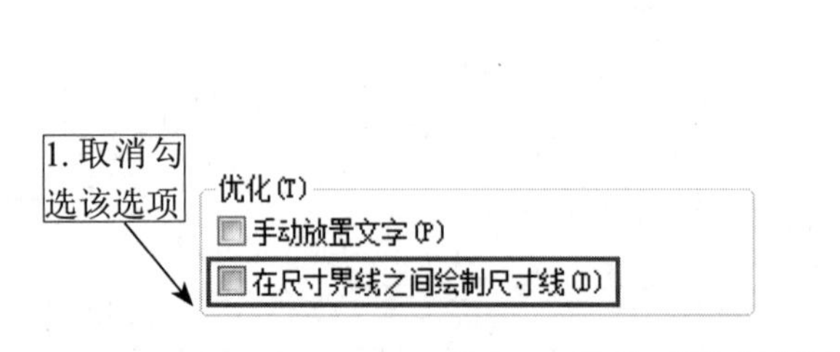

图 4-21　标注时同时创建尺寸与圆心标记

3）【折断标注】选项组

其中的【折断大小】文本框可以设置在执行 DIMBREAK【标注打断】命令时标注线的打断长度。

4）【弧长符号】选项组

在该选项组中可以设置弧长符号的显示位置，包括【标注文字的前缀】【标注文字的上方】和【无】3 种方式，如图 4-22 所示。

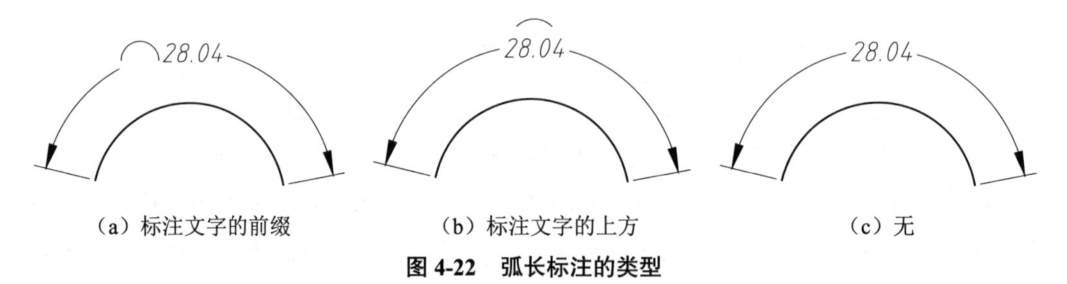

（a）标注文字的前缀　（b）标注文字的上方　（c）无

图 4-22　弧长标注的类型

5）【半径折弯标注】选项组

其中的【折弯角度】文本框可以确定折弯半径标注中尺寸线的横向角度，其值不能大于 90°。

6）【线性折弯标注】选项组

其中的【折弯高度因子】文本框可以设置折弯标注打断时折弯线的高度。

3.【文字】选项卡

【文字】选项卡包括【文字外观】【文字位置】和【文字对齐】3 个选项组，如图 4-23 所示。

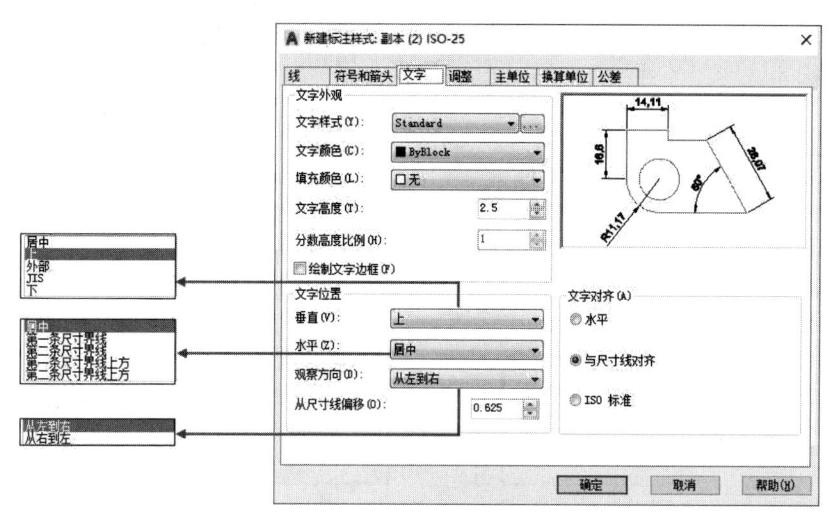

图 4-23 【文字】选项卡

1）【文字外观】选项组

【文字样式】：用于选择标注的文字样式。也可以单击其后的...按钮，系统弹出【文字样式】对话框，选择文字样式或新建文字样式。

【文字颜色】：用于设置文字的颜色，一般保持默认值 Byblock（随块）即可。也可以使用变量 DIMCLRT 设置。

【填充颜色】：用于设置标注文字的背景色。默认为【无】，如果图纸中尺寸标注很多，就会出现图形轮廓线、中心线、尺寸线与标注文字相重叠的情况，这时若将【填充颜色】设置为【背景】，即可有效改善图形，如图 4-24 所示。

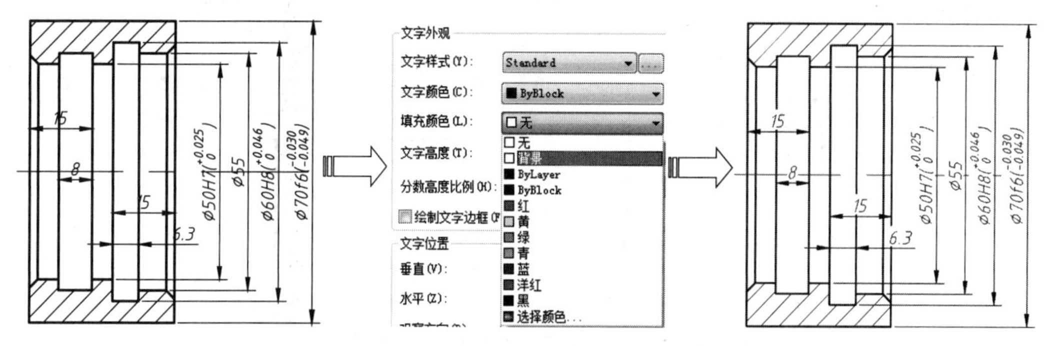

图 4-24 【填充颜色】为【背景】效果

【文字高度】：设置文字的高度，也可以使用变量 DIMCTXT 设置。

【分数高度比例】：设置标注文字的分数相对于其他标注文字的比例，AutoCAD 将该比例值与标注文字高度的乘积作为分数的高度。

【绘制文字边框】：设置是否给标注文字加边框。

2）【文字位置】选项组

【垂直】：用于设置标注文字相对于尺寸线在垂直方向的位置。【垂直】下拉列表中有【居中】【上】【外部】和 JIS 等选项。选择【居中】选项可以把标注文字放在尺寸线中间；选择【上】选项将把标注文字放在尺寸线的上方；选择【外部】选项可以把标注文字放在远离第一定义点的尺寸线一侧；选择 JIS 选项则按 JIS 规则（日本工业标准）放置标注文字。各种效果如图 4-25 所示。

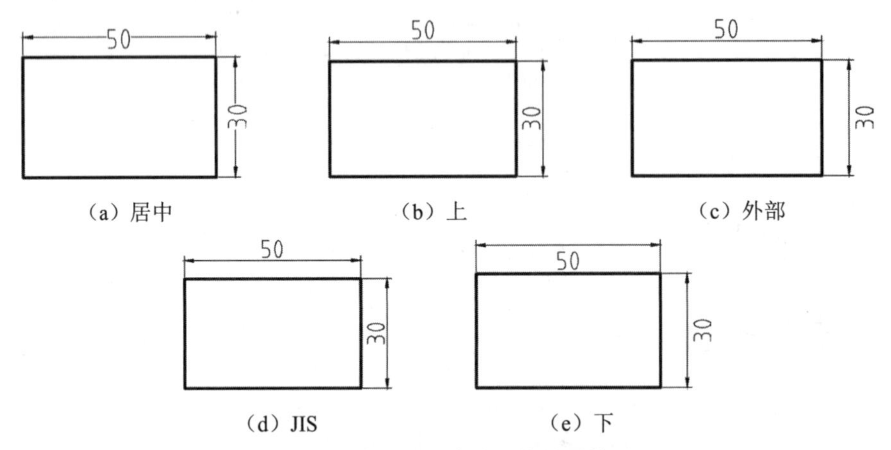

（a）居中 （b）上 （c）外部

（d）JIS （e）下

图 4-25 文字设置垂直方向的位置效果图

【水平】：用于设置标注文字相对于尺寸线和延伸线在水平方向的位置。其中水平放置位置有【居中】【第一条尺寸界线】【第二条尺寸界线】【第一条尺寸界线上方】【第二条尺寸界线上方】，各种效果如图 4-26 所示。

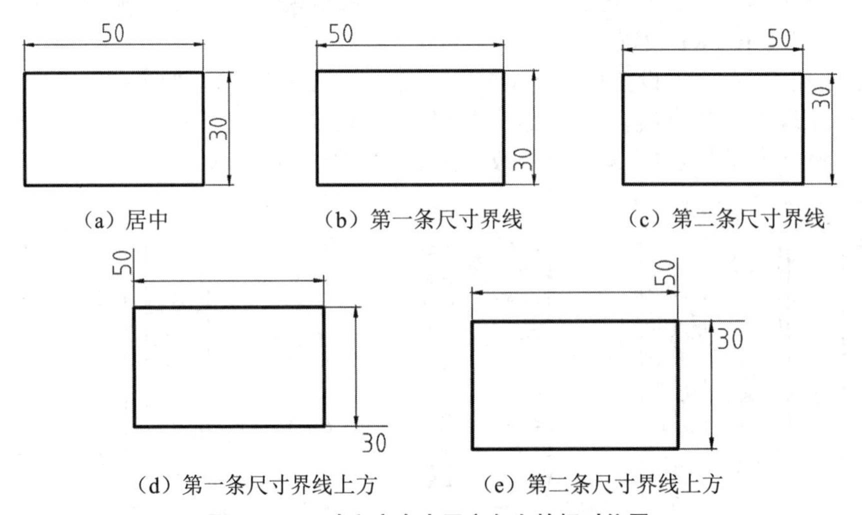

（a）居中 （b）第一条尺寸界线 （c）第二条尺寸界线

（d）第一条尺寸界线上方 （e）第二条尺寸界线上方

图 4-26 尺寸文字在水平方向上的相对位置

【从尺寸线偏移】：设置标注文字与尺寸线之间的距离，如图 4-27 所示。

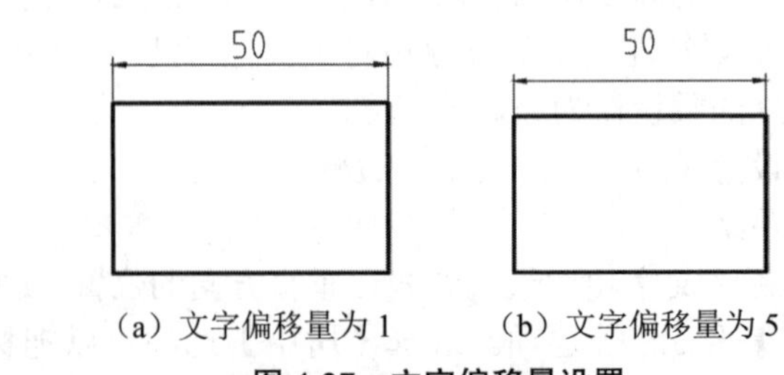

（a）文字偏移量为 1 （b）文字偏移量为 5

图 4-27 文字偏移量设置

3）【文字对齐】选项组

在【文字对齐】选项组中，可以设置标注文字的对齐方式，如图 4-28 所示。各选项的含义如下。

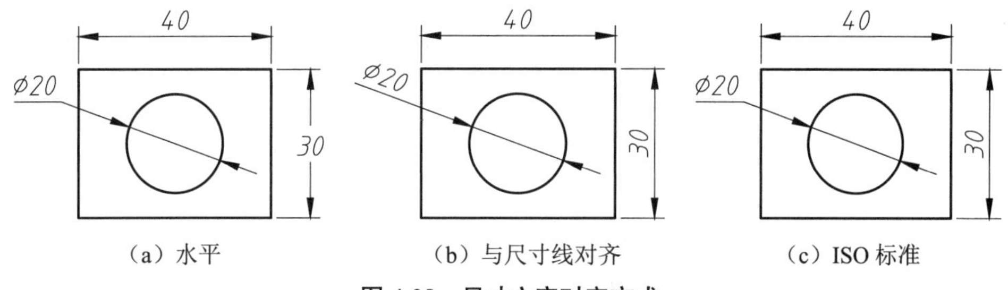

（a）水平　　（b）与尺寸线对齐　　（c）ISO 标准

图 4-28　尺寸文字对齐方式

【水平】单选按钮：无论尺寸线的方向如何，文字始终水平放置。

【与尺寸线对齐】单选按钮：文字的方向与尺寸线平行。

【ISO 标准】单选按钮：按照 ISO 标准对齐文字。当文字在尺寸界线内时，文字与尺寸线对齐。当文字在尺寸界线外时，文字水平排列。

4.【调整】选项卡

【调整】选项卡包括【调整选项】【文字位置】【标注特征比例】和【优化】4 个选项组，可以设置标注文字、尺寸线、尺寸箭头的位置，如图 4-29 所示。

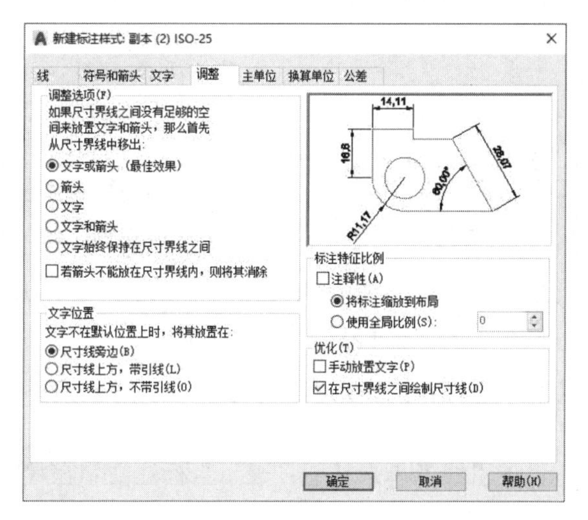

图 4-29　【调整】选项卡

1）【调整选项】选项组

在【调整选项】选项组中，可以设置当尺寸界线之间没有足够的空间同时放置标注文字和箭头时，应从尺寸界线之间移出的对象，如图 4-30 所示。各选项的含义如下。

【文字或箭头（最佳效果）】单选按钮：表示由系统选择一种最佳方式来安排尺寸文字和尺寸箭头的位置。

【箭头】单选按钮：表示将尺寸箭头放在尺寸界线外侧。

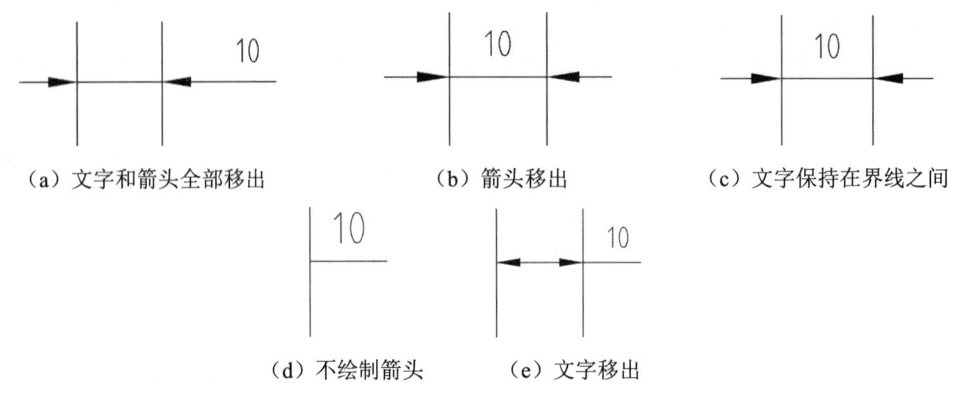

（a）文字和箭头全部移出　（b）箭头移出　（c）文字保持在界线之间

（d）不绘制箭头　（e）文字移出

图 4-30　尺寸要素调整

【文字】单选按钮：表示将标注文字放在尺寸界线外侧。

【文字和箭头】单选按钮：表示将标注文字和尺寸线都放在尺寸界线外侧。

【文字始终保持在尺寸界线之间】单选按钮：表示标注文字始终放在尺寸界线之间。

【若箭头不能放在尺寸界线内，则将其消除】单选按钮：表示当尺寸界线之间不能放置箭头时，不显示标注箭头。

2）【文字位置】选项组

在【文字位置】选项组中，可以设置当标注文字不在默认位置时应放置的位置，如图 4-31 所示。各选项的含义如下。

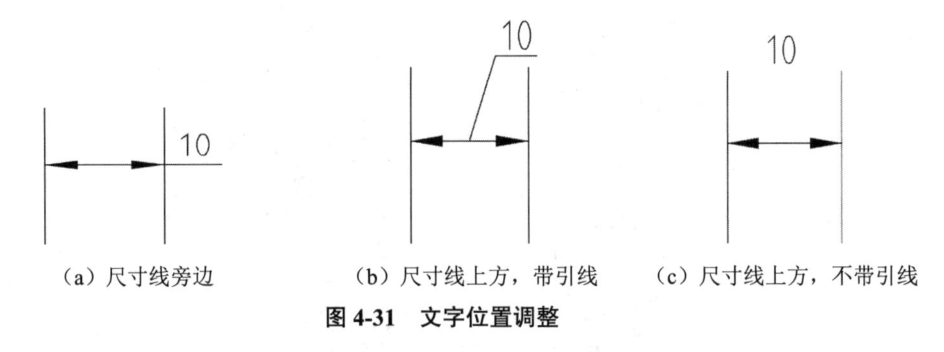

（a）尺寸线旁边　（b）尺寸线上方，带引线　（c）尺寸线上方，不带引线

图 4-31　文字位置调整

（1）【尺寸线旁边】单选按钮：表示当标注文字在尺寸界线外部时，将文字放置在尺寸线旁边。

（2）【尺寸线上方，带引线】单选按钮：表示当标注文字在尺寸界线外部时，将文字放置在尺寸线上方并加一条引线相连。

（3）【尺寸线上方，不带引线】单选按钮：表示当标注文字在尺寸界线外部时，将文字放置在尺寸线上方，不加引线。

3）【标注特征比例】选项组

在【标注特征比例】选项组中，可以设置标注尺寸的特征比例以便通过设置全局比例来调整标注的大小。各选项的含义如下。

【注释性】复选框：选择该复选框，可以将标注定义成可注释性对象。

【将标注缩放到布局】单选按钮：选中该单选按钮，可以根据当前模型空间视口与图纸之间的缩放关系设置比例。

【使用全局比例】单选按钮：选择该单选按钮，可以对全部尺寸标注设置缩放比例，该比例不改变尺寸的测量值，效果如图 4-32 所示。

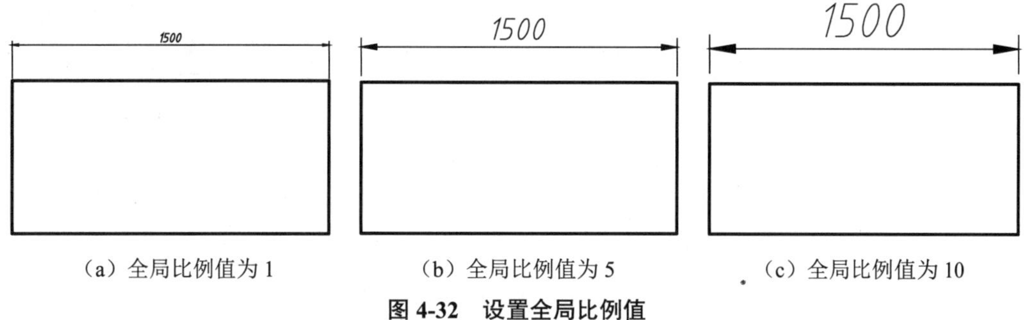

（a）全局比例值为 1　　（b）全局比例值为 5　　（c）全局比例值为 10

图 4-32　设置全局比例值

4）【优化】选项组

在【优化】选项组中，可以对标注文字和尺寸线进行细微调整。该选项区域包括以下两个复选框。

（1）【手动放置文字】：表示忽略所有水平对正设置，并将文字手动放置在“尺寸线位置”的相应位置。

（2）【在尺寸界线之间绘制尺寸线】：表示在标注对象时，始终在尺寸界线间绘制尺寸线。

5.【换算单位】选项卡

【换算单位】选项卡包括【换算单位】【消零】和【位置】3 个选项组，如图 4-33 所示。【换算单位】可以方便地改变标注的单位，通常用的就是公制单位与英制单位的互换。

6.【公差】选项卡

【公差】选项卡包括【公差格式】【公差对齐】【消零】【换算单位公差】和【消零】5 个选项组，如图 4-34 所示。

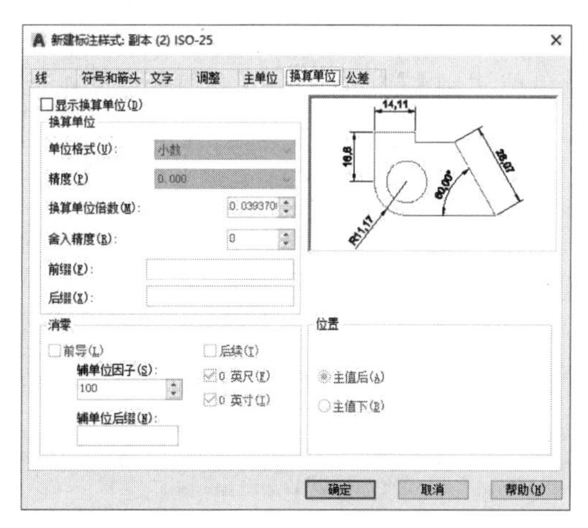

图 4-33　【换算单位】选项卡

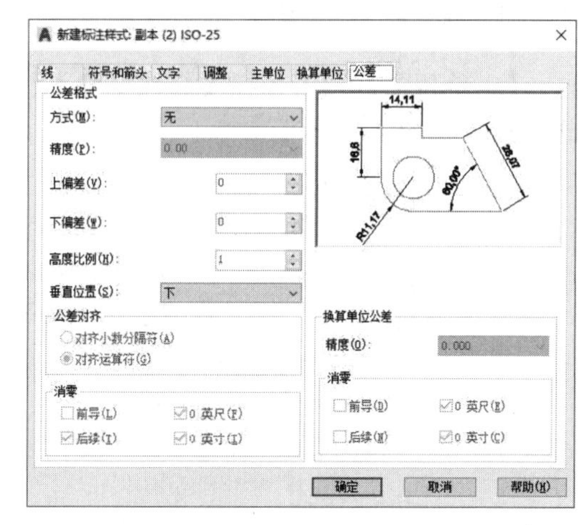

图 4-34　【公差】选项卡

【公差】选项卡可以设置公差的标注格式，其中常用功能含义如下。

【方式】：在此下拉列表框中有表示标注公差的几种方式，如图 4-35 所示。

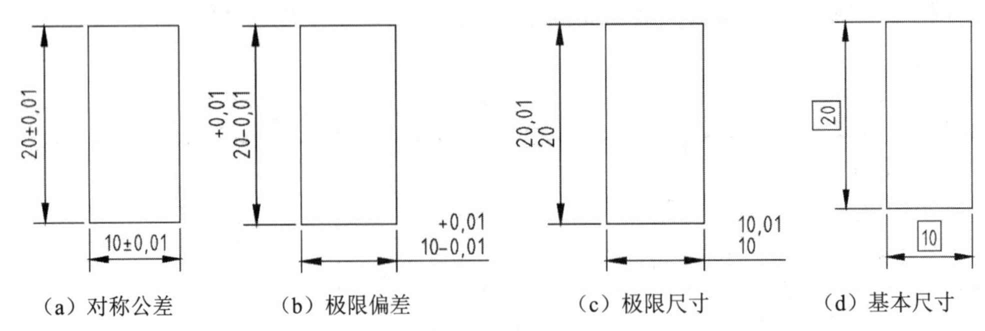

（a）对称公差　（b）极限偏差　（c）极限尺寸　（d）基本尺寸

图 4-35　公差的各种表示方式效果图

【上偏差】和【下偏差】：设置尺寸上偏差、下偏差值。

【高度比例】：确定公差文字的高度比例因子。确定后，AutoCAD 将该比例因子与尺寸文字高度之积作为公差文字的高度。

【垂直位置】：控制公差文字相对于尺寸文字的位置，包括【上】【中】和【下】3 种方式。

【换算单位公差】：当标注换算单位时，可以设置换算单位精度和是否消零。

标注和多重引线标注等多种标注类型，掌握这些标注方法可以为各种图形灵活添加尺寸标注，使其成为生产制造或施工的依据。

4.3　设置单位

在 AutoCAD 中，还可以通过【新建标注样式】对话框来设置图形的标注单位，主要通过【主单位】和【换算单位】这两个选项卡来完成。

4.3.1　设置主单位格式

【主单位】选项卡包括【线性标注】【测量单位比例】【消零】和【角度标注】4 个选项组，如图 4-36 所示。

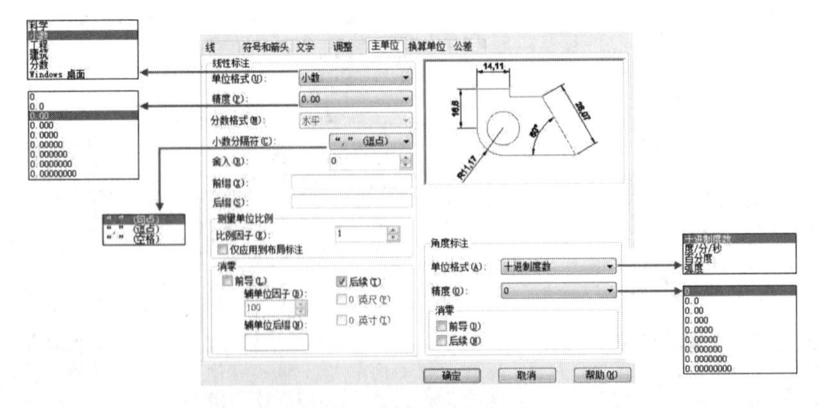

图 4-36　【主单位】选项卡

【主单位】选项卡可以对标注尺寸的精度进行设置，并能给标注文本加入前缀或者后缀等。

1.【线性标注】选项组

【单位格式】：设置除角度标注之外的其余各标注类型的尺寸单位，包括【科学】【小数】【工程】【建筑】【分数】等选项。

【精度】：设置除角度标注之外的其他标注的尺寸精度。

【分数格式】：当单位格式是分数时，可以设置分数的格式，包括【水平】【对角】和【非堆叠】3 种方式。

【小数分隔符】：设置小数的分隔符，包括【逗点】【句点】和【空格】3 种方式。

【舍入】：用于设置除角度标注外的尺寸测量值的舍入值。

【前缀】和【后缀】：设置标注文字的前缀和后缀，在相应的文本框中输入字符即可。

2.【测量单位比例】选项组

使用【比例因子】文本框可以设置测量尺寸的缩放比例，AutoCAD 的实际标注值为测量值与该比例的积。选中【仅应用到布局标注】复选框，可以设置该比例关系仅适用于布局。

3.【消零】选项组

该选项组中包括【前导】和【后续】两个复选框。设置是否消除角度尺寸的前导和后续零，如图 4-37 所示。

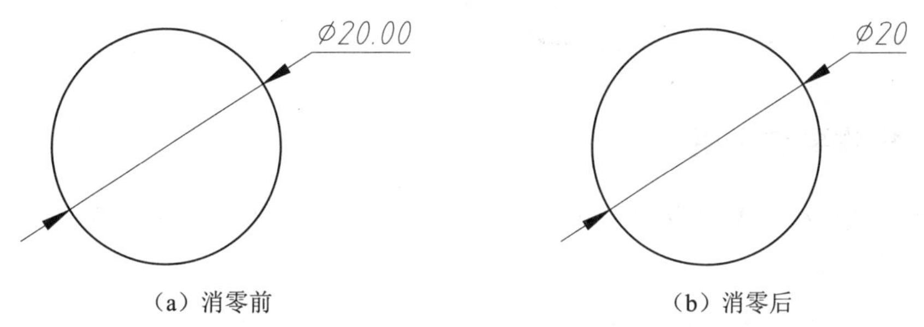

（a）消零前　　（b）消零后

图 4-37　【后续】消零示例

4.【角度标注】选项组

【单位格式】：在此下拉列表框中设置标注角度时的单位。

【精度】：在此下拉列表框中设置标注角度的尺寸精度。

4.3.2　设置换算单位格式

选中【显示换算单位】复选框后，对话框的其他选项才可用，可以在【换算单位】选项组中设置换算单位的【单位格式】【精度】【换算单位倍数】【舍入精度】【前缀】及【后缀】等，方法与设置主单位的方法相同，在此不一一讲解。

4.4 线性标注

使用水平、竖直或旋转的尺寸线创建线性的标注尺寸。【线性标注】仅用于标注任意两点之间的水平或竖直方向的距离。

4.4.1 操作方式

执行【线性标注】命令的方法有以下几种。

（1）功能区：在【默认】选项卡中，单击【注释】面板中的【线性】按钮，如图 4-38 所示。

（2）菜单栏：选择【标注】|【线性】命令，如图 4-39 所示。

（3）命令行：DIMLINEAR 或 DLI。

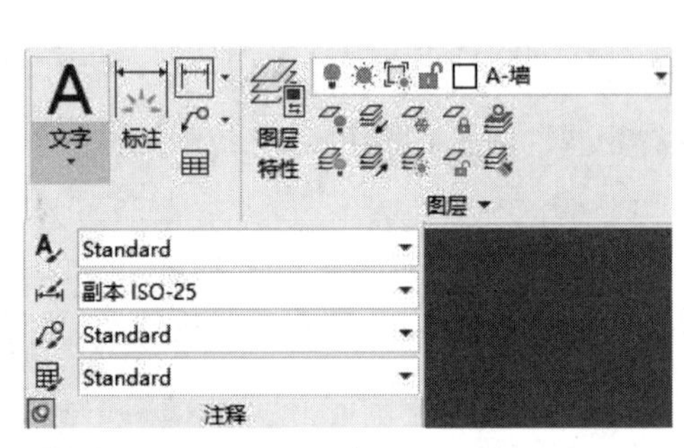

图 4-38 【注释】面板中的【线性】按钮

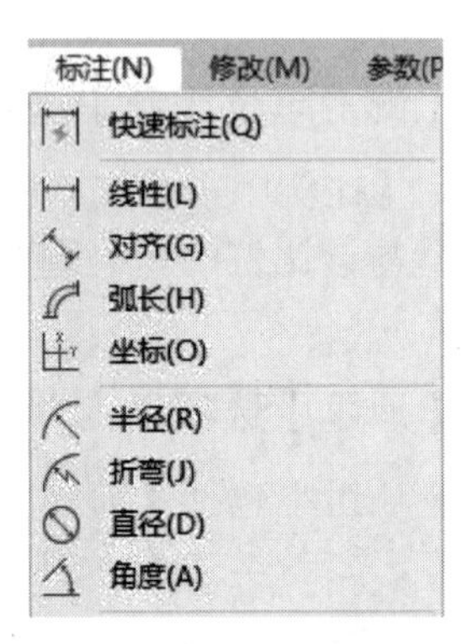

图 4-39 【线性】菜单命令

4.4.2 操作要点说明

执行【线性标注】命令后，依次指定要测量的两点，即可得到线性标注尺寸。命令行操作提示如下。

```
命令： _dimlinear                          //执行【线性标注】命令
指定第一个尺寸界线原点或 <选择对象>:         //指定测量的起点
指定第二条尺寸界线原点：                     //指定测量的终点
指定尺寸线位置或                            //放置标注尺寸，结束操作
```

执行【线性标注】命令后，有两种标注方式，即【指定原点】和【选择对象】。这两种方式的操作方法与区别介绍如下。

1. 指定原点

默认情况下，在命令行提示下指定第一条尺寸界线的原点，并在“指定第二条尺寸界线原点”提示下指定第二条尺寸界线原点后，命令提示行如下。

```
指定尺寸线位置或 [多行文字(M)/文字(T)/角度(A)/水平(H)/垂直(V)/旋转(R)]:
```

因为线性标注有水平和竖直方向两种可能，因此指定尺寸线的位置后，尺寸值才能够完全确定。以上命令行中其他选项的功能说明如下。

【多行文字（M）】：选择该选项将进入多行文字编辑模式，可以使用【多行文字编辑器】对话框输入并设置标注文字。其中，文字输入窗口中的尖括号（<>）表示系统测量值。

【文字（T）】：以单行文字形式输入尺寸文字。

【角度（A）】：设置标注文字的旋转角度，效果如图 4-40 所示。

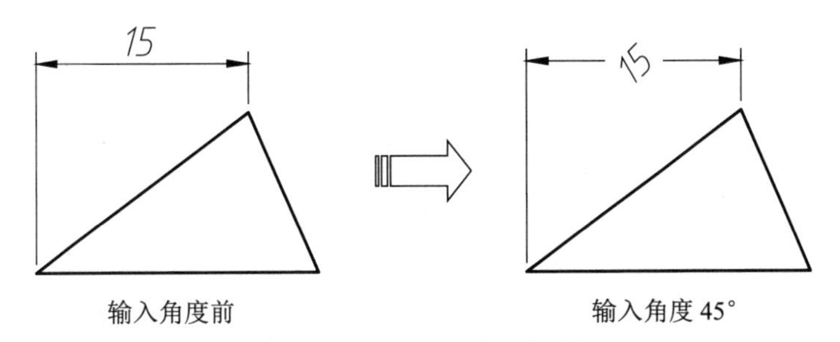

图 4-40　线性标注时输入角度效果

【水平（H）】和【垂直（V）】：标注水平尺寸和垂直尺寸。可以直接确定尺寸线的位置，也可以选择其他选项来指定标注的标注文字内容或标注文字的旋转角度。

【旋转（R）】：旋转标注对象的尺寸线，测量值也会随之调整，相当于【对齐标注】。

指定原点标注的操作方法示例如图 4-41 所示，命令行的操作过程如下。

```
命令：_dimlinear                              //执行【线性标注】命令
指定第一个尺寸界线原点或 <选择对象>:            //选择矩形一个顶点
指定第二条尺寸界线原点：                        //选择矩形另一侧边的顶点
指定尺寸线位置或
[多行文字(M)/文字(T)/角度(A)/水平(H)/垂直(V)/旋转(R)]:
                                              //向上拖动指针，在合适位置单击放置尺寸线
标注文字 = 50                                  //生成尺寸标注
```

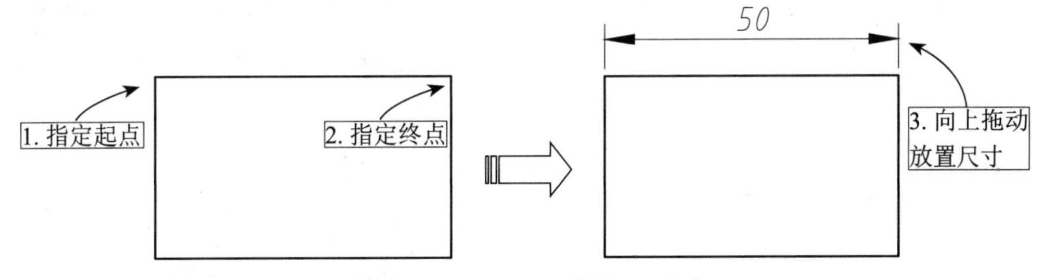

图 4-41　线性标注之【指定原点】

2. 选择对象

执行【线性标注】命令之后，直接按 Enter 键，则要求选择标注尺寸的对象。选择了对象之后，系统便以对象的两个端点作为两条尺寸界线的起点。

该标注的操作方法示例如图 4-42 所示，命令行的操作过程如下。

```
命令：_dimlinear                                      //执行【线性标注】命令
指定第一个尺寸界线原点或 <选择对象>:↙                  //按Enter键选择【选择对象】选项
选择标注对象：                                        //单击直线AB
指定尺寸线位置或
[多行文字(M)/文字(T)/角度(A)/水平(H)/垂直(V)/旋转(R)]:
              //水平向右拖动指针，在合适位置放置尺寸线（若上下拖动，则生成水平尺寸）
标注文字 = 30
```

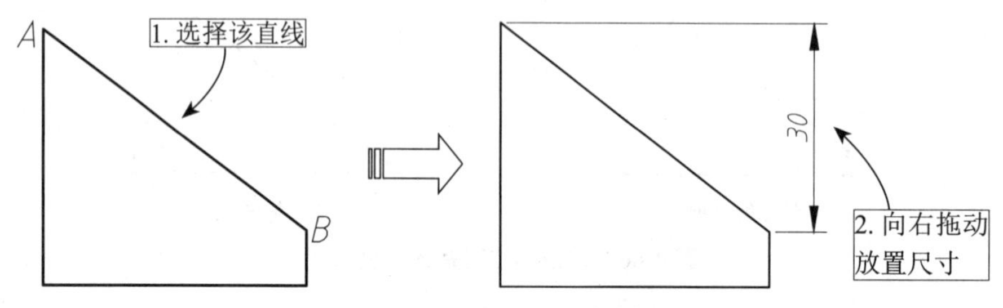

图 4-42 线性标注之【选择对象】

【练习 4-1】：标注零件图的线性尺寸。

机械零件上具有多种结构特征，需灵活使用 AutoCAD 中提供的各种标注命令才能为其添加完整的注释。本例便先为零件图添加最基本的线性尺寸。

（1）打开一个图纸，其中已绘制好一零件图形，如图 4-43 所示。

（2）单击【注释】面板中的【线性】按钮，执行【线性标注】命令，具体操作如下。

```
命令：_dimlinear
指定第一条尺寸界线原点或 <选择对象>:                   //指定标注对象起点
指定第二条尺寸界线原点：                               //指定标注对象终点
指定尺寸线位置或
[多行文字(M)/文字(T)/角度(A)/水平(H)/垂直(V)/旋转(R)]:
标注文字 = 48                                         //单击左键，确定尺寸线放置位置，完成操作
```

（3）用同样的方法标注其他水平或垂直方向的尺寸，标注完成后，其效果如图 4-44 所示。

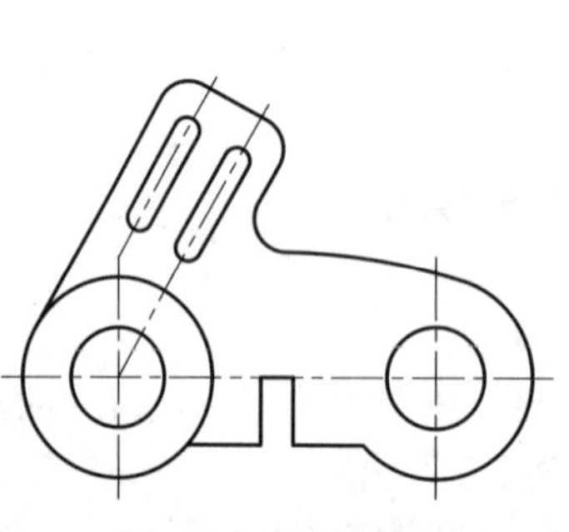

图 4-43 素材图形

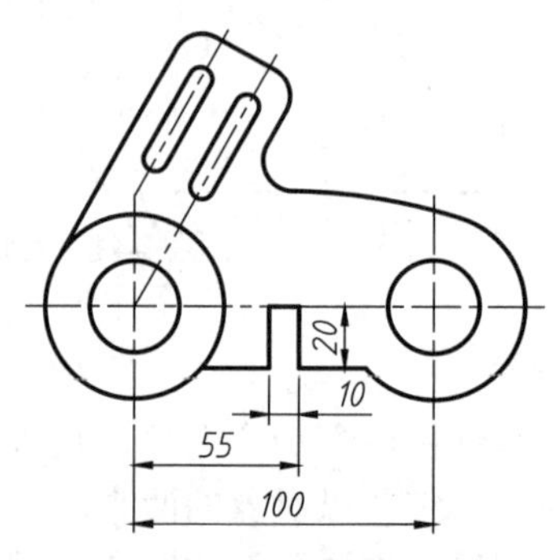

图 4-44 线性标注结果

4.5 对齐标注

在对直线段进行标注时，如果该直线的倾斜角度未知，那么使用【线性标注】的方法将无法得到准确的测量结果，这时可以使用【对齐标注】完成如图 4-45 所示的标注效果。

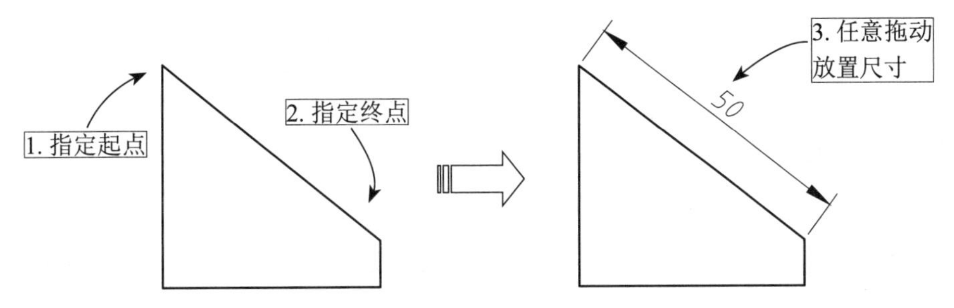

图 4-45 对齐标注

4.5.1 操作方式

在 AutoCAD 中调用【对齐标注】有如下几种常用方法。

（1）功能区：在【默认】选项卡中，单击【注释】面板中的【对齐】按钮，如图 4-46 所示。

（2）菜单栏：执行【标注】|【对齐】命令，如图 4-47 所示。

（3）命令行：DIMALIGNED 或 DAL。

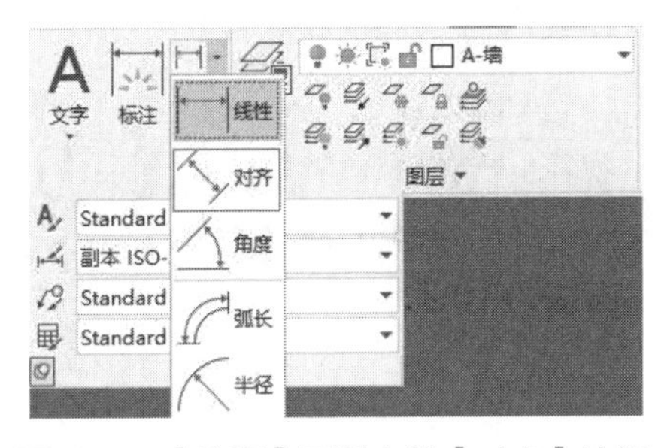

图 4-46 【注释】面板中的【对齐】按钮

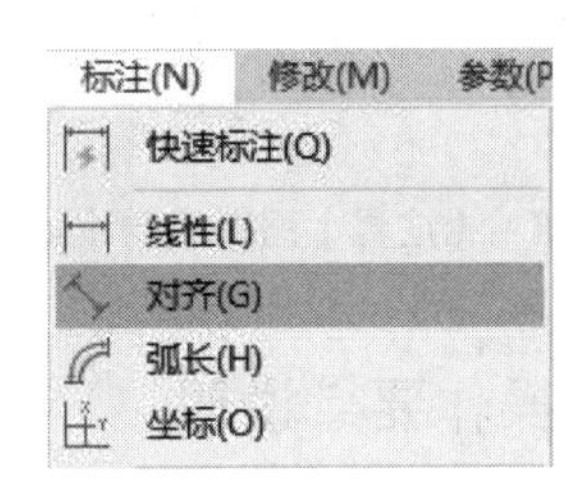

图 4-47 【对齐】菜单命令

4.5.2 操作要点说明

【对齐标注】的使用方法与【线性标注】相同，指定两目标点后就可以创建尺寸标注，命令行操作如下。

```
命令: _dimaligned
指定第一条尺寸界线原点或 <选择对象>:            //指定测量的起点
指定第二条尺寸界线原点:                        //指定测量的终点
指定尺寸线位置或                              //放置标注尺寸，结束操作
[多行文字(M)/文字(T)/角度(A)]:
标注文字 = 50
```

命令行中各选项含义与【线性标注】中的一致，这里不再赘述。

4.6 半径标注

利用【半径标注】可以快速标注圆或圆弧的半径大小，系统自动在标注值前添加半径符号“*R*”。

4.6.1 操作方式

执行【半径标注】命令的方法有以下几种。

（1）功能区：在【默认】选项卡中，单击【注释】面板中的【半径】按钮，如图 4-48 所示。

（2）菜单栏：执行【标注】|【半径】命令，如图 4-49 所示。

（3）命令行：DIMRADIUS 或 DRA。

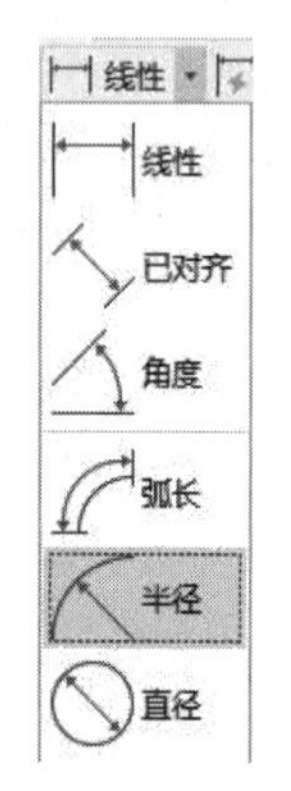

图 4-48 【注释】面板中的【半径】按钮

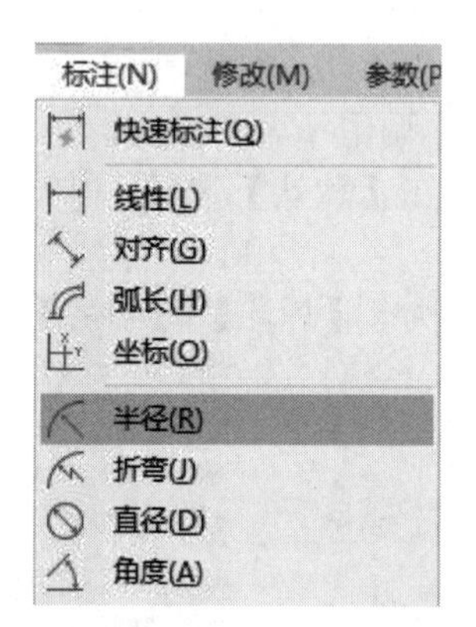

图 4-49 【半径】菜单命令

4.6.2 操作要点说明

执行任一命令后，命令行提示选择需要标注的对象，单击圆或圆弧即可生成半径标注，拖动指针在合适的位置放置尺寸线。该标注方法的操作示例如图 4-50 所示，命令行操作过程如下。

```
命令：_dimradius                              //执行【半径】标注命令
选择圆弧或圆：                                //单击选择圆弧 A
标注文字 = 150
指定尺寸线位置或 [多行文字(M)/文字(T)/角度(A)]：
                                              //在圆弧内侧合适位置放置尺寸线，结束命令
```

按 Enter 键可重复上一命令，按此方法重复【半径】标注命令，即可标注圆弧 *B* 的半径。

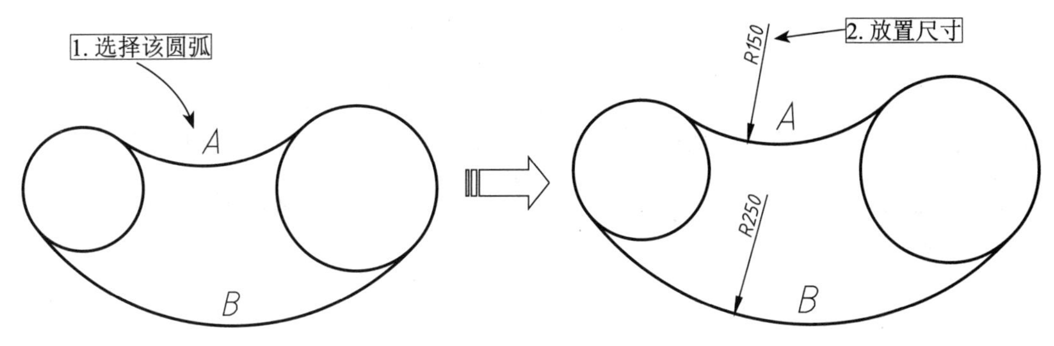

图 4-50 半径标注

【半径标注】中命令行各选项含义与之前所介绍的一致，在此不重复介绍。唯独半径标记“*R*”需引起注意。

在系统默认情况下，系统自动加注半径符号“*R*”。但如果在命令行中选择【多行文字】和【文字】选项重新确定尺寸文字时，只有在输入的尺寸文字前加前缀，才能使标注出的半径尺寸有半径符号“*R*”，否则没有该符号。

4.7 直径标注

利用【直径标注】可以标注圆或圆弧的直径大小，系统自动在标注值前添加直径符号“*Ø*”。

4.7.1 操作方式

执行【直径标注】命令的方法有以下几种。

（1）功能区：在【默认】选项卡中，单击【注释】面板中的【直径】按钮⃠，如图 4-51 所示。

（2）菜单栏：执行【标注】|【角度】命令，如图 4-52 所示。

（3）命令行：DIMDIAMETER 或 DDI。

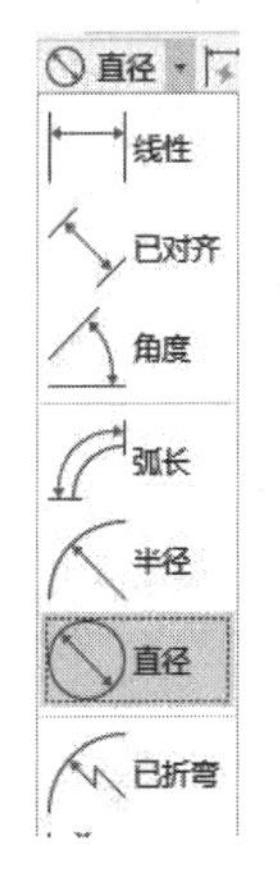

图 4-51 【注释】面板中的【直径】按钮

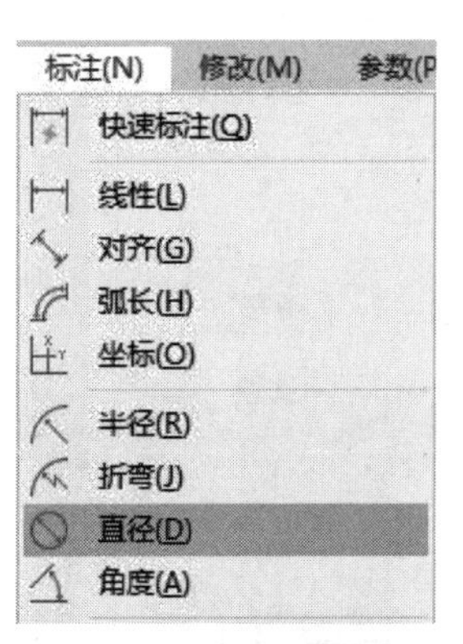

图 4-52 【直径】菜单命令

4.7.2 操作要点说明

直径标注的方法与半径标注的方法相同，执行【直径标注】命令之后，选择要标注的圆弧或圆，然后指定尺寸线的位置即可，如图 4-53 所示，命令行操作如下。

```
命令 : _dimdiameter                                        // 执行【直径】标注命令
选择圆弧或圆 :                                             // 单击选择圆
标注文字 = 160
指定尺寸线位置或 [ 多行文字 (M)/ 文字 (T)/ 角度 (A)]: // 在合适位置放置尺寸线，结束命令
```

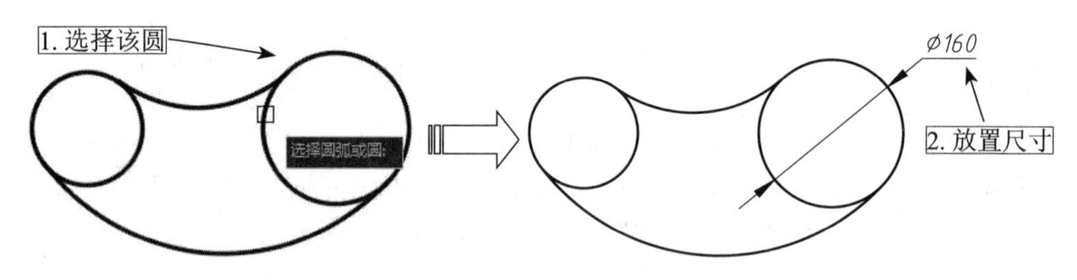

图 4-53 直径标注

【直径标注】中命令行各选项含义与【半径标注】一致，在此不重复介绍。

4.8 角度标注

利用【角度】标注命令不仅可以标注两条呈一定角度的直线或 3 个点之间的夹角，若选择圆弧，还可以标注圆弧的圆心角。

4.8.1 操作方式

在 AutoCAD 中调用【角度】标注有如下几种方法。

（1）功能区：在【默认】选项卡中，单击【注释】面板中的【角度】按钮，如图 4-54 所示。

（2）菜单栏：执行【标注】|【角度】命令，如图 4-55 所示。

（3）命令行：DIMANGULAR 或 DAN。

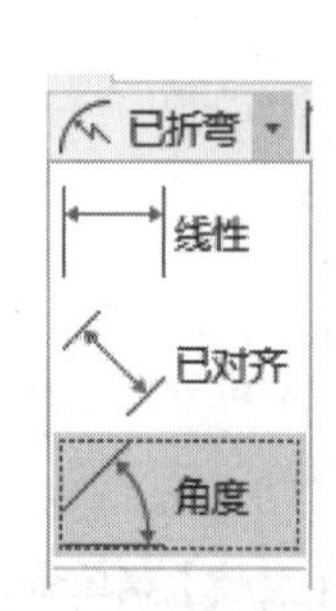

图 4-54 【注释】面板中的【角度】按钮

图 4-55 【角度】菜单命令

4.8.2 操作要点说明

通过以上任意一种方法执行该命令后，选择图形上要标注角度尺寸的对象，即可进行标注。操作示例如图 4-56 所示，命令行操作过程如下。

```
命令：_dimangular
选择圆弧、圆、直线或 <指定顶点>:                    //选择直线CO
选择第二条直线：                                    //选择直线AO
指定标注弧线位置或 [多行文字(M)/文字(T)/角度(A)/象限点(Q)]:
                                                    //在锐角内放置圆弧线，结束命令
标注文字 = 45
↙                                                   //按Enter键，重复【角度标注】命令
命令：_dimangular                                   //执行【角度标注】命令
选择圆弧、圆、直线或 <指定顶点>:                    //选择圆弧AB
指定标注弧线位置或 [多行文字(M)/文字(T)/角度(A)/象限点(Q)]:
                                                    //在合适位置放置圆弧线，结束命令
标注文字 = 50
```

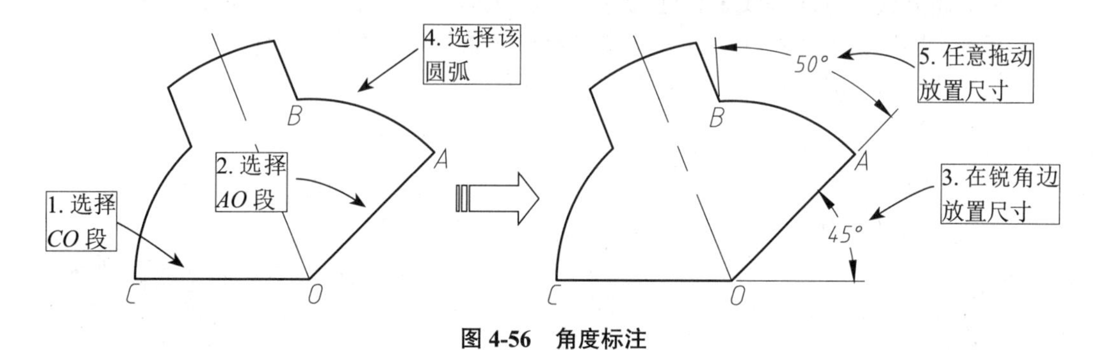

图 4-56 角度标注

【角度标注】同【线性标注】一样，也可以选择具体的对象来进行标注，其他选项含义均一样，在此不重复介绍。

4.9 基线标注

【基线】标注用于以同一尺寸界线为基准的一系列尺寸标注，即从某一点引出的尺寸界线作为第一条尺寸界线，依次进行多个对象的尺寸标注。

4.9.1 操作方式

在 AutoCAD 2022 中调用【基线】标注有如下几种常用方法。

（1）功能区：在【注释】选项卡中，单击【标注】面板中的【基线】按钮，如图 4-57 所示。

（2）菜单栏：执行【标注】|【基线】命令，如图 4-58 所示。

（3）命令行：DIMBASELINE 或 DBA。

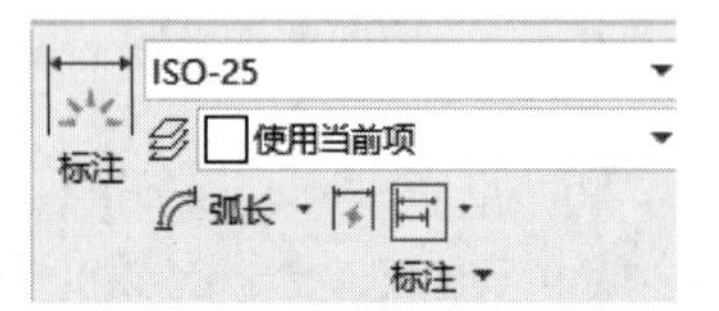

图 4-57 【标注】面板上的【基线】按钮

图 4-58 【基线】菜单命令

4.9.2 操作要点说明

按上述方式执行【基线】标注命令后，将光标移动到第一条尺寸界线起点，单击鼠标左键，即完成一个尺寸标注。重复拾取第二条尺寸界线的终点即可以完成一系列基线尺寸的标注，如图 4-59 所示，命令行操作如下。

```
命令：_dimbaseline                                  //执行【基线】标注命令
选择基准标注：                                      //选择作为基准的标注
指定第二条尺寸界线原点或 [选择(S)/放弃(U)] <选择>:
                                                    //指定标注的下一点，系统自动放置尺寸
标注文字 = 20
指定第二条尺寸界线原点或 [选择(S)/放弃(U)] <选择>:
                                                    //指定标注的下一点，系统自动放置尺寸
标注文字 = 30
指定第二条尺寸界线原点或 [选择(S)/放弃(U)] <选择>:↙     //按Enter键完成标注
选择基准标注：↙                                     //按Enter键结束命令
```

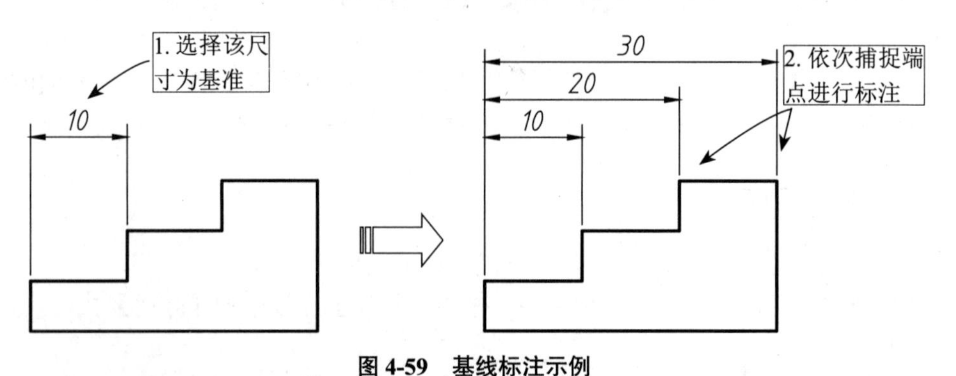

图 4-59 基线标注示例

【基线】标注的各命令行选项与【连续】标注相同，在此不重复介绍。

在机械零件图中，为了确定零件上各结构特征（点、线、面）的位置关系，必须确定一个“基准”，因此“基准”即是零件上用来确定其他点、线、面的位置所依据的点、线、面。在加工过程中，作为基准的点、线、面应首先加工出来，以便尽快为后续工序的加工提供精基准，称为“基准先行”。而到了质检环节，各尺寸的校验也应以基准为准。

在零件图中如果各尺寸标注边共用一个点、线、面，则可以认定该点、线、面为定位基准。如图4-60中的平面*A*，即是平面*B*、平面*C*以及平面*D*的基准，在加工时需先精加工平面*A*，才能进行其他平面的加工；同理，图4-61中的平面*E*是平面*F*和平面*G*的设计基准，也是*Ø*16孔的垂直度和平面*F*平行度的设计基准（形位公差的基准以基准符号为准）。

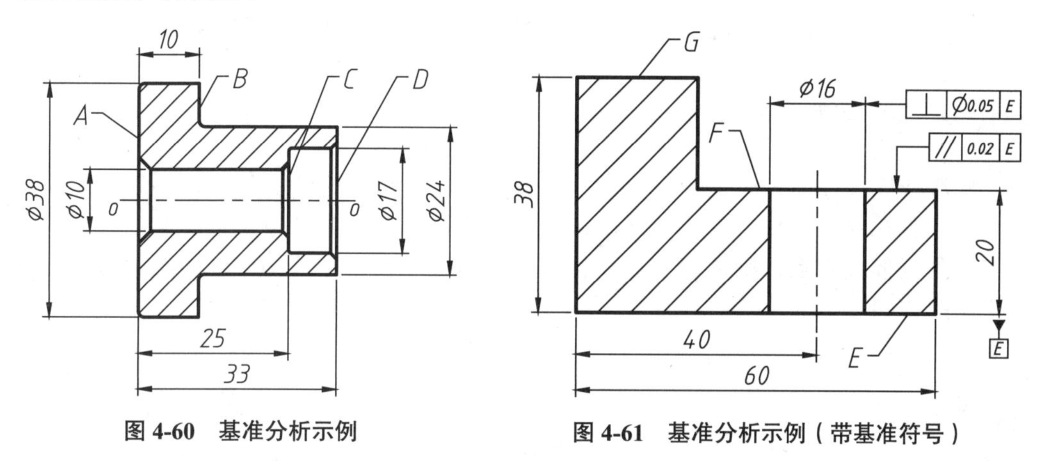

图4-60 基准分析示例

图4-61 基准分析示例（带基准符号）

设计点拨：如图4-60所示的钻套中心线*O-O*是各外圆表面*Ø*38、*Ø*24及内孔*Ø*10、*Ø*17的设计基准。

4.10 连续标注

【连续】标注是以指定的尺寸界线（必须以【线性】【坐标】或【角度】标注界限）为基线进行标注，但连续标注所指定的基线仅作为与该尺寸标注相邻的连续标注尺寸的基线，以此类推，下一个尺寸标注都以前一个标注与其相邻的尺寸界线为基线进行标注。

4.10.1 操作方式

在AutoCAD 2022中调用【连续】标注有如下几种常用方法。

（1）功能区：在【注释】选项卡中，单击【标注】面板中的【连续】按钮，如图4-62所示。

（2）菜单栏：执行【标注】|【连续】命令，如图4-63所示。

（3）命令行：DIMCONTINUE或DCO。

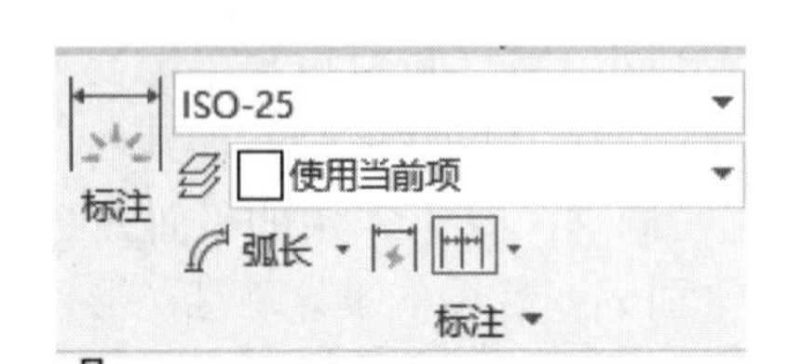

图 4-62 【标注】面板上的【连续】按钮

图 4-63 【连续】菜单命令

4.10.2 操作要点说明

标注连续尺寸前，必须存在一个尺寸界线起点。进行连续标注时，系统默认将上一个尺寸界线的终点作为连续标注的起点，提示用户选择第二条延伸线起点，重复指定第二条延伸线起点，则创建出连续标注。连续标注在进行墙体标注时极为方便，其效果如图 4-64 所示，命令行操作如下。

```
命令：_dimcontinue                                    //执行【连续标注】命令
选择连续标注：                                        //选择作为基准的标注
指定第二条尺寸界线原点或 [选择(S)/放弃(U)] <选择>:
                                                      //指定标注的下一点，系统自动放置尺寸
标注文字 = 2400
指定第二条尺寸界线原点或 [选择(S)/放弃(U)] <选择>:
                                                      //指定标注的下一点，系统自动放置尺寸
标注文字 = 1400
指定第二条尺寸界线原点或 [选择(S)/放弃(U)] <选择>:
                                                      //指定标注的下一点，系统自动放置尺寸
标注文字 = 1600
指定第二条尺寸界线原点或 [选择(S)/放弃(U)] <选择>:
                                                      //指定标注的下一点，系统自动放置尺寸
标注文字 = 820
指定第二条尺寸界线原点或 [选择(S)/放弃(U)] <选择>:↙
                                                      //按Enter键完成标注
选择连续标注：*取消*↙                                  //按Enter键结束命令
```

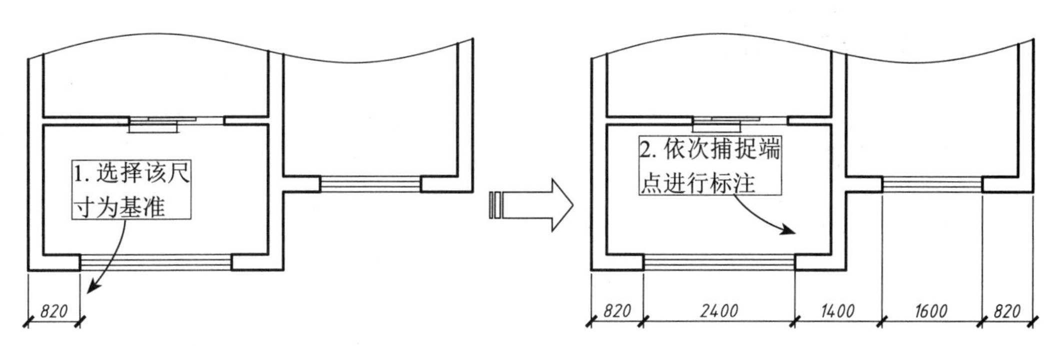

图 4-64 连续标注示例

在执行连续标注时，可随时执行命令行中的【选择（S)】选项进行重新选取，也可以执行【放弃（U)】命令回退到上一步进行操作。

4.11 圆心标记

【圆心标记】可以用来标注圆和圆弧的圆心位置。

4.11.1 操作方式

调用【圆心标记】命令有以下几种方法。

（1）功能区：在【注释】选项卡中，单击【标注】滑出面板上的【圆心标记】按钮⊕，如图 4-65 所示。

（2）菜单栏：选择【标注】|【圆心标记】命令，如图 4-66 所示。

（3）命令行：DIMCENTER 或 DCE。

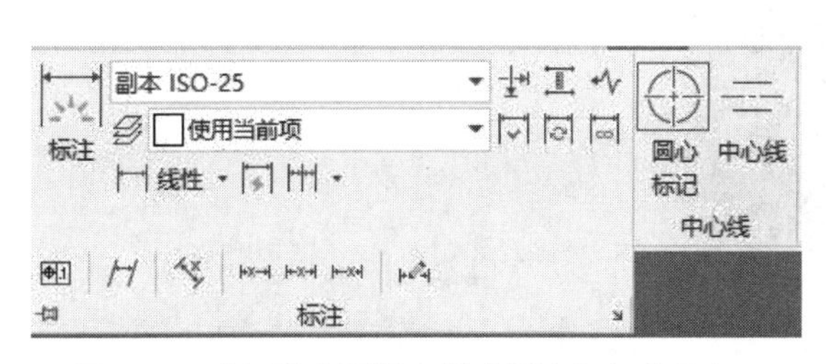

图 4-65 【标注】面板上的【圆心标记】按钮

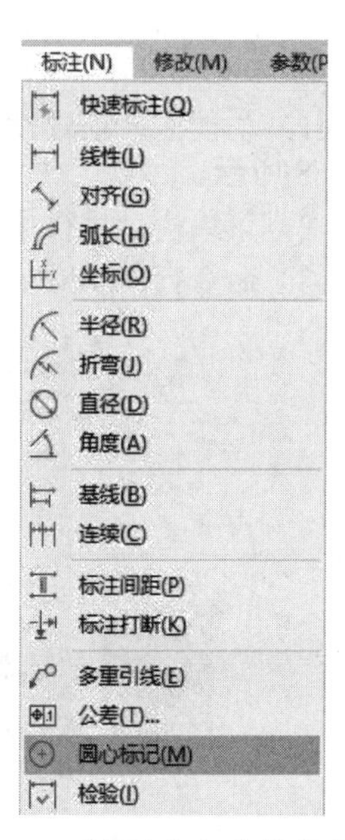

图 4-66 【圆心标记】菜单命令

4.11.2 操作要点说明

【圆心标记】的操作十分简单，执行命令后选择要添加标记的圆或圆弧即可放置，如图 4-67 所示。命令行操作如下。

```
命令：_dimcenter↙                          //调用【圆心标记】命令
选择圆弧或圆：                              //选择圆
```

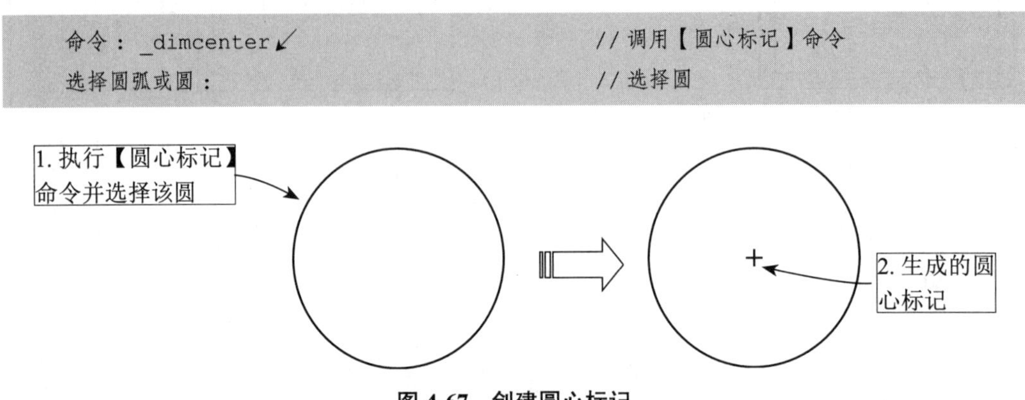

图 4-67 创建圆心标记

圆心标记符号由两条正交直线组成，可以在【修改标注样式】对话框的【符号和箭头】选项卡中设置圆心标记符号的大小。对符号大小的修改只对修改之后的标注起作用。

4.12 坐标标注

【坐标】标注是一类特殊的引注，用于标注某些点相对于 UCS 坐标原点的 *X* 和 *Y* 坐标。

4.12.1 操作方式

在 AutoCAD 2022 中调用【坐标】标注有如下几种常用方法。

（1）功能区：在【默认】选项卡中，单击【注释】面板上的【坐标】按钮，如图 4-68 所示。

（2）菜单栏：执行【标注】|【坐标】命令，如图 4-69 所示。

（3）命令行：DIMORDINATE/DOR。

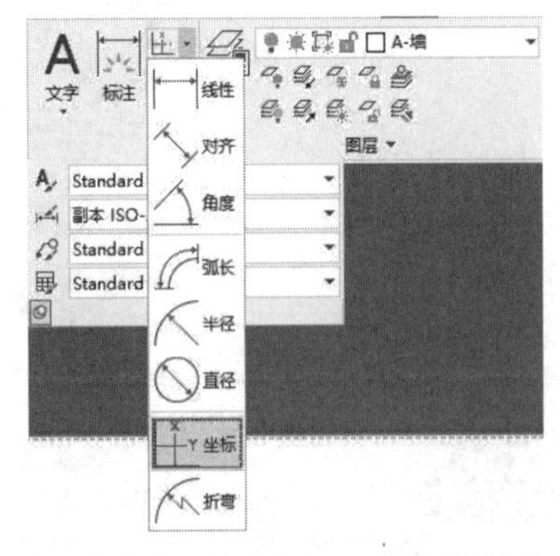

图 4-68【注释】面板中的【坐标】按钮

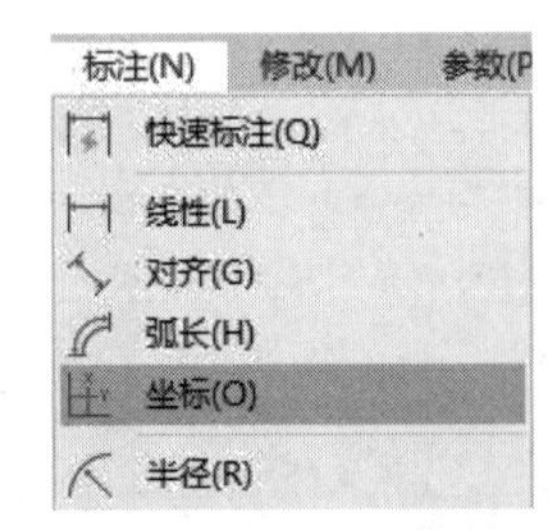

图 4-69 【坐标】菜单命令

4.12.2 操作要点说明

按上述方法执行【坐标】命令后，指定标注点，即可进行坐标标注，如图 4-70 所示，命令行提示如下。

```
命令：_dimordinate
指定点坐标：
指定引线端点或 [X 基准(X)/Y 基准(Y)/多行文字(M)/文字(T)/角度(A)]:
标注文字 = 100
```

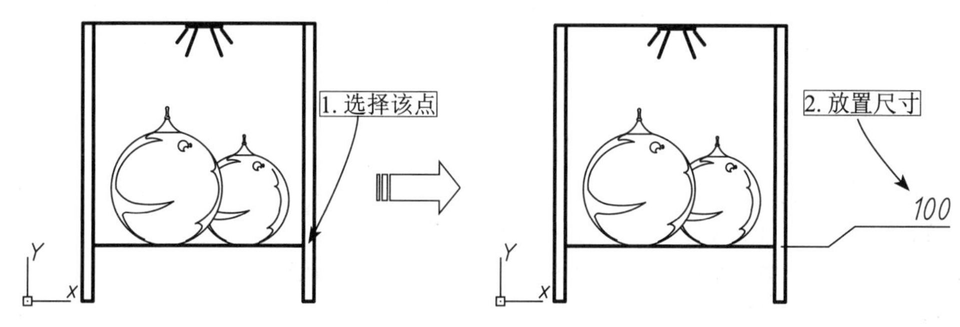

图 4-70 坐标标注

命令行各选项的含义说明如下。

【指定引线端点】：通过拾取绘图区中的点确定标注文字的位置。

【X 基准（X）】：系统自动测量所选择点的 *X* 轴坐标值并确定引线和标注文字的方向，如图 4-71 所示。

【Y 基准（Y）】：系统自动测量所选择点的 *Y* 轴坐标值并确定引线和标注文字的方向，如图 4-72 所示。

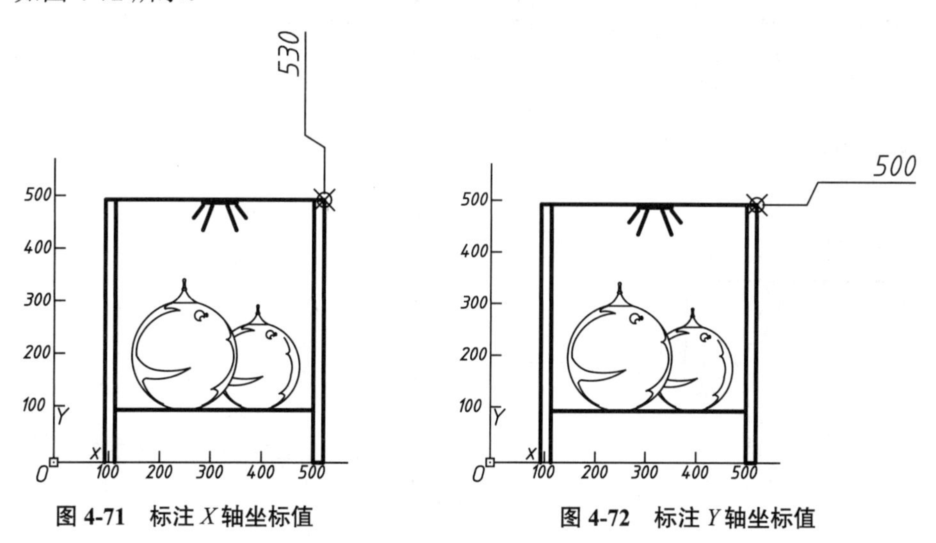

图 4-71 标注 *X* 轴坐标值　　图 4-72 标注 *Y* 轴坐标值

操作技巧： 也可以通过移动光标的方式在【X 基准（X）】和【Y 基准（Y）】中来回切换，光标上、下移动为 *X* 轴坐标；光标左、右移动为 *Y* 轴坐标。

【多行文字（M）】：选择该选项可以通过输入多行文字的方式输入多行标注文字。

【文字（T）】：选择该选项可以通过输入单行文字的方式输入单行标注文字。

【角度（A）】：选择该选项可以设置标注文字的方向与 *X*（*Y*）轴夹角，系统默认为0°，与【线性标注】中的选项一致。

4.13 快速标注

在 AutoCAD 2022 中，将一些常用标注综合成了一个方便快速的标注命令即【快速标注】命令。调用该命令时，只需选择需要标注的图形对象，AutoCAD 就针对不同的标注对象自动选择合适的标注类型，并快速标注尺寸。

4.13.1 操作方式

调用该命令的方法如下。

（1）菜单栏：调用【标注】|【快速标注】菜单命令。

（2）工具栏：单击【标注】工具栏上的【快速标注】按钮。

（3）命令行：QDIM。

4.13.2 操作要点说明

单击【标注】工具栏中的【快速标注】按钮，根据命令行提示对原始文件进行快速标注，结果如图 4-73 所示，命令行提示如下。

```
命令：_qdim
关联标注优先级 = 端点
选择要标注的几何图形：指定对角点：找到 8 个          //框选所有图形
选择要标注的几何图形：↙                              //按 Enter 键确认选中的图形
指定尺寸线位置或 [连续(C)/并列(S)/基线(B)/坐标(O)/半径(R)/直径(D)/基准点(P)/编辑(E)/设置(T)] <连续>:    //确定尺寸线的位置
```

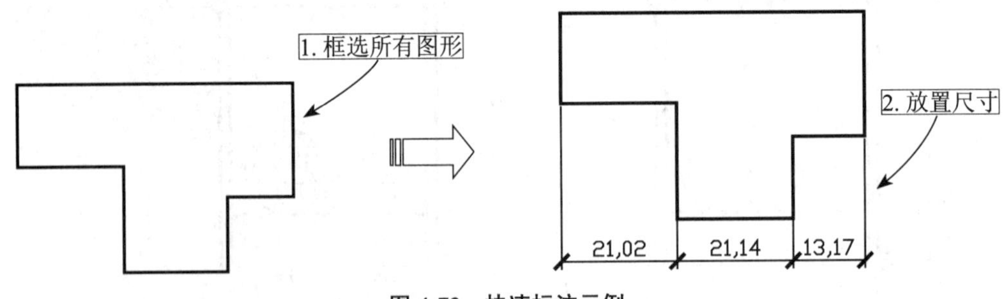

图 4-73 快速标注示例

4.14　多重引线标注

使用【多重引线】工具添加和管理所需的引出线，不仅能够快速地标注装配图的证件号和引出公差，而且能够更清楚地标识制图的标准、说明等内容。此外，还可以通过修改【多重引线样式】对引线的格式、类型以及内容进行编辑。因此本节便按“创建多重引线标注”和“管理多重引线样式”两部分进行介绍。

4.14.1　操作方式

在 AutoCAD 2022 中启用【多重引线】标注有如下几种常用方法。

（1）功能区：在【默认】选项卡中，单击【注释】面板上的【引线】按钮，如图 4-74 所示。

（2）菜单栏：执行【标注】|【多重引线】命令，如图 4-75 所示。

（3）命令行：MLEADER 或 MLD。

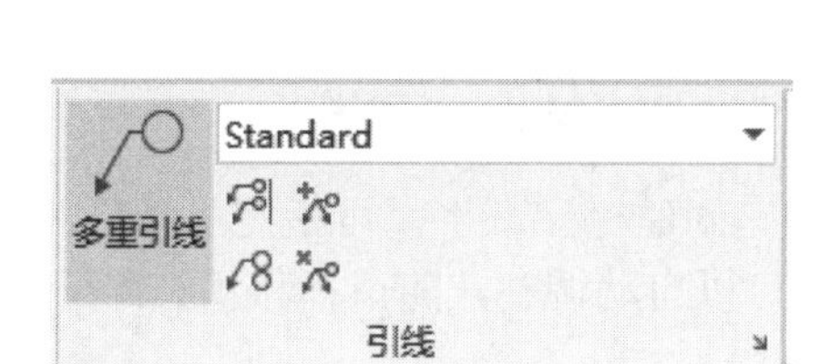

图 4-74　【注释】面板上的【引线】按钮

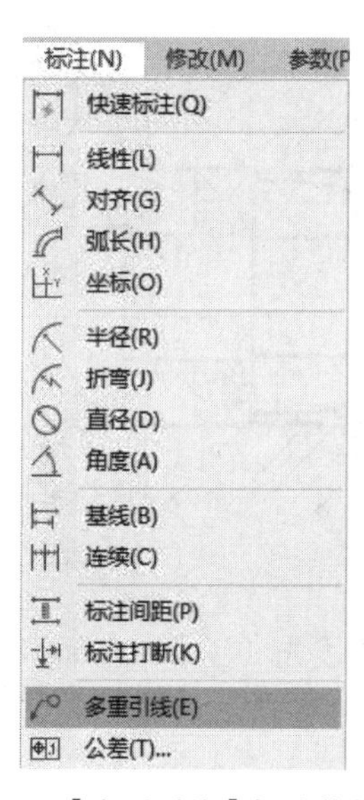

图 4-75　【多重引线】标注菜单命令

4.14.2　操作要点说明

执行上述任一命令后，在图形中单击确定引线箭头位置；然后在打开的文字输入窗口中输入注释内容即可，如图 4-76 所示，命令行提示如下。

```
命令：_mleader                    //执行【多重引线】命令
指定引线箭头的位置或 [引线基线优先(L)/内容优先(C)/选项(O)] <选项>:
                                  //指定引线箭头位置
指定引线基线的位置：              //指定基线位置，并输入注释文字，空白处单击即可结束命令
```

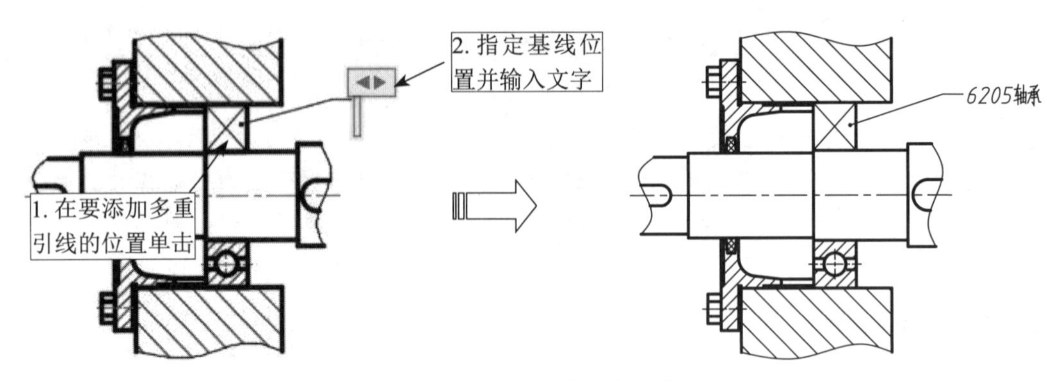

图 4-76　多重引线标注示例

命令行中各选项含义说明如下。

【引线基线优先（L）】：选择该选项，可以颠倒多重引线的创建顺序，为先创建基线位置（即文字输入的位置），再指定箭头位置，如图 4-77 所示。

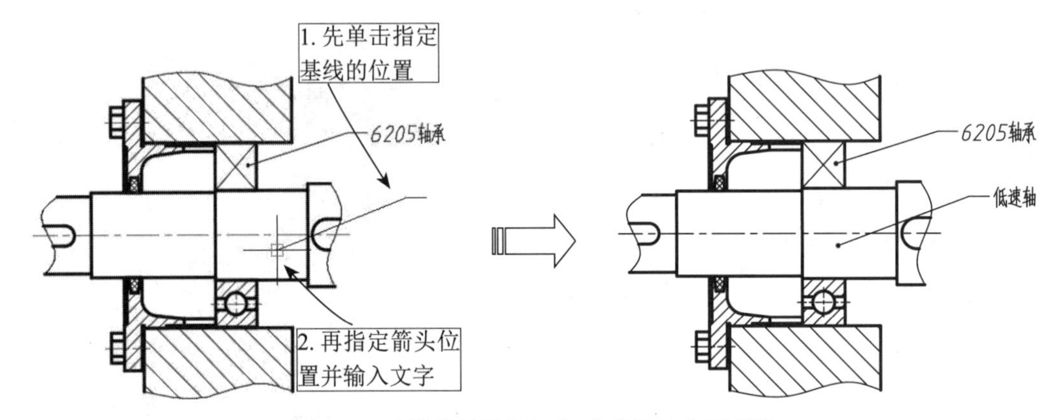

图 4-77　【引线基线优先（L）】标注多重引线

【内容优先（C）】：选择该选项，可以先创建标注文字，再指定引线箭头来进行标注，如图 4-78 所示。该方式下的基线位置可以自动调整，随鼠标移动方向而定。

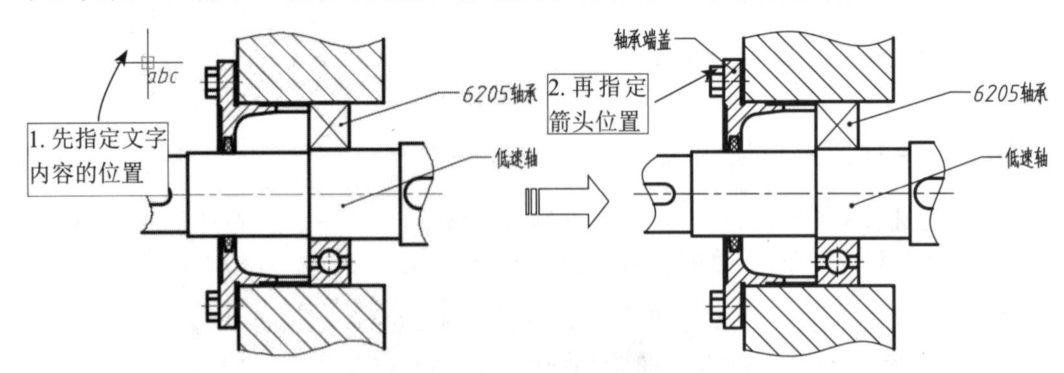

图 4-78　【内容优先（C）】标注多重引线

如果执行【多重引线】中的【选项（O）】命令，则命令行出现如下提示。

```
输入选项 [引线类型(L)/引线基线(A)/内容类型(C)/最大节点数(M)/第一个角度(F)/第二个角度(S)/退出选项(X)] <退出选项>:
```

【引线类型（L）】可以设置多重引线的处理方法，其下还分有3个子选项，介绍如下。

【直线（S）】：将多重引线设置为直线形式，如图4-79所示，为默认的显示状态。

【样条曲线（P）】：将多重引线设置为样条曲线形式，如图4-80所示，适合在一些凌乱、复杂的图形环境中进行标注。

图4-79 【直线（S）】形式的多重引线　　图4-80 【样条曲线（P）】形式的多重引线

【无（N）】：创建无引线的多重引线，效果就相当于【多行文字】，如图4-81所示。

图4-81 【无（N）】形式的多重引线

【引线基线（A）】选项可以指定是否添加水平基线。如果输入【是】，将提示设置基线的长度，效果同【多重引线样式管理器】中的【设置基线距离】文本框。

【内容类型（C）】选项可以指定要用于多重引线的内容类型，其下同样有3个子选项，介绍如下。

【块（B）】：将多重引线后面的内容设置为指定图形中的块，如图4-82所示。

【多行文字（M）】：将多重引线后面的内容设置为多行文字，如图4-83所示，为默认设置。

【无（N）】：指定没有内容显示在引线的末端，显示效果为一纯引线，如图4-84所示。

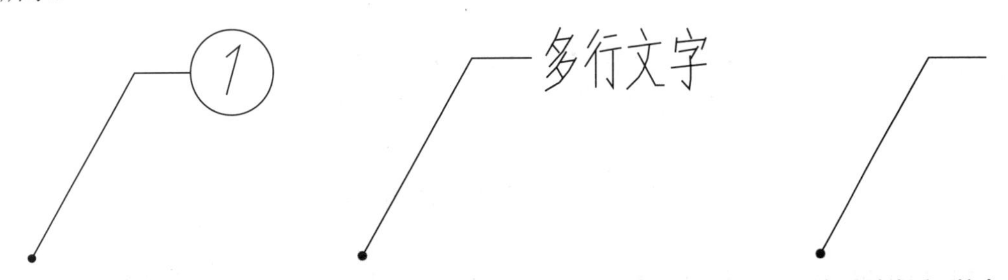

图4-82 多重引线后接图块　　图4-83 多重引线后接多行文字　　图4-84 多重引线后不接内容

【最大节点数（M）】选项可以指定新引线的最大点数或线段数。选择该选项后命令行出现如下提示。

```
输入引线的最大节点数 <2>:        //输入【多重引线】的节点数，默认为2，即由两条线段构成
```

所谓节点，可简单理解为在创建【多重引线】时鼠标的单击点（指定的起点即为第1点）。不同的节点数显示效果如图4-85所示；而当选择【样条曲线（P)】形式的多重引线时，节点数即相当于样条曲线的控制点数，效果如图4-86所示。

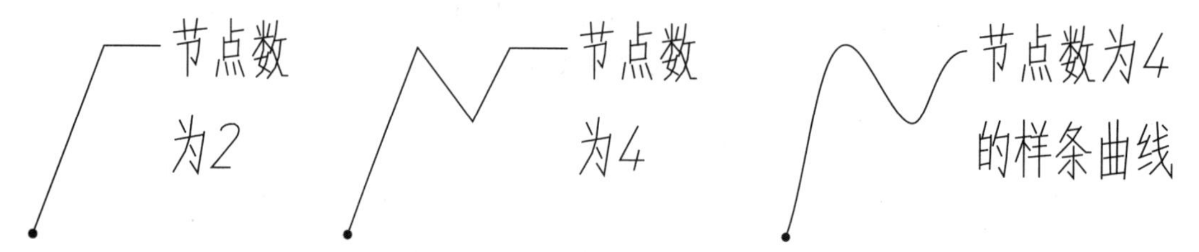

图4-85 不同节点数的多重引线　　图4-86 样条曲线形式下的多节点引线

【第一个角度（F)】选项可以约束新引线中的第一个点的角度；【第二个角度（S)】选项则可以约束新引线中的第二个角度。这两个选项联用可以创建外形工整的多重引线，效果如图4-87所示。

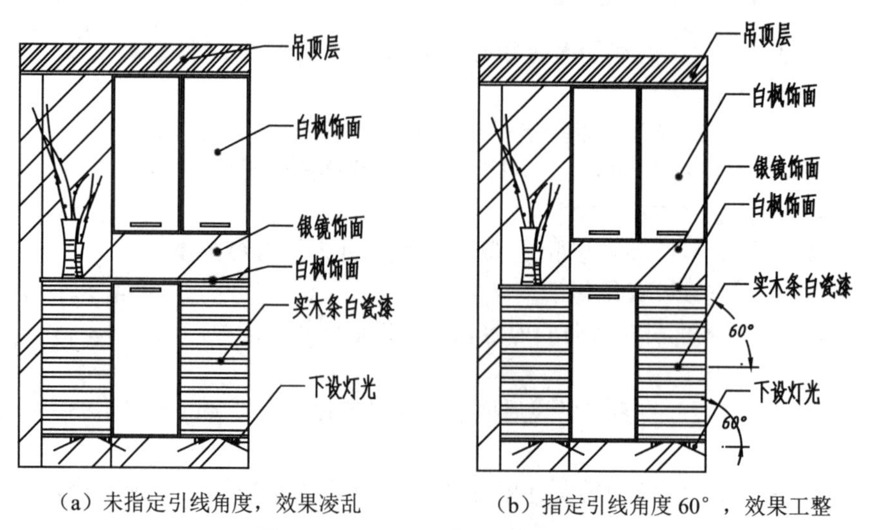

（a）未指定引线角度，效果凌乱　　（b）指定引线角度60°，效果工整

图4-87 设置多重引线的角度效果

设计点拨： 机械装配图中对引线的规范、整齐有严格的要求，因此设置合适的引线角度，可以让机械装配图的引线标注达到事半功倍的效果，且外观工整，彰显专业。

4.15 快速引线标注

【快速引线】标注命令是AutoCAD常用的引线标注命令，相较于【多重引线】来说，【快速引线】是一种形式较为自由的引线标注，其结构组成如图4-88所示，其中转折次数可以设置，注释内容也可设置为其他类型。

4.15.1 操作方式

【快速引线】命令只能在命令行中输入 QLEADER 或 LE 来执行。

在命令行中输入 QLEADER 或 LE，然后按 Enter 键，此时命令行提示如下。

```
命令 : LE                                              // 执行【快速引线】命令
QLEADER
指定第一个引线点或 [ 设置 (S)] < 设置 >:                 // 指定引线箭头位置
指定下一点 :                                           // 指定转折点位置
指定下一点 :                                           // 指定要放置内容的位置
指定文字宽度 <0>:↙                                     // 输入文本宽度或保持默认
输入注释文字的第一行 < 多行文字 (M)>: 快速引线↙          // 输入文本内容
输入注释文字的下一行 : ↙                                // 指定下一行内容或按 Enter 键完成操作
```

4.15.2 操作要点说明

在命令行中输入 S，系统弹出【引线设置】对话框，如图 4-89 所示，可以在其中对引线的注释、引出线和箭头、附着等参数进行设置。

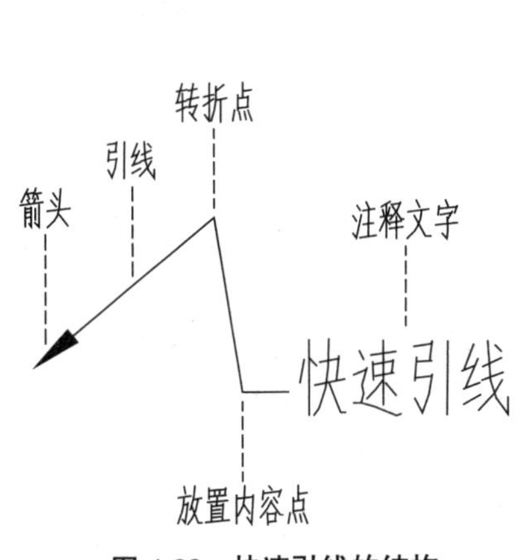

图 4-88 快速引线的结构

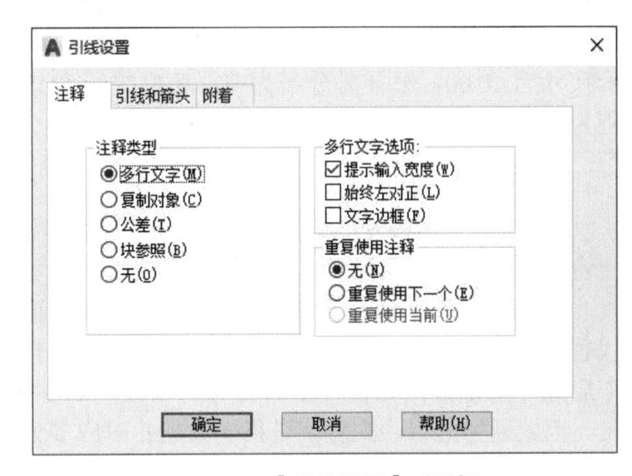

图 4-89 【引线设置】对话框

4.16 尺寸公差的标注

尺寸公差是指实际加工出的零件与理想尺寸之间的偏差，公差即这种误差的限定范围，在零件图上重要的尺寸均需要标明公差值。

4.16.1 机械行业中的尺寸公差

在机械设计的制图工作中，标注尺寸公差是其中很重要的一项工作内容。而要想掌握好尺寸公差的标注，就必须先了解什么是尺寸公差。

1. 公差

尺寸公差是一种对误差的控制。举个例子来说，某零件的设计尺寸是 Ø25mm，要加工 8 个，由于误差的存在，最后做出来的成品尺寸如表 4-1 所示。

表 4-1 加工结果（单位：mm）

设计尺寸	1号	2号	3号	4号	5号	6号	7号	8号
Ø25.00	Ø24.3	Ø24.5	Ø24.8	Ø25	Ø25.2	Ø25.5	Ø25.8	Ø26.2

如果不了解尺寸公差的概念，可能就会认为只有 4 号零件符号要求，其余都属于残次品。其实不然，如果 Ø25mm 的尺寸公差为 ±0.4mm，那尺寸在 Ø25±0.4 之间的零件都能算合格产品（3、4、5 号）。

上文判断该零件是否合格，取决于零件尺寸是否在 Ø25±0.4mm 这个范围之内。因此，Ø25±0.4mm 这个范围就显得十分重要了，那这个范围又该如何确定呢？这个范围通常可以根据设计人员的经验确定，但如果要与其他零件配合，则必须严格按照国家标准（GB/T 1800）进行取值。

这些公差从 A 到 Z 共计 22 个公差带（大小写字母容易混淆的除外，大写字母表示孔，小写字母表示轴），精度等级从 IT1 到 IT13 共计 13 个等级。通过选择不同的公差带，再选用相应的精度等级，就可以最终确定尺寸的公差范围。例如 Ø100H8，则表示尺寸为 Ø100，公差带分布为 H，精度等级为 IT8，通过查表就可以知道该尺寸的范围为 100.00~10.054mm。

2. 配合

Ø100H8 表示的是孔的尺寸，与之对应的轴尺寸又该如何确定呢？这时就需要加入配合的概念。

配合是零件之间互换性的基础。而所谓互换性，就是指一个零件，不用改变即可代替另一个零件，并能满足同样要求的能力。例如，自行车坏了，那可以在任意自行车店进行维修，因为自行车店内有可以互换的各种零部件，所以无须返厂进行重新加工。因此通俗地讲，配合就是指多大的孔对应多大的轴。

机械设计中将配合分为三种：间隙配合、过渡配合、过盈配合，分别介绍如下。

（1）间隙配合：间隙配合是指具有间隙（不包括最小间隙等于零）的配合，如图 4-90 所示。间隙配合主要用于活动连接，如滑动轴承和轴的配合。

（2）过渡配合：过渡配合指可能具有间隙或过盈的配合，如图 4-91 所示。过渡配合用于方便拆卸和定位的连接，如滚动轴承内径和轴。

（3）过盈配合：过盈配合即指孔小于轴的配合，如图 4-92 所示。过盈配合属于紧密配合，必须采用特殊工具挤压进去，或利用热胀冷缩的方法才能进行装配。过盈配合主要用在相对位置不能移动的连接，如大齿轮和轮毂。

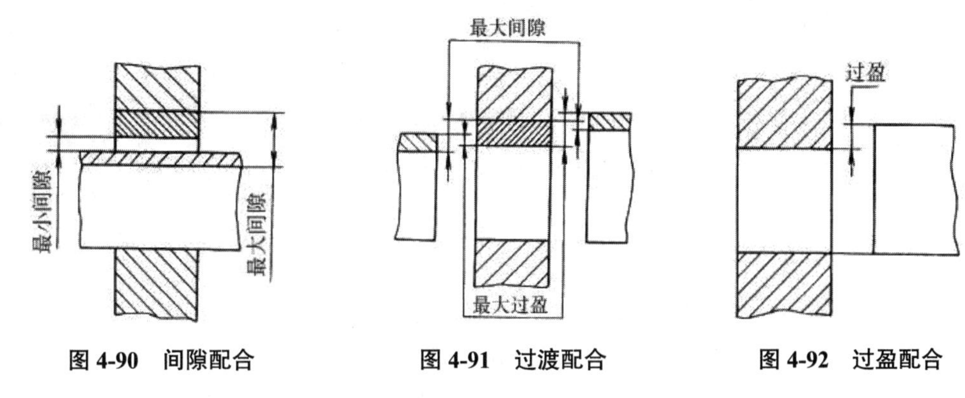

图 4-90 间隙配合　　图 4-91 过渡配合　　图 4-92 过盈配合

孔和轴常用的配合如图 4-93 所示（基孔制），其中灰色显示的为优先选用配合。

基准孔	轴																				
	a	b	c	d	e	f	g	h	js	k	m	n	p	r	s	t	u	v	x	y	z
	间隙配合								过渡配合			过盈配合									
H6						H6/f5	H6/g5	H6/h5	H6/js5	H6/k5	H6/m5	H6/n5	H6/p5	H6/r5	H6/s5	H6/t5					
H7						H7/f6	H7/g6	H7/h6	H7/js6	H7/k6	H7/m6	H7/n6	H7/p6	H7/r6	H7/s6	H7/t6	H7/u6	H7/v6	H7/x6	H7/y6	H7/z6
H8					H8/e7	H8/f7	H8/g7	H8/h7	H8/js7	H8/k7	H8/m7	H8/n7	H8/p7	H8/r7	H8/s7	H8/t7	H8/u7	H8/v7	H8/x7	H8/y7	H8/z7
H8				H8/d8	H8/e8	H8/f8		H8/h8													
H9			H9/c9	H9/d9	H9/e9	H9/f9		H9/h9													
H10			H10/c10	H10/d10				H10/h10													
H11	H11/a11	H11/b11	H11/c11	H11/d11				H11/h11													
H12		H12/b12						H12/h12													

图 4-93 基孔制的优先与常用配合

4.16.2 标注尺寸公差

在 AutoCAD 中有两种添加尺寸公差的方法：一种是通过【标注样式管理器】对话框中的【公差】选项卡修改标注；另一种是编辑尺寸文字，在文本中添加公差值。

1. 通过【文字编辑器】选项卡标注公差

在【公差】选项卡中设置的公差将应用于整个标注样式，因此所有该样式的尺寸标注都将添加相同的公差。实际中零件上不同的尺寸有不同的公差要求，这时就可以双击某个尺寸文字，利用【格式】面板标注公差。

双击尺寸文字之后，进入【文字编辑器】选项卡，如图 4-94 所示。如果是对称公差，可在尺寸值后直接输入“± 公差值”，例如“200±0.5”。如果是非对称公差，在尺寸值后面按“上偏差 ^ 下偏差”的格式输入公差值，然后选择该公差值，单击【格式】面板中的【堆叠】按钮，即可将公差变为上、下标的形式。

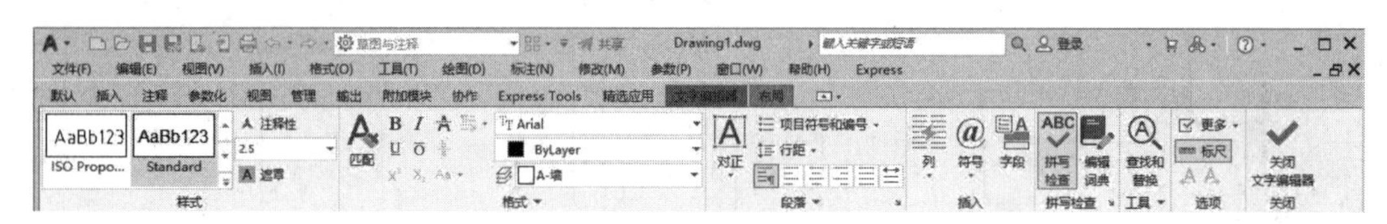

图 4-94 【格式】面板

2. 通过【标注样式管理器】对话框设置公差

选择【格式】|【标注样式】命令，弹出【标注样式管理器】对话框，选择某一个标注样式，切换到【公差】选项卡，如图 4-95 所示。

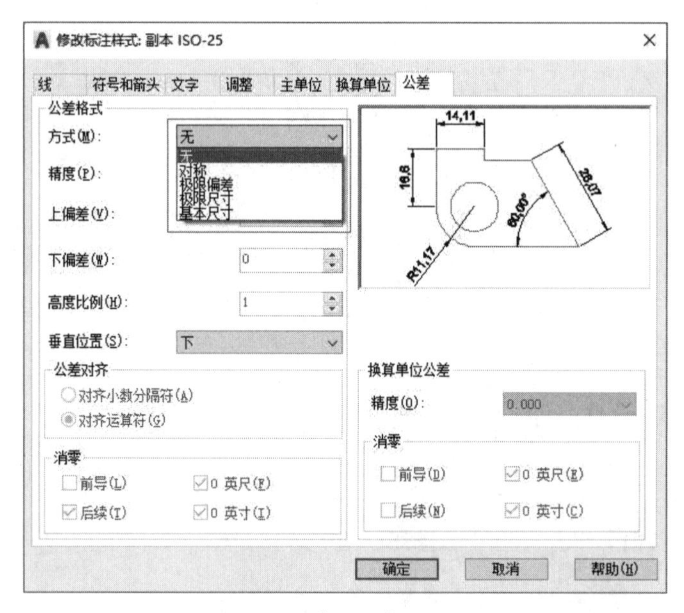

图 4-95 【公差】选项卡

在【公差格式】选项组的【方式】下拉列表框中选择一种公差样式，不同的公差样式所需要的参数也不同。

【对称】：选择此方式，则【下偏差】微调框将不可用，因为上下公差值对称。

【极限偏差】：选择此方式，需要在【上偏差】和【下偏差】微调框中输入上下极限公差。

【极限尺寸】：选择此方式，同样在【上偏差】和【下偏差】微调框中输入上下极限公差，但尺寸上不显示公差值，而是以尺寸的上下极限表示。

【基本尺寸】：选择此方式，将在尺寸文字周围生成矩形方框，表示基本尺寸。

在【公差】选项卡的【公差对齐】选项组下有两个选项，通过这两个选项可以控制公差的对齐方式，各项的含义如下。

【对齐小数分隔符（A）】：通过值的小数分隔符来堆叠值。

【对齐运算符（G）】：通过值的运算符堆叠值。

如图 4-96 所示为【对齐小数分隔符】与【对齐运算符】的标注区别。

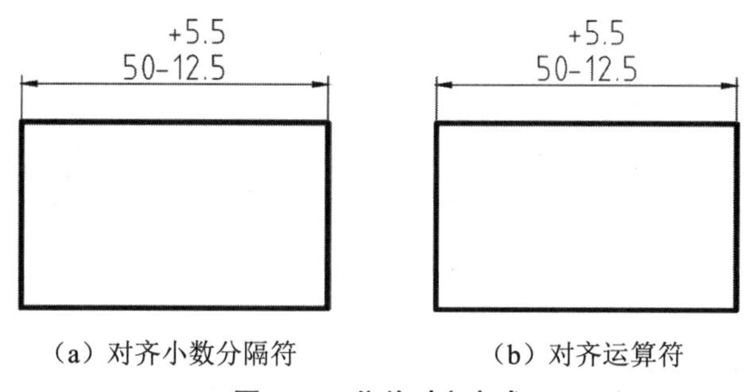

（a）对齐小数分隔符　　（b）对齐运算符

图 4-96　公差对齐方式

4.17　形位公差标注

在产品设计及工程施工时很难做到分毫无差，因此必须考虑形位公差标注，最终产品不仅有尺寸误差，还有形状上的误差和位置上的误差。通常将形状误差和位置误差统称为“形位误差”，这类误差影响产品的功能，因此设计时应规定相应的公差，并按规定的标准符号标注在图样上。

通常情况下，形位公差的标注主要由公差框格和指引线组成，而公差框格内又主要包括公差代号、公差值以及基准代号。其中，第一个特征控制框为一个几何特征符号，表示应用公差的几何特征，例如，位置、轮廓、形状、方向、同轴或跳动，形状公差可以控制直线度、平行度、圆度和圆柱度，典型组成结构如图 4-97 所示。第二个特征控制框为公差值及相关符号。下面简单介绍形位公差的标注方法。

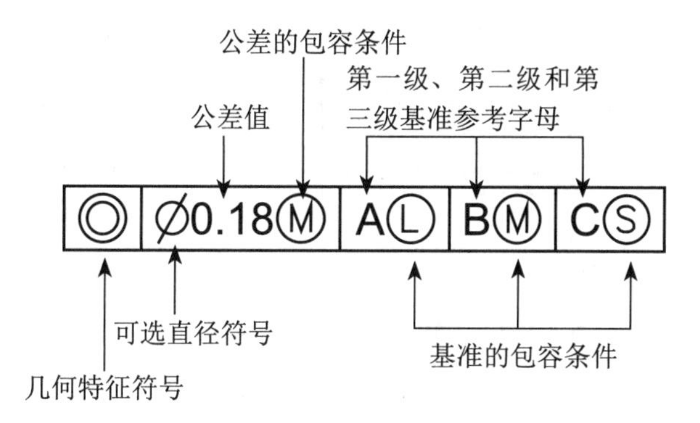

图 4-97　形位公差的组成

4.17.1　操作方式

在 AutoCAD 中启用【形位公差】标注有如下几种常用方法。

（1）功能区：在【注释】选项卡中，单击【标注】面板中的【公差】按钮，如图 4-98 所示。

（2）菜单栏：执行【标注】|【公差】命令，如图 4-99 所示。

（3）命令行：TOLERANCE/TOL。

图 4-98 【标注】面板上的【公差】按钮

图 4-99 【公差】标注菜单命令

4.17.2 操作要点说明

要在 AutoCAD 中添加一个完整的形位公差，可遵循以下 4 步。

（1）绘制基准代号和公差指引。通常在进行形位公差标注之前指定公差的基准位置绘制基准符号，并在图形上的合适位置利用引线工具绘制公差标注的箭头指引线，如图 4-100 所示。

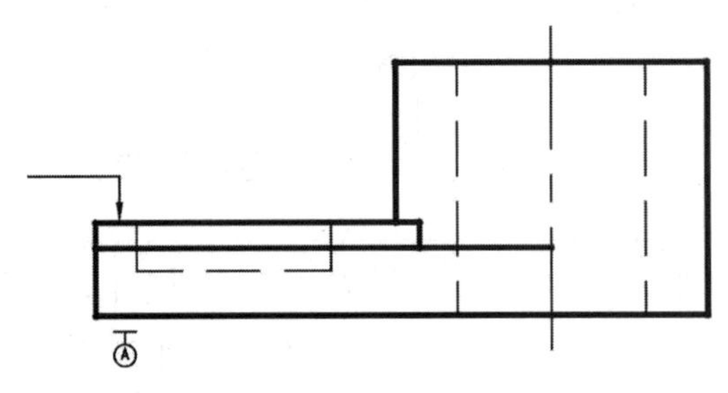

图 4-100 绘制公差基准代号和箭头指引线

（2）指定形位公差符号。通过前文介绍的方法执行【公差】命令后，系统弹出【形位公差】对话框，如图 4-101 所示。选择对话框中的【符号】色块，系统弹出【特征符号】对话框，选择公差符号，即可完成公差符号的指定，如图 4-102 所示。

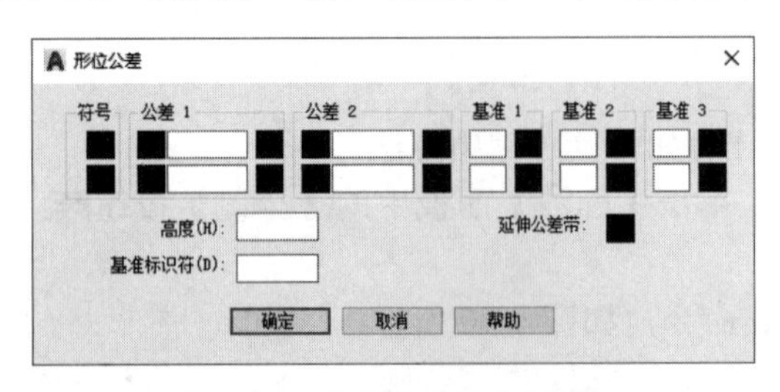

图 4-101 【形位公差】对话框

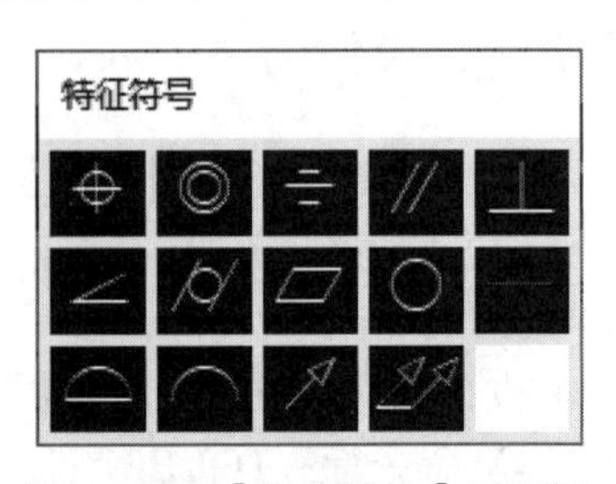

图 4-102 【特征符号】对话框

（3）指定公差值和包容条件。在【公差 1】区域中的文本框中直接输入公差值，并选择后侧的色块弹出【附加符号】对话框，在对话框中选择所需的包容符号即可完成指定。

（4）指定基准并放置公差框格。在【基准 1】区域中的文本框中直接输入该公差基准代号 A，然后单击【确定】按钮，并在图中所绘制的箭头指引处放置公差框格即可完成公差标注，如图 4-103 所示。

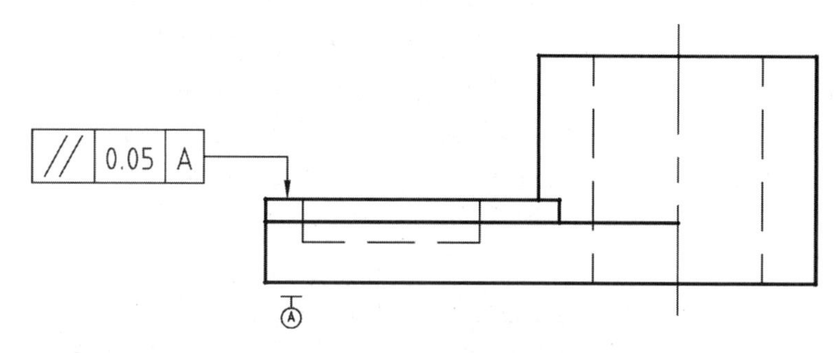

图 4-103　标注形位公差

通过【形位公差】对话框，可添加特征控制框里的各个符号及公差值等。各个区域的含义说明如下。

【符号】区域：单击■框，系统弹出【特征符号】对话框，如图 4-102 所示，在该对话框中选择公差符号。各个符号的含义和类型如表 4-2 所示。再次单击■框，表示清空已填入的符号。

表 4-2　特征符号的含义和类型

符　号	特　征	类　型	符　号	特　征	类　型
⌖	位置	位置	▱	平面度	形状
◎	同轴（同心）度	位置	○	圆度	形状
⌯	对称度	位置	—	直线度	形状
//	平行度	方向	⌓	面轮廓度	轮廓
⊥	垂直度	方向	⌒	线轮廓度	轮廓
∠	倾斜度	方向	↗	圆跳动	跳动
⌭	圆柱度	形状	⌰	全跳动	跳动

【公差 1】和【公差 2】区域：每个【公差】区域包含 3 个框。第一个为■框，单击插入直径符号；第二个为文本框，可输入公差值；第三个■框，单击后弹出【附加符号】对话框（见图 4-104），用来插入公差的包容条件。其中，符号Ⓜ代表材料的一般中等情况，Ⓛ代表材料的最大状况，Ⓢ代表材料的最小状况。

【基准 1】【基准 2】和【基准 3】区域：这 3 个区域用来添加基准参照，3 个区域分别对应第一级、第二级和第三级基准参照。

【高度】文本框：输入特征控制框中的投影公差零值。

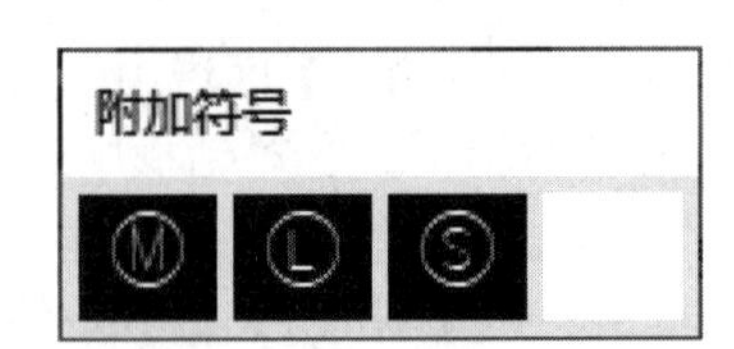

图 4-104 【附加符号】对话框

【基准标识符】文本框：输入参照字母组成的基准标识符。

【延伸公差带】选项：在延伸公差带值的后面插入延伸公差带符号。

如需标注带引线的形位公差，可通过两种引线方法实现：执行【多重引线】标注命令，不输入任何文字，直接创建箭头，然后运行形位公差并标注于引线末端，如图 4-105 所示；执行【快速引线】命令后，选择其中的【公差（T）】选项，实现带引线的形位公差并标注，如图 4-106 所示。

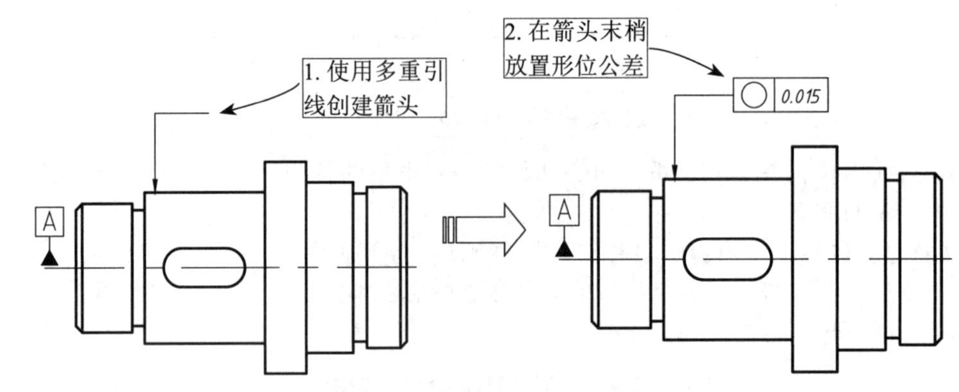

图 4-105 使用【多重引线】标注形位公差

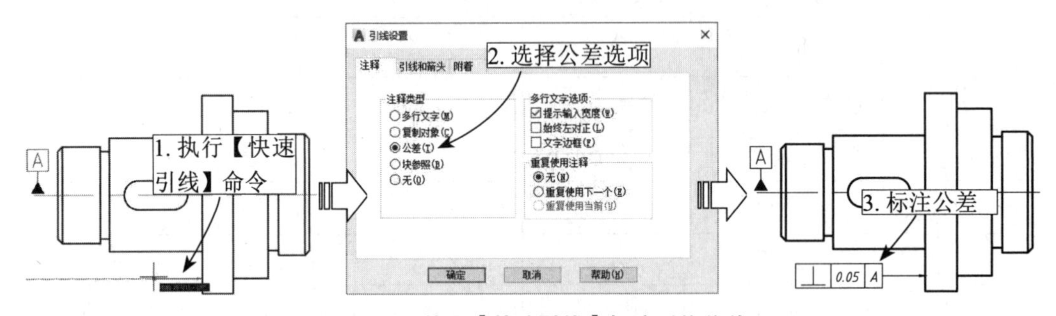

图 4-106 使用【快速引线】标注形位公差

4.18 编辑尺寸标注

在创建尺寸标注后，如未能达到预期的效果，还可以对尺寸标注进行编辑，如修改尺寸标注文字的内容、编辑标注文字的位置、更新标注和关联标注等操作，而不必删除所标注的尺寸对象再重新进行标注。

4.18.1 编辑标注文字的位置和方向

调用【对齐标注文字】命令可以调整标注文字在标注上的位置。AutoCAD 中启动【对齐标注文字】命令有如下 3 种常用方法。

（1）功能区：单击【注释】选项卡中【标注】面板下的相应按钮，如【文字角度】按钮、【左对正】按钮、【居中对正】按钮、【右对正】按钮等，如图 4-107 所示。

（2）菜单栏：调用【标注】|【对齐文字】菜单命令，如图 4-108 所示。

（3）命令行：输入 DIMTEDIT。

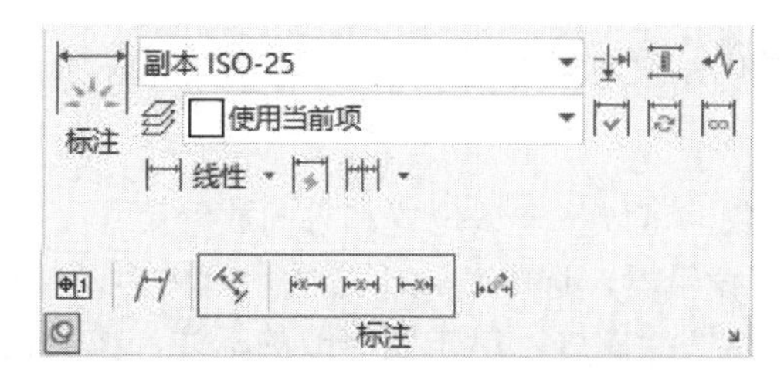

图 4-107 【标记】面板上与对齐文字有关的命令按钮

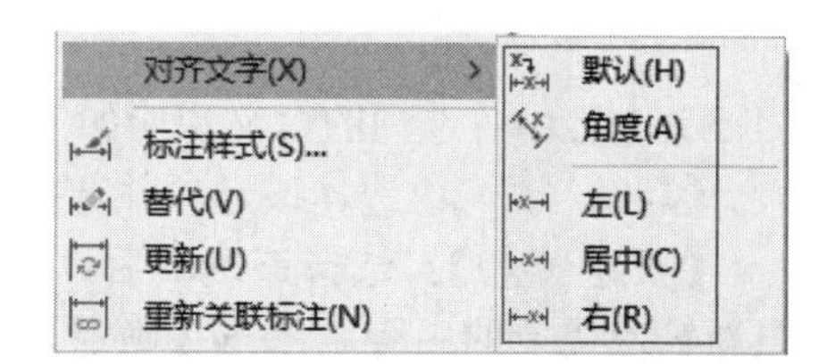

图 4-108 【对齐文字】标注菜单命令

调用编辑标注文字命令后，命令行提示如下。

```
命令： _dimtedit
选择标注：                                          //选择已有的标注作为编辑对象
为标注文字指定新位置或 [左对齐(L)/右对齐(R)/居中(C)/默认(H)/角度(A)]：
                                                    //指定编辑标注文字选项
标注已解除关联。                                    //显示编辑标注文字结果信息
```

其各选项含义说明如下。

【左对齐（L）】：将标注文字放置于尺寸线的左边，如图 4-109（a）所示。

【右对齐（R）】：将标注文字放置于尺寸线的右边，如图 4-109（b）所示。

【居中（C）】：将标注文字放置于尺寸线的中心，如图 4-109（c）所示。

【默认（H）】：恢复系统默认的尺寸标注位置。

【角度（A）】：用于修改标注文字的旋转角度，与 DIMEDIT 命令的旋转选项效果相同，如图 4-109（d）所示。

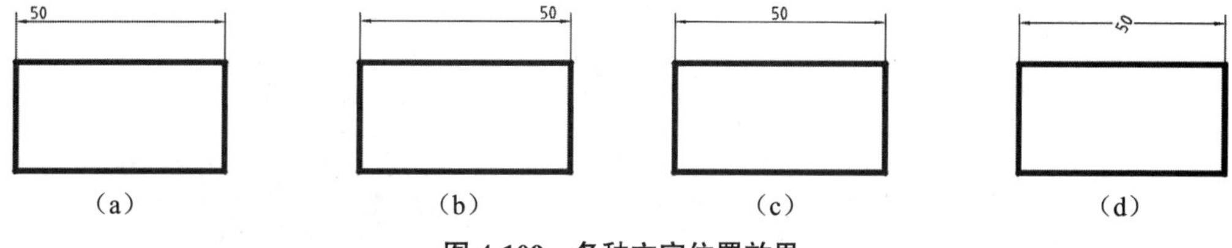

图 4-109 各种文字位置效果

4.18.2 编辑标注文字和尺寸界线

利用【编辑标注】命令可以一次修改一个或多个尺寸标注对象上的文字内容、方向、放置位置以及倾斜尺寸界限。

执行【编辑标注】命令的方法有以下几种。

（1）面板：单击【注释】选项卡中【标注】面板下的相应按钮，如【文字角度】按钮、【左对正】按钮、【居中对正】按钮、【右对正】按钮。

（2）命令行：DIMEDIT 或 DED。

在命令行中输入命令后，命令行提示如下。

```
输入标注编辑类型 [默认(H)/新建(N)/旋转(R)/倾斜(O)]〈默认〉:
```

命令行中各选项的含义说明如下。

【默认（H）】：选择该选项并选择尺寸对象，可以按默认位置和方向放置尺寸文字。

【新建（N）】：选择该选项后，弹出文字编辑器，选中输入框中的所有内容，然后重新输入需要的内容。单击【确定】按钮，返回绘图区，单击要修改的标注，按 Enter 键即可完成标注文字的修改。

【旋转（R）】：选择该项后，命令行提示“输入文字旋转角度”，此时，输入文字旋转角度后，单击要修改的文字对象，即可完成文字的旋转。

【倾斜（O）】：用于修改尺寸界线的倾斜度。选择该项后，命令行会提示选择修改对象，并要求输入倾斜角度。

4.18.3 更新标注

在创建尺寸标注过程中，若发现某个尺寸标注不符合要求，可采用替代标注样式的方法修改尺寸标注的相关变量，然后使用【标注更新】功能使要修改的尺寸标注按所设置的尺寸样式进行更新。

【标注更新】命令主要有以下几种调用方法。

（1）功能区：在【注释】选项卡中，单击【标注】面板上的【更新】按钮，如图 4-110 所示。

（2）菜单栏：选择【标注】|【更新】菜单命令，如图 4-111 所示。

（3）命令行：DIMSTYLE。

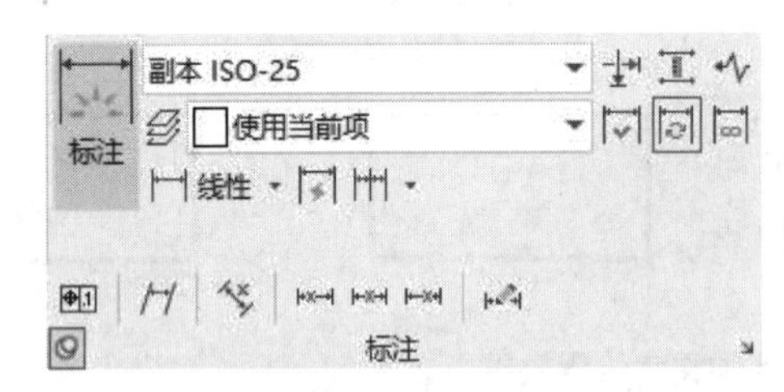

图 4-110 【标注】面板上的【更新】按钮

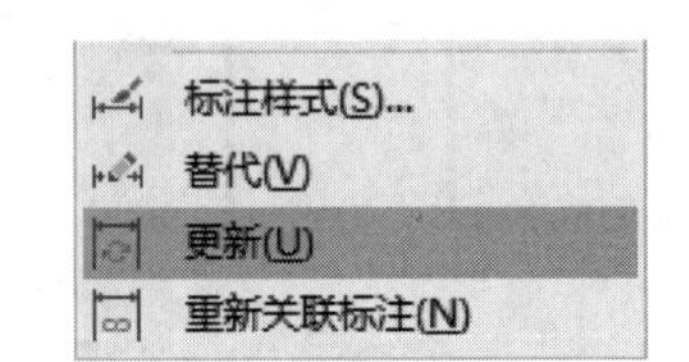

图 4-111 【更新】标注菜单命令

执行【标注更新】命令后，命令行提示操作如下。

```
命令: _-dimstyle↙                          //调用【更新】标注命令
当前标注样式: 标注  注释性: 否
输入标注样式选项
[注释性(AN)/保存(S)/恢复(R)/状态(ST)/变量(V)/应用(A)/?] <恢复>: _apply
选择对象: 找到 1 个
```

命令行中其各选项含义说明如下。

【注释性（AN）】：将标注更新为可注释的对象。

【保存（S）】：将标注系统变量的当前设置保存到标注样式。

【状态（ST）】：显示所有标注系统变量的当前值，并自动结束 DIMSTYLE 命令。

【变量（V）】：列出某个标注样式或设置选定标注的系统变量，但不能修改当前设置。

【应用（A）】：将当前尺寸标注系统变量设置应用到选定标注对象，永久替代应用于这些对象的任何现有标注样式。选择该选项后，系统提示选择标注对象，选择标注对象后，所选择的标注对象将自动被更新为当前标注格式。

4.18.4 关联标注

尺寸关联是指尺寸对象及其标注的对象之间建立了联系，当图形对象的位置、形状、大小等发生改变时，其尺寸对象也会随之动态更新。例如，一个长 50、宽 30 的矩形，使用【缩放】命令将矩形放大两倍，不仅图形对象放大了两倍，而且尺寸标注也同时放大了两倍，尺寸值变为缩放前的两倍，如图 4-112 所示。

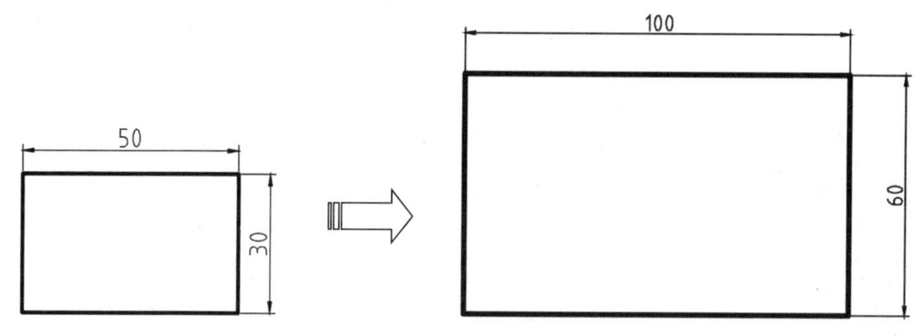

图 4-112 尺寸关联示例

1. 尺寸关联

在模型窗口中标注尺寸时，尺寸是自动关联的，无须用户进行关联设置。但是，如果在输入尺寸文字时不使用系统的测量值，而是由用户手工输入尺寸值，那么尺寸文字将不会与图形对象关联。

对于没有关联或已经解除了关联的尺寸对象和图形对象，重建标注关联的方法如下。

（1）功能区：在【注释】选项卡中，单击【标注】面板中的【重新关联】按钮，如图 4-113 所示。

（2）菜单栏：执行【标注】|【重新关联标注】命令，如图 4-114 所示。

（3）命令行：DIMREASSOCIATE 或 DRE。

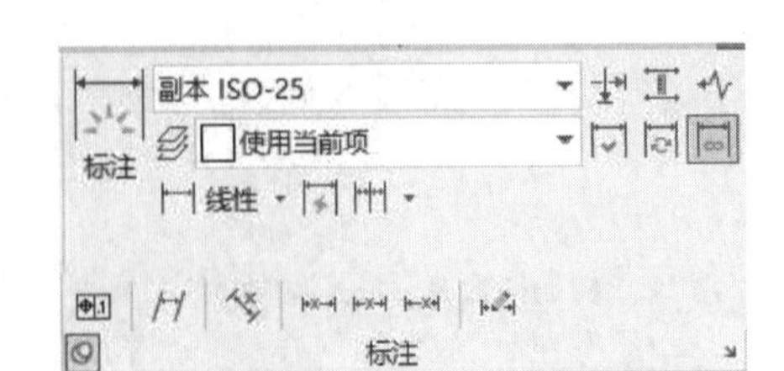

图 4-113 【标注】面板上的【重新关联】按钮

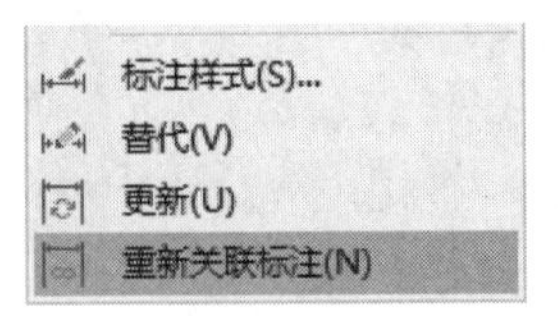

图 4-114 【重新关联标注】菜单命令

执行【重新关联】命令之后，命令行提示如下。

```
命令：_dimreassociate                                    //执行【重新关联】命令
选择要重新关联的标注 ...
选择对象或 [解除关联(D)]：找到 1 个                      //选择要建立关联的尺寸
选择对象或 [解除关联(D)]：
指定第一个尺寸界线原点或 [选择对象(S)] <下一个>：       //选择要关联的第一点
指定第二个尺寸界线原点 <下一个>：                       //选择要关联的第二点
```

每个关联点提示旁边都会显示一个标记，如果当前标注的定义点与几何对象之间没有关联，则标记将显示为蓝色的“╳”；如果定义点与几何对象之间已有了关联，则标记将显示为蓝色的“☒”。

2. 解除关联

对于已经建立了关联的尺寸对象及其图形对象，可以用【解除关联】命令解除尺寸与图形的关联性。解除标注关联后，对图形对象进行修改，尺寸对象不会发生任何变化。因为尺寸对象已经和图形对象彼此独立，没有任何关联关系了。

解除关联只有如下两种方法。

（1）命令行：DIMDISASSOCIATE 或 DDA。

（2）内容选项：执行【重新关联】命令时选择其中的【解除关联（D）】选项。

在命令行中输入 DDA 命令并按 Enter 键，执行【解除关联】命令后，命令行提示如下。

```
命令：DDA↙
DIMDISASSOCIATE
选择要解除关联的标注 ...                                //选择要解除关联的尺寸
选择对象：
```

选择要解除关联的尺寸对象，按 Enter 键即可解除关联。

4.19 文字样式

文字样式定义了文字的外观，是对文字特性的一种描述，包括字体、高度、宽度比例、倾斜角度以及排列方式等。创建文字样式首先要打开【文字样式】对话框。该对话框不仅显示了当前图形文件中已经创建的所有文字样式，并显示当前文字样式及其有关设置、外观预览。在该对话框中不但可以新建并设置文字样式，还可以修改或删除已有的文字样式。

调用【文字样式】有如下几种常用方法。

（1）命令行：STYLE/ST。

（2）功能区：在【默认】选项卡中，单击【注释】选项卡【文字】面板右下角按钮。

（3）工具栏：单击【文字】工具栏中的【文字样式】工具按钮。

（4）菜单栏：选择【格式】|【文字样式】菜单命令。

通过以上任意一种方法执行该命令后，系统弹出【文字样式】对话框，如图4-115所示。

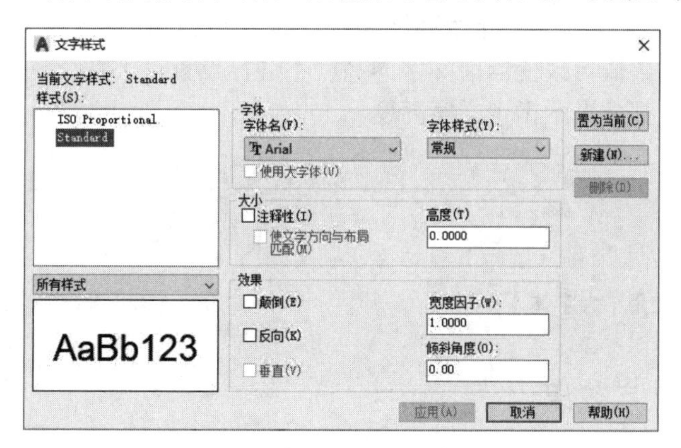

图4-115　【文字样式】对话框

4.19.1　设置样式名

【文字样式】对话框中常用选项含义说明如下。

【样式】列表：列出了当前可以使用的文字样式，默认文字样式为Standard（标准）。

【置为当前】按钮：单击该按钮，可以将选择的文字样式设置成当前的文字样式。

【新建】按钮：单击该按钮，系统弹出【新建文字样式】对话框，如图4-116所示。在【样式名】文本框中输入新建样式的名称，单击【确定】按钮，新建文字样式将显示在【样式】列表框中。

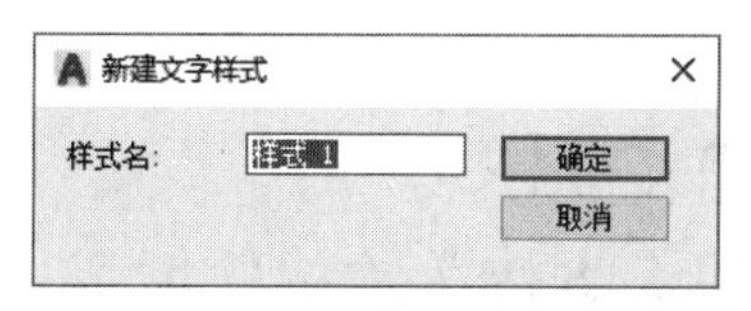

图4-116　【新建文字样式】对话框

【删除】按钮：单击该按钮，可以删除所选的文字样式，但无法删除已经被使用了的文字样式和默认的Standard样式。

操作技巧：如果要重命名文字样式，可在【样式】列表中右击要重命名的文字样式，在弹出的快捷菜单中选择【重命名】即可，但无法重命名默认的Standard样式。

4.19.2　设置字体

在【字体】选项组下的【字体名】列表框中可指定任一种字体类型作为当前文字

类型。

在 AutoCAD 2022 中存在着两种类型的字体文件：SHX 字体文件和 TrueType 字体文件。这两类字体文件都支持英文显示，但显示中、日、韩等非 ASCII 编码的亚洲文字字体时就会出现一些问题。

当选择 SHX 字体时，【使用大字体】复选框显亮，用户选中该复选框，然后在【大字体】下拉列表中选择大字体文件，一般使用 gbcbig.shx 大字体文件，如图 4-117 所示。

在【大小】选项组中可进行注释性和高度设置，如图 4-118 所示。其中，在【高度】文本框中输入数值可改变当前文字的高度不进行设置，其默认值为 0，并且每次使用该样式时命令行都将提示指定文字高度。

图 4-117 使用【大字体】

图 4-118 设置文字高度

4.19.3 设置文字效果

【效果】选项组用于设置文字的显示效果。

【颠倒】：倒置显示字符。

【反向】：反向显示字符。

【垂直】：垂直对齐显示字符。只有在选定字体支持双向显示时【垂直】才可用。TrueType 字体的垂直定位不可用。

【宽度因子】：设置字符的宽高比。输入值如果小于 1.0，将压缩文字宽度；输入值如果大于 1.0，则将使文字宽度扩大。

【倾斜角度】：设置文字的倾斜角度。输入 –85~85 的一个值，使文字倾斜。选中相应的复选框，可以立即在右边的【预览】区域中看到显示效果。在【预览】文本框中输入指定文字，单击【预览】按钮，可以看到指定文字的显示效果。

图 4-119 显示了文字的各种效果。

AutoCAD文字样式
AutoCAD文字样式 颠倒
AutoCAD文字样式 反向
AutoCAD文字样式 倾斜 = 15
AutoCAD文字样式 宽度比例 = 0.8

图 4-119 各种文字显示效果

4.19.4 预览和应用文字样式

在【文字样式】对话框的【预览】选项区域中，可以预览所有选择或设置的文字样式效果。设置完文字样式后，单击【应用】按钮即可应用文字样式。然后单击【关闭】按钮，关闭【文字样式】对话框。

4.20　单行文字

可以使用单行文字创建一行或多行文字，其中每行文字都是独立的对象，可对其进行重定位、调整格式或进行其他修改。

4.20.1　操作方式

在 AutoCAD 2022 中启动【单行文字】命令的方法有以下几种。

（1）命令行：DTEXT/DT。

（2）功能区：在【常用】选项卡中，单击【注释】面板中的【单行文字】按钮A。

（3）工具栏：单击【文字】工具栏中的【单行文字】工具按钮A。

（4）菜单栏：执行【绘图】|【文字】|【单行文字】命令。

4.20.2　操作要点说明

通过以上任意一种方式执行该命令后，其命令行会有如下提示。

```
命令： _text
当前文字样式： "标注"  文字高度： 2.5000  注释性： 否
指定文字的起点或 [对正(J)/样式(S)]:
```

【单行文字】命令行选项含义如下。

1. 指定文字的起点

默认情况下，所指定的起点位置即是文字行基线的起点位置。在指定起点位置后，继续输入文字的旋转角度即可进行文字的输入。在输入完成后，按两次回车键或将鼠标移至图纸的其他任意位置并单击，然后按 Esc 键即可结束单行文字的输入。

2. 对正

在“指定文字的起点或 [对正(J)/样式(S)]”提示信息后输入 J，可以设置文字的对正方式。

命令行提示中主要选项如下。

【对齐（A）】：可使生成的文字在指定的两点之间均匀分布。

【布满（F）】：可使生成的文字充满在指定的两点之间，并可控制其高度。

【中心（C）】：可使生成的文字以插入点为中心向两边排列。

【中间（M）】：可使生成的文字以插入点为中央向两边排列。

【右（R）】：可使生成的文字以插入点为基点向右对齐。

【左上（TL）】：可使生成的文字以插入点为字符串的左上角。

【中上（TC）】：可使生成的文字以插入点为字符串顶线的中心点。

【右上（TR）】：可使生成的文字以插入点为字符串的右上角。

【左中（ML）】：可使生成的文字以插入点为字符串的左中点。

【正中（MC）】：可使生成的文字以插入点为字符串的正中点。

【右中（MR）】：可使生成的文字以插入点为字符串的右中点。

【左下（BL）】：可使生成的文字以插入点为字符串的左下角。

【中下（BC）】：可使生成的文字以插入点为字符串底线的中点。

【右下（BR）】：可使生成的文字以插入点为字符串的右下角。

图 4-120 显示了文字的各种对齐效果。

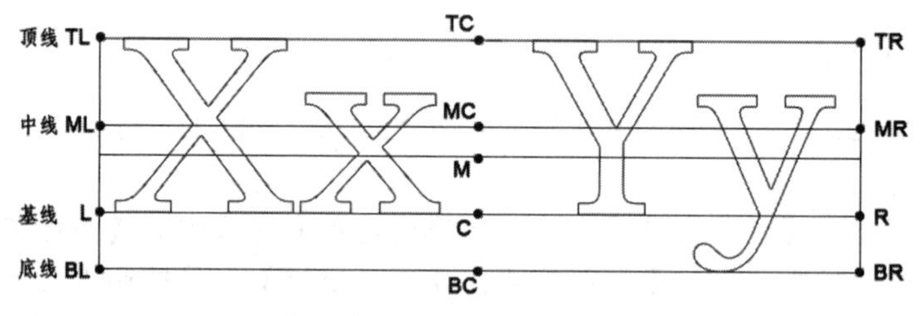

图 4-120　对齐方位示意图

在系统默认情况下，文字的对齐方式为左对齐。当选择其他对齐方式时，输入文字仍旧按默认方式对齐，直到按 Enter 键，文字才按设置的方式对齐。

3. 样式

在"指定文字的起点或 [对正 (J)/ 样式 (S)]"提示信息后输入 S，可以设置当前使用的文字样式。可以在命令行中直接输入文字样式的名称，也可以输入"？"，在 AutoCAD 文本窗口中显示当前图形已有的文字样式。

4.21　多行文字

多行文字命令 MTEXT 用于输入含有多种格式的大段文字。与单行文字不同的是，多行文字整体是一个文字对象，每一单行不再是单独的文字对象，也不能单独编辑。在机械制图中，常使用多行文字功能创建较为复杂的文字说明，如图样的技术要求等。

4.21.1　操作方式

在 AutoCAD 2022 中调用【多行文字】命令有以下几种方法。

（1）命令行：MTEXT/MT/T。

（2）功能区：在【默认】选项卡中，单击【注释】面板中的【多行文字】按钮**A**。

（3）工具栏：单击【文字】工具栏中的【多行文字】按钮**A**。

（4）菜单栏：执行【绘图】|【文字】|【多行文字】命令。

4.21.2　操作要点说明

通过以上任意一种方法执行该命令后，在指定了输入文字的对角点之后，弹出如

图 4-121 所示的【文字编辑器】，也称【在位文字编辑器】，用户可以在编辑框中输入、插入文字。

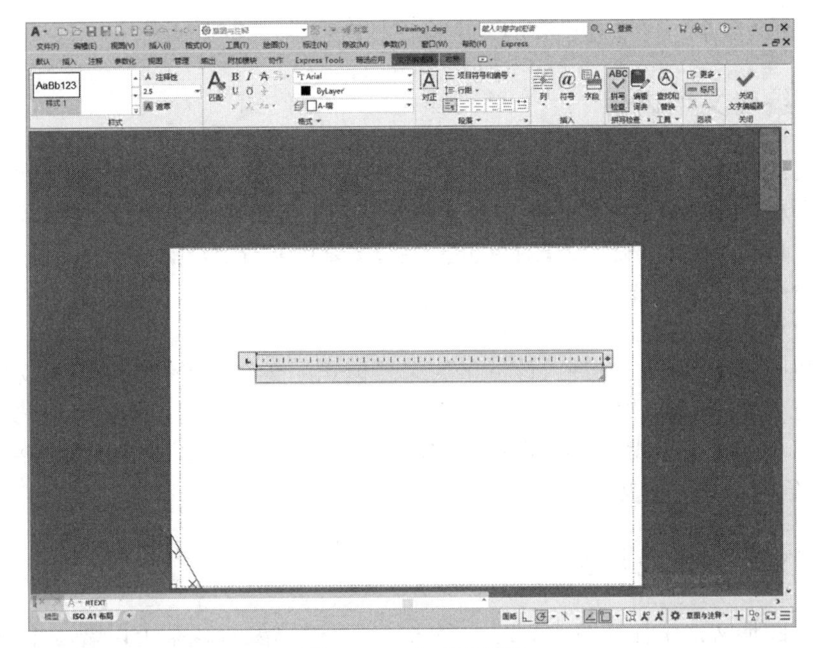

图 4-121 文字编辑器

【多行文字编辑器】由【多行文字编辑框】和【文字格式】工具栏组成。【多行文字编辑框】包含制表位和缩进，因此可以十分快捷地对所输入的文字进行调整，各部分功能如图 4-122 所示。

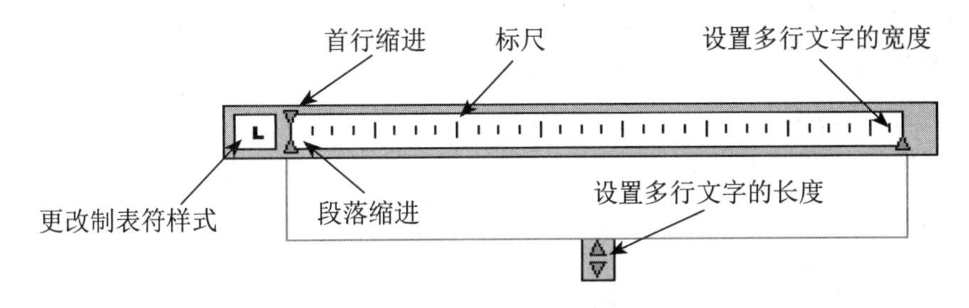

图 4-122 多行文字编辑器

除了文字编辑区，文字编辑器还包含【文字格式】工具栏、【段落】对话框、【栏】菜单和【显示选项】菜单，如图 4-123 所示。在多行文字编辑框中，可以选择文字后在【文字格式】工具栏中修改文字的大小、字体、颜色等格式，可以完成在一般文字编辑中常用的一些操作。

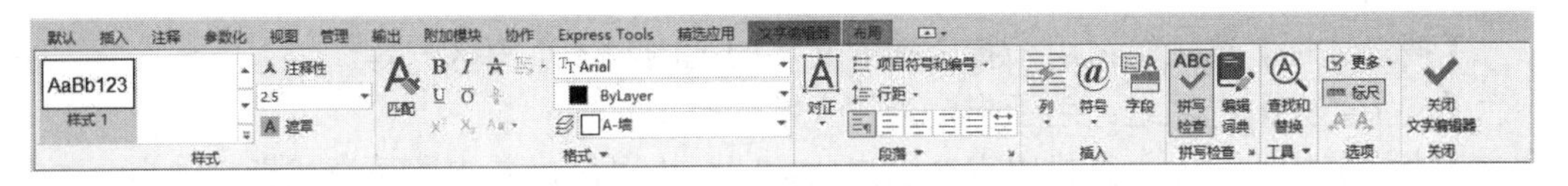

图 4-123 【文字格式】工具栏

4.22 编辑文字

在 AutoCAD 中，可以对已有的文字特性和内容进行编辑。

4.22.1 编辑文字内容

执行【编辑文字】命令的方法有以下几种。

(1) 面板：单击【文字】面板中的【编辑文字】按钮，然后选择要编辑的文字。

(2) 菜单栏：选择【修改】|【对象】|【文字】|【编辑】命令，然后选择要编辑的文字。

(3) 命令行：DDEDIT 或 ED。

(4) 鼠标动作：双击要修改的文字。

执行以上任一操作，将进入该文字的编辑模式。文字的可编辑特性与文字的类型有关，单行文字没有格式特性，只能编辑文字内容。而多行文字除了可以修改文字内容外，还可使用【文字编辑器】选项卡修改段落的对齐、字体等。修改文字之后，按 Ctrl+Enter 组合键即完成文字编辑。

4.22.2 文字的查找与替换

在一个图形文件中往往有大量的文字注释，有时需要查找某个词语，并将其替换，例如，替换某个拼写上的错误，这时就可以使用【查找】命令查找到特定的词语。

执行【查找】命令的方法有以下几种。

(1) 菜单栏：选择【编辑】|【查找】命令。

(2) 命令行：FIND。

执行以上任一操作之后，弹出【查找和替换】对话框，如图 4-124 所示。该对话框中各选项的含义如下。

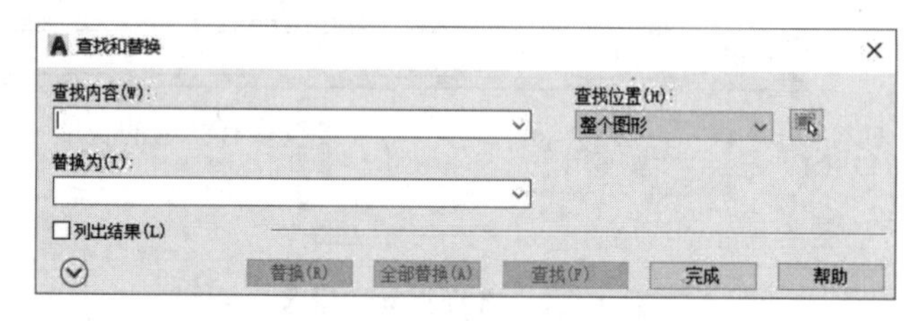

图 4-124 【查找和替换】对话框

【查找内容】下拉列表框：用于指定要查找的内容。

【替换为】下拉列表框：指定用于替换查找内容的文字。

【查找位置】下拉列表框：用于指定查找范围是在整个图形中查找还是仅在当前选择中查找。

【搜索选项】选项组：用于指定搜索文字的范围和大小写区分等。

【文字类型】选项组：用于指定查找文字的类型。

【查找】按钮：输入查找内容之后，此按钮变为可用，单击即可查找指定内容。

【替换】按钮：用于将光标当前选中的文字替换为指定文字。

【全部替换】按钮：将图形中所有的查找结果替换为指定文字。

4.23 几何约束和尺寸约束

常用的对象约束有几何约束和尺寸约束两种，其中，几何约束用于控制对象的位置关系。尺寸约束用于控制对象的距离、长度、角度和半径值。

4.23.1 建立几何约束

几何约束用来约束图形对象之间的位置关系。几何约束类型包括重合、共线、平行、垂直、同心、相切、相等、对称、水平和竖直等。

1. 重合约束

重合约束用于约束两点使其重合，或约束一个点使其位于曲线（或曲线的延长线）上。可以使对象上的约束点与某个对象重合，也可以使其与另一对象上的约束点重合。调用【重合】约束命令的常用方法有以下几种。

（1）菜单栏：选择【参数】|【几何约束】|【重合】命令。

（2）工具栏：单击【参数化】工具栏上的【重合】按钮。

（3）功能区：在【参数化】选项卡中，单击【几何】面板上的【重合】按钮。

（4）命令行：在命令行输入 GCCOINCIDENT 命令并按 Enter 键。

2. 垂直约束

垂直约束使选定的直线彼此垂直，垂直约束应用在两个直线对象之间，如图 4-125 所示。调用【垂直】约束命令的常用方法有以下几种。

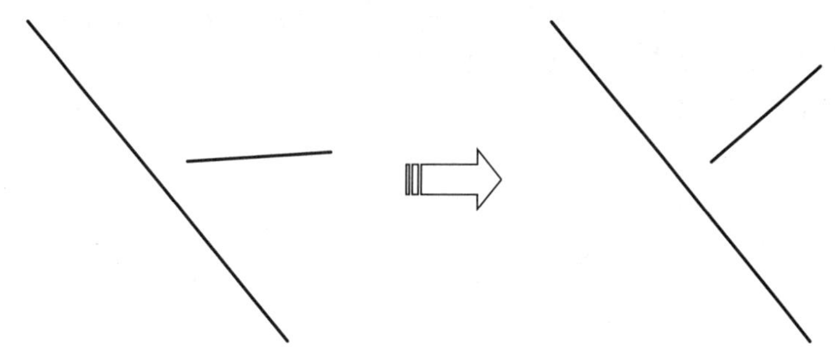

图 4-125 垂直约束

（1）面板：在【参数化】选项卡中，单击【几何】面板上的【垂直】按钮。

（2）菜单栏：选择【参数】|【几何约束】|【垂直】命令。

（3）命令行：GCPERPENDICULAR。

3. 共线约束

共线约束是控制两条或多条直线到同一直线方向，如图 4-126 所示。调用【共线】约束命令的常用方法有以下几种。

（1）面板：在【参数化】选项卡中，单击【几何】面板上的【共线】按钮。

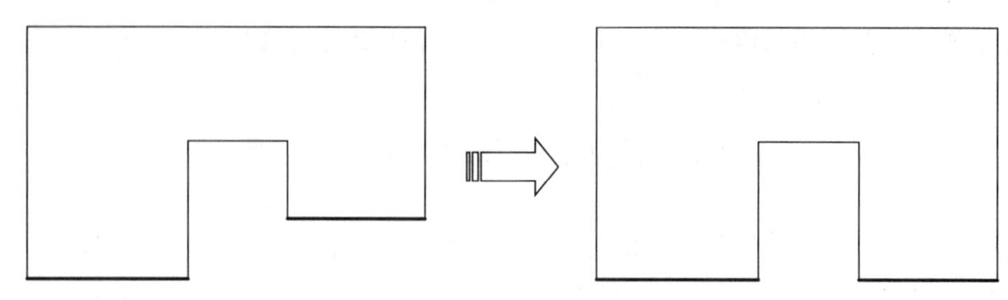

图 4-126 共线约束

（2）菜单栏：选择【参数】|【几何约束】|【共线】命令。

（3）命令行：GEOMCONSTRAINT。

4. 相等约束

相等约束是将选定圆弧和圆约束到半径相等，或将选定直线约束到长度相等，如图 4-127 所示。调用【相等】约束命令的常用方法有如下几种。

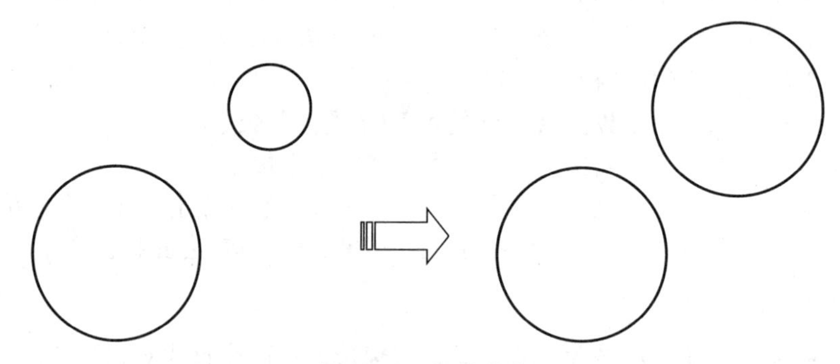

图 4-127 相等约束

（1）面板：在【参数化】选项卡中，单击【几何】面板上的【相等】按钮=。

（2）菜单栏：选择【参数】|【几何约束】|【相等】命令。

（3）命令行：GCEQUAL。

5. 同心约束

同心约束是将两个圆弧、圆或椭圆约束到同一个中心点，效果相当于为圆弧和另一圆弧的圆心添加重合约束，如图 4-128 所示。调用【同心】约束命令的常用方法有以下几种。

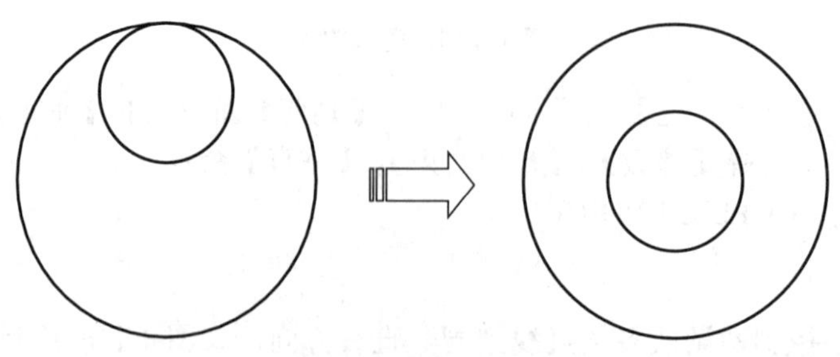

图 4-128 同心约束

（1）面板：在【参数化】选项卡中，单击【几何】面板上的【同心】按钮◎。

（2）菜单栏：选择【参数】|【几何约束】|【同心】命令。
（3）命令行：GCCONCENTRIC。

6. 竖直约束

竖直约束是使直线或点与当前坐标系 Y 轴平行，如图 4-129 所示。调用【竖直】约束命令的常用方法有以下几种。

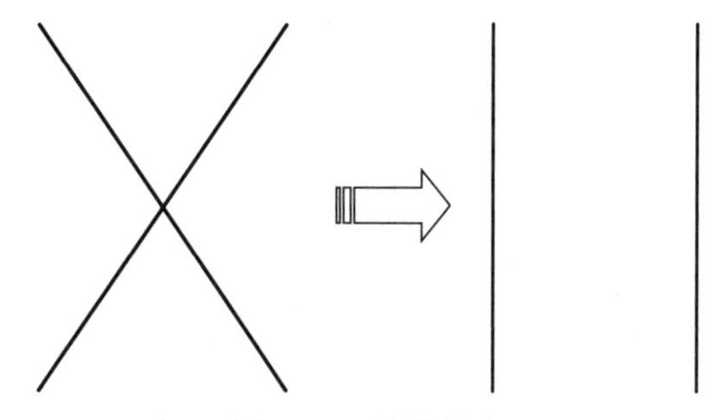

图 4-129 竖直约束

（1）面板：在【参数化】选项卡中，单击【几何】面板上的【竖直】按钮。
（2）菜单栏：选择【参数】|【几何约束】|【竖直】命令。
（3）命令行：GCVERTICAL。

7. 水平约束

水平约束是使直线或点与当前坐标系的 X 轴平行，如图 4-130 所示。调用【水平】约束命令的常用方法有以下几种。

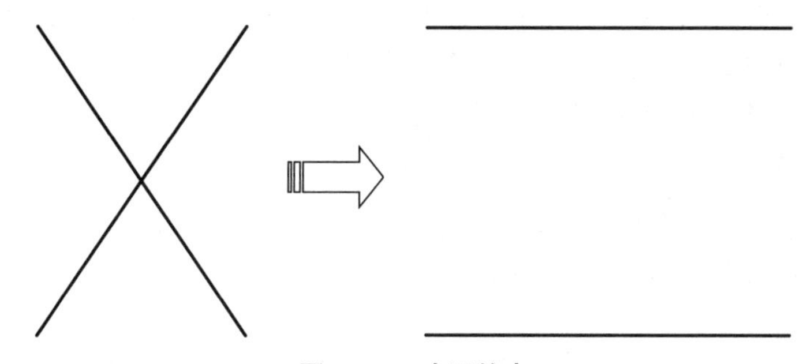

图 4-130 水平约束

（1）面板：在【参数化】选项卡中，单击【几何】面板上的【水平】按钮。
（2）菜单栏：选择【参数】|【几何约束】|【水平】命令。
（3）命令行：GCHORIZONTAL。

8. 平行约束

平行约束的作用是控制两条直线彼此平行，如图 4-131 所示。调用【平行】约束命令的常用方法有以下几种。

（1）面板：在【参数化】选项卡中，单击【几何】面板上的【平行】按钮。
（2）菜单栏：选择【参数】|【几何约束】|【平行】命令。
（3）命令行：GCPARALLEL。

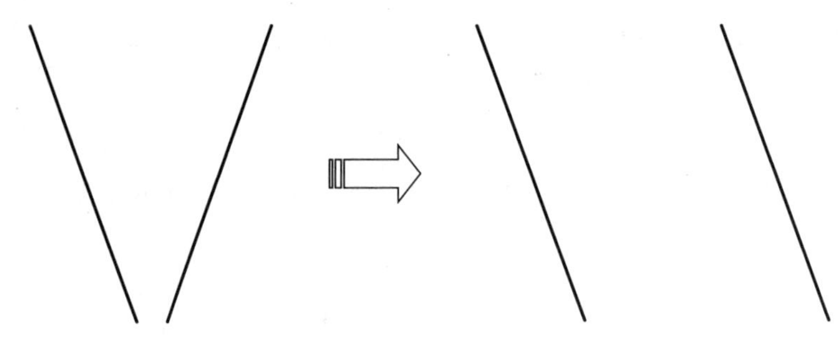

图 4-131　平行约束

9. 相切约束

相切约束是使直线和圆弧、圆弧和圆弧处于相切的位置，但单独的相切约束不能控制切点的精确位置，如图 4-132 所示。调用【相切】约束命令的常用方法有以下几种。

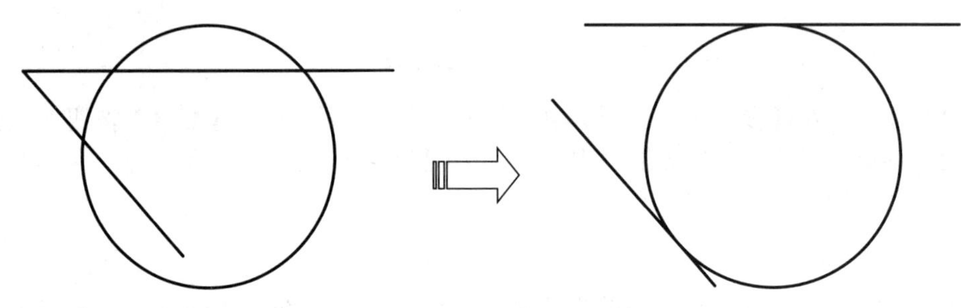

图 4-132　相切约束

（1）面板：在【参数化】选项卡中，单击【几何】面板上的【相切】按钮。

（2）菜单栏：选择【参数】|【几何约束】|【相切】命令。

（3）命令行：GCTANGENT。

10. 对称约束

对称约束是使选定的两个对象相对于选定直线对称，如图 4-133 所示。调用【对称】约束命令的常用方法有以下几种。

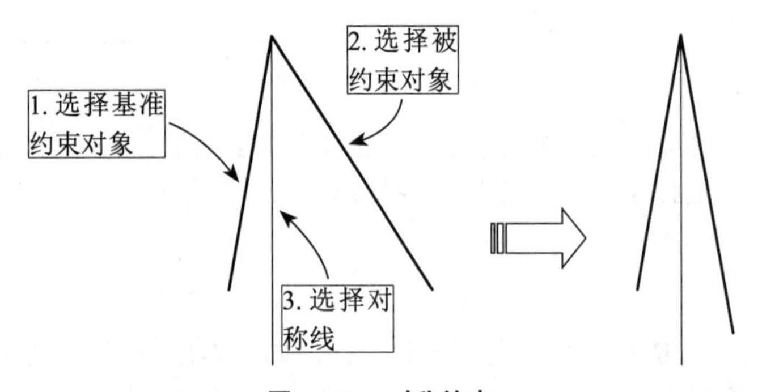

图 4-133　对称约束

（1）面板：在【参数化】选项卡中，单击【几何】面板上的【对称】按钮。

（2）菜单栏：选择【参数】|【几何约束】|【对称】命令。

（3）命令行：GCSYMMETRIC。

11. 平滑约束

平滑约束是控制样条曲线与其他样条曲线、直线、圆弧或多段线保持连续性，如图 4-134 所示。

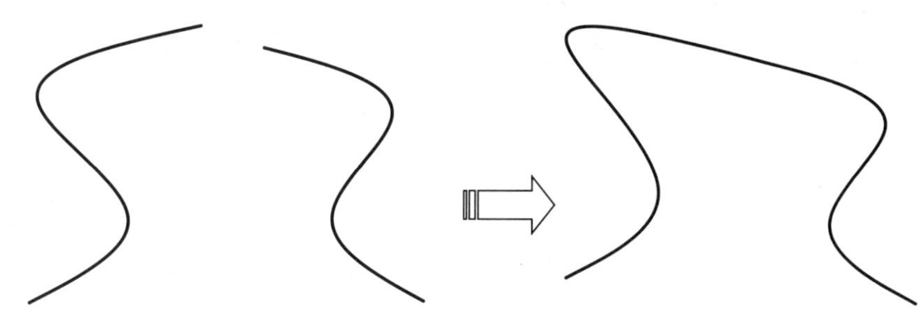

图 4-134 平滑约束的效果

调用【平滑】约束命令的常用方法有以下几种。

（1）面板：在【参数化】选项卡中，单击【几何】面板上的【平滑】按钮。

（2）菜单栏：选择【参数】|【几何约束】|【平滑】命令。

（3）命令行：GCSMOOTH。

12. 固定约束

在添加约束之前，为了防止某些对象产生不必要的移动，可以添加固定约束。添加固定约束之后，该对象将保持不变。调用【固定】约束命令的常用方法有以下几种。

（1）面板：在【参数化】选项卡中，单击【几何】面板上的【固定】按钮。

（2）菜单栏：选择【参数】|【几何约束】|【固定】命令。

（3）命令行：GCFIX。

4.23.2 尺寸约束

尺寸约束用于控制二维对象的大小、角度以及两点之间的距离，改变尺寸约束将驱动对象发生相应变化。尺寸约束类型包括对齐约束、水平约束、竖直约束、半径约束、直径约束以及角度约束等。

尺寸约束分为两种：动态约束和注释性约束。

（1）动态约束：标注外观由固定的预定义标注样式决定，不能修改也不能打印。缩放过程中约束保持一样大小。

（2）注释性约束：标注外观由当前标注样式控制，可以修改也可以打印。缩放过程中约束会发生变化。

默认情况下添加的尺寸约束是动态约束，如果要修改为注释性约束，有以下两种方法。

（1）设置系统变量 CCONSTRAINTFORM，其值为 0 代表动态约束；将其改为 1，则是注释性约束。

（2）在【参数化】选项卡中，展开【标注】滑出面板，单击【注释性约束模式】按钮，切换到注释性约束，如图 4-135 所示。

1. 竖直尺寸约束

竖直尺寸约束用于约束两点之间的竖直距离，如图 4-136 所示。

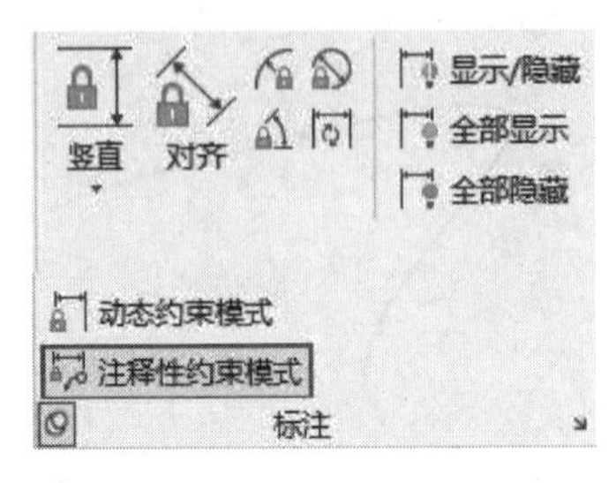

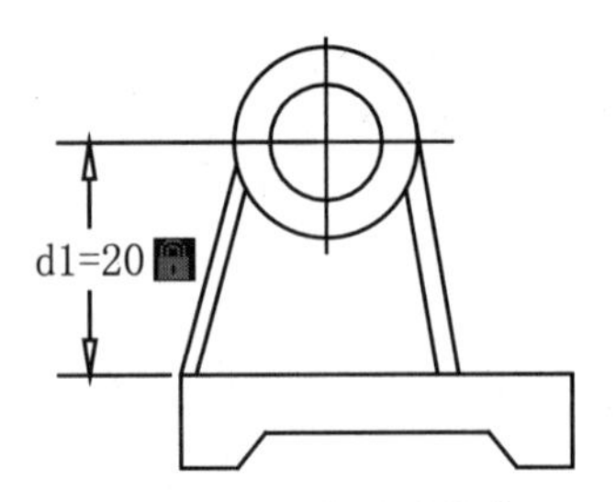

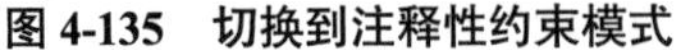

图 4-135　切换到注释性约束模式　　图 4-136　竖直尺寸约束

调用【竖直】尺寸约束的常用方法有以下几种。

（1）面板：在【参数化】选项卡中，单击【标注】面板上的【竖直】按钮。

（2）菜单栏：选择【参数】|【标注约束】|【竖直】命令。

（3）命令行：DCVERTICAL。

2. 水平尺寸约束

水平尺寸约束用于约束两点之间的水平距离，如图 4-137 所示。

调用【水平】尺寸约束命令的常用方法有以下几种。

（1）面板：在【参数化】选项卡中，单击【标注】面板中的【水平】按钮。

（2）菜单栏：选择【参数】|【标注约束】|【水平】命令。

（3）命令行：DCHORIZONTAL。

3. 对齐尺寸约束

对齐尺寸约束用于约束两点或两直线之间的距离，可以约束水平距离、竖直尺寸或倾斜尺寸，如图 4-138 所示。

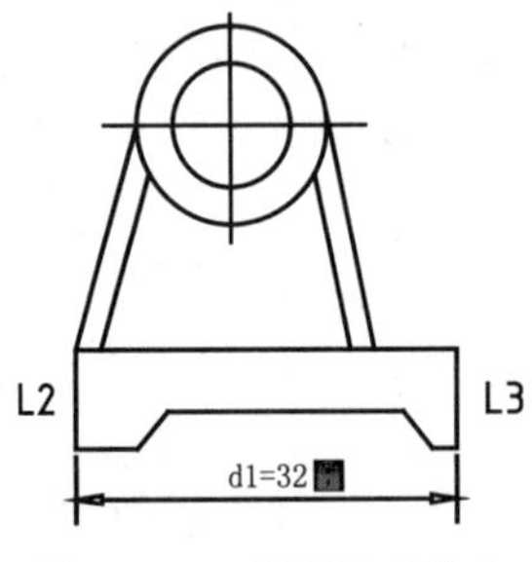

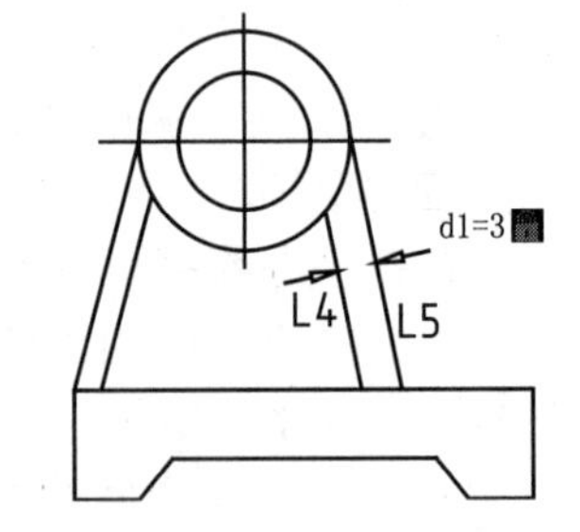

图 4-137　水平尺寸约束　　图 4-138　对齐尺寸约束

调用【对齐】尺寸约束的常用方法有以下几种。

（1）面板：在【参数化】选项卡中，单击【标注】面板上的【对齐】按钮。

（2）菜单栏：选择【参数】|【标注约束】|【对齐】命令。

（3）命令行：DCALIGNED。

4. 半径约束

半径约束用于约束圆或圆弧的半径尺寸，如图 4-139 所示。

调用【半径】约束命令的常用方法有以下几种。

（1）面板：在【参数化】选项卡中，单击【标注】面板上的【半径】按钮。

（2）菜单栏：选择【参数】|【标注约束】|【半径】命令。

（3）命令行：DCRADIUS。

5. 直径约束

直径约束用于约束圆或圆弧的直径尺寸，如图 4-140 所示。

调用【直径】约束命令的常用方法有以下几种。

（1）面板：在【参数化】选项卡中，单击【标注】面板上的【直径】按钮。

（2）菜单栏：选择【参数】|【标注约束】|【直径】命令。

（3）命令行：DCDIAMETER。

6. 角度约束

角度约束用于约束直线之间的角度或圆弧的包含角，如图 4-141 所示。

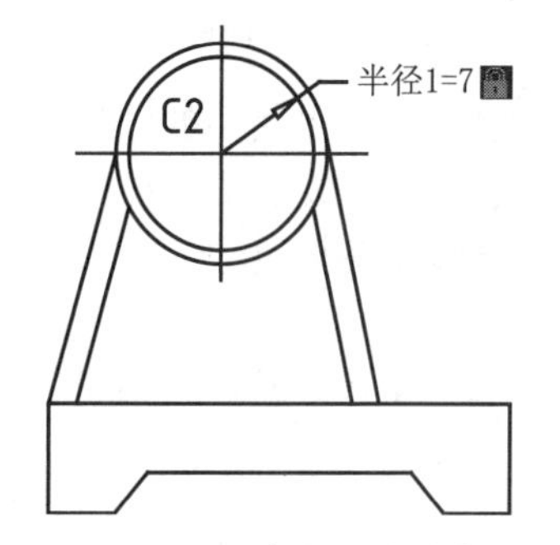

图 4-139　半径尺寸约束

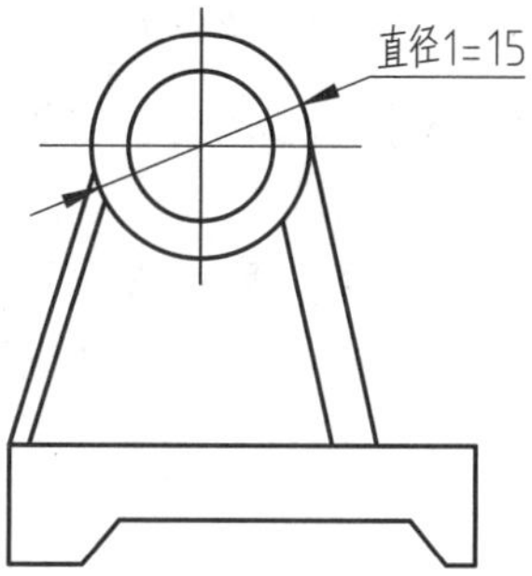

图 4-140　直径尺寸约束

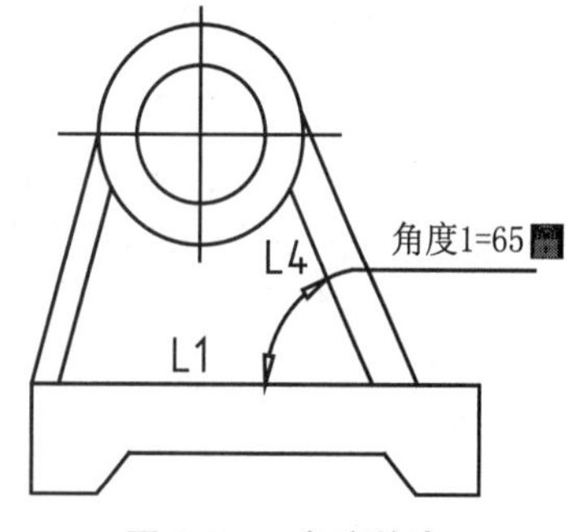

图 4-141　角度约束

调用【角度】约束命令的常用方法有以下几种。

（1）面板：在【参数化】选项卡中，单击【标注】面板上的【角度】按钮。

（2）菜单栏：选择【参数】|【标注约束】|【角度】命令。

（3）命令行：DCDIAMETER。

4.24　课堂练习：公制 - 英制的换算样式

在现实的设计工作中，有时会碰到一些国外设计师所绘制的图纸，或绘图发往国外。此时就必须注意图纸上所标注的尺寸是“公制”还是“英制”。一般来说，图纸上如果标有单位标记，如 INCHES、in（英寸），或在标注数字后有“ ' ”标记，则为英制尺寸；反之，带有 METRIC、mm（毫米）字样的，则为公制尺寸。

1 in（英寸）= 25.4 mm（毫米），因此英制尺寸如果换算为我国所用的公制尺寸，需放大 25.4 倍，反之缩小 1/25.4（约 0.0393）。本例便通过新建标注样式的方式，在公制尺寸旁添加英制尺寸的参考，高效、快速地完成尺寸换算。

（1）打开“第 4 章\4.24 课堂练习：公制 - 英制的换算样式 .dwg”素材文件，其中已绘制好一个法兰零件图形，并已添加公制尺寸标注，如图 4-142 所示。

（2）单击【注释】面板中的【标注样式】按钮，打开【标注样式管理器】对话框，选择当前正在使用的【ISO-25】标注样式，单击【修改】按钮，如图 4-143 所示。

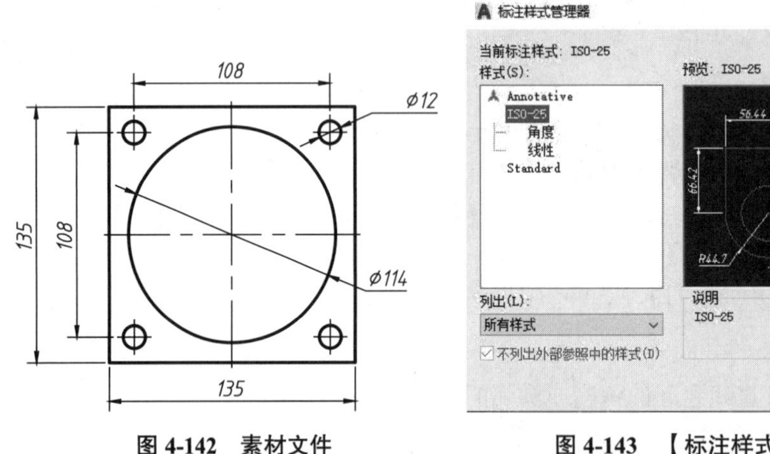

图 4-142　素材文件　　　　图 4-143　【标注样式管理器】对话框

（3）启用换算单位。打开【修改标注样式：ISO-25】对话框，切换到其中的【换算单位】选项卡，勾选【显示换算单位】复选框，然后在【换算单位倍数】文本框中输入 0.0393701，即毫米换算至英寸的比例值，再在【位置】区域选择换算尺寸的放置位置，如图 4-144 所示。

（4）单击【确定】按钮，返回绘图区，可见在原标注区域的指定位置处添加了带括号的数值，该值即为英制尺寸，如图 4-145 所示。

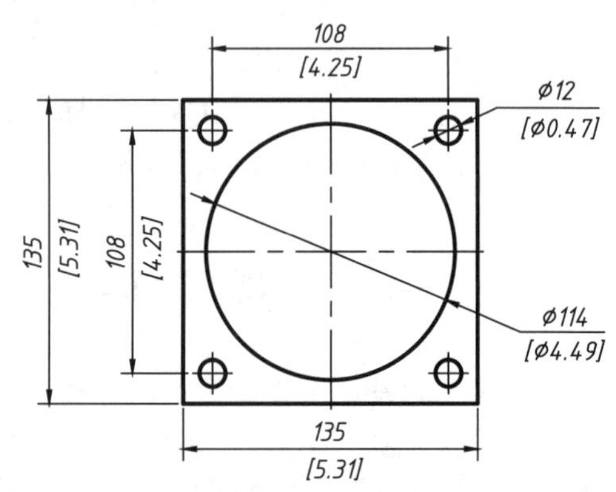

图 4-144　换算单位　　　　图 4-145　返回绘图区

4.25　课堂练习：基线标注密封沟槽尺寸

如果机械零件中有多个面平行的结构特征，那就可以先确定基准面，然后使用【基线标注】命令来添加标注。而在各类工程机械的设计中，液压部分的密封沟槽就具有这样的特征，因此非常适合使用【基线标注】。本例便通过【基线标注】命令对图 4-146 中的活塞密封沟槽添加尺寸标注。

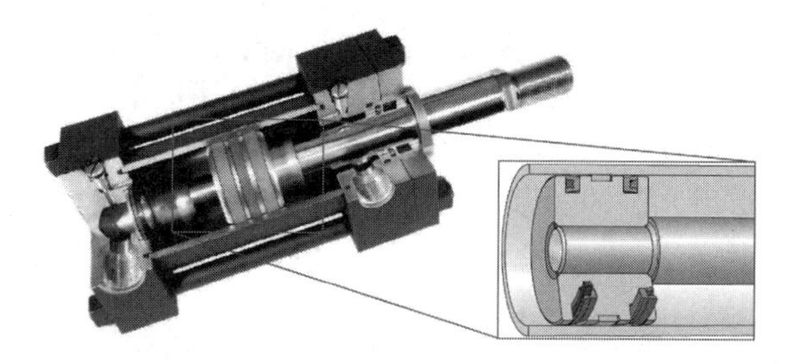

图 4-146　液压缸中的活塞结构示意图

（1）打开“第 4 章 \4.25 课堂练习：基线标注密封沟槽尺寸 .dwg”素材文件，其中已绘制好一个活塞的半边剖面图，如图 4-147 所示。

（2）标注第一个水平尺寸。单击【注释】面板中的【线性】按钮，在活塞上端添加一个水平标注，如图 4-148 所示。

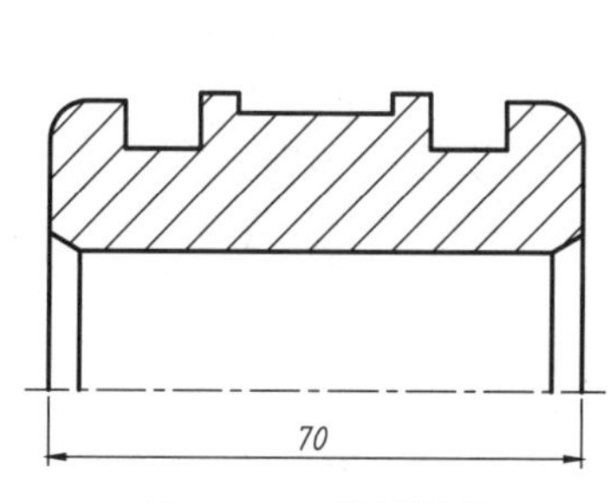

图 4-147　素材图形

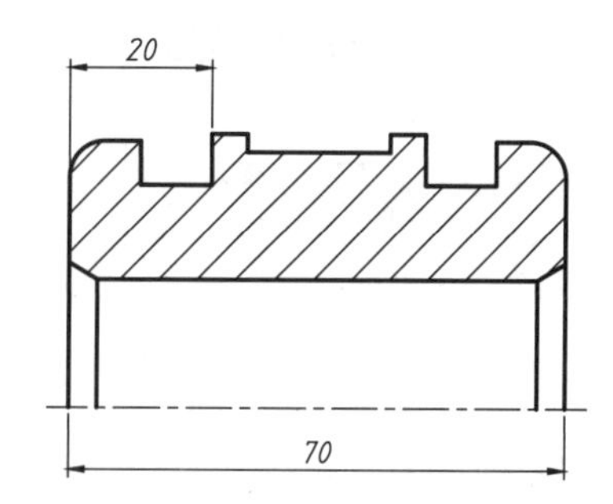

图 4-148　标注第一个水平标注

设计点拨：如果图形为对称结构，在绘制剖面图时可以选择只绘制半边图形。

（3）标注沟槽定位尺寸。切换至【注释】选项卡，单击【标注】面板中的【基线】按钮，系统自动以上述步骤创建的标注为基准，接着依次选择活塞图上各沟槽的右侧端点，用作定位尺寸，如图 4-149 所示。

（4）补充沟槽定型尺寸。退出【基线】命令，重新切换到【默认】选项卡，再次执行【线性】标注，依次将各沟槽的定型尺寸补齐，如图 4-150 所示。

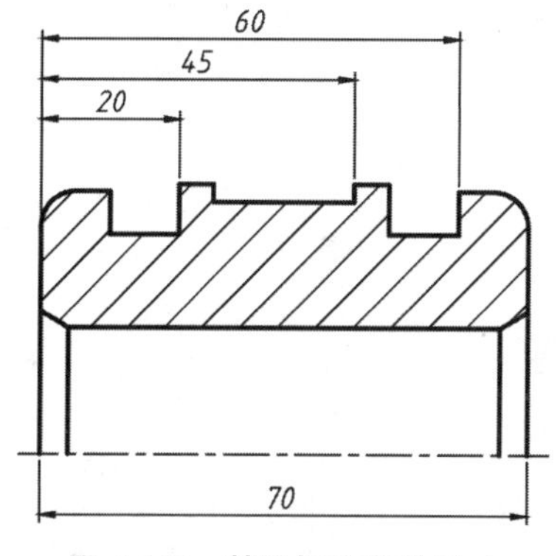

图 4-149　基线标注定位尺寸

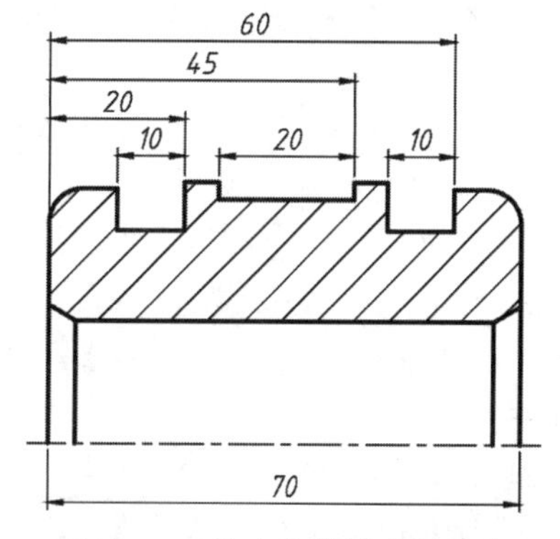

图 4-150　补齐沟槽的定型尺寸

4.26 课堂练习：多重引线标注机械装配图

在机械装配图中，有时会因为零部件过多，而采用分类编号的方法（如螺钉一类、螺母一类、加工件一类），不同类型的编号在外观上自然也不能一样（如外围带圈、带方块），因此就需要灵活使用【多重引线】命令中的【块（B）】选项来进行标注。此外，还需要指定【多重引线】的角度，让引线在装配图中达到工整、整齐的效果。

（1）打开“第 4 章 \4.26 课堂练习：多重引线标注机械装配图 .dwg”素材文件，其中已绘制好球阀的装配图和名称为 1 的属性图块，如图 4-151 所示。

（2）绘制辅助线。单击【修改】面板中的【偏移】按钮，将图形中的竖直中心线向右偏移 50，如图 4-152 所示，用作多重引线的对齐线。

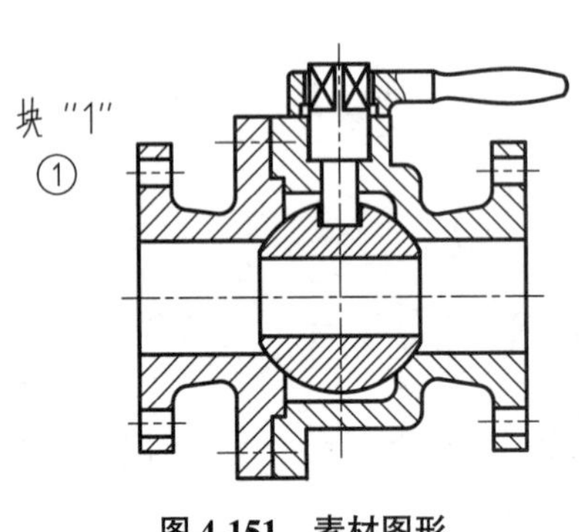

图 4-151　素材图形

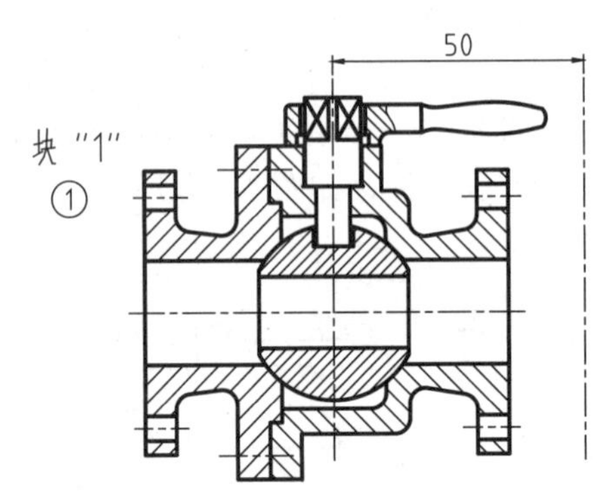

图 4-152　多重引线标注菜单命令

（3）在【默认】选项卡中，单击【注释】面板上的【引线】按钮，执行【多重引线】命令，并选择命令行中的【选项（O）】命令，设置内容类型为【块】，指定块为 1；然后选择【第一个角度（F）】选项，设置角度为 60°，再设置【第二个角度（F）】为 180°，在手柄处添加引线标注，如图 4-153 所示，命令行操作如下。

```
命令：_mleader
指定引线箭头的位置或 [引线基线优先(L)/内容优先(C)/选项(O)] <选项>:
输入选项 [引线类型(L)/引线基线(A)/内容类型(C)/最大节点数(M)/第一个角度(F)/第二个角度(S)/退出选项(X)] <退出选项>: C↙            //选择【内容类型】选项
选择内容类型 [块(B)/多行文字(M)/无(N)] <多行文字>: B↙ //选择【块】选项
输入块名称 <1>: 1                                  //输入要调用的块名称
输入选项 [引线类型(L)/引线基线(A)/内容类型(C)/最大节点数(M)/第一个角度(F)/第二个角度(S)/退出选项(X)] <内容类型>: F↙            //选择【第一个角度】选项
输入第一个角度约束 <0>: 60                         //输入引线箭头的角度
输入选项 [引线类型(L)/引线基线(A)/内容类型(C)/最大节点数(M)/第一个角度(F)/第二个角度(S)/退出选项(X)] <第一个角度>: S↙          //选择【第二个角度】选项
输入第二个角度约束 <0>: 180                        //输入基线的角度
输入选项 [引线类型(L)/引线基线(A)/内容类型(C)/最大节点数(M)/第一个角度(F)/第二个角度(S)/退出选项(X)] <第二个角度>: X↙          //【退出选项】
```

```
指定引线箭头的位置或 [引线基线优先(L)/内容优先(C)/选项(O)] <选项>:
                                                //在手柄处单击放置引线箭头
指定引线基线的位置:                              //在辅助线上单击放置，结束命令
```

（4）按相同方法，标注球阀中的阀芯和阀体，分别标注序号2、3，如图4-154所示。

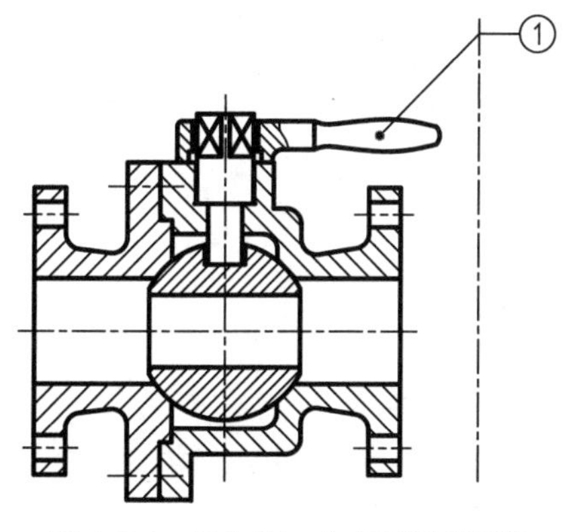

图4-153 添加第一个多重引线标注

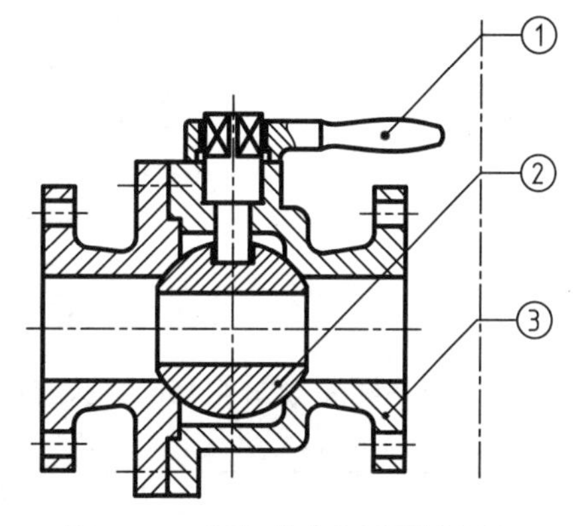

图4-154 添加其余多重引线标注

4.27 课后总结

除了要了解机械标注的基本原则、尺寸的组成之外，还要掌握尺寸标注样式的新建、修改、替代、设置等操作；掌握线性、直径、半径、角度、弧长等标注方法，掌握连续标注和基线标注的方法；掌握多重引线样式的设置方法及快速引线和多重引线的标注方法；掌握尺寸标注的替代、更新、关联的操作方法，掌握尺寸文字的编辑方法，能够为尺寸添加符号、公差；掌握尺寸公差和形位公差的标注方法。

4.28 课后习题

1. 简答题

（1）形位公差的类型有几种？分别是什么？

（2）设置尺寸样式子样式的步骤是什么？

（3）基本尺寸分为几种？分别是什么？

2. 操作题

（1）绘制并标注如图4-155所示的机械图形。

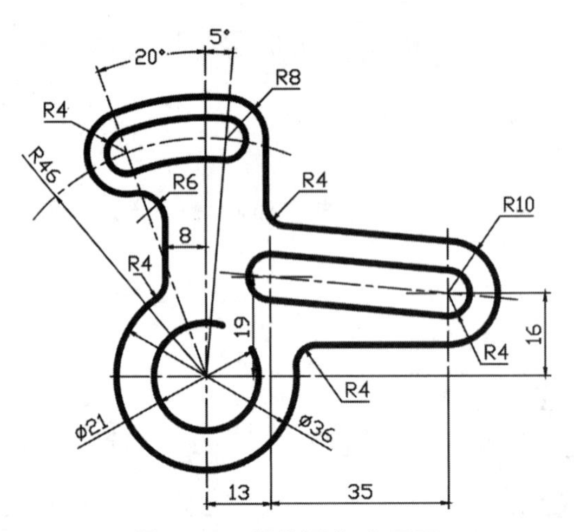

图 4-155　操作题（1）图形

（2）绘制并标注如图 4-156 所示的尺寸公差和形位公差。

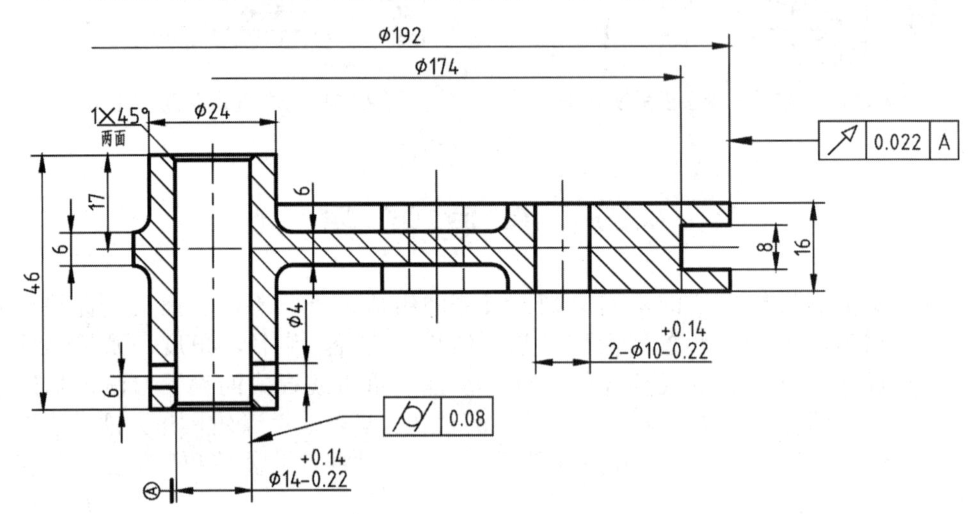

图 4-156　操作题（2）图形

第 2 篇　设计进阶篇

第 5 章 chapter 5

创建和插入表格

本章将介绍有关表格与图块的知识，包括创建表格和编辑表格的方法，以及图块的创建等。

5.1 新建表格样式

在机械设计过程中，表格主要用于标题栏、零件参数表、材料明细表等内容。

与文字类似，AutoCAD 中的表格也有一定样式，包括表格内文字的字体、颜色、高度以及表格的行高、行距等。在插入表格之前，应先创建所需的表格样式。创建表格样式的方法有以下几种。

（1）面板：在【默认】选项卡中，单击【注释】面板上的【表格样式】按钮。或在【注释】选项卡中，单击【表格】面板右下角的按钮。

（2）菜单栏：选择【格式】|【表格样式】命令。

（3）命令行：TABLESTYLE 或 TS。

执行上述任一命令后，系统弹出【表格样式】对话框，如图 5-1 所示。

通过该对话框可执行将表格样式置为当前、修改、删除或新建操作。单击【新建】按钮，系统弹出【创建新的表格样式】对话框，如图 5-2 所示。

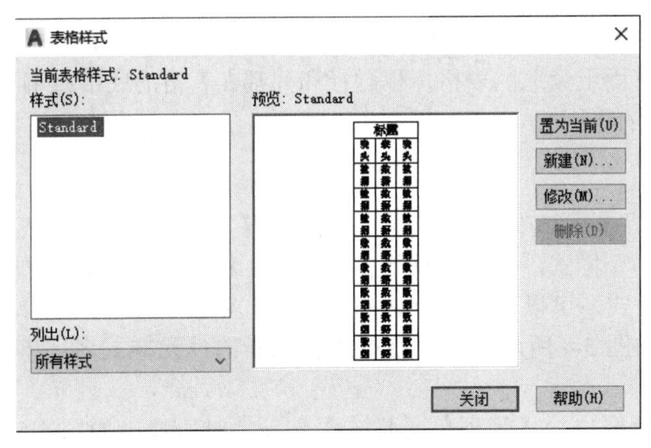

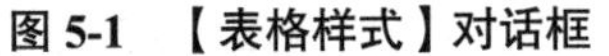
图 5-1 【表格样式】对话框

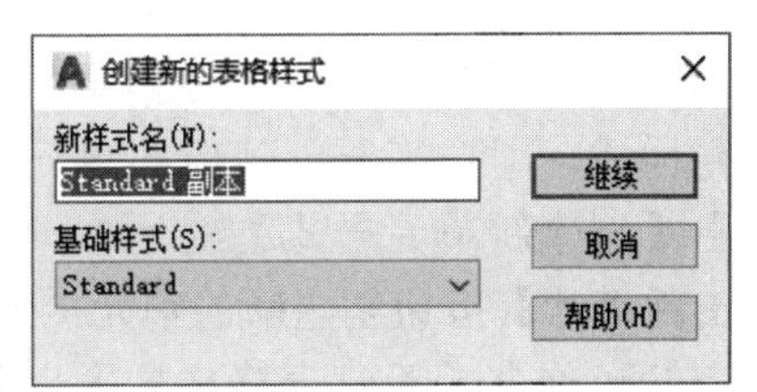

图 5-2 【创建新的表格样式】对话框

5.2 设置表格样式

在【新样式名】文本框中输入表格名称，在【基础样式】下拉列表框中选择一个表格样式为新的表格样式提供默认设置，单击【继续】按钮，系统弹出【新建表格样式】对话框，如图 5-3 所示，可以对样式进行具体设置。

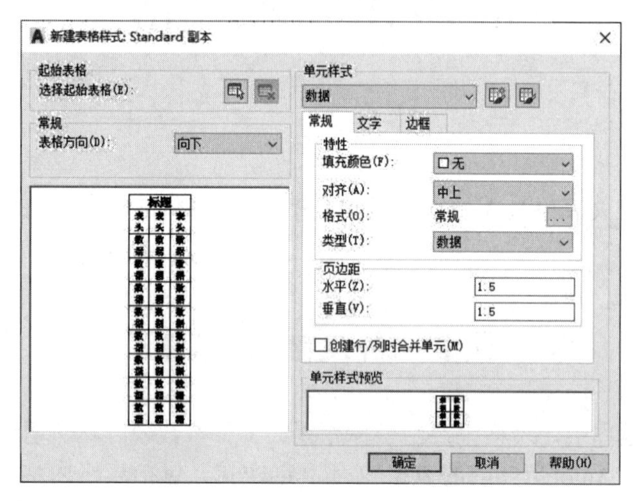

图 5-3 【新建表格样式】对话框

【新建表格样式】对话框由【起始表格】【常规】【单元样式】和【单元样式预览】4 个选项组组成，其各选项的含义如下。

1.【起始表格】选项组

该选项允许用户在图形中指定一个表格用作样例来设置此表格样式的格式。单击【选择表格】按钮，进入绘图区，可以在绘图区选择表格录入表格。【删除表格】按钮与【选择表格】按钮作用相反。

2.【常规】选项组

该选项用于更改表格方向，通过【表格方向】下拉列表框选择【向下】或【向上】来设置表格方向，【向上】创建由下而上读取的表格，标题行和列都在表格的底部；【预览框】显示当前表格样式设置效果的样例。

3.【单元样式】选项组

该选项组用于定义新的单元样式或修改现有单元样式。【单元样式】列表 数据 中显示表格中的单元样式，系统默认提供了数据、标题和表头 3 种单元样式，用户需要创建新的单元样式，可以单击【创建新单元样式】按钮，系统弹出【创建新单元样式】对话框，如图 5-4 所示。在对话框中输入新的单元样式名，单击【继续】按钮创建新的单元样式。

当单击【新建表格样式】对话框中的【管理单元样式】按钮时，弹出如图 5-5 所示【管理单元格式】对话框，在该对话框里可以对单元格式进行添加、删除和重命名。

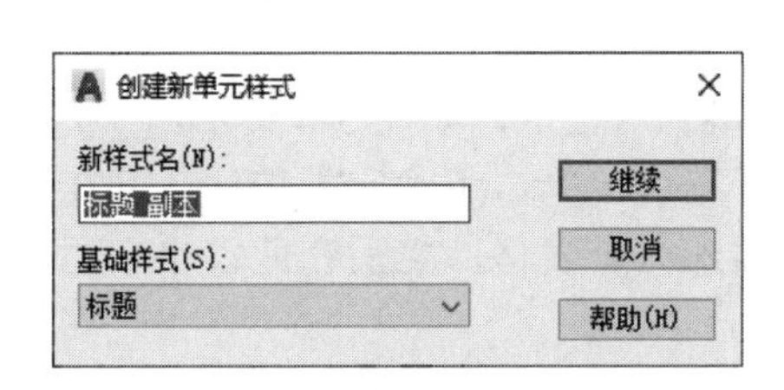

图 5-4 【创建新单元格式】对话框

图 5-5 【管理单元格式】对话框

【新建表格样式】对话框中常用选项介绍如下。

1）【常规】选项卡

【填充颜色】：指定表格单元的背景颜色，默认值为【无】。

【对齐】：设置表格单元中文字的对齐方式。

【水平】：设置单元文字与左右单元边界之间的距离。

【垂直】：设置单元文字与上下单元边界之间的距离。

2）【文字】选项卡

【文字样式】：选择文字样式，单击…按钮，打开【文字样式】对话框，利用它可以创建新的文字样式。

【文字角度】：设置文字倾斜角度。逆时针为正，顺时针为负。

3）【边框】选项卡

【线宽】：指定表格单元的边界线宽。

【颜色】：指定表格单元的边界颜色。

按钮：将边界特性设置应用于所有单元格。

按钮：将边界特性设置应用于单元的外部边界。

按钮：将边界特性设置应用于单元的内部边界。

按钮：将边界特性设置应用于单元的底、左、上及下边界。

按钮：隐藏单元格的边界。

5.3 插入表格

表格是在行和列中包含数据的对象，在设置表格样式后便可以从空格或表格样式创建表格对象，还可以将表格链接至 Microsoft Excel 电子表格中的数据。本节将主要介绍利用【表格】工具插入表格的方法。

5.3.1 操作方式

在 AutoCAD 2022 中插入表格有以下几种常用方法。

（1）面板：单击【注释】面板中的【表格】按钮。

（2）菜单栏：选择【绘图】|【表格】命令。

（3）命令行：TABLE 或 TB。

5.3.2 操作要点说明

执行上述任一命令后，系统弹出【插入表格】对话框，如图 5-6 所示。

设置好表格样式、列数和列宽、行数和行宽后，单击【确定】按钮，并在绘图区指定插入点，将会在当前位置按照表格设置插入一个表格，然后在此表格中添加相应的文本信息即可完成表格的创建，如图 5-7 所示。

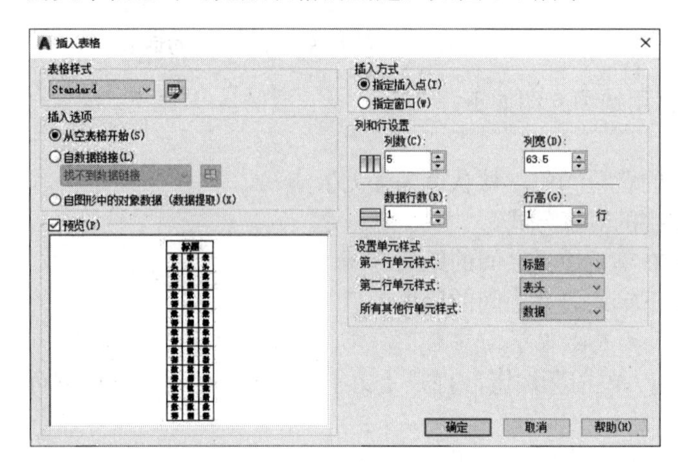

图 5-6 【插入表格】对话框

齿轮参数表	
参数项目	参数值
齿向公差	0.0120
齿形公差	0.0500
齿距极限公差	±0.011
公法线长度跳动公差	0.0250
齿圈径向跳动公差	0.0130

图 5-7 在图形中插入表格

5.4 编辑表格

在添加完成表格后，不仅可根据需要对表格整体或表格单元执行拉伸、合并或添加等编辑操作，而且可以对表格的表指示器进行所需的编辑，其中包括编辑表格形状和添加表格颜色等设置。

5.4.1 通过夹点编辑表格

选中整个表格，单击鼠标右键，弹出的快捷菜单如图 5-8 所示。可以对表格进行剪切、复制、删除、移动、缩放和旋转等简单操作，还可以均匀调整表格的行、列大小，删除所有特性替代。当选择【输出】命令时，还可以打开【输出数据】对话框，以 .csv 格式输出表格中的数据。

选中表格后，也可以通过拖动夹点来编辑表格，其各夹点的含义如图 5-9 所示。

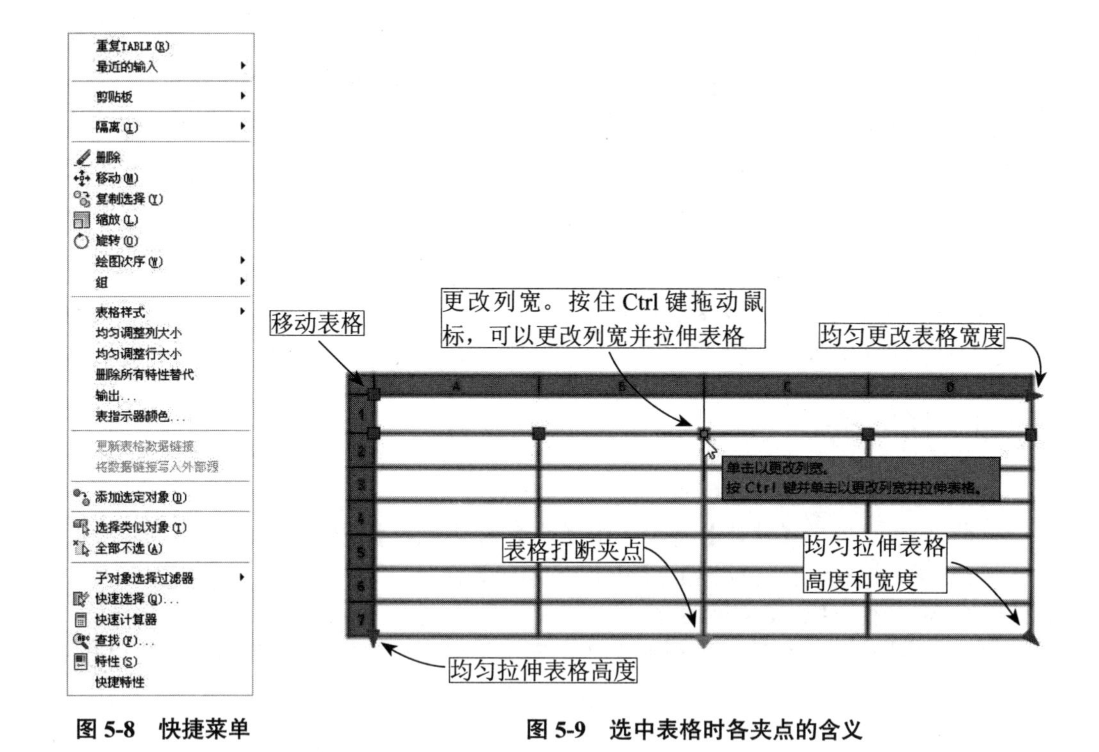

图 5-8　快捷菜单　　　　**图 5-9　选中表格时各夹点的含义**

5.4.2　编辑表格单元

当选中表格单元时，其右键快捷菜单如图 5-10 所示。选中表格单元格后，在表格单元格周围出现夹点，也可以通过拖动这些夹点来编辑单元格，其各夹点的含义如图 5-11 所示。

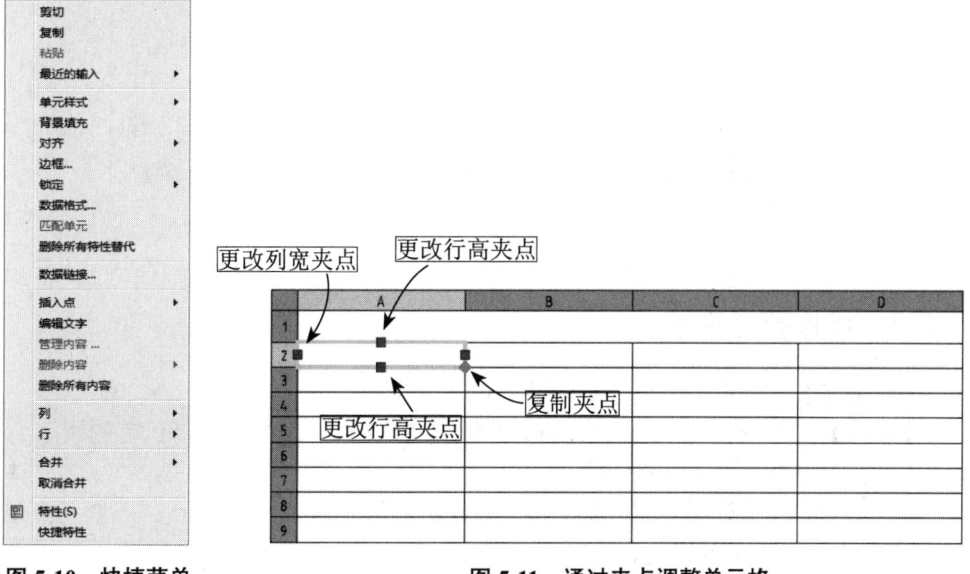

图 5-10　快捷菜单　　　　**图 5-11　通过夹点调整单元格**

提示： 要选择多个单元格，可以按住鼠标左键并在欲选择的单元格上拖动；也可以按住 Shift 键并在欲选择的单元格内按住鼠标左键，可以同时选中这两个单元以及它们之间的所有单元。

5.5 创建图块

将一个或多个对象定义为新的单个对象，定义的新单个对象即为图块，保存在图形文件中的块又称为内部块。

5.5.1 操作方式

调用【块】命令的方法如下。

（1）面板：单击【默认】选项卡中【块】面板上的【创建】按钮。

（2）菜单栏：选择【绘图】|【块】|【创建】命令。

（3）命令行：BLOCK 或 B。

执行上述任一命令后，系统弹出【块定义】对话框，如图 5-12 所示，可以将绘制的图形创建为块。

图 5-12 【块定义】对话框

5.5.2 操作要点说明

【块定义】对话框中主要选项的功能说明如下。

【名称】文本框：用于输入块名称，还可以在下拉列表框中选择已有的块。

【基点】选项区域：设置块的插入基点位置。用户可以直接在 X、Y、Z 文本框中输入，也可以单击【拾取点】按钮，切换到绘图窗口并选择基点。一般基点选在块的对称中心、左下角或其他有特征的位置。

【对象】选项区域：选择组成块的对象。其中，单击【选择对象】按钮，可切换到绘图窗口选择组成块的各对象；单击【快速选择】按钮，可以使用弹出的【快速选择】对话框设置所选择对象的过滤条件；选中【保留】单选按钮，创建块后仍在绘图窗口中保留组成块的各对象；选中【转换为块】单选按钮，创建块后将组成块的各对象保留并把它们转换成块；选中【删除】单选按钮，创建块后删除绘图窗口上组成块的原对象。

【方式】选项区域：设置组成块的对象显示方式。选择【注释性】复选框，可以将对象设置成注释性对象；选择【按统一比例缩放】复选框，设置对象是否按统一的比例进行缩放；选择【允许分解】复选框，设置对象是否允许被分解。

【设置】选项区域：设置块的基本属性。单击【超链接】按钮，将弹出【插入超链接】对话框，在该对话框中可以插入超链接文档。

【说明】文本框：用来输入当前块的说明部分。

5.6 创建块属性

图块包含的信息可以分为两类：图形信息和非图形信息。块属性是图块的非图形信息，例如，办公室工程中定义办公桌图块，每个办公桌的编号、使用者等属性。块属性必须和图块结合在一起使用，在图纸上显示为块实例的标签或说明，单独的属性是没有意义的。

5.6.1 操作方式

在 AutoCAD 中添加块属性的操作主要分为以下 3 步。

（1）定义块属性。

（2）在定义图块时附加块属性。

（3）在插入图块时输入属性值。

定义块属性必须在定义块之前进行。定义块属性的命令启动方式有以下几种。

（1）功能区：单击【插入】选项卡【属性】面板中的【定义属性】按钮，如图 5-13 所示。

（2）菜单栏：单击【绘图】|【块】|【定义属性】命令，如图 5-14 所示。

（3）命令行：ATTDEF 或 ATT。

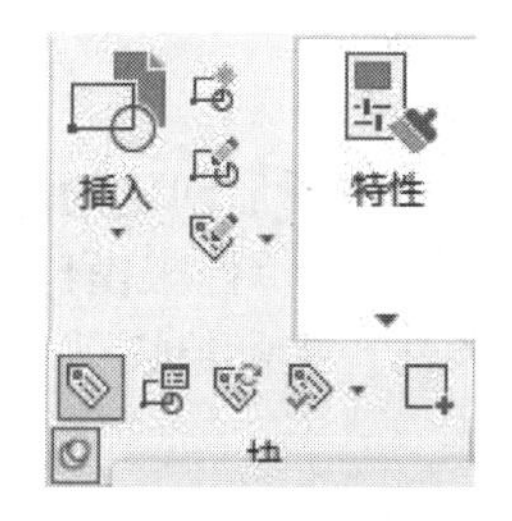

图 5-13 定义块属性面板按钮

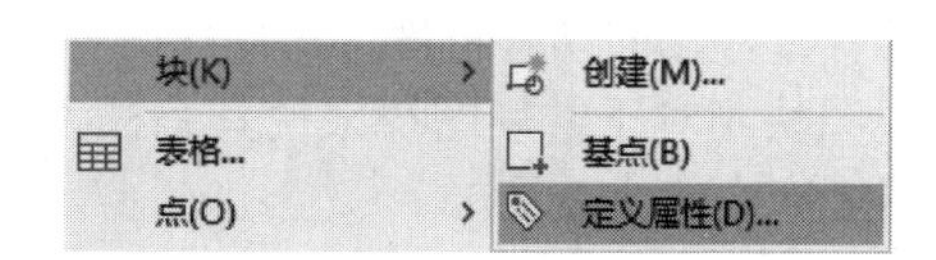

图 5-14 定义块属性菜单命令

5.6.2 操作要点说明

执行上述任一命令后，系统弹出【属性定义】对话框，如图 5-15 所示。然后分别填写【标记】【提示】与【默认】，再设置好文字位置与对齐等属性，单击【确定】按钮，即可创建一个块属性。

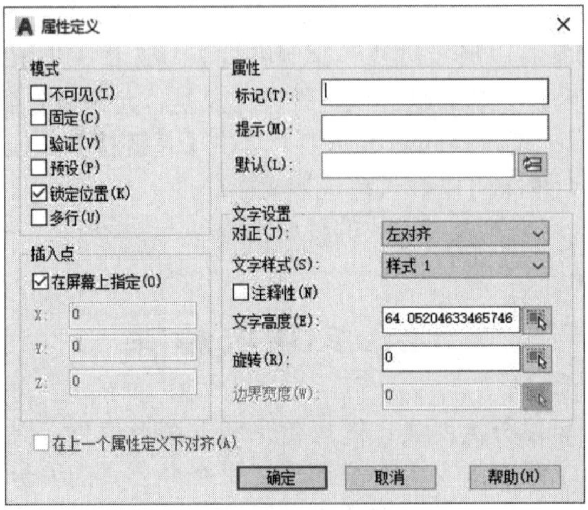

图 5-15 【属性定义】对话框

【属性定义】对话框中常用选项的含义如下。

【模式】：用于设置属性模式，其包括【不可见】【固定】【验证】【预设】【锁定位置】和【多行】6 个复选框，勾选相应的复选框可设置相应的属性值。

【属性】：用于设置属性数据，包括【标记】【提示】【默认】3 个文本框。

【插入点】：该选项组用于指定图块属性的位置，若选中【在屏幕上指定】复选框，则可以在绘图区中指定插入点，用户可以直接在 X、Y、Z 文本框中输入坐标值确定插入点。

【文字设置】：该选项组用于设置属性文字的对正、样式、高度和旋转角度。

【在上一个属性定义下对齐】：选择该复选框，将属性标记直接置于定义的上一个属性的下面。若之前没有创建属性定义，则此项不可用。

5.7 创建动态图块

动态图块就是将一系列内容相同或相近的图形通过块编辑将图形创建为块，并设置该块具有参数化的动态特性，在操作时通过自定义夹点或自定义特性来操作动态块。设置该类图块相对于常规图块来说具有极大的灵活性和智能性，提高绘图效率的同时可减少图块库中的块数量。

5.7.1 操作方式

块编辑器是专门用于创建块定义并添加动态行为的编写区域。

调用【块编辑器】的方法有以下几种。

（1）面板：单击【默认】选项卡中【块】面板上的【编辑】按钮。

（2）菜单栏：执行【工具】|【块编辑器】命令。

（3）命令行：BEDIT 或 BE。

5.7.2 操作要点说明

执行上述任一操作后，系统弹出【编辑块定义】对话框，如图 5-16 所示。

在该对话框中提供了多种编辑和创建动态块的块定义，选择一个图块名称，则可在右侧预览块效果。单击【确定】按钮，系统进入默认为灰色背景的绘图区域，一般称该区域为块编辑窗口，并弹出【块编辑器】选项卡和【块编写选项板】，如图 5-17 所示。

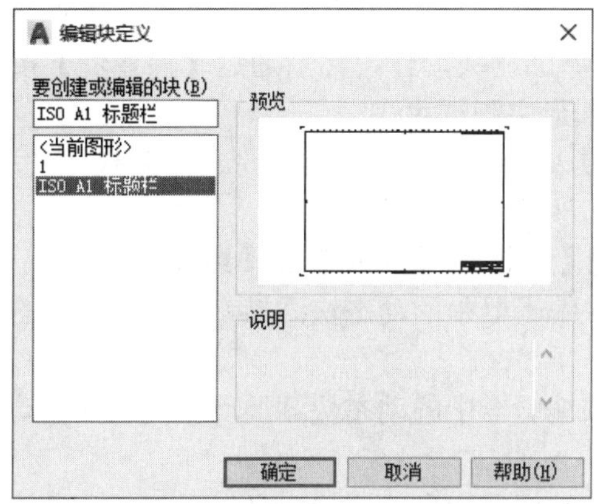

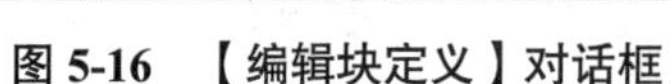

图 5-16 【编辑块定义】对话框

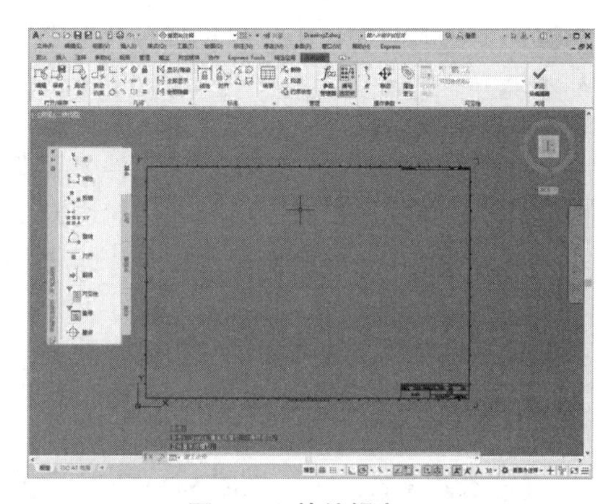

图 5-17 块编辑窗口

在右侧的【块编写选项卡】中，包含【参数】【动作】【参数集】和【约束】4 个选项卡，可创建动态块的所有特征。

【块编辑器】选项卡位于标签栏的上方，其各选项功能如表 5-1 所示。

表 5-1 各选项的功能

图 标	名 称	功 能
	编辑块	单击该按钮，系统弹出【编辑块定义】对话框，用户可重新选择需要创建的动态块
	保存块	单击该按钮，保存当前块定义
	将块另存为	单击此按钮，系统弹出【将块另存为】对话框，用户可以重新输入块名称后保存此块
	测试块	测试此块能否被加载到图形中
	自动约束对象	对选择的块对象进行自动约束
	显示 / 隐藏约束栏	显示或者隐藏约束符号

续表

图　标	名　　称	功　　能
	参数约束	对块对象进行参数约束
	块表	单击此按钮系统弹出【块特性表】对话框，通过此对话框对参数约束进行函数设置
	属性定义	单击此按钮系统弹出【属性定义】对话框，从中可定义模式属性标记、提示、值等的文字选项
	编写选项板	显示或隐藏编写选项板
	参数管理器	打开或关闭参数管理器

在该绘图区域UCS命令是被禁用的，绘图区域显示一个UCS图标，该图标的原点定义了块的基点。用户可以通过相对UCS图标原点移动几何体图形或者添加基点参数来更改块的基点。这样在完成参数的基础上添加相关动作，然后通过【保存块】按钮保存块定义，此时可以立即关闭编辑器并在图形中测试块。

如果在块编辑窗口中执行【文件】|【保存】命令，则保存的是图形而不是块定义。因此处于块编辑窗口时，必须专门对块定义进行保存。

该选项板中一共有4个选项卡，即【参数】【动作】【参数集】和【约束】选项卡。

【参数】选项卡：如图5-18所示，用于向块编辑器中的动态块添加参数，动态块的参数包括点参数、线性参数、极轴参数等。

【动作】选项卡：如图5-19所示，用于向块编辑器中的动态块添加动作，包括移动动作、缩放动作、拉伸动作、极轴拉伸动作等。

【参数集】选项卡：如图5-20所示，是在块编辑器中向动态块定义中添加一个参数和至少一个动作的工具时，创建动态块的一种快捷方式。

【约束】选项卡：如图5-21所示，用于在块编辑器中向动态块进行几何或参数约束。

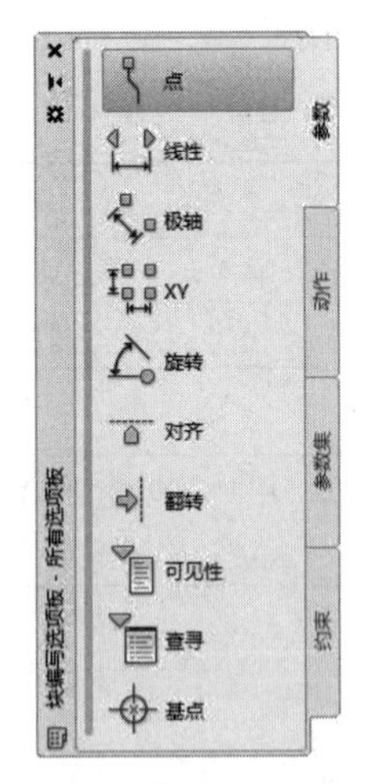

图5-18 【参数】选项卡

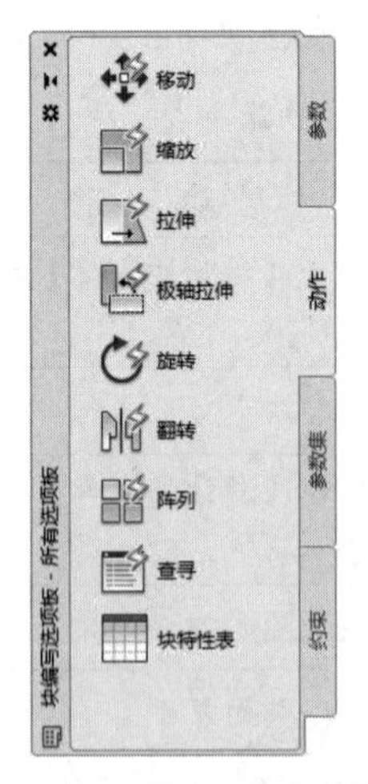

图5-19 【动作】选项卡

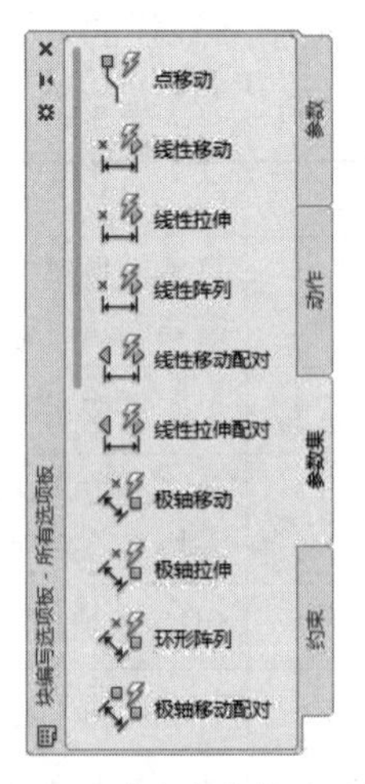

图5-20 【参数集】选项卡

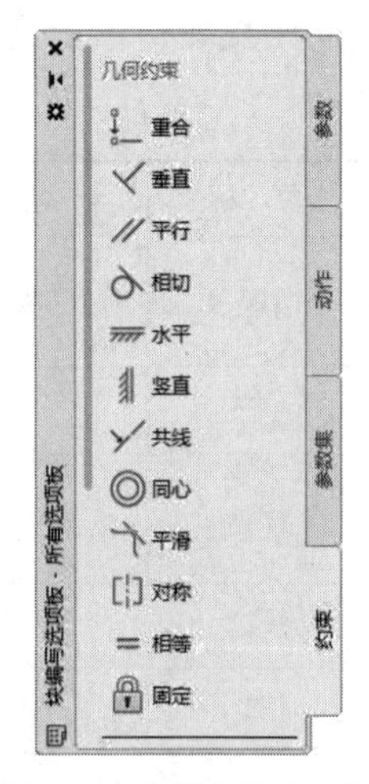

图5-21 【约束】选项卡

5.8 设计中心

AutoCAD 设计中心是为用户提供了一个与 Windows 资源管理器类似的直观且高效的工具。通过设计中心，用户可以浏览、查找、预览、管理、利用和共享 AutoCAD 图形，还可以使用其他图形文件中的图层定义、块、文字样式、尺寸标注样式、布局等信息，从而提高了图形管理和图形设计的效率。

5.8.1 打开设计中心

利用设计中心，可以对图形设计资源实现以下管理功能。

（1）浏览、查找和打开指定的图形资源，如国标中的螺钉、螺母等标准件。

（2）能够将图形文件、图块、外部参照、命名样式迅速插入到当前文件中。

（3）为经常访问的本地机或网络上的设计资源创建快捷方式，并添加到收藏夹中。

打开【设计中心】窗体的方法有以下几种。

（1）面板：单击【视图】选项卡【选项板】面板上的【设计中心】按钮。

（2）菜单栏：执行【工具】|【选项板】|【设计中心】命令。

（3）命令行：ADCENTER 或 ADC。

（4）组合键：Ctrl+2。

执行上述任一操作后，系统弹出设计中心窗体。

5.8.2 设计中心窗体

设计中心的外观与 Windows 资源管理器相似，如图 5-22 所示。双击左侧的标题条，可以将窗体固定放置在绘图区一侧，或者浮动放置在绘图区上。拖动标题条或窗体边界，可以调整窗体的位置和大小。

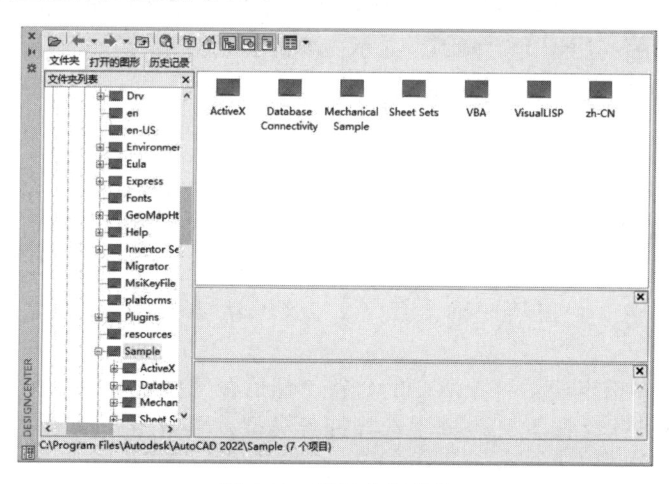

图 5-22 设计中心窗体

设计中心窗体中包含一组工具按钮和三个选项卡，这些按钮和选项卡的含义及设置方法如下。

1. 选项卡操作

在设计中心中，用鼠标单击可以在 4 个选项卡之间进行切换，各选项卡含义如下。

【文件夹】：该选项卡显示设计中心的资源，包括显示计算机或网络驱动器中文件和文件夹的层次结构。可将设计中心内容设置为本计算机、本地计算机或网络信息。要使用该选项卡调出图形文件，可指定文件夹列表框中的文件路径（包括网络路径），右侧将显示图形信息。

【打开的图形】：该选项卡显示当前已打开的所有图形，并在右方的列表框中包括图形中的块、图层、线型、文字样式、标注样式和打印样式。单击某个图形文件，然后单击列表中的一个定义表，可以将图形文件的内容加载到内容区域中。

【历史记录】：该选项卡中显示最近在设计中心打开的文件列表，双击列表中的某个图形文件，可以在【文件夹】选项卡的树状视图中定位此图形文件，并将其内容加载到内容预览区域。

2. 按钮操作

在【设计中心】窗体中，要设置对应选项卡中树状视图与控制板中显示的内容，可以单击选项卡上方的按钮执行相应的操作，各按钮的含义如下。

【加载】按钮：使用该按钮通过桌面、收藏夹等路径加载图形文件。单击该按钮弹出【加载】对话框，在该对话框中按照指定路径选择图形，将其载入当前图形中。

【搜索】按钮：用于快速查找图形对象。

【收藏夹】按钮：通过收藏夹来标记存放在本地硬盘和网页中常用的文件。

【主页】按钮：将设计中心返回到默认文件夹，选择专用设计中心图形文件加载到当前图形中。

【树状图切换】按钮：使用该工具打开 / 关闭树状视图窗口。

【预览】按钮：使用该工具打开 / 关闭选项卡右下侧窗格。

【说明】按钮：打开或关闭说明窗格，以确定是否显示说明窗格内容。

【视图】按钮：用于确定控制板显示内容的显示格式，单击该按钮将弹出一个快捷菜单，可在该菜单中选择内容的显示格式。

5.8.3 设计中心查找功能

使用设计中心的查找功能，可在弹出的【搜索】对话框中快速查找图形、块特征、图层特征和尺寸样式等内容，将这些资源插入当前图形，可辅助当前设计。

单击【设计中心】窗体中的【搜索】按钮，系统弹出【搜索】对话框，如图 5-23 所示。

在该对话框中指定搜索对象所在的盘符，然后在【搜索文字】列表框中输入搜索对象名称，在【位于字段】列表框中选择搜索类型，单击【立即搜索】按钮，即可执行搜索操作。

另外，还可以选择其他选项卡设置不同的搜索条件。

将【图形】选项卡切换到【修改日期】选项卡，可指定图形文件创建或修改的日期范围。默认情况下不指定日期，需要在此之前指定图形修改日期。

切换到【高级】选项卡可指定其他搜索参数。

图 5-23 【搜索】对话框

5.8.4 设计中心管理资源

使用 AutoCAD 设计中心最终的目的是在当前图形中调入块、引用图像和外部参照，并且在图形之间复制块、图层、线型、文字样式、标注样式以及用户定义的内容等。也就是说，根据插入内容类型的不同，对应插入设计中心图形的方法也不相同。

1. 插入块

在进行插入块操作时，用户可根据设计需要确定插入方式。

（1）自动换算比例插入块：选择该方法插入块时，可从设计中心窗口中选择要插入的块，并拖动到绘图窗口。移到插入位置时释放鼠标，即可实现块的插入操作。

（2）常规插入块：采用插入时确定插入点、插入比例和旋转角度的方法插入块特征，可在【设计中心】对话框中选择要插入的块，然后用鼠标右键将该块拖动到窗口后释放鼠标，此时将弹出一个快捷菜单，选择【插入块】选项，即可弹出【插入块】对话框，可按照插入块的方法确定插入点、插入比例和旋转角度，将该块插入到当前图形中。

2. 复制对象

复制对象就在控制板中展开相应的块、图层、标注样式列表，然后选中某个块、图层或标注样式并将其拖入当前图形，即可获得复制对象效果。

如果按住右键将其拖入当前图形，此时系统将弹出一个快捷菜单，通过此菜单可以进行相应的操作。

3. 以动态块形式插入图形文件

要以动态块形式在当前图形中插入外部图形文件，只需要通过右键快捷菜单，执行【块编辑器】命令即可，此时系统将打开【块编辑器】窗口，用户可以通过该窗口将选中的图形创建为动态图块。

4. 引入外部参照

从【设计中心】对话框选择外部参照，用鼠标右键将其拖动到绘图窗口后释放，在弹出的快捷菜单中选择【附加为外部参照】选项，弹出【外部参照】对话框，可以在其中确定插入点、插入比例和旋转角度。

5.9 外部参照

AutoCAD 将外部参照作为一种图块类型定义，它也可以提高绘图效率。但外部参照与图块有一些重要的区别，将图形作为图块插入时，它存储在图形中，不随原始图形的改变而更新；将图形作为外部参照时，会将该参照图形链接到当前图形，对参照图形所做的任何修改都会显示在当前图形中。一个图形可以作为外部参照同时附着插入到多个图形中，同样也可以将多个图形作为外部参照附着到单个图形中。

5.9.1 了解外部参照

外部参照通常称为 XREF，用户可以将整个图形作为参照图形附着到当前图形中，而不是插入它。这样可以通过在图形中参照其他用户的图形协调用户之间的工作，查看当前图形是否与其他图形相匹配。

当前图形记录外部参照的位置和名称，以便总能很容易地参考，但并不是当前图形的一部分。和块一样，用户同样可以捕捉外部参照中的对象，从而使用它作为图形处理的参考。此外，还可以改变外部参照图层的可见性设置。

使用外部参照要注意以下几点。

（1）确保显示参照图形的最新版本。打开图形时，将自动重载每个参照图形，从而反映参照图形文件的最新状态。

（2）请勿在图形中使用参照图形中已存在的图层名、标注样式、文字样式和其他命名元素。

（3）当工程完成并准备归档时，将附着的参照图形和当前图形永久合并（绑定）到一起。

5.9.2 附着外部参照

用户可以将其他文件的图形作为参照图形附着到当前图形中，这样可以通过在图形中参照其他用户的图形来协调各用户之间的工作，查看当前图形是否与其他图形相匹配。

下面介绍 4 种【附着】外部参照的方法。

（1）菜单栏：执行【插入】|【DWG 参照】命令。

（2）工具栏：单击【插入】工具栏中的【附着】按钮。

（3）命令行：XATTACH/XA。

（4）功能区：在【插入】选项卡中，单击【参照】面板中的【附着】按钮。

执行【附着】命令，选择一个 DWG 文件打开后，弹出【附着外部参照】对话框，如图 5-24 所示。

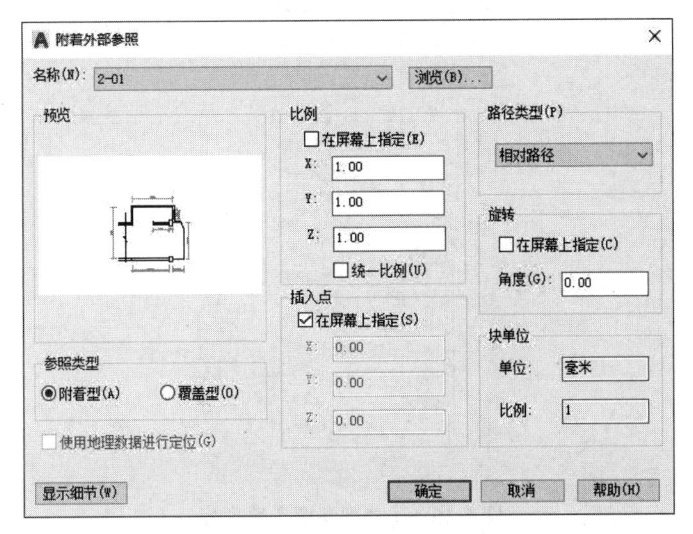

图 5-24 【附着外部参照】对话框

【附着外部参照】对话框中各选项介绍如下。

【参照类型】选项组：选择【附着型】单选按钮表示显示出嵌套参照中的嵌套内容；选择【覆盖型】单选按钮表示不显示嵌套参照中的嵌套内容。

【路径类型】选项组：【完整路径】，使用此选项附着外部参照时，外部参照的精确位置将保存到主图形中，此选项的精确度最高，但灵活性最小，如果移动工程文件，AutoCAD 将无法融入任何使用完整路径附着的外部参照；【相对路径】，使用此选项附着外部参照时，将保存外部参照相对于主图形的位置，此选项的灵活性最大，如果移动工程文件夹，AutoCAD 仍可以融入使用相对路径附着的外部参照，只要此外部参照相对主图形的位置未发生变化；【无路径】，在不使用路径附着外部参照时，AutoCAD 首先在主图形中的文件夹中查找外部参照，当外部参照文件与主图形位于同一个文件夹中时，此选项非常有用。

5.9.3 拆离外部参照

要从图形中完全删除外部参照，需要拆离而不是删除。例如，删除外部参照不会删除与其关联的图层定义。使用【拆离】命令，才能删除外部参照和所有关联信息。

拆离外部参照的一般步骤如下。

（1）打开【外部参照】选项板。

（2）在选项板中选择需要删除的外部参照，并在参照上右击。

（3）在弹出的快捷菜单中选择【拆离】，即可拆离选定的外部参考，如图 5-25 所示。

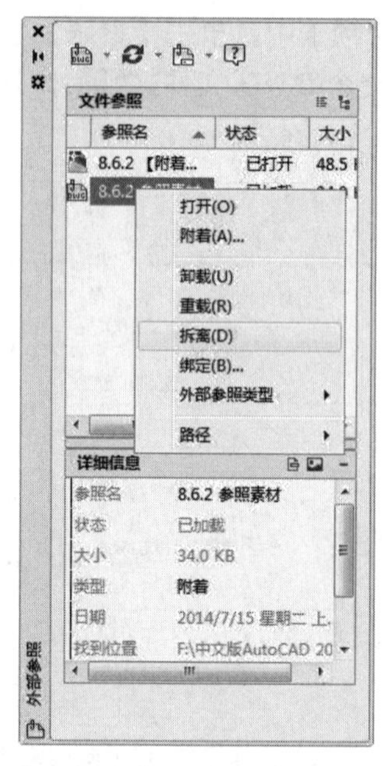

图 5-25 【外部参照】选项板

5.9.4 管理外部参照

在 AutoCAD 中，可以在【外部参照】选项板中对外部参照进行编辑和管理。调用【外部参照】选项板的方法如下。

（1）命令行：XREF/XR。

（2）功能区：在【插入】选项卡中，单击【注释】面板右下角箭头按钮。

（3）菜单栏：执行【插入】|【外部参照】命令。

【外部参照】选项板中各选项功能如下。

（1）按钮区域：此区域有【附着】【刷新】【帮助】3 个按钮，【附着】按钮可以用于添加不同格式的外部参照文件；【刷新】按钮用于刷新当前选项卡显示；【帮助】按钮可以打开系统的帮助页面，从而可以快速了解相关的知识。

（2）【文件参照】列表框：此列表框中显示了当前图形中各个外部参照文件名称，单击其右上方的【列表图】或【树状图】按钮，可以设置文件列表框的显示形式。【列表图】表示以列表形式显示，如图 5-26 所示；【树状图】表示以树形显示，如图 5-27 所示。

（3）【详细信息】选项区域：用于显示外部参照文件的各种信息。选择任意一个外部参照文件后，将在此处显示该外部参照文件的名称、加载状态、文件大小、参照类型、参照日期以及参照文件的存储路径等内容，如图 5-28 所示。

当附着多个外部参照后，在文件参照列表框中文件上右击，将弹出快捷菜单，在菜单上选择不同的命令可以对外部参照进行相关操作。快捷菜单中各命令的含义如下。

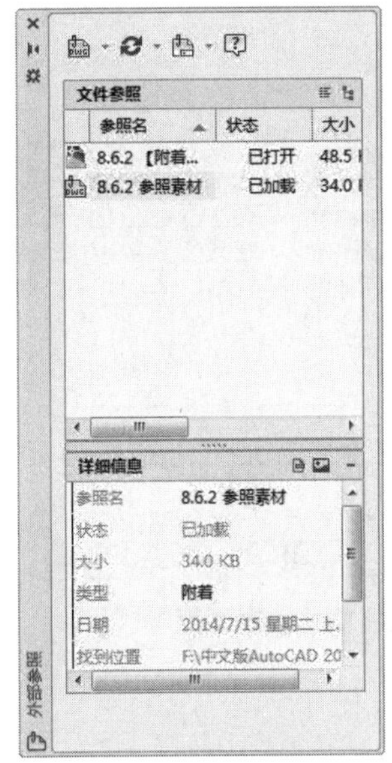

图 5-26 【列表图】样式

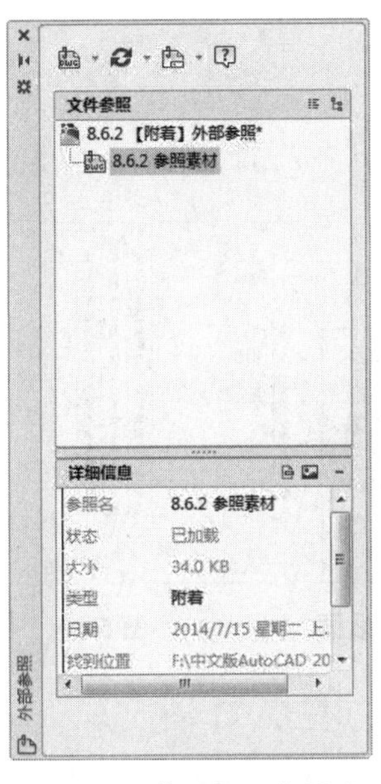

图 5-27 【树状图】样式

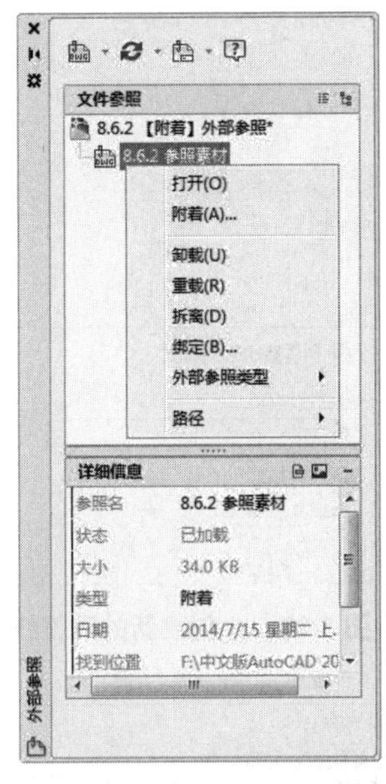

图 5-28 参照文件详细信息

【打开】：单击该按钮可在新建窗口中打开选定的外部参照进行编辑。在【外部参照管理器】对话框关闭后，显示新建窗口。

【附着】：单击该按钮可打开【选择参照文件】对话框，在该对话框中可以选择需要插入到当前图形中的外部参照文件。

【卸载】：单击该按钮可从当前图形中移走不需要的外部参照文件，但移走后仍保留该文件的路径，当希望再次参照该图形时，单击对话框中的【重载】按钮即可。

【重载】：单击该按钮可在不退出当前图形的情况下，更新外部参照文件。

【拆离】：单击该按钮可从当前图形中移去不再需要的外部参照文件。

5.10 课堂练习：创建标题栏表格

本节以创建图纸标题栏为例，综合练习前面所学的表格创建和编辑的方法。

（1）调用 TS【表格样式】命令，系统弹出【表格样式】对话框，单击【新建】按钮。系统弹出【创建新的表格样式】对话框，更改【新样式名】为“样式 1”，如图 5-29 所示。

（2）单击【继续】按钮，系统弹出【新建表格样式：样式 1】对话框，设置【对齐】为【正中】，在【文字】选项区域中，更改文字高度为 120，如图 5-30 所示。

（3）单击【确定】按钮，返回至【表格样式】对话框，选择【样式 1】表格样式之后单击【置为当前】按钮，如图 5-31 所示。

（4）调用【矩形】命令，绘制长为 4200、宽为 1200 的矩形，如图 5-32 所示。

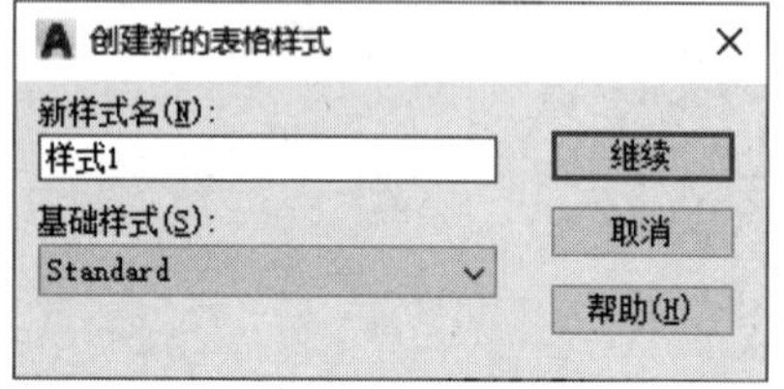
图 5-29 【创建新的表格样式】对话框

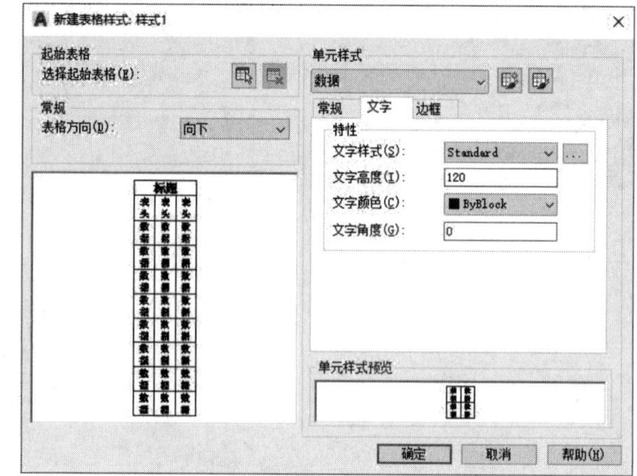
图 5-30 【新建表格样式】对话框

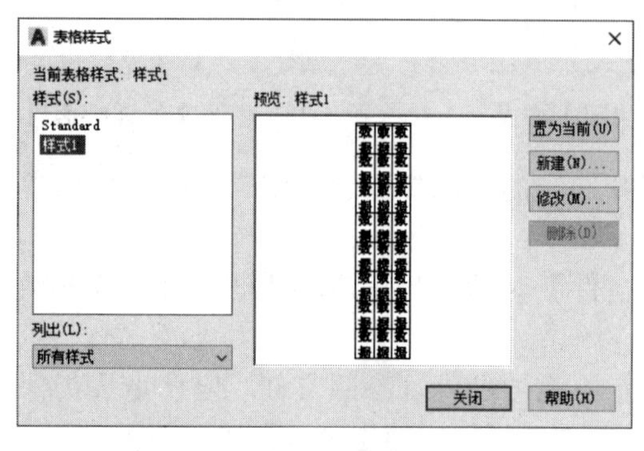
图 5-31 置为当前表格样式

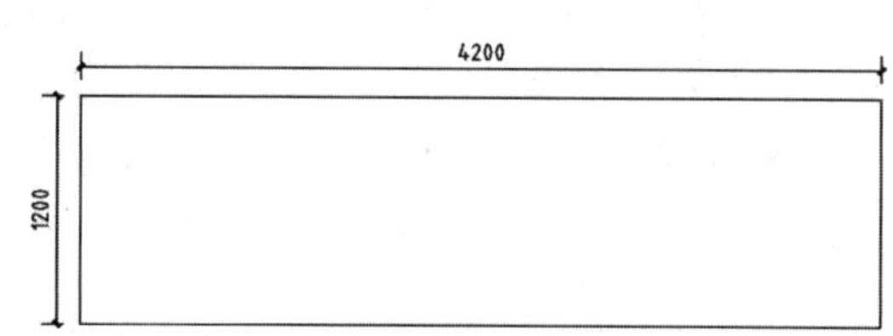

图 5-32 绘制矩形

（5）在【注释】选项卡中，单击【表格】面板中的【表格】按钮。系统弹出【插入表格】对话框，更改【插入方式】为【指定窗口】。设置【数据行数】为 2，【列数】为 7，【单元样式】全部为【数据】，如图 5-33 所示。

（6）单击【确定】按钮，按照命令行提示指定插入点为矩形左上角的一点，第二点角点为矩形右下角的一点，表格绘制完成，如图 5-34 所示。

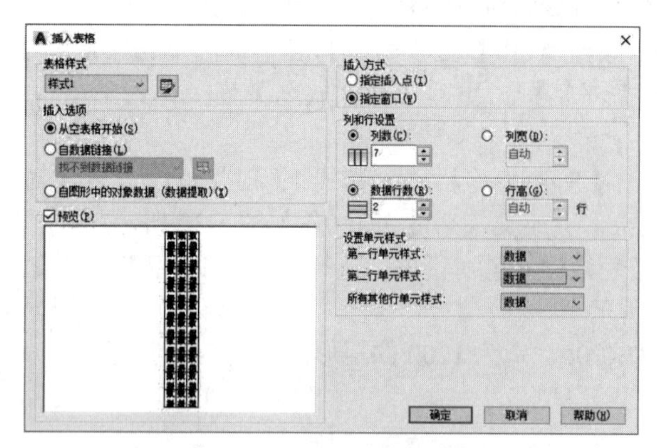
图 5-33 【插入表格】对话框

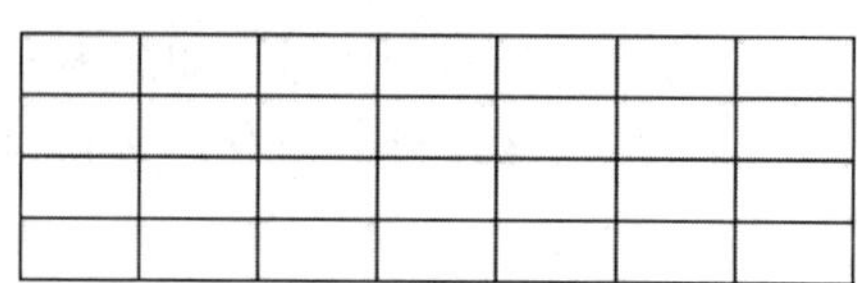
图 5-34 插入表格

（7）用鼠标全选刚绘制好的表格，把鼠标放在表格的交点处，如图 5-35 所示；更改表格的列宽，第一列、第四列和第六列改为 400，第二列、第三列和第五列改为 800，更改结果如图 5-36 所示。

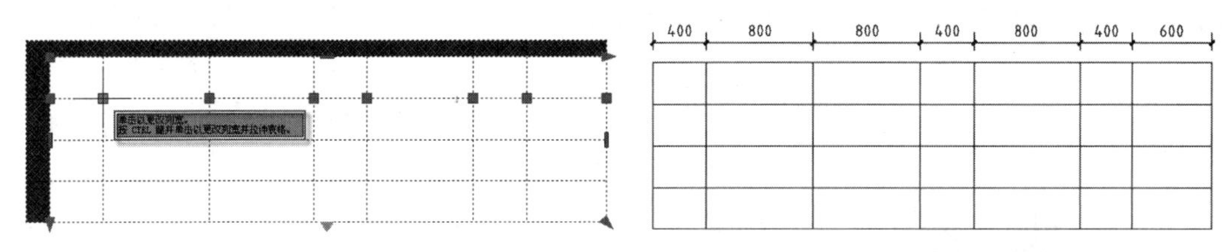

图 5-35　更改表格列宽　　　　图 5-36　表格列宽更改结果

（8）选中第一列到第三列的第一和第二行单元格之后，选择功能区【表格单元】|【合并】|【合并单元】|【合并全部】命令，则所选单元格被合并为一个单元格；重复此命令，合并其他需要合并的单元格，结果如图 5-37 所示。

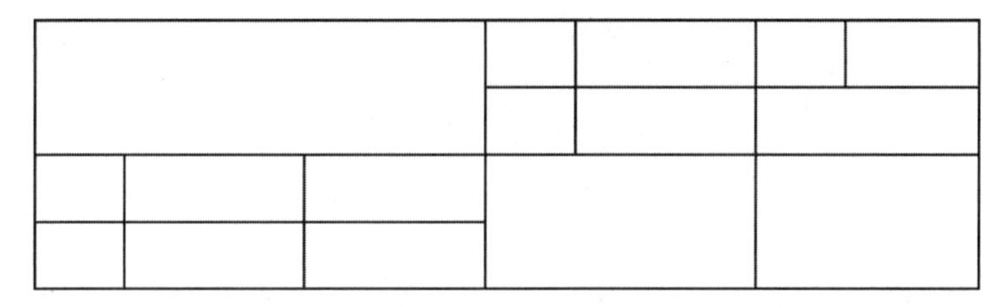

图 5-37　合并单元格

（9）单击单元格输入文字，表格绘制完成，如图 5-38 所示。

<table>
<tr><td colspan="3" rowspan="2">(单位名称)</td><td>材料</td><td></td><td>比例</td><td></td></tr>
<tr><td>数量</td><td></td><td colspan="2">共　张，第　张</td></tr>
<tr><td>制图</td><td></td><td></td><td colspan="2" rowspan="2"></td><td colspan="2" rowspan="2"></td></tr>
<tr><td>审核</td><td></td><td></td></tr>
</table>

图 5-38　输入文字

5.11　课堂练习：【附着】外部参照

外部参照图形非常适合用作参考插入。据统计，如果要参考某一现成的 dwg 图纸来进行绘制，绝大多数设计师都会采取打开该 dwg 文件，然后使用 Ctrl+C、Ctrl+V 组合键直接将图形复制到新创建的图纸上。这种方法使用方便、快捷，但缺陷就是新建的图纸与原来的 dwg 文件没有关联性，如果参考的 dwg 文件有所更改，则新建的图纸不会有所提升。而如果采用外部参照的方式插入参考用的 dwg 文件，则可以实时更新。下面通过一个例子来进行介绍。

（1）单击快速访问工具栏中的【打开】按钮，打开“第 5 章\5.11 课堂练习：【附着】外部参照 .dwg”文件，如图 5-39 所示。

（2）在【插入】选项卡中，单击【参照】面板中的【附着】按钮，系统弹出【选择参照文件】对话框。在【文件类型】下拉列表中选择【图形（*.dwg)】，并找到同文件内的“参照素材 .dwg”文件，如图 5-40 所示。

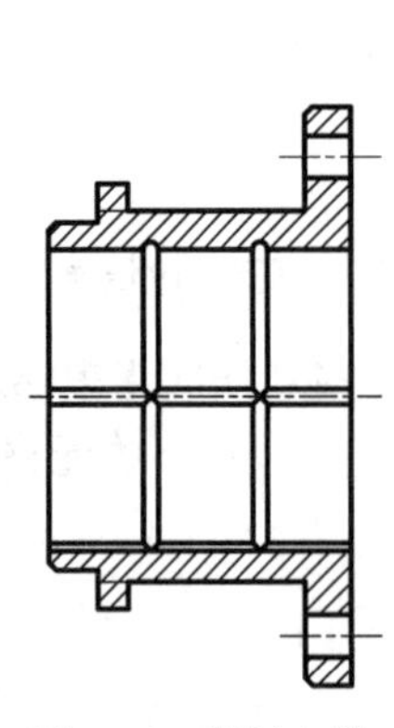

图 5-39 素材文件

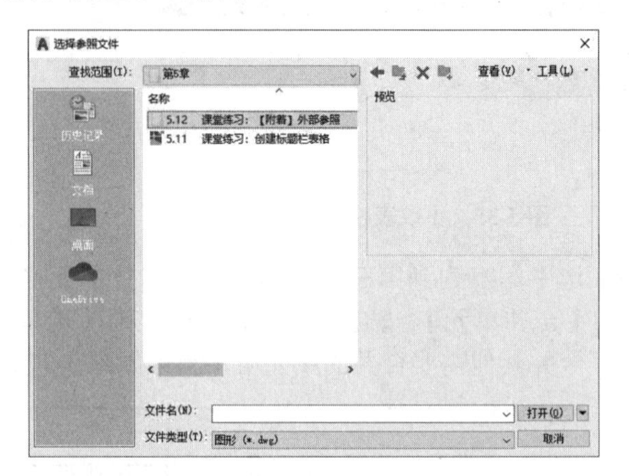

图 5-40 【选择参照文件】对话框

（3）单击【打开】按钮，系统弹出【附着外部参照】对话框，所有选项保持默认，如图 5-41 所示。

（4）单击【确定】按钮，在绘图区域指定端点，并调整其位置，即可附着外部参照，如图 5-42 所示。

图 5-41 【附着外部参照】对话框

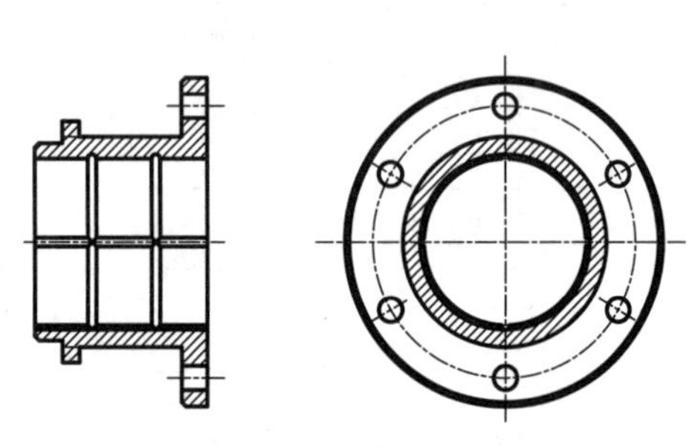

图 5-42 附着参照效果

（5）插入的参照图形为该零件的右视图，此时就可以结合现有图形与参照图绘制零件的其他视图，或者进行标注。

（6）读者可以先按 Ctrl+S 组合键进行保存，然后退出该文件；接着打开同文件夹内的【参照素材 .dwg】文件，并删除其中的 4 个小孔，如图 5-43 所示，再按 Ctrl+S 组合键进行保存，然后退出。

（7）此时再重新打开“第 5 章 \5.11 课堂练习：【附着】外部参照 .dwg”文件，则会出现如图 5-44 所示的提示，单击【重载 参照素材】链接，则图形变为如图 5-45 所示。这样参照的图形得到了实时更新，可以保证设计的准确性。

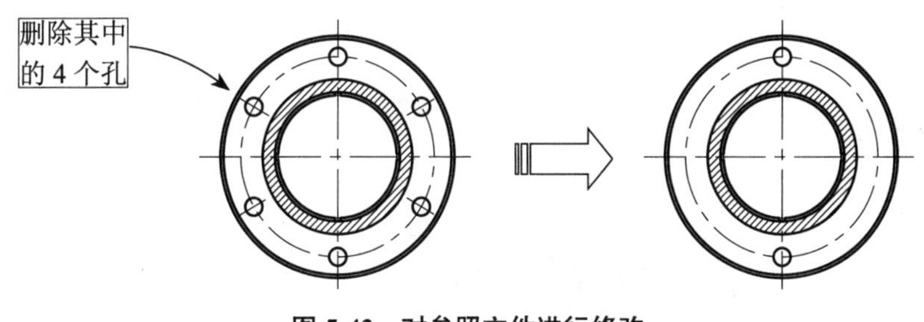

图 5-43　对参照文件进行修改

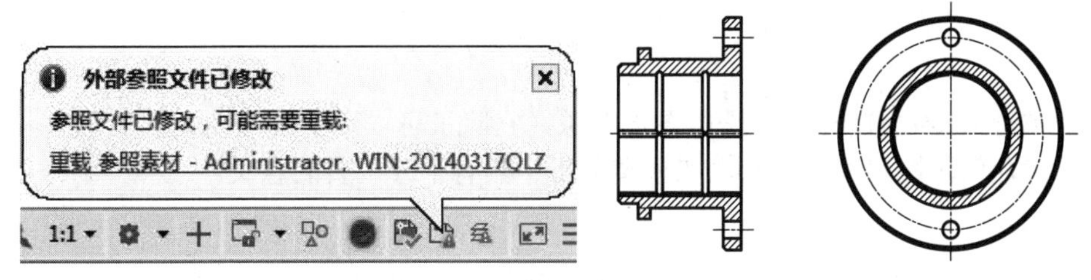

图 5-44　参照提示　　图 5-45　更新参照对象后的附着效果

5.12 课后总结

表格、图块是使用 AutoCAD 进行机械设计时必不可少的两大功能，对于初学者来说，这种感受可能不是很直观，这是因为图块和表格处理的都是图形附件的事物，如基准符号、标题栏等。熟练掌握这些方法，将对提高作图效率有明显的影响。

5.13 课后习题

1. 简答题

（1）捕捉模式、栅格显示、正交模式、极轴追踪的快捷键分别是什么？

（2）在 AutoCAD 2022 中，创建块、插入块的快捷命令是什么？

（3）块的【属性定义】对话框中包含几个选项组？分别是什么？

2. 操作题

创建如图 5-46所示的螺母图块，要求螺母的尺寸根据选择的规格变化。

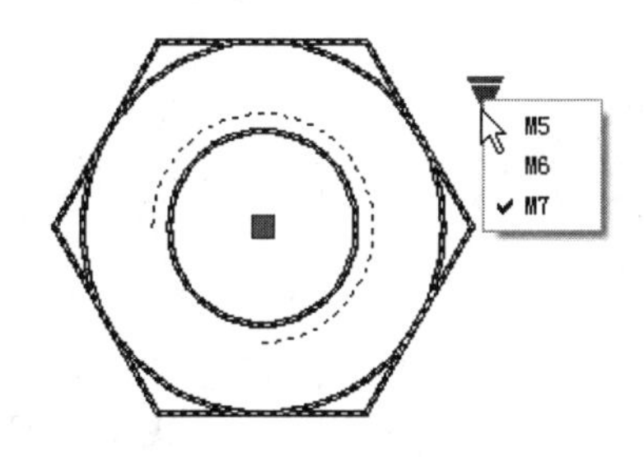

图 5-46　螺母动态块

第6章 chapter 6

创建面域和图案填充

面域是 AutoCAD 一类特殊的图形对象，它除了可以用于填充图案和着色外，还可以分析其几何属性和物理属性，在模型分析中具有十分重要的意义。

6.1 创建面域

面域是具有一定边界的二维闭合区域，它是一个面对象，内部可以包含孔特征。在三维建模状态下，面域也可以用作构建实体模型的特征截面。

6.1.1 操作方式

通过选择自封闭的对象或者端点相连构成封闭的对象，可以快速创建面域。如果对象自身内部相交（如相交的圆弧或自相交的曲线），就不能生成面域。创建【面域】的方法有多种，其中最常用的有使用【面域】工具和【边界】工具两种。

1. 使用【面域】工具创建面域

在 AutoCAD 2022 中利用【面域】工具创建【面域】有以下 3 种常用方法。

（1）功能区：单击【创建】面板中的【面域】工具按钮，如图 6-1 所示。

（2）菜单栏：执行【绘图】|【面域】命令。

（3）命令行：REGION 或 REG。

执行以上任一命令后，选择一个或多个用于转换为面域的封闭图形，如图 6-2 所示，AutoCAD 将根据选择的边界自动创建面域，并报告已经创建的面域数目。

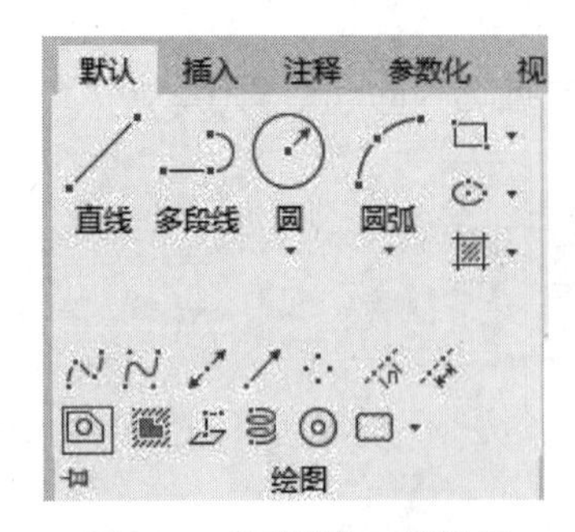

图 6-1 【面域】工具按钮

图 6-2 可创建面域的对象

2. 使用【边界】工具创建面域

【边界】命令的启动方式有以下几种。

（1）功能区：单击【创建】面板中的【边界】工具按钮，如图 6-3 所示。

（2）菜单栏：执行【绘图】|【边界】命令。

（3）命令行：BOUNDARY 或 BO。

执行上述任一命令后，弹出如图 6-4 所示的【边界创建】对话框。

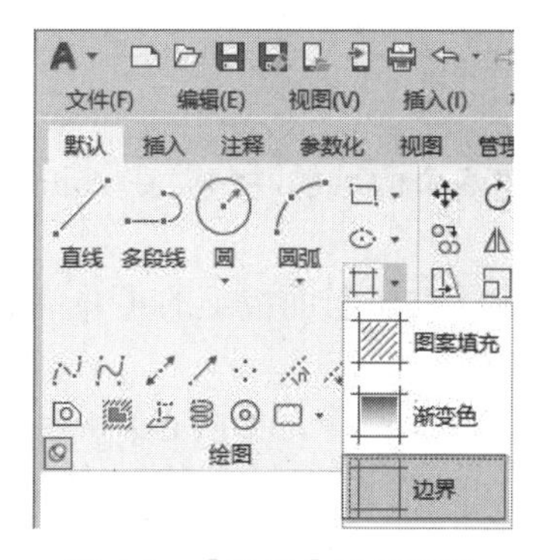

图 6-3 【边界】工具按钮

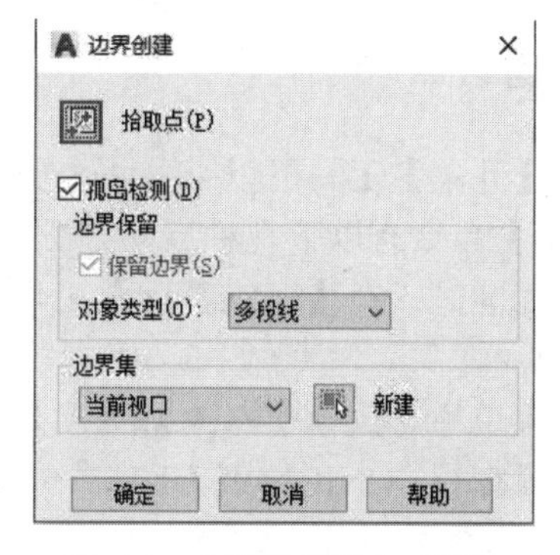

图 6-4 【边界创建】对话框

在【对象类型】下拉列表框中选择【面域】项，再单击【拾取点】按钮，系统自动进入绘图环境。如图 6-5 所示，在矩形和圆重叠区域内单击，然后按 Enter 键确定，即可在原来矩形和圆的重叠部分处新创建一个面域对象。如果选择的是【多段线】选项，则可以在重叠部分创建一封闭的多段线。

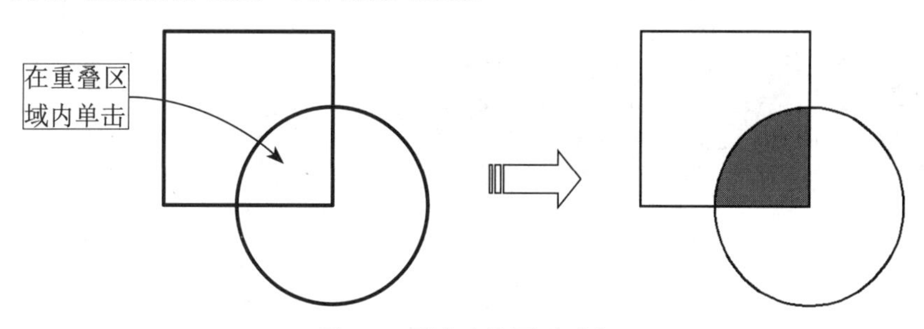

图 6-5 列表查询图形对象

6.1.2 注意事项

根据面域的概念可知，只有选择自封闭的对象或者端点相连构成的封闭对象才能创建面域。而在绘图过程中，经常会碰到明明是封闭的图形，而且可以填充，但却无法正常创建面域的情况。出现这种情况的原因有很多种，如线段过多、线段端点不相连、轮廓未封闭等。解决的方法有两种，介绍如下。

（1）使用【边界】工具：该方法是最有效的方法。在命令行中输入 BO，执行【边界】命令，然后按如图 6-5 所示在要创建面域的区域内单击，再执行【面域】命令，即可创建。

（2）用多段线重新绘制轮廓：如果使用【边界】工具仍无法创建面域，可考虑用多段线在原有基础上重新绘制一层轮廓，然后再创建面域。

6.2 面域布尔运算

布尔运算是数学中的一种逻辑运算，它可以对实体和共面的面域进行剪切、添加以及获取交叉部分等操作，对于普通的线框和未形成面域或多段线的线框，无法执行布尔运算。

布尔运算主要有【并集】【差集】与【交集】3 种运算方式。

6.2.1 面域求和

利用【并集】工具可以合并两个面域，即创建两个面域的并集。在 AutoCAD 2022 中，【并集】命令有以下几种启动方法。

（1）功能区：在【三维基础】工作空间中单击【编辑】面板上的【并集】按钮，如图 6-6 所示。

（2）菜单栏：执行【修改】|【实体编辑】|【并集】命令，如图 6-7 所示。

（3）命令行：UNION 或 UNI。

图 6-6 【并集】面板按钮

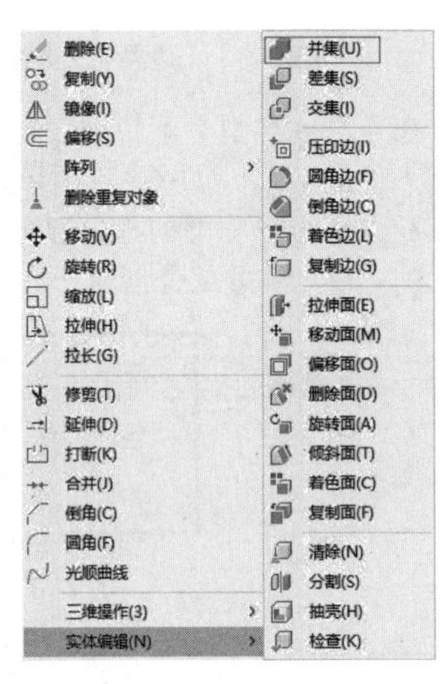

图 6-7 【并集】菜单命令

执行上述任一命令后，按住 Ctrl 键依次选择要进行合并的面域对象，右击或按 Enter 键即可将多个面域对象合并为一个面域，如图 6-8 所示。

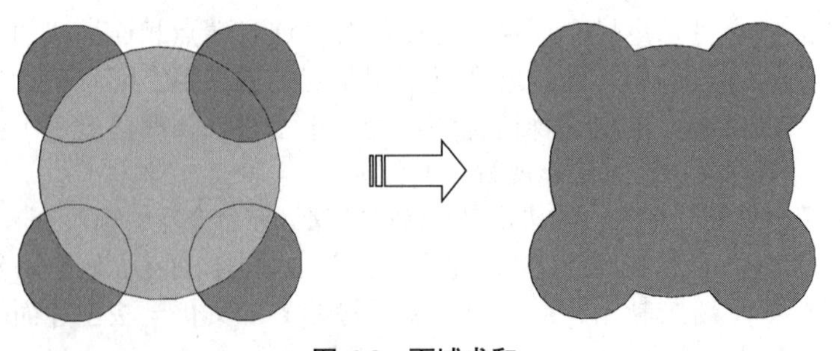

图 6-8 面域求和

6.2.2 面域求差

利用【差集】工具可以将一个面域从另一个面域中去除，即两个面域的求差。在AutoCAD 2022中，【差集】命令有以下几种调用方法。

(1) 功能区：单击【三维基础】或【三维建模】工作空间中的【差集】按钮。

(2) 菜单栏：执行【修改】|【实体编辑】|【差集】命令。

(3) 命令行：SUBTRACT或SU。

执行上述任一命令后，首先选择被去除的面域，然后右击并选择要去除的面域，右击或按Enter键，即可执行面域求差操作，如图6-9所示。

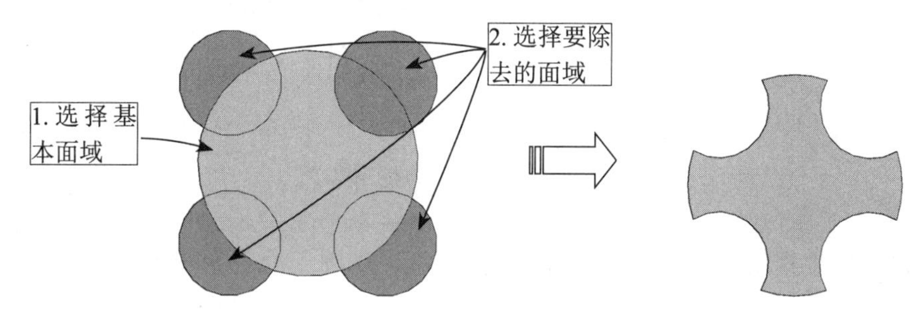

图6-9　面域求差

6.2.3 面域求交

利用此工具可以获取两个面域之间的公共部分面域，即交叉部分面域。在AutoCAD 2022中，【交集】命令有以下几种启动方法。

(1) 功能区：单击【三维基础】或【三维建模】空间中的【交集】工具按钮。

(2) 工具栏：单击【实体编辑】工具栏中的【交集】按钮。

(3) 菜单栏：执行【修改】|【实体编辑】|【交集】命令。

(4) 命令行：INTERSECT或IN。

执行上述任一命令后，依次选择两个相交面域并右击鼠标即可，如图6-10所示。

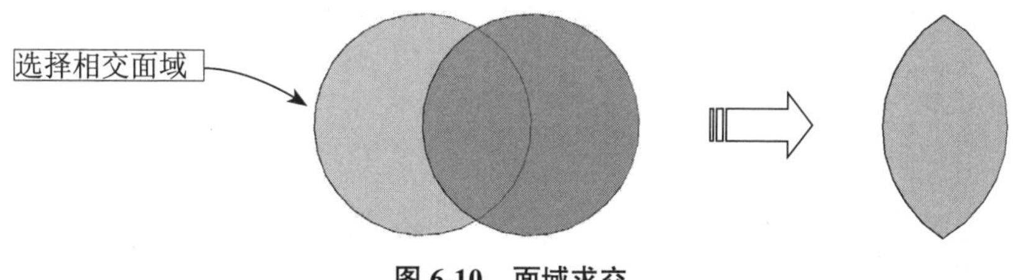

图6-10　面域求交

6.3 从面域中提取数据

面域是二维实体模型，它不但包含边的信息，还有边界的信息。可以利用这些信息计算工程属性，如面积、质心、惯性等。

执行【工具】|【查询】|【面域 / 质量特性】命令，然后选择面域对象，按 Enter 键，系统将自动切换到【AutoCAD 文本窗口】，显示面域对象的数据特征，如图 6-11 所示。

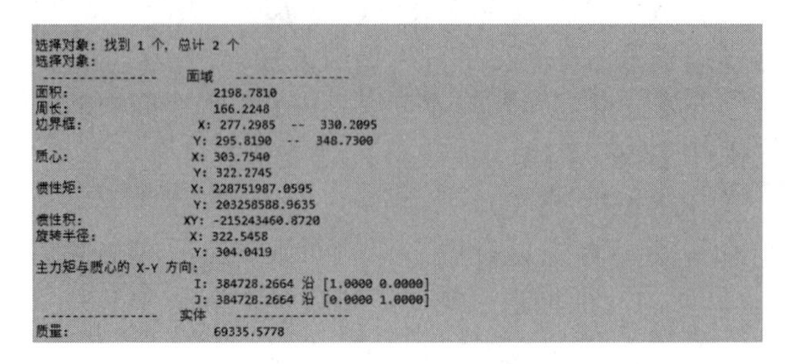

图 6-11 AutoCAD 文本窗口

6.4 设置图案填充

用户可以根据绘图需要，对填充图案的类型、比例、角度等进行设置。

6.4.1 设置填充图案

要为一个区域或对象进行图案填充，首先要调用【图案填充】命令，打开【图案填充创建】选项卡。设置填充参数，然后再对图形进行图案填充。

调用【图案填充】命令的方法如下。

（1）命令行：BHATCH/BH/H。

（2）菜单栏：执行【绘图】|【图案填充】命令，如图 6-12 所示。

（3）工具栏：单击【绘图】工具栏中的【图案填充】按钮。

（4）功能区：在【默认】选项卡中，单击【绘图】面板中的【图案填充】工具按钮，如图 6-13 所示。

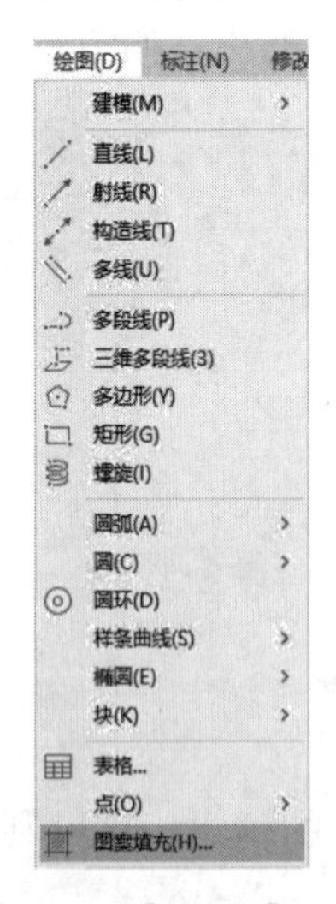

图 6-12 【菜单栏】调用【图案填充】命令

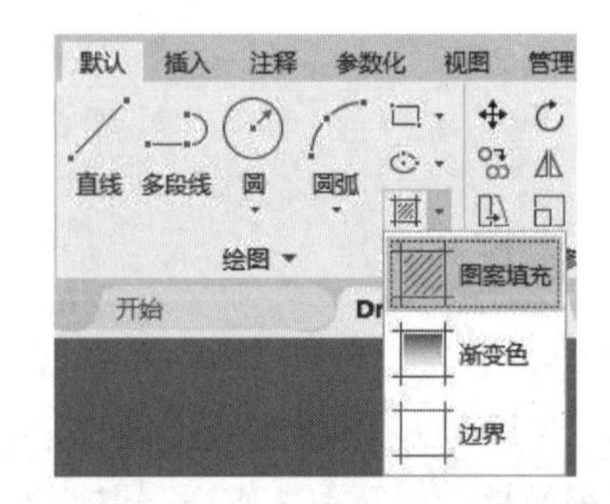

图 6-13 【功能区】调用【图案填充】命令

在【草图与注释】工作空间中，执行上述任一命令后，将打开【图案填充创建】选项卡，如图 6-14 所示。

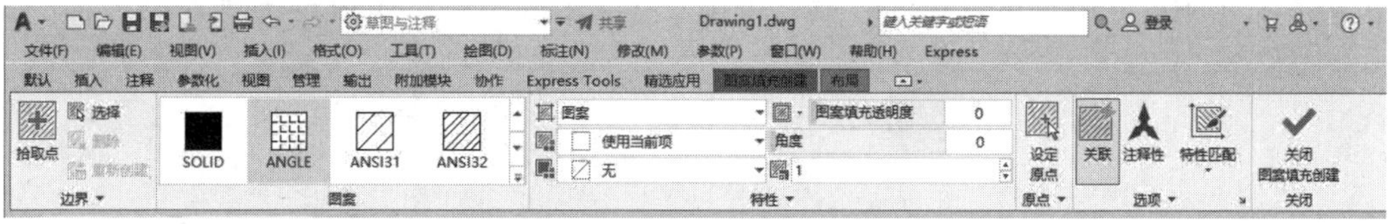

图 6-14　【图案填充创建】选项卡

提示： 在【草图与注释】工作空间中，调用【图案填充】命令时，激活【设置】选项，将打开【图案填充与渐变色】对话框。

【图案填充创建】选项卡中，各选项及其含义如下。

【边界】面板：主要包括【拾取点】按钮和【选择边界对象】按钮，用来选择填充对象的工具。

【图案】面板：该面板中显示所有预定义和自定义图案的预览图像。

【图案填充类型】列表框：在该列表框中，可以指定是创建实体填充、渐变填充、预定义填充图案，还是创建用户定义的填充图案。

【图案填充颜色】文本框：在该文本框中，可以替代实体填充和填充图案的当前颜色，或指定两种渐变色中的第一种。

【图案填充透明度】文本框：在该文本框中，可以设定新图案填充或填充的透明度，替代当前对象的透明度。

【图案填充角度】文本框：用于指定图案填充的角度。

6.4.2　图案填充类型

在【默认】选项卡中，单击【绘图】面板上的【图案填充】按钮，在显示的【图案填充创建】选项卡【特性】面板【图案填充类型】下拉列表有如图 6-15 所示的 4 种类型。

（1）【实体】：指定实体填充。

（2）【渐变色】：将选择的渐变填充显示为染色、着色或两种颜色之间的平滑转场。

（3）【图案】：显示选择的 ANSI、ISO 和其他行业标准填充图案。

（4）【用户定义】：允许用户通过指定角度和间距，使用当前的线型定义自己的图案填充。

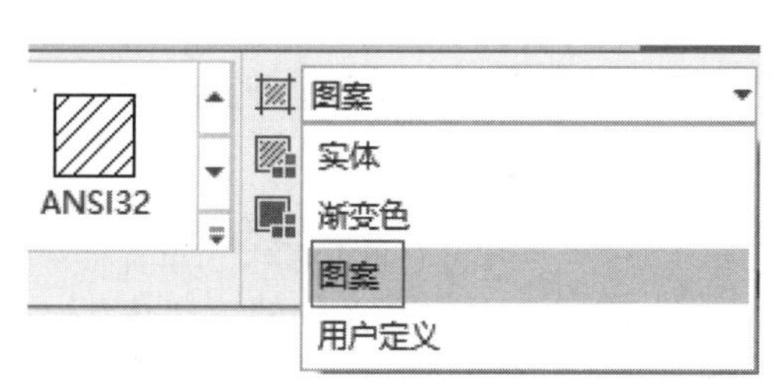

图 6-15　图案填充类型

一般情况下，使用系统预定义的填充图案基本上能满足用户需求。

单击【图案】面板中的下拉按钮，弹出以字母顺序排列、用图像表示的填充图案和实体填充颜色，用户可以在此查看系统预定义的全部图案，如图 6-16 所示。

图 6-16 【图案】面板

各种填充图案设置相同的比例，填充区域内的图案大小可能会不一样，如图 6-17 所示为【比例】为 10 的 ANSI31 图案和 ANSI35 图案填充结果。

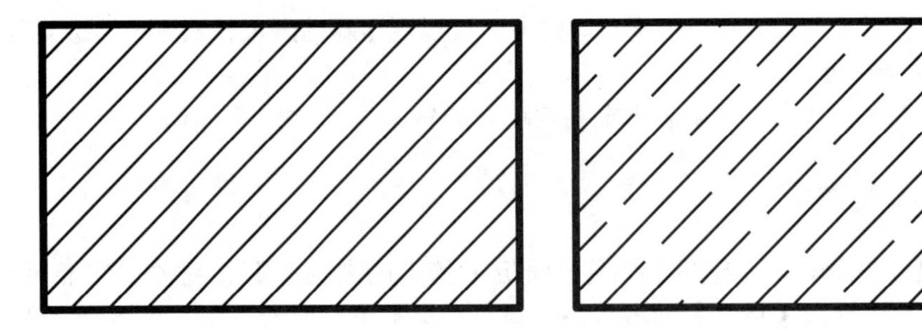

图 6-17 不同填充图案的比例差异

除了系统提供的标准填充图案外，系统也允许用户自己定义图案文件，以弥补 AutoCAD 预设图案库的不足，尤其在建筑和装修设计领域，可以使用更丰富的图案进行填充。

6.4.3 填充图案的角度和比例

在填充图案的过程中，系统默认的参数可能不满足用户的需求，可以在【特性】面板中设置填充图形的角度和比例。

1. 角度

填充角度是图案相对于当前用户坐标系 X 轴的旋转角度。预定义填充图案的默认角度是 0，用户可以根据需要在【特性】面板中的【角度】文本输入框中设置角度。如图 6-18 和图 6-19 所示为不同角度的图案填充效果。

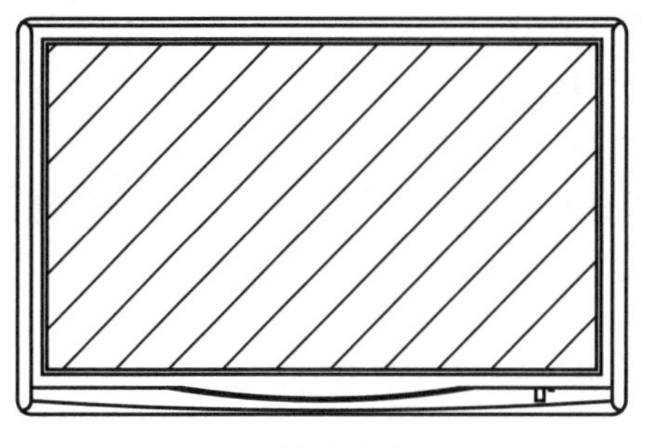

图 6-18 填充角度 =0°

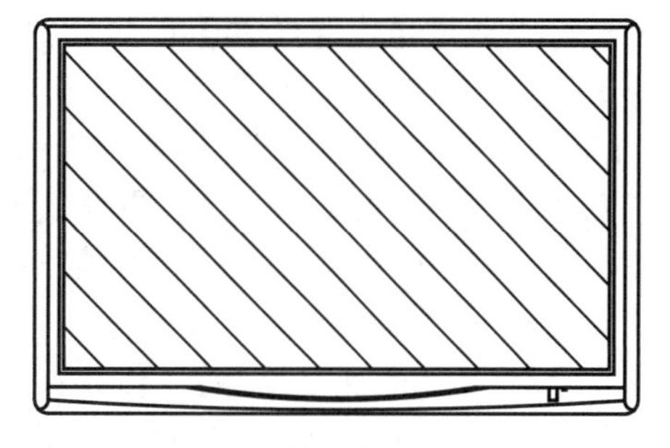
图 6-19 填充角度 =90°

2. 比例

图案填充比例是指展开或收拢预定义或自定义的填充图案。

在 AutoCAD 中，预定义填充图案的默认缩放比例是 1.0，用户可在【图案填充创建】选项卡中【特性】面板上的【比例】文本输入框中设定其他比例。如图 6-20 和图 6-21 所示为同一填充图案不同填充比例的填充效果。

图 6-20 填充比例 =1

图 6-21 填充比例 =2

提示：执行【图案填充】命令后，要填充的区域没有被填入图案，或者全部被填入白色或黑色，出现这些情况都是因为【图案填充】对话框中的【比例】设置不当。比例过大会使填充图案不能填充入区域内，比例过小则会使填充的图案被无限缩小，看起来就像一团色块。

6.4.4 设置图案透明度

为了突出轮廓线，可根据图形需要设置填充图案的透明度。设置完图案的透明度之后，需要单击状态栏中的【显示 / 隐藏透明度】按钮▩，透明度才能体现。

6.4.5 孤岛填充

图案填充区域内的封闭区被称为孤岛。在填充区域内有如文字、公式以及孤立的封闭图形等特殊对象时，可以利用孤岛对象断开填充，避免在填充图案时覆盖一些重要的文本注释或标记。

用户可以通过单击【绘图】面板中的【渐变色】工具按钮，系统弹出【图案填充创建】选项卡，在【选项】下拉列表中选择【普通孤岛检测】【外部孤岛检测】和【忽略孤岛检测】的任一种填充样式进行孤岛填充。

（1）普通：【普通孤岛检测】是默认的填充样式，这种样式将从外部边界向内填充。如果填充过程中遇到内部边界，填充将关闭，直至遇到另一个边界为止。

（2）外部：【外部孤岛检测】也是从外部边界向内填充，并在下一个边界处停止。

（3）忽略：【忽略孤岛检测】将忽略内部边界，填充整个闭合区域。

3 种孤岛填充选项效果如图 6-22 所示。

图 6-22 孤岛填充

6.4.6 图案填充原点

默认情况下，填充图案始终相互对齐。但是，有时用户可能需要移动图案填充的起点。例如，在对室内平面图的地面铺装进行图案填充时，常常需要对齐填充边界上的某一点，使得砖块保持完整。

1. 使用当前原点

选择该单选按钮，可以使用当前用户的原点作为图案填充的原点。

2. 指定填充原点

选择该单选按钮，可以通过指定点作为图案填充原点，单击【设定原点】按钮，可以从绘图区选取某一点作为图案填充原点。

单击【原点】按钮可以选择填充边界的左下角、右下角、右上角、左上角以及中心作为图案填充原点；单击【存储为默认原点】按钮，可以将指定的点存储为默认的图案填充原点。

6.4.7 图案填充与边界的显示

在填充图案过程中，用户可控制图案填充边界的显示，一般来说，有两种方法可以控制图案填充的可见性：一种是通过命令 FILL 或系统变量 FILLMODE 来实现；另一种是利用图层来实现。

1. 使用 FILL 命令控制

在命令行内输入 FILL 命令，将其设置为关，并按 Enter 键，然后选择【视图】|【重生成】选项，则不显示图案填充；反之，则显示图案填充。

2. 使用图层控制

在使用图层控制图案填充可见性时，不同的控制方法会使图案填充与其边界的关系发生变化，主要包括如下 3 种方法。

（1）关闭图层：当图案填充所在的图层被关闭后，图案与其边界仍保持关联关系，即修改边界后，填充图案会根据新的边界进行自动调整。

（2）锁定图层：当图案填充所在的图层被锁定后，填充图案将以灰色显示，此时图案与其边界脱离关联关系，即边界修改后，填充图案不会根据新的边界自动调整位置。

（3）冻结图层：当图案填充所在的图层被冻结后，图案与其边界脱离关系，即边界修改后，填充图案不会根据新的边界自动调整位置。

3. 删除现有图案填充的边界对象

沿与现有图案填充的边相交的对象修剪该图案填充。修剪后，删除对象。

6.5　渐变色填充

在绘图过程中，有些图形在填充时需要用到一种或多种颜色。例如，绘制装潢、美工图纸等。在 AutoCAD 2022 中调用【图案填充】的方法有如下几种。

（1）功能区：在【默认】选项卡中，单击【绘图】面板中的【渐变色】按钮，如图 6-23 所示。

（2）菜单栏：执行【绘图】|【渐变色】命令，如图 6-24 所示。

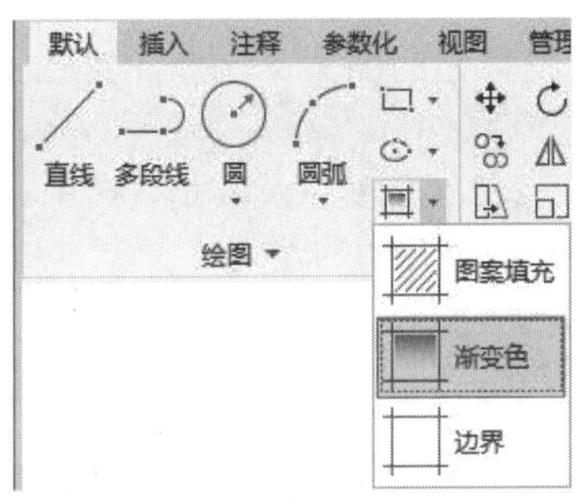

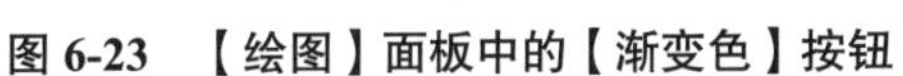
图 6-23　【绘图】面板中的【渐变色】按钮

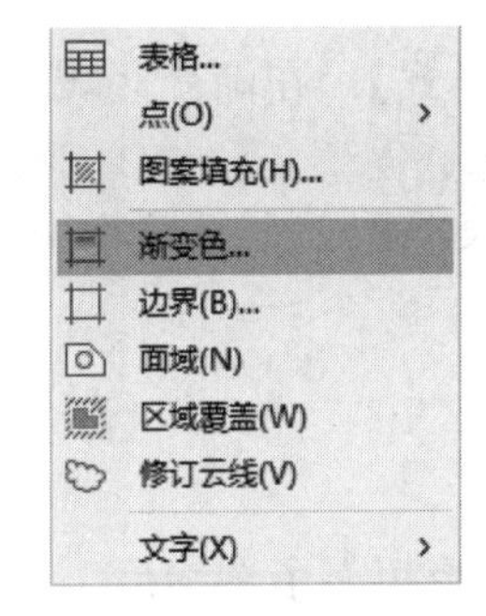

图 6-24　【渐变色】菜单命令

执行【渐变色】填充操作后，将弹出如图 6-25 所示的【图案填充创建】选项卡。该选项卡同样由【边界】【图案】等 6 个面板组成，只是图案换成了渐变色，各面板功能与之前介绍过的【图案填充】一致，在此不重复介绍。

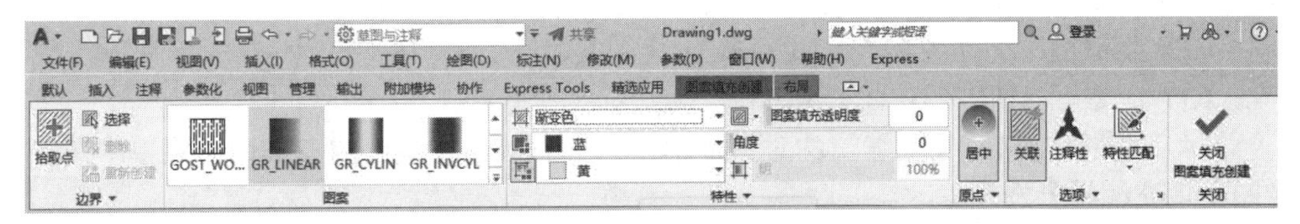

图 6-25　【图案填充创建】选项卡

如果在命令行提示“拾取内部点或 [选择对象 (S)/ 放弃 (U)/ 设置 (T)]:”时，激活【设置（T）】选项，将打开如图 6-26 所示的【图案填充和渐变色】对话框，并自动切换到【渐变色】选项卡。

该对话框中常用选项含义如下。

【单色】：指定的颜色将从高饱和度的单色平滑过渡到透明的填充方式。

【双色】：指定的两种颜色进行平滑过渡的填充方式，如图 6-27 所示。

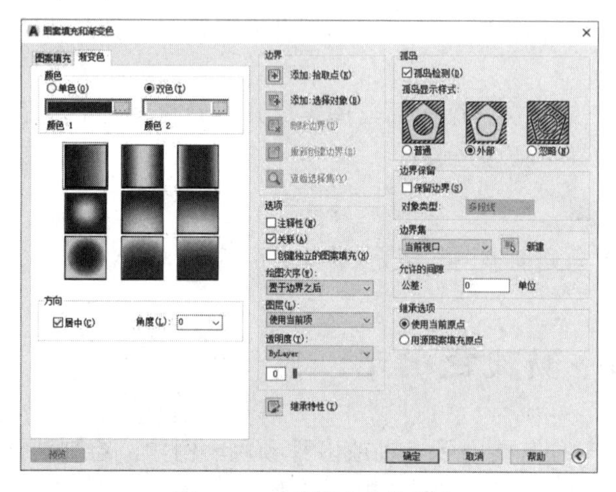

图 6-26 【渐变色】选项卡

图 6-27 渐变色填充效果

【颜色样本】：设定渐变填充的颜色。单击【浏览】按钮打开【选择颜色】对话框，从中选择 AutoCAD 索引颜色（AIC）、真彩色或配色系统颜色。显示的默认颜色为图形的当前颜色。

【渐变样式】：在渐变区域有 9 种固定渐变填充的图案，这些图案包括径向渐变、线性渐变等。

【向列表框】：在该列表框中，可以设置渐变色的角度以及其是否居中。

6.6 编辑填充的图案

在为图形填充了图案后，如果对填充效果不满意，还可以通过【编辑图案填充】命令对其进行编辑。可编辑内容包括填充比例、旋转角度和填充图案等。AutoCAD 2022 增强了图案填充的编辑功能，可以同时选择并编辑多个图案填充对象。

执行【编辑图案填充】命令的方法有以下几种。

（1）功能区：在【默认】选项卡中，单击【修改】面板中的【编辑图案填充】按钮，如图 6-28 所示。

（2）菜单栏：选择【修改】|【对象】|【图案填充】菜单命令，如图 6-29 所示。

（3）命令行：HATCHEDIT 或 HE。

（4）快捷操作 1：在要编辑的对象上单击鼠标右键，在弹出的右键快捷菜单中选择【图案填充编辑】选项。

（5）快捷操作 2：在绘图区双击要编辑的图案填充对象。

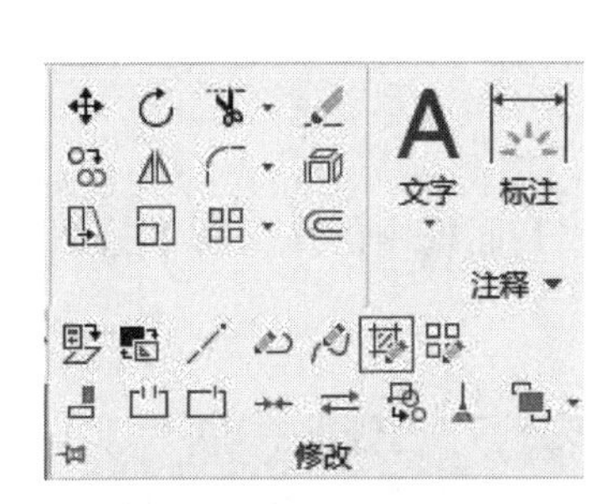

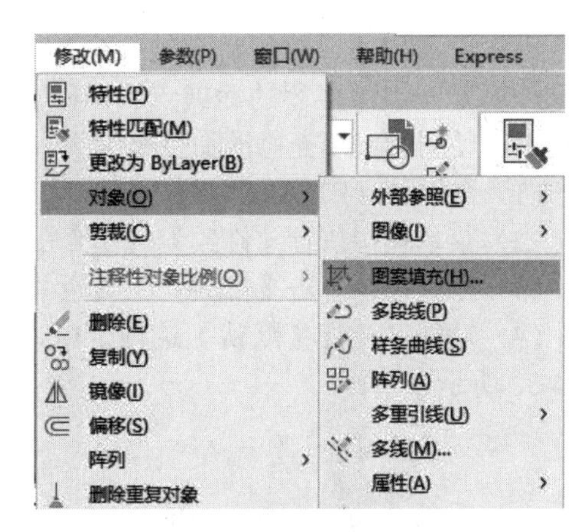

图 6-28 【修改】面板中的【编辑图案填充】按钮

图 6-29 【图案填充】菜单命令

调用该命令后，先选择图案填充对象，系统弹出【图案填充编辑】对话框，如图 6-30 所示。该对话框中的参数与【图案填充和渐变色】对话框中的参数一致，修改参数即可修改图案填充效果。

图 6-30 【图案填充编辑】对话框

6.7 分解填充图案

使用 AutoCAD 2022 创建的填充图案为一个整体，如果希望能够单独对其进行编辑，则需要调用【分解】命令进行分解。填充的图案被分解后，它将不再是一个单一对象，而是一组组成团的线或点。同时，分解后的图案也舍弃图形之间的关联性，因此就不能使用图案填充修改命令来编辑。调用【分解】命令的方法如下。

（1）命令行：EXPLODE/X。

（2）菜单栏：执行【修改】|【分解】命令，如图 6-31 所示。

（3）工具栏：单击【修改】工具栏中的【分解】按钮。

（4）功能区：在【默认】选项卡中，单击【修改】面板中的【分解】按钮，如图 6-32 所示。

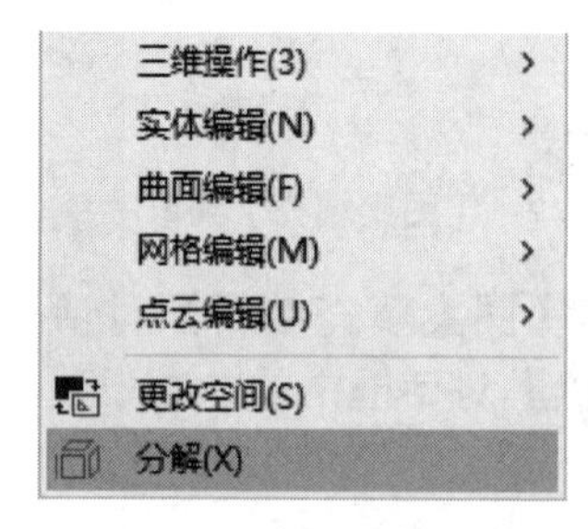

图 6-31 【菜单栏】调用【分解】命令

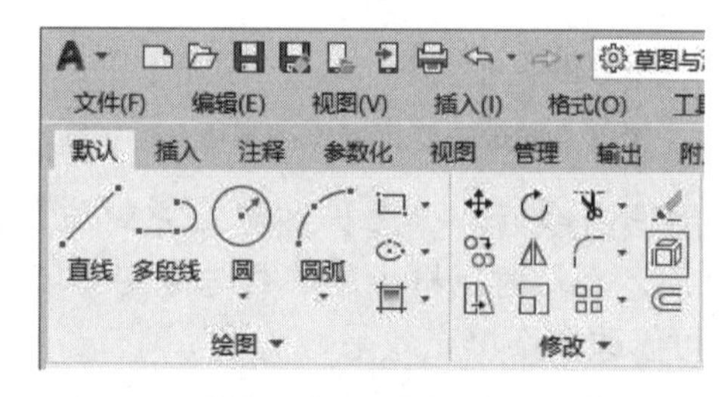

图 6-32 【修改】面板中的【分解】按钮

6.8 课堂练习：填充机械简图

利用本节所学的图案填充知识填充图案，填充图案时要注意判断零件的类型。

（1）启动 AutoCAD 2022，打开“第 6 章 \6.8 填充机械简图 .dwg”文件，素材文件如图 6-33 所示，图形中有从 *A* 到 *M* 共 13 块区域。

（2）分析图形。*D* 与 *I* 区域从外观上便可以分析出是密封件，因此代表的是同一个物体，可以用同一种网格图案进行填充；*B* 与 *L* 区域也可以判断为垫圈之类的密封件，而且由于截面狭小，因此可以使用全黑色进行填充。

（3）填充 *D* 与 *I* 区域。单击【绘图】面板中的【图案填充】按钮，打开【图案填充创建】选项卡，在图案面板中选择 ANSI37 这种网格线图案，设置填充比例为 0.5，然后分别在 *D* 与 *I* 区域内任意单击一点，按 Enter 键完成选择，即可创建填充，效果如图 6-34 所示。

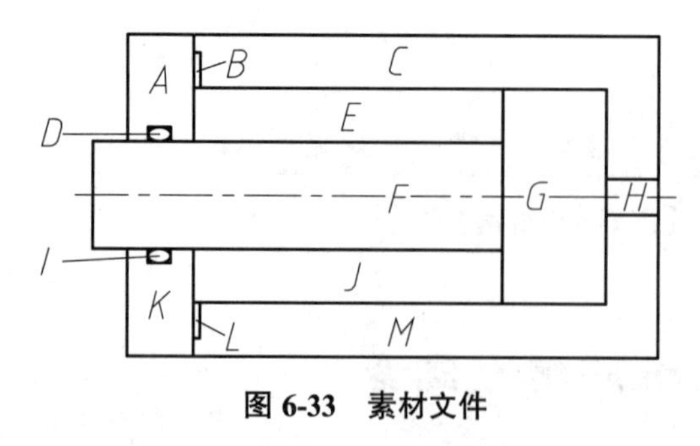

图 6-33 素材文件

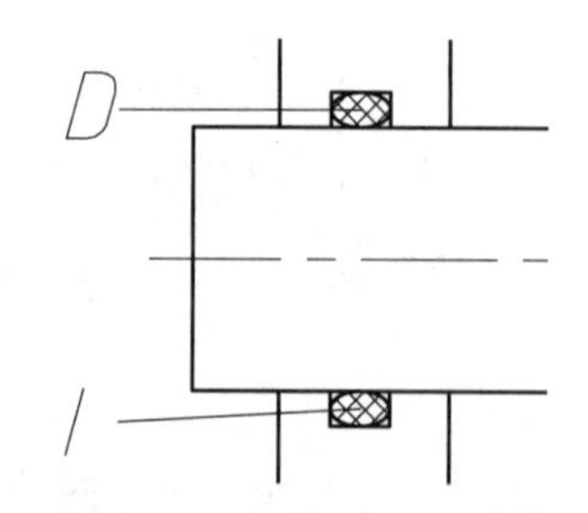

图 6-34 填充 *D* 与 *I* 区域

（4）填充 *B* 与 *L* 区域。同样单击【绘图】面板中的【图案填充】按钮，打开

【图案填充创建】选项卡，在图案面板中选择 SOLID 实心图案，然后依次在 *B* 与 *L* 区域内任意单击一点，按 Enter 键完成填充，如图 6-35 所示。

（5）分析图形。*A* 与 *K* 区域、*C* 与 *M* 区域，均包裹着密封件，由此可以判断为零件体，可以用斜线填充。不过可知 *A* 与 *K* 来自相同零件，*C* 与 *M* 来自相同零件，但彼此却不同，因此在剖面线上要予以区分。

（6）填充 *A* 与 *K* 区域。按之前的方法打开【图案填充创建】选项卡，在图案面板中选择 ANSI31 斜线图案，设置填充比例为 1，然后依次在 *A* 与 *K* 区域内任意单击一点，按 Enter 键完成填充，如图 6-36 所示。

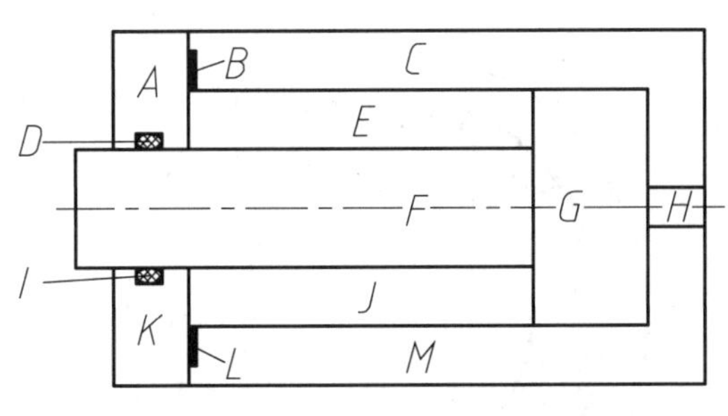

图 6-35 填充 *B* 与 *L* 区域

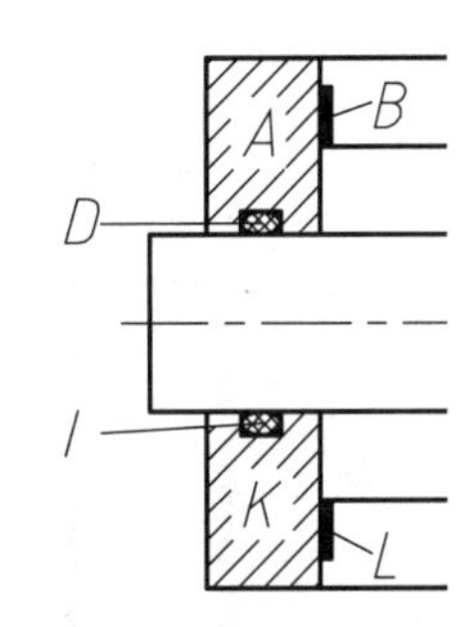

图 6-36 填充 *A* 与 *K* 区域

（7）填充 *C* 与 *M* 区域。方法同上，同样选择 ANSI31 斜线图案，填充比例为 1，不同的是设置填充角度为 90°，填充效果如图 6-37 所示。

（8）分析图形。还剩下 *E*、*F*、*G*、*H*、*J* 这 5 块区域没有填充，容易看出 *F* 与 *G* 属于同一个轴类零件，而轴类零件不需要添加剖面线，因此 *F* 与 *G* 不需填充；*E*、*J* 区域应为油液空腔，也不需要填充；*H* 区域为进油口，属于通孔，自然也不需要添加剖面线。

（9）删除多余文字，最后的填充图案如图 6-38 所示。

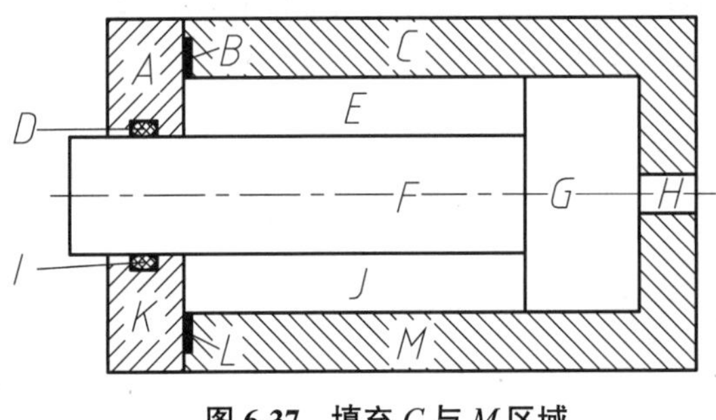

图 6-37 填充 *C* 与 *M* 区域

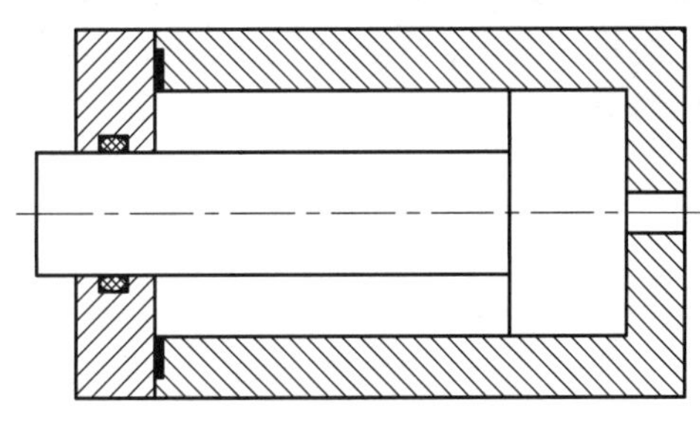
图 6-38 最终的填充图案

6.9 课后总结

图案填充是通过指定的线条、颜色以及比例来填充指定区域的一种操作方式，它常用于表达剖切面和不同类型物体的外观纹理和材质等特性，被广泛用于机械加工等各类工程视图中。

在 AutoCAD 中，使用【图案填充】命令可以对图形进行填充，用户可以使用预定义填充图案来填充图形，也可以使用当前线型定义填充图案或者是创建更复杂的图案填充类型。

6.10 课后习题

使用本章所学的知识，绘制如图 6-39 所示的轴承图形，并填充剖面线。

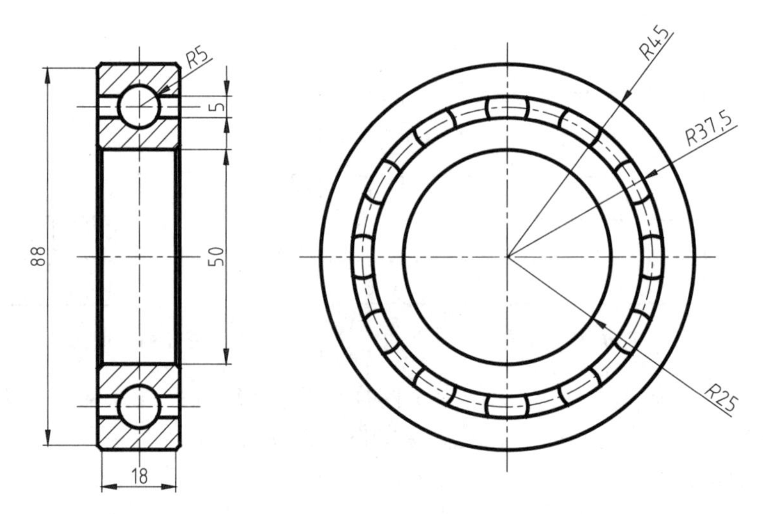

图 6-39 轴承

深沟球轴承是最具代表性的滚动轴承，适用于高转速甚至极高转速的运行，而且非常耐用，无须经常维护。该类轴承摩擦系数小、极限转速高、结构简单、制造成本低、易达到较高制造精度。其尺寸范围与形式变化多样，广泛应用于精密仪表、低噪声电机、汽车、摩托车及一般机械等行业，主要承受径向负荷，也可承受一定量的轴向负荷。

第 7 章 chapter 7

机械三维绘图

随着 AutoCAD 技术的发展与普及，越来越多的用户已不满足于传统的二维绘图设计，因为二维绘图需要想象模型在各方向的投影，需要一定的抽象思维。相比而言，三维设计更符合人们的直观感受。本章主要介绍 AutoCAD 2022 三维机械绘图的知识，包括三维绘图的基本环境、坐标系以及建模和渲染等。

7.1 AutoCAD 三维绘图

计算机上的三维绘图本质上仍是平面内的图形，不过通过计算机的处理显示为三维效果可以像实物一样转动观察角度，查看模型的立体效果。AutoCAD 自 R3.0 版本开始增加了三维绘图功能，至最新的 AutoCAD 2022 时已有了相当大的改进。

7.1.1 AutoCAD 2022 三维建模空间

由于三维建模增加了 Z 方向的维度，因此工作界面不再是【草图与注释】界面，需切换到三维建模空间。启动 AutoCAD 2022 之后，在快速访问工具栏上的【工作空间】中选择【三维基础】或【三维建模】空间，即可切换到三维建模的工作界面，如图 7-1 和图 7-2 所示。

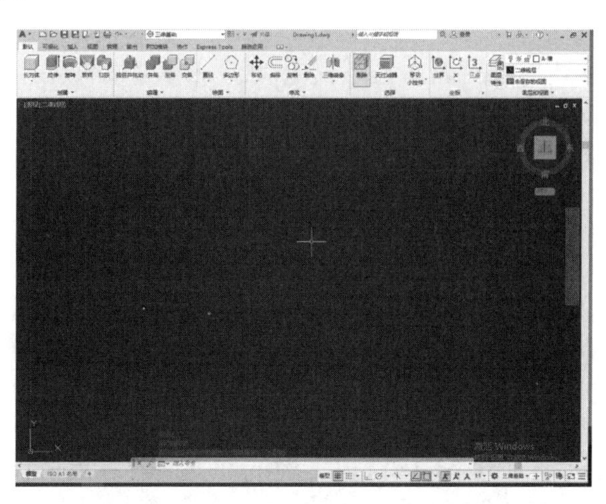

图 7-1 【三维基础】工作空间

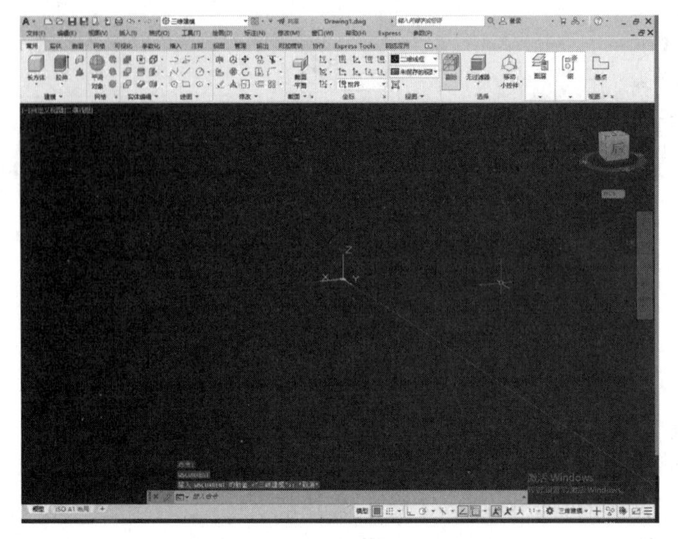

图 7-2 【三维建模】工作空间

另外，在新建文件时，如果选择三维样板（软件提供的 acad3D.dwt 样板和 acadiso3D.dwt 样板），则建模界面直接切换到【三维建模】工作空间。

7.1.2 三维模型分类

三维模型可分为线框模型、曲面模型和实体模型 3 种。

1. 线框模型

线框模型是三维形体的框架，是一种较直观和简单的三维表达方式，是描述三维对象的骨架，如图 7-3 所示。用 AutoCAD 可以在三维空间的任何位置放置二维（平面）对象来创建线框模型。AutoCAD 也提供一些三维线框对象，例如，三维多段线（只能显示"连续"线型）和样条曲线。由于构成线框模型的每个对象都必须单独绘制和定位，因此这种建模方式最烦琐，日常建模中基本不用。

2. 曲面模型

曲面模型用面描述三维对象，它不仅定义了三维对象的边界，而且定义了曲面，即其具有面的特征，如图 7-4 所示。在实际工程中，通常将那些厚度与其表面积相比可以忽略不计的实体对象简化为曲面模型。例如，在体育馆、博物馆等大型建筑的三维效果图中，屋顶、墙面、格间等就可简化为曲面模型。

3. 实体模型

实体模型具有边线、表面和厚度属性，是最接近真实物体的三维模型，实体模型显示如图 7-5 所示。在 AutoCAD 中，实体模型不仅具有线和面的特征，而且具有体的特征，各实体对象间可以进行各种布尔运算操作，从而创建复杂的三维实体模型。在 AutoCAD 中还可以直接了解它的特性，如体积、重心、转动惯量、惯性矩等，可以对它进行隐藏、剖切、装配干涉检查等操作，还可以对具有基本形状的实体进行并、交、差等布尔运算，以构造复杂的模型。

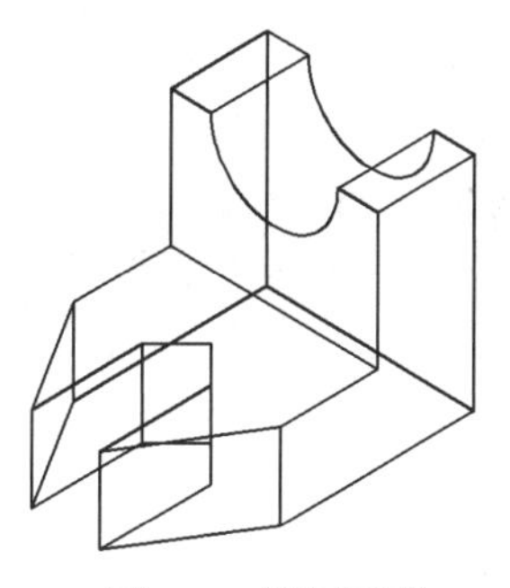

图 7-3　线框模型

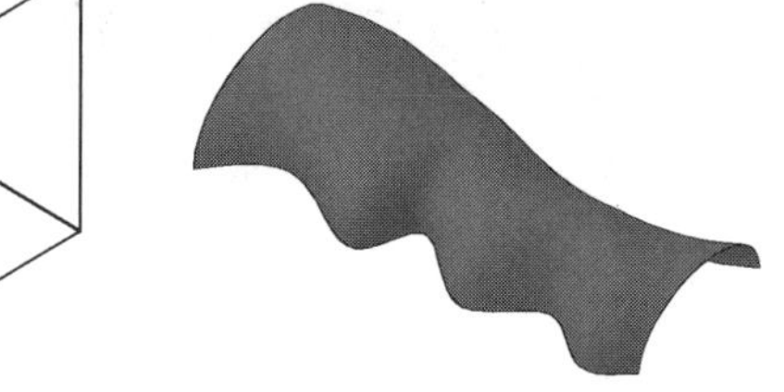

图 7-4　曲面模型

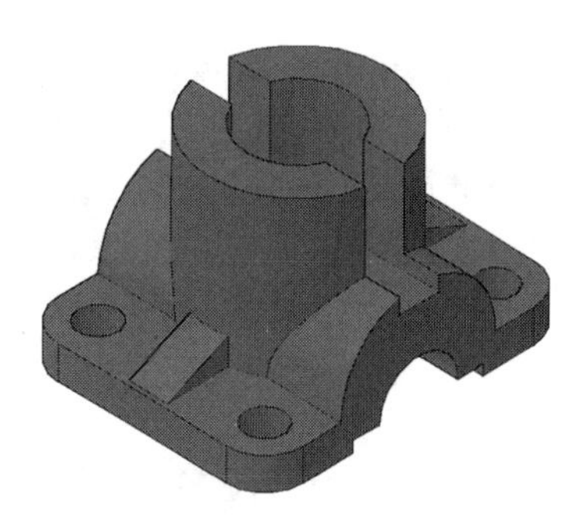

图 7-5　实体模型

初学解答：图块、面域与实体的区别

图块是由多个对象组成的集合，对象间可以不封闭、无规则，通过块功能可为图块赋予参数和动作等属性。有内部块（Block）和外部块（WBlock）之分，内部块随图形文件一起，外部块能够以 DWG 文件格式存储供其他文件调用。

通过建立块，用户可以将多个对象作为整体来操作；可以随时将块作为单个对象插入到当前图形中的指定位置上，插入时可以指定不同的缩入系数和旋转角度，如果是定义属性的块，插入后可以更改属性参数。

面域（REGION）是使用形成闭合环的对象创建的二维闭合区域，环可以是直线、多段线、圆、圆弧、椭圆、椭圆弧和样条曲线等对象的组合，组成环的对象必须闭合或通过与其他对象共享端点而形成闭合的区域。面域是具有物理特性（例如质心）的二维封闭区域。可以将现有面域合并到单个复杂面域。

面域可用于：应用填充和着色；使用 MASSPROP 分析特性，例如面积；提取设计信息，例如形心。也可以通过多个环或者端点相连形成环的开曲线来创建面域。不能通过非闭合对象内部相交构成的闭合区域构造面域，例如，相交的圆弧或自交的曲线。也可以使用 BOUNDARY 创建面域。可以通过结合、减去或查找面域的交点创建组合面域，形成这些更复杂的面域后，可以应用填充或者分析它们的面积。

实体通常以某种基本形状或图元作为起点，之后用户可以对其进行修改和重新合并。其基本的三维对象包括长方体、圆锥体、圆柱体、球体、楔体和圆环体，然后利用布尔运算对这些实体进行合并、求交和求差，这样反复操作会生成更加复杂的实体，也可以将二维对象沿路径拉伸或绕轴旋转来创建实体，通过对实体点、线、面的编辑，可以制作出许多特殊效果。

7.2　三维坐标系

AutoCAD 的三维坐标系由 3 个通过同一点且彼此垂直的坐标轴构成，这 3 个坐标轴分别称为 X 轴、Y 轴、Z 轴，交点为坐标系的原点，也就是各个坐标轴的坐标零点。从原点出发，沿坐标轴正方向上的点用坐标值度量，而沿坐标轴负方向上的点用负的坐标值度量。因此在三维空间中，任意一点的位置可以由该点的三维坐标（x,y,z）唯一确定。

在 AutoCAD 2022 中，【世界坐标系】（WCS）和【用户坐标系】（UCS）是常用的两大坐标系。【世界坐标系】是系统默认的二维图形坐标系，它的原点及各个坐标轴方向固定不变。对于二维图形绘制，世界坐标系足以满足要求，但在三维建模过程中，需要频繁地定位对象，使用固定不变的坐标系十分不便。三维建模一般需要使用【用户坐标系】，【用户坐标系】是用户自定义的坐标系，在建模过程中可以灵活创建。

7.2.1 定义 UCS

UCS 表示了当前坐标系的坐标轴方向和坐标原点位置，也表示了相对于当前 UCS 的XY 平面的视图方向，尤其在三维建模环境中，它可以根据不同的指定方位来创建模型特征。

在 AutoCAD 2022 中管理 UCS 主要有如下几种常用方法。

（1）命令行：UCS。

（2）功能区：单击【坐标】面板工具按钮，如图 7-6 所示。

（3）工具栏：单击 UCS 工具栏对应工具按钮，如图 7-7 所示。

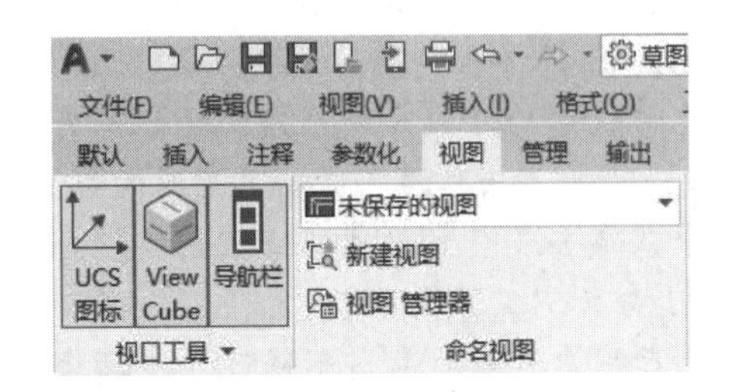

图 7-6　坐标面板

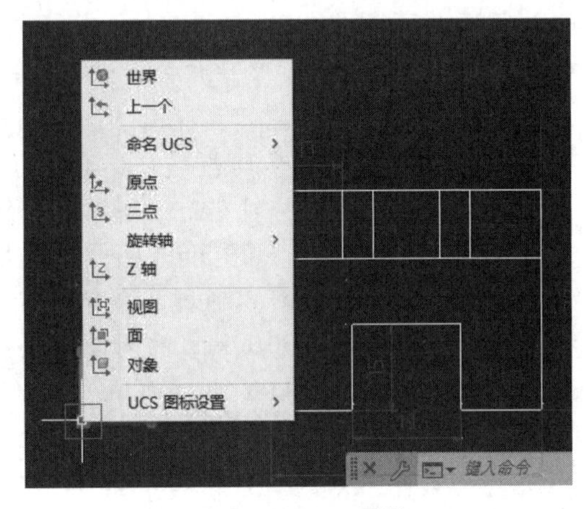

图 7-7　UCS 工具栏

接下来以 UCS 工具栏为例，介绍常用 UCS 坐标的调整方法。

1. UCS

单击该按钮，命令行出现如下提示。

```
指定 UCS 的原点或 [面(F)/命名(NA)/对象(OB)/上一个(P)/视图(V)/世界(W)/X/Y/Z/Z 轴(ZA)] <世界>:
```

该命令行中各选项与工具栏中的按钮相对应，含义介绍如下。

2. 世界

该工具用来切换回模型或视图的世界坐标系，即 WCS。世界坐标系也称为通用或绝对坐标系，它的原点位置和方向始终是保持不变的，如图 7-8 所示。

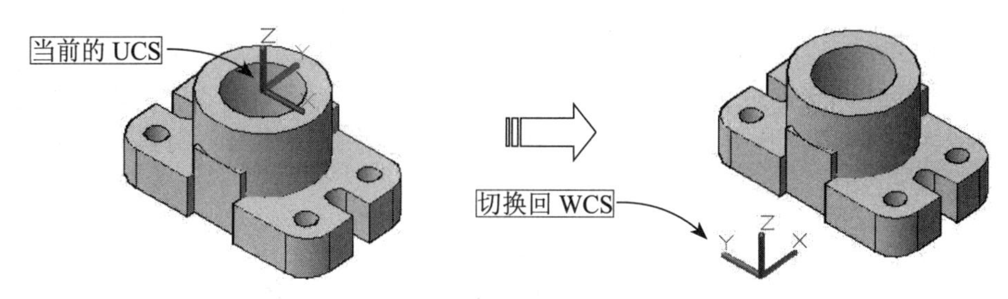

图 7-8 切换回 WCS

3. 上一个 UCS

上一个 UCS 是通过使用上一个 UCS 确定坐标系，它相当于绘图中的撤销操作，可返回上一个绘图状态，但区别在于该操作仅返回上一个 UCS 状态，其他图形保持更改后的效果。

4. 面 UCS

该工具主要用于将新用户坐标系的 XY 平面与所选实体的一个面重合。在模型中选取实体面或选取面的一个边界，此面被加亮显示，按 Enter 键即可将该面与新建 UCS 的 XY 平面重合，效果如图 7-9 所示。

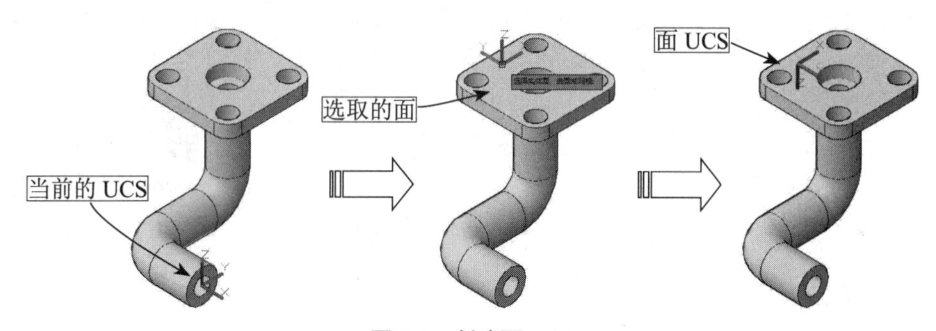

图 7-9 创建面 UCS

5. 对象

该工具通过选择一个对象，定义一个新的坐标系，坐标轴的方向取决于所选对象的类型。当选择一个对象时，新坐标系的原点将放置在创建该对象时定义的第一点，X 轴的方向为从原点指向创建该对象时定义的第二点，Z 轴方向自动保持与 XY 平面垂直，如图 7-10 所示。

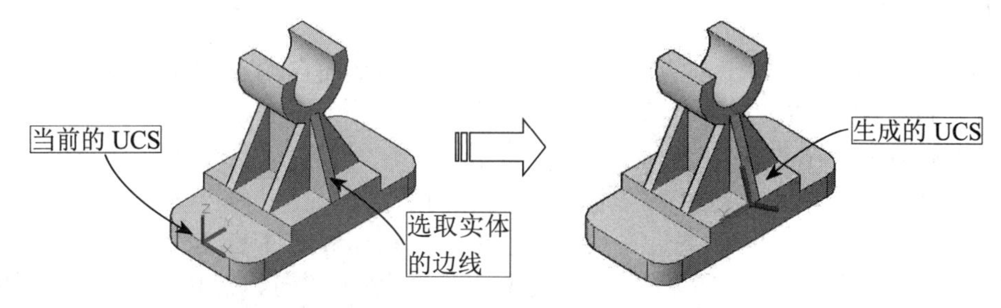

图 7-10 由选取对象生成 UCS

6. 视图

该工具可使新坐标系的XY平面与当前视图方向垂直，Z轴与XY面垂直，而原点保持不变。通常情况下，该方法主要用于标注文字，当文字需要与当前屏幕平行而不需要与对象平行时，用此方法比较简单。

7. 原点

【原点】工具是系统默认的UCS坐标创建方法，它主要用于修改当前用户坐标系的原点位置，坐标轴方向与上一个坐标相同，由它定义的坐标系将以新坐标存在。

在UCS工具栏中单击UCS按钮，然后利用状态栏中的对象捕捉功能，捕捉模型上的一点，按Enter键结束操作。

8. Z轴矢量

该工具通过指定一点作为坐标原点，指定一个方向作为Z轴的正方向，从而定义新的用户坐标系。此时，系统将根据Z轴方向自动设置X轴、Y轴的方向，如图7-11所示。

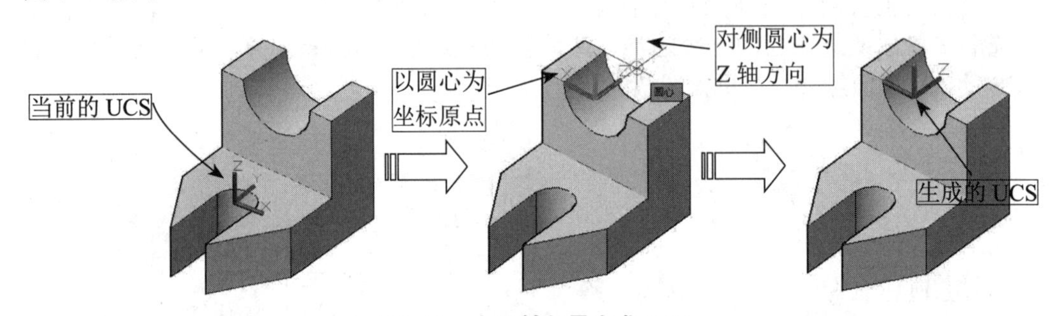

图7-11　由Z轴矢量生成UCS

9. 三点

该方式是最简单也是最常用的一种方法，只需选取3个点就可确定新坐标系的原点、X轴与Y轴的正向。

10. X/Y/Z轴

该方式是将当前UCS坐标绕X轴、Y轴或Z轴旋转一定的角度，从而生成新的用户坐标系。它可以通过指定两个点或输入一个角度值来确定所需要的角度。

7.2.2　动态UCS

动态UCS功能可以在创建对象时使UCS的XY平面自动与实体模型上的平面临时对齐。执行动态UCS命令的方法如下。

（1）快捷键：F6。

（2）状态栏：单击状态栏中的【动态UCS】按钮。

使用绘图命令时，可以通过在面的一条边上移动光标对齐UCS，而无须使用UCS命令。结束该命令后，UCS将恢复到其上一个位置和方向。使用动态UCS绘图如

图 7-12 所示。

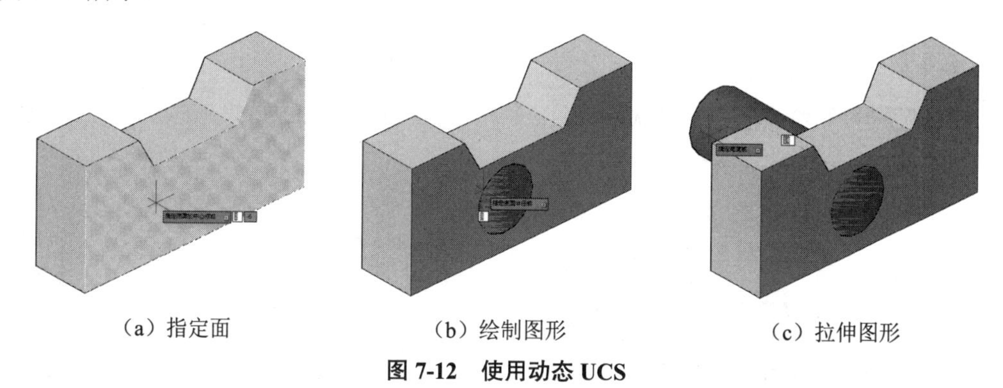

（a）指定面　　（b）绘制图形　　（c）拉伸图形

图 7-12　使用动态 UCS

7.2.3　管理 UCS

在命令行输入 UCSMAN 并按 Enter 键执行，将弹出如图 7-13 所示的 UCS 对话框。该对话框集中了 UCS 命名、UCS 正交、显示方式设置以及应用范围设置等多项功能。

切换至【命名 UCS】选项卡，如果单击【置为当前】按钮，可将坐标系置为当前工作坐标系；单击【详细信息】按钮，对话框中将显示当前使用和已命名的 UCS 信息，如图 7-14 所示。

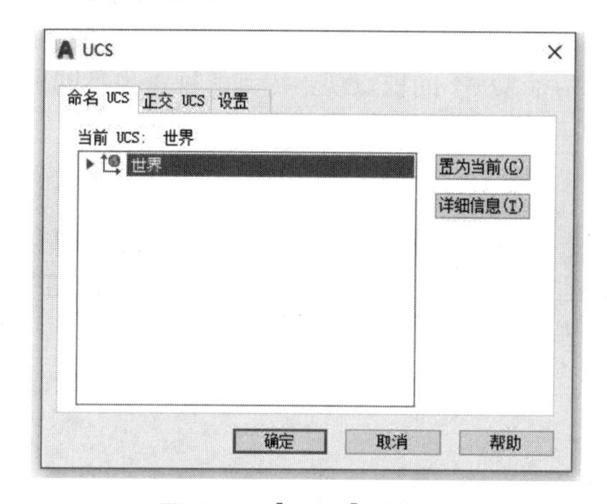

图 7-13　【UCS】对话框

图 7-14　显示当前 UCS 信息

【正交 UCS】选项卡用于将 UCS 设置成一个正交模式。用户可以在【相对于】下拉列表中确定用于定义正交模式 UCS 的基本坐标系，也可以在【当前 UCS：UCS】列表框中选择某一正交模式，并将其置为当前使用，如图 7-15 所示。

单击【设置】标签，则可通过【UCS 图标设置】和【UCS 设置】选项组设置 UCS 图标的显示形式、应用范围等特性，如图 7-16 所示。

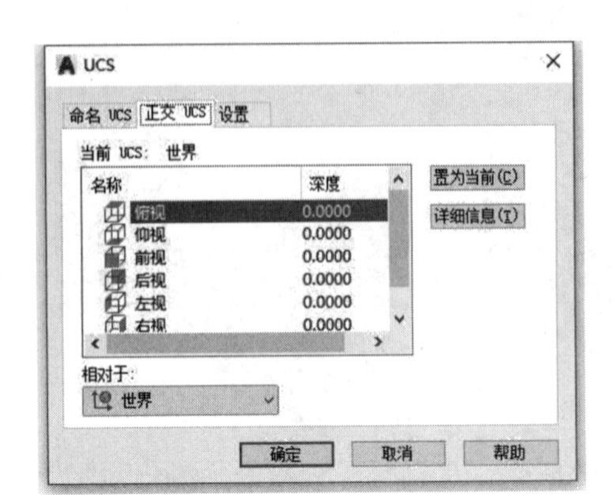

图 7-15 【正交 UCS】选项卡

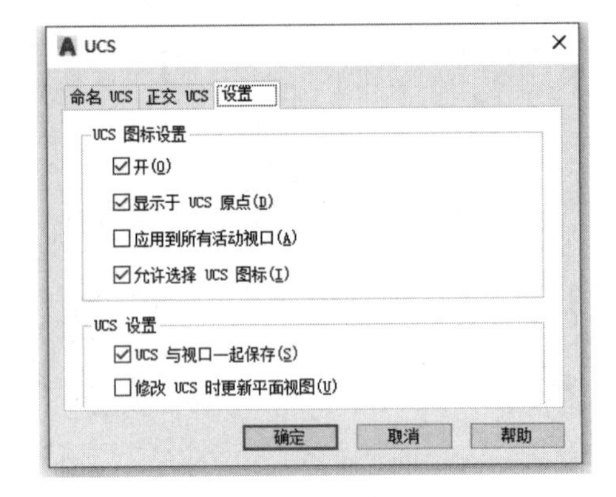

图 7-16 【设置】选项卡

7.3 三维模型的观察

为了从不同角度观察、验证三维效果模型，AutoCAD 提供了视图变换工具。所谓视图变换，是指在模型所在的空间坐标系保持不变的情况下，从不同的视点来观察模型得不到的视图。

因为视图是二维的，所以能够显示在工作区间中。这里，视点如同一架照相机的镜头，观察对象则是相机对准拍摄的目标点，视点和目标点的连线形成了视线，而拍摄出的照片就是视图。从不同角度拍摄的照片有所不同，所以从不同视点观察得到的视图也不同。

7.3.1 视图控制器

AutoCAD 提供了俯视、仰视、右视、左视、主视和后视 6 个基本视点，如图 7-17 所示。选择【视图】|【三维视图】命令，或者单击【视图】工具栏中相应的图标，工作区间即显示从上述视点观察三维模型的 6 个基本视图。

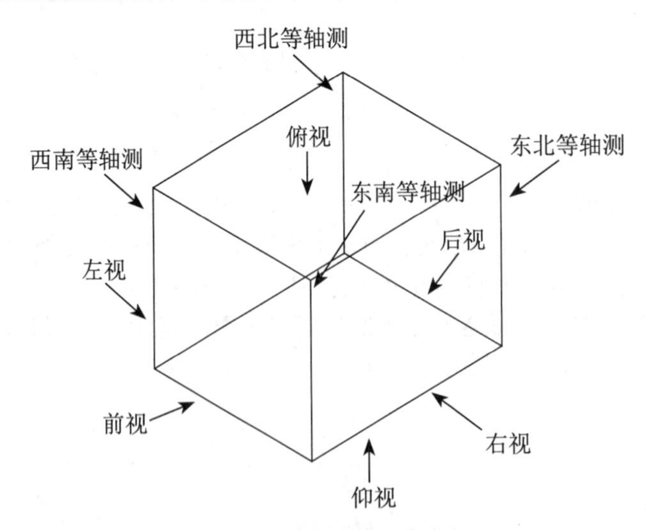

图 7-17 三维视图观察方向

从这6个基本视点来观察图形非常方便。因为这6个基本视点的视线方向都与X、Y、Z三坐标轴之一平行，而与XY、XZ、YZ三坐标轴平面之一正交。所以，相对应的6个基本视图实际上是三维模型投影在XY、XZ、YZ平面上的二维图形。这样，就将三维模型转换为二维模型。在这6个基本视图上对模型进行编辑，就如同绘制二维图形一样。

另外，AutoCAD还提供了西南等轴测、东南等轴测、东北等轴测和西北等轴测4个特殊视点。从这4个特殊视点观察，可以得到具有立体感的4个特殊视图。在各个视图间进行切换的方法主要有以下几种。

（1）菜单栏：选择【视图】|【三维视图】命令，展开其子菜单，如图7-18所示，选择所需的三维视图。

（2）功能区：在【常用】选项卡中，展开【视图】面板中的【视图】下拉列表框，如图7-19所示，选择所需的模型视图。

（3）视觉样式控件：单击绘图区左上角的视图控件，在弹出的菜单中选择所需的模型视图，如图7-20所示。

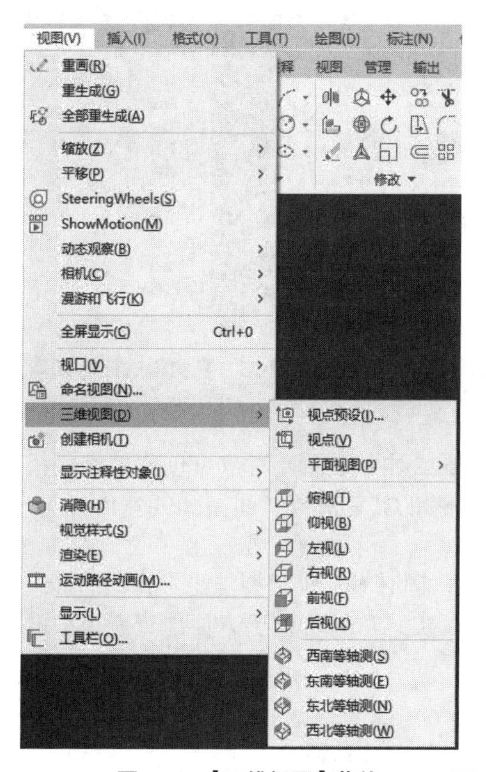

图7-18 【三维视图】菜单

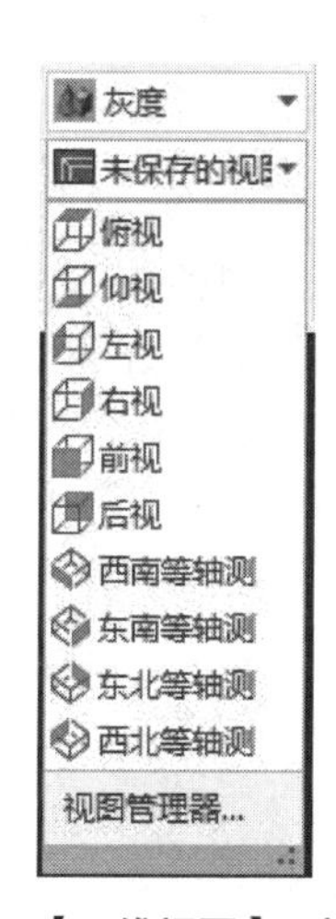

图7-19 【三维视图】下拉列表框

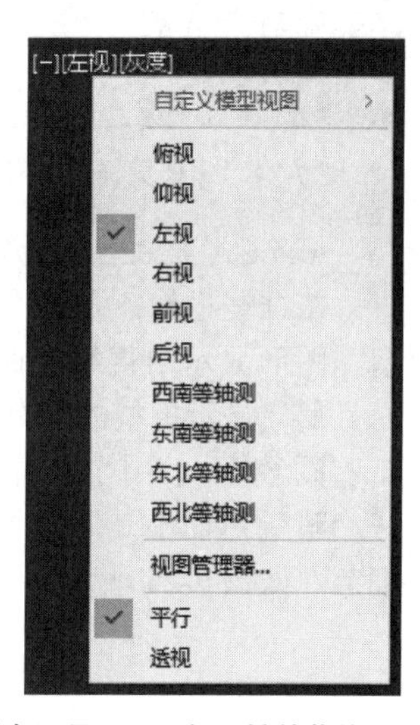

图7-20 视图控件菜单

7.3.2 视觉样式

视觉样式用于控制视口中的三维模型边缘和着色的显示。一旦对三维模型应用了视觉样式或更改了其他设置，就可以在视口中查看视觉效果。

在各个视觉样式间进行切换的方法主要有以下几种。

（1）菜单栏：选择【视图】|【视觉样式】命令，展开其子菜单，如图 7-21 所示，选择所需的视觉样式。

（2）功能区：在【常用】选项卡中，展开【视图】面板中的【视觉样式】下拉列表框，如图 7-22 所示，选择所需的视觉样式。

（3）视觉样式控件：单击绘图区左上角的视觉样式控件，在弹出的菜单中选择所需的视觉样式，如图 7-23 所示。

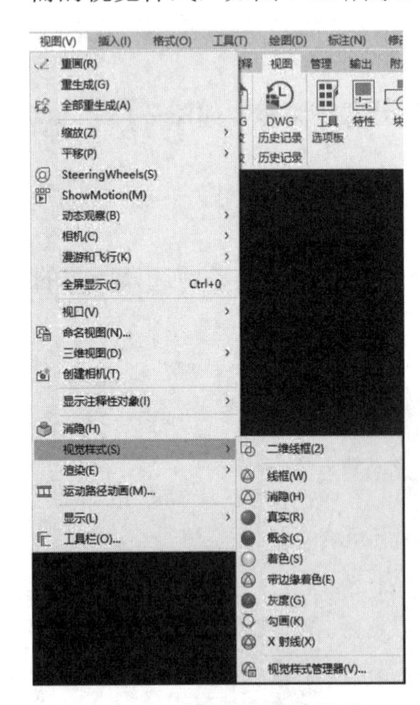

图 7-21 【视觉样式】菜单

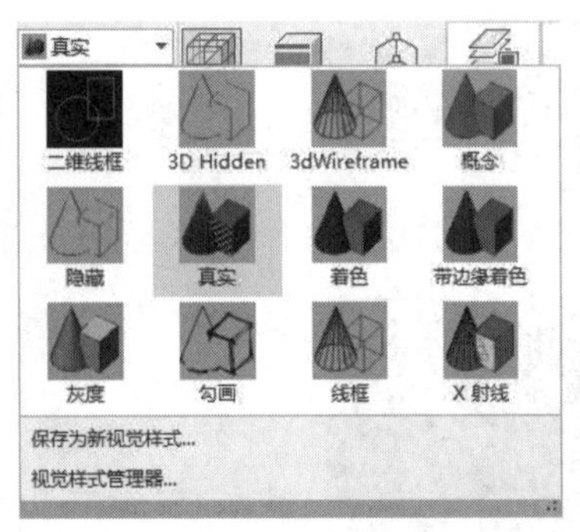

图 7-22 【视觉样式】下拉列表框

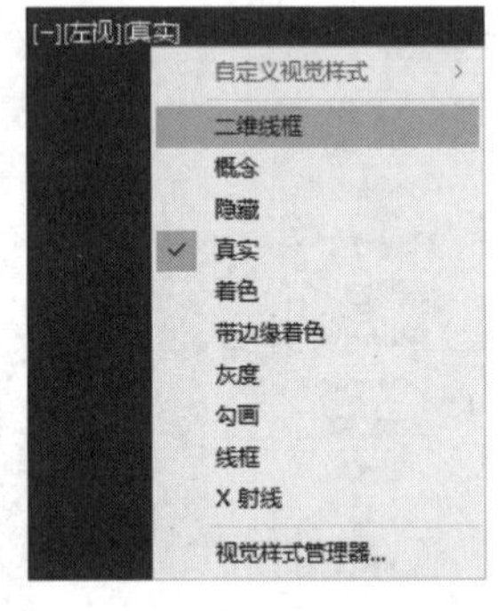

图 7-23 视觉样式控件菜单

AutoCAD 2022 中有以下几种视觉样式。

二维线框：是在三维空间中的任何位置放置二维（平面）对象来创建的线框模型，图形显示用直线和曲线表示边界的对象。光栅和 OLE 对象、线型和线宽均可见，而且默认显示模型的所有轮廓线，如图 7-24 所示。

概念：使用平滑着色和古氏面样式显示对象，同时对三维模型消隐。古氏面样式在冷暖颜色而不是明暗效果之间转换。效果缺乏真实感，但可以更方便地查看模型的细节，如图 7-25 所示。

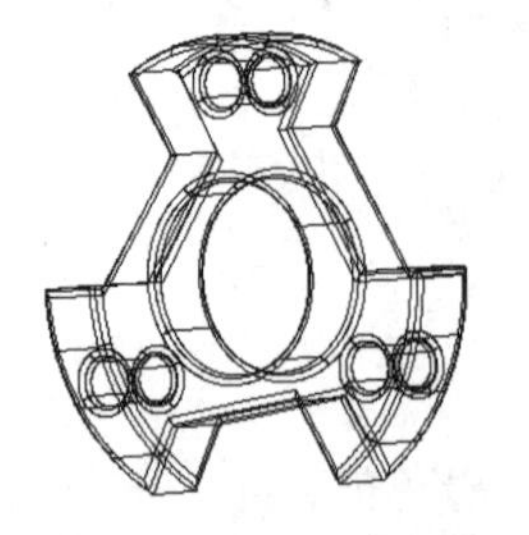

图 7-24 二维线框视觉样式

图 7-25 概念视觉样式

隐藏：即三维隐藏，用三维线框表示法显示对象，并隐藏背面的线。此种显示方式可以较为容易和清晰地观察模型，此时显示效果如图 7-26 所示。

真实：使用平滑着色来显示对象，并显示已附着到对象的材质，此种显示方法可得到三维模型的真实感表达，如图 7-27 所示。

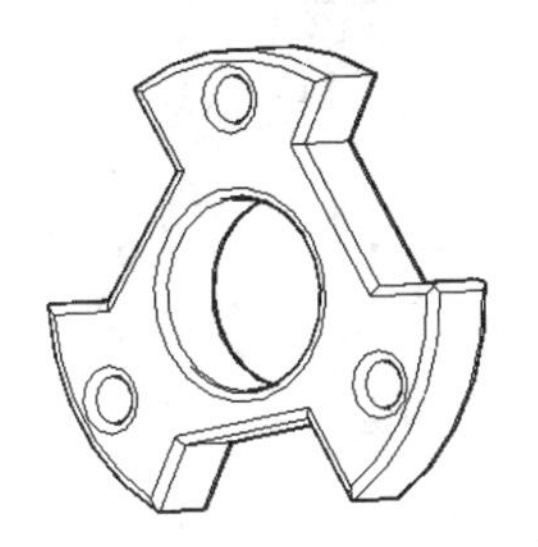

图 7-26　隐藏视觉样式

图 7-27　真实视觉样式

着色：该样式与真实样式类似，不显示对象轮廓线，使用平滑着色显示对象，效果如图 7-28 所示。

带边缘着色：该样式与着色样式类似，对其表面轮廓线以暗色线条显示，如图 7-29 所示。

图 7-28　着色视觉样式

图 7-29　带边缘着色视觉样式

灰度：使用平滑着色和单色灰度显示对象并显示可见边，效果如图 7-30 所示。

勾画：使用线延伸和抖动边修改显示手绘效果的对象，仅显示可见边，如图 7-31 所示。

图 7-30　灰度视觉样式

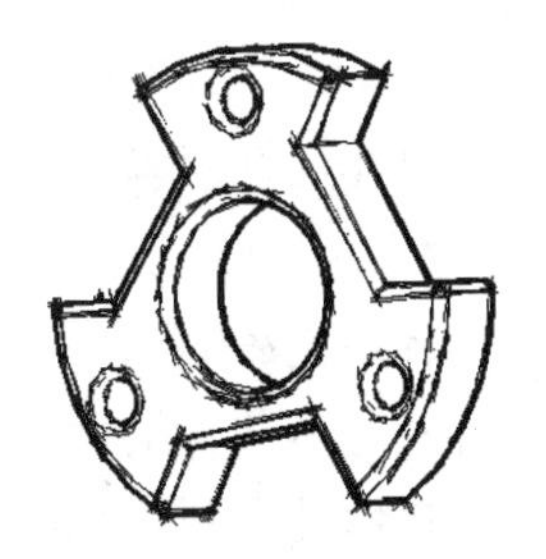

图 7-31　勾画视觉样式

线框：即三维线框，通过使用直线和曲线表示边界的方式显示对象，所有的边和线都可见。在此种显示方式下，复杂的三维模型难以分清结构。此时，坐标系变为一个着色的三维 UCS 图标。如果系统变量 COMPASS 为 1，三维指南针将出现，如

图 7-32 所示。

X 射线：以局部透视方式显示对象，因而不可见边也会褪色显示，如图 7-33 所示。

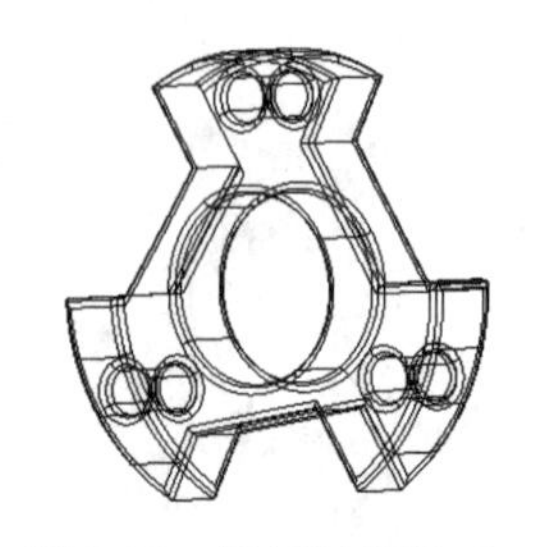

图 7-32　线框视觉样式

图 7-33　X 射线视觉样式

7.3.3　三维视图的平移、旋转与缩放

利用【三维平移】工具可以将图形所在的图纸随鼠标的任意移动而移动。利用【三维缩放】工具可以改变图纸的整体比例，从而达到放大图形观察细节或缩小图形观察整体的目的。通过如图 7-34 所示【三维建模】工作空间中【视图】选项卡中的【导航】面板可以快速执行这两项操作。

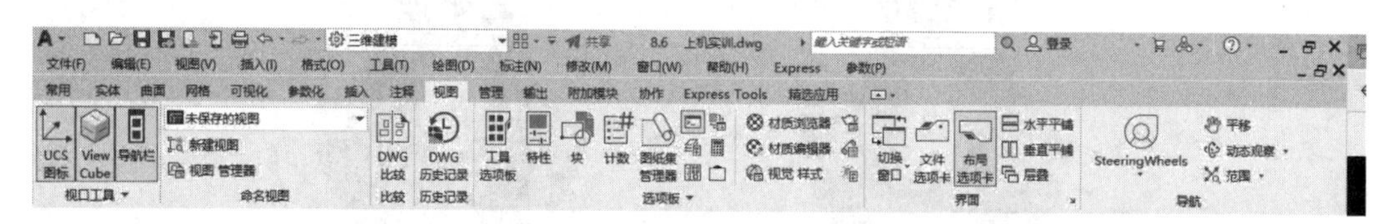

图 7-34　三维建模空间【视图】选项卡

1. 三维平移对象

三维平移有以下几种操作方法。

（1）功能区：单击【导航】面板中的【平移】功能按钮，此时绘图区中的指针呈形状，按住鼠标左键并沿任意方向拖动，窗口内的图形将随光标在同一方向上移动。

（2）鼠标操作：按住鼠标中键进行拖动。

2. 三维旋转对象

三维旋转有以下几种操作方法。

（1）功能区：在【视图】选项卡中激活【导航】面板，然后执行【导航】面板中的【动态观察】或【自由动态观察】命令，即可进行旋转，具体操作详见 7.3.4 节。

（2）鼠标操作：按住 Shift+ 鼠标中键进行拖动。

3. 三维缩放对象

三维缩放有以下几种操作方法。

（1）功能区：单击【导航】面板中的【缩放】功能按钮，根据实际需要，选择其中一种方式进行缩放即可。

（2）鼠标操作：滚动鼠标滚轮。

单击【导航】面板中的【缩放】功能按钮后，其命令行提示如下。

```
[全部(A)/中心(C)/动态(D)/范围(E)/上一个(P)/比例(S)/窗口(W)/对象(O)] <实时>:
```

此时也可直接单击【缩放】功能按钮后的下拉按钮，选择对应的工具按钮进行缩放。

7.3.4 三维动态观察

AutoCAD 提供了一个交互的三维动态观察器，该命令可以在当前视口中创建一个三维视图，用户可以使用鼠标来实时地控制和改变这个视图以得到不同的观察效果。使用三维动态观察器，既可以查看整个图形，也可以查看模型中任意的对象。

通过如图 7-35 所示【视图】选项卡中的【导航】面板工具，可以快速执行三维动态观察。

1. 受约束的动态观察

利用此工具可以对视图中的图形进行一定约束的动态观察，即水平、垂直或对角拖动对象进行动态观察。在观察视图时，视图的目标位置保持不动，并且相机位置（或观察点）围绕该目标移动。默认情况下，观察点会约束沿着世界坐标系的 XY 平面或 Z 轴移动。

单击【导航】面板中的【动态观察】按钮，此时【绘图区】光标呈形状。按住鼠标左键并拖动光标可以对视图进行受约束的三维动态观察，如图 7-36 所示。

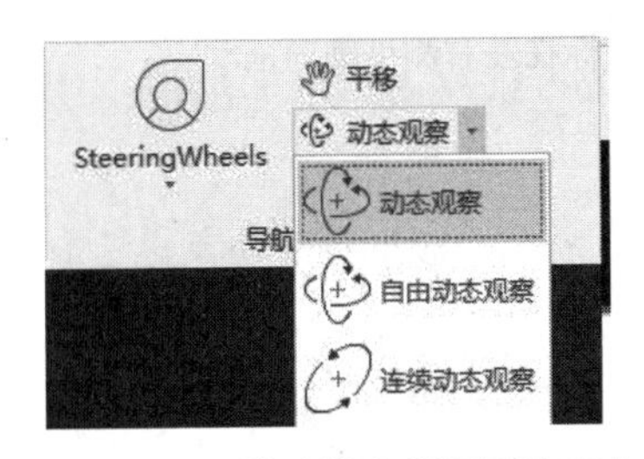

图 7-35 三维建模空间视图选项卡

图 7-36 受约束的动态观察

2. 自由动态观察

利用此工具可以对视图中的图形进行任意角度的动态观察，此时选择并在转盘的外部拖动光标，这将使视图围绕延长线通过转盘的中心并垂直于屏幕的轴旋转。

单击【导航】面板中的【自由动态观察】按钮，此时在【绘图区】显示出一个导航球，如图 7-37 所示，分别介绍如下。

1）光标在弧线球内拖动

当在弧线球内拖动光标进行图形的动态观察时，光标将变成形状，此时观察点可以在水平、垂直以及对角线等任意方向上移动任意角度，即可以对观察对象做全方位的动态观察，如图 7-38 所示。

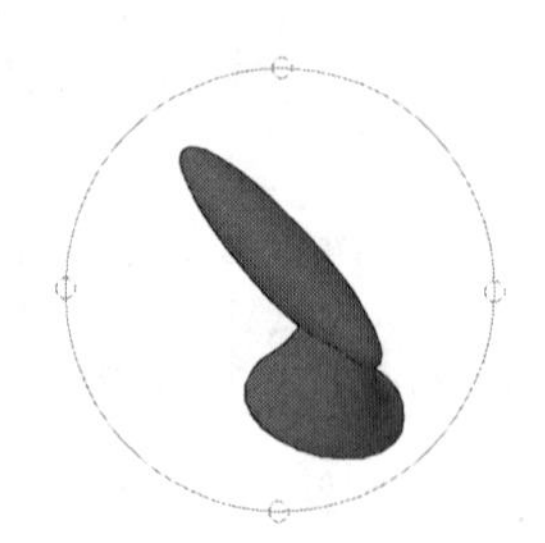

图 7-37 导航球

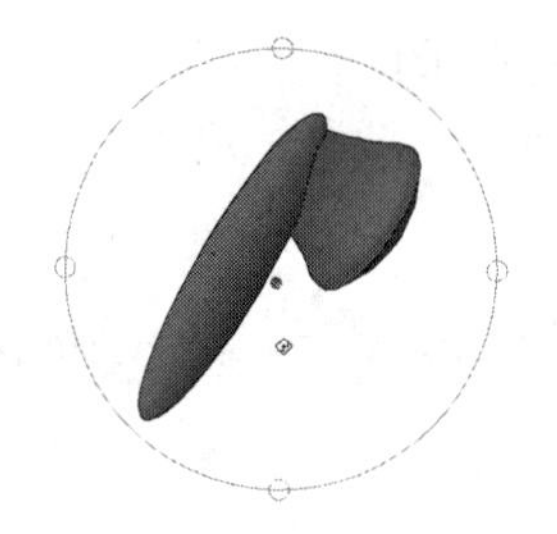

图 7-38 光标在弧线球内拖动

2）光标在弧线球外拖动

当光标在弧线外部拖动时，光标呈⊙形状，此时拖动光标图形将围绕着一条穿过弧线球球心且与屏幕正交的轴（即弧线球中间的绿色圆心●）进行旋转，如图 7-39 所示。

3）光标在左右侧小圆内拖动

当光标置于导航球顶部或者底部的小圆上时，光标呈形状，按住鼠标左键并上下拖动将使视图围绕着通过导航球中心的水平轴进行旋转。当光标置于导航球左侧或者右侧的小圆时，光标呈形状，按住鼠标左键并左右拖动将使视图围绕着通过导航球中心的垂直轴进行旋转，如图 7-40 所示。

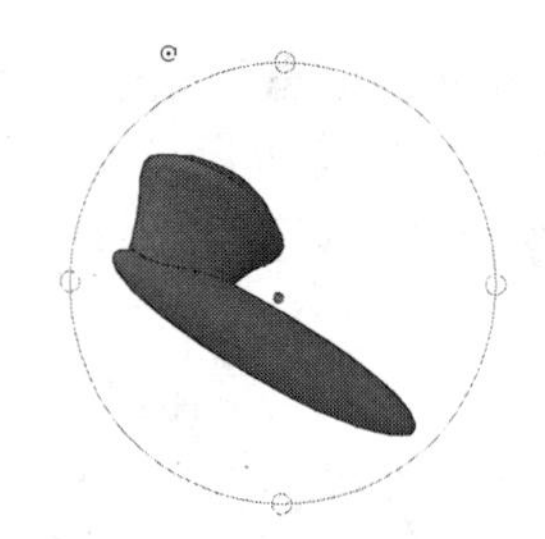

图 7-39 光标在弧线球外拖动

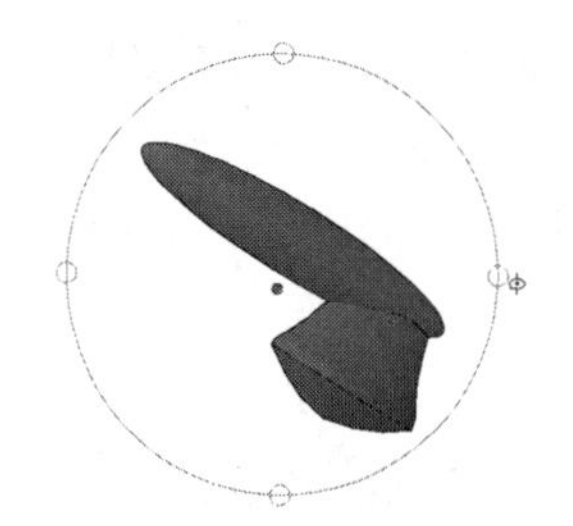

图 7-40 光标在左右侧小圆内拖动

3. 连续动态观察

利用此工具可以使观察对象绕指定的旋转轴和旋转速度连续做旋转运动，从而对其进行连续动态的观察。

单击【导航】面板中的【连续动态观察】按钮，此时在【绘图区】光标呈形状，再单击鼠标左键并拖动光标，使对象沿拖动方向开始移动。释放鼠标后，对象将在指定的方向上继续运动。光标移动的速度决定了对象的旋转速度。

7.3.5 设置视点

【视点】是指观察图形的方向。例如，绘制三维球体时，如果使用平面坐标系即 Z 轴垂直于屏幕，此时仅能看到该球体在 XY 平面上的投影，如果调整视点至东南轴测视图，将看到的是三维球体，如图 7-41 所示。

在三维环境中，系统默认的视点为 (0, 0, 1)，即从 (0, 0, 1) 点向 (0, 0, 0) 点观察模型，即视图中的俯视方向。要重新设置视点，在 AutoCAD 2022 中有以下几种方法。

（1）菜单栏：选择【视图】|【三维视图】|【视点】选项。

（2）命令行：VPOINT 或 VP。

执行任一命令后，系统都会弹出【视点预设】对话框，如图 7-42 所示。

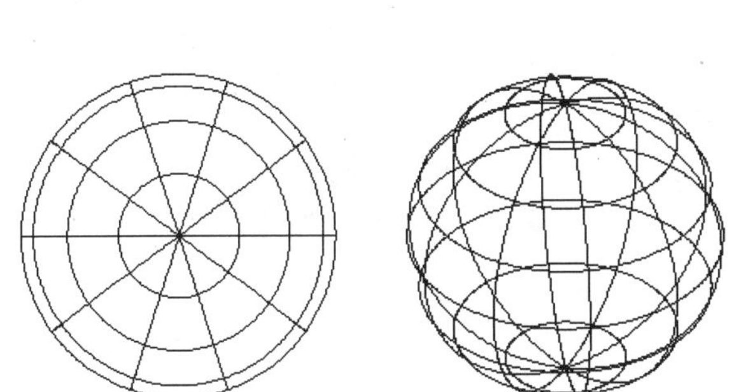

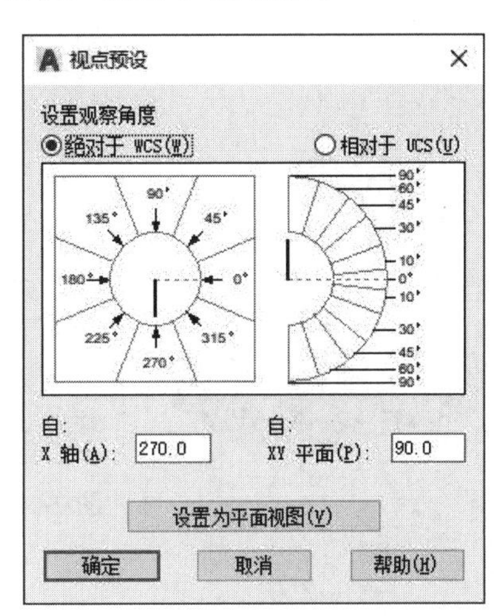

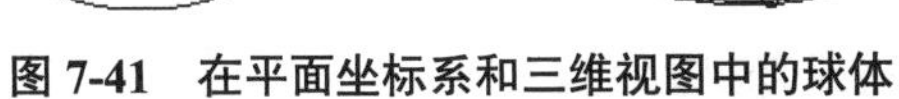

图 7-41　在平面坐标系和三维视图中的球体

图 7-42　【视点预设】对话框

默认情况下，观察角度是相对于 WCS 的。只有选中【相对于 UCS】单选按钮，可设置相对于 UCS 的观察角度。

无论是相对于哪种坐标系，用户都可以直接单击对话框中的坐标图来获取观察角度，或是在 X 轴、XY 平面文本框中输入角度值。其中，对话框中的左图用于设置原点和视点之间的连线在 XY 平面的投影与 X 轴正向的夹角；右面的半圆形图用于设置该连线与投影线之间的夹角。

7.3.6　使用视点切换平面视图

单击【设置为平面视图】按钮，则可以将坐标系设置为平面视图（XY 平面）。具体操作如图 7-43 所示。

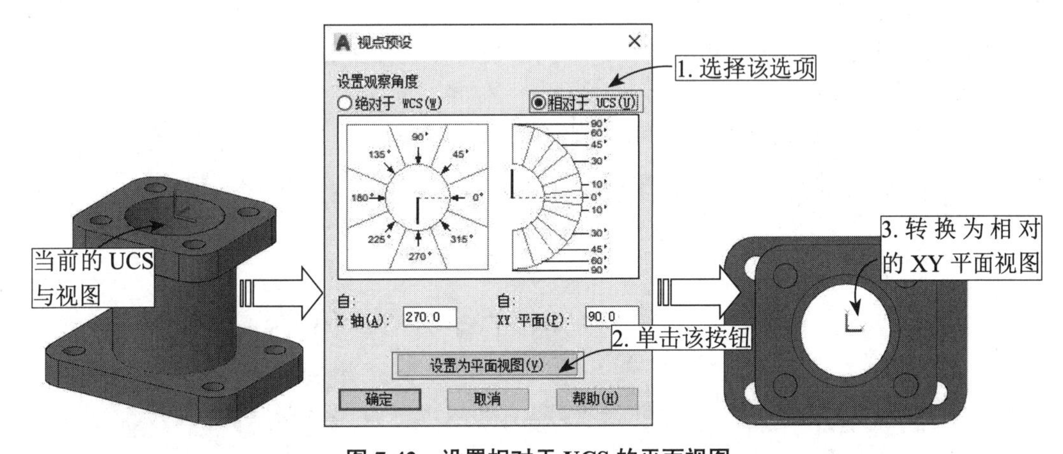

图 7-43　设置相对于 UCS 的平面视图

而如果选择的是【绝对于 WCS】单选按钮，则会将视图调整至世界坐标系中的 XY 平面，与用户指定的 UCS 无关，如图 7-44 所示。

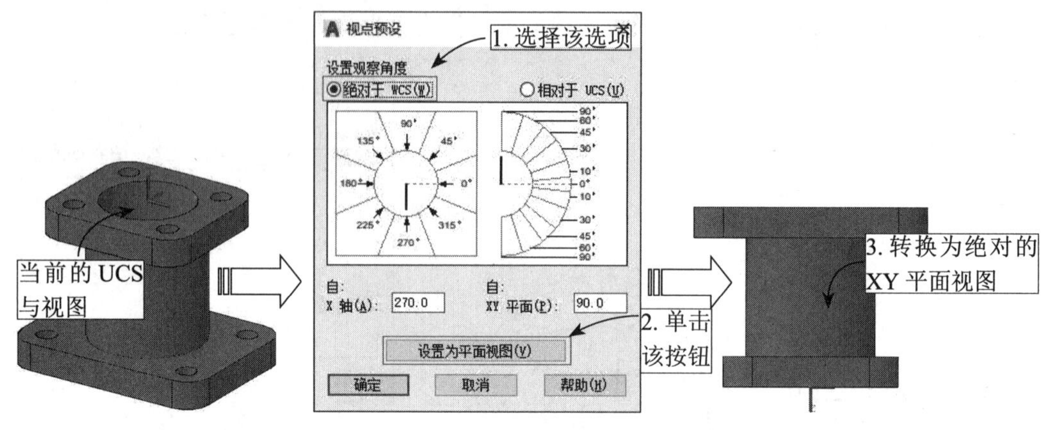

图 7-44　设置绝对于 WCS 的平面视图

7.4　创建基本实体

基本实体是构成三维实体模型的基本元素，如长方体、楔体、球体等，在AutoCAD 中可以通过多种方法来创建基本实体。

7.4.1　创建长方体

【长方体】命令可创建具有规则实体模型形状的长方体或正方体等实体，如创建零件的底座、支撑板、建筑墙体及家具等。在 AutoCAD 2022 中调用绘制【长方体】命令有如下几种常用方法。

（1）菜单栏：执行【绘图】|【建模】|【长方体】命令，如图 7-45 所示。

（2）功能区：在【常用】选项卡中，单击【建模】面板中的【长方体】工具按钮，如图 7-46 所示。

（3）工具栏：单击【建模】工具栏中的【长方体】按钮。

（4）命令行：BOX。

执行上述任一命令后，命令行出现如下提示。

```
指定第一个角点或 [中心(C)]:
```

此时可以根据提示利用两种方法进行长方体的绘制。

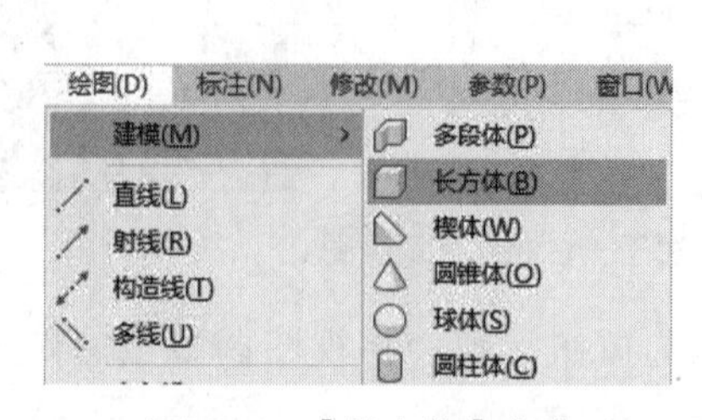

图 7-45　【长方体】命令

图 7-46　【长方体】工具按钮

7.4.2 创建圆柱体

在 AutoCAD 中创建的圆柱体是以面或圆为截面形状，沿该截面法线方向拉伸所形成的实体，常用于绘制各类轴类零件、建筑图形中的各类立柱等。

在 AutoCAD 2022 中调用绘制【圆柱体】命令有如下几种常用方法。

（1）菜单栏：执行【绘图】|【建模】|【圆柱体】命令，如图 7-47 所示。

（2）功能区：在【常用】选项卡中，单击【建模】面板中的【圆柱体】工具按钮，如图 7-48 所示。

（3）工具栏：单击【建模】工具栏中的【圆柱体】按钮。

（4）命令行：CYLINDER。

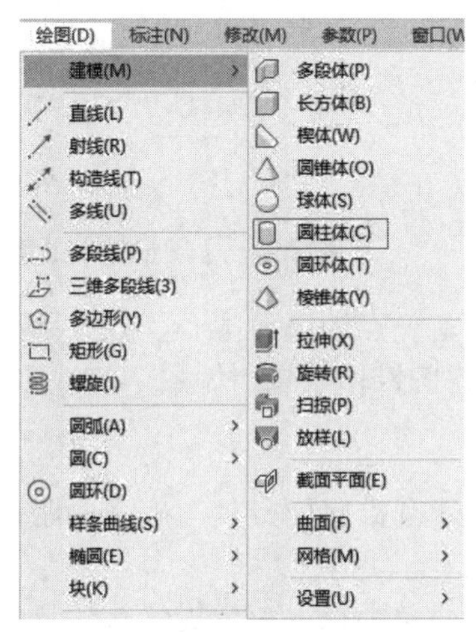

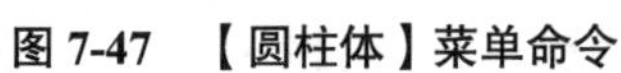
图 7-47 【圆柱体】菜单命令

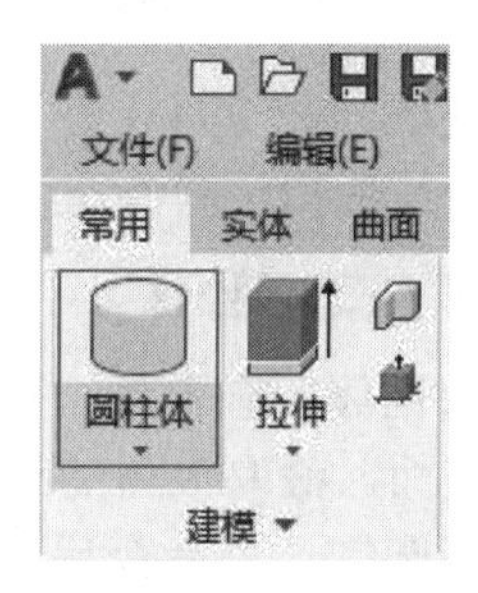

图 7-48 【圆柱体】工具按钮

执行上述任一命令后，命令行提示如下。

```
指定底面的中心点或 [三点(3P)/两点(2P)/切点、切点、半径(T)/椭圆(E)]:
```

根据命令行提示选择一种创建方法即可绘制圆柱体图形。

7.4.3 绘制圆锥体

圆锥体是指以圆或椭圆为底面形状、沿其法线方向并按照一定锥度向上或向下拉伸而形成的实体。使用【圆锥体】命令可以创建【圆锥】和【平截面圆锥】两种类型的实体。

1. 创建常规圆锥体

在 AutoCAD 2022 中调用绘制【圆柱体】命令有如下几种常用方法。

（1）菜单栏：执行【绘图】|【建模】|【圆锥体】命令，如图 7-49 所示。

（2）功能区：在【常用】选项卡中，单击【建模】面板中的【圆锥体】工具按钮，如图 7-50 所示。

（3）工具栏：单击【建模】工具栏中的【圆锥体】按钮。

（4）命令行：CONE。

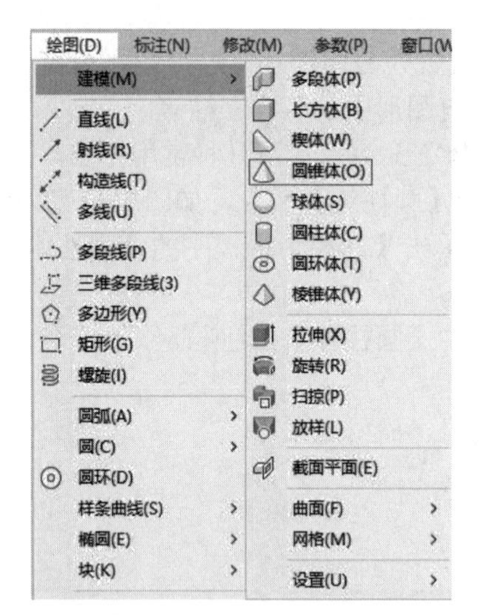

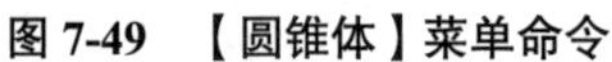
图 7-49 【圆锥体】菜单命令

图 7-50 【圆锥体】工具按钮

执行上述任一命令后，在【绘图区】指定一点为底面圆心，并分别指定底面半径值或直径值，最后指定圆锥高度值，即可获得圆锥体效果，如图 7-51 所示。

2. 创建平截面圆锥体

平截面圆锥体即圆台体，可看作由平行于圆锥底面，且与底面的距离小于锥体高度的平面为截面，截取该圆锥而得到的实体。

当启用【圆锥体】命令后，指定底面圆心及半径，命令提示行信息为“指定高度或 [两点 (2P)/ 轴端点 (A)/ 顶面半径 (T)] <9.1340>:”，选择【顶面半径】选项，输入顶面半径值，最后指定平截面圆锥体的高度，即可获得平截面圆锥体效果，如图 7-52 所示。

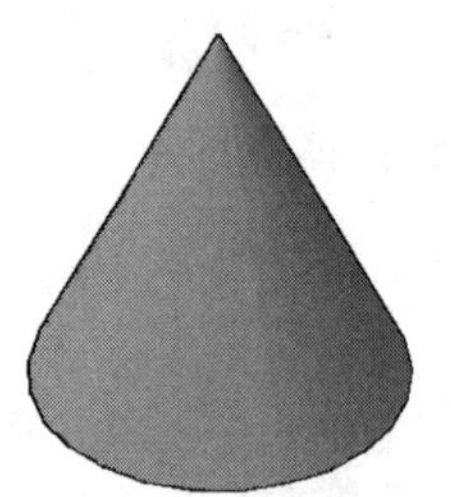
图 7-51 圆锥体

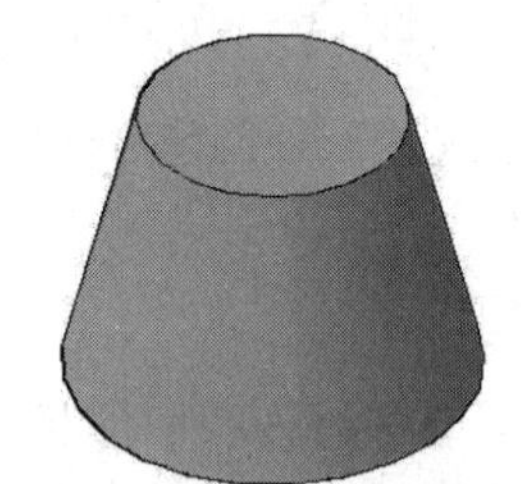
图 7-52 平截面圆锥体

7.4.4 创建球体

球体是在三维空间中，到一个点（即球心）距离相等的所有点的集合形成的实体，它广泛应用于机械、建筑等制图中，如创建档位控制杆、建筑物的球形屋顶等。

在 AutoCAD 2022 中调用绘制【球体】命令有如下几种常用方法。

（1）菜单栏：执行【绘图】|【建模】|【球体】命令，如图 7-53 所示。

（2）功能区：在【常用】选项卡中，单击【建模】面板中的【球体】工具按钮，如图 7-54 所示。

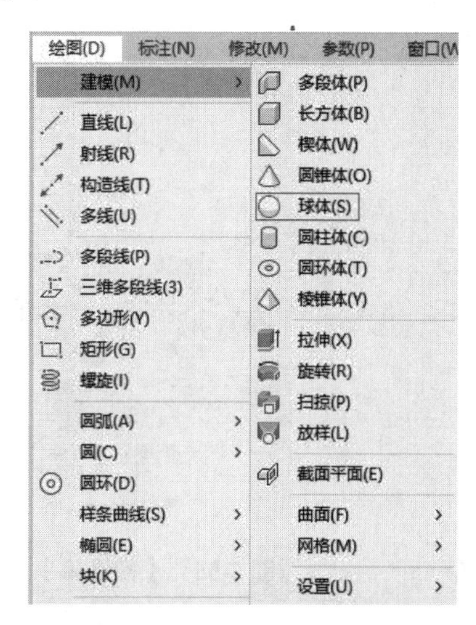

图 7-53　【球体】菜单命令

图 7-54　【球体】工具按钮

（3）工具栏：单击【建模】工具栏中的【球体】按钮。

（4）命令行：SPHERE。

执行上述任一命令后，命令行提示如下。

```
指定中心点或 [三点(3P)/两点(2P)/切点、切点、半径(T)]:
```

此时直接捕捉一点为球心，然后指定球体的半径值或直径值，即可获得球体效果。另外，可以按照命令行提示使用以下 3 种方法创建球体：【三点】【两点】和【相切、相切、半径】。其具体的创建方法与二维图形中圆的相关创建方法类似。

7.4.5　创建棱锥体

棱锥体可以看作以一个多边形面为底面，其余各面是由有一个公共顶点的具有三角形特征的面所构成的实体。

在 AutoCAD 2022 中调用绘制【棱锥体】命令有如下几种常用方法。

（1）菜单栏：执行【绘图】|【建模】|【棱锥体】命令，如图 7-55 所示。

（2）功能区：在【常用】选项卡中，单击【建模】面板中的【棱锥体】工具按钮，如图 7-56 所示。

（3）工具栏：单击【建模】工具栏中的【棱锥体】按钮。

（4）命令行：PYRAMID。

在 AutoCAD 中使用以上任意一种方法可以通过参数的调整创建多种类型的【棱锥体】和【平截面棱锥体】。其绘制方法与绘制圆锥体的方法类似，绘制完成的结果如图 7-57 和图 7-58 所示。

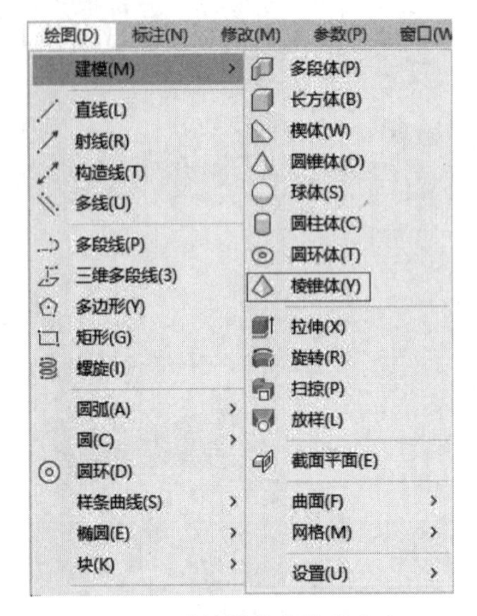

图 7-55 【棱锥体】菜单命令

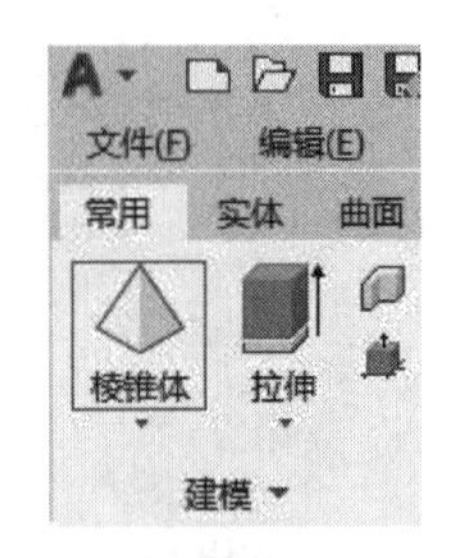

图 7-56 【棱锥体】工具按钮

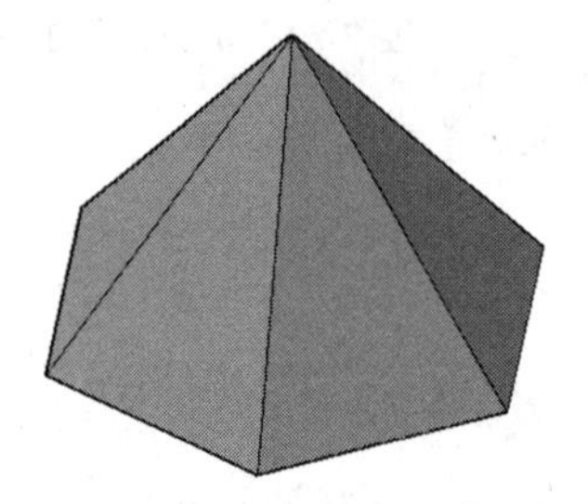

图 7-57 棱锥体

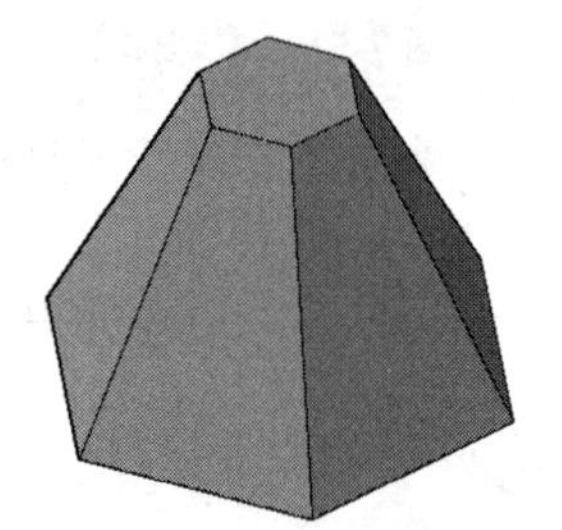

图 7-58 平截面棱锥体

提示： 在利用【棱锥体】工具进行棱锥体创建时，所指定的边数必须是 3 ～ 32 的整数。

7.4.6 创建楔体

【楔体】可以看作以矩形为底面，其一边沿法线方向拉伸所形成的具有楔状特征的实体。该实体通常用于填充物体的间隙，如安装设备时用于调整设备高度及水平度的楔体和楔木。

在 AutoCAD 2022 中调用绘制【楔体】命令有如下几种常用方法。

（1）菜单栏：执行【绘图】|【建模】|【楔体】命令，如图 7-59 所示。

（2）功能区：在【常用】选项卡中，单击【建模】面板中的【楔体】工具按钮，如图 7-60 所示。

（3）工具栏：单击【建模】工具栏中的【楔体】按钮。

（4）命令行：WEDGE 或 WE。

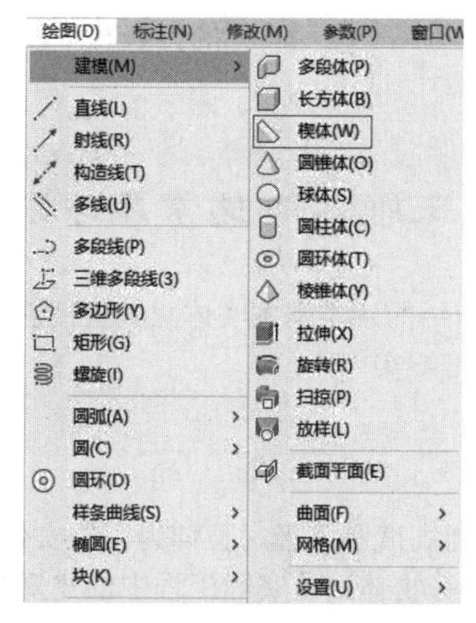

图 7-59 【楔体】菜单命令

图 7-60 【楔体】工具按钮

执行以上任意一种方法均可创建楔体，创建楔体的方法同长方体的方法类似。

7.4.7 创建圆环体

圆环体可以看作在三维空间内，圆轮廓线绕与其共面直线旋转所形成的实体特征，该直线即是圆环的中心线；直线和圆心的距离即是圆环的半径；圆轮廓线的直径即是圆环的直径。

在 AutoCAD 2022 中调用绘制【圆环体】命令有如下几种常用方法。

（1）菜单栏：执行【绘图】|【建模】|【圆环体】命令，如图 7-61 所示。

（2）功能区：在【常用】选项卡中，单击【建模】面板中的【圆环体】工具按钮，如图 7-62 所示。

（3）工具栏：单击【建模】工具栏中的【圆环体】按钮◎。

（4）命令行：TORUS。

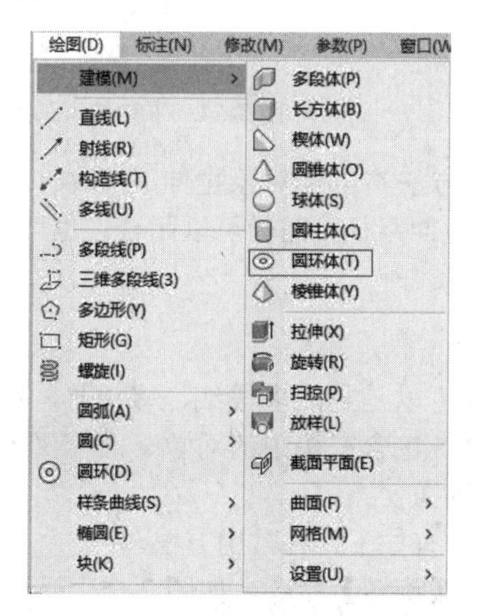

图 7-61 【圆环体】菜单命令

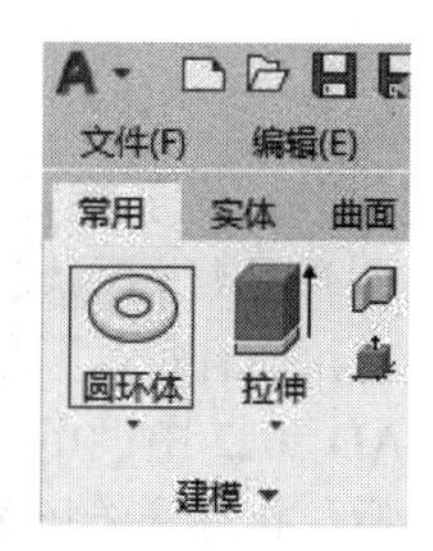

图 7-62 【圆环体】工具按钮

通过以上任意一种方法执行该命令后，首先确定圆环的位置和半径，然后确定圆环圆管的半径即可完成创建。

7.5 二维图形转成三维实体的常用方法

在 AutoCAD 中，不仅可以利用上面介绍的各类基本实体工具直接创建简单实体模型，同时还可以利用二维图形来帮助创建三维实体。

7.5.1 拉伸

【拉伸】工具可以将二维图形沿指定的高度和路径，拉伸为三维实体。【拉伸】命令常用于创建楼梯栏杆、管道、异形装饰等物体，是实际工程中创建复杂三维面最常用的一种方法。

在 AutoCAD 2022 中调用【拉伸】命令有如下几种常用方法。

（1）菜单栏：执行【绘图】|【建模】|【拉伸】命令，如图 7-63 所示。

（2）功能区：在【常用】选项卡中，单击【建模】面板中的【拉伸】工具按钮，如图 7-64 所示。

（3）工具栏：单击【建模】工具栏中的【拉伸】按钮。

（4）命令行：EXTRUDE 或 EXT。

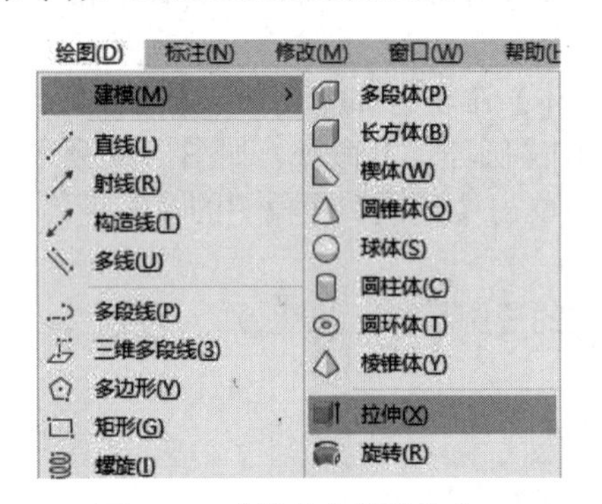

图 7-63 【拉伸】菜单命令

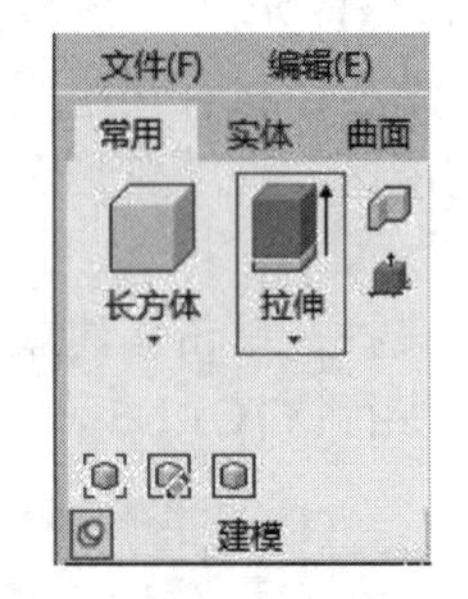

图 7-64 【拉伸】工具按钮

执行上述任一命令后，可以使用两种方法将二维对象拉伸成实体：一种是指定生成实体的倾斜角度和高度；另一种是指定拉伸路径，路径可以闭合，也可以不闭合。

7.5.2 旋转

在创建实体时，用于旋转的二维对象可以是封闭多段线、多边形、圆、椭圆、封闭样条曲线、圆环及封闭区域。三维对象、包含在块中的对象、有交叉或自干涉的多段线不能被旋转，而且每次只能旋转一个对象。

在 AutoCAD 2022 中调用【旋转】命令有如下几种常用方法。

（1）菜单栏：执行【绘图】|【建模】|【旋转】命令，如图 7-65 所示。

（2）功能区：在【常用】选项卡中，单击【建模】面板中的【旋转】工具按钮，如图 7-66 所示。

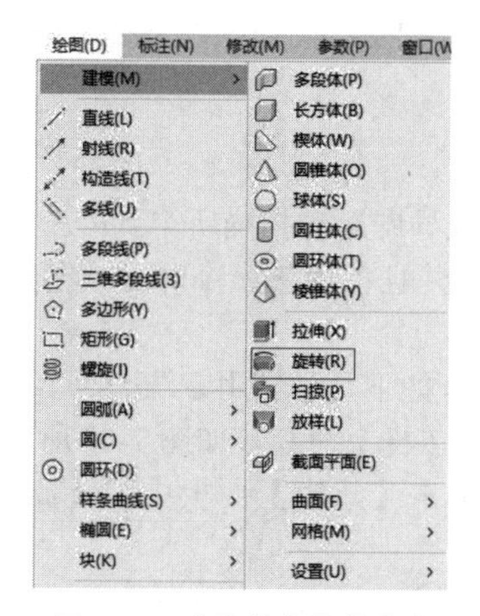

图 7-65 【旋转】菜单命令

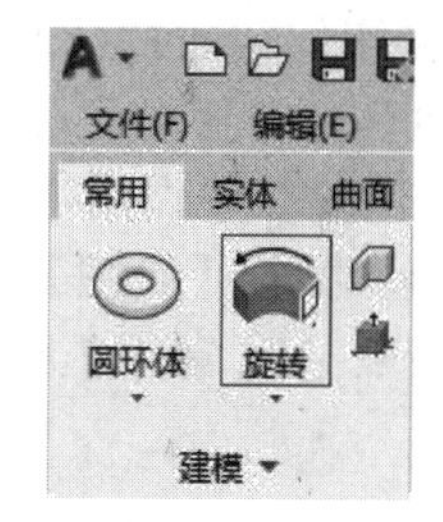

图 7-66 【旋转】工具按钮

（3）工具栏：单击【建模】工具栏中的【旋转】按钮。

（4）命令行：REVOLVE 或 REV。

执行【旋转】命令后，便按操作提示依次选择旋转面域、旋转轴，指定旋转角度，即可创建旋转特征。

7.5.3 扫掠

使用【扫掠】工具可以将扫掠对象沿着开放或闭合的二维或三维路径运动扫描，创建实体或曲面。

在 AutoCAD 2022 中调用【扫掠】命令有如下几种常用方法。

（1）菜单栏：执行【绘图】|【建模】|【扫掠】命令，如图 7-67 所示。

（2）功能区：在【常用】选项卡中，单击【建模】面板中的【扫掠】工具按钮，如图 7-68 所示。

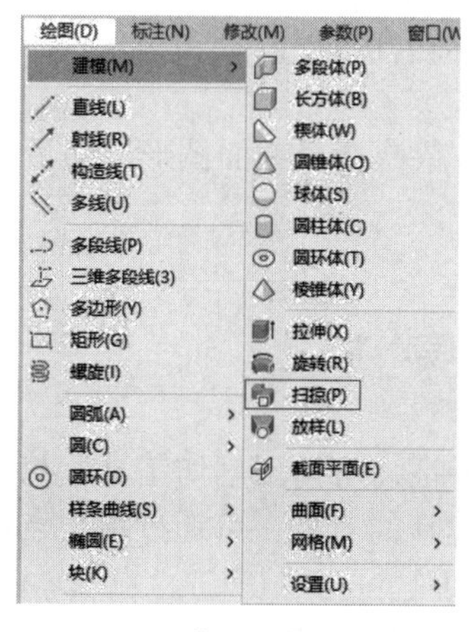

图 7-67 【扫掠】菜单命令

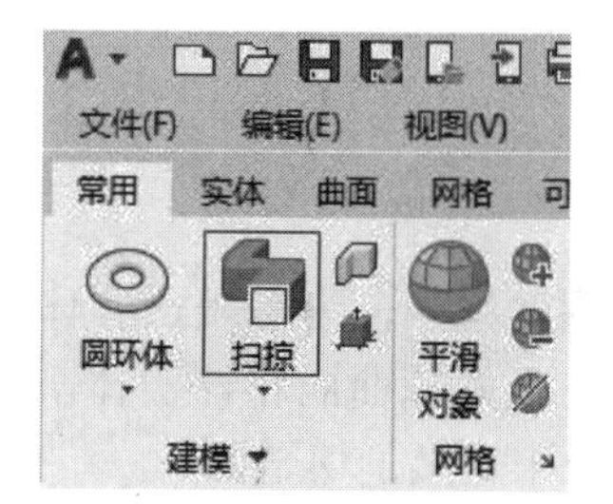

图 7-68 【扫掠】工具按钮

（3）工具栏：单击【建模】工具栏中的【扫掠】按钮。

（4）命令行：SWEEP。

执行【扫掠】命令后，按命令行提示选择扫掠截面与扫掠路径即可。

7.5.4 放样

【放样】实体即将横截面沿指定的路径或导向运动扫描所得到的三维实体。横截面指的是具有放样实体截面特征的二维对象，并且使用该命令时必须指定两个或两个以上的横截面来创建放样实体。

在 AutoCAD 2022 中调用【放样】命令有如下几种常用方法。

（1）菜单栏：执行【绘图】|【建模】|【放样】命令，如图 7-69 所示。

（2）功能区：在【常用】选项卡中，单击【建模】面板中的【放样】工具按钮，如图 7-70 所示。

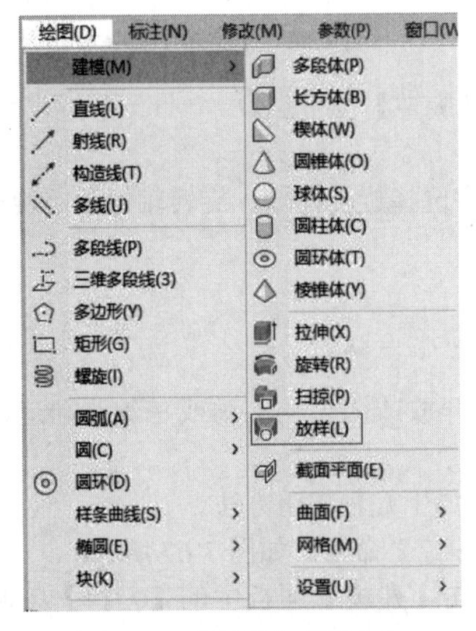

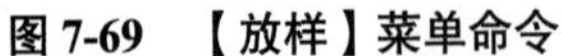

图 7-69 【放样】菜单命令

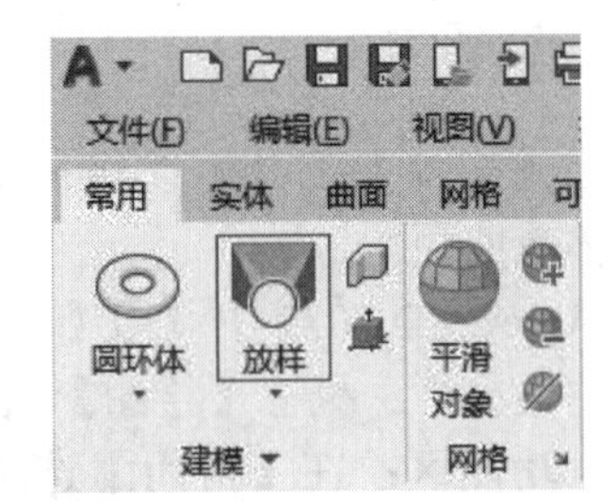

图 7-70 【放样】工具按钮

（3）工具栏：单击【建模】工具栏中的【放样】按钮。

（4）命令行：LOFT。

执行【放样】命令后，根据命令行的提示，依次选择截面图形，然后定义放样选项，即可创建放样图形。

7.6 剖切实体

在绘图过程中，为了表达实体内部的结构特征，可使用剖切工具假想一个与指定对象相交的平面或曲面将该实体剖切，从而创建新的对象。可通过指定点、选择曲面或平面对象来定义剖切平面。

7.6.1 操作方式

在 AutoCAD 2022 中调用【剖切】命令有如下几种常用方法。

（1）功能区：在【常用】选项卡中，单击【实体编辑】面板上的【剖切】按钮，如图 7-71 所示。

（2）菜单栏：执行【修改】|【三维操作】|【剖切】命令，如图 7-72 所示。

（3）命令行：SLICE 或 SL。

图 7-71 【实体编辑】面板中的【剖切】按钮

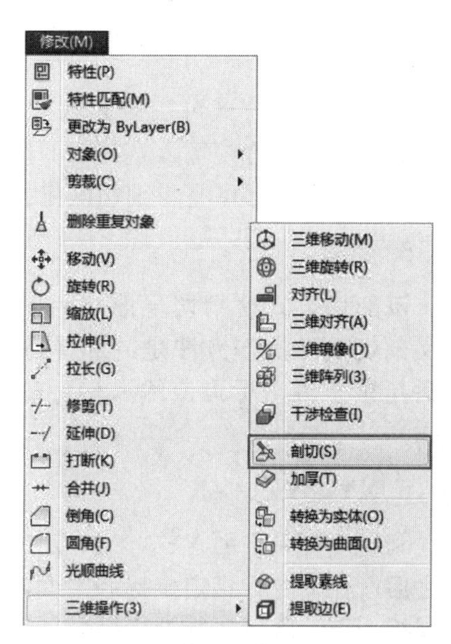

图 7-72 【剖切】菜单命令

7.6.2 操作注意事项

通过以上任意一种方法执行该命令，然后选择要剖切的对象，接着按命令行提示定义剖切面，可以选择某个平面对象，例如，曲面、圆、椭圆、圆弧或椭圆弧、二维样条曲面和二维多段线，也可选择坐标系定义的平面，如 XY、YZ、ZX 平面。最后，可选择保留剖切实体的一侧或两侧都保留，即完成实体的剖切。

在剖切过程中，指定剖切面的方式包括指定切面的起点或平面对象、曲面、Z 轴、视图、XY、YZ、ZX 或三点，现分别介绍如下。

1. 指定切面起点

这是默认剖切方式，即通过指定剖切实体的两点来执行剖切操作，剖切平面将通过这两点并与 XY 平面垂直。操作方法是：单击【剖切】按钮，然后在绘图区选择待剖切的对象，接着分别指定剖切平面的起点和终点。

指定剖切点后，命令行提示“在所需的侧面上指定点或 [保留两个侧面 (B)]：”，选择是否保留指定侧的实体或两侧都保留，按 Enter 键即可执行剖切操作。

2. 平面对象

该剖切方式利用曲线、圆、椭圆、圆弧或椭圆弧、二维样条曲线、二维多段线定义剖切平面，剖切平面与二维对象平面重合。

3. 曲面

选择该剖切方式可利用曲面作为剖切平面，方法是：选择待剖切的对象之后，在命令行中输入字母 S，按 Enter 键后选择曲面，并在零件上方任意捕捉一点，即可执行剖切操作。

4. Z 轴

选择该剖切方式可指定 Z 轴方向的两点作为剖切平面，方法是：选择待剖切的对象之后，在命令行中输入字母 Z，按 Enter 键后直接在实体上指定两点，并在零件上方任意捕捉一点，即可完成剖切操作。

5. 视图

该剖切方式使剖切平面与当前视图平面平行，输入平面的通过点坐标，即完全定义剖切面。操作方法是：选择待剖切的对象之后，在命令行输入字母 V，按 Enter 键后指定三维坐标点或输入坐标数字，并在零件上方任意捕捉一点，即可执行剖切操作。

6. XY、YZ、ZX

利用坐标系平面 XY、YZ、ZX 同样能够作为剖切平面，方法是：选择待剖切的对象之后，在命令行指定坐标系平面，按 Enter 键后指定该平面上一点，并在零件上方任意捕捉一点，即可执行剖切操作。

7. 三点

在绘图区中捕捉三点，即利用这 3 个点组成的平面作为剖切平面，方法是：选择待剖切对象之后，在命令行输入数字 3，按 Enter 键后直接在零件上捕捉三点，系统将自动根据这三点组成的平面执行剖切操作。

7.7 创建三维倒角

在三维建模过程中创建倒角特征主要用于孔特征零件或轴类零件，方便安装轴上其他零件，防止擦伤或者划伤其他零件和安装人员。

7.7.1 操作方式

在 AutoCAD 2022 中调用【倒角】有如下几种常用方法。

（1）功能区：在【实体】选项卡中，单击【实体编辑】面板中的【倒角边】工具按钮，如图 7-73 所示。

（2）菜单栏：执行【修改】|【实体编辑】|【倒角边】命令，如图 7-74 所示。

（3）命令行：CHAMFEREDGE。

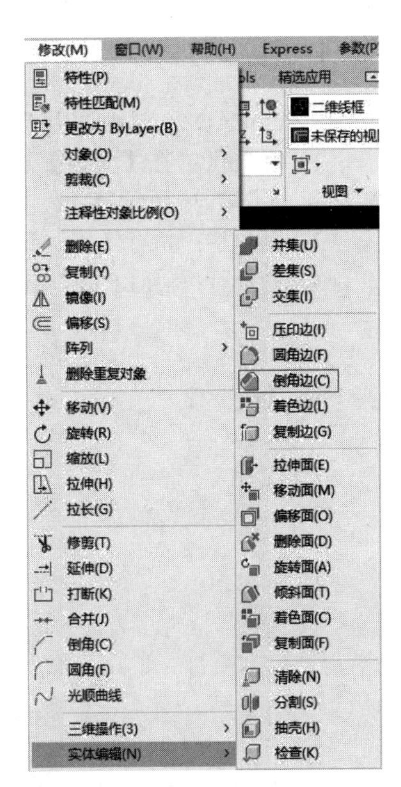

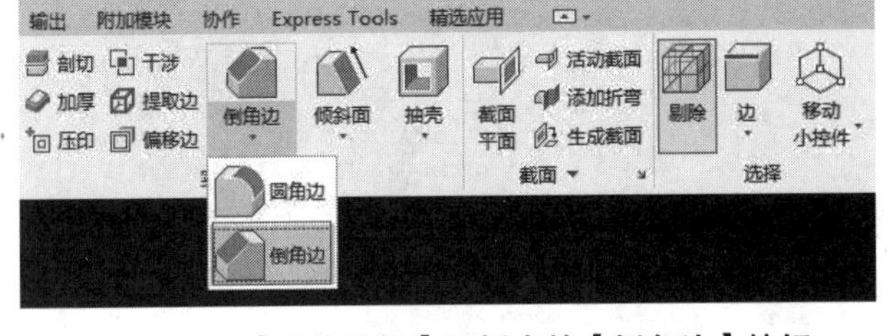

图 7-73 【实体编辑】面板中的【倒角边】按钮

图 7-74 【倒角边】菜单命令

7.7.2 操作注意事项

执行上述任一命令后，根据命令行的提示，在【绘图区】选择绘制倒角所在的基面，按 Enter 键分别指定倒角距离，指定需要倒角的边线，按 Enter 键即可创建三维倒角，效果如图 7-75 所示。

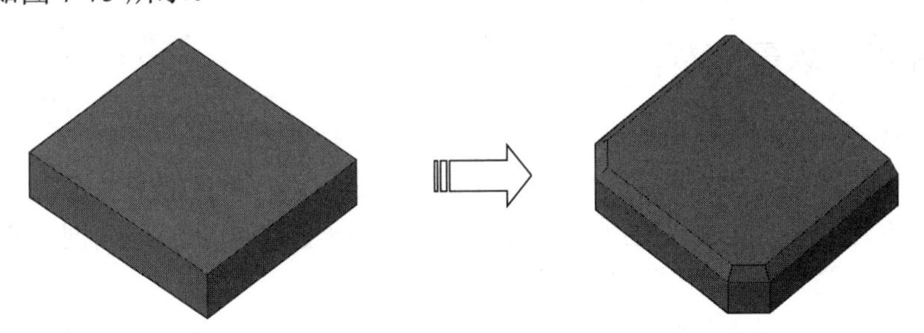

图 7-75 创建三维倒角

7.8 创建三维圆角

在三维建模过程中创建圆角特征主要用在回转零件的轴肩处，以防止轴肩应力集中，在长时间的运转中断裂。

7.8.1 操作方式

在 AutoCAD 2022 中调用【圆角】有如下几种常用方法。

（1）功能区：在【实体】选项卡中，单击【实体编辑】面板中的【圆角边】工具按钮，如图 7-76 所示。

（2）菜单栏：执行【修改】|【实体编辑】|【圆角边】命令，如图 7-77 所示。

（3）命令行：FILLETEDGE。

图 7-76 【圆角边】面板按钮

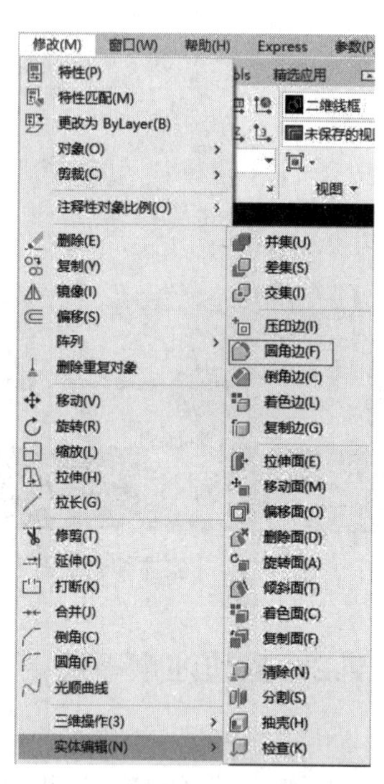

图 7-77 【圆角边】菜单命令

7.8.2 操作注意事项

执行上述任一命令后，在【绘图区】选择需要绘制圆角的边线，输入圆角半径，按 Enter 键，其命令行出现“选择边或 [链 (C)/ 环 (L)/ 半径 (R)]:”提示。选择【链】选项，则可以选择多个边线进行倒圆角；选择【半径】选项，则可以创建不同半径值的圆角，按 Enter 键即可创建三维倒圆角，如图 7-78 所示。

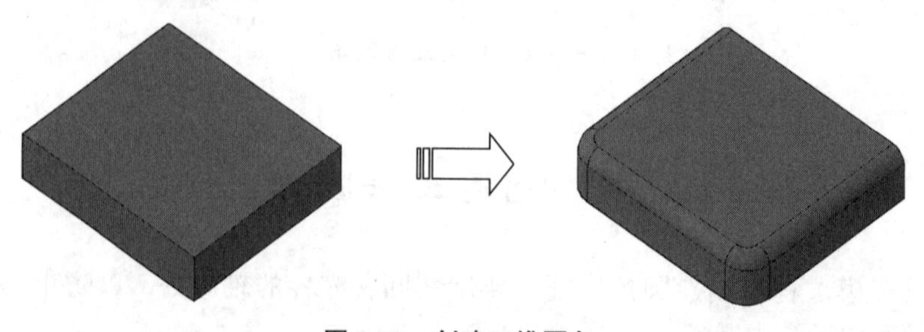

图 7-78 创建三维圆角

7.9 抽　　壳

通过执行抽壳操作可将实体以指定的厚度，形成一个空的薄层，同时还允许将某些指定面排除在壳外。指定正值从圆周外开始抽壳，指定负值从圆周内开始抽壳。

7.9.1 操作方式

在 AutoCAD 2022 中调用【抽壳】有如下几种常用方法。

（1）功能区：在【实体】选项卡中，单击【实体编辑】面板中的【抽壳】工具按钮，如图 7-79 所示。

（2）菜单栏：执行【修改】|【实体编辑】|【抽壳】命令，如图 7-80 所示。

（3）命令行：SOLIDEDIT。

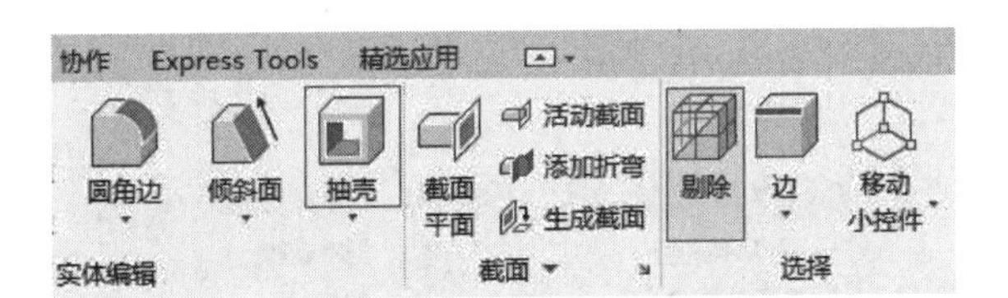

图 7-79 【实体编辑】面板中的【抽壳】按钮

图 7-80 【抽壳】菜单命令

7.9.2 操作注意事项

执行上述任一命令后，可根据设计要求保留所有面执行抽壳操作（即中空实体）或删除单个面执行抽壳操作，分别介绍如下。

1. 删除抽壳面

该抽壳方式通过移除面形成内孔实体。执行【抽壳】命令，在绘图区选择待抽壳的实体，继续选择要删除的单个或多个表面并单击右键，输入抽壳偏移距离，按 Enter

键，即可完成抽壳操作，其效果如图 7-81 所示。

2. 保留抽壳面

该抽壳方法与删除面抽壳操作的不同之处在于：该抽壳方法是在选择抽壳对象后，直接按 Enter 键或单击右键，并不选择删除面，而是输入抽壳距离，从而形成中空的抽壳效果，如图 7-82 所示。

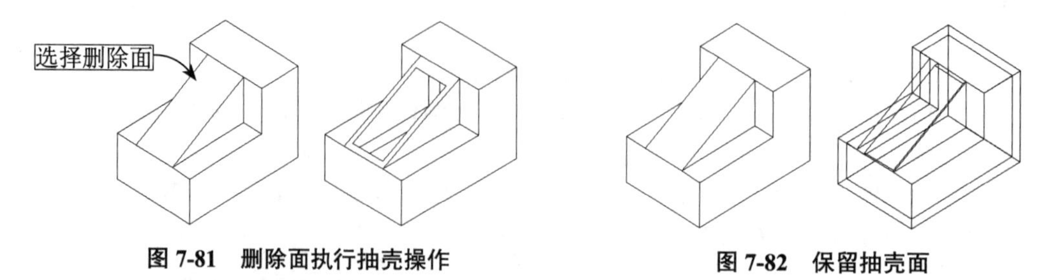

图 7-81 删除面执行抽壳操作　　图 7-82 保留抽壳面

7.10 三维阵列

使用【三维阵列】工具可以在三维空间中按矩形阵列或环形阵列的方式，创建指定对象的多个副本。

7.10.1 操作方式

在 AutoCAD 2022 中调用【三维阵列】有如下几种常用方法。

（1）功能区：在【常用】选项卡中，单击【修改】面板中的【三维阵列】工具按钮，如图 7-83 所示。

（2）菜单栏：执行【修改】|【三维操作】|【三维阵列】命令，如图 7-84 所示。

（3）命令行：3DARRAY 或 3A。

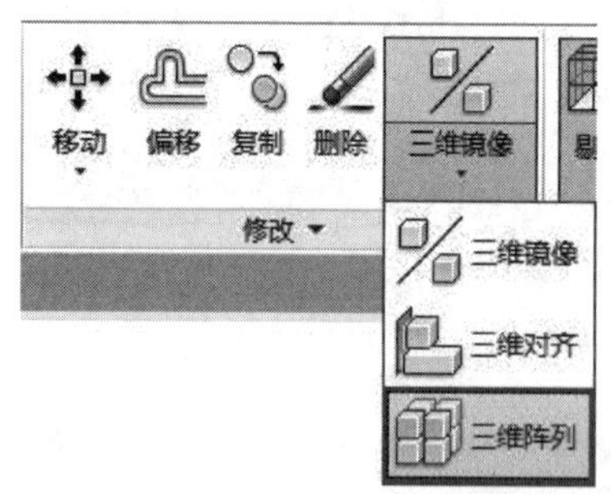

图 7-83 【修改】面板中的【三维阵列】按钮　　图 7-84 【三维阵列】菜单命令

7.10.2 操作注意事项

执行上述任一命令后，按照提示选择阵列对齐，命令行提示如下。

```
输入阵列类型 [矩形(R)/极轴(P)] <矩形>:
```

【三维阵列】有【矩形阵列】和【环形阵列】两种方法，下面分别进行介绍。

1. 矩形阵列

在执行【矩形阵列】命令时，需要指定行数、列数、层数、行间距和层间距，其中一个矩形阵列可设置多行、多列和多层。

在指定间距值时，可以分别输入间距值或在绘图区域选取两个点，AutoCAD 2022将自动测量两点之间的距离值，并以此作为间距值。如果间距值为正，将沿X轴、Y轴、Z轴的正方向生成阵列；间距值为负，将沿X轴、Y轴、Z轴的负方向生成阵列。

2. 环形阵列

在执行【环形阵列】命令时，需要指定阵列的数目、阵列填充的角度、旋转轴的起点和终点及对象在阵列后是否绕着阵列中心旋转。

7.11 三维移动

【三维移动】可以将实体按指定距离在空间中进行移动，以改变对象的位置。使用【三维移动】工具能将实体沿X、Y、Z轴或其他任意方向，以及直线、面或任意两点间移动，从而将其定位到空间的准确位置。

7.11.1 操作方式

在AutoCAD 2022中调用【三维移动】有如下几种常用方法。

（1）功能区：在【常用】选项卡中，单击【修改】面板中的【三维移动】工具按钮，如图7-85所示。

（2）菜单栏：执行【修改】|【三维操作】|【三维移动】命令，如图7-86所示。

（3）命令行：3DMOVE。

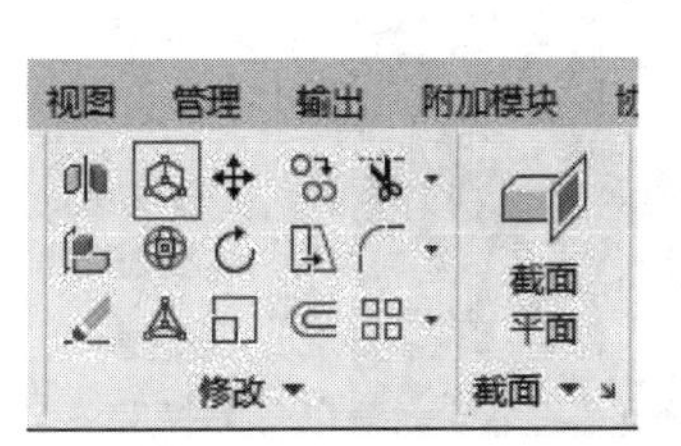

图7-85 【修改】面板中的【三维移动】按钮

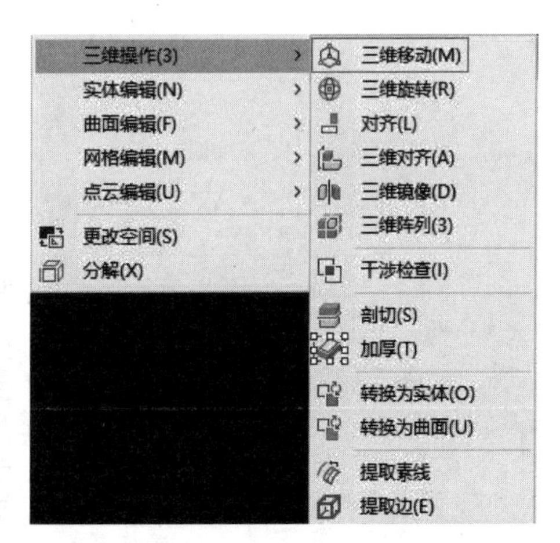

图7-86 【三维移动】菜单命令

7.11.2 操作注意事项

执行上述任一命令后，在【绘图区】选择要移动的对象，绘图区将显示坐标系图标，如图 7-87 所示。

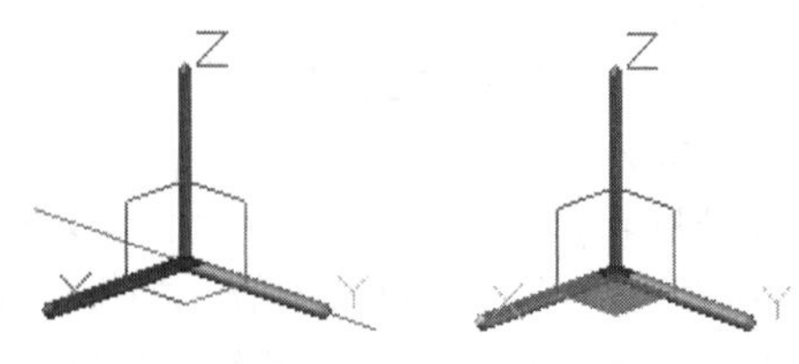

图 7-87 移动坐标系

单击选择坐标轴的某一轴，拖动鼠标所选定的实体对象将沿所约束的轴移动；若是将光标停留在两条轴柄之间的直线汇合处的平面上（用以确定一定平面），直至其变为黄色，然后选择该平面，拖动鼠标将移动约束到该平面上。

7.12 三维旋转

利用【三维旋转】工具可将选择的三维对象和子对象沿指定旋转轴（X 轴、Y 轴、Z 轴）进行自由旋转。

7.12.1 操作方式

在 AutoCAD 2022 中调用【三维旋转】有如下几种常用方法。

（1）功能区：在【常用】选项卡中，单击【修改】面板中的【三维旋转】工具按钮，如图 7-88 所示。

（2）菜单栏：执行【修改】|【三维操作】|【三维旋转】命令，如图 7-89 所示。

（3）命令行：3DROTATE。

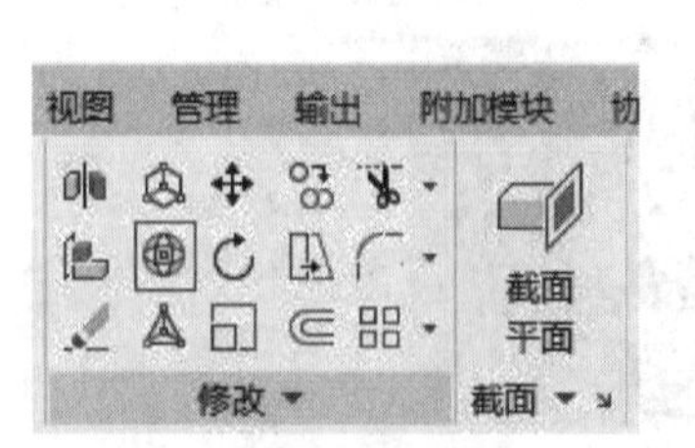

图 7-88 【修改】面板中的【三维旋转】按钮

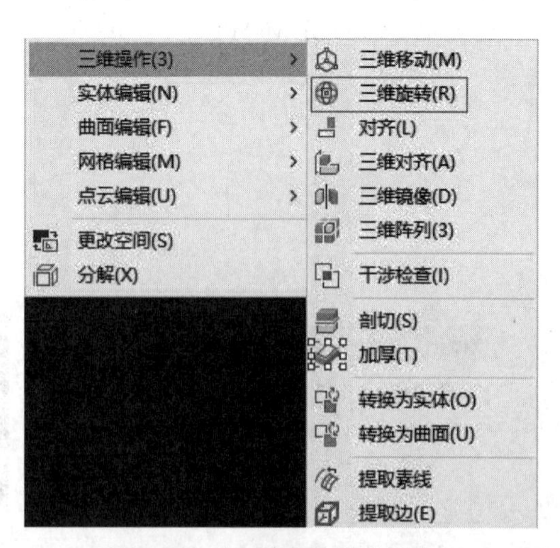

图 7-89 【三维旋转】菜单命令

7.12.2 操作注意事项

执行上述任一命令后，即可进入【三维旋转】模式，在【绘图区】选择需要旋转的对象，此时绘图区将出现3个圆环（红色代表X轴、绿色代表Y轴、蓝色代表Z轴），然后在绘图区指定一点为旋转基点，如图7-90所示。指定完旋转基点后，选择夹点工具上圆环用以确定旋转轴，接着直接输入角度进行实体的旋转，或选择屏幕上的任意位置用以确定旋转基点，再输入角度值即可获得实体三维旋转效果。

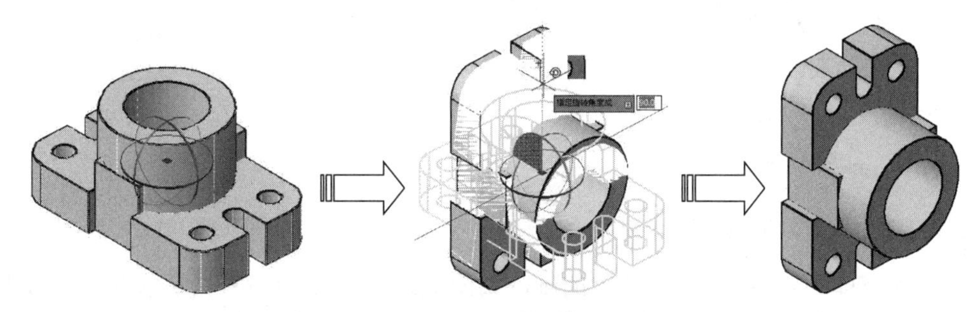

图7-90 执行三维旋转操作

7.13 三维缩放

通过【三维缩放】小控件，用户可以沿轴或平面调整选定对象和子对象的大小，也可以统一调整对象的大小。

7.13.1 操作方式

在AutoCAD 2022中调用【三维缩放】有如下几种常用方法。

（1）功能区：在【常用】选项卡中，单击【修改】面板中的【三维缩放】工具按钮，如图7-91所示。

（2）工具栏：单击【建模】工具栏中的【三维旋转】按钮。

（3）命令行：3DSCALE。

7.13.2 操作注意事项

执行上述任一命令后，即可进入【三维缩放】模式，在【绘图区】选择需要缩放的对象，此时绘图区出现如图7-92所示的缩放小控件。然后在绘图区中指定一点为缩放基点，拖动鼠标操作即可进行缩放。

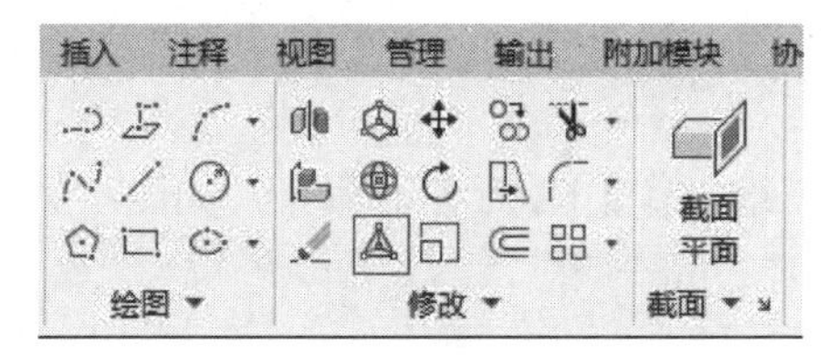

图7-91 【三维缩放】面板按钮

图7-92 缩放小控件

在缩放小控件中单击选择不同的区域，可以获得不同的缩放效果，具体介绍如下。

（1）单击最靠近三维缩放小控件顶点的区域：将亮显小控件的所有轴的内部区域，如图 7-93 所示，模型整体按统一比例缩放。

（2）单击定义平面的轴之间的平行线：将亮显小控件上轴与轴之间的部分，如图 7-94 所示，会将模型缩放约束至平面。此选项仅适用于网格，不适用于实体或曲面。

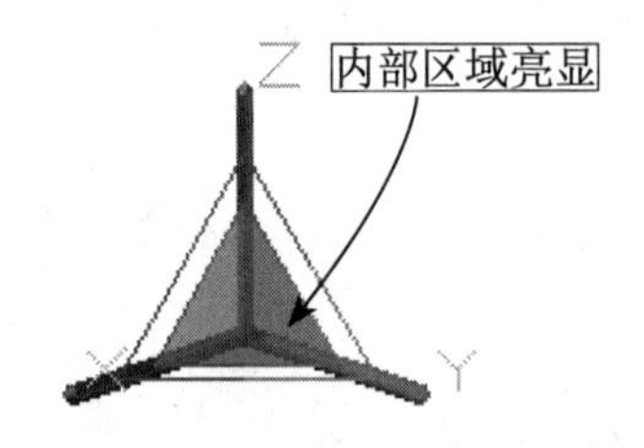

图 7-93　统一比例缩放时的小控件

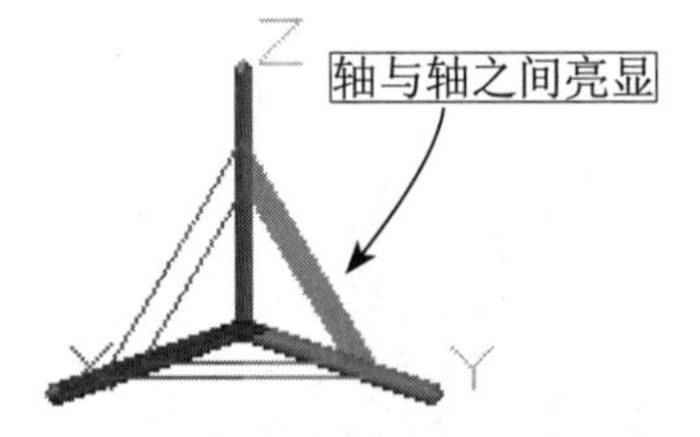

图 7-94　约束至平面缩放时的小控件

（3）单击轴：仅亮显小控件上的轴，如图 7-95 所示，会将模型缩放约束至轴上。此选项仅适用于网格，不适用于实体或曲面。

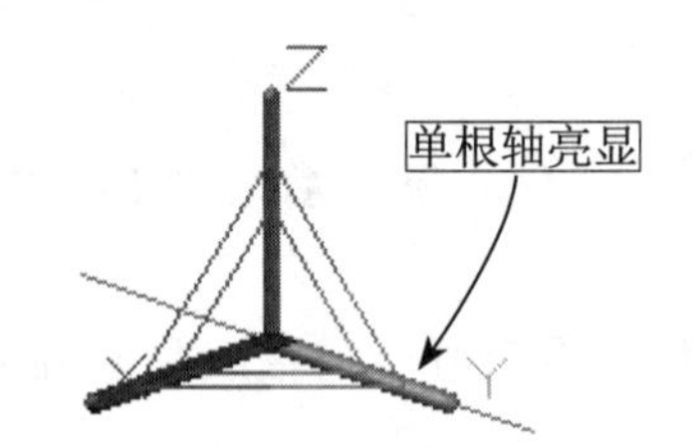

图 7-95　约束至轴上缩放时的小控件

7.14　对齐和三维对齐

在三维建模环境中，使用【对齐】和【三维对齐】工具可对齐三维对象，从而获得准确的定位效果。这两种对齐工具都可实现两模型的对齐操作，但选择顺序却不同，分别介绍如下。

7.14.1　对齐

使用【对齐】工具可指定一对、两对或三对原点和定义点，从而可以通过移动、旋转、倾斜或缩放对齐选定对象。在 AutoCAD 2022 中调用【对齐】有如下几种常用方法。

（1）功能区：在【常用】选项卡中，单击【修改】面板中的【对齐】工具按钮，如图 7-96 所示。

（2）菜单栏：执行【修改】|【三维操作】|【对齐】命令，如图 7-97 所示。

（3）命令行：ALIGN 或 AL。

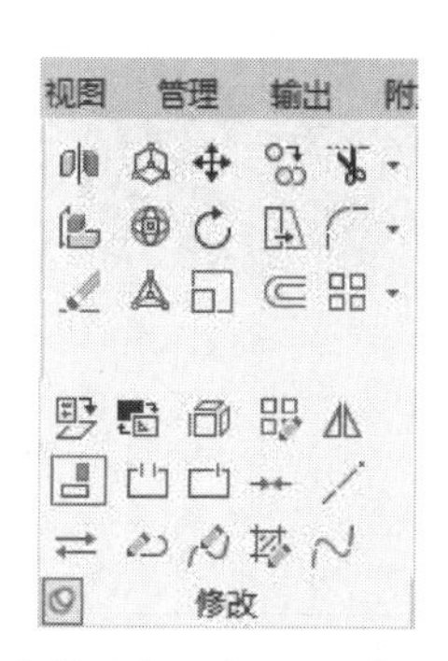

图 7-96 【修改】面板中的【对齐】按钮

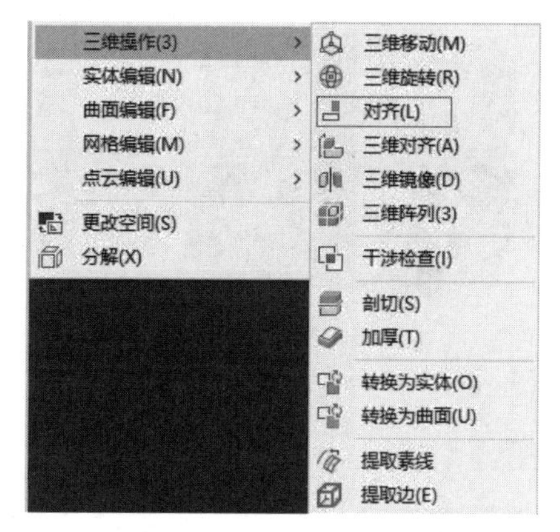

图 7-97 【对齐】菜单命令

执行上述任一命令后，接下来对其使用方法进行具体了解。

1. 一对点对齐对象

该对齐方式是指定一对源点和目标点进行实体对齐。当只选择一对源点和目标点时，所选择的实体对象将在二维或三维空间中从源点 *a* 沿直线路径移动到目标点 *b*，如图 7-98 所示。

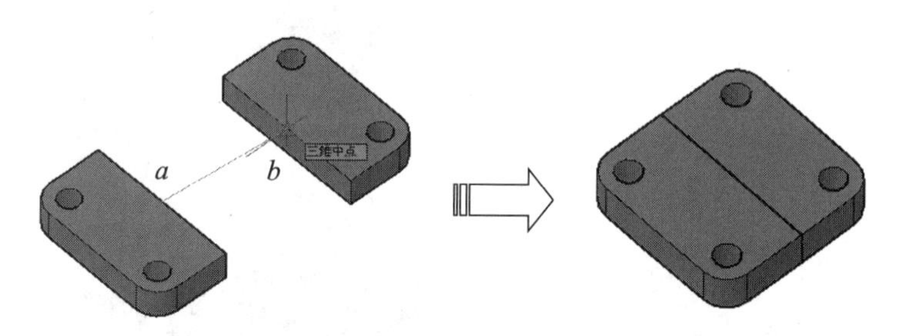

图 7-98 一对点对齐对象

2. 两对点对齐对象

该对齐方式是指定两对源点和目标点进行实体对齐。当选择两对点时，可以在二维或三维空间移动、旋转和缩放选定对象，以便与其他对象对齐，如图 7-99 所示。

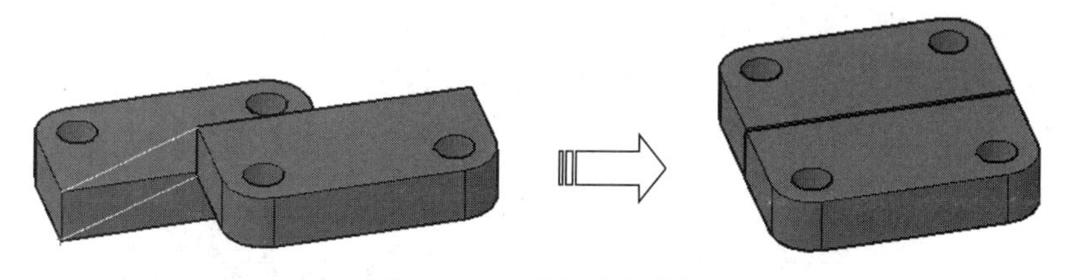

图 7-99 两对点对齐对象

3. 三对点对齐对象

该对齐方式是指定三对源点和目标点进行实体对齐。当选择三对源点和目标点时，可直接在绘图区连续捕捉三对对应点即可获得对齐对象操作，其效果如图 7-100 所示。

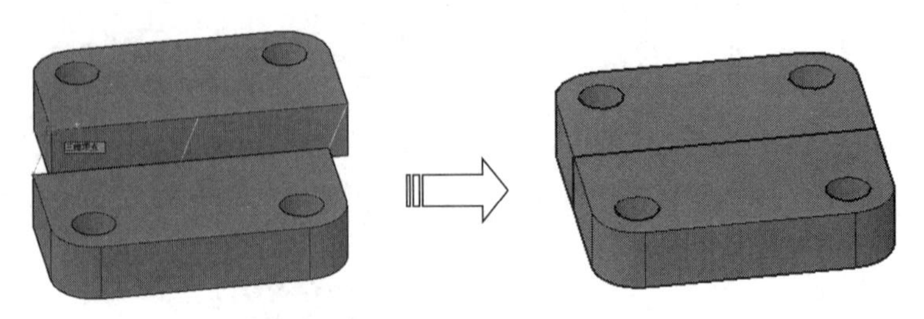

图 7-100　三对点对齐对象

7.14.2　三维对齐

在 AutoCAD 2022 中，三维对齐操作是指最多 3 个点用以定义源平面，然后指定最多 3 个点用以定义目标平面，从而获得三维对齐效果。

在 AutoCAD 2022 中调用【三维镜像】有如下几种常用方法。

（1）功能区：在【常用】选项卡中，单击【修改】面板中的【三维对齐】工具按钮，如图 7-101 所示。

（2）菜单栏：执行【修改】|【三维操作】|【三维对齐】命令，如图 7-102 所示。

（3）命令行：3DALIGN。

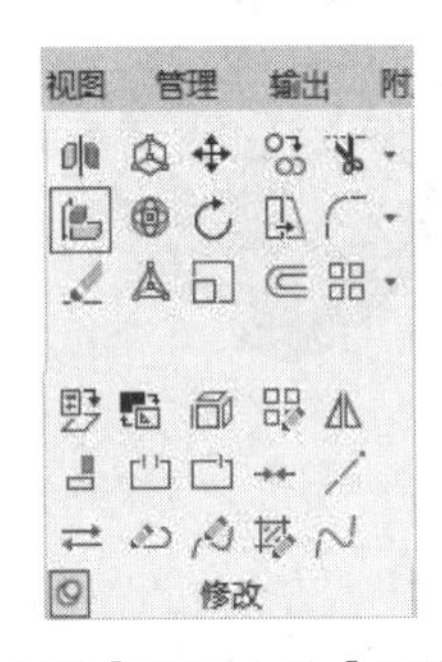

图 7-101　【修改】面板中的【三维对齐】按钮

图 7-102　【三维对齐】菜单命令

执行上述任一命令后，即可进入【三维对齐】模式，【三维对齐】操作与【对齐】操作的不同之处在于：执行三维对齐操作时，可首先为源对象指定 1 个、2 个或 3 个点用以确定圆平面，然后为目标对象指定 1 个、2 个或 3 个点用以确定目标平面，从而实现模型与模型之间的对齐，如图 7-103 所示为三维对齐效果。

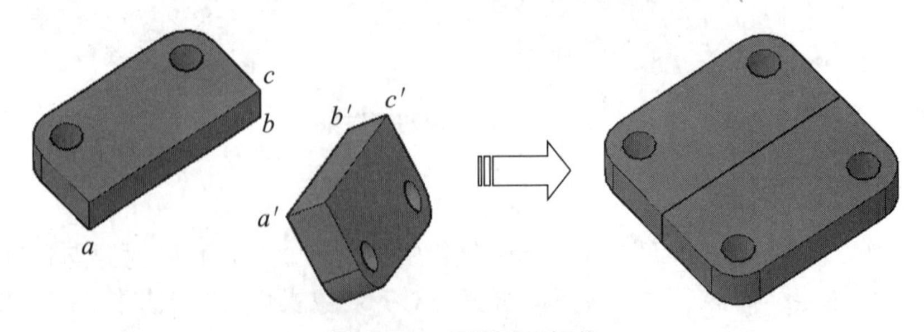

图 7-103　三维对齐操作

7.15 布尔运算

AutoCAD 的布尔运算功能贯穿建模的整个过程，尤其是在建立一些机械零件的三维模型时使用更为频繁，该运算用来确定多个体（曲面或实体）之间的组合关系，也就是说，通过该运算可将多个形体组合为一个形体，从而实现一些特殊的造型，如孔、槽、凸台和齿轮特征都是执行布尔运算组合而成的新特征。

与二维面域中的【布尔运算】一致，三维建模中【布尔运算】同样包括【并集】【差集】以及【交集】3 种运算方式。

7.15.1 并集运算

并集运算是将两个或两个以上的实体（或面域）对象组合成为一个新的组合对象。执行并集操作后，原来各实体相互重合的部分变为一体，使其成为无重合的实体。

在 AutoCAD 2022 中启动【并集】运算有如下几种常用方法。

（1）功能区：在【常用】选项卡中，单击【实体编辑】面板中的【并集】工具按钮，如图 7-104 所示。

（2）菜单栏：执行【修改】|【实体编辑】|【并集】命令，如图 7-105 所示。

（3）命令行：UNION 或 UNI。

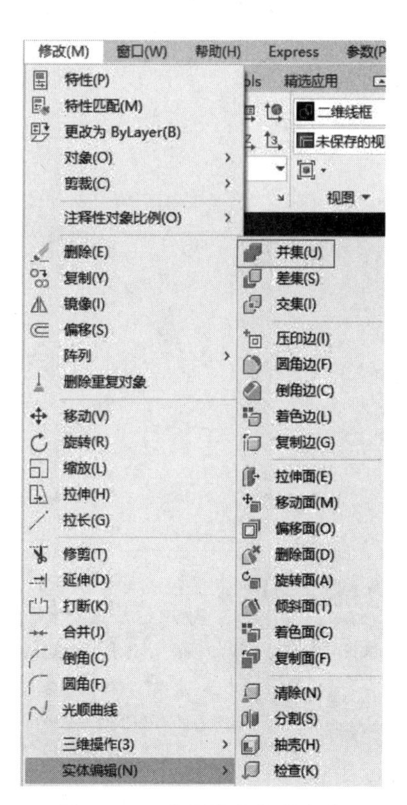

图 7-104 【实体编辑】面板中的【并集】按钮

图 7-105 【并集】菜单命令

执行上述任一命令后，在【绘图区】中选择所要合并的对象，按 Enter 键或者单击鼠标右键，即可执行合并操作，效果如图 7-106 所示。

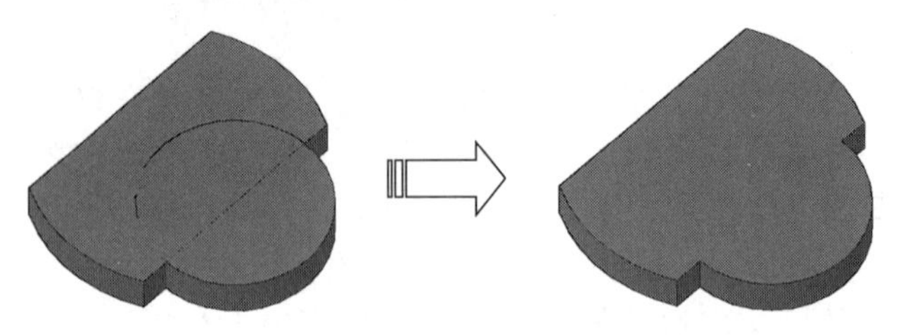

图 7-106　并集运算

7.15.2　差集运算

差集运算就是将一个对象减去另一个对象从而形成新的组合对象。与并集操作不同的是，首先选择的对象则为被剪切对象，之后选择的对象则为剪切对象。

在 AutoCAD 2022 中进行【差集】运算有如下几种常用方法。

（1）功能区：在【常用】选项卡中，单击【实体编辑】面板中的【差集】工具按钮，如图 7-107 所示。

（2）菜单栏：执行【修改】|【实体编辑】|【差集】命令，如图 7-108 所示。

（3）命令行：SUBTRACT 或 SU。

图 7-107　【实体编辑】面板中的【差集】按钮

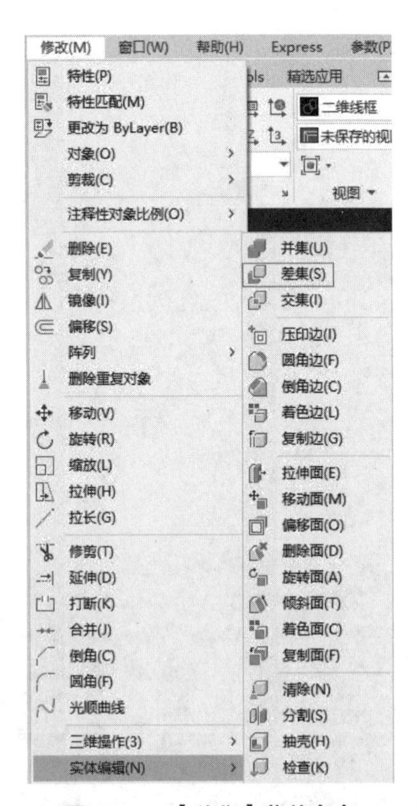

图 7-108　【差集】菜单命令

执行上述任一命令后，在【绘图区】中选择被剪切的对象，按 Enter 键或单击鼠标右键，然后选择要剪切的对象，按 Enter 键或单击鼠标右键即可执行差集操作，差集运算效果如图 7-109 所示。

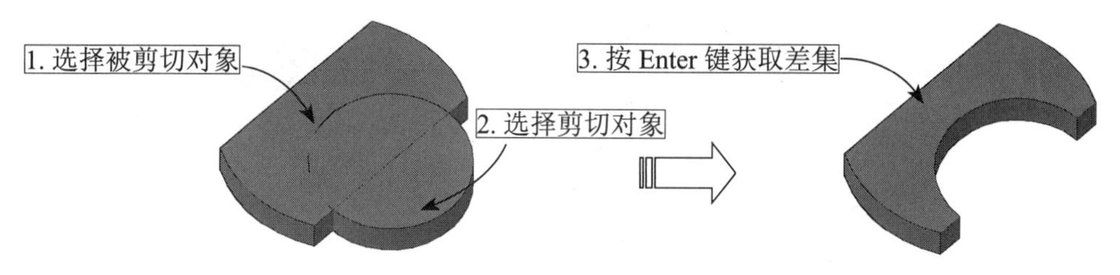

图 7-109 差集运算

操作技巧：在执行差集运算时，如果第二个对象包含在第一个对象之内，则差集操作的结果是第一个对象减去第二个对象；如果第二个对象只有一部分包含在第一个对象之内，则差集操作的结果是第一个对象减去两个对象的公共部分。

7.15.3 交集运算

在三维建模过程中执行交集运算可获取两相交实体的公共部分，从而获得新的实体，该运算是差集运算的逆运算。在 AutoCAD 2022 中进行【交集】运算有如下几种常用方法。

（1）功能区：在【常用】选项卡中，单击【实体编辑】面板中的【交集】工具按钮，如图 7-110 所示。

（2）菜单栏：执行【修改】|【实体编辑】|【交集】命令，如图 7-111 所示。

（3）命令行：INTERSECT 或 IN。

图 7-110 【实体编辑】面板中的【交集】按钮

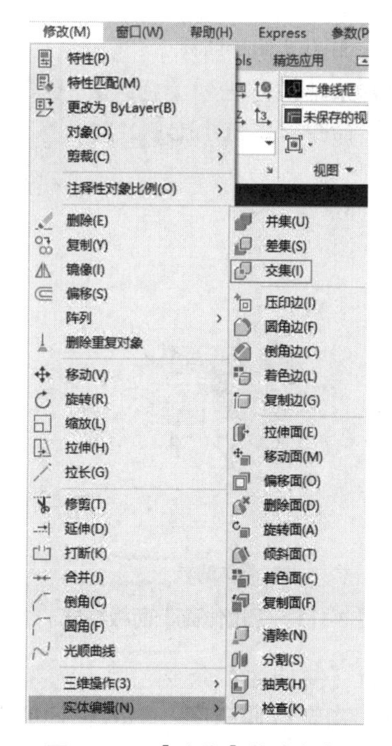

图 7-111 【交集】菜单命令

通过以上任意一种方法执行该命令，然后在【绘图区】选择具有公共部分的两个对象，按 Enter 键或单击鼠标右键即可执行相交操作，其运算效果如图 7-112 所示。

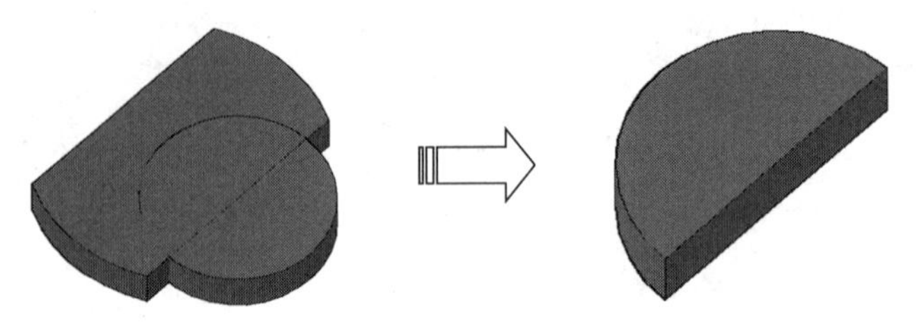

图 7-112　交集运算

7.16　编辑实体面

在对三维实体进行编辑时，不仅可以对实体上单个或多个边线执行编辑操作，同时还可以对整个实体任意表面执行编辑操作，即通过改变实体表面，从而达到改变实体的目的。

7.16.1　拉伸实体面

在编辑三维实体面时，可使用【拉伸面】工具直接选择实体表面执行面拉伸操作，从而获取新的实体。在 AutoCAD 2022 中调用【拉伸面】有如下几种常用方法。

（1）功能区：在【常用】选项卡中，单击【实体编辑】面板中的【拉伸面】工具按钮，如图 7-113 所示。

（2）菜单栏：执行【修改】|【实体编辑】|【拉伸面】命令，如图 7-114 所示。

（3）命令行：SOLIDEDIT。

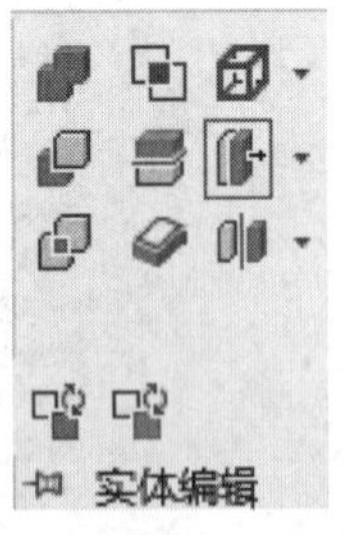

图 7-113　【拉伸面】面板按钮

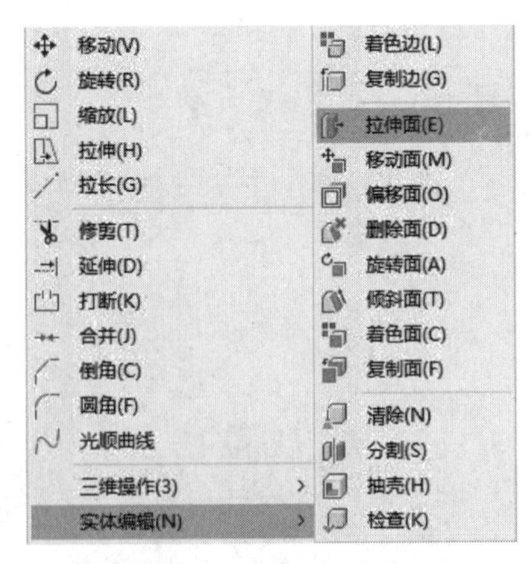

图 7-114　【拉伸面】菜单命令

执行【拉伸面】命令之后，选择一个要拉伸的面，接下来用两种方式拉伸面。

（1）指定拉伸高度：输入拉伸的距离，默认按平面法线方向拉伸，输入正值向平面外法线方向拉伸，负值则相反。可选择由法线方向倾斜一角度拉伸，生成拔模的斜面，如图 7-115 所示。

（2）按路径拉伸（P）：需要指定一条路径线，可以为直线、圆弧、样条曲线或它们的组合，截面以扫掠的形式沿路径拉伸，如图 7-116 所示。

图 7-115 倾斜角度拉伸面　　图 7-116 按路径拉伸面

7.16.2 倾斜实体面

在编辑三维实体面时，可利用【倾斜实体面】工具将孔、槽等特征可沿矢量方向，并指定特定的角度进行倾斜操作，从而获取新的实体。

在 AutoCAD 2022 中调用【倾斜面】有如下几种常用方法。

（1）功能区：在【常用】选项卡中，单击【实体编辑】面板中的【倾斜面】工具按钮，如图 7-117 所示。

（2）菜单栏：执行【修改】|【实体编辑】|【倾斜面】命令，如图 7-118 所示。

（3）命令行：SOLIDEDIT。

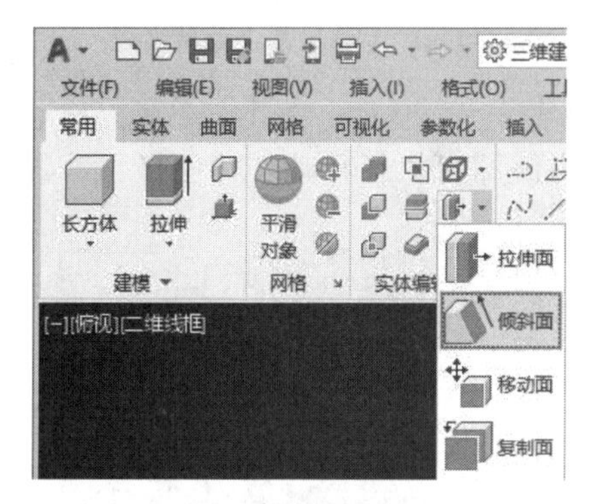

图 7-117 【倾斜面】面板按钮

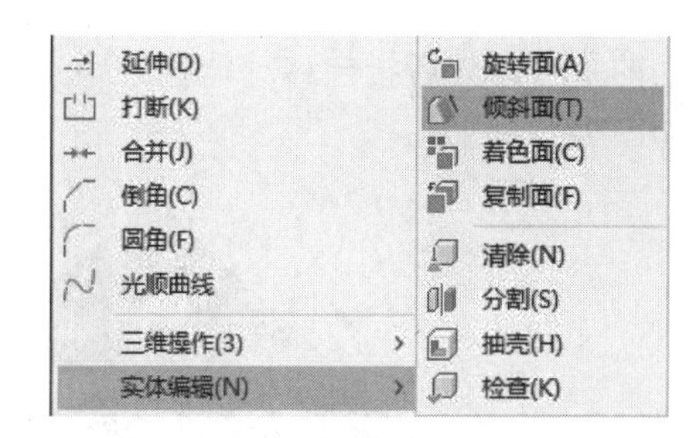

图 7-118 【倾斜面】菜单命令

执行上述任一命令后，在【绘图区】选择需要倾斜的曲面，并指定倾斜曲面参照轴线基点和另一个端点，输入倾斜角度，按 Enter 键或单击鼠标右键即可完成倾斜实体面操作，其效果如图 7-119 所示。

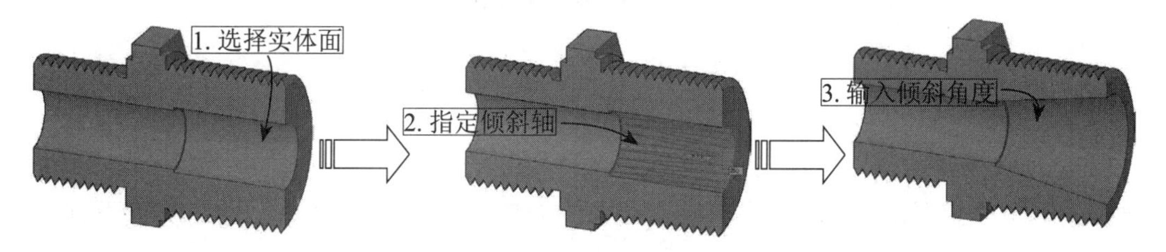

图 7-119 倾斜实体面

7.16.3 移动实体面

执行移动实体面操作是沿指定的高度或距离移动选定的三维实体对象的一个或多个面。移动时，只移动选定的实体面而不改变方向，可用于三维模型的小范围调整。

在 AutoCAD 2022 中调用【移动面】有如下几种常用方法。

（1）功能区：在【常用】选项卡中，单击【实体编辑】面板中的【移动面】工具按钮，如图 7-120 所示。

（2）菜单栏：执行【修改】|【实体编辑】|【移动面】命令，如图 7-121 所示。

（3）命令行：SOLIDEDIT。

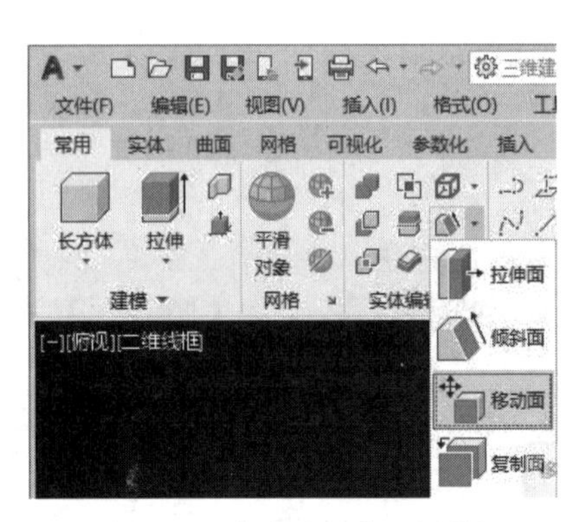

图 7-120 【移动面】面板按钮

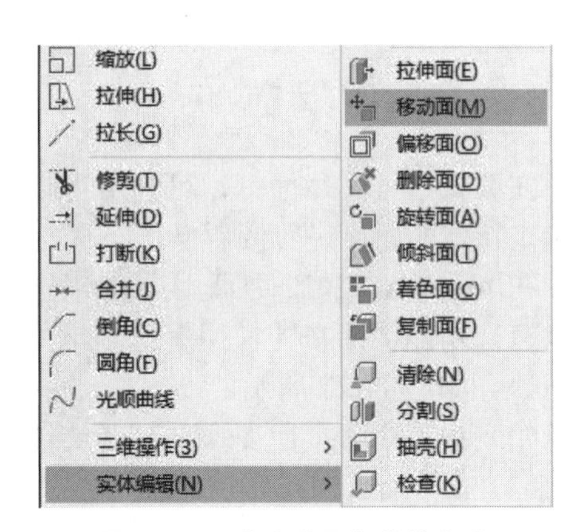

图 7-121 【移动面】菜单命令

执行上述任一命令后，在【绘图区】选择实体表面，按 Enter 键并右击捕捉移动实体面的基点，然后指定移动路径或距离值，单击右键即可执行移动实体面操作，其效果如图 7-122 所示。

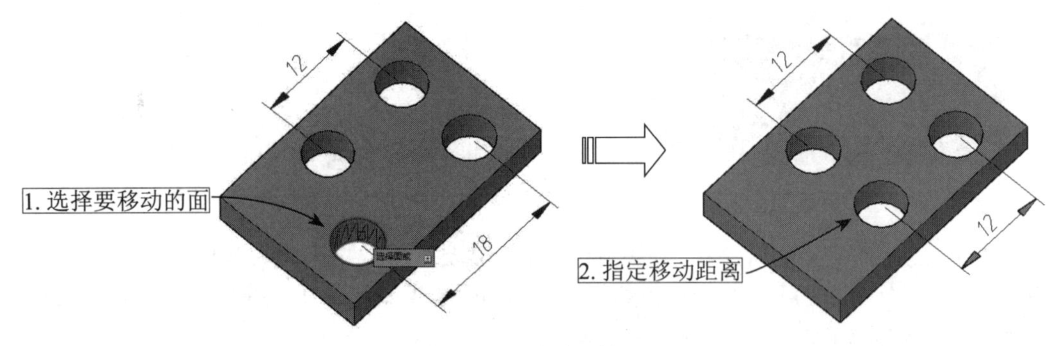

图 7-122 移动实体面

7.16.4 复制实体面

在三维建模环境中，利用【复制实体面】工具能够将三维实体表面复制到其他位置，使用这些表面可创建新的实体。在 AutoCAD 2022 中调用【复制面】有如下几种常用方法。

（1）功能区：在【常用】选项卡中，单击【实体编辑】面板中的【复制面】工具按钮，如图 7-123 所示。

（2）菜单栏：执行【修改】|【实体编辑】|【复制面】命令，如图 7-124 所示。

（3）命令行：SOLIDEDIT。

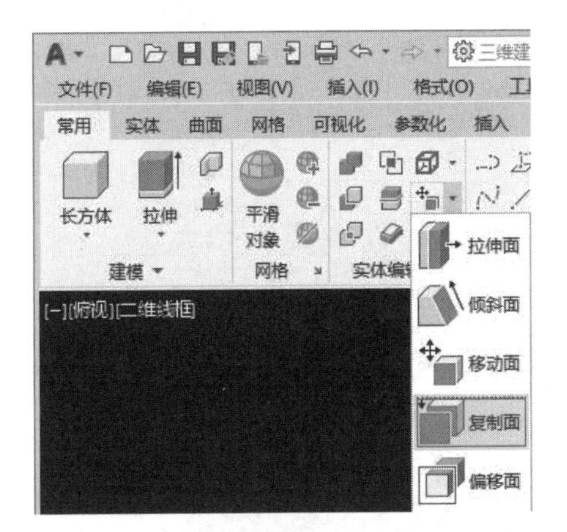

图 7-123 【复制面】面板按钮

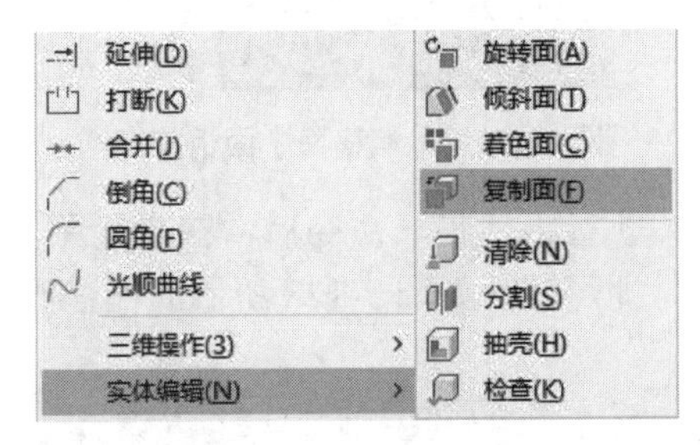

图 7-124 【复制面】菜单命令

执行【复制面】命令后，选择要复制的实体表面，可以一次选择多个面，然后指定复制的基点，接着将曲面拖到其他位置即可，如图 7-125 所示。系统默认将平面类型的表面复制为面域，将曲面类型的表面复制为曲面。

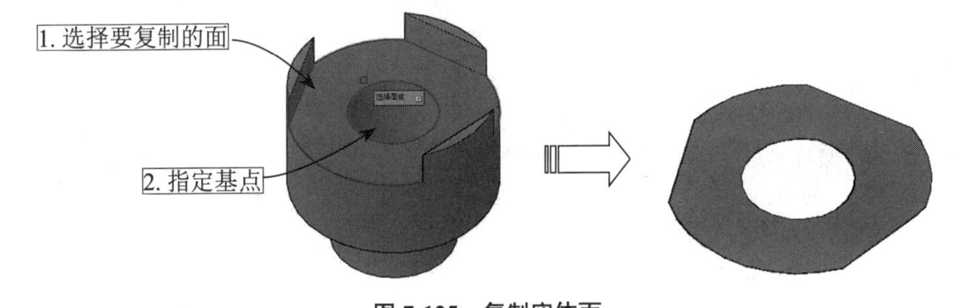

图 7-125 复制实体面

7.16.5 偏移实体面

执行偏移实体面操作是在一个三维实体上按指定的距离均匀地偏移实体面，可根据设计需要将现有的面从原始位置向内或向外偏移指定的距离，从而获取新的实体面。

在 AutoCAD 2022 中调用【偏移面】有如下几种常用方法。

（1）功能区：在【常用】选项卡中，单击【实体编辑】面板中的【偏移面】工具按钮，如图 7-126 所示。

（2）菜单栏：执行【修改】|【实体编辑】|【偏移面】命令，如图 7-127 所示。

（3）命令行：SOLIDEDIT。

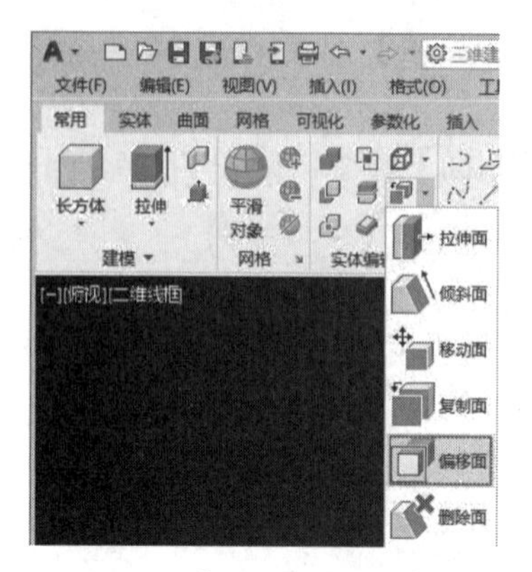

图 7-126 【偏移面】面板按钮

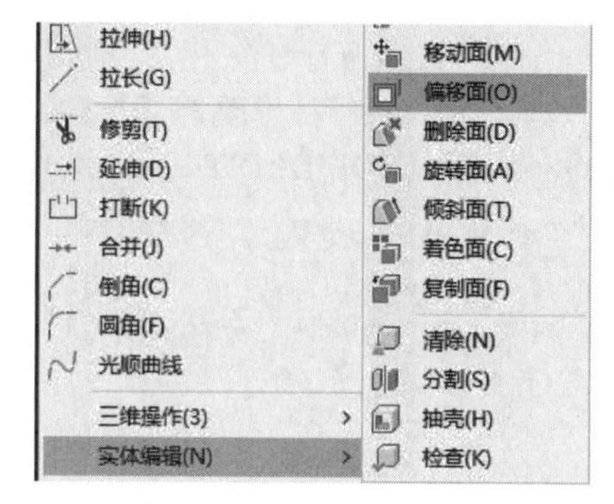

图 7-127 【偏移面】菜单命令

执行上述任一命令后，在【绘图区】选择要偏移的面，并输入偏移距离，按 Enter 键，即可获得如图 7-128 所示的偏移面特征。

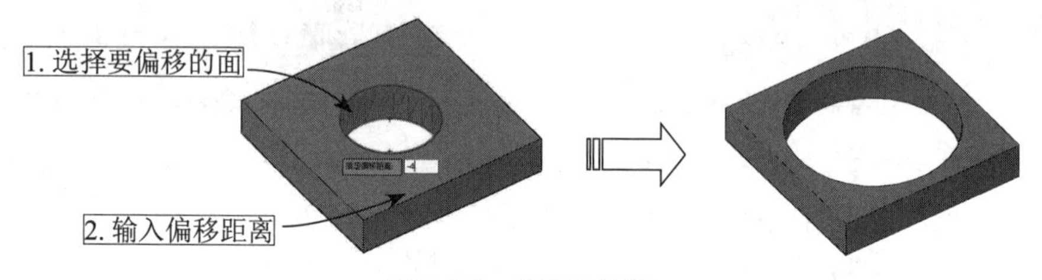

图 7-128 偏移实体面

7.16.6 删除实体面

在三维建模环境中，执行删除实体面操作是从三维实体对象上删除实体表面、圆角等实体特征。在 AutoCAD 2022 中调用【删除面】有如下几种常用方法。

（1）功能区：在【常用】选项卡中，单击【实体编辑】面板中的【删除面】工具按钮，如图 7-129 所示。

（2）菜单栏：执行【修改】|【实体编辑】|【删除面】命令，如图 7-130 所示。

（3）命令行：SOLIDEDIT。

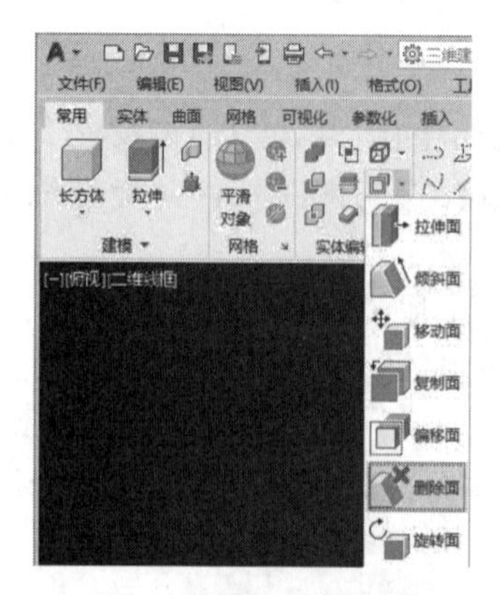

图 7-129 【删除面】面板按钮

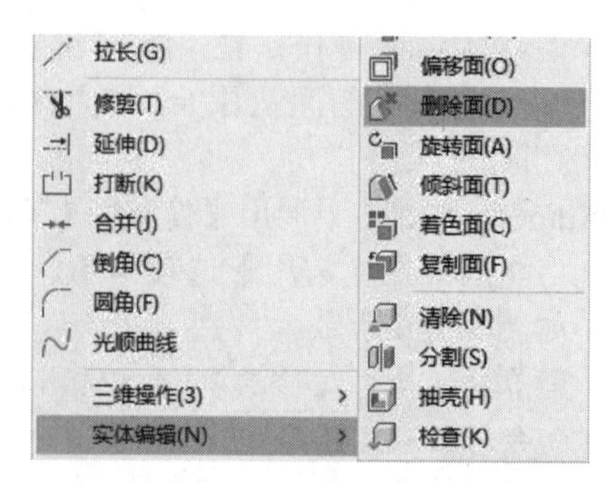

图 7-130 【删除面】菜单命令

执行上述任一命令后，在【绘图区】选择要删除的面，按 Enter 键或单击右键即可执行实体面删除操作，如图 7-131 所示。

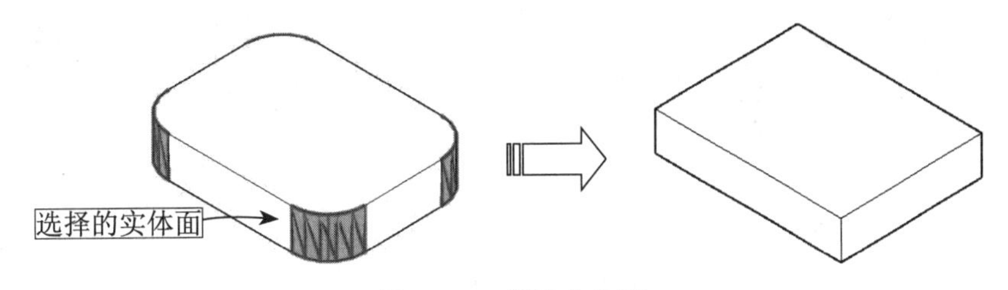

图 7-131　删除实体面

7.16.7　旋转实体面

执行旋转实体面操作，能够将单个或多个实体表面绕指定的轴线进行旋转，或者旋转实体的某些部分形成新的实体。在 AutoCAD 2022 中调用【旋转面】有如下几种常用方法。

（1）功能区：在【常用】选项卡中，单击【实体编辑】面板中的【旋转面】工具按钮，如图 7-132 所示。

（2）菜单栏：执行【修改】|【实体编辑】|【旋转面】命令，如图 7-133 所示。

（3）命令行：SOLIDEDIT。

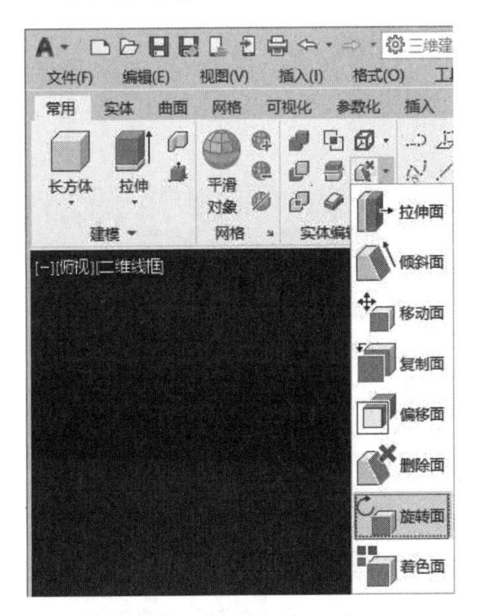

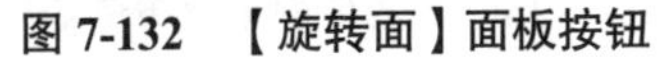
图 7-132　【旋转面】面板按钮

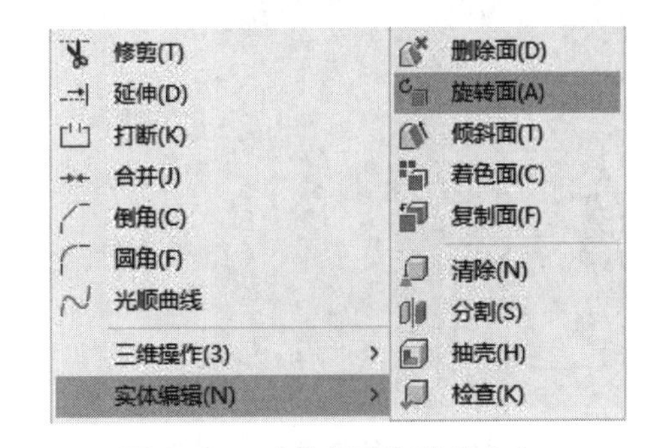

图 7-133　【旋转面】菜单命令

执行上述任一命令后，在【绘图区】选择需要旋转的实体面，捕捉两点为旋转轴，并指定旋转角度，按 Enter 键，即可完成旋转操作。当一个实体面旋转后，与其相交的面会自动调整，以适应改变后的实体，效果如图 7-134 所示。

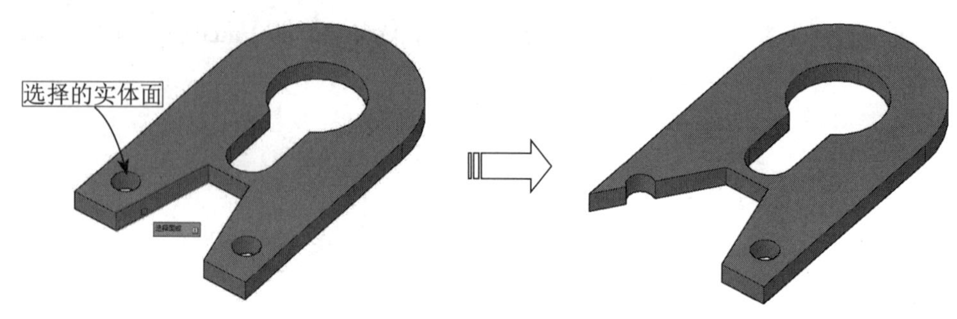

图 7-134　旋转实体面

7.16.8　着色实体面

执行实体面着色操作可修改单个或多个实体面的颜色，以取代该实体对象所在图层的颜色，可更方便地查看这些表面。在 AutoCAD 2022 中调用【着色面】有如下几种常用方法。

（1）功能区：在【常用】选项卡中，单击【实体编辑】面板中的【着色面】工具按钮，如图 7-135 所示。

（2）菜单栏：执行【修改】|【实体编辑】|【着色面】命令，如图 7-136 所示。

（3）命令行：SOLIDEDIT。

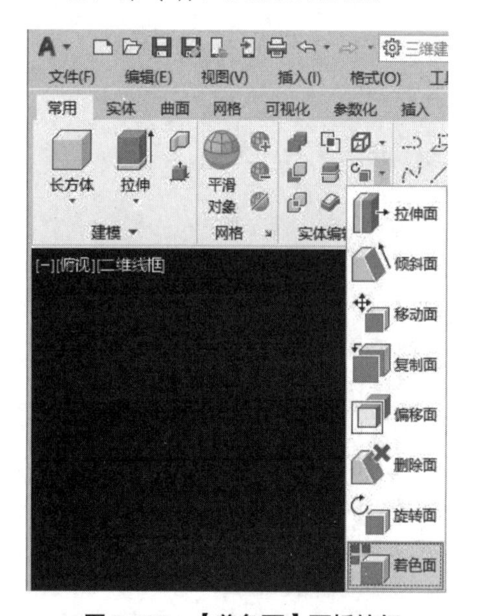

图 7-135　【着色面】面板按钮

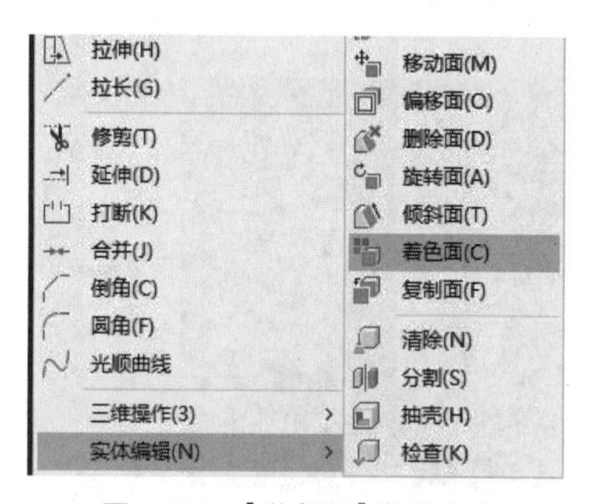

图 7-136　【着色面】菜单命令

执行上述任一命令后，在【绘图区】指定需要着色的实体表面，按 Enter 键，系统弹出【选择颜色】对话框。在该对话框中指定填充颜色，单击【确定】按钮，即可完成实体面着色操作。

7.17 课堂练习：创建轴承座三维模型

轴承座是安装在固定位置上，带有一轴承安装孔的机械零部件，如图 7-137 所示，常见于各种车辆与大型机械上。接下来便按本章所学的知识创建如图 7-138 所示的轴承座三维实体模型。

图 7-137 轴承座实物

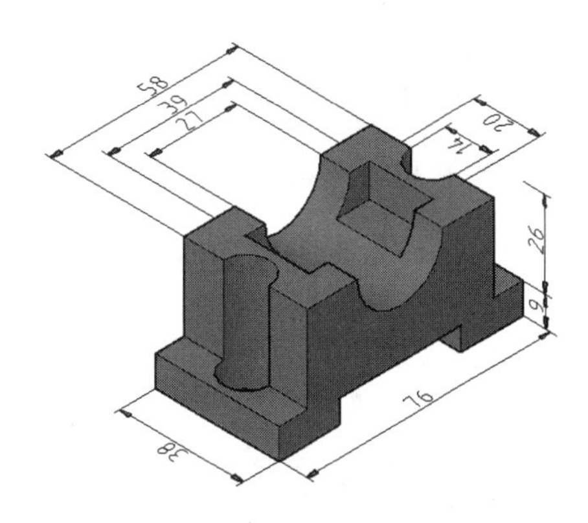

图 7-138 轴承座三维实体模型

（1）新建一个文件。单击绘图区左上角的【视图控件】，在弹出的快捷功能控件菜单中，选择【西南等轴测】命令，将视图切换至西南等轴测视图，将 UCS 坐标绕 X 轴旋转 90°。

（2）使用【直线】工具绘制轮廓线。单击【绘图】面板中的【面域】按钮，将其创建成面域，如图 7-139 所示。

（3）单击【建模】面板中的【拉伸】按钮，将面域沿 Z 轴拉伸 38，形成主体部分的实体模型，如图 7-140 所示。

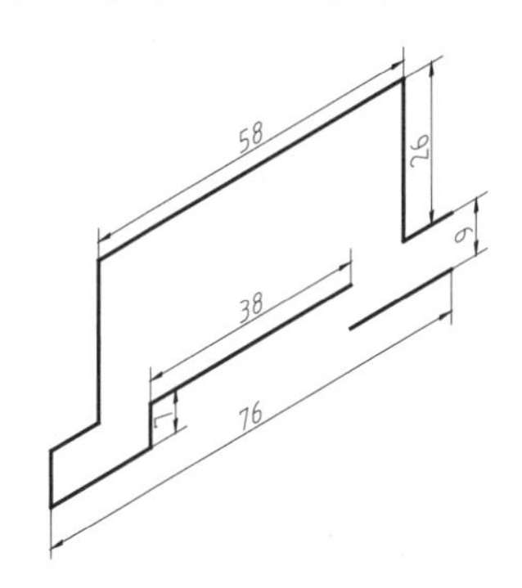

图 7-139 绘制主体轮廓线

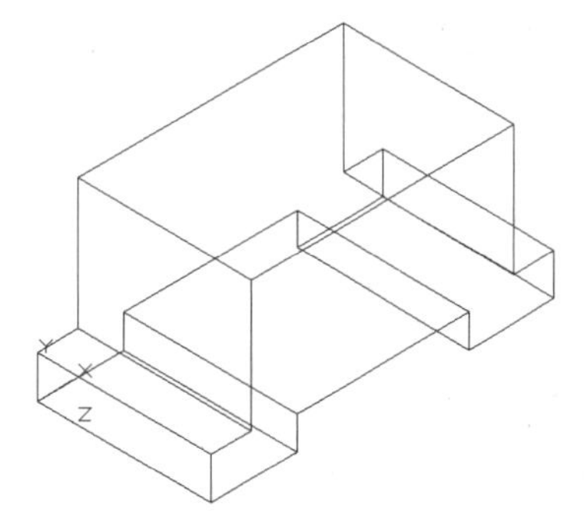

图 7-140 拉伸操作

（4）在命令行输入 UCS 并按 Enter 键，捕捉主体上部中点移动 UCS 坐标原点，然后在 XY 平面绘制一个直径为 27 的圆，结果如图 7-141 所示。

（5）单击【建模】面板中的【拉伸】按钮，将圆沿 Z 轴负方向拉伸 38，如图 7-142 所示。

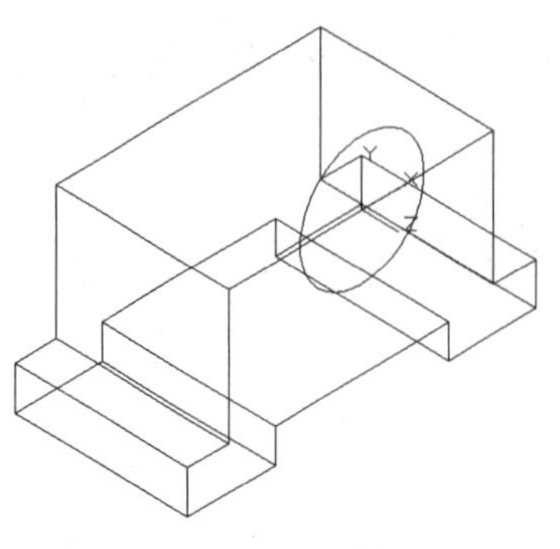
图 7-141　绘制圆并创建面域

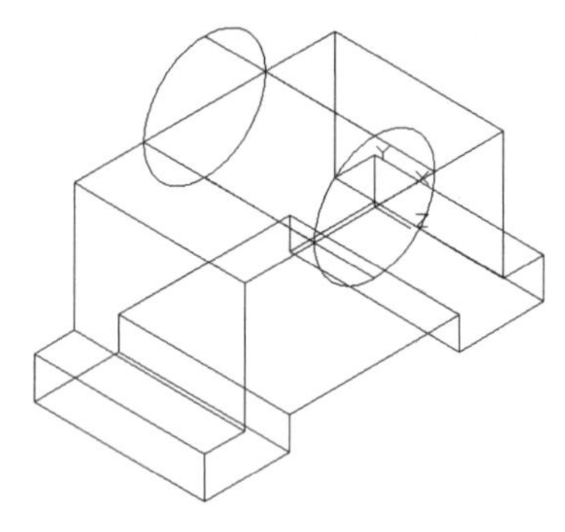
图 7-142　拉伸圆图形

（6）单击【实体编辑】面板中的【差集】按钮，创建圆槽特征，结果如图 7-143 所示。

（7）单击【绘图】面板中的【直线】按钮，在 XY 平面绘制一个长 39、宽 7 的矩形。然后将其创建成面域，结果如图 7-144 所示。

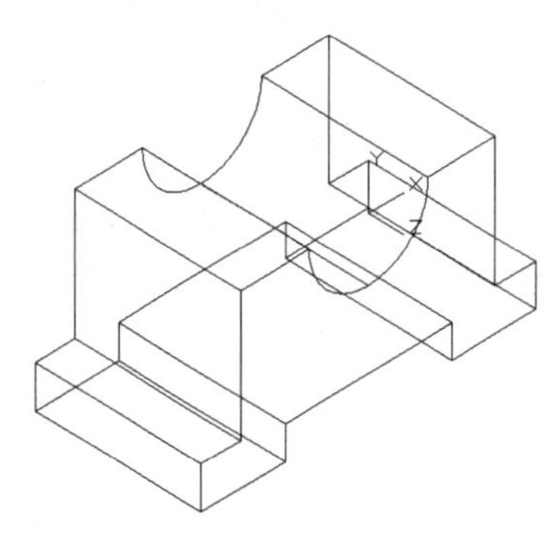
图 7-143　差集运算

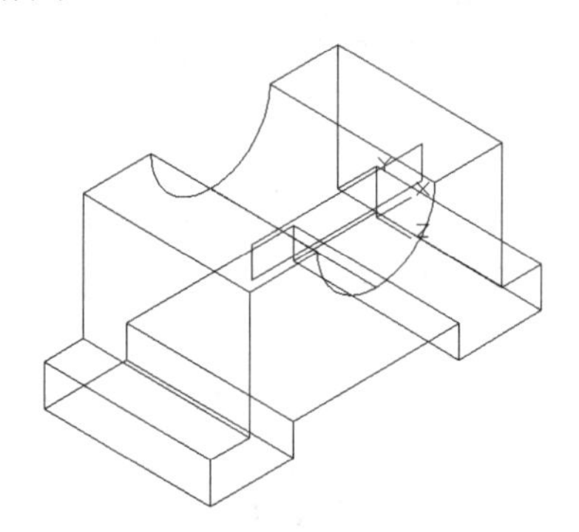
图 7-144　创建矩形面域

（8）拉伸矩形得到长方体如图 7-145 所示，进行差集运算，结果如图 7-146 所示。

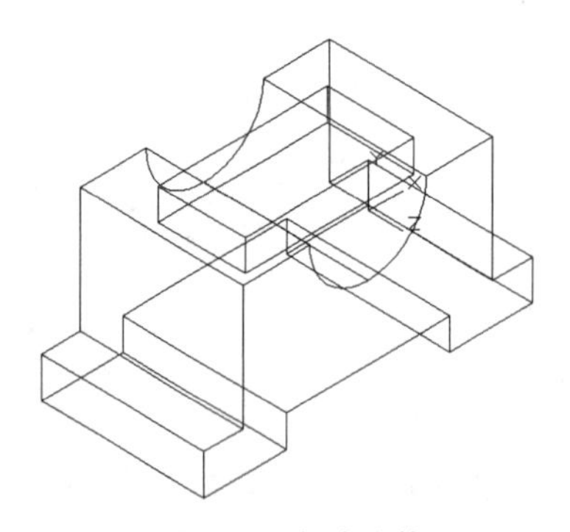
图 7-145　创建实体

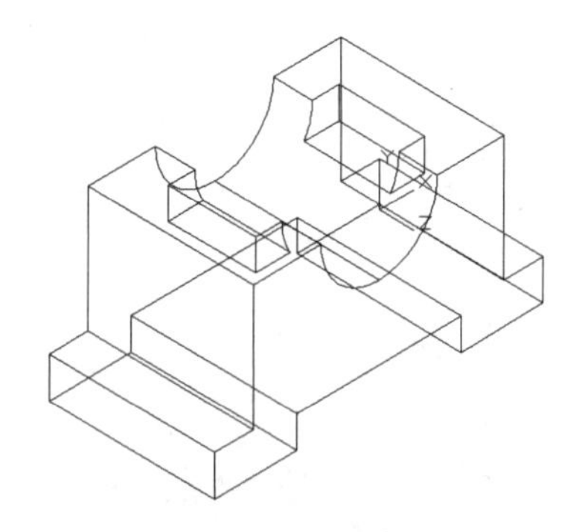
图 7-146　差集操作

（9）将 UCS 坐标绕 X 轴旋转 -90°，并在 XY 平面绘制一个半径为 7 的圆，结果如图 7-147 所示。

（10）单击【建模】面板中的【拉伸】按钮，将矩形面域沿 Z 轴负方向拉伸 35，结果如图 7-148 所示。

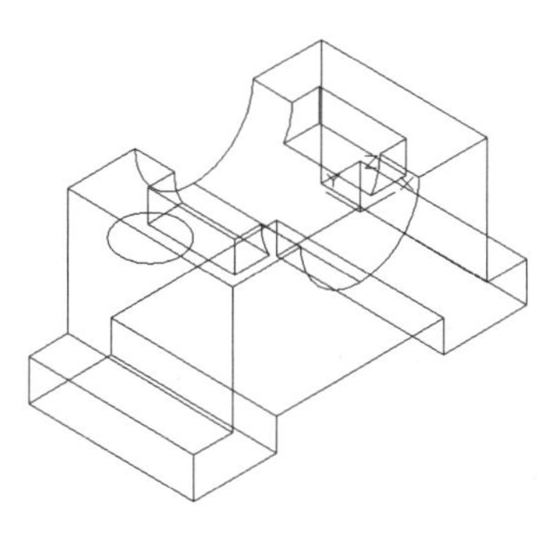
图 7-147　绘制圆

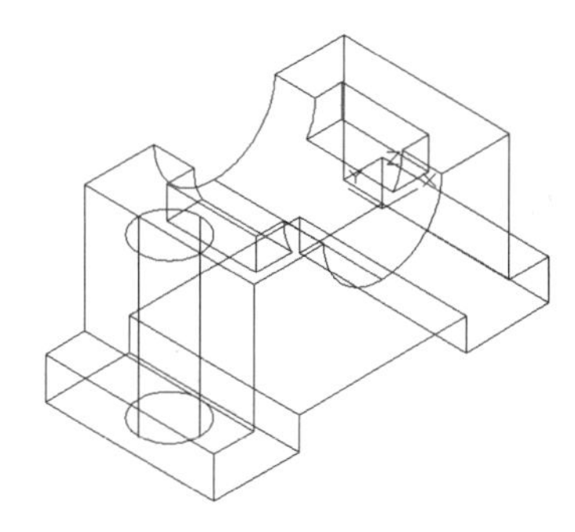
图 7-148　拉伸矩形

（11）单击【实体编辑】面板中的【三维镜像】按钮，镜像复制上步操作创建的圆柱体，结果如图 7-149 所示。

（12）单击【实体编辑】面板中的【差集】按钮，对图形进行差集操作。单击绘图区域左上角的视觉样式快捷控件，将视图切换为“概念”模式，结果如图 7-150 所示。至此，整个轴承座三维模型创建完成。

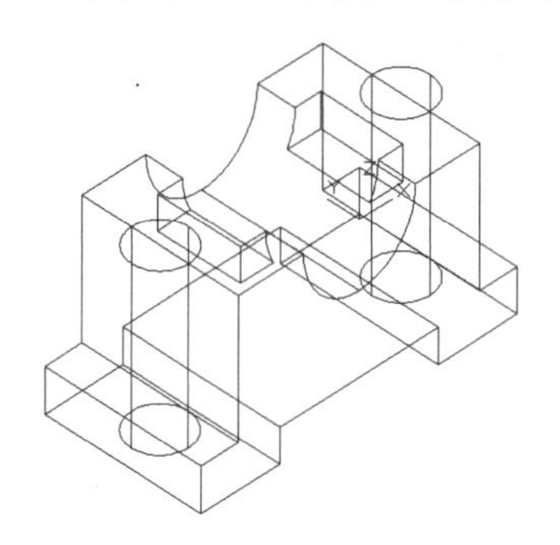
图 7-149　镜像圆柱体

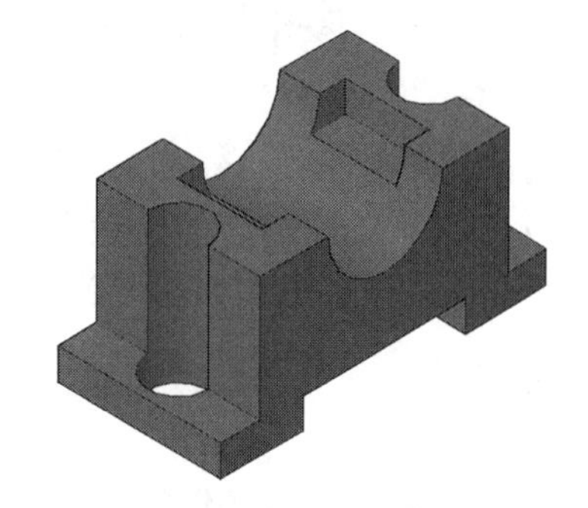
图 7-150　最终效果

7.18　本章总结

本章学习了三维坐标系与观察三维图形的方法，虽然这部分内容在刚开始接触的时候不太容易理解，但掌握后有助于在三维空间中开展后续工作。三维 UCS 与视图的控制是三维建模的基本功，在接触三维建模的创建与编辑命令之前，了解并掌握本章介绍的内容是非常有必要的。

7.19　课后练习

（1）在三维坐标系下，用户除了使用直角坐标或极坐标方法来定义点，还可以使用__________和__________来定义点。

（2）【导航控制盘】可以分为__________、__________和__________三种类型。

（3）UCS 的特点为__________、__________和单一性。

（4）系统默认的螺旋线圈数为__________。

第 8 章 chapter 8

图形打印和输出

当完成所有设计和制图工作之后，就需要将图形文件通过绘图仪或打印输出为图样。本章主要讲述 AutoCAD 出图过程中涉及的一些问题，包括模型空间与图样空间的转换、打印样式、打印比例设置等。

8.1 模型空间与布局空间

模型空间和布局空间是 AutoCAD 的两个功能不同的工作空间，单击绘图区下面的标签页，可以在模型空间和布局空间切换，一个打开的文件中只有一个模型空间和两个默认的布局空间，用户也可创建更多的布局空间。

8.1.1 模型空间

当打开或新建一个图形文件时，系统将默认进入模型空间，如图 8-1 所示。模型空间是一个无限大的绘图区域，可以在其中创建二维或三维图形，以及进行必要的尺寸标注和文字说明。

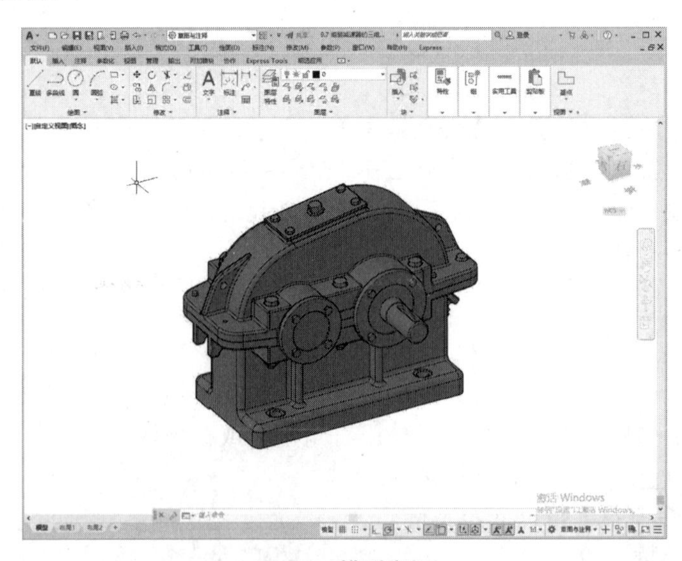

图 8-1 模型空间

模型空间对应的窗口称为模型窗口，在模型窗口中，十字光标在整个绘图区域都处于激活状态，并且可以创建多个不重复的平铺视口，以展示图形的不同视口，如在绘制机械三维图形时，可以创建多个视口，以从不同的角度观测图形。在一个视口中对图形做出修改后，其他视口也会随之更新，如图 8-2 所示。

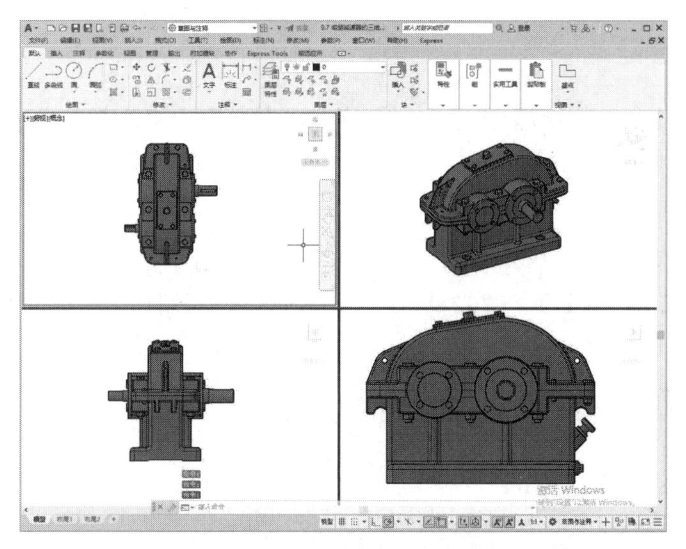

图 8-2　模型空间的视口

8.1.2　布局空间

布局空间又称为图纸空间，主要用于出图。模型建立后，需要将模型打印到纸面上形成图样。使用布局空间可以方便地设置打印设备、纸张、比例尺、图样布局，并预览实际出图的效果，如图 8-3 所示。

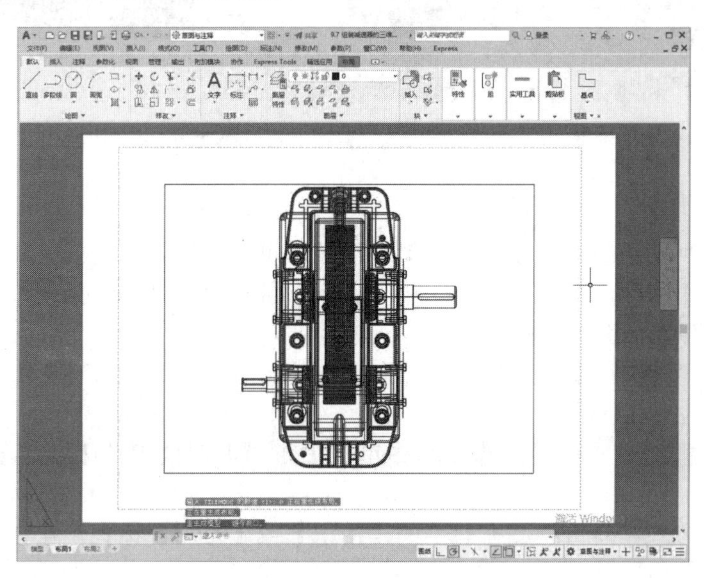

图 8-3　布局空间

布局空间对应的窗口称为布局窗口，可以在同一个 AutoCAD 文档中创建多个不同的布局图，单击工作区左下角的各个布局按钮，可以从模型窗口切换到各个布局窗口，当需要将多个视图放在同一张图样上输出时，布局就可以很方便地控制图形的位置，输出比例等参数。

8.1.3 空间管理

右击绘图窗口下【模型】或【布局】标签，在弹出的快捷菜单中选择相应的命令，可以对布局进行删除、新建、重命名、移动、复制、页面设置等操作，如图 8-4 所示。

1. 空间的切换

在模型中绘制完图样后，若需要进行布局打印，可单击绘图区左下角的布局空间标签，即【布局 1】和【布局 2】进入布局空间，对图样打印输出的布局效果进行设置。设置完毕后，单击【模型】标签即可返回到模型空间，如图 8-5 所示。

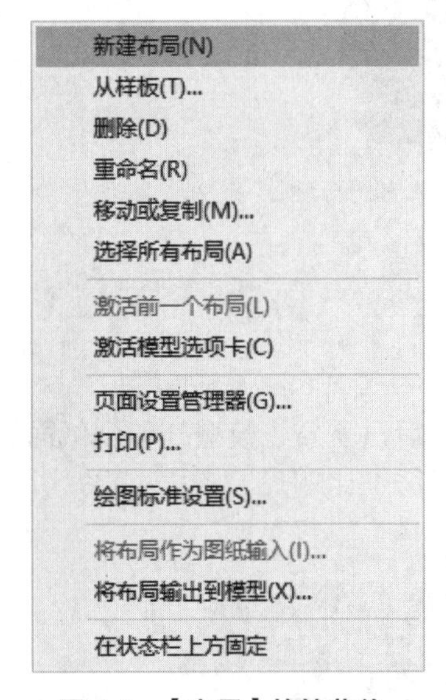

图 8-4 【布局】快捷菜单

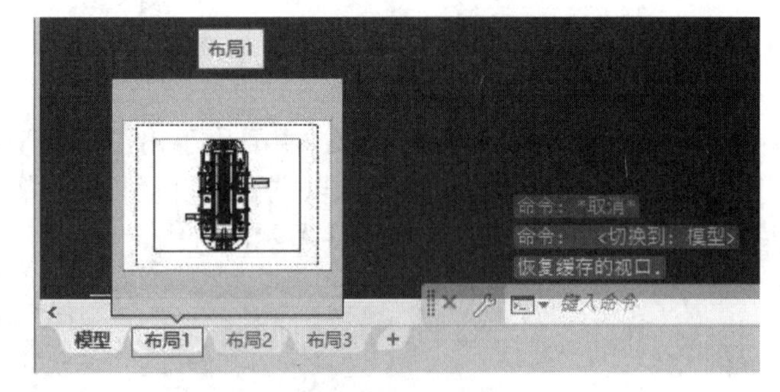

图 8-5 空间切换

2. 创建新布局

布局是一种图纸空间环境，它模拟显示图纸页面，提供直观的打印设置，主要用来控制图形的输出，布局中所显示的图形与图纸页面上打印出来的图形完全一样。

调用【创建布局】的方法如下。

（1）菜单栏：执行【工具】|【向导】|【创建布局】命令，如图 8-6 所示。

（2）命令行：LAYOUT。

（3）功能区：在【布局】选项卡中单击【布局】面板中的【新建】按钮，如图 8-7 所示。

（4）快捷方式：右击绘图窗口下的【模型】或【布局】标签，在弹出的快捷菜单中选择【新建布局】命令。

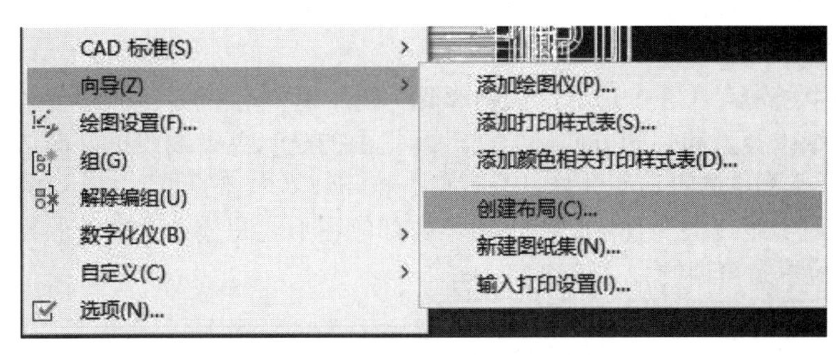

图 8-6 菜单栏调用【创建布局】命令

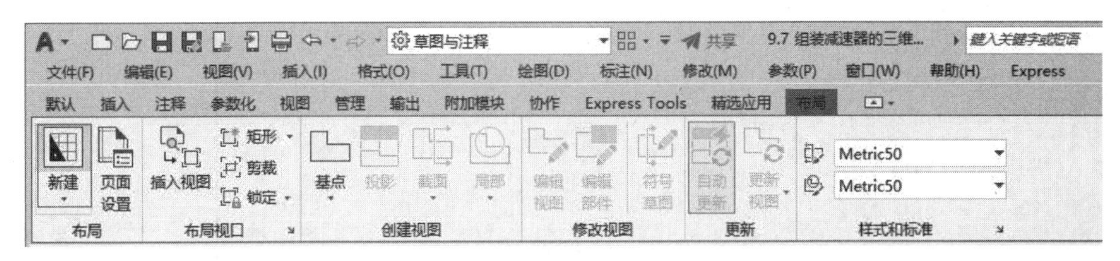

图 8-7 功能区单击【新建】按钮

创建布局的操作过程与新建文件相差无几，同样可以通过功能区中的选项卡来完成。

3. 插入样板布局

在 AutoCAD 中，提供了多种样板布局供用户使用。其创建方法如下。

（1）菜单栏：执行【插入】|【布局】|【来自样板的布局】命令，如图 8-8 所示。

（2）功能区：在【布局】选项卡中，单击【布局】面板中的【从样板】按钮，如图 8-9 所示。

（3）快捷方式：右击绘图窗口左下方的【布局】标签，在弹出的快捷菜单中选择【来自样板】命令。

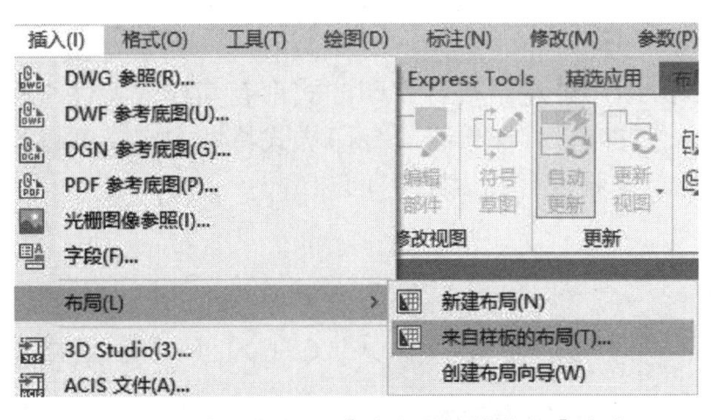

图 8-8 菜单栏调用【来自样板的布局】命令

图 8-9 功能区调用【从样板】命令

执行上述命令后，系统将弹出【从文件选择样板】对话框，可以在其中选择需要的样板创建布局。

4. 布局的组成

布局图中通常存在3个边界，如图8-10所示，最外层的是纸张边界，是在【纸张设置】中的纸张类型和打印方向确定的。靠里面的是一个虚线线框打印边界，其作用就好像Word文档中的页边距一样，只有位于打印边界内部的图形才会被打印出来。位于图形四周的实线线框为视口边界，边界内部的图形就是模型空间中的模型，视口边界的大小和位置是可调的。

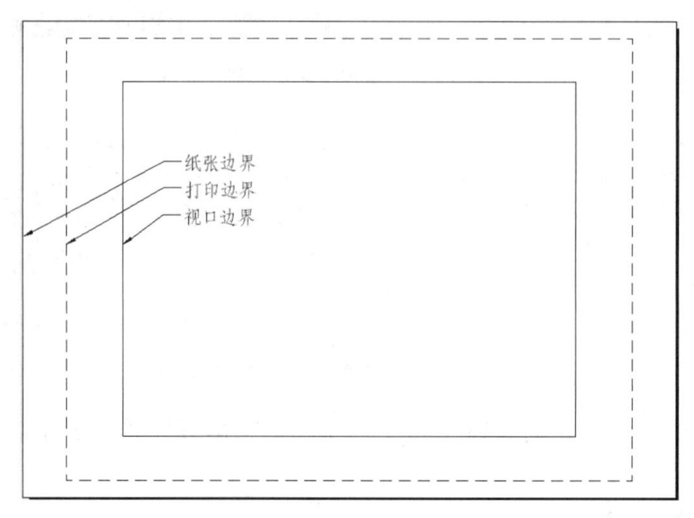

图8-10 布局图的组成

8.2 打印样式

在图形绘制过程中，AutoCAD可以为单个的图形对象设置颜色、线型、线宽等属性，这些样式可以在屏幕上直接显示出来。在出图时，有时用户希望打印出来的图样和绘图时图形所显示的属性有所不同，例如，在绘图时一般会使用各种颜色的线型，但打印时仅以黑白打印。

打印样式的作用就是在打印时修改图形外观。每种打印样式都有其样式特性，包括端点、连接、填充图案，以及抖动、灰度等打印效果。打印样式特性的定义都以打印样式表文件的形式保存在AutoCAD的支持文件搜索路径下。

8.2.1 打印样式的类型

AutoCAD中有两种类型的打印样式:【颜色相关样式（CTB)】和【命名样式（STB)】。

（1）颜色相关打印样式以对象的颜色为基础，共有255种颜色相关打印样式。在颜色相关打印样式模式下，通过调整与对象颜色对应的打印样式可以控制所有具有同种颜色的对象的打印方式。颜色相关打印样式表文件的后缀名为“.ctb”。

（2）命名打印样式可以独立于对象的颜色使用，可以给对象指定任意一种打印样式，不管对象的颜色是什么。命名打印样式表文件的后缀名为“.stb”。

简而言之，“.ctb”的打印样式是根据颜色来确定线宽的，同一种颜色只能对应一种线宽；而“.stb”则是根据对象的特性或名称来指定线宽的，同一种颜色打印出来可以有两种不同的线宽，因为它们的对象可能不一样。

8.2.2 打印样式的设置

使用打印样式可以多方面控制对象的打印方式，打印样式属于对象的一种特性，它用于修改打印图形的外观。用户可以设置打印样式来代替其他对象原有的颜色、线型和线宽等特性。在同一个 AutoCAD 图形文件中，不允许同时使用两种不同的打印样式类型，但允许使用同一类型的多个打印样式。例如，若当前文档使用命名打印样式时，图层特性管理器中的【打印样式】属性项是不可用的，因为该属性只能用于设置颜色打印样式。

设置【打印样式】的方法如下。

（1）菜单栏：执行【文件】|【打印样式管理器】命令。

（2）命令行：STYLESMANAGER。

执行上述任一命令后，系统自动弹出如图 8-11 所示对话框。所有 CTB 和 STB 打印样式表文件都保存在这个对话框中。双击【添加打印样式表向导】文件，可以根据对话框提示逐步创建新的打印样式表文件。将打印样式附加到相应的布局图，就可以按照打印样式的定义进行打印了。

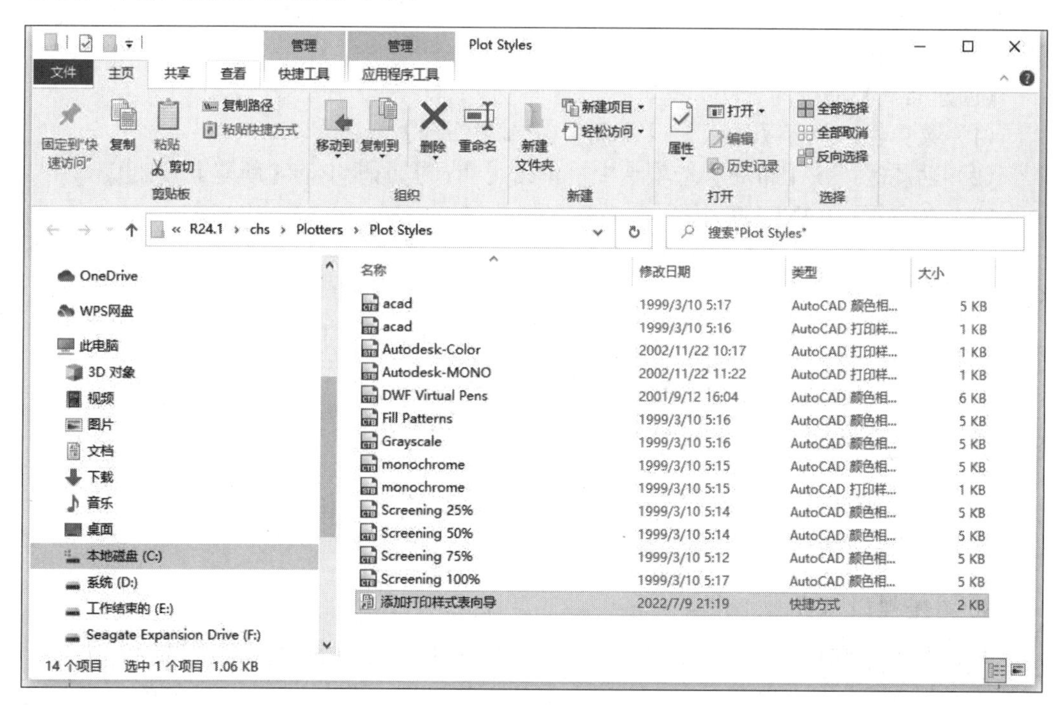

图 8-11　打印样式管理器

在系统盘的 AutoCAD 存储目录下，可以打开如图 8-11 所示 Plot Styles 文件夹，其中便存放着 AutoCAD 自带的 8 种打印样式（.ctp），各打印样式含义说明如下。

acad.ctp：默认的打印样式表，所有打印设置均为初始值。

fillPatterns.ctb：设置前 9 种颜色使用前 9 个填充图案，所有其他颜色使用对象的填充图案。

grayscale.ctb：打印时将所有颜色转换为灰度。

monochrome.ctb：将所有颜色打印为黑色。

screening 100%.ctb：对所有颜色使用 100% 墨水。

screening 75%.ctb：对所有颜色使用 75% 墨水。

screening 50%.ctb：对所有颜色使用 50% 墨水。

screening 25%.ctb：对所有颜色使用 25% 墨水。

8.3 布局图样

在正式出图之前，需要在布局窗口中创建好布局图，并对绘图设备、打印样式、纸张、比例尺和视口等进行设置。布局图显示的效果就是图样打印的实际效果。

8.3.1 创建布局

打开一个新的 AutoCAD 图形文件时，就已经存在了【布局 1】和【布局 2】。在布局图标签上右击，弹出快捷菜单。在弹出的快捷菜单中选择【新建布局】命令，通过该方法，可以新建更多的布局图。

【创建布局】命令的方法如下。

（1）菜单栏：执行【插入】|【布局】|【新建布局】命令。

（2）功能区：在【布局】选项卡中，单击【布局】面板中的【新建】按钮。

（3）命令行：LAYOUT。

（4）快捷方式：在【布局】选项卡上单击鼠标右键，在弹出的快捷菜单中选择【新建布局】命令。

上述介绍的方法所创建的布局，都与图形自带的【布局 1】与【布局 2】相同，如果要创建新的布局格式，只能通过布局向导来创建。

8.3.2 调整布局

创建好一个新的布局图后，接下来的工作就是对布局图中的图形位置和大小进行调整和布置。

1. 调整视口

视口的大小和位置是可以调整的，视口边界实际上是在图样空间中自动创建的一个矩形图形对象，单击视口边界，4 个角点上出现夹点，可以利用夹点拉伸的方法调整视口，如图 8-12 所示。

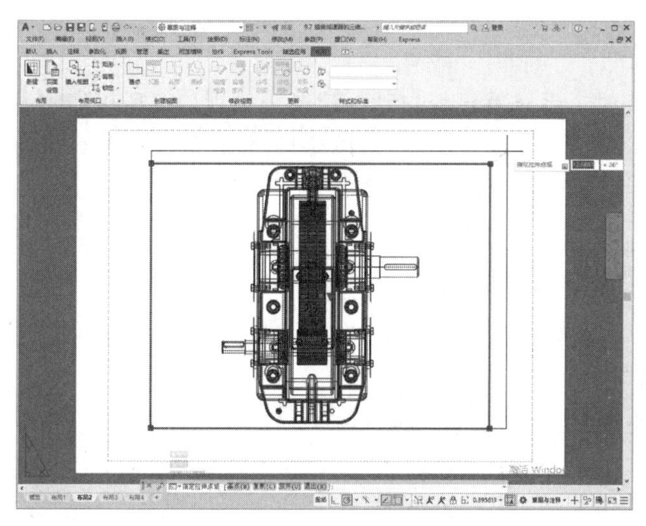

图 8-12 利用夹点调整视口

如果出图时只需要一个视口，通常可以调整视口边界到充满整个打印边界。

2. 设置图形比例

设置比例尺是出图过程中最重要的一个步骤，该比例尺反映了图上距离和实际距离的换算关系。

AutoCAD 制图和传统纸面制图在比例设置比例尺这一步骤上有很大的不同。传统制图的比例尺一开始就已经确定，并且绘制的是经过比例换算后的图形。而在 AutoCAD 建模过程中，在模型空间中始终按照 1 ∶ 1 的实际尺寸绘图。只有在出图时，才按照比例尺将模型缩小到布局图上进行出图。

如果需要观看当前布局图的比例尺，首先应在视口内部双击，使当前视口内的图形处于激活状态，然后单击工作区间右下角【图样】/【模型】切换开关，将视口切换到模式空间状态。然后打开【视口】工具栏。在该工具栏右边文本框中显示的数值，就是图样空间相对于模型空间的比例尺，同时也是出图时的最终比例。

3. 在图样空间中增加图形对象

有时候需要在出图时添加一些不属于模型本身的内容，例如，制图说明、图例符号、图框、标题栏、会签栏等，此时可以在布局空间状态下添加这些对象，这些对象只会添加到布局图中，而不会添加到模型空间中。

8.4 视 口

视口是在布局空间中构造布局图时涉及的一个概念，布局空间相当于一张空白的纸，要在其上布置图形时，先要在纸上开一扇窗，让存在于里面的图形能够显示出来，视口的作用就相当于这扇窗。可以将视口视为布局空间的图形对象，并对其进行移动和调整，这样就可以在一个布局内进行不同视图的放置、绘制、编辑和打印。视口可以相互重叠或分离。

8.4.1 删除视口

打开布局空间时，系统就已经自动创建了一个视口，所以能够看到分布在其中的图形。在布局中，选择视口的边界，如图 8-13 所示，按 Delete 键可删除视口，删除后，显示于该视口的图像将不可见，如图 8-14 所示。

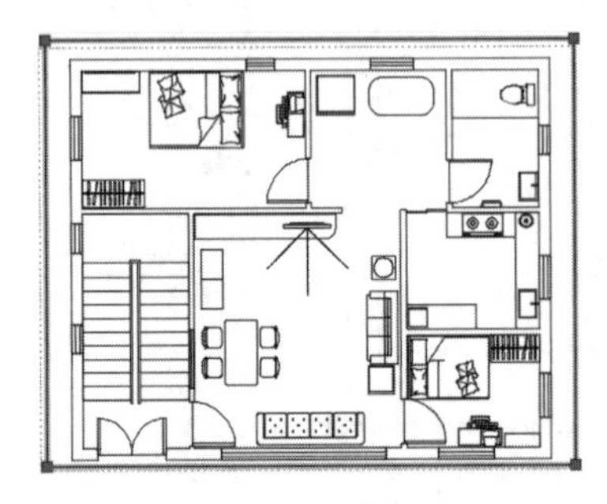

图 8-13 选中视口

图 8-14 删除视口

8.4.2 新建视口

系统默认的视口往往不能满足布局的要求，尤其是在进行多视口布局时，这时需要手动创建新视口，并对其进行调整和编辑。

调用【新建视口】的方法如下。

（1）功能区：在【输出】选项卡中，单击【布局视口】面板中各按钮，可创建相应的视口。

（2）菜单栏：执行【视图】|【视口】命令。

（3）命令行：VPORTS。

1. 创建标准视口

执行上述命令下的【新建视口】子命令后，将打开【视口】对话框，如图 8-15 所示，在【新建视口】选项卡的【标准视口】列表中可以选择要创建的视口类型，在右边的预览窗口中可以进行预览。可以创建单个视口，也可以创建多个视口，如图 8-16 所示，还可以选择多个视口的摆放位置。

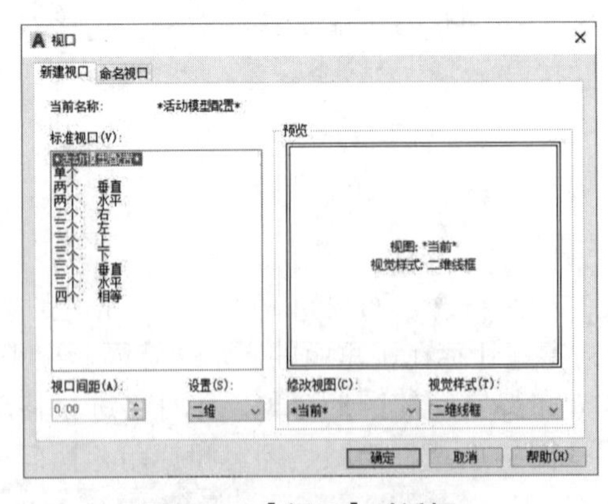

图 8-15 【视口】对话框

图 8-16 创建多个视口

调用多个视口的方法如下。

（1）功能区：在【布局】选项卡中，单击【布局视口】中的各按钮，如图 8-17 所示。

（2）菜单栏：执行【视图】|【视口】命令，如图 8-18 所示。

（3）命令行：VPORTS。

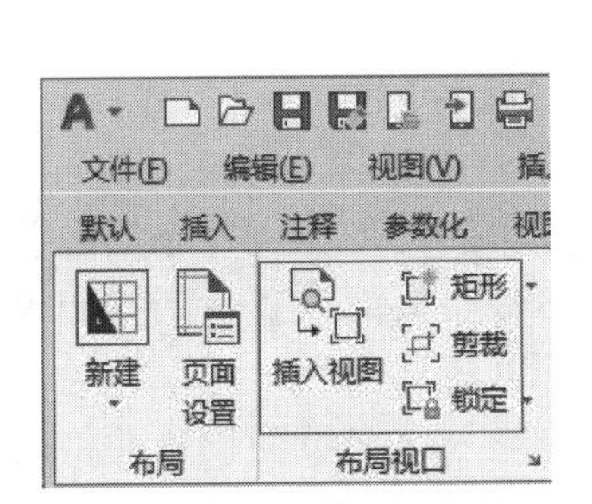

图 8-17 功能区单击【布局视口】各按钮

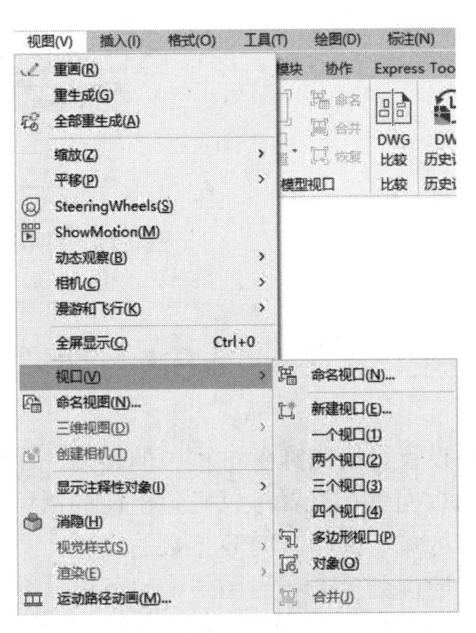

图 8-18 菜单栏调用【视口】命令

2. 创建特殊形状的视口

执行上述命令中的【多边形视口】命令，可以创建多边形的视口，如图 8-19 所示。甚至还可以在布局图样中手动绘制特殊的封闭对象边界，如多边形、圆、样条曲线或椭圆等，然后使用【对象】命令，将其转换为视口，如图 8-20 所示。

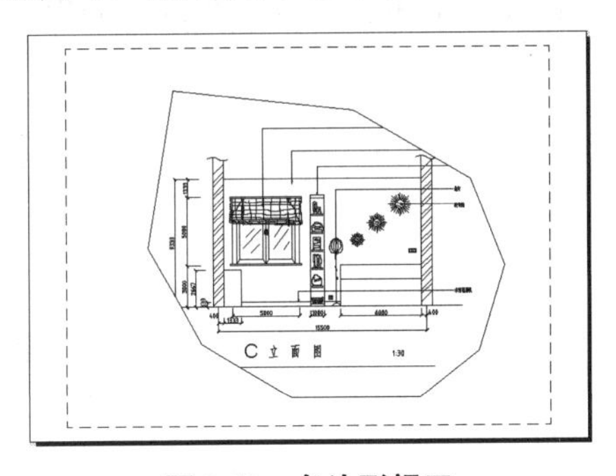

图 8-19 多边形视口

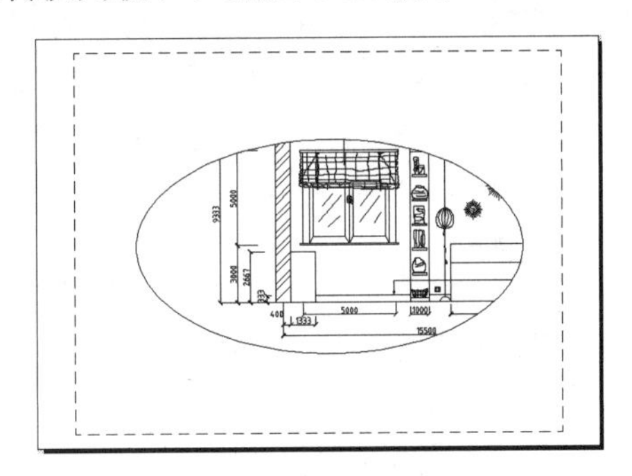

图 8-20 转换为视口

8.4.3 调整视口

视口创建后，为了使其满足需要，还需要对视口的大小和位置进行调整，相对于布局空间，视口和一般的图形对象没什么区别，每个视口均被绘制在当前层上，且采用当前层的颜色和线型。因此可使用通常的图形编辑方法来编辑视口。例如，可以通过拉伸和移动夹点来调整视口的边界，如图 8-21 所示。

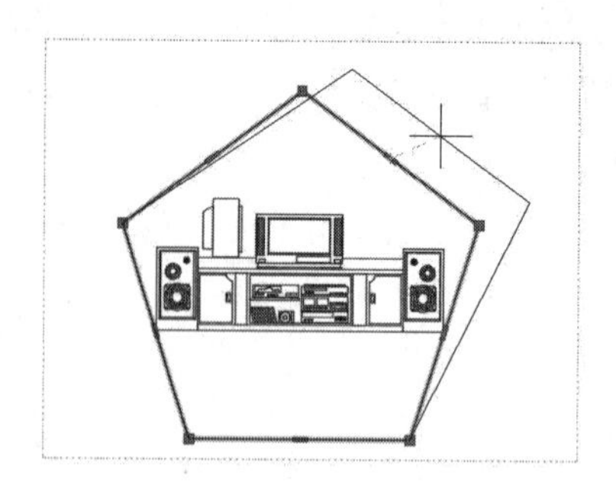

图 8-21　利用夹点调整视口

8.5　页 面 设 置

页面设置是出图准备过程中的最后一个步骤，打印的图形在进行布局之前，先要对布局的页面进行设置，以确定出图的纸张大小等参数。页面设置包括打印设备、纸张、打印区域、打印方向等参数的设置。页面设置可以命名保存，可以将同一个命名页面设置应用到多个布局图中，也可以从其他图形中输入命名页面设置并将其应用到当前图形的布局中，这样就避免了在每次打印前都反复进行打印设置的麻烦。

页面设置在【页面设置管理器】对话框中进行，新建页面设置的方法如下。

（1）菜单栏：执行【文件】|【页面设置管理器】命令，如图 8-22 所示。

（2）命令行：PAGESETUP。

（3）功能区：在【输出】选项卡中，单击【布局】面板或【打印】面板中的【页面设置】按钮，如图 8-23 所示。

（4）快捷方式：右击绘图窗口下的【模型】或【布局】标签，在弹出的快捷菜单中选择【页面设置管理器】命令。

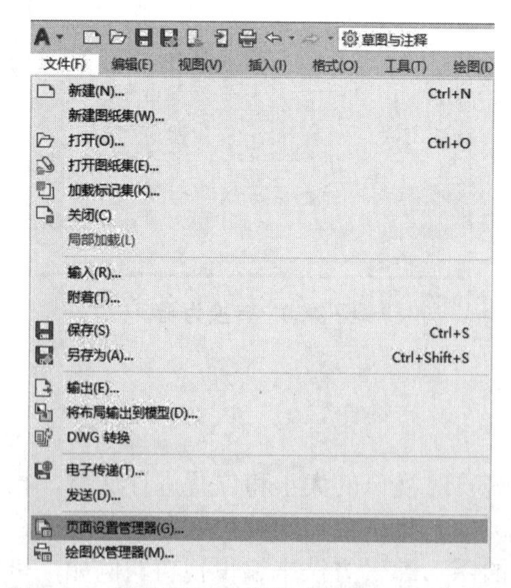

图 8-22　菜单栏调用【页面设置管理器】命令

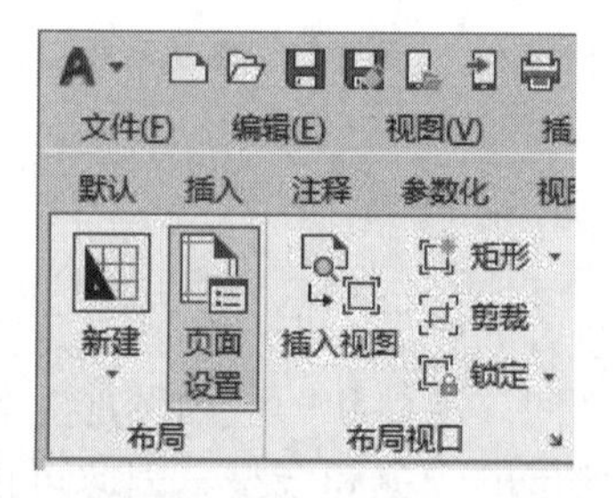

图 8-23　功能区单击【页面设置】按钮

执行该命令后，将打开【页面设置管理器】对话框，如图 8-24 所示，对话框中显示了已存在的所有页面设置的列表。通过右击页面设置，或单击右边的工具按钮，可以对页面设置进行新建、修改、删除、重命名和当前页面设置等操作。

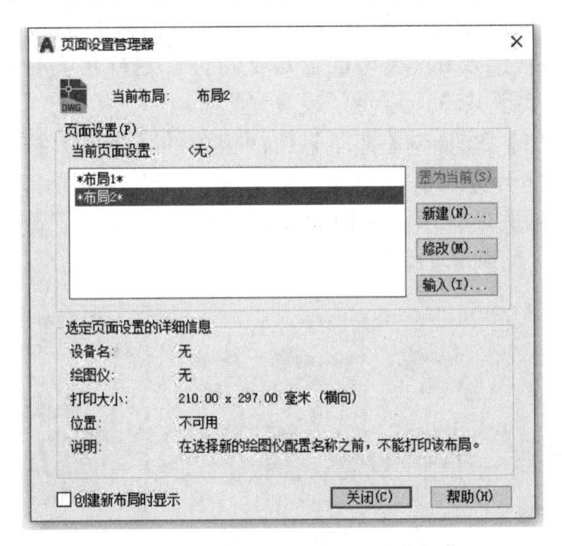

图 8-24 【页面设置管理器】对话框

单击对话框中的【新建】按钮，新建一个页面，或选中某页面设置后单击【修改】按钮，都将打开如图 8-25 所示的【页面设置】对话框。在该对话框中，可以进行打印设备、图样、打印区域、比例等选项的设置。

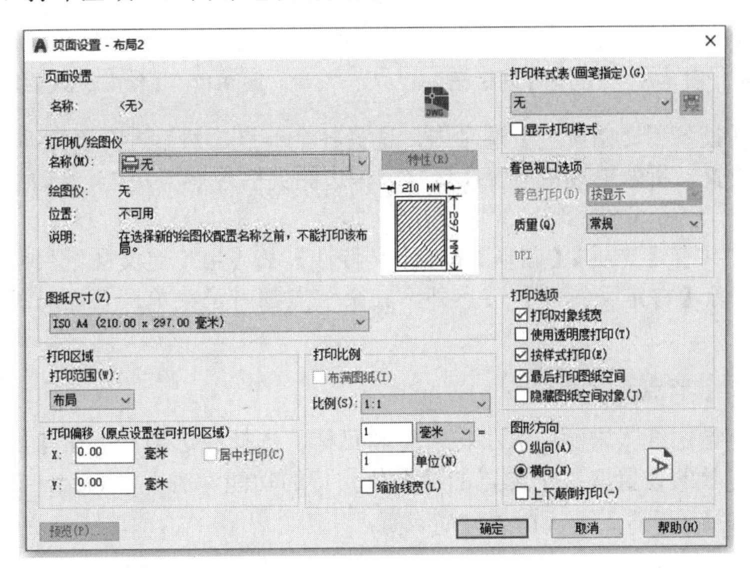

图 8-25 【页面设置】对话框

8.5.1 指定打印设备

【打印机 / 绘图仪】选项组用于设置出图的绘图仪或打印机。如果打印设备已经与计算机或网络系统正确连接，并且驱动程序也已经正常安装，那么在【名称】下拉列表框中就会显示该打印设备的名称，可以选择需要的打印设备。

AutoCAD 将打印介质和打印设备的相关信息存储在后缀名为 *.pc3 的打印配置文件中，这些信息包括绘图仪配置设置指定端口信息、光栅图形和矢量图形的质量、图样尺寸以及取决于绘图仪类型的自定义特性。这样使得打印配置可以用于其他 AutoCAD 文档，能够实现共享，避免了反复设置。

单击功能区【输出】选项卡【打印】组面板中的【打印】按钮，系统弹出【打印】对话框，如图 8-26 所示。在对话框【打印机 / 绘图仪】功能框的【名称】下拉列表中选择要设置的名称选项，单击右边的【特性】按钮 特性(R)... ，系统弹出【绘图仪配置编辑器】对话框，如图 8-27 所示。

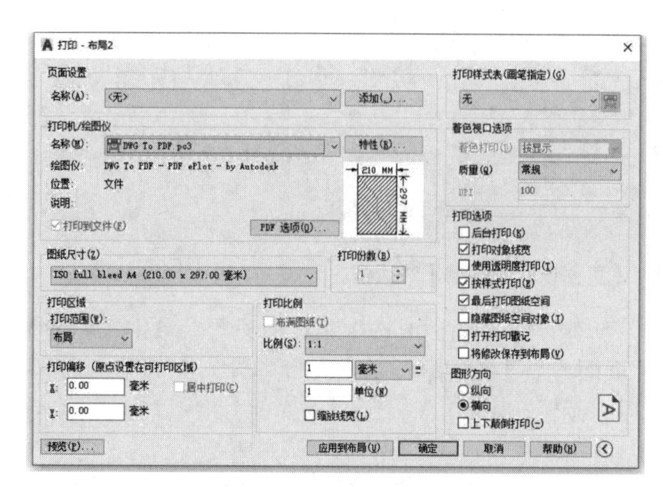

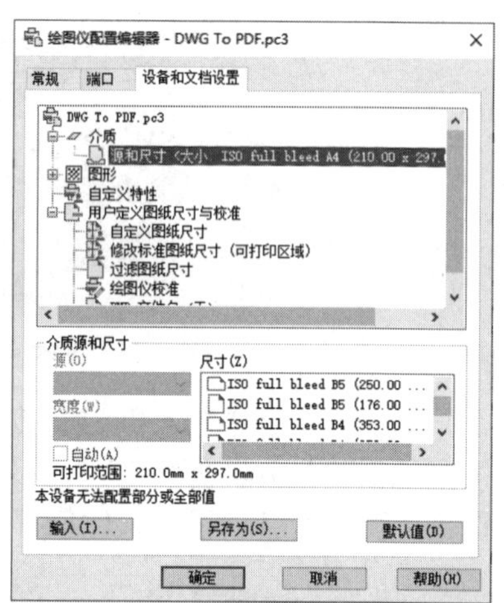

图 8-26 【打印】对话框

图 8-27 【绘图仪配置编辑器】对话框

切换到【设备和文档设置】选项卡，选择各个节点，然后进行更改即可。在这里，如果更改了设置，所做更改将出现在设置名旁边的尖括号 (< >) 中。修改过其值的节点图标上还会显示一个复选标记。

对话框中共有【介质】【图形】【自定义特性】和【用户定义图纸尺寸与校准】这 4 个主节点，除【自定义特性】节点外，其余节点都有子菜单。下面对各个节点进行介绍。

1.【介质】节点

该节点可指定纸张来源、大小、类型和目标，选择此选项后，在【尺寸】选项列表中指定。有效的设置取决于配置的绘图仪支持的功能。对于 Windows 系统打印机，必须使用【自定义特性】节点配置介质设置。

2.【图形】节点

为打印矢量图形、光栅图形和 TrueType 文字指定设置。根据绘图仪的性能，可修改颜色深度、分辨率和抖动。可为矢量图形选择彩色输出或单色输出。在内存有限的绘图仪上打印光栅图像时，可以通过修改打印输出质量来提高性能。如果使用支持不同内存安装总量的非系统绘图仪，则可以提供此信息以提高性能。

3.【自定义特性】节点

选择【自定义特性】选项，单击【自定义特性】按钮，系统弹出【PDF 选项】对话框，如图 8-28 所示。在此对话框中可以修改绘图仪配置的特定设备特性。每一种绘图仪的设置各不相同。如果绘图仪制造商没有为设备驱动程序提供【自定义特性】对话框，则【自定义特性】选项不可用。

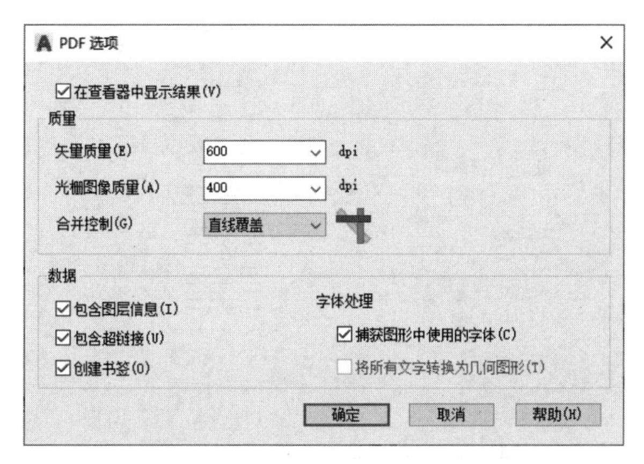

图 8-28 【PDF 选项】对话框

4.【用户定义图纸尺寸与校准】主节点

将 PMP 文件附着到 PC3 文件，校准打印机并添加、删除、修订或过滤自定义图纸尺寸，具体步骤介绍如下。

（1）在【绘图仪配置编辑器】对话框中选择【自定义图纸尺寸】选项，单击【添加】按钮，系统弹出【自定义图纸尺寸 - 开始】对话框，如图 8-29 所示。

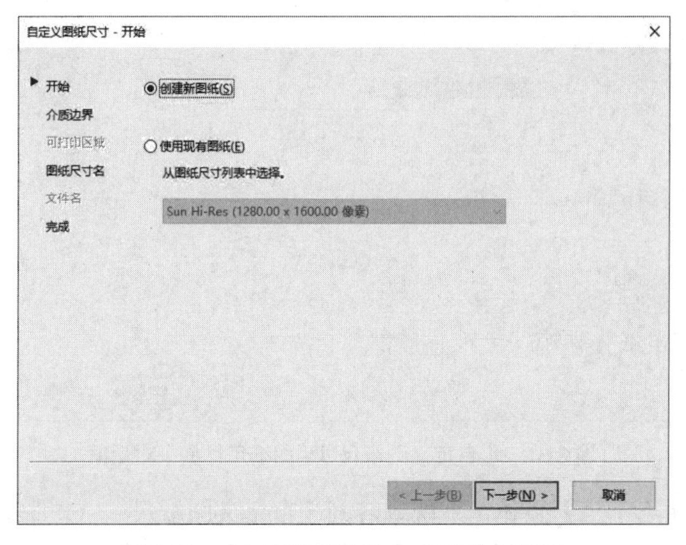

图 8-29 【自定义图纸尺寸 - 开始】对话框

（2）在对话框中选择【创建新图纸】单选按钮，或者选择【使用现有图纸】进行自定义，单击【下一步】按钮，系统跳转到【自定义图纸尺寸 - 介质边界】对话框，如图 8-30 所示。在文本框中输入介质边界的宽度和高度值，这里可以设置非标准 A0、A1、A2 等规格的图框，有些图形需要加长打印便可在此设置。并确定单位为像素。

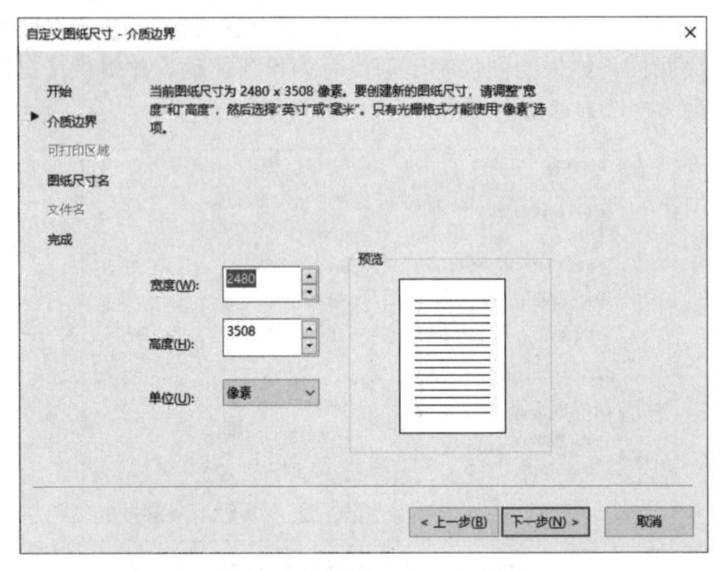

图 8-30 【自定义图纸尺寸 - 介质边界】对话框

（3）单击【下一步】按钮，系统跳转到【自定义图纸尺寸 - 图纸尺寸名】对话框，如图 8-31 所示。在【名称】文本框中输入图纸尺寸名称。

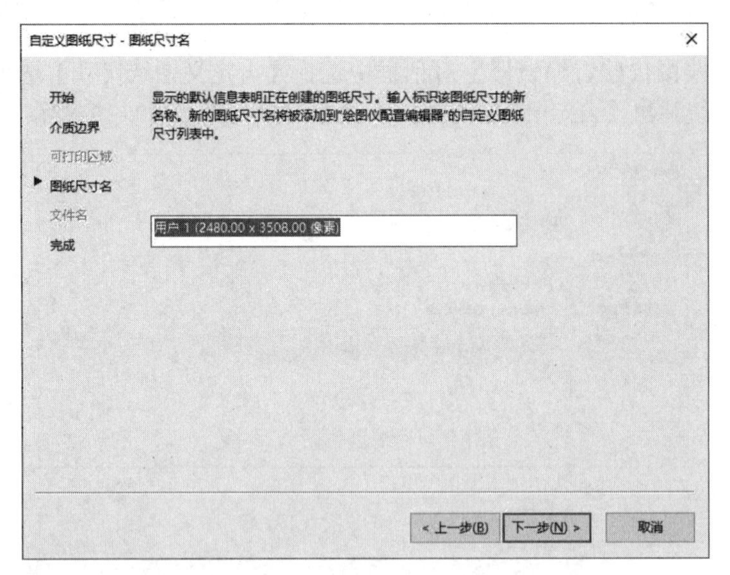

图 8-31 【自定义图纸尺寸 - 图纸尺寸名】对话框

（4）单击【下一步】按钮，系统跳转到【自定义图纸尺寸 - 文件名】对话框。在【PMP 文件名】文本框中输入文件名称。PMP 文件可以跟随 PC3 文件。输入完成后单击【下一步】按钮，再单击【完成】按钮，如图 8-32 所示。至此完成整个自定义图纸尺寸的设置。

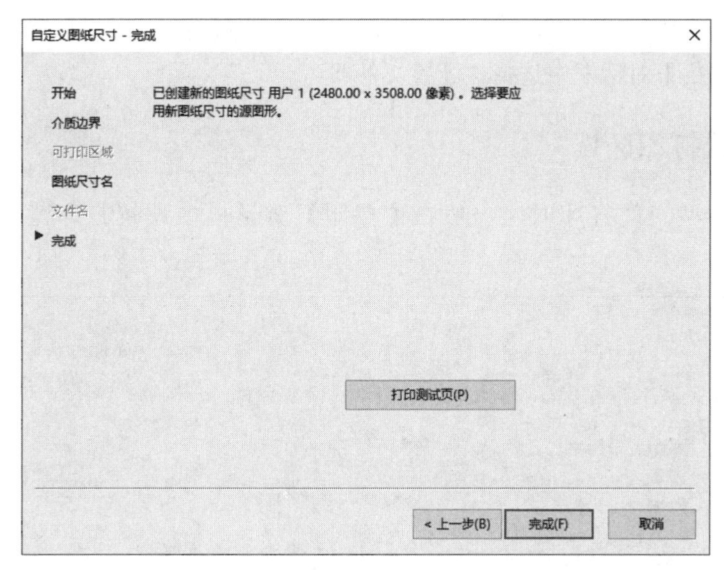

图 8-32 【自定义图纸尺寸 - 文件名】对话框

在配置编辑器中可修改标准图纸尺寸。通过节点可以访问【绘图仪校准】和【自定义图纸尺寸】向导，方法与自定义图纸尺寸方法类似。如果正在使用的绘图仪已校准过，则绘图仪型号参数 (PMP) 文件包含校准信息。如果 PMP 文件还未附着到正在编辑的 PC3 文件中，那么必须创建关联才能够使用 PMP 文件。如果创建当前 PC3 文件时在【添加绘图仪】向导中校准了绘图仪，则 PMP 文件已附着。使用【用户定义的图纸尺寸和校准】下面的【PMP 文件名】选项将 PMP 文件附着到或拆离正在编辑的 PC3 文件。

8.5.2 设定图纸尺寸

在【图纸尺寸】下拉列表框中选择打印出图时的纸张类型，控制出图比例。

工程制图的图纸有一定的规范尺寸，一般采用英制 A 系列图纸尺寸，包括 A0、A1、A2 等标准型号，以及 A0+、A1+ 等加长图纸型号。图纸加长的规定是：可以将边延长 1/4 或 1/4 的整数倍，最多可以延长至原尺寸的两倍，短边不可延长。各型号图纸的尺寸如表 8-1 所示。

表 8-1 标准型号图纸尺寸

图 纸 型 号	长 宽 尺 寸
A0	1189mm×841mm
A1	841mm×594mm
A2	594mm×420mm
A3	420mm×297mm
A4	297mm×210mm

新建图纸尺寸的步骤为首先在打印机配置文件中新建一个或若干自定义尺寸，然

后保存为新的打印机配置 pc3 文件。这样，以后需要使用自定义尺寸时，只需要在【打印机 / 绘图仪】对话框中选择该配置文件即可。

8.5.3 设置打印区域

在使用模型空间打印时，一般在【打印】对话框中设置打印范围，如图 8-33 所示。

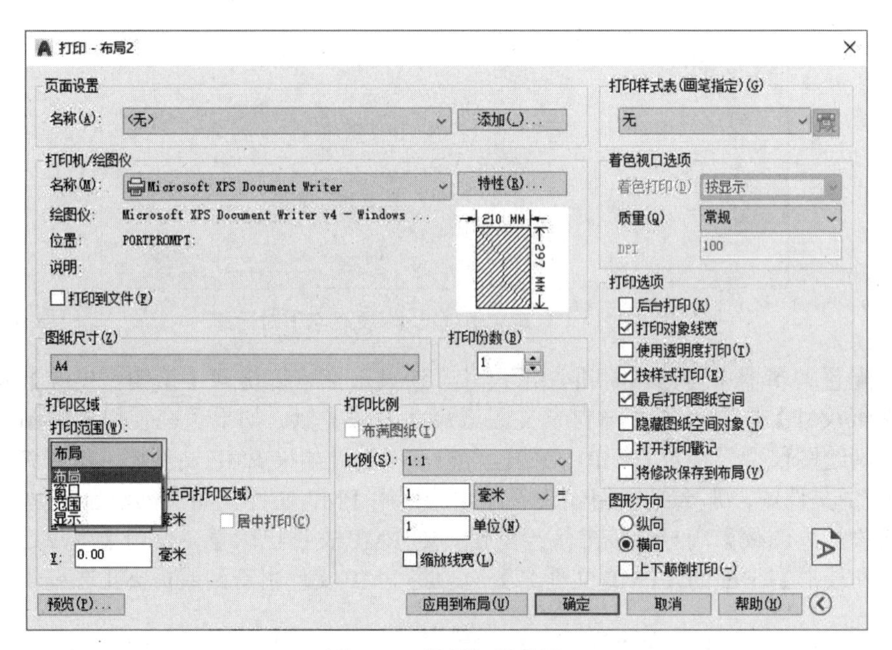

图 8-33 设置打印范围

【打印范围】下拉列表用于确定设置图形中需要打印的区域，其各选项含义如下。

【布局】：打印当前布局图中的所有内容。该选项是默认选项，选择该项可以精确地确定打印范围、打印尺寸和比例。

【窗口】：用窗选的方法确定打印区域。单击该按钮后，【页面设置】对话框暂时消失，系统返回绘图区，可以用鼠标在模型窗口中的工作区间拉出一个矩形窗口，该窗口内的区域就是打印范围。使用该选项确定打印范围简单方便，但是不能精确比例尺和出图尺寸。

【范围】：打印模型空间中包含所有图形对象的范围。

【显示】：打印模型窗口当前视图状态下显示的所有图形对象，可以通过 ZOOM 调整视图状态，从而调整打印范围。

在使用布局空间打印图形时，单击【打印】面板中的【预览】按钮，预览当前的打印效果。图签有时会出现部分不能完全打印的状况，如图 8-34 所示，这是因为图签大小超越了图纸可打印区域的缘故。可以通过【绘图仪配置编辑器】对话框中的【修改标准图纸所示（可打印区域）】选择重新设置图纸的可打印区域来解决，如图 8-35 所示的虚线表示了图纸的可打印区域。

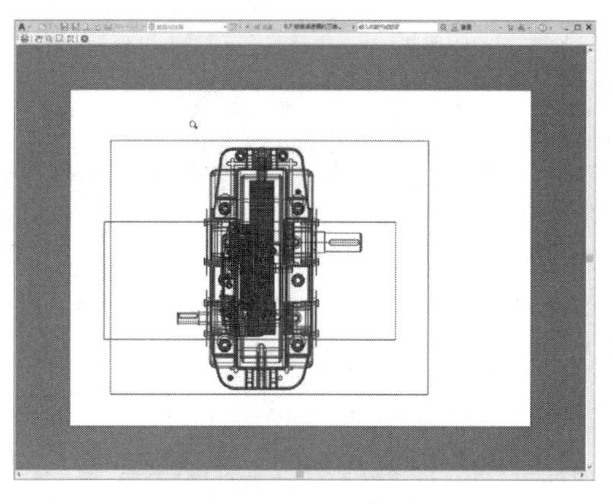

图 8-34　打印预览

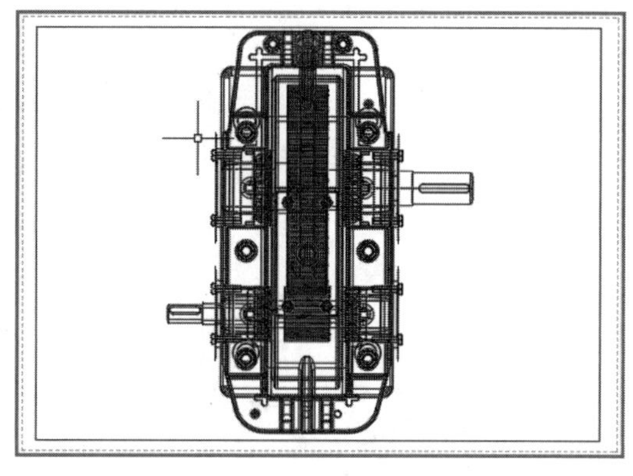

图 8-35　可打印区域

单击【打印】面板中的【绘图仪管理器】按钮，系统弹出 Plotters 窗口，如图 8-36 所示，双击所设置的打印设备。系统弹出【绘图仪配置编辑器】，在对话框中单击选择【修改标准图纸尺寸（可打印区域）】选项，重新设置图纸的可打印区域，如图 8-37 所示。也可以在【打印】对话框中选择打印设备后，再单击右边的【特性】按钮，可以打开【绘图仪配置编辑器】对话框。

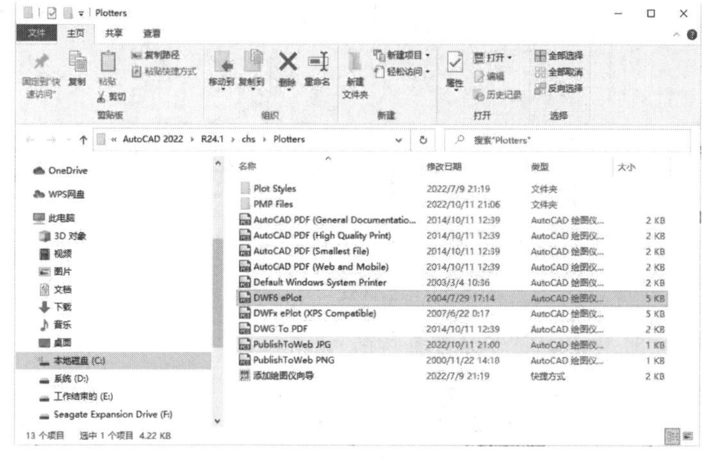

图 8-36　Plotters 窗口

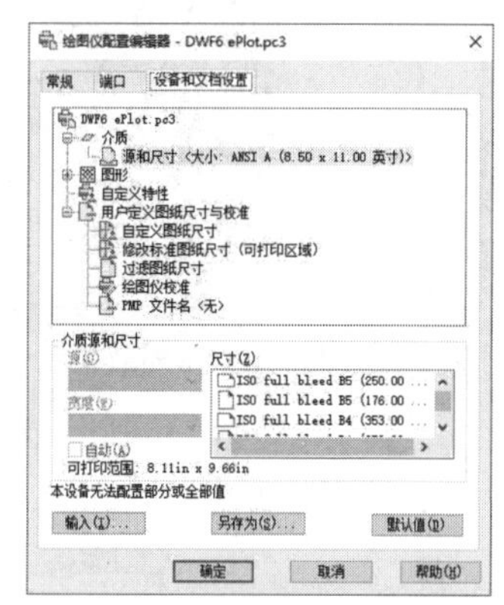

图 8-37　【绘图仪配置编辑器】对话框

在【修改标准图纸尺寸】栏中选择当前使用的图纸类型（即在【页面设置】对话框中的【图纸尺寸】列表中选择的图纸类型），如图 8-38 所示光标所在的位置（不同打印机有不同的显示）。

单击【修改】按钮弹出【自定义图纸尺寸】对话框，如图 8-39 所示，分别设置上、下、左、右页边距（可以使打印范围略大于图框即可），两次单击【下一步】按钮，再单击【完成】按钮，返回【绘图仪配置编辑器】对话框，单击【确定】按钮关闭对话框。

修改图纸可打印区域之后，此时布局如图 8-40 所示（虚线内表示可打印区域）。

在命令行中输入 LAYER，调用【图层特性管理器】命令，系统弹出【图层特性管

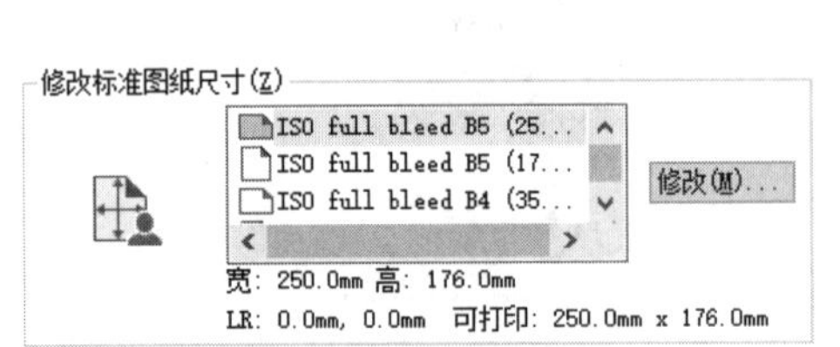

图 8-38 选择图纸类型

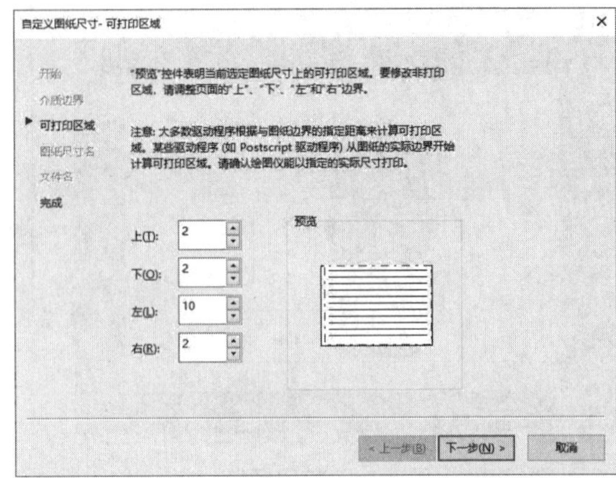

图 8-39 【自定义图纸尺寸 - 可打印区域】对话框

理器】对话框，将视口边框所在图层设置为不可打印，如图 8-41 所示，这样视口边框将不会被打印。

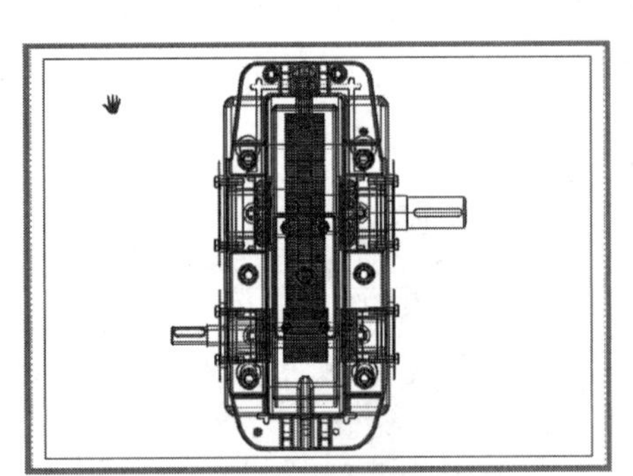

图 8-40 布局效果

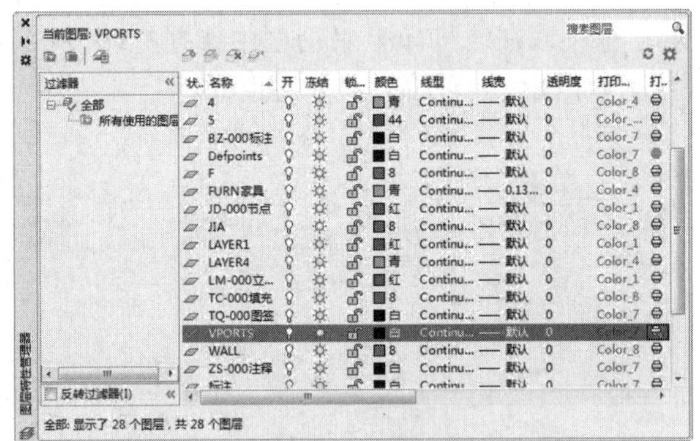

图 8-41 设置视口边框图层属性

再次预览打印效果如图 8-42 所示，图形可以正确打印。

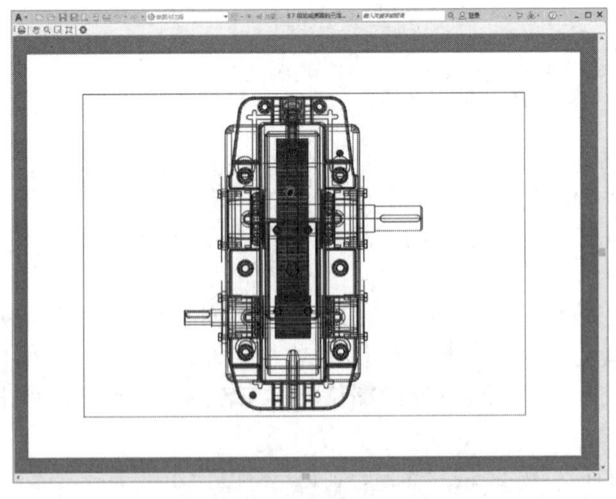

图 8-42 修改页边距后的打印效果

8.5.4 设置打印偏移

【打印偏移】选项组用于指定打印区域偏离图样左下角的X方向和Y方向偏移值，一般情况下，都要求出图充满整个图样，所以设置X和Y偏移值均为0，如图8-43所示。

通常情况下打印的图形和纸张的大小一致，不需要修改设置。选中【居中打印】复选框，则图形居中打印。这个【居中】是指在所选纸张大小A1、A2等尺寸的基础上居中，也就是4个方向上各留空白，而不只是卷筒纸的横向居中。

8.5.5 设置打印比例

1. 打印比例

【打印比例】选项组用于设置出图比例尺。在【比例】下拉列表框中可以精确设置需要出图的比例尺。如果选择【自定义】选项，则可以在下方的文本框中设置与图形单位等价的英寸数来创建自定义比例尺。

如果对出图比例尺和打印尺寸没有要求，可以直接选中【布满图纸】复选框，这样AutoCAD会将打印区域自动缩放到充满整个图样。

【缩放线宽】复选框用于设置线宽值是否按打印比例缩放。通常要求直接按照线宽值打印，而不按打印比例缩放。

在AutoCAD中，有两种方法控制打印出图比例。

（1）在打印设置或页面设置的【打印比例】区域设置比例，如图8-44所示。

（2）在图纸空间中使用视口控制比例，然后按照1 ∶ 1打印。

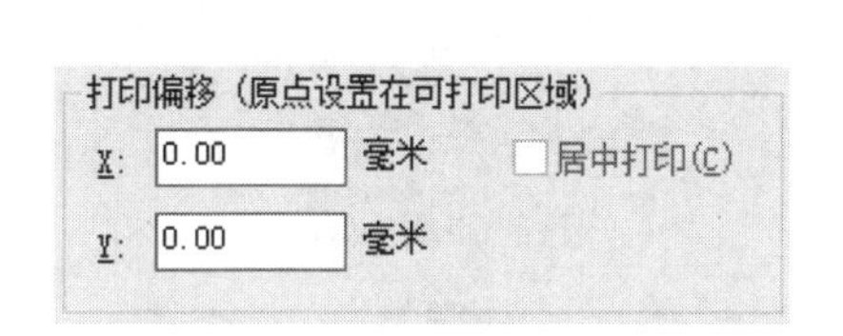

图8-43 【打印偏移】设置选项

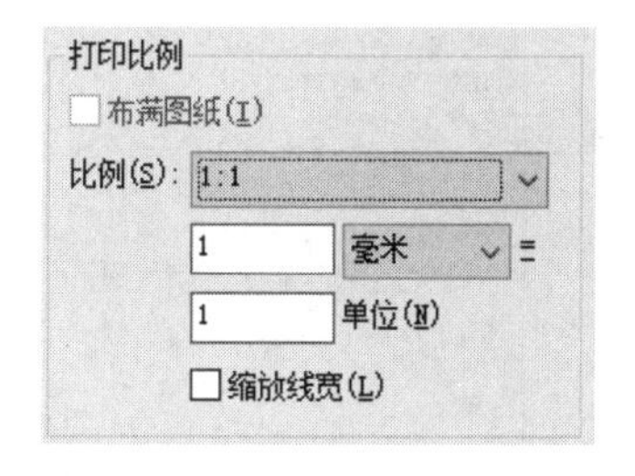

图8-44 【打印比例】设置选项

2. 图形方向

工程制图多需要使用大幅的卷筒纸打印，在使用卷筒纸打印时，打印方向包括两方面的问题：第一，图纸阅读时所说的图纸方向，是横宽还是竖长；第二，图形与卷筒纸的方向关系，是顺着出纸方向还是垂直于出纸方向。

在AutoCAD中分别使用图纸尺寸和图形方向来控制最后出图的方向。在【图形方向】区域可以看到小示意图，其中，白纸表示设置图纸尺寸时选择的图纸尺寸是横宽还是竖长，字母A表示图形在纸张上的方向。

8.5.6 指定打印样式表

【打印样式表】下拉列表框用于选择已存在的打印样式，从而非常方便地用设置好的打印样式替代图形对象原有属性，并体现到出图格式中。

8.5.7 设置打印方向

在【图形方向】选项组中选择纵向或横向打印，选中【反向打印】复选框，可以允许在图样中上下颠倒地打印图形。

8.6 课堂练习：零件图打印实例

在完成上述所有设置工作后，就可以开始打印出图了。调用【打印】命令的方法如下。

（1）功能区：在【输出】选项卡中，单击【打印】面板中的【打印】按钮。

（2）菜单栏：执行【文件】|【打印】命令。

（3）命令行：PLOT。

（4）快捷操作：Ctrl+P。

在模型空间中，执行【打印】命令后，系统弹出【打印】对话框，如图 8-45 所示，该对话框与【页面设置】对话框相似，可以进行出图前的最后设置。

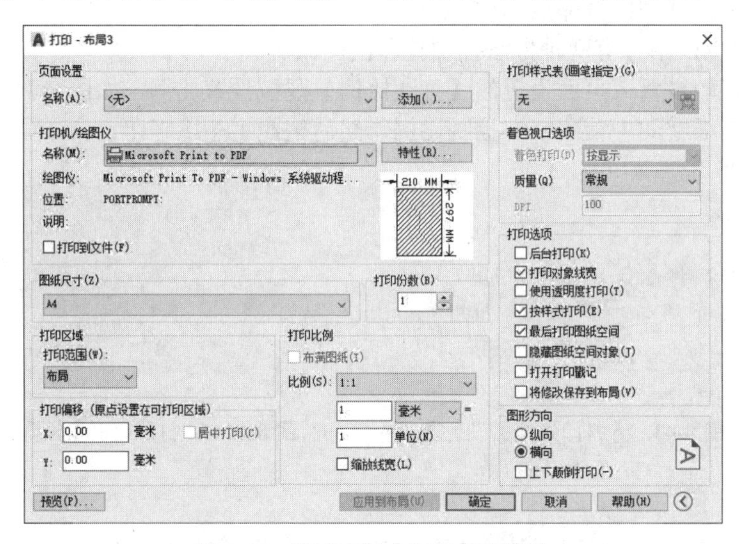

图 8-45 模型空间【打印】对话框

下面通过具体的实战来讲解模型空间打印的具体步骤。

（1）单击【快速访问】工具栏中的【打开】按钮，打开配套光盘提供的“第 8 章\8.6 课堂练习：零件图打印实例 .dwg”素材文件，如图 8-46 所示。

（2）按 Ctrl+P 组合键，弹出【打印】对话框。然后在【名称】下拉列表框中选择所需的打印机，本例以 DWG To PDF.pc3 打印机为例。该打印机可以打印出 PDF 格式的图形。

（3）设置图纸尺寸。在【图纸尺寸】下拉列表框中选择【ISO full bleed A3（420.00×297.00 毫米）】选项，如图 8-47 所示。

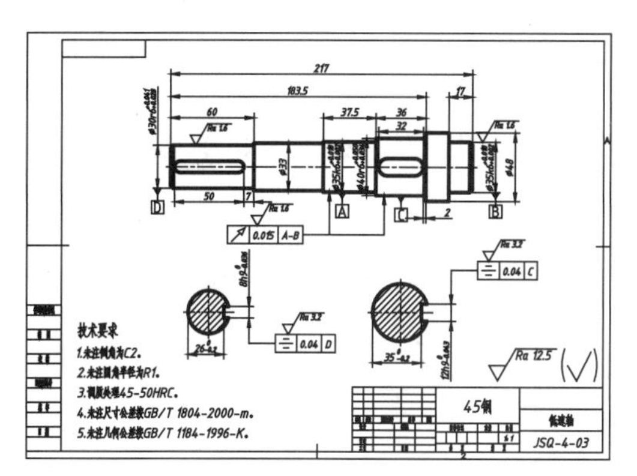

图 8-46 素材文件

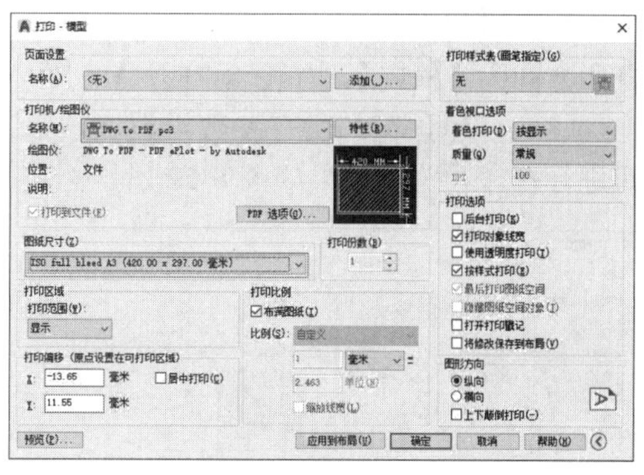

图 8-47 指定打印机

高清图

（4）设置打印区域。在【打印范围】下拉列表框中选择【窗口】选项，系统自动返回至绘图区，然后在其中框选出要打印的区域即可，如图 8-48 所示。

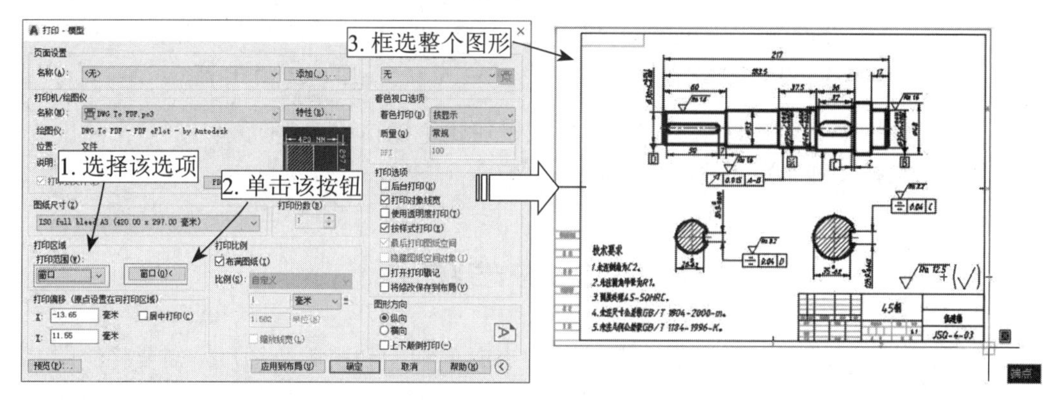

图 8-48 设置打印区域

（5）设置打印偏移。返回【打印】对话框之后，勾选【打印偏移】选项区域中的【居中打印】复选框，如图 8-49 所示。

（6）设置打印比例。取消勾选【打印比例】选项区域中的【布满图纸】复选框，然后在【比例】下拉列表中选择 1 ∶ 1 选项，如图 8-50 所示。

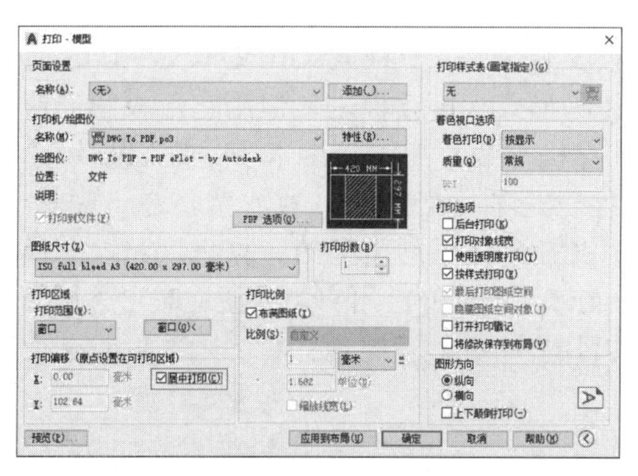

图 8-49 设置打印偏移

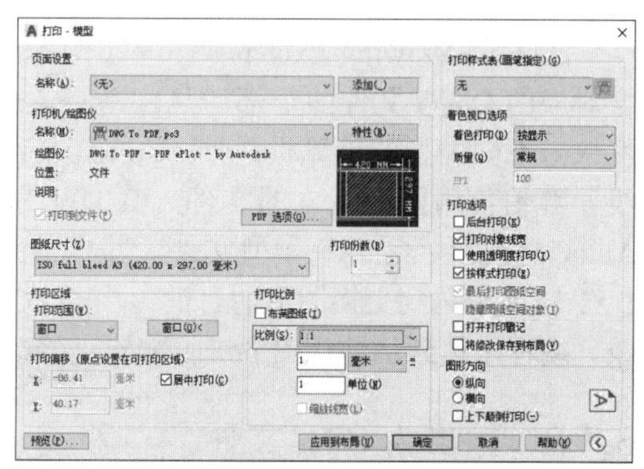

图 8-50 设置打印比例

（7）设置图形方向。本例图框为横向放置，因此在【图形方向】选项区域中选择打印方向为【横向】，如图 8-51 所示。

（8）打印预览。所有参数设置完成后，单击【打印】对话框左下角的【预览】按钮进行打印预览，效果如图 8-52 所示。

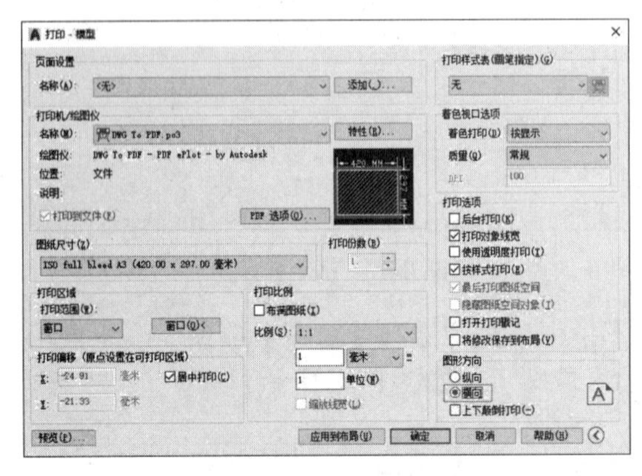

图 8-51　设置图形方向

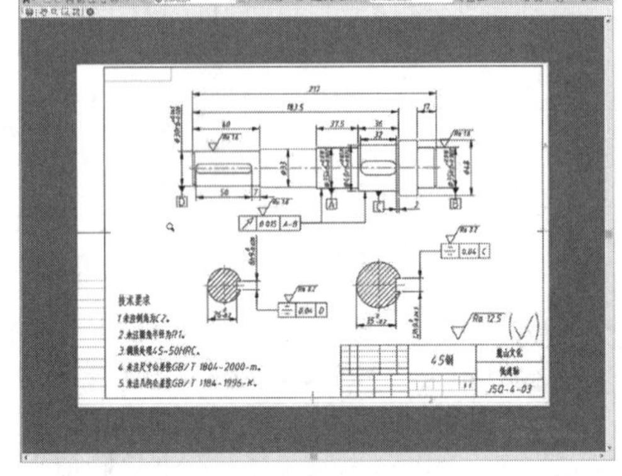

图 8-52　打印预览

（9）打印图形。图形显示无误后，便可以在预览窗口中单击鼠标右键，在弹出的快捷菜单中选择【打印】选项，即可输出打印。

8.7　文件的输出

AutoCAD 拥有强大、方便的绘图能力，有时候我们利用其绘图后，需要将绘图的结果用于其他程序，在这种情况下，需要将 AutoCAD 图形输出为通用格式的图像文件，如 JPG、PDF 等。

8.7.1　输出为 DXF 文件

DXF 是 Autodesk 公司开发的用于 AutoCAD 与其他软件之间进行 CAD 数据交换的 CAD 数据文件格式。

DXF 即 Drawing Exchange File（图形交换文件），是一种 ASCII 文本文件，它包含对应的 DWG 文件的全部信息，不是 ASCII 码形式，可读性差，但用它形成图形速度快，不同类型的计算机（如 PC 及其兼容计算机与 Sun 工作站具体不同的 CPU 用总线）哪怕使用同一版本的文件，其 DWG 文件也是不可交换的。为了克服这一缺点，AutoCAD 提供了 DXF 类型文件，其内部为 ASCII 码，不同类型的计算机可通过交换 DXF 文件来达到交换图形的目的，由于 DXF 文件可读性好，用户可方便地对它进行修改、编程，达到从外部图形进行编辑、修改的目的。

8.7.2　输出为 STL 文件

STL 文件是一种平板印刷文件，可以将实体数据以三角形网格面形式保存，一般用来转换 AutoCAD 的三维模型。近年来发展迅速的 3D 打印技术就需要使用到该种文件格式。除了 3D 打印之外，STL 数据还用于通过沉淀塑料、金属或复合材质的薄图层的连续性来创建对象。生成的部分和模型通常用于以下方面。

（1）可视化设计概念，识别设计问题。

（2）创建产品实体模型、建筑模型和地形模型，测试外形、拟合和功能。

（3）为真空成型法创建主文件。

8.7.3 输出为 DXF 文件

为了能够在 Internet 上显示 AutoCAD 图形，Autodesk 采用了一种称为 DWF（Drawing Web Format）的新文件格式。DWF 文件格式支持图层、超链接、背景颜色、距离测量、线宽、比例等图形特性。用户可以在不损失原始图形文件数据特性的前提下，通过 DXF 文件格式共享其数据和文件。用户可以在 AutoCAD 中先输出 DWF 文件，然后下载 DWF Viewer 这款小程序来进行查看。

DWF 文件与 DWG 文件相比，具有如下优点。

（1）DWF 占用内存小。DWF 文件可以被压缩。它的大小比原来的 DWG 图形文件小 8 倍，非常适合整理公司数以千计的大批量图纸库。

（2）DWF 适合多方交流。对于公司的其他部门如财务、行政来说，AutoCAD 并不是一款必需的软件，因此在工作交流中查看 DWG 图纸多有不便，这时就可以输出 DWF 图纸来方便交流。而且由于 DWF 文件较小，因此在网上的传输时间更短。

（3）DWF 格式更为安全。由于不显示原来的图形，其他用户无法更改原来的 DWG 文件。

当然，DWF 格式也存在一些缺点，例如：

（1）DWF 文件不能显示着色或阴影图。

（2）DWF 是一种二维矢量格式，不能保留 3D 数据。

（3）AutoCAD 本身不能显示 DWF 文件，要显示的话只能通过【插入】|【DWF 参考底图】方式。

（4）将 DWF 文件转换回到 DWG 格式需使用第三方供应商的文件转换软件。

8.7.4 输出为 PDF 文件

PDF（Portable Document Format，便携式文档格式）是由 Adobe Systems 用于与应用程序、操作系统、硬件无关的方式进行文件交换所发展出的文件格式。PDF 文件以 PostScript 语言图像模型为基础，无论在哪种打印机上都可保证精确的颜色和准确的打印效果，即 PDF 会忠实地再现原稿的每一个字符、颜色以及图像。

PDF 这种文件格式与操作系统平台无关，也就是说，PDF 文件不管是在 Windows、UNIX 还是在苹果公司的 MacOS 操作系统中都是通用的。这一特点使它成为在 Internet 上进行电子文档发行和数字化信息传播的理想文档格式。越来越多的电子图书、产品说明、公司文告、网络资料、电子邮件开始使用 PDF 格式文件。

8.7.5 其他格式文件的输出

除了上面介绍的几种常见的文件格式之外，在AutoCAD中还可以输出DGN、FBX、IGS等十余种格式。这些文件的输出方法与所介绍的4种相差无几，在此就不多加赘述，只简单介绍其余文件类型的作用与使用方法。

1. DGN

DGN为奔特力（Bentley）工程软件系统有限公司的MicroStation和Intergraph公司的Interactive Graphics Design System (IGDS) CAD程序所支持。2000年之前，所有DGN格式都基于Intergraph标准文件格式（ISFF）定义，此格式在20世纪80年代末发布。此文件格式通常被称为V7 DGN或者Intergraph DGN。2000年，Bentley创建了DGN的更新版本。尽管在内部数据结构上和基于ISFF定义的V7格式有所差别，但总体上说它是V7版本DGN的超集，一般称之为V8 DGN。因此在AutoCAD的输出中，可以看到这两种不同DGN格式的输出，如图8-53所示。

图8-53 V8 DGN和V7 DGN的输出

尽管DGN在使用上不如Autodesk的dwg文件格式那样广泛，但在诸如建筑、高速路、桥梁、工厂设计、船舶制造等许多大型工程上，都发挥着重要的作用。

2. FBX

FBX是FilmBoX这套软件所使用的格式，后改称MotionBuilder。FBX最大的用途是在诸如3ds Max、Maya、SOFTIMAGE等软件间进行模型、材质、动作和摄影机信息的互导，这样就可以发挥3ds Max和Maya等软件的优势。可以说，FBX文件是这些软件之间最好的互导方案。

因此，如需使用AutoCAD建模，并得到最佳的动画录制或渲染效果，可以考虑输出为FBX文件。

3. EPS

EPS（Encapsulated PostScript）是处理图像工作中的最重要的格式，它在Mac和

PC 环境下的图形和版面设计中广泛使用，用在 PostScript 输出设备上打印。几乎每个绘画程序及大多数页面布局程序都允许保存 EPS 文档。在 Photoshop 中，通过文件菜单的放置（Place）命令（注：Place 命令仅支持 EPS 插图）转换成 EPS 格式。

如果要将一幅 AutoCAD 的 DWG 图形转入到 Photoshop、Adobe Illustrator、CorelDRAW、QuarkXPress 等软件时，最好的选择是 EPS。但是，由于 EPS 格式在保存过程中图像体积过大，因此，如果仅保存图像，建议不要使用 EPS 格式。如果文件要打印到无 PostScript 的打印机上，为避免打印问题，最好也不要使用 EPS 格式。可以用 TIFF 或 JPEG 格式来替代。

8.8 课堂练习：输出 DWF 文件加速设计图评审

设计评审是对一项设计进行正式的、按文件规定的、系统的评估活动，由不直接涉及开发工作的人执行。由于 AutoCAD 不能一次性打开多张图纸，而且图纸数量一多，在 AutoCAD 中来回切换时就多有不便，在评审时经常因此耽误时间。这时就可以利用 DWF Viewer 查看 DWF 文件的方式，一次性打开所需图纸且图纸切换极其方便。

（1）打开素材文件“第 8 章\8.8 课堂练习：输出 DWF 文件加速设计图评审 .dwg”，其中已经绘制好了 4 张图纸，如图 8-54 所示。

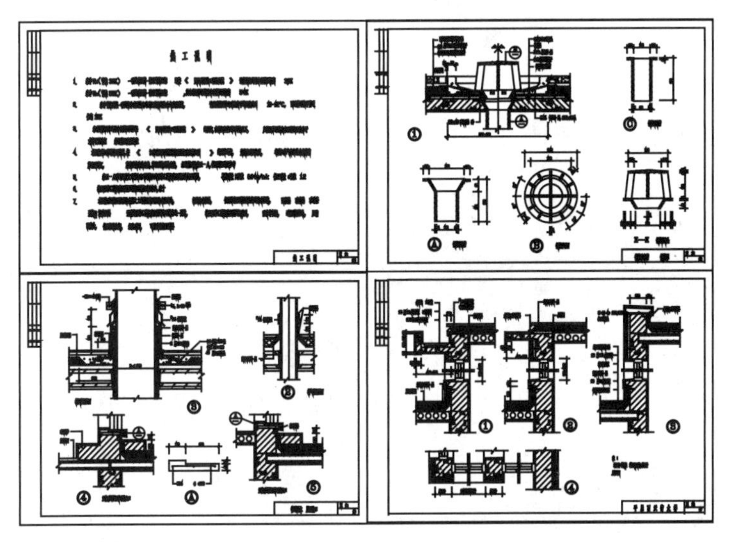

高清图

图 8-54 素材文件

（2）在状态栏中可以看到已经创建好了对应的 4 个布局，如图 8-55 所示，每一个布局对应一张图纸，并控制该图纸的打印。

模型 | 热工说明 | 管道泛水屋面出口图 | 铸铁罩图 | 平屋面天窗大样图 | +

图 8-55 素材创建好的布局

（3）单击【应用程序】按钮 A，在弹出的快捷菜单中选择【发布】选项，打开【发布】对话框，在【发布为】下拉列表中选择 DWF 选项，在【发布选项】中定义发布位置，如图 8-56 所示。

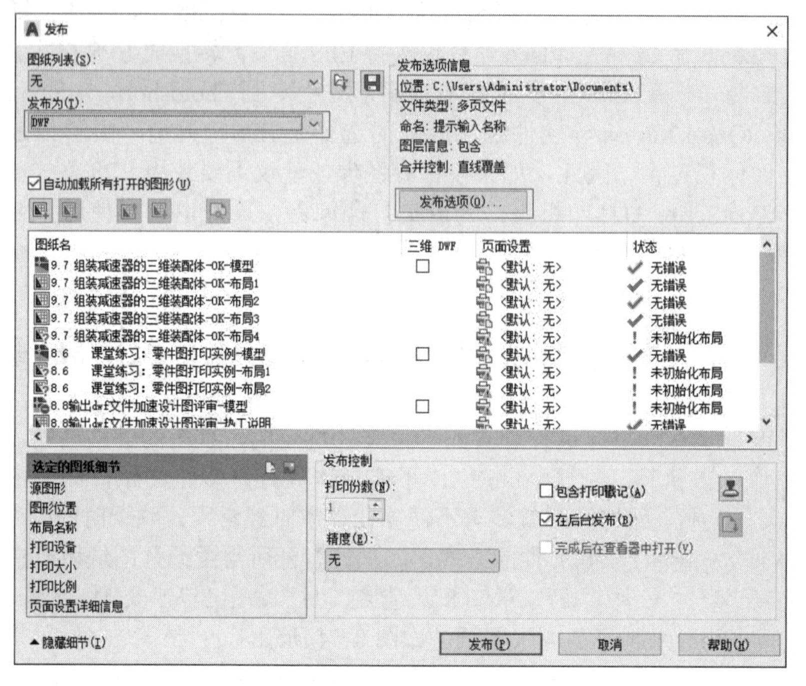

图 8-56 【发布】对话框

（4）在【图纸名】列表栏中可以查看到要发布为 DWF 的文件，用鼠标右键单击其中的任一文件，在弹出的快捷菜单中选择【重命名图纸】选项，如图 8-57 所示，为图形输入合适的名称，最终效果如图 8-58 所示。

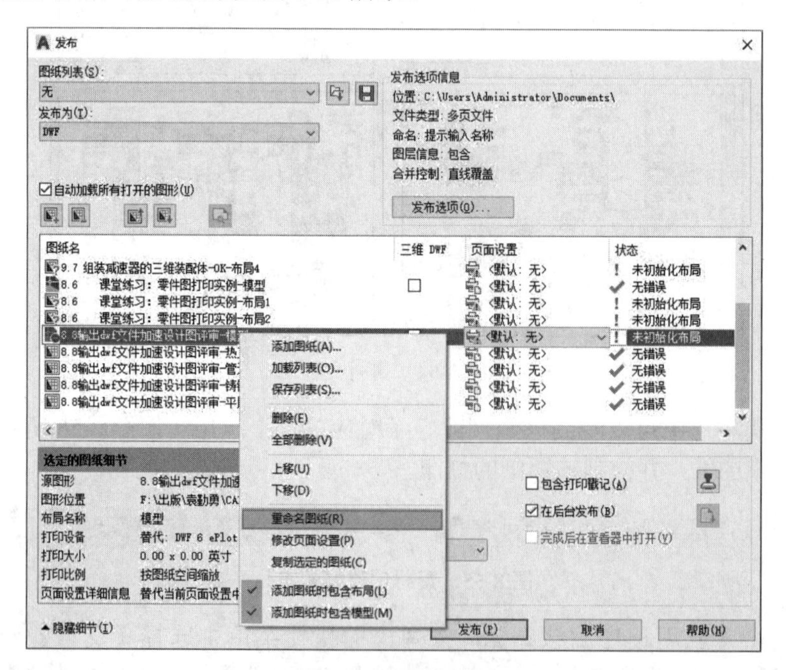

图 8-57 重命名图纸

aaa
8.8输出dwf文件加速设计图评审-热工说明
8.8输出dwf文件加速设计图评审-管道泛水屋面出口图
8.8输出dwf文件加速设计图评审-铸铁罩图
8.8输出dwf文件加速设计图评审-平屋面天窗大样图

图 8-58 重命名效果

（5）设置无误后，单击【发布】对话框中的【发布】按钮，打开【指定 DWF 文件】对话框，在【文件名】文本框中输入发布后 DWF 文件的文件名，单击【选择】按钮即可发布，如图 8-59 所示。

（6）如果是第一次进行 DWF 发布，会打开【发布 - 保存图纸列表】对话框，如图 8-60 所示，单击【否】按钮即可。

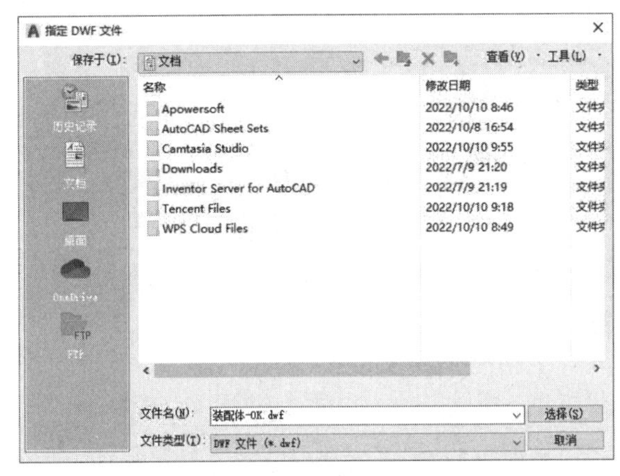

图 8-59 【指定 DWF 文件】对话框

图 8-60 【发布 - 保存图纸列表】对话框

（7）此时 AutoCAD 弹出的对话框如图 8-61 所示，开始处理 DWF 文件的输出；输出完成后在状态栏右下角出现如图 8-62 所示的提示，DWF 文件即输出完成。

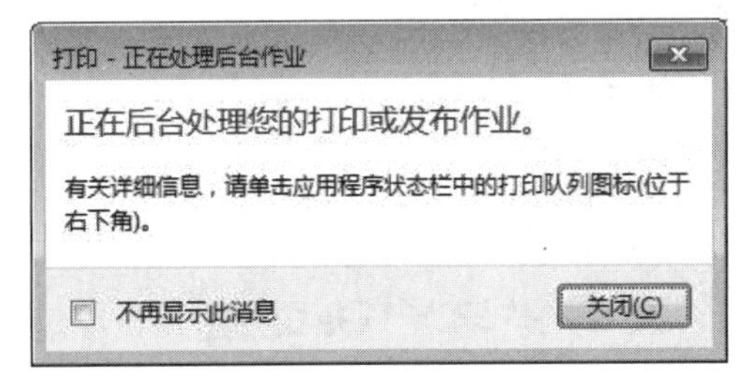

图 8-61 【打印 - 正在处理后台作业】对话框

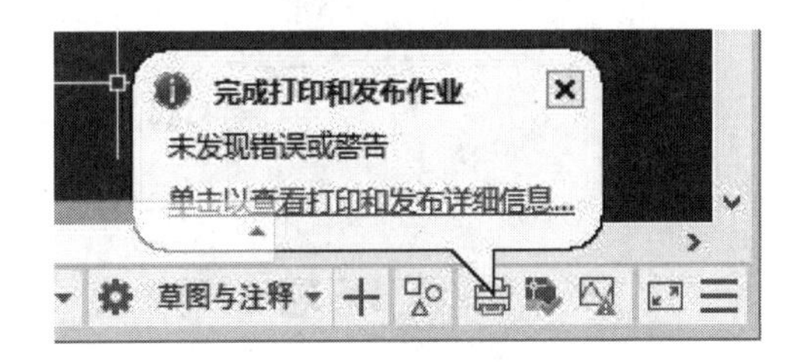

图 8-62 完成打印和发布作业的提示

（8）下载 DWF Viewer 软件进行安装。DWF Viewer 打开后界面如图 8-63 所示。

（9）单击左侧的【打开 DWF 文件】链接，打开之前发布的 DWF 文件，效果如图 8-64 所示。在 DWF 窗口中除了不能对文件进行编辑外，可以对图形进行观察、测量等各种操作；左侧列表中还可以自由切换图纸，这样一来在进行图纸评审时就方便得多了。

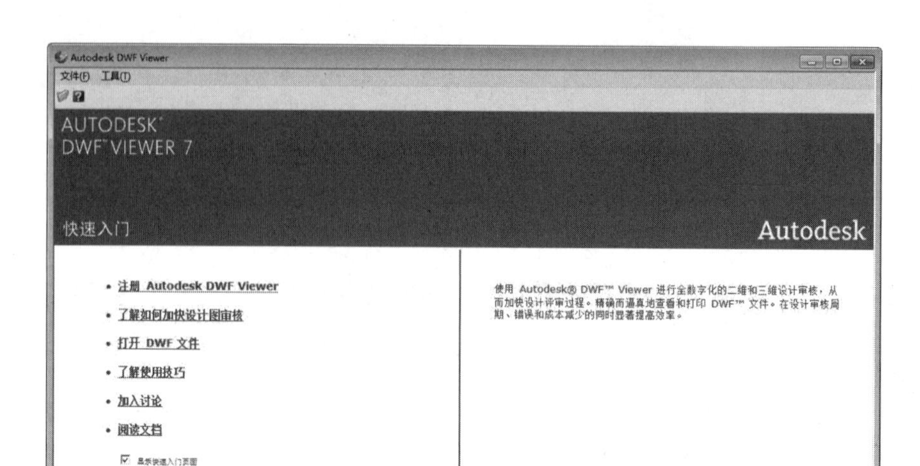

图 8-63 DWF Viewer 软件界面

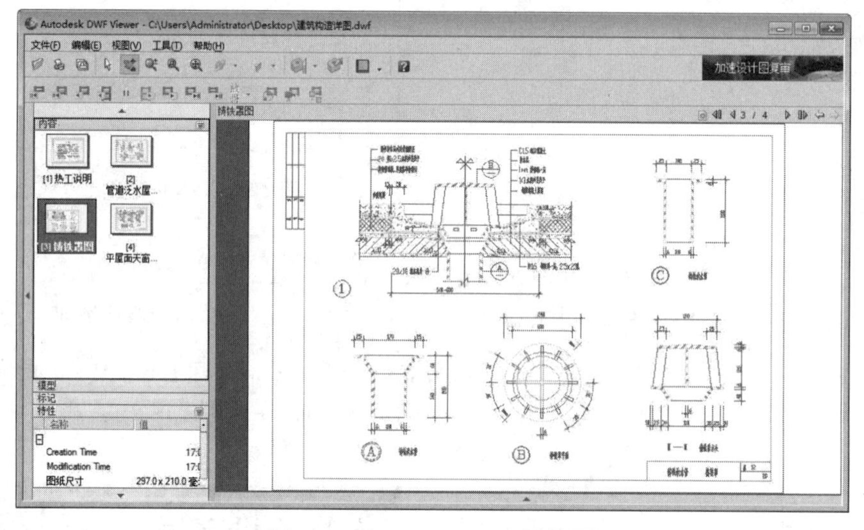

图 8-64 DWF Viewer 查看效果

8.9 课堂练习：输出 PDF 文件供客户快速查阅

对于 AutoCAD 用户来说，掌握 PDF 文件的输出尤为重要。因为有些客户并非设计专业，在他们的计算机中不会装有 AutoCAD 或者简易的 DWF Viewer，这样进行设计图交流的时候就会很麻烦：直接通过截图的方式交流，截图的分辨率又太低；打印成高分辨率的 jpeg 图形又不好添加批注等信息。这时就可以将 dwg 图形输出为 PDF，既能高清还原 AutoCAD 图纸信息，又能添加批注，更重要的是 PDF 普及度高，任何平台、任何系统都能有效打开。

（1）打开素材文件“第 8 章\8.9 课堂练习：输出 PDF 文件供客户快速查阅 .dwg”，

其中已经绘制好了一张完整图纸，如图 8-65 所示。

（2）单击【应用程序】按钮A，在弹出的快捷菜单中选择【输出】选项，在右侧的输出菜单中选择 PDF，如图 8-66 所示。

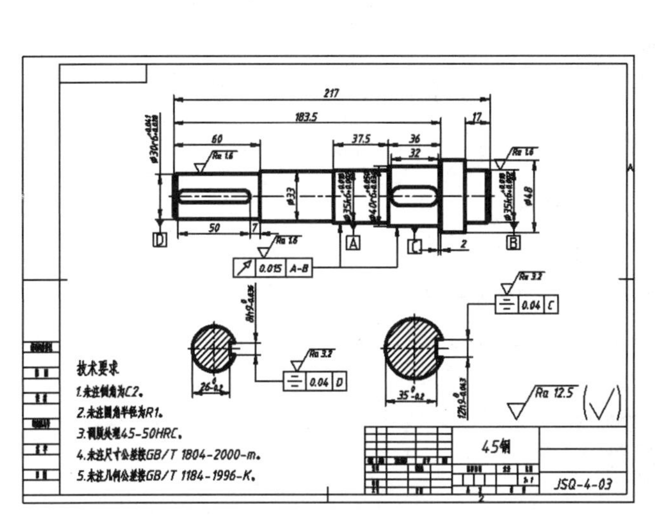

图 8-65 素材文件

图 8-66 输出 PDF

（3）系统自动打开【另存为 PDF】对话框，在对话框中指定输出路径、文件名，然后在【PDF 预设】下拉列表框中选择 AutoCAD PDF（High Quality Print），即“高品质打印”，读者也可以自行选择要输出 PDF 的品质，如图 8-67 所示。

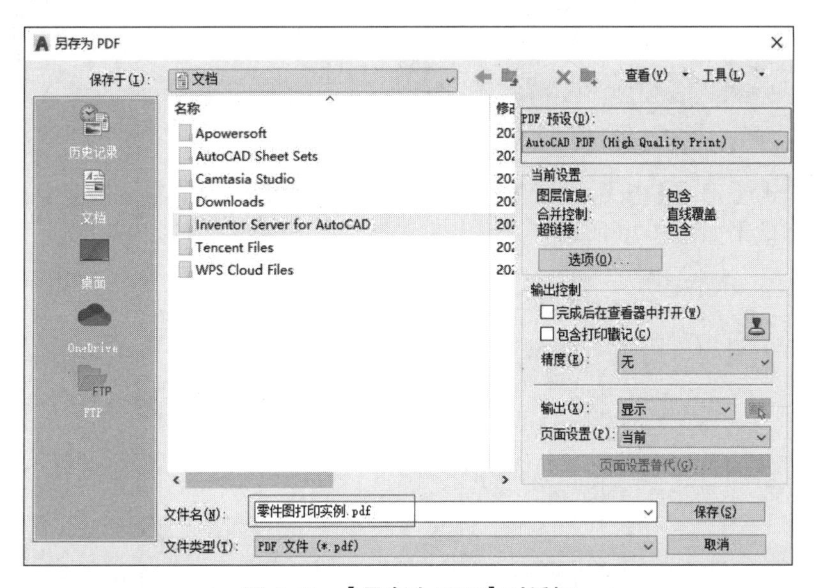

图 8-67 【另存为 PDF】对话框

（4）在对话框的【输出】下拉列表中选择【窗口】，系统返回绘图界面，然后选择素材图形的对角点即可，如图 8-68 所示。

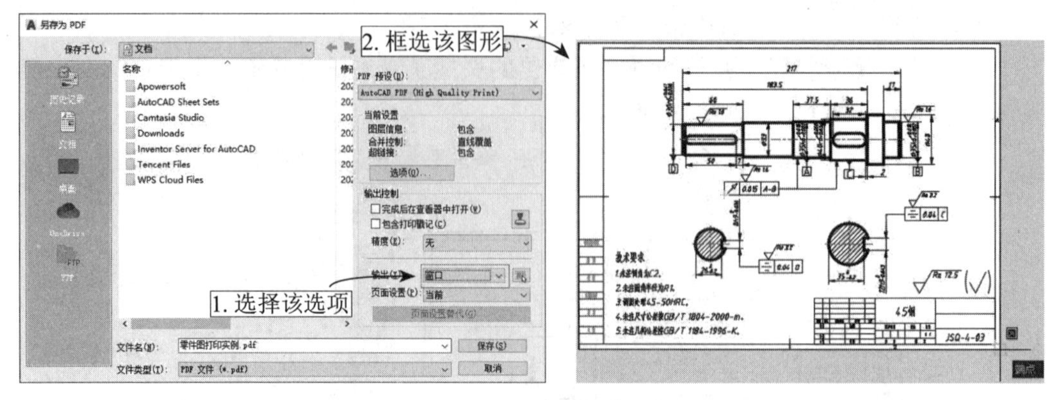

图 8-68 定义输出窗口

（5）在对话框的【页面设置】下拉列表中选择【替代】，再单击下方的【页面设置替代】按钮，打开【页面设置替代】对话框，在其中定义好打印样式和图纸尺寸，如图 8-69 所示。

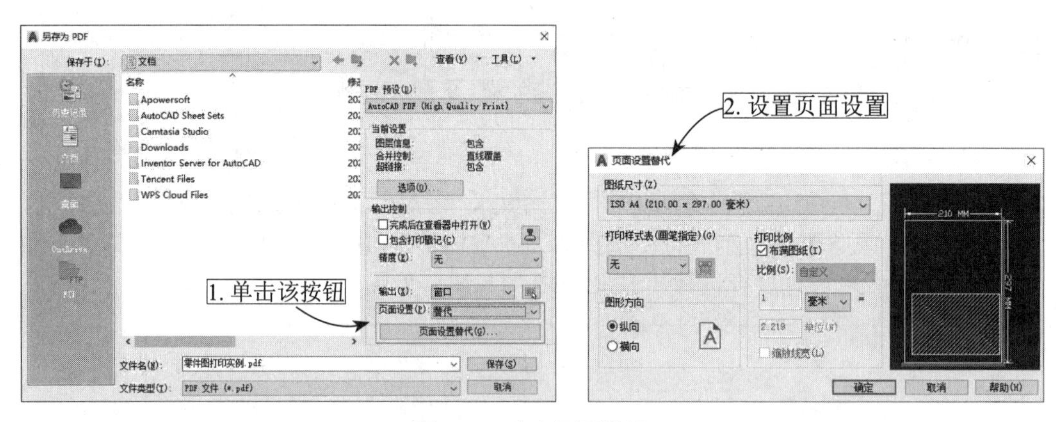

图 8-69 定义页面设置

（6）单击【确定】按钮返回【另存为 PDF】对话框，再单击【保存】按钮，即可输出 PDF，效果如图 8-70 所示。

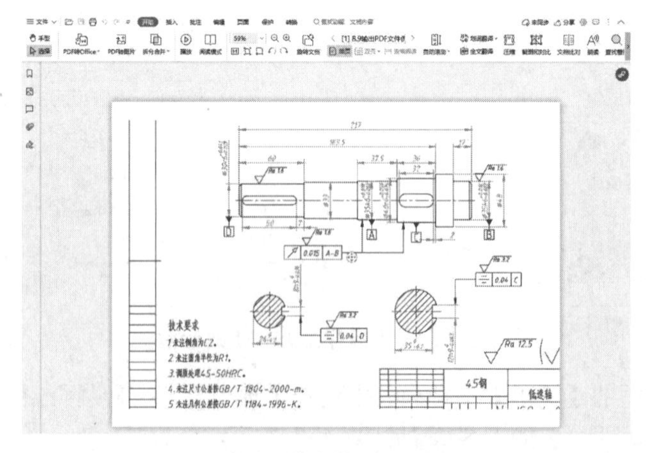

图 8-70 输出的 PDF 效果

8.10 课后总结

图形的打印和输出是AutoCAD进行机械制图的最后工作。虽然离成功只差一小步，但就实际的工作情况反映来看，很多设计师都没能很好地掌握AutoCAD中各种打印和输出的命令，以至于明明画好了图，却不能发往车间生产。本章便针对这种情况，从易到难地介绍了图形普通打印到PDF、DWF等各种格式的输出。

8.11 课后练习

布局空间下打印如图8-71所示装配图，并分别使用【颜色打印样式】和【命名打印样式】控制墙体、室内家具、尺寸标注图形的打印线宽、线型、颜色和灰度。

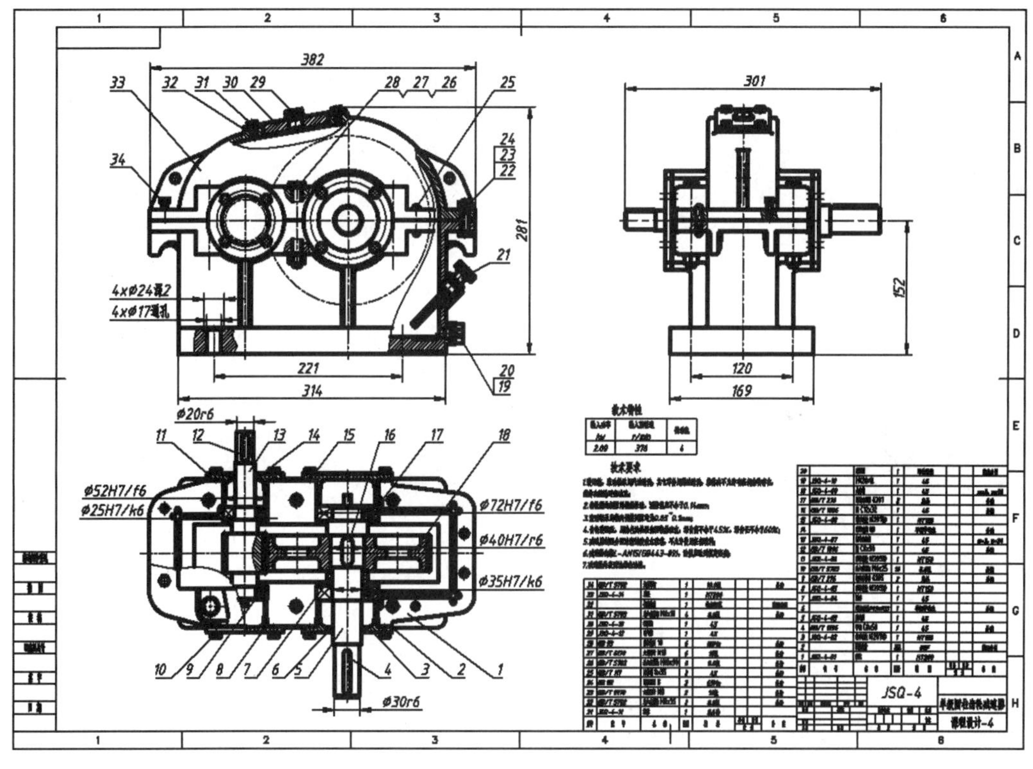

图8-71 减速器装配图

第 3 篇　机械实例篇

第 9 章 chapter 9

机械设计技术综合实训

本章综合运用前面章节所学知识，深入讲解 AutoCAD 在机械设计上的应用和绘图技法，以达到学以致用的目的。

9.1 创建机械制图样板文件

用户可根据需要创建自定义的样板文件，以后绘制新图，可以直接调用样板文件，在基于该文件各项设置的基础上开始绘图，提高绘图的效率。

9.1.1 设置绘图环境

绘图环境包括图形单位和图层。在设置图层时要按照《GB/T 4457.4—2002 机制制图 - 图样画法 - 图线》的标准进行设置。

（1）打开素材文件“第 9 章 \9.1 绘制标题栏 .dwg”。

（2）在命令行输入 UN 命令，系统将弹出【图形单位】对话框，设置好绘图单位，如图 9-1 所示。

（3）单击【图层】面板中的【图层特性】按钮，打开如图 9-2 所示的【图层特性管理器】选项板。

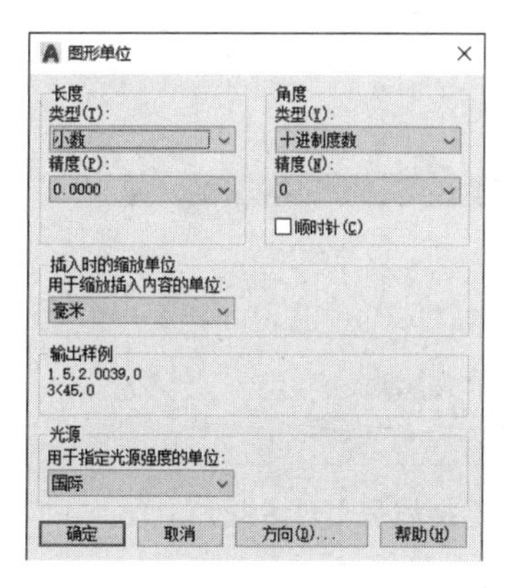

图 9-1 【图形单位】对话框

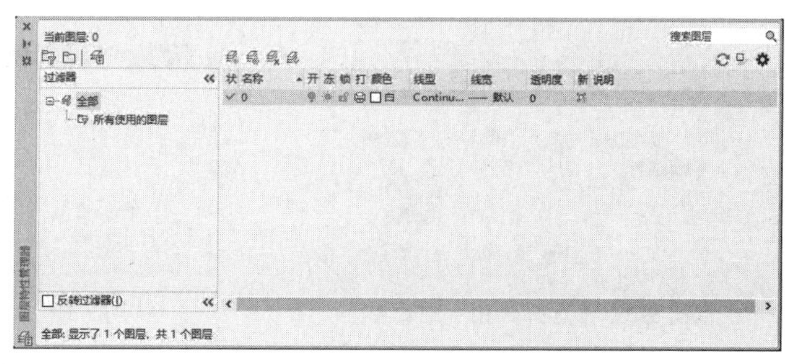

图 9-2 【图层特性管理器】选项板

（4）新建图层。单击【新建】按钮，新建【图层 1】，如图 9-3 所示。此时文本框呈可编辑状态，在其中输入文字“中心线”并按 Enter 键，完成中心线图层的创建，如图 9-4 所示。

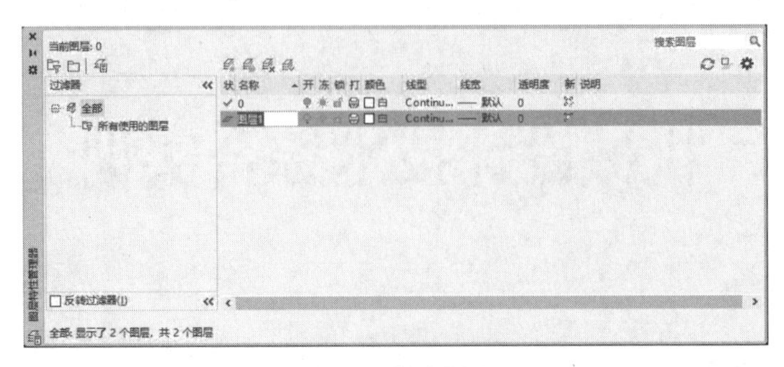

图 9-3　新建图层

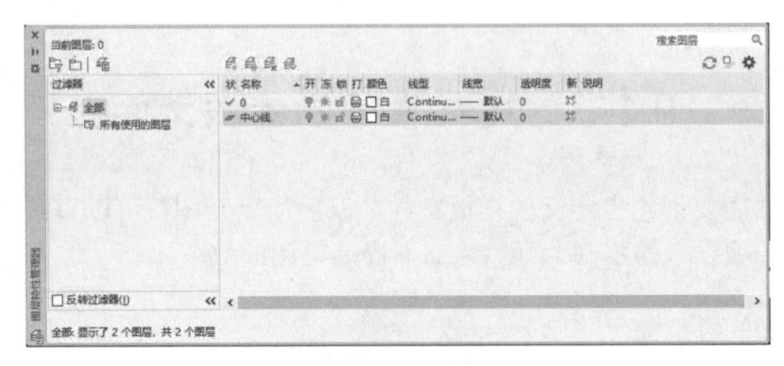

图 9-4　重命名图层

（5）设置图层特性。单击中心线图层对应的【颜色】项目，弹出【选择颜色】对话框，选择红色作为该图层的颜色，如图 9-5 所示。单击【确定】按钮，返回【图层特性管理器】选项板。

（6）单击【中心线】图层对应的【线型】项目，弹出【选择线型】对话框，如图 9-6 所示。

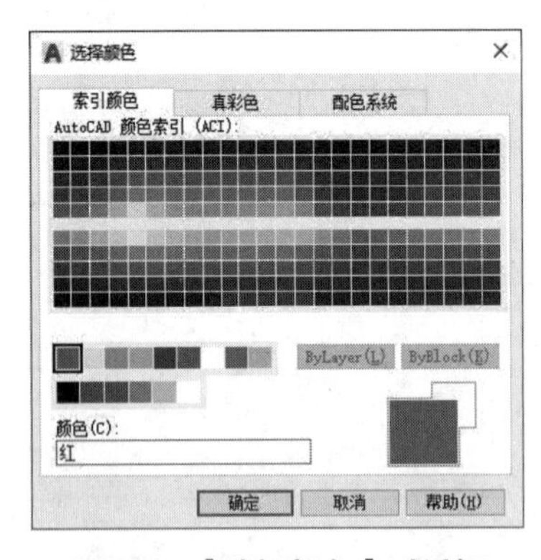

图 9-5　【选择颜色】对话框

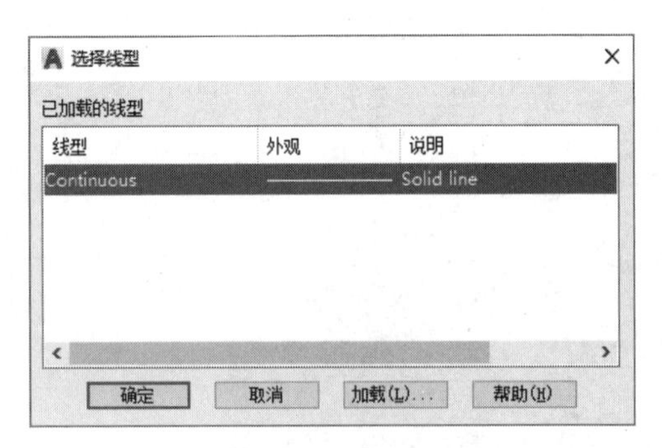

图 9-6　【选择线型】对话框

（7）加载线型。对话框中没有需要的线型，单击【加载】按钮，弹出【加载或重载线型】对话框，如图 9-7 所示，选择 CENTER 线型，单击【确定】按钮，将其加载到【选择线型】对话框中，如图 9-8 所示。

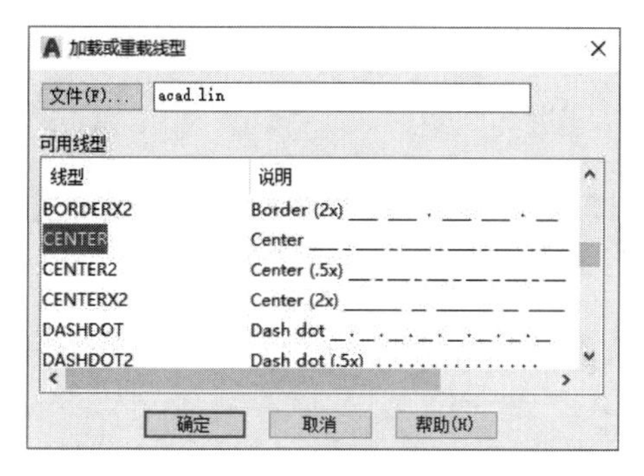

图 9-7 【加载或重载线型】对话框

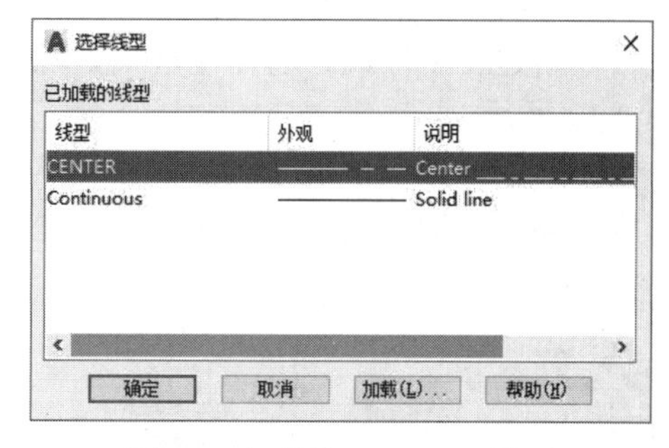

图 9-8 加载的 CENTER 线型

（8）选择 CENTER 线型，单击【确定】按钮即为【中心线】图层指定了线型。

（9）单击【中心线】图层对应的【线宽】项目，弹出【线宽】对话框，选择线宽为 0.18 mm，如图 9-9 所示，单击【确定】按钮，即为【中心线】图层指定了线宽。

（10）创建的【中心线】图层如图 9-10 所示。

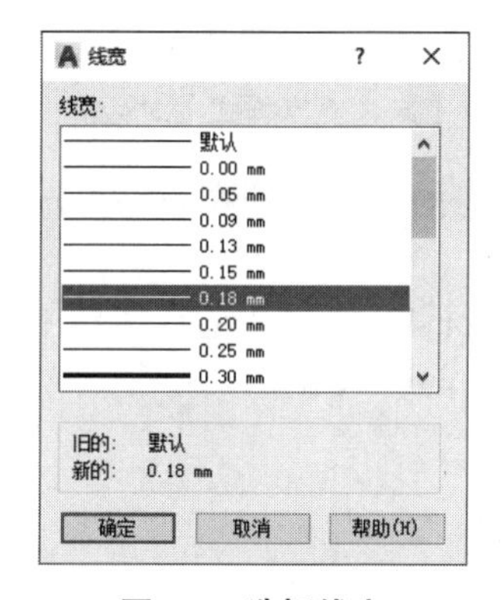

图 9-9 选择线宽

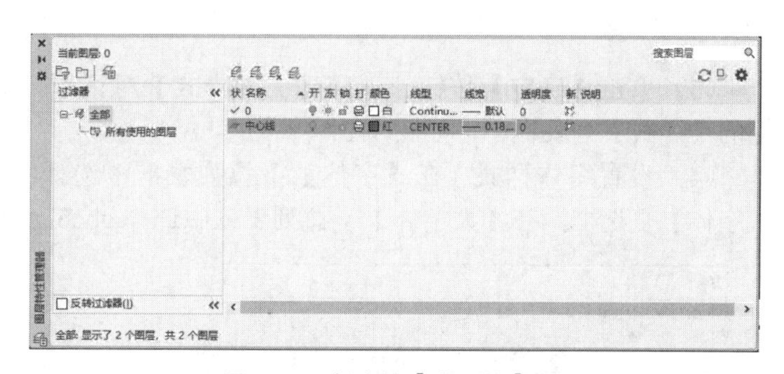

图 9-10 创建的【中心线】图层

（11）重复上述步骤，分别创建【标注线】【符号线】【辅助线】和【虚线】图层，为各图层选择合适的颜色、线型和线宽特性，结果如图 9-11 所示。

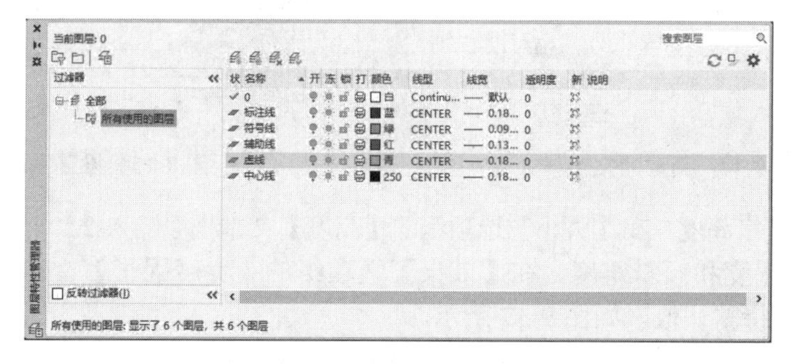

图 9-11 创建剩余的图层

9.1.2 设置文字样式

机械制图中所标注的文字都需要一定的文字样式，如果不希望使用系统的默认文字样式，在创建文字之前就应创建所需的文字样式。新建文字样式的步骤如下。

（1）新建文字样式。选择【格式】|【文字样式】命令，弹出【文字样式】对话框，如图 9-12 所示。

（2）新建样式。单击【新建】按钮，弹出【新建文字样式】对话框，在【样式名】文本框中输入“机械设计文字样式”，如图 9-13 所示。

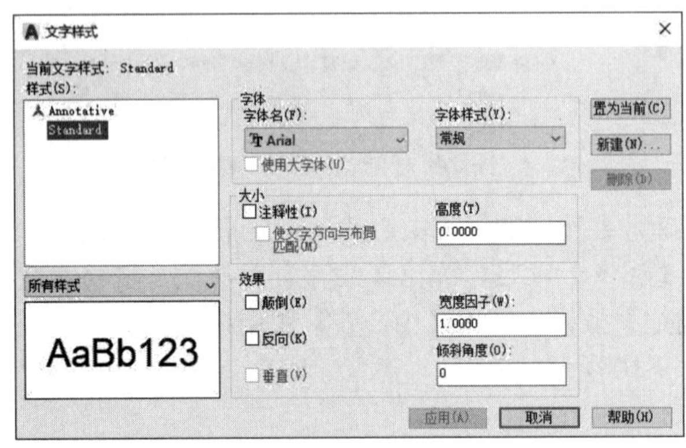

图 9-12 【文字样式】对话框

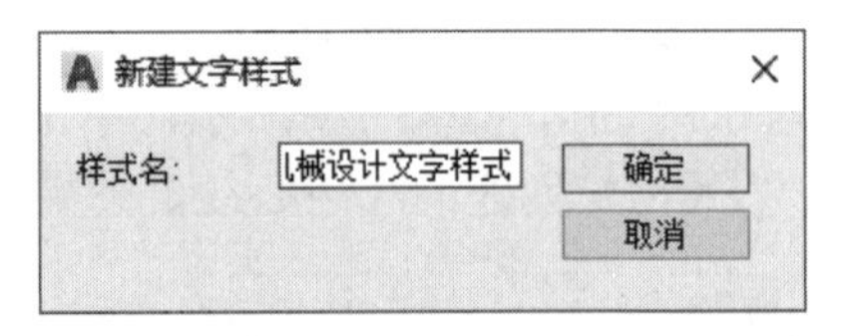

图 9-13 【新建文字样式】对话框

（3）单击【确定】按钮，返回【文字样式】对话框。新建的样式出现在对话框左侧的【样式】列表框中，如图 9-14 所示。

（4）设置字体样式。在【字体】下拉列表框中选择 gbenor.shx 样式，选择【使用大字体】复选框，在【大字体】下拉列表框中选择 gbcbig.shx 样式，如图 9-15 所示。

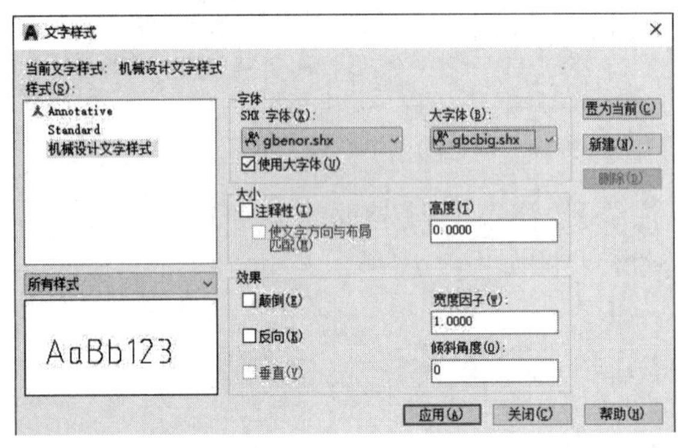

图 9-14 新建的文字样式

图 9-15 设置字体样式

（5）设置文字高度。在【大小】选项组的【高度】文本框中输入 2.5，如图 9-16 所示。

（6）设置宽度和倾斜角度。在【效果】选项组的【宽度因子】文本框中输入 0.7，【倾斜角度】保持默认值，如图 9-17 所示。

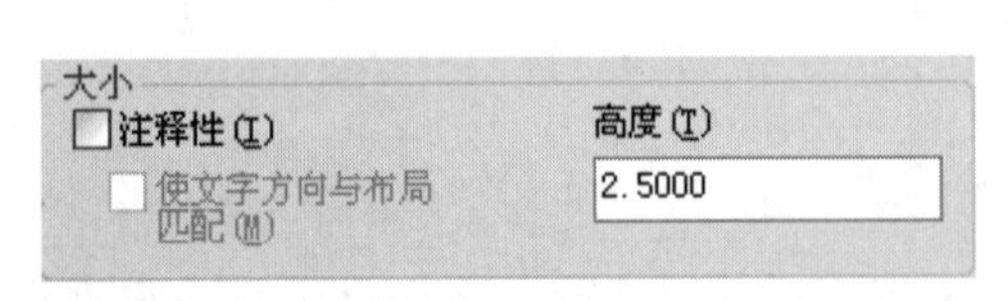

图 9-16 设置文字高度

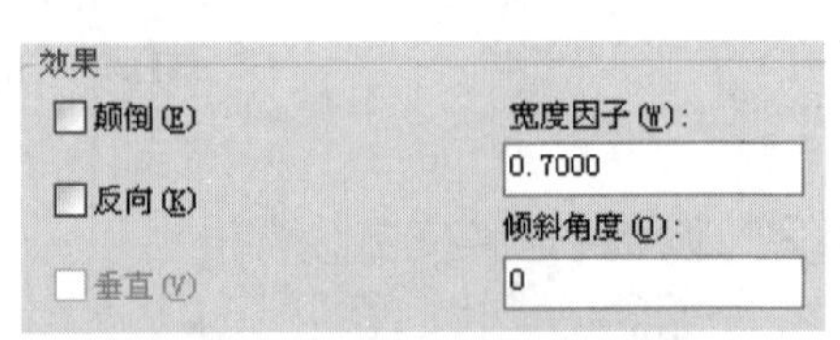

图 9-17 设置文字宽度与倾斜角度

（7）单击【置为当前】按钮，将文字样式置为当前，关闭对话框，完成设置。

9.1.3 设置尺寸标注样式

机械制图有其特有的标注规范，因此本案例便运用上文介绍的知识，创建用于机械制图的标注样式，步骤如下。

（1）选择【格式】|【标注样式】命令，弹出【标注样式管理器】对话框，如图 9-18 所示。

（2）单击【新建】按钮，系统弹出【创建新标注样式】对话框，在【新样式名】文本框中输入“机械图标注样式”，如图 9-19 所示。

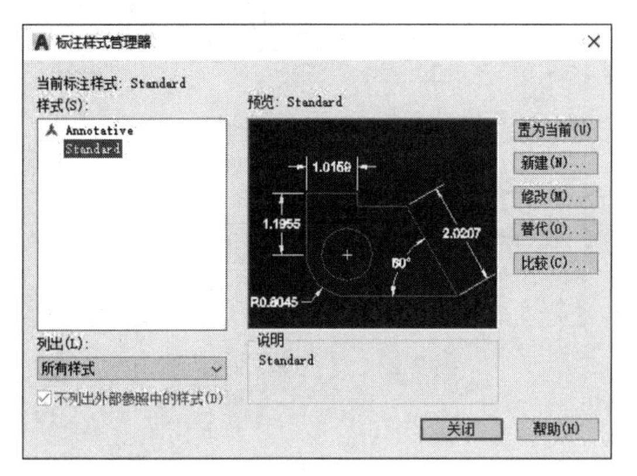

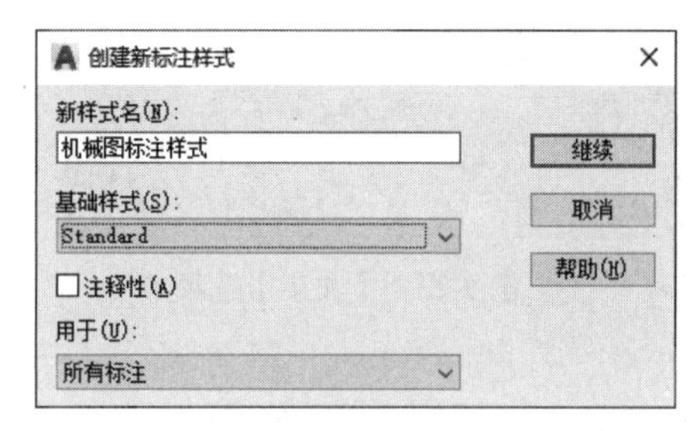

图 9-18 【标注样式管理器】对话框

图 9-19 【创建新标注样式】对话框

（3）单击【继续】按钮，弹出【新建标注样式：机械图标注样式】对话框，切换到【线】选项卡，设置【基线间距】为 8，设置【超出尺寸线】为 2.5，设置【起点偏移量】为 2，如图 9-20 所示。

（4）切换到【符号和箭头】选项卡，设置【引线】为【无】，设置【箭头大小】为 2.5，设置【圆心标记】为 2.5，设置【弧长符号】为【标注文字的上方】，设置【半径折弯角度】为 90，如图 9-21 所示。

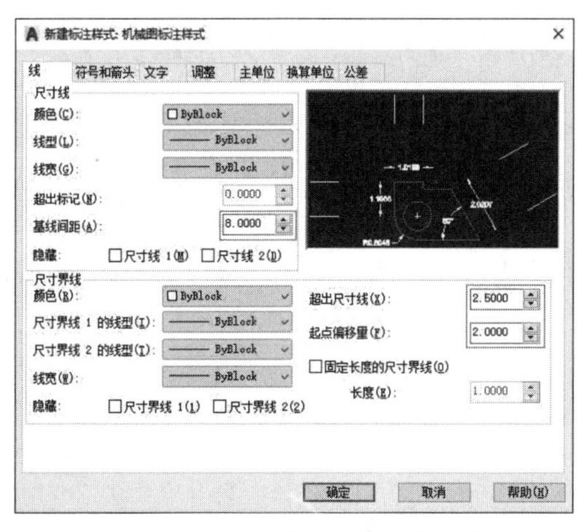

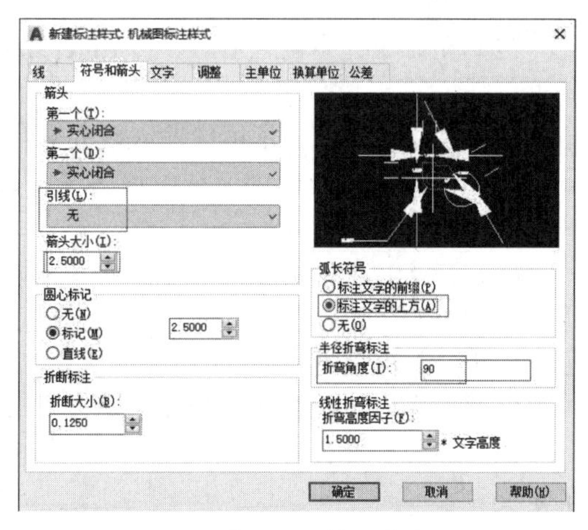

图 9-20 【线】选项卡

图 9-21 【符号和箭头】选项卡

（5）切换到【文字】选项卡，单击【文字样式】中的按钮，设置文字为gbenor.shx，设置【文字高度】为2.5，设置【文字对齐】为【ISO标准】，如图9-22所示。

（6）切换到【主单位】选项卡，设置【线性标注】中的【精度】为0.00，设置【角度标注】中的【精度】为0.0，【消零】都设为【后续】，如图9-23所示。然后单击【确定】按钮，选择【置为当前】后，单击【关闭】按钮，创建完成。

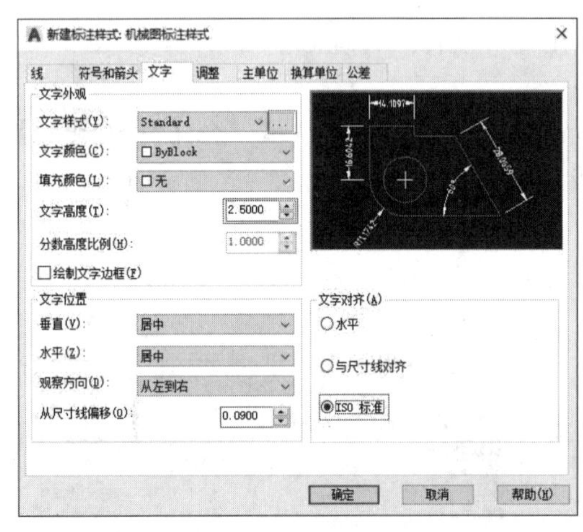

图9-22 【文字】选项卡

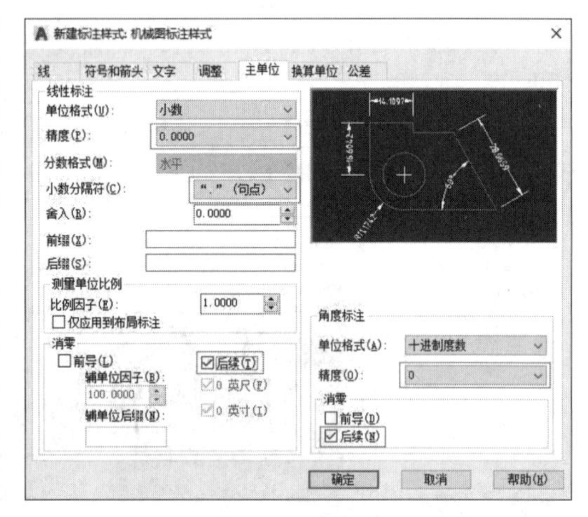

图9-23 【主单位】选项卡

9.1.4 创建基准符号图块

基准是机械制造中应用十分广泛的一个概念，机械产品从设计时零件尺寸的标注、制造时工件的定位、校验时尺寸的测量，一直到装配时零部件的装配位置确定等，都要用到基准的概念。基准就是用来确定生产对象上几何关系所依据的点、线或面。基准符号也可以事先制作成块，然后进行调用，届时只需输入比例即可调整大小。

（1）创建基准符号。切换至【细实线】图层，在图形的空白区域绘制一基准符号，如图9-24所示。

（2）在命令行中输入B，并按Enter键，调用【块】命令，系统弹出【块定义】对话框。

（3）在【名称】文本框中输入块的名称“基准符号”。

（4）在【基点】选项区域中单击【拾取点】按钮，然后再拾取图形中的下方横线中点，确定基点位置。

（5）在【对象】选项区域中选中【删除】单选按钮，再单击【选择对象】按钮，返回绘图窗口，选择要创建块的表面粗糙度符号，然后按Enter键或单击鼠标右键，返回【块定义】对话框。

（6）在【块单位】下拉列表中选择【毫米】选项，设置单位为毫米。

（7）完成参数设置，如图9-25所示，单击【确定】按钮保存设置，完成基准图块的定义。

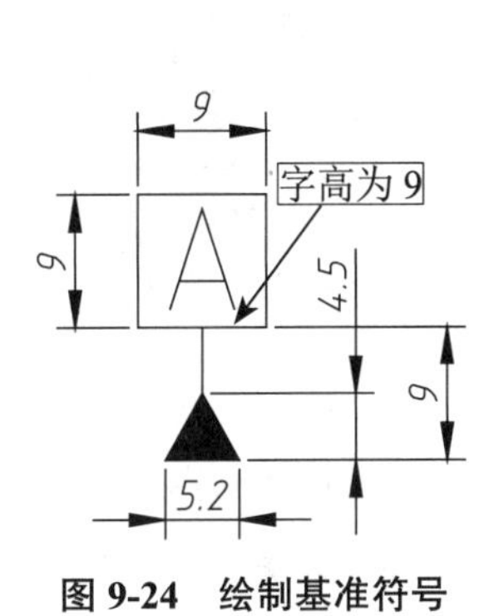

图 9-24 绘制基准符号

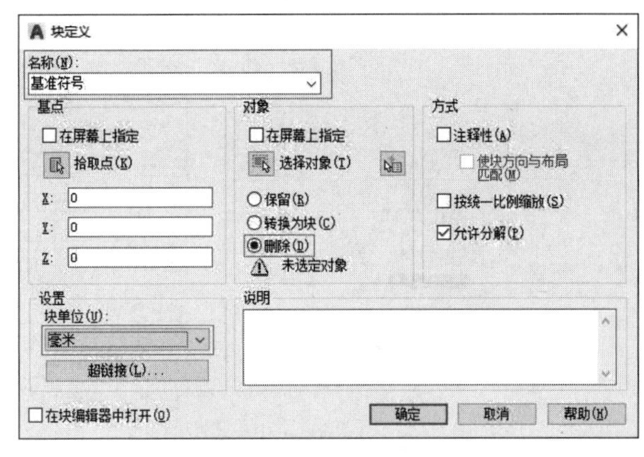
图 9-25 【块定义】对话框

9.1.5 创建表面粗糙度图块

除了基准符号外，还可以在样板文件中创建好粗糙度的图块，这样在绘制零件图时就可以随时调用，极大地提高图形的绘制效率。

(1) 切换至【细实线】图层，单击【绘图】面板中的【多段线】按钮，在图形的空白区域绘制一粗糙度符号，如图 9-26 所示。

(2) 单击【默认】选项卡中【块】面板中的【定义属性】按钮，打开【属性定义】对话框，按图 9-27 进行设置。

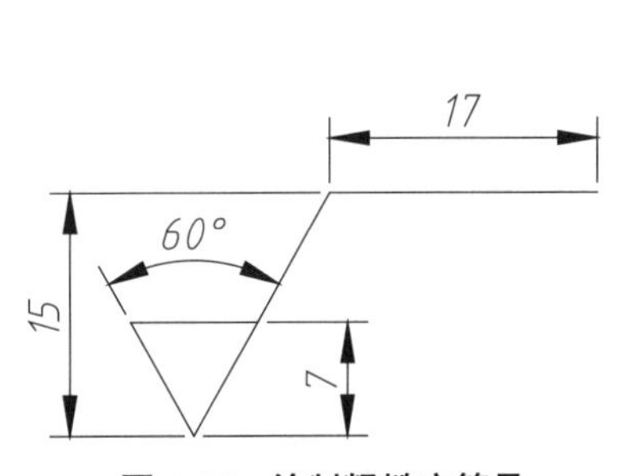

图 9-26 绘制粗糙度符号

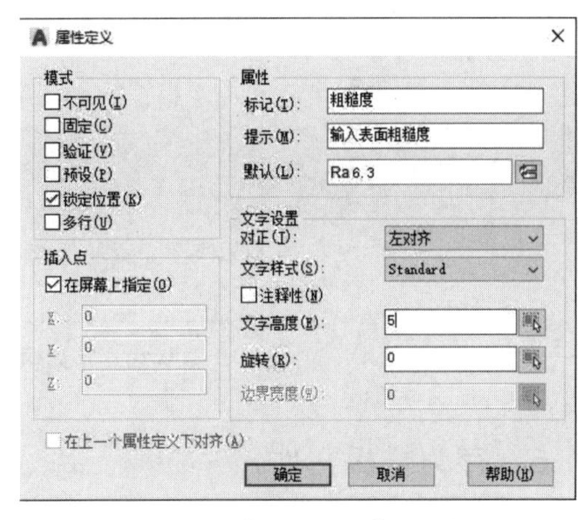
图 9-27 【属性定义】对话框

(3) 单击【确定】按钮，光标变为标记文字的放置形式，在粗糙度符号的合适位置放置即可，如图 9-28 所示。

(4) 选择多段线和文字，单击【块】面板中的【创建】按钮，打开【块定义】对话框，在【名称】文本框中输入“粗糙度”，如图 9-29 所示。

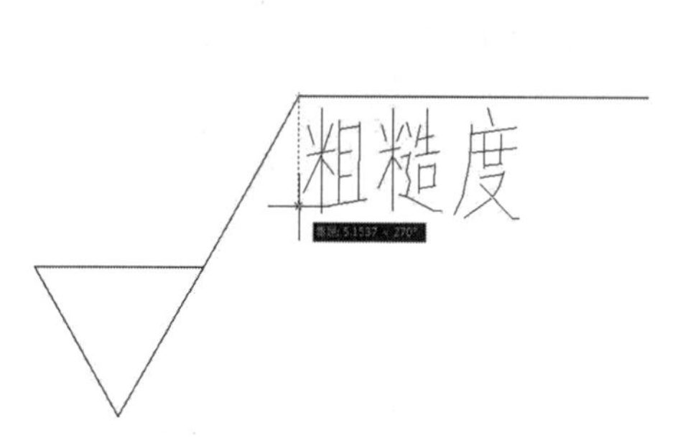

图 9-28　放置标记文字

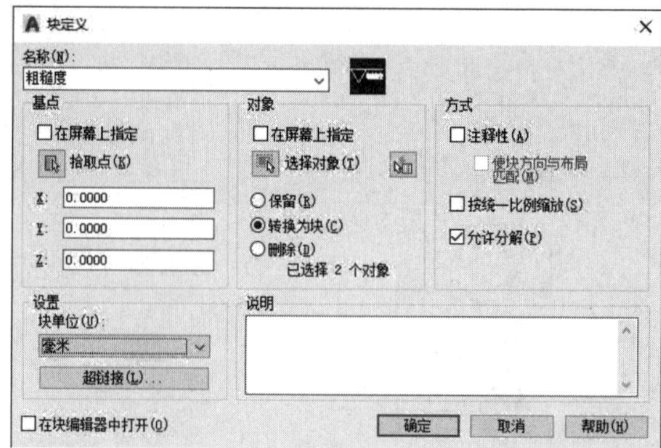

图 9-29　【块定义】对话框

（5）此时会弹出【编辑属性】对话框，单击【确定】按钮结束块的制作，如图 9-30 所示。

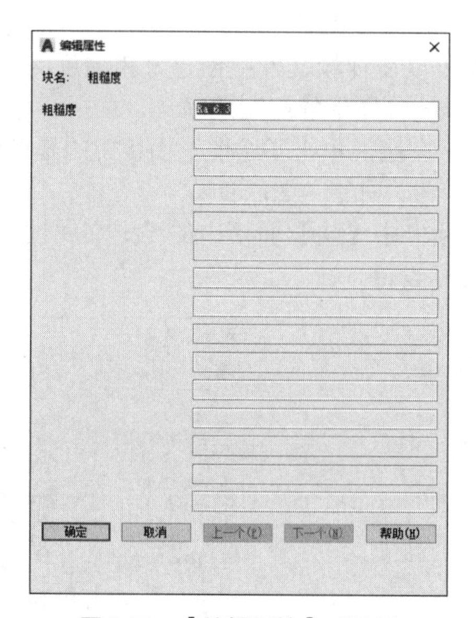

图 9-30　【编辑属性】对话框

9.1.6　存为样板文件

将创建好的图框保存为样板文件后，就可以在新建文件时选择该样板自动打开，其中就有设置好的图层、文字与各种图块等。本书后续的章节在未声明的情况下，均默认采用该图形样板。

（1）单击快速访问工具栏中的【保存】按钮，打开【图形另存为】对话框，在【文件名】文本框中输入“机械制图”，在【文件类型】下拉列表中选择【AutoCAD 图形样板（*.dwt）】类型，如图 9-31 所示。

（2）单击【保存】按钮，系统弹出【样板选项】对话框，在该对话框中，可以对样板文件进行说明，如图 9-32 所示。

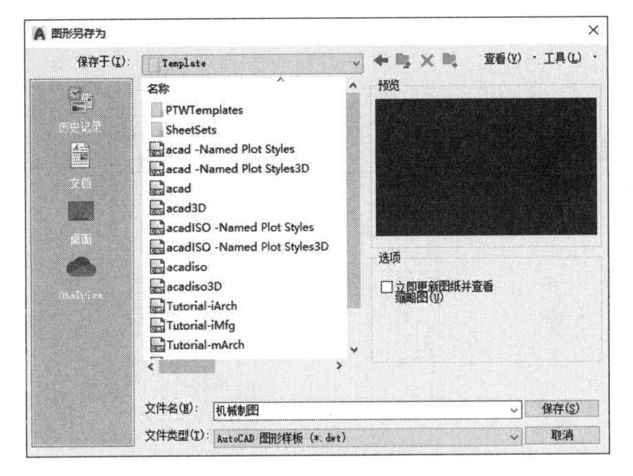

图 9-31　选择保存类型

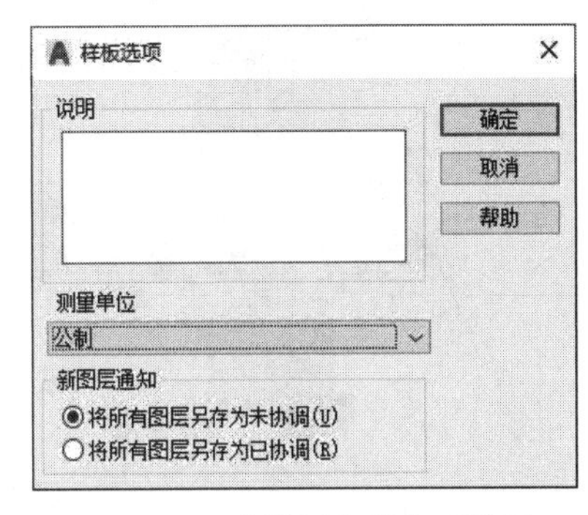

图 9-32　【样板选项】对话框

（3）单击【确定】按钮，保存样板文件，此时，样板文件就创建完成，选择【文件】|【新建】菜单命令，打开【选择样板】对话框，就可以看到创建好的样板文件，如图 9-33 所示。

图 9-33　【选择样板】对话框

9.2　绘制传动轴零件图

如图 9-34 所示零件是减速器中的传动轴。它属于阶梯轴类零件，由圆柱面、轴肩、螺纹、螺尾退刀槽、砂轮越程槽和键槽等组成。轴肩一般用来确定安装在轴上零件的轴向位置，各环槽的作用是使零件装配时有一个正确的位置，并使加工中磨削外圆或车螺纹时退刀方便；键槽用于安装键，以传递转矩。

根据工作性能与条件，该传动轴规定了主要轴颈、外圆以及轴肩有较高的尺寸、位置精度和较小的表面粗糙度值，并有热处理要求。这些技术要求必须在加工中给予保证。因此，该传动轴的关键工序是轴颈和外圆的加工。本案例将绘制减速器传动轴，具体步骤如下。

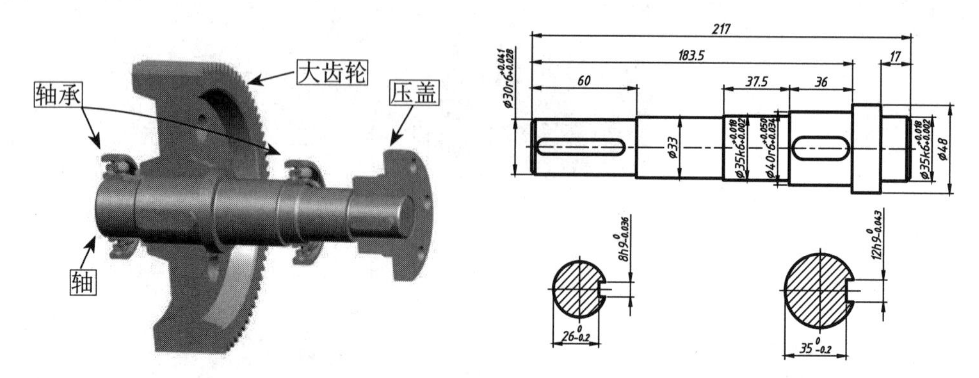

图 9-34　减速器中的传动轴

9.2.1　绘制主视图

根据第 1 章所学的知识，从主视图开始绘制阶梯轴图形。

（1）以 9.1 节创建好的“机械制图 .dwt”为样板文件，新建一空白文档，如图 9-35 所示。

（2）将【中心线】图层设置为当前图层，执行 XL【构造线】命令，在合适的地方绘制水平的中心线，以及一条垂直的定位中心线，如图 9-36 所示。

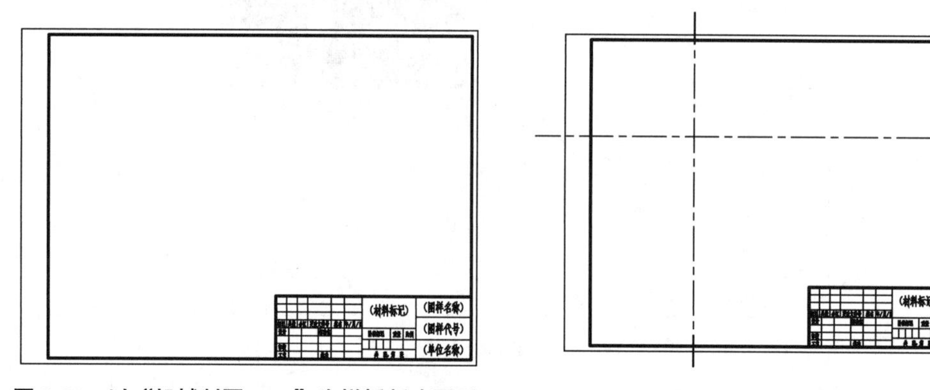

图 9-35　以“机械制图 .dwt”为样板新建图形

图 9-36　绘制中心线

（3）使用快捷键 O 激活【偏移】命令，将垂直的中心线向右偏移 60、50、37.5、36、16.5、17，如图 9-37 所示。

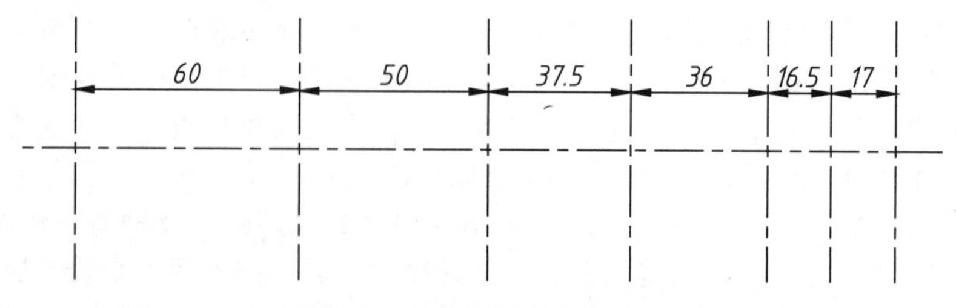

图 9-37　偏移垂直中心线

（4）同样使用 O【偏移】命令，将水平的中心线向上偏移 15、16.5、17.5、20、24，如图 9-38 所示。

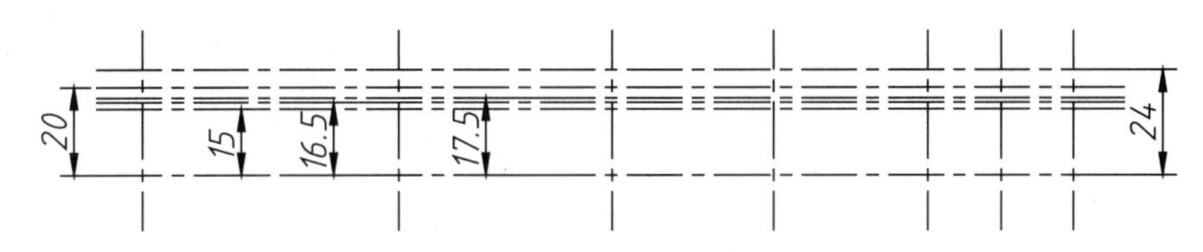

图 9-38 偏移水平中心线

（5）切换到【轮廓线】图层，执行 L【直线】命令，绘制轴体的半边轮廓，再执行 TR【修剪】、E【删除】命令，修剪多余的辅助线，结果如图 9-39 所示。

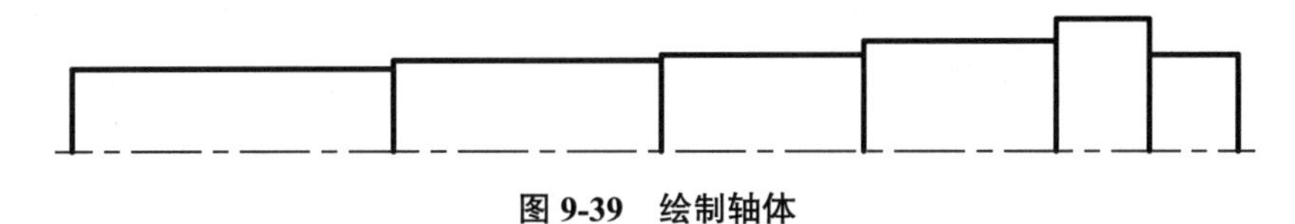

图 9-39 绘制轴体

（6）单击【修改】面板中的按钮，激活 CHA【倒角】命令，对轮廓线进行倒角，倒角尺寸为 C2，然后使用 L【直线】命令，配合捕捉与追踪功能，绘制倒角的连接线，结果如图 9-40 所示。

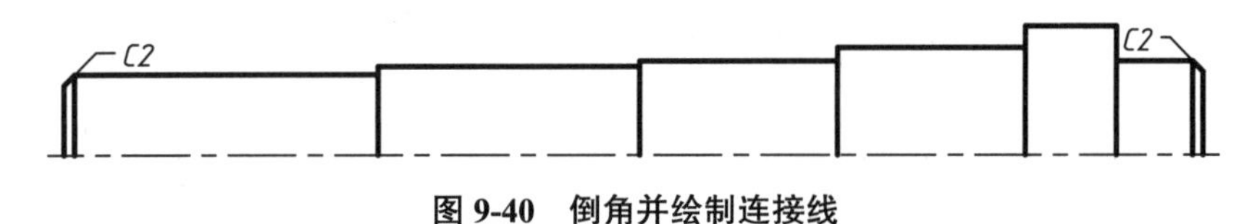

图 9-40 倒角并绘制连接线

（7）使用快捷键 MI 激活【镜像】命令，对轮廓线进行镜像复制，结果如图 9-41 所示。

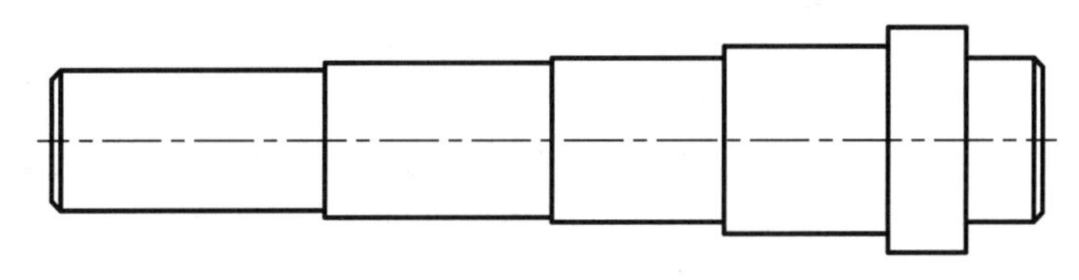

图 9-41 镜像图形

（8）绘制键槽。使用快捷键 O 激活【偏移】命令，创建如图 9-42 所示的垂直辅助线。

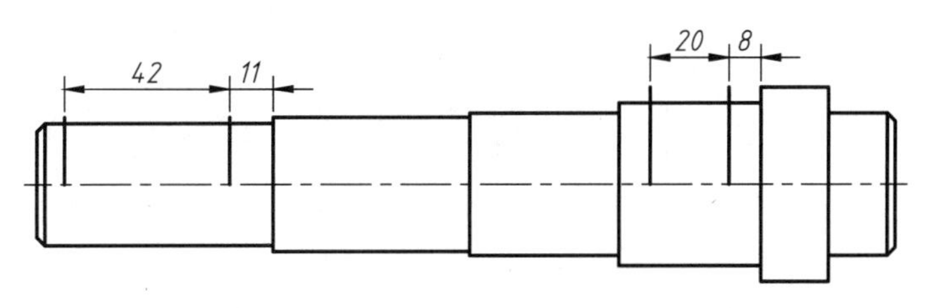

图 9-42 偏移图形

（9）将【轮廓线】设置为当前图层，使用 C【圆】命令，以刚偏移的垂直辅助线的交点为圆心，绘制直径为 12 和 8 的圆，如图 9-43 所示。

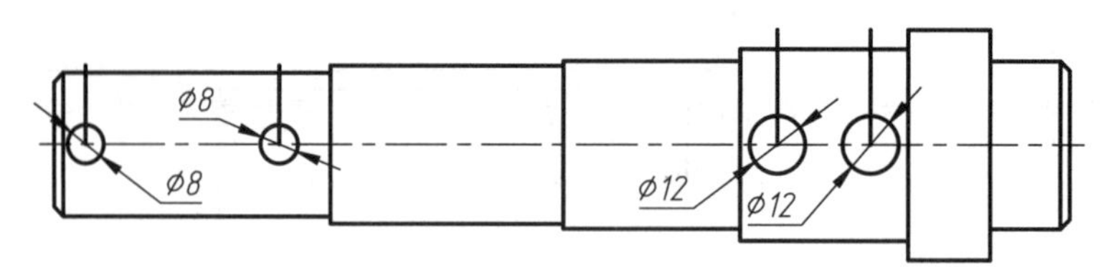

图 9-43 绘制圆

（10）使用 L【直线】命令，配合【捕捉切点】功能，绘制键槽轮廓，如图 9-44 所示。

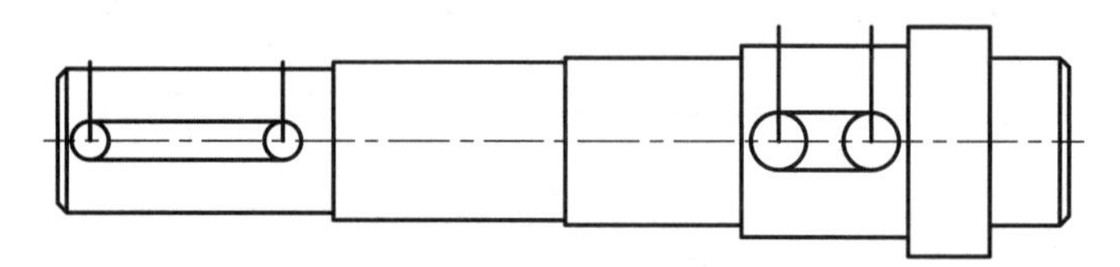

图 9-44 绘制连接直线

（11）使用 TR【修剪】命令，对键槽轮廓进行修剪，并删除多余的辅助线，结果如图 9-45 所示。

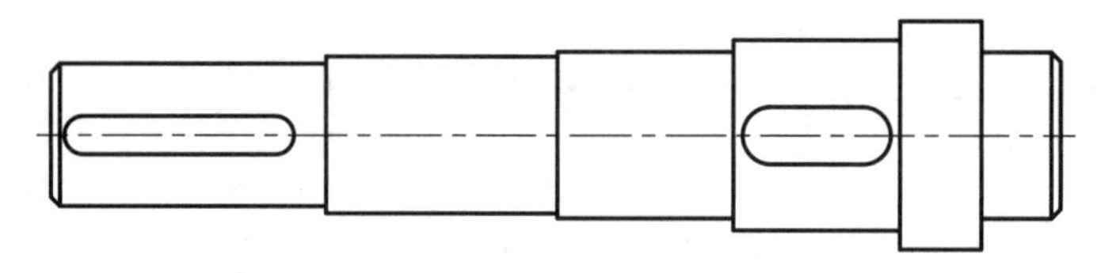

图 9-45 删除多余辅助线

9.2.2 绘制移出断面图

主视图绘制完成后，就可以开始绘制键槽部位的移出断面图，以表示键槽的尺寸。

（1）绘制断面图。将【中心线】设置为当前层，使用快捷键 XL 激活【构造线】命令，绘制如图 9-46 所示的水平和垂直构造线，作为移出断面图的定位辅助线。

（2）将【轮廓线】设置为当前图层，使用 C【圆】命令，以构造线的交点为圆心，分别绘制直径为 30 和 40 的圆，结果如图 9-47 所示。

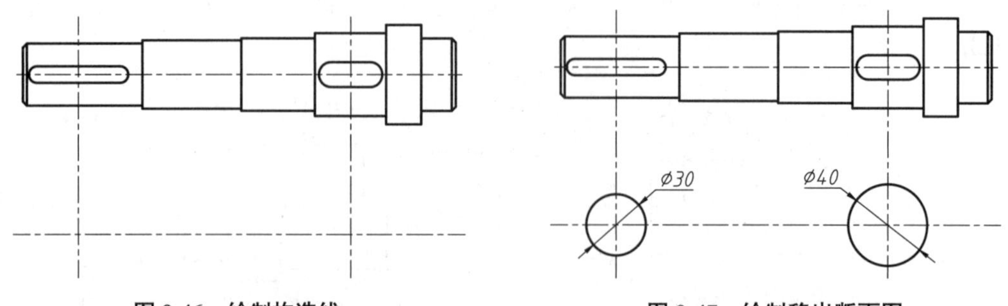

图 9-46 绘制构造线　　图 9-47 绘制移出断面图

（3）单击【修改】面板中的【偏移】按钮，对 Ø30 圆的水平和垂直中心线进行偏移，结果如图 9-48 所示。

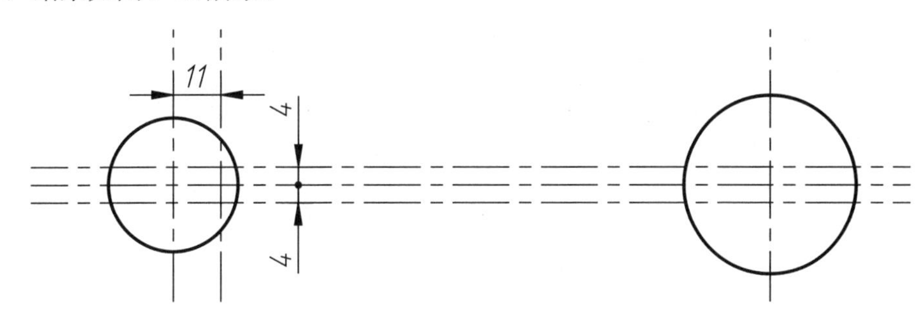

图 9-48 偏移中心线得到键槽辅助线

（4）将【轮廓线】设置为当前图层，使用 L【直线】命令，绘制键深，结果如图 9-49 所示。

（5）综合使用 E【删除】和 TR【修剪】命令，去掉不需要的构造线和轮廓线，整理 Ø30 断面图如图 9-50 所示。

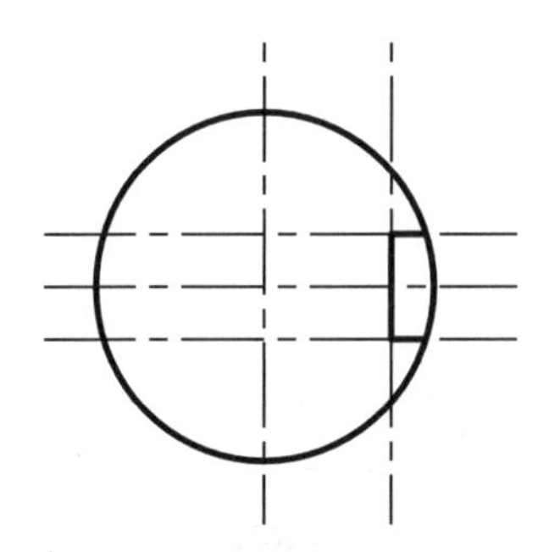

图 9-49 绘制 Ø30 圆的键槽轮廓

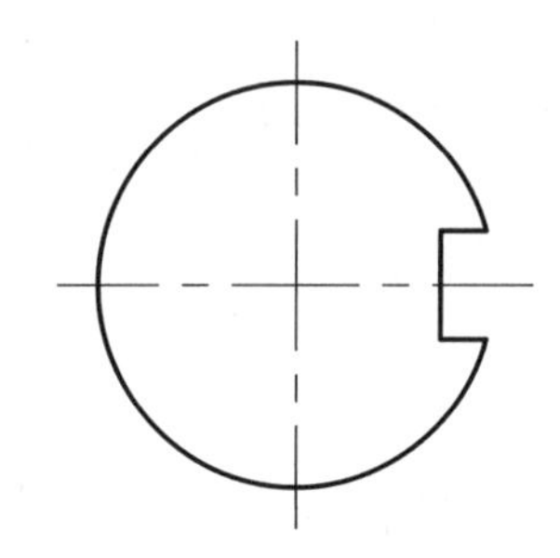

图 9-50 修剪 Ø30 圆的键槽

（6）按相同方法绘制 Ø35 圆的键槽图，如图 9-51 所示。

（7）将【剖面线】设置为当前图层，单击【绘图】面板中的【图案填充】按钮，为此剖面图填充 ANSI31 图案，填充比例为 1，角度为 0，填充结果如图 9-52 所示。

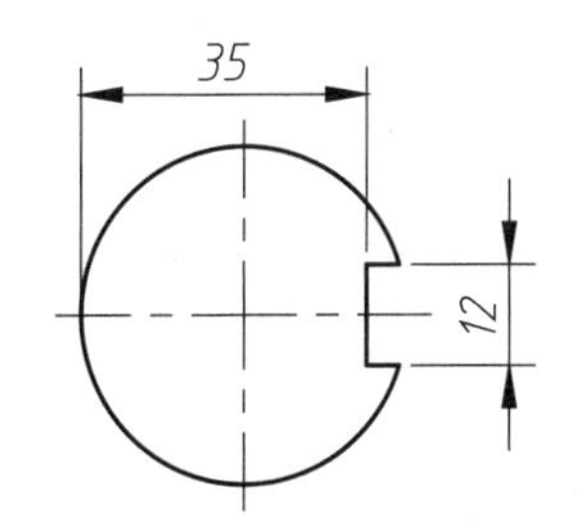

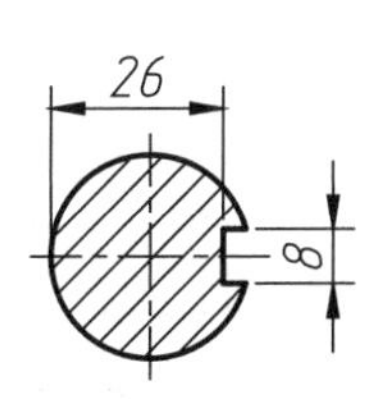

图 9-51 绘制 Ø35 圆的键槽轮廓

图 9-52 修剪 Ø35 圆的键槽

（8）绘制好的图形如图 9-53 所示。

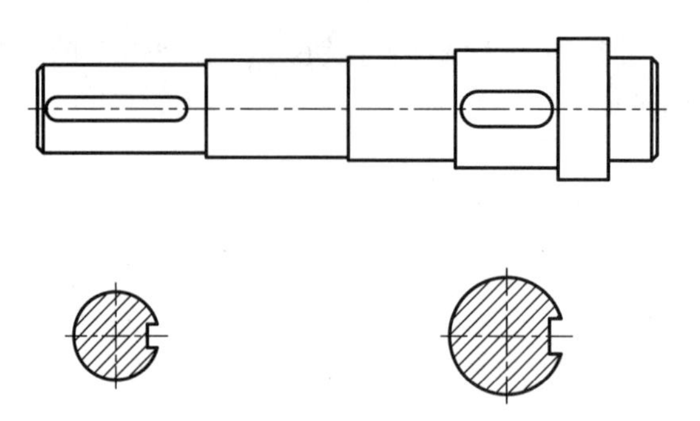

图 9-53 低速轴的轮廓图形

9.2.3 标注图形

图形绘制完毕后，就要对其进行标注，包括尺寸、形位公差、粗糙度等，还要填写有关的技术要求。

1. 标注尺寸

（1）标注轴向尺寸。切换到【标注线】图层，执行 DLI【线性】标注命令，标注轴的各段长度如图 9-54 所示。

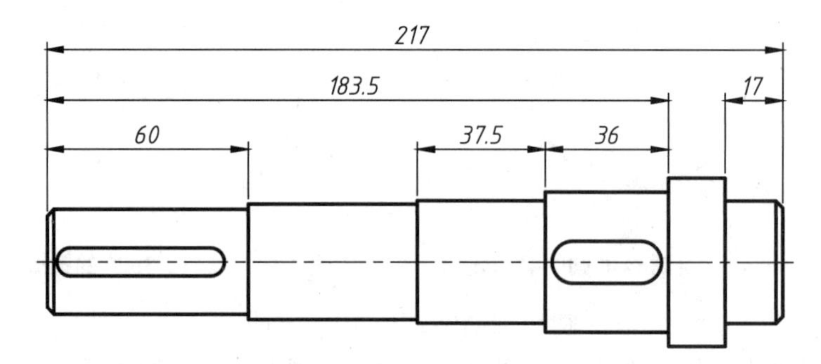

图 9-54 标注轴的轴向尺寸

（2）标注径向尺寸。同样执行 DLI【线性】标注命令，标注轴的各段直径长度，尺寸文字前注意添加“*Ø*”，如图 9-55 所示。

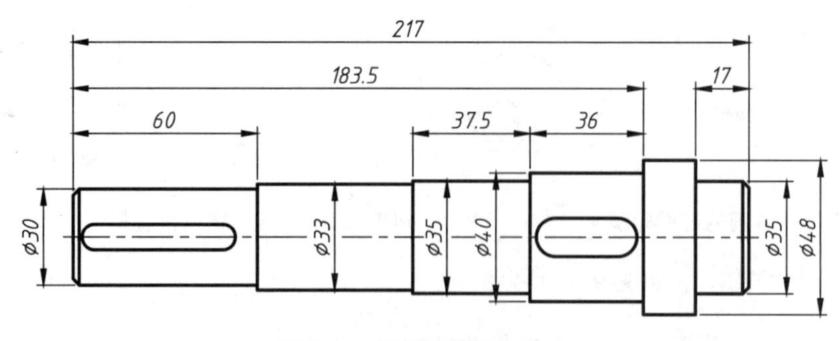

图 9-55 标注轴的径向尺寸

（3）标注键槽尺寸。同样使用 DLI【线性】标注，标注键槽的移出断面图，如

图 9-56 所示。

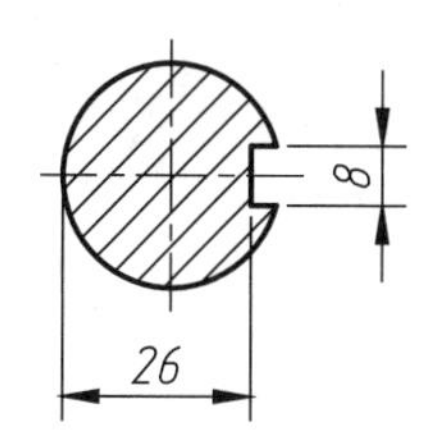

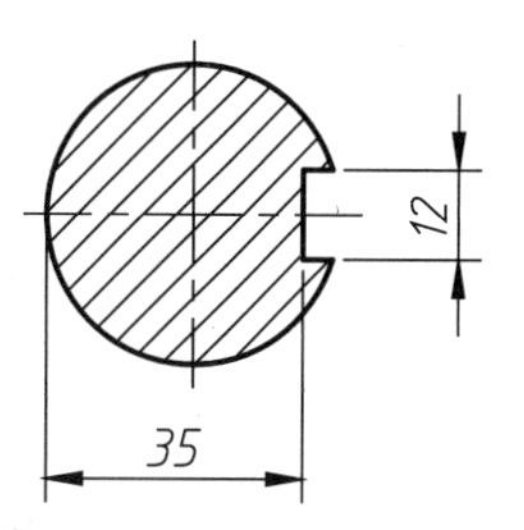

图 9-56　标注键槽的移出断面图

2. 添加尺寸精度

经过前面章节的分析，可知低速轴的精度尺寸主要集中在各径向尺寸上，与其他零部件的配合有关。

（1）添加轴段 1 的精度。轴段 1 上需安装 HL3 型弹性柱销联轴器，因此尺寸精度可按对应的配合公差选取，此处由于轴径较小，因此可选用 *r*6 精度，然后查得 *Ø*30mm 对应的 *r*6 公差为 +0.028~+0.041，即双击 *Ø*30mm 标注，然后在文字后输入该公差文字，如图 9-57 所示。

（2）创建尺寸公差。接着按住鼠标左键，向后拖移，选中“+0.041^+0.028”文字，然后单击【文字编辑器】选项卡中【格式】面板中的【堆叠】按钮，即可创建尺寸公差，如图 9-58 所示。

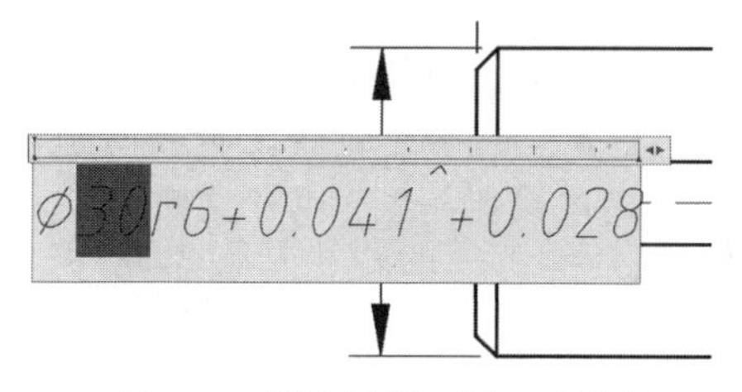

图 9-57　输入轴段 1 的尺寸公差

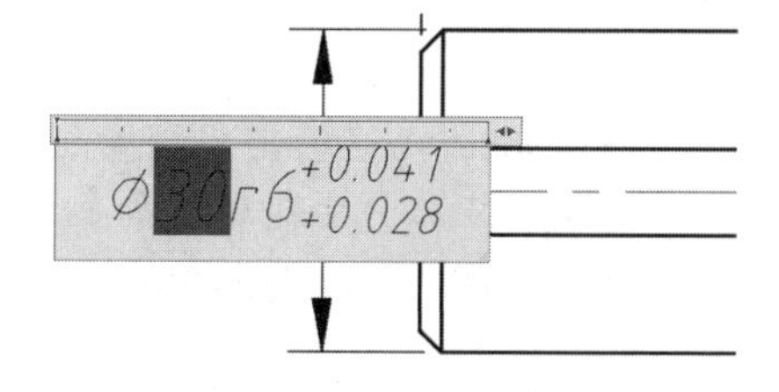

图 9-58　创建轴段 1 的尺寸公差

（3）添加轴段 2 的精度。轴段 2 上需要安装端盖，以及一些防尘的密封件（如毡圈），总的来说，精度要求不高，因此可以不添加精度。

（4）添加轴段 3 的精度。轴段 3 上需安装 6207 的深沟球轴承，因此该段的径向尺寸公差可按该轴承的推荐安装参数进行取值，即 *k*6，然后查得 *Ø*35mm 对应的 *k*6 公差为 +0.018~+0.002，再按相同标注方法标注即可，如图 9-59 所示。

（5）添加轴段 4 的精度。轴段 4 上需安装大齿轮，而轴、齿轮的推荐配合为 *H*7/*r*6，因此该段的径向尺寸公差即 *r*6，然后查得 *Ø*40mm 对应的 *r*6 公差为 +0.050~+0.034，再按相同标注方法标注即可，如图 9-60 所示。

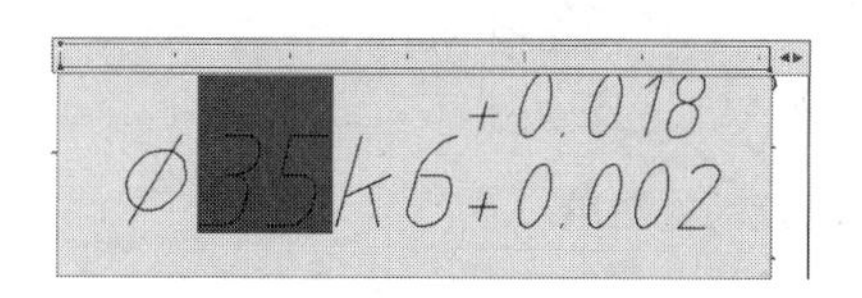

图 9-59　标注轴段 3 的尺寸公差

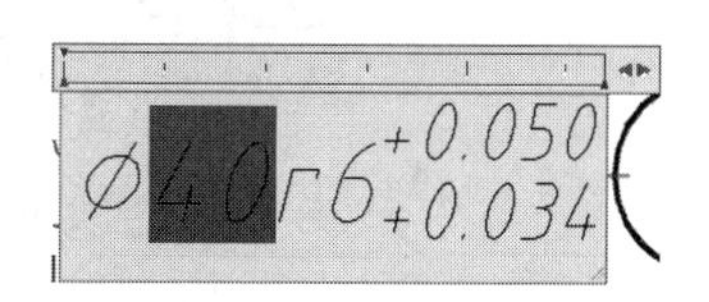

图 9-60　标注轴段 4 的尺寸公差

（6）添加轴段 5 的精度。轴段 5 为闭环，无尺寸，无须添加精度。

（7）添加轴段 6 的精度。轴段 6 的精度同轴段 3，按轴段 3 进行添加，如图 9-61 所示。

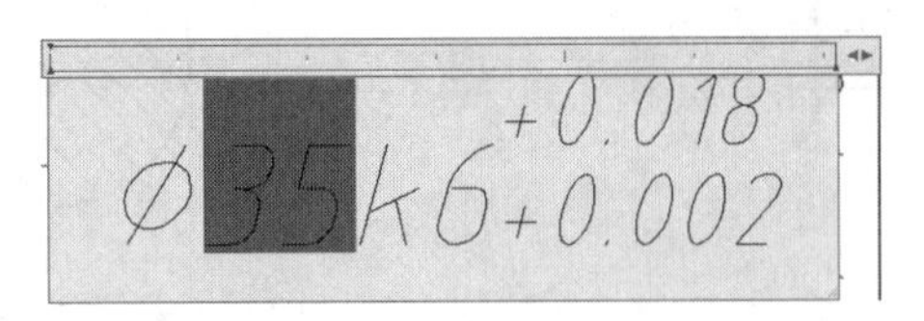

图 9-61　标注轴段 6 的尺寸公差

（8）添加键槽公差。取轴上的键槽的宽度公差为 *h*9，长度均向下取值 -0.2，如图 9-62 所示。

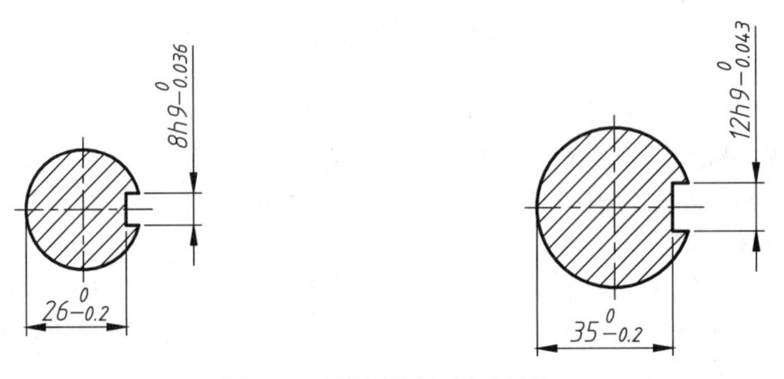

图 9-62　标注键槽的尺寸公差

提示：由于在装配减速器时，一般是先将键敲入轴上的键槽，然后再将齿轮安装在轴上，因此轴上的键槽需要稍紧密，所以取负公差；而齿轮轮毂上键槽与键之间，需要轴向移动的距离，要超过键本身的长度，因此间隙应大一点，易于装配。

（9）标注完尺寸精度的图形如图 9-63 所示。

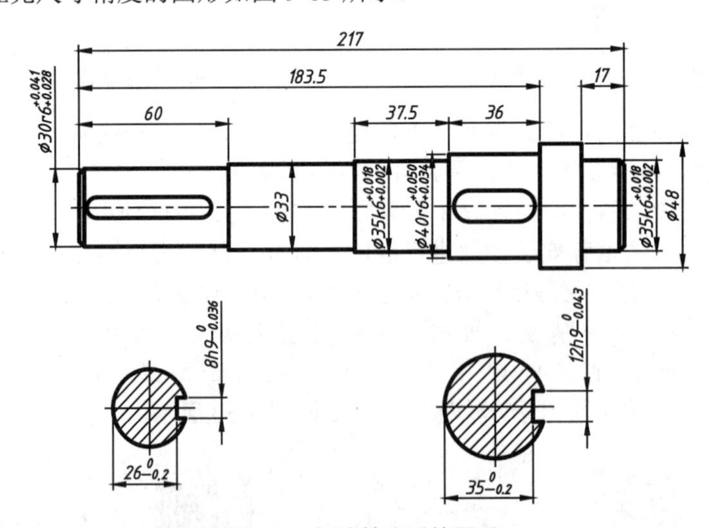

图 9-63　标注精度后的图形

提示：不添加精度的尺寸均按 GB/T 1804—2000、GB/T 1184—1996 处理，需在技

术要求中说明。

3. 标注形位公差

（1）放置基准符号。调用样板文件中创建好的基准图块，分别以各重要的轴段为基准，即标明尺寸公差的轴段上放置基准符号，如图 9-64 所示。

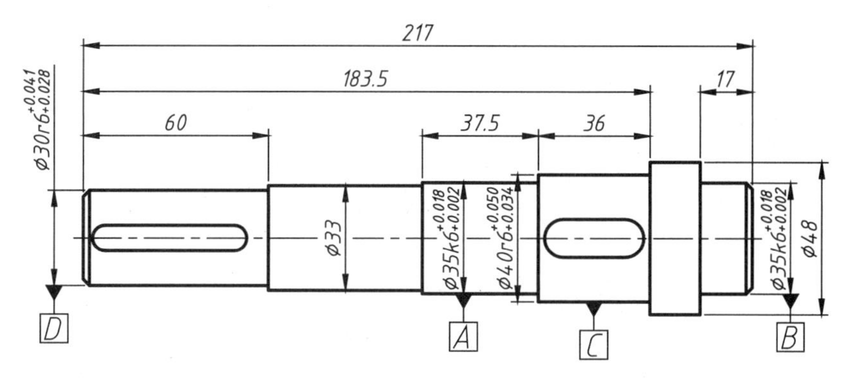

图 9-64　放置基准符号

（2）添加轴上的形位公差。轴上的形位公差主要为轴承段、齿轮段的圆跳动，具体标注如图 9-65 所示。

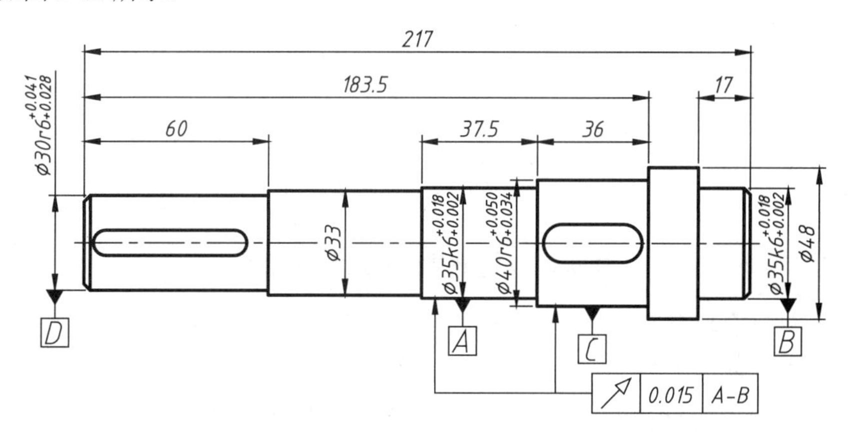

图 9-65　标注轴上的圆跳动公差

（3）添加键槽上的形位公差。键槽上主要为相对于轴线的对称度，具体标注如图 9-66 所示。

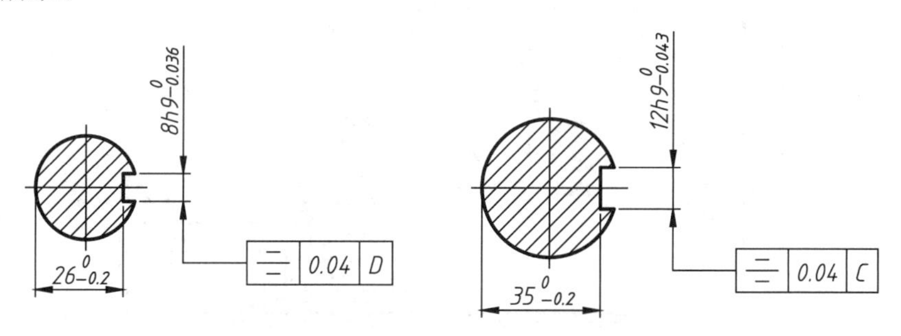

图 9-66　标注键槽上的对称度公差

4. 标注粗糙度

（1）标注轴上的表面粗糙度。调用样板文件中创建好的表面粗糙度图块，在齿轮与轴相互配合的表面上标注相应粗糙度，具体标注如图 9-67 所示。

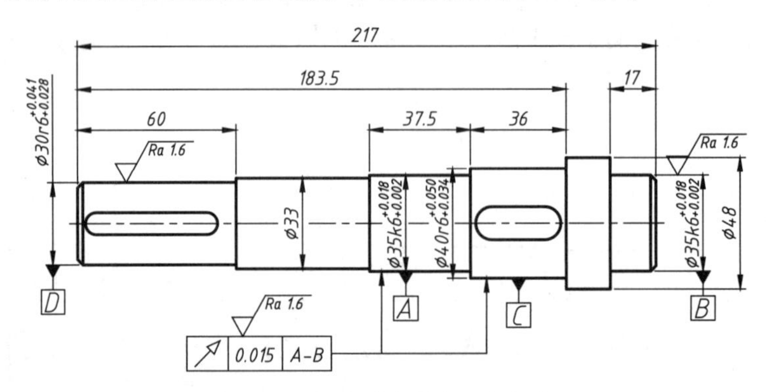

图 9-67　标注轴上的表面粗糙度

（2）标注断面图上的表面粗糙度。键槽部分表面粗糙度可按相应键的安装要求进行标注，本例中的标注如图 9-68 所示。

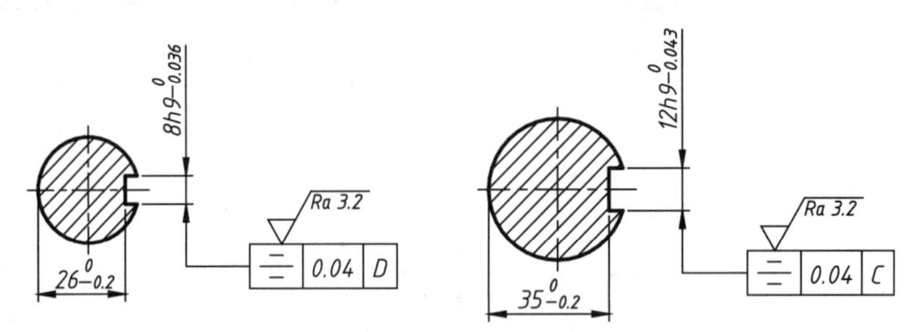

图 9-68　标注断面图上的表面粗糙度

（3）标注其余粗糙度，然后对图形的一些细节进行修缮，再将图形移动至 A4 图框中的合适位置，如图 9-69 所示。

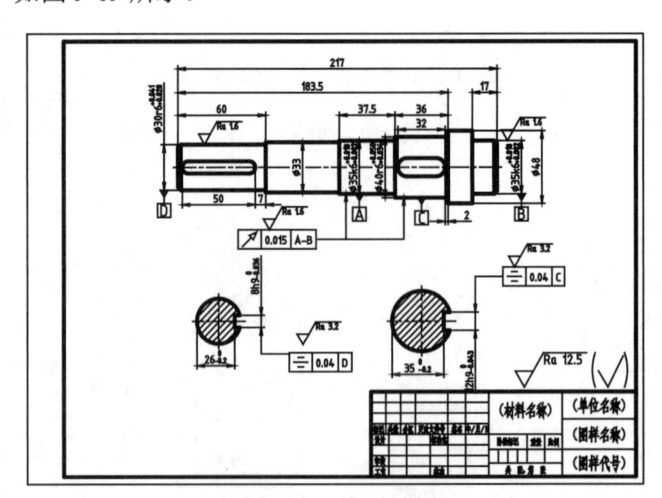

高清图

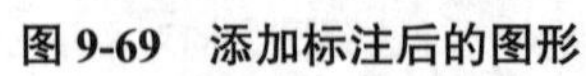
图 9-69　添加标注后的图形

9.2.4 填写技术要求与标题栏

（1）单击【默认】选项卡中【注释】面板上的【多行文字】按钮，在图形的左下方空白部分插入多行文字，输入技术要求如图 9-70 所示。

技术要求

1. 未注倒角为C2。
2. 未注圆角半径为R1。
3. 调质处理45-50HRC。
4. 未注尺寸公差按GB/T 1804-2000-m。
5. 未注几何公差按GB/T 1184-1996-K。

图 9-70 填写技术要求

（2）根据企业或个人要求填写标题栏，效果如图 9-71 所示。

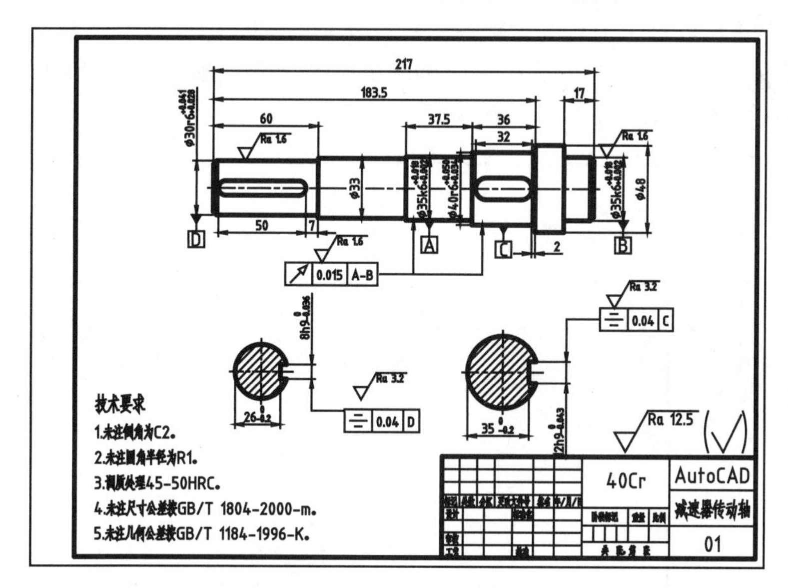

图 9-71 填写技术要求

高清图

9.3 绘制大齿轮零件图

在 9.2 节的传动轴基础上，绘制与之相配合的大齿轮零件图，图形效果如图 9-72 所示。从图中可见大齿轮上开有环形槽与 6 个贯通的幅孔，用以降低和减小大齿轮本身的质量，降低大齿轮在运转时的转动惯量，提高齿轮副在工作减速时的平稳性，降低运转惯性的影响。设计幅孔时一定要注意其直径大小不能影响到齿轮的强度，且开孔一定要均匀布置，否则会出现运转不平稳的问题。

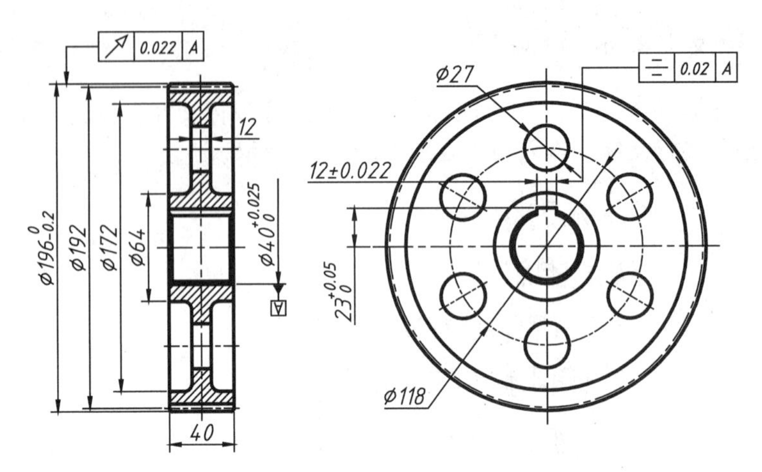

图 9-72 大齿轮零件图

9.3.1 绘制主视图

先按常规方法绘制出齿轮的轮廓图形。

（1）以 9.1 节创建好的“机械制图 .dwt”为样板文件，新建一空白文档，并将图幅放大 1.5 倍，即比例为 1 ∶ 1.5，如图 9-73 所示。

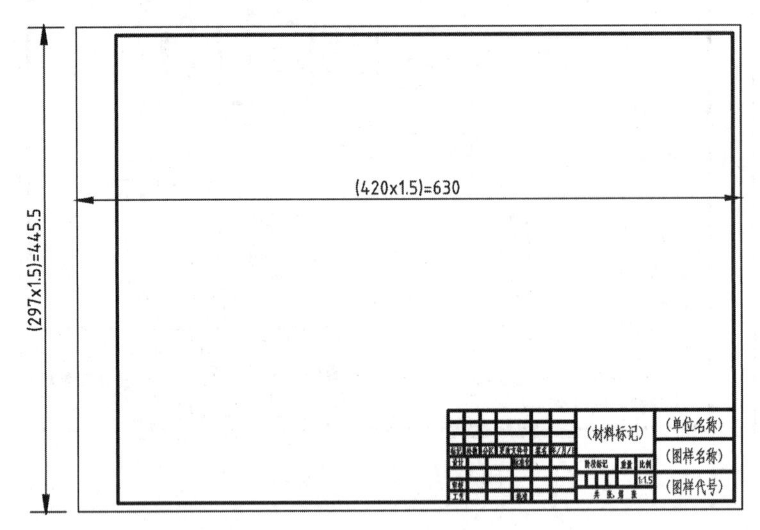

图 9-73 素材图形

（2）将【中心线】图层设置为当前图层，执行 XL【构造线】命令，在合适的地方绘制水平的中心线，如图 9-74 所示。

（3）重复 XL【构造线】命令，在合适的地方绘制两条垂直的中心线，如图 9-75 所示。

（4）绘制齿轮轮廓。将【轮廓线】图层设置为当前图层，执行 C【圆】命令，以右边的垂直 - 水平中心线的交点为圆心，绘制直径为 40、44、64、118、172、192、196 的圆，绘制完成后将 Ø118 和 Ø192 的圆图层转换为【中心线】层，如图 9-76 所示。

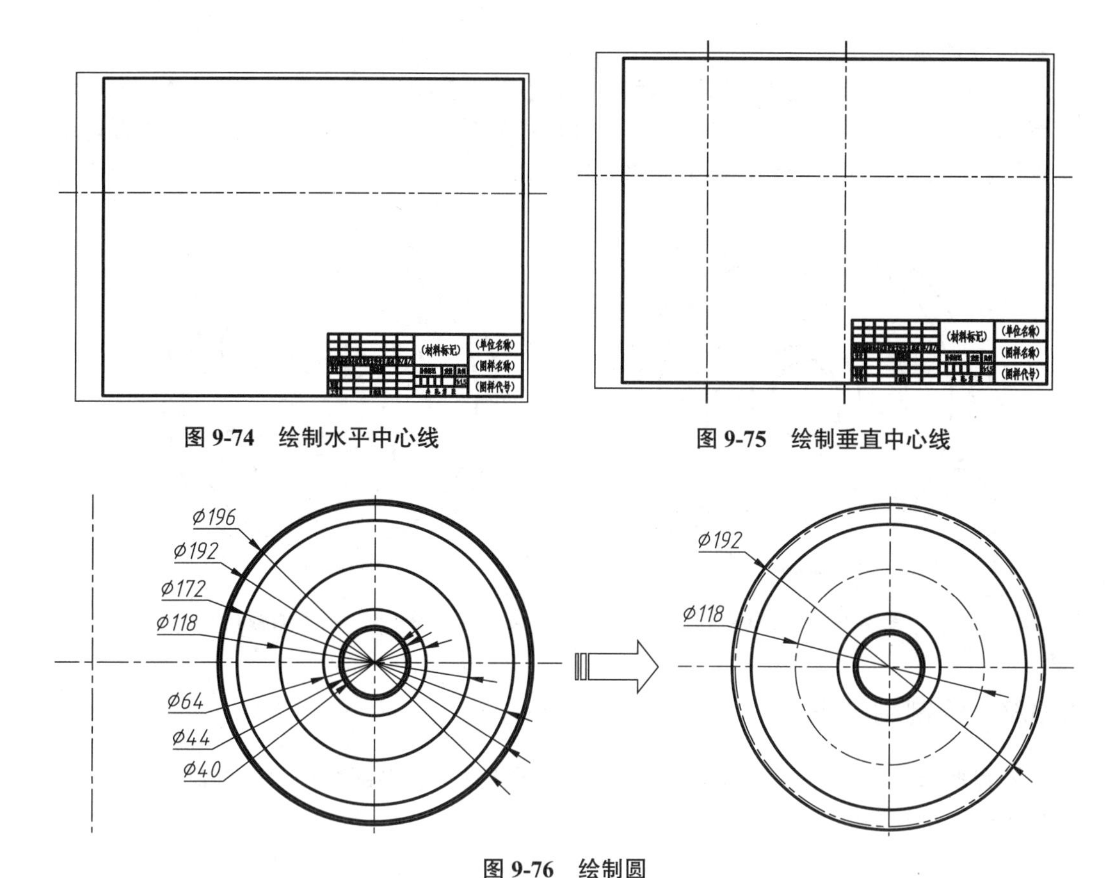

图 9-74　绘制水平中心线

图 9-75　绘制垂直中心线

图 9-76　绘制圆

（5）绘制键槽。执行 O【偏移】命令，将水平中心线向上偏移 23mm，将该图中的垂直中心线分别向左、向右偏移 6mm，结果如图 9-77 所示。

（6）切换到【轮廓线】图层，执行 L【直线】命令，绘制键槽的轮廓，再执行 TR【修剪】命令，修剪多余的辅助线，结果如图 9-78 所示。

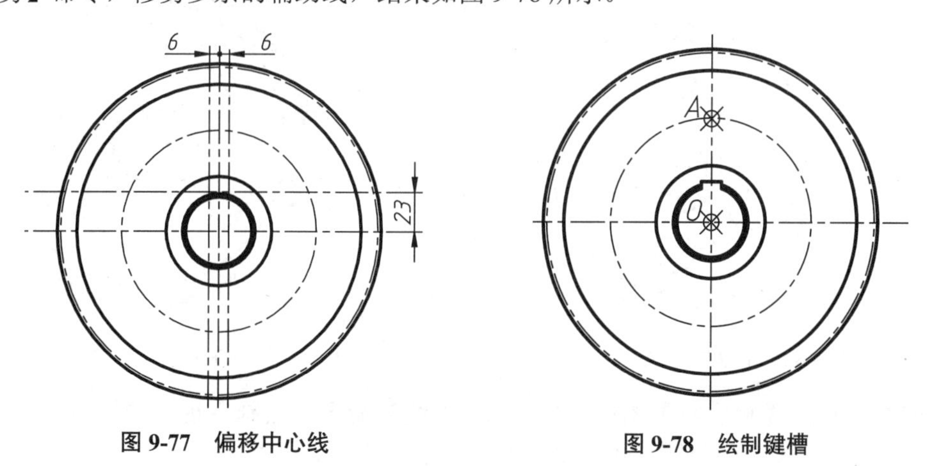

图 9-77　偏移中心线

图 9-78　绘制键槽

（7）绘制腹板孔。将【轮廓线】图层设置为当前图层，执行 C【圆】命令，以 Ø118 中心线与垂直中心线的交点（即图 9-78 中的 *A* 点）为圆心，绘制一 Ø27 的圆，如图 9-79 所示。

（8）选中绘制好的 Ø27 的圆，然后单击【修改】面板中的【环形阵列】按钮，设置阵列总数为 6，填充角度 360°，选择同心圆的圆心（即图 9-78 中中心线的交点 *O* 点）为中心点，进行阵列，阵列效果如图 9-80 所示。

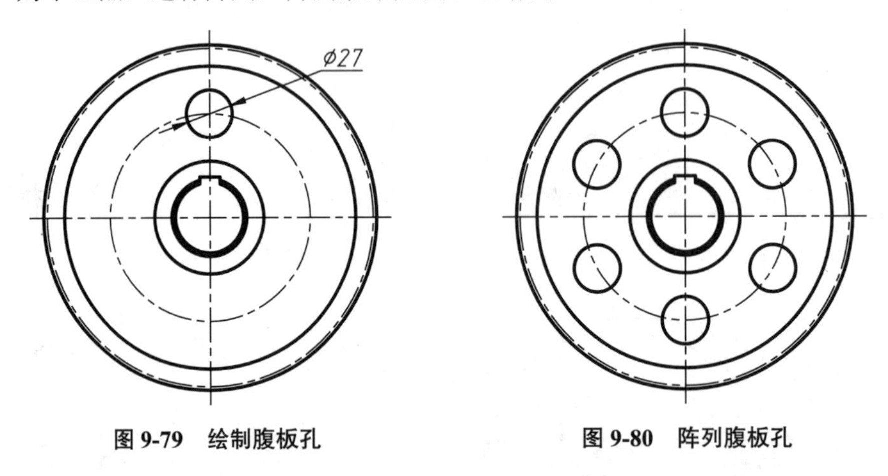

图 9-79　绘制腹板孔　　图 9-80　阵列腹板孔

9.3.2　绘制剖视图

轮盘类零件除主视图之外，还需选用一个视图表达内部特征和一些细小的结构，本例中采用剖视图的方法来表示。

（1）执行 O【偏移】命令，将主视图位置的水平中心线对称偏移 6、20，结果如图 9-81 所示。

（2）切换到【虚线】图层，执行 L【直线】命令，按“长对正，高齐平，宽相等”的原则，由左视图向主视图绘制水平的投影线，如图 9-82 所示。

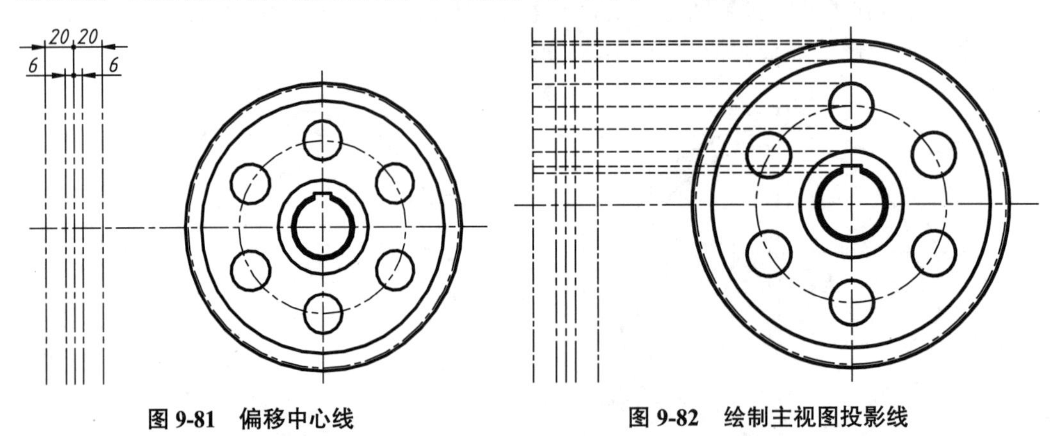

图 9-81　偏移中心线　　图 9-82　绘制主视图投影线

（3）切换到【轮廓线】图层，执行 L【直线】命令，绘制主视图的轮廓，再执行 TR【修剪】命令，修剪多余的辅助线，结果如图 9-83 所示。

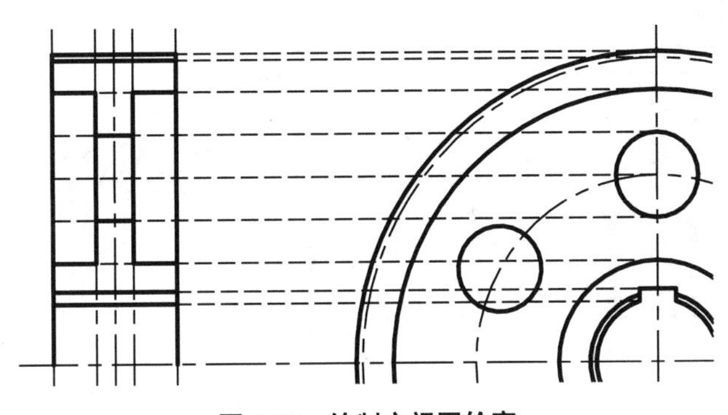

图 9-83 绘制主视图轮廓

（4）执行 E【删除】、TR【修剪】、S【延伸】等命令整理图形，将中心线对应的投影线同样改为中心线，并修剪至合适的长度。分度圆线同样如此操作，结果如图 9-84 所示。

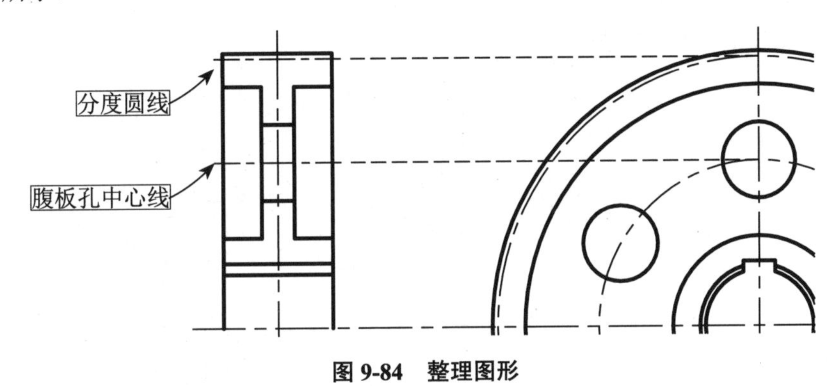

图 9-84 整理图形

（5）执行 CHA【倒角】命令，对齿轮的齿顶倒角 *C*1.5，对齿轮的轮毂部位进行倒角 *C*2；再执行 F【倒圆角】命令，对腹板圆处倒圆角 *R*5，如图 9-85 所示。

（6）然后执行 L【直线】命令，在倒角处绘制连接线，并删除多余的线条，图形效果如图 9-86 所示。

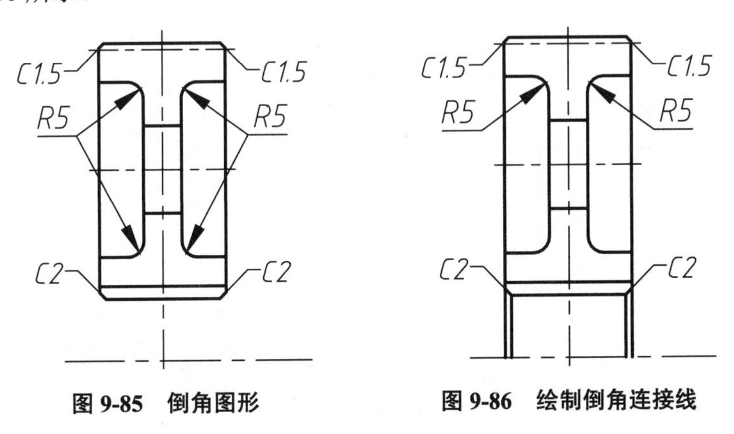

图 9-85 倒角图形　　图 9-86 绘制倒角连接线

（7）选中绘制好的半边主视图，然后单击【修改】面板中的【镜像】按钮，以水平中心线为镜像线，镜像图形，结果如图 9-87 所示。

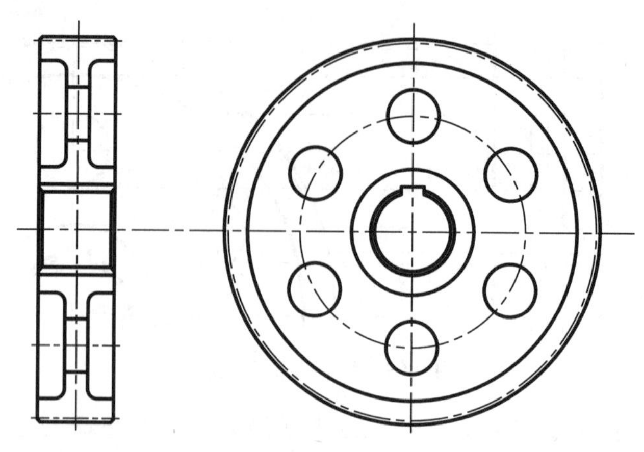

图 9-87　镜像图形

（8）将镜像部分的键槽线段全部删除，如图 9-88 所示。轮毂的下半部分不含键槽，因此该部分不符合投影规则，需要删除。

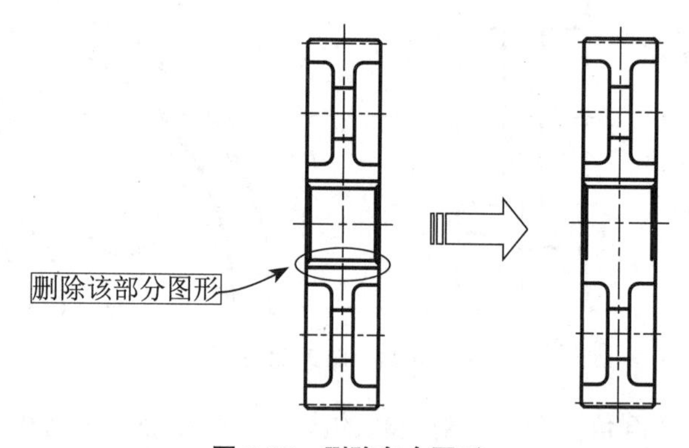

图 9-88　删除多余图形

（9）然后切换到【虚线】图层，按“长对正，高齐平，宽相等”的原则，执行 L【直线】命令，由左视图向主视图绘制水平的投影线，如图 9-89 所示。

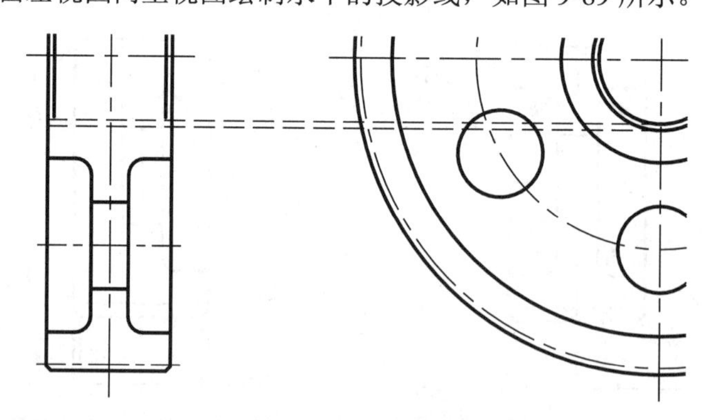

图 9-89　绘制投影线

（10）切换到【轮廓线】图层，执行 L【直线】、S【延伸】等命令整理下半部分的轮毂，如图 9-90 所示。

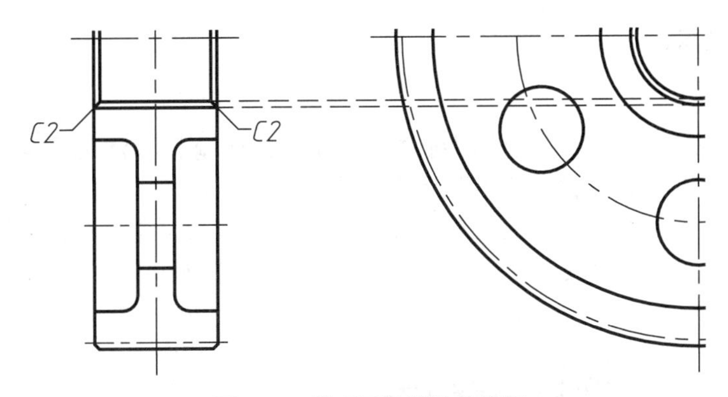

图 9-90　整理下半部分的轮毂

（11）在主视图中补画齿根圆的轮廓线，如图 9-91 所示。

（12）切换到【剖切线】图层，执行 H【图案填充】命令，选择图案为 ANSI31，比例为 1，角度为 0°，填充图案，结果如图 9-92 所示。

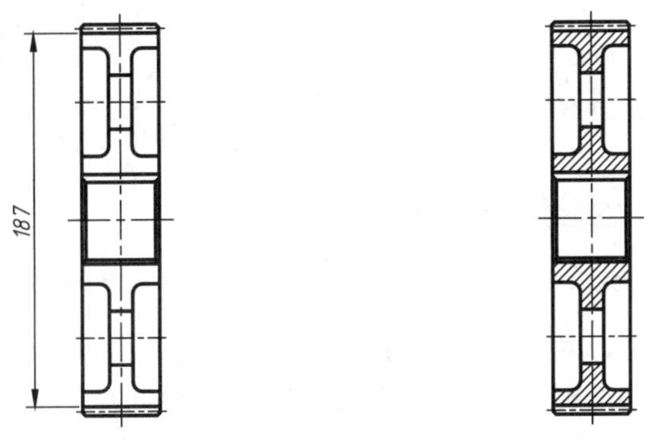

图 9-91　补画齿根圆轮廓线　　　图 9-92　填充剖面线

（13）在左视图中补画腹板孔的中心线，然后调整各中心线的长度，最终的图形效果如图 9-93 所示。

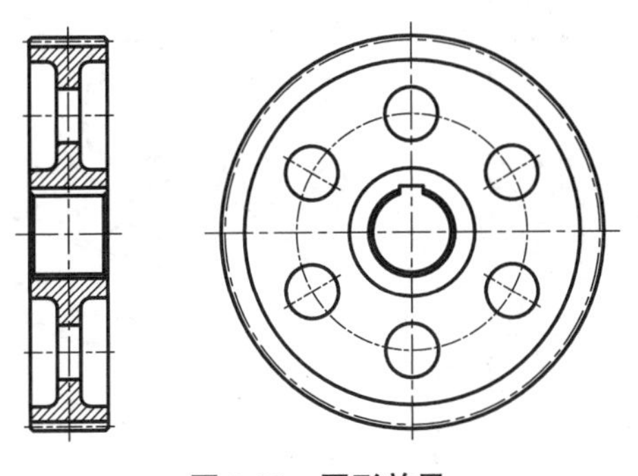

图 9-93　图形效果

9.3.3　标注图形

图形绘制完毕后，就要对其进行标注，包括尺寸、形位公差、粗糙度等，还要填写有关的技术要求。

1. 标注尺寸

（1）确定标注样式为【机械图标注样式】，自行调整标注的【全局比例】，如图 9-94 所示。用以控制标注文字的显示大小。

（2）标注线性尺寸。切换到【标注线】图层，执行 DLI【线性】标注命令，在主视图上捕捉最下方的两个倒角端点，标注齿宽的尺寸，如图 9-95 所示。

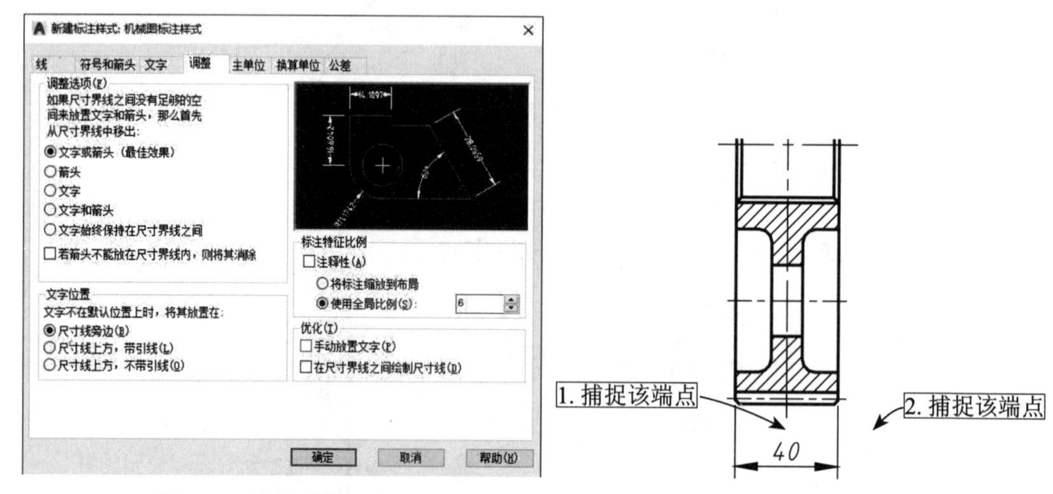

图 9-94　调整全局比例　　　　图 9-95　标注线性尺寸

（3）使用相同方法，对其他的线性尺寸进行标注。主要包括剖视图中的齿顶圆、分度圆、齿根圆（可以不标）、腹板圆等尺寸，线性标注后的图形如图 9-96 所示。注意按之前学过的方法添加直径符号（标注文字前方添加“%%C”）。

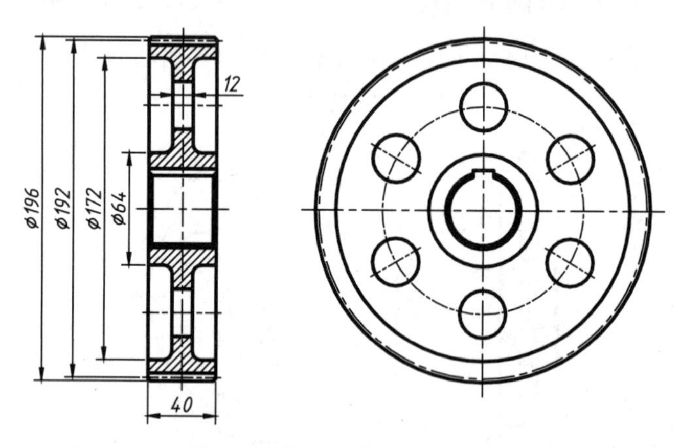

图 9-96　标注其余的线性尺寸

提示：可以先标注出一个直径尺寸，然后复制该尺寸并其粘贴，控制夹点将其移动至需要另外标注的图元夹点上。该方法可以快速创建同类型的线性尺寸。

（4）标注直径尺寸。在【注释】面板中单击【直径】按钮，执行【直径】标注命令，选择左视图上的腹板圆孔进行标注，如图 9-97 所示。

（5）使用相同方法，对其他的直径尺寸进行标注。主要包括左视图中的腹板圆，以及腹板圆的中心圆线，如图 9-98 所示。

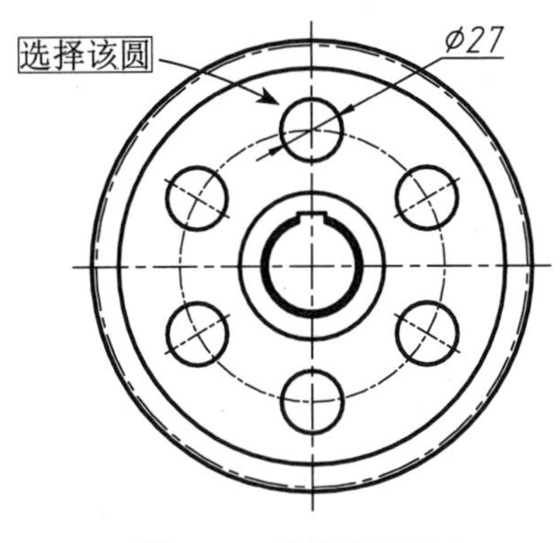

图 9-97 标注直径尺寸

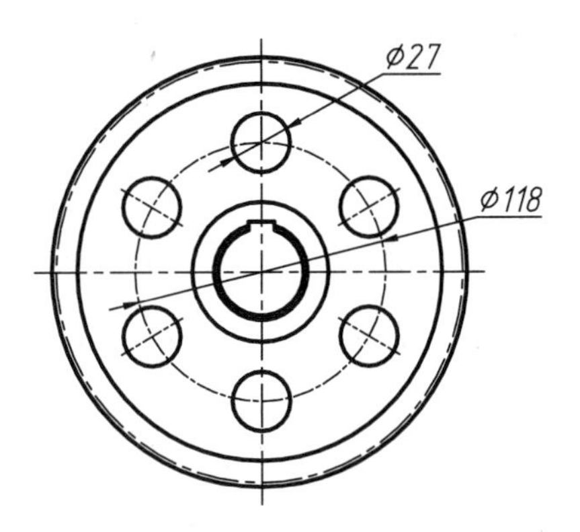

图 9-98 标注其余的直径尺寸

（6）标注键槽部分。在左视图中执行 DLI【线性】标注命令，标注键槽的宽度与高度，如图 9-99 所示。

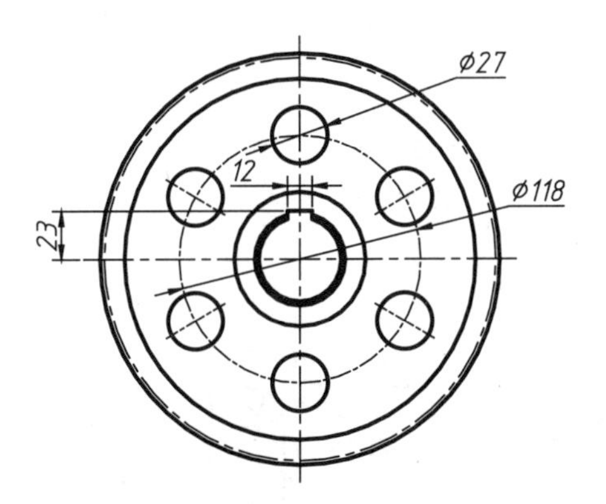

图 9-99 标注主视图键槽尺寸

（7）同样使用 DLI【线性】标注来标注主视图中的键槽部分。不过由于键槽的存在，主视图的图形并不对称，因此无法捕捉到合适的标注点，这时可以先捕捉主视图上的端点，然后手动在命令行中输入尺寸 40，进行标注，如图 9-100 所示，命令行操作如下。

```
命令： _dimlinear
指定第一条尺寸界线原点或 <选择对象>:        // 指定第一个点
指定第二条尺寸界线原点 : 40                // 光标向上移动，引出垂直追踪线，输入数值 40
指定尺寸线位置或                          // 放置标注尺寸
[多行文字 (M)/ 文字 (T)/ 角度 (A)/ 水平 (H)/ 垂直 (V)/ 旋转 (R)]:
标注文字 = 40
```

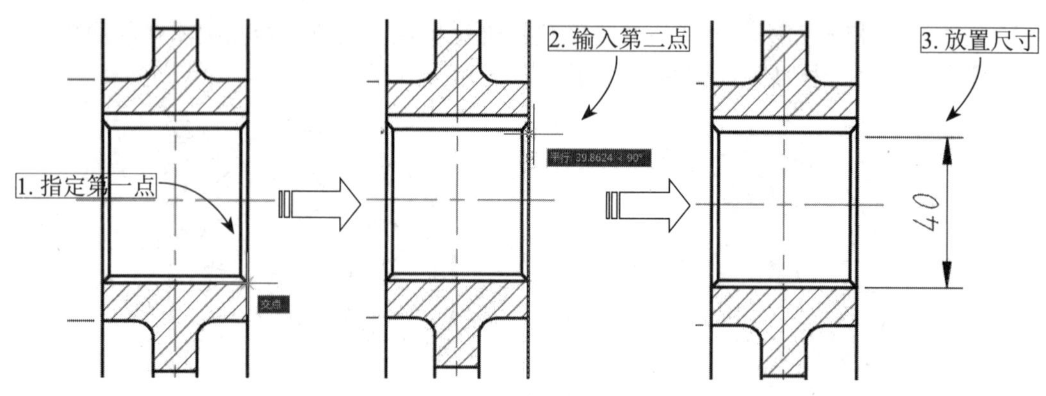

图 9-100 标注主视图键槽尺寸

（8）选中新创建的 Ø40 尺寸，单击鼠标右键，在弹出的快捷菜单中选择【特性】选项，在打开的【特性】面板中，将【尺寸线 2】和【尺寸界线 2】设置为【关】，如图 9-101 所示。

（9）为主视图中的线性尺寸添加直径符号，此时的图形应如图 9-102 所示，确认没有遗漏任何尺寸。

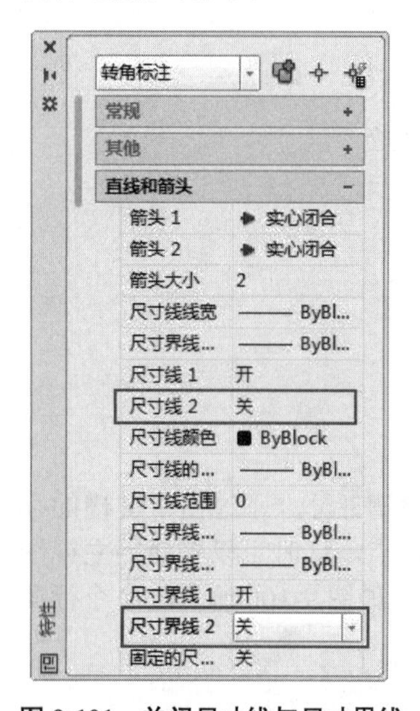

图 9-101 关闭尺寸线与尺寸界线

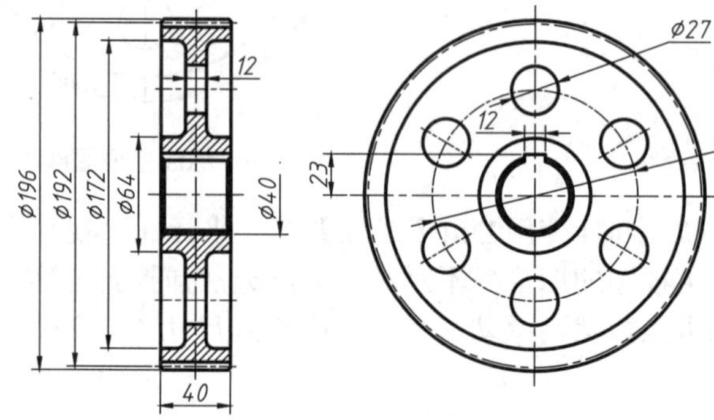

图 9-102 添加直径符号

2. 添加尺寸精度

齿轮上的精度尺寸主要集中在齿顶圆尺寸、键槽孔尺寸上，因此需要对该部分尺寸添加合适的精度。

（1）添加齿顶圆精度。齿顶圆的加工很难保证精度，而对于减速器来说，也不是非常重要的尺寸，因此精度可以适当放宽，但尺寸宜小勿大，以免啮合时受到影响。双击主视图中的齿顶圆尺寸 Ø196，打开【文字编辑器】选项卡，然后将鼠标移动至 Ø196 之后，依次输入“ 0^−0.2”，如图 9-103 所示。

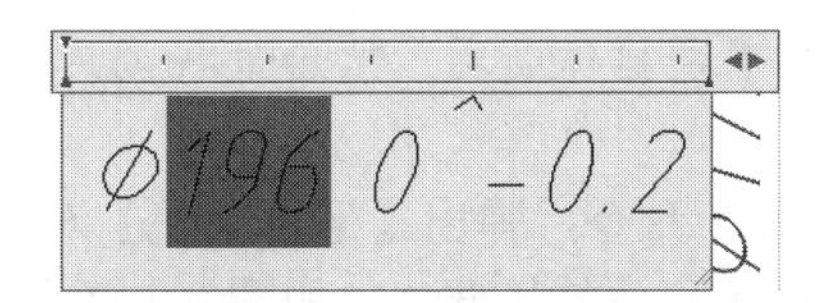

图 9-103 输入公差文字

（2）创建尺寸公差。按住鼠标左键，向后拖移，选中“0^-0.2”文字，然后单击【文字编辑器】选项卡中【格式】面板中的【堆叠】按钮，即可创建尺寸公差，如图 9-104 所示。

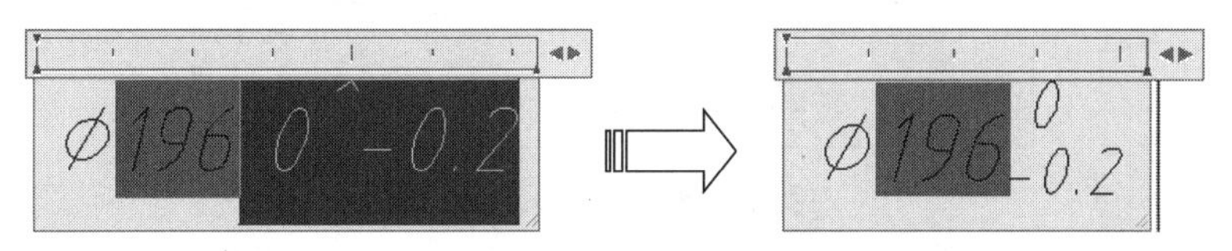

图 9-104 堆叠公差文字

（3）按相同方法，对键槽部分添加尺寸精度，添加后的图形如图 9-105 所示。

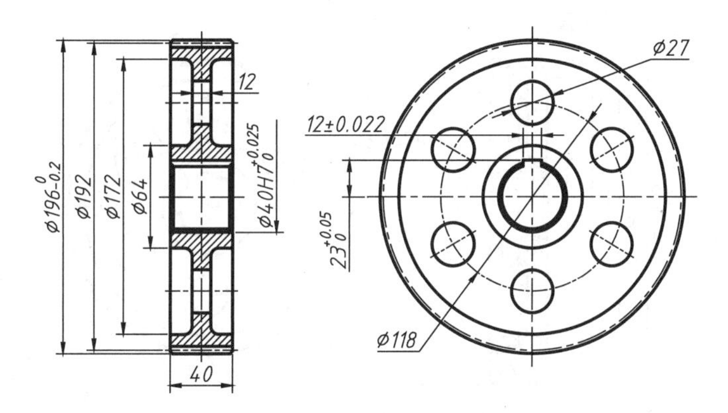

图 9-105 添加其他尺寸精度

3. 标注形位公差

（1）创建基准符号。切换至【细实线】图层，在图形的空白区域绘制一基准符号，如图 9-106 所示。

（2）放置基准符号。齿轮零件一般以键槽的安装孔为基准，因此选中绘制好的基准符号，然后执行 M【移动】命令，将其放置在键槽孔 Ø40 尺寸上，如图 9-107 所示。

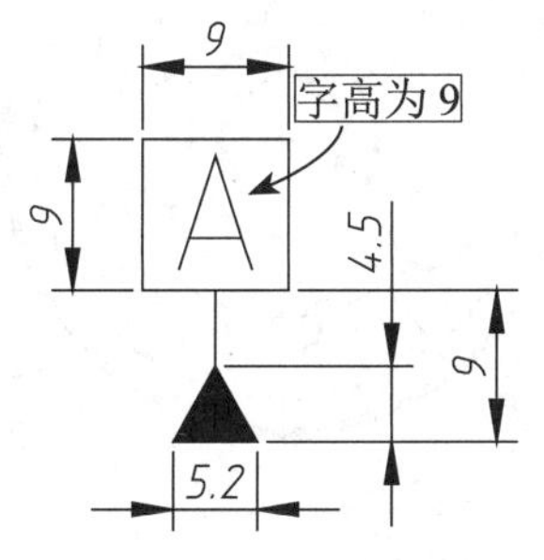

图 9-106 绘制基准符号

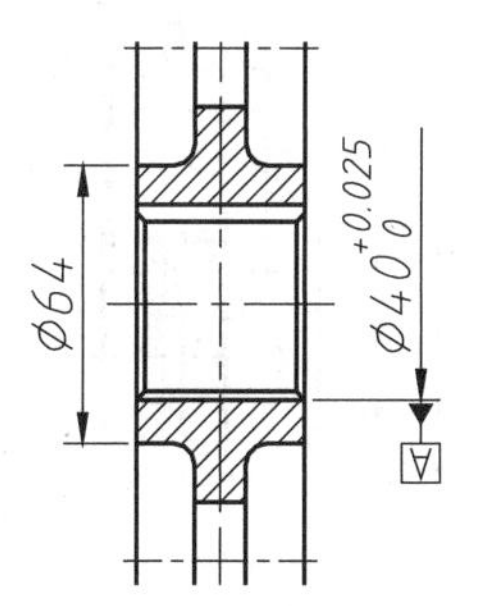

图 9-107 放置基准符号

提示：基准符号也可以事先制作成块，然后进行调用，届时只需输入比例即可调整大小。

（3）选择【标注】|【公差】命令，弹出【形位公差】对话框，选择公差类型为【圆跳动】，然后输入公差值 0.022 和公差基准 A，如图 9-108 所示。

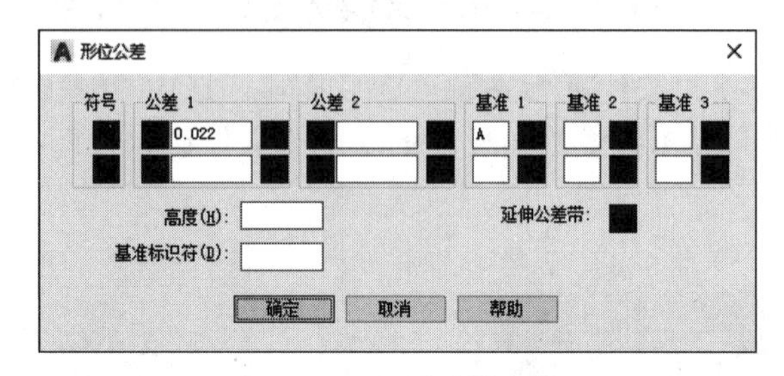

图 9-108 设置公差参数

（4）单击【确定】按钮，在要标注的位置附近单击，放置该形位公差，如图 9-109 所示。

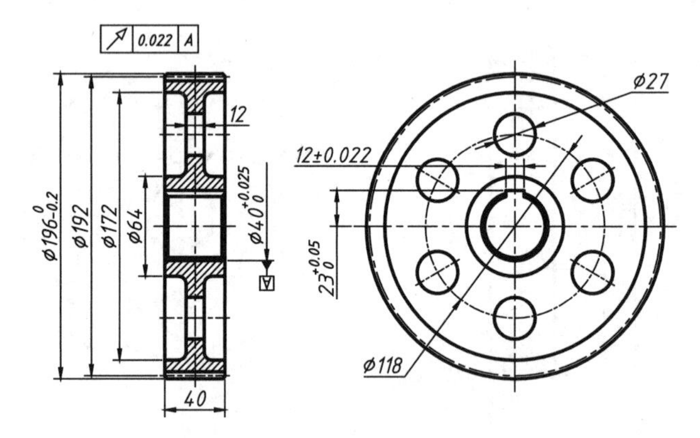

图 9-109 生成的形位公差

（5）单击【注释】面板中的【多重引线】按钮，绘制多重引线指向公差位置，如图 9-110 所示。

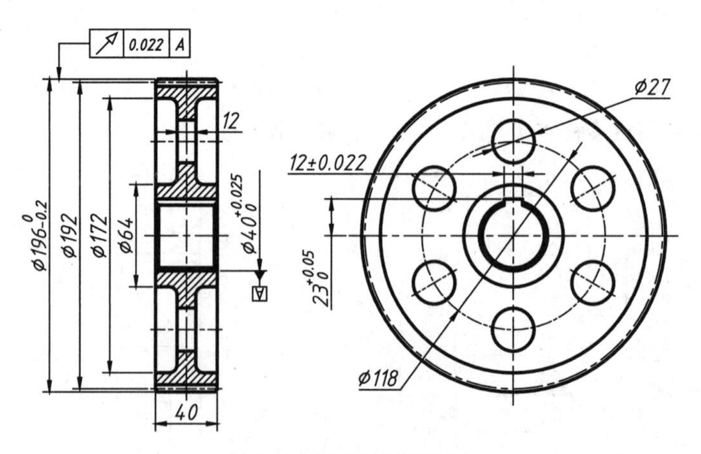

图 9-110 绘制多重引线

（6）按相同方法，对键槽部分添加对称度，添加后的图形如图 9-111 所示。

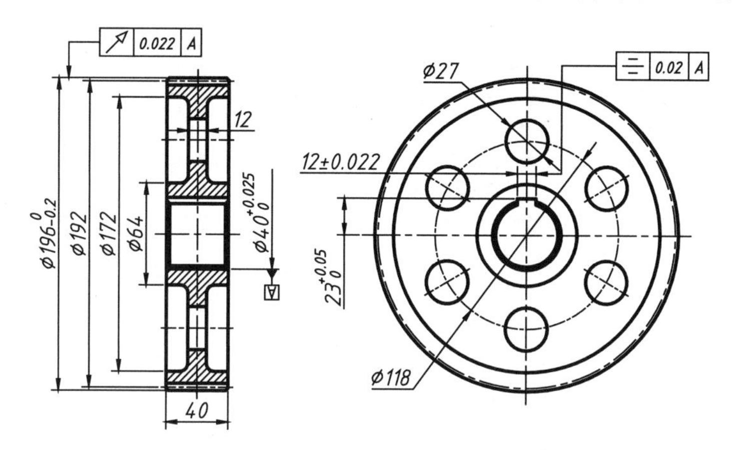

图 9-111　标注键槽的对称度

4. 标注粗糙度

（1）在命令行中输入 INSERT，执行【插入】命令，打开【块选项】面板，在【最近使用】页面中选择【粗糙度】体块，如图 9-112 所示。

（2）将光标变为粗糙度符号的放置形式，在图形的合适位置放置即可，如图 9-113 所示。

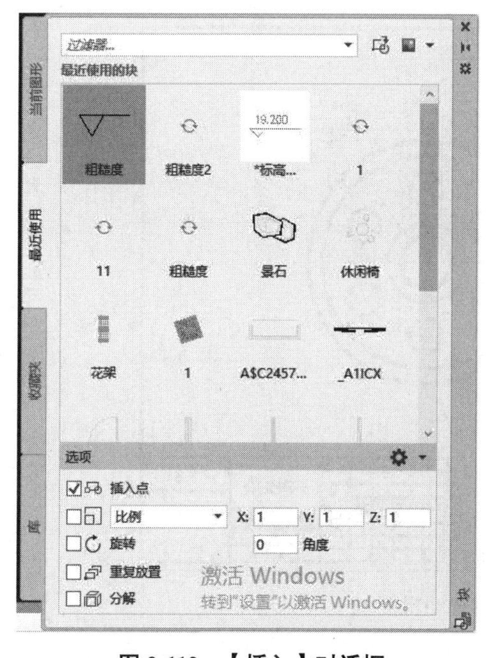

图 9-112　【插入】对话框

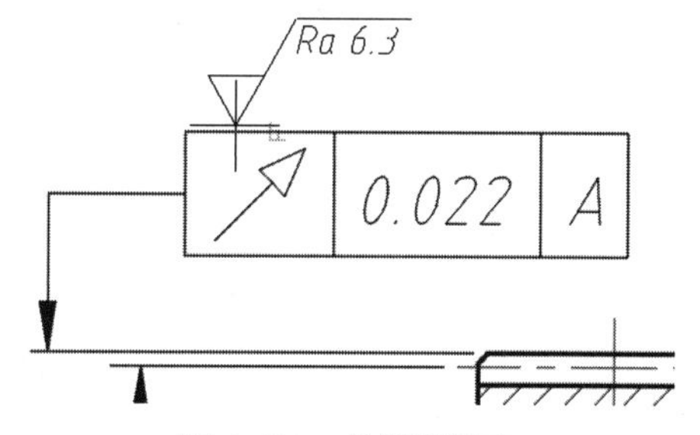

图 9-113　放置粗糙度

（3）放置之后系统自动打开【编辑属性】对话框，在对应的文本框中输入所需的数值“Ra 3.2”，如图 9-114 所示，然后单击【确定】按钮，即可标注粗糙度，如图 9-115 所示。

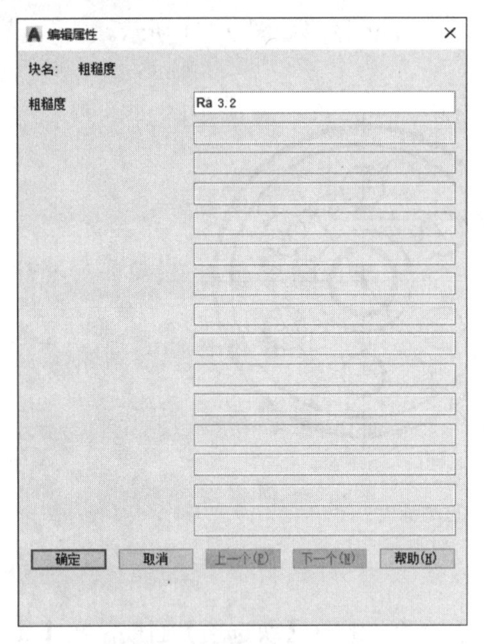

图 9-114 【编辑属性】对话框

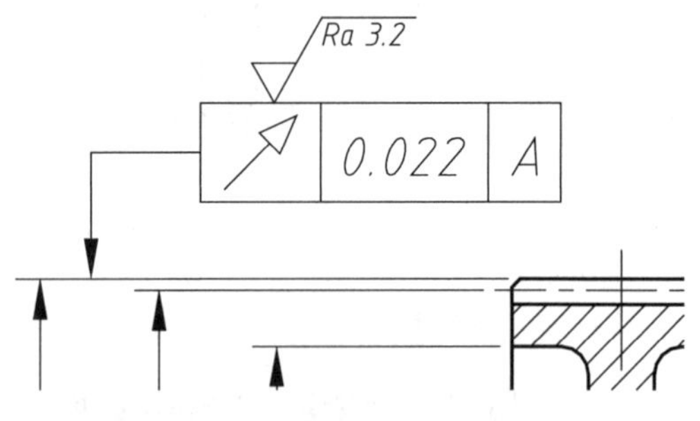

图 9-115 创建成功的粗糙度标注

（4）按相同方法，对图形的其他部分标注粗糙度，然后将图形调整至 A3 图框的合适位置，如图 9-116 所示。

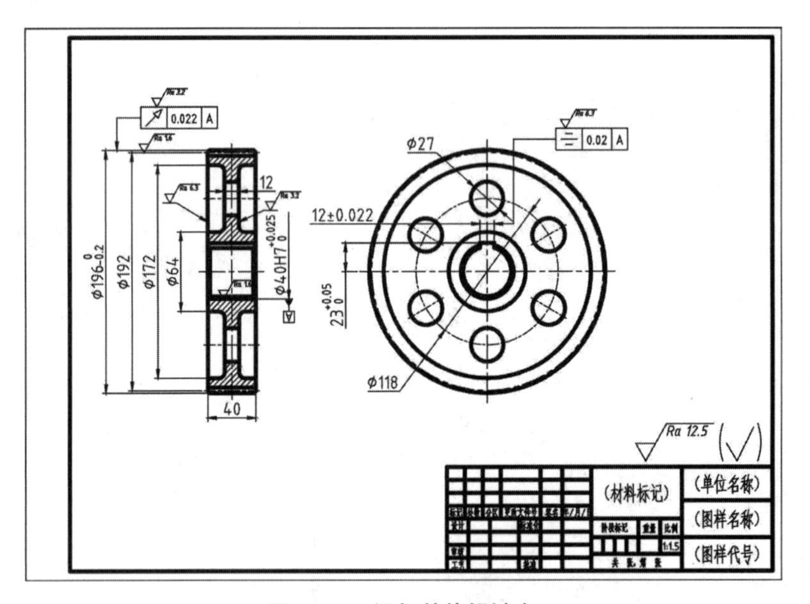

高清图

图 9-116 添加其他粗糙度

9.3.4 填写齿轮参数表与技术要求

（1）单击【默认】选项卡中【注释】面板中的【表格】按钮 表格，打开【插入表格】对话框，按图 9-117 进行设置。

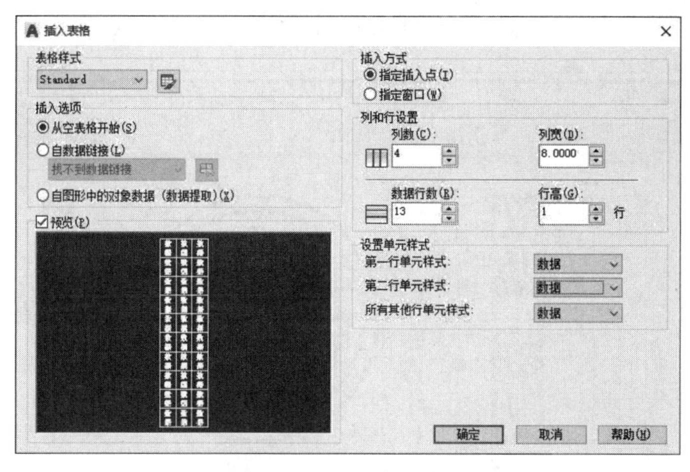

图 9-117　设置表格参数

（2）将创建的表格放置在图框的右上角，如图 9-118 所示。

（3）编辑表格并输入文字。将表格调整至合适大小，然后双击表格中的单元格，输入文字。最终输入效果如图 9-119 所示。

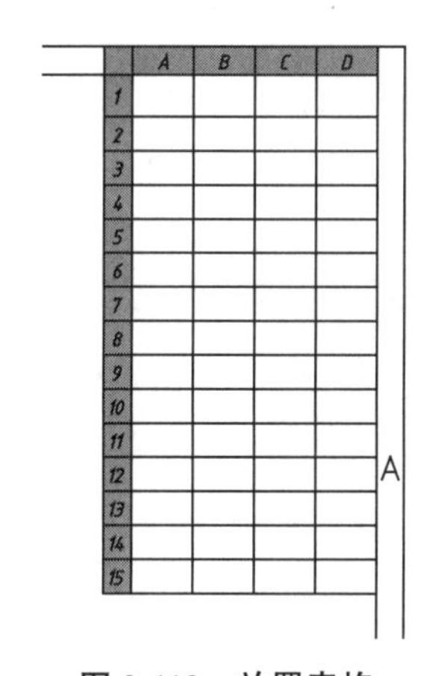

图 9-118　放置表格

模数		m	2
齿数		Z	96
压力角		α	20°
齿顶高系数		ha*	1
顶隙系数		c*	0.2500
精度等级		8-8-7HK	
全齿高		h	4.5000
中心距及其偏差		120±0.027	
配对齿轮		齿数	24
公差组	检验项目	代号	公差（极限偏差）
I	齿圈径向跳动公差	Fr	0.063
	公法线长度变动公差	Fw	0.050
II	齿距极限偏差	fpt	±0.016
	齿形公差	ff	0.014
III	齿向公差	Fβ	0.011

图 9-119　齿轮参数表

（4）填写技术要求。单击【默认】选项卡中【注释】面板中的【多行文字】按钮，在图形的左下方空白部分插入多行文字，输入技术要求如图 9-120 所示。

技术要求

1. 未注倒角为C2。

2. 未注圆角半径为R3。

3. 正火处理160-220HBS。

图 9-120　填写技术要求

（5）大齿轮零件图绘制完成，最终的图形效果如图 9-121 所示。

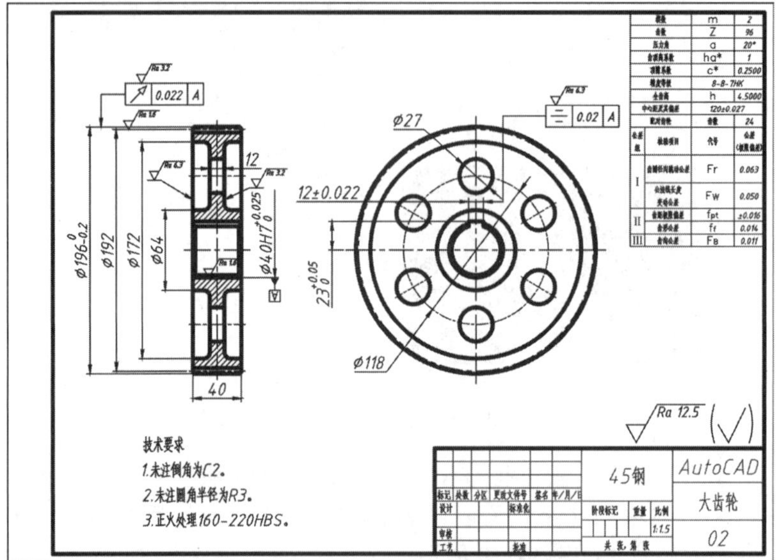

高清图

图 9-121　大齿轮零件图

9.4　绘制减速器箱座零件图

箱座是减速器的基本零件，也是典型的箱体类零件。其主要作用就是为其他所有的功能零件提供支撑和固定作用，同时盛装润滑散热的油液。在所有的零件中，其结构较为复杂，绘制也相对困难。案例效果如图 9-122 所示。

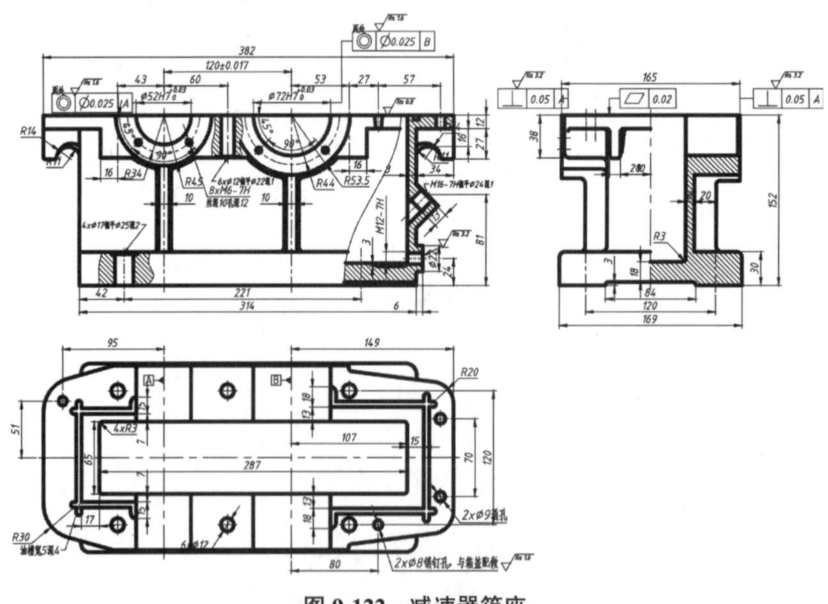

高清图

图 9-122　减速器箱座

下面便开始介绍绘制箱座零件图的方法。

9.4.1 绘制主视图

由于箱体类零件加工工序较多，加工位置多变，所以在选择主视图时，主要根据工作位置原则和形状特征原则来考虑，并采用剖视，以重点反映其内部结构。本例中的减速器箱体内部结构并不复杂，相反外观细节较多，因此无须进行剖切，主视图仍选择为工作位置，内部结构用俯视图配合左视图表达即可。

（1）打开素材文件“第 9 章 \9.4 绘制减速器箱座零件图 .dwg”，素材中已经绘制好了 1 ∶ 1 大小的 A1 图框，如图 9-123 所示。

（2）将【中心线】图层设置为当前图层，执行 XL【构造线】命令，在合适的地方绘制水平的中心线，以及一条垂直的定位中心线，如图 9-124 所示。

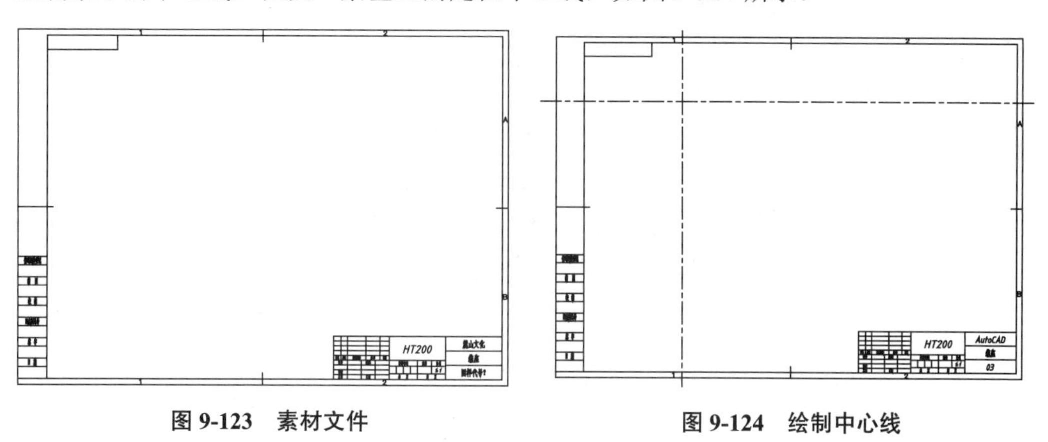

图 9-123 素材文件　　图 9-124 绘制中心线

（3）绘制轴承安装孔。执行 O【偏移】命令，将垂直的中心线向右偏移 120，然后将图层切换为【轮廓线】，在中心线的交点处绘制如图 9-125 所示的半圆。

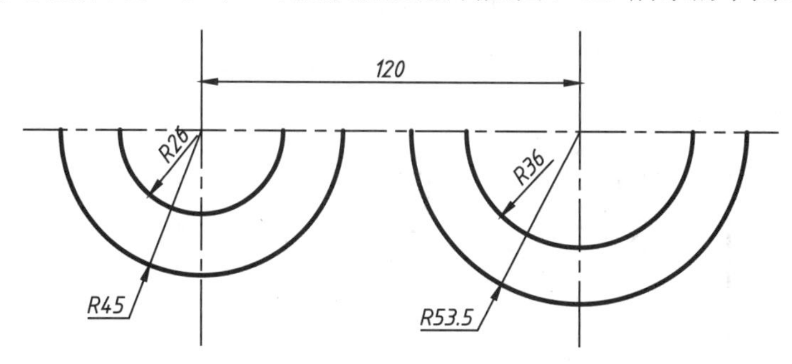

图 9-125 绘制轴承安装孔轮廓

（4）绘制端面平台。再次输入 O 执行【偏移】命令，将水平中心线向下偏移 12、37；两根竖直中心线分别向两侧偏移 59、113，以及 69、149，如图 9-126 所示。

（5）执行 L【直线】命令，根据辅助线位置绘制端面平台轮廓，如图 9-127 所示。

（6）绘制箱体。删除多余的辅助线，按 F8 键开启【正交】模式，然后再次输入 L 执行【直线】命令，从图 9-127 中的 *A* 点处向右侧水平偏移 34 作为起点，绘制如图 9-128 所示的图形。

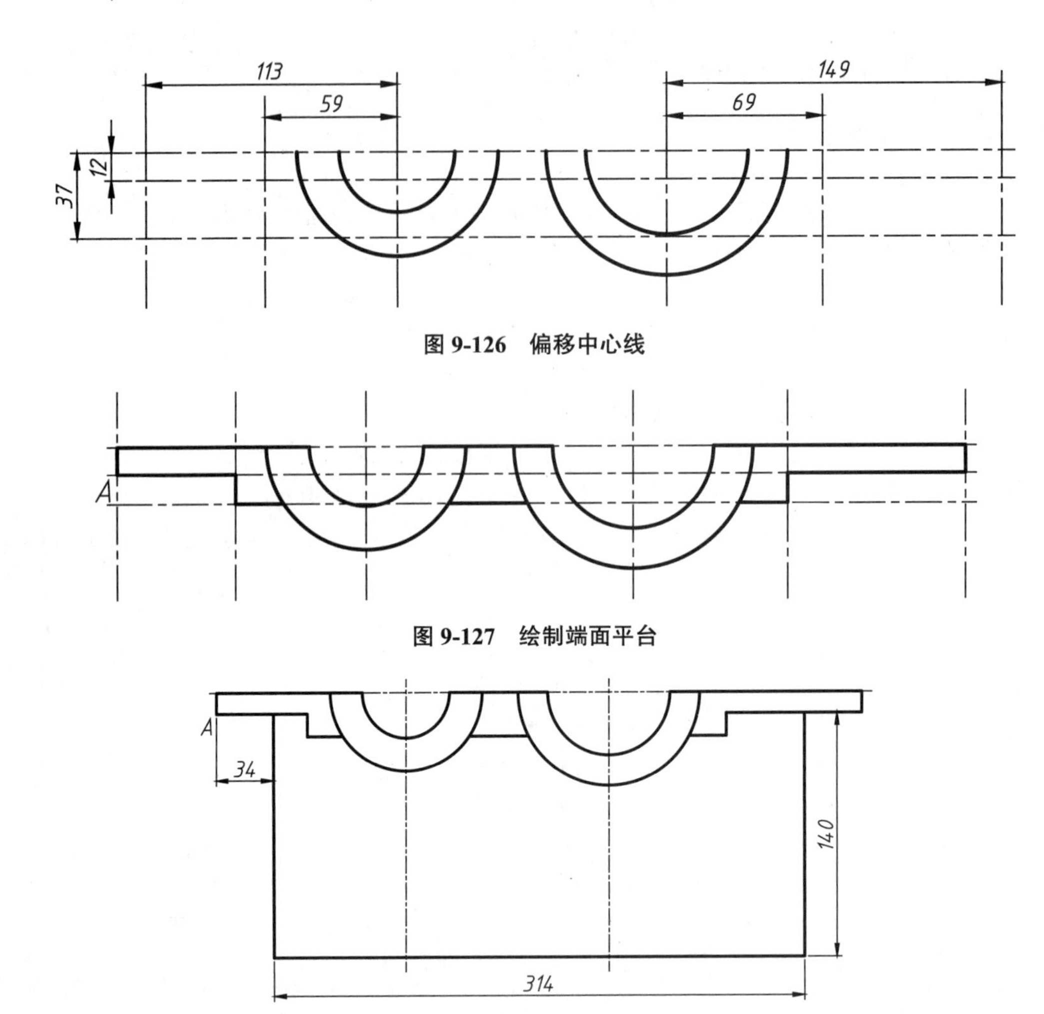

图 9-126　偏移中心线

图 9-127　绘制端面平台

图 9-128　绘制箱体

（7）绘制底座。关闭【正交】模式，执行 O【偏移】命令，将最下方的轮廓线向上偏移 30，如图 9-129 所示。

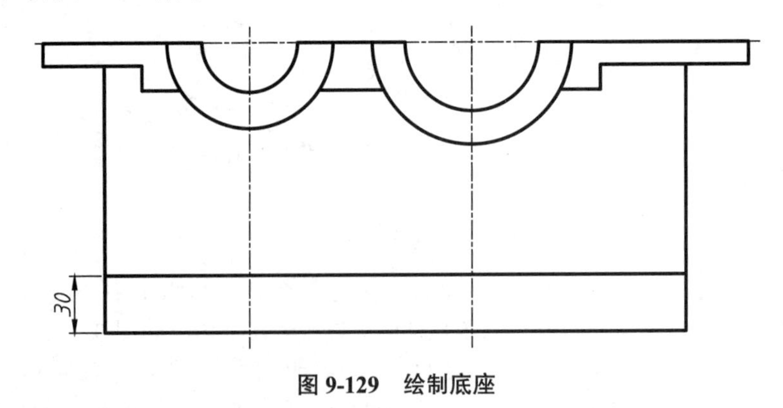

图 9-129　绘制底座

（8）绘制箱体肋板。同样执行 O【偏移】命令，将轴孔处的竖直中心线各向两侧偏移 5、7，轴孔最外侧的半圆向外偏移 3，如图 9-130 所示。

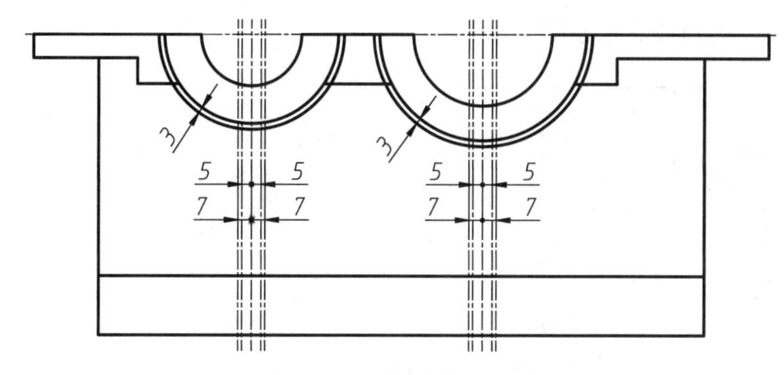

图 9-130 偏移肋板中心线

（9）执行 L【直线】命令，根据辅助线位置绘制轮廓线并删除多余辅助线，在首尾两端倒 $R3$ 的圆角，效果如图 9-131 所示。

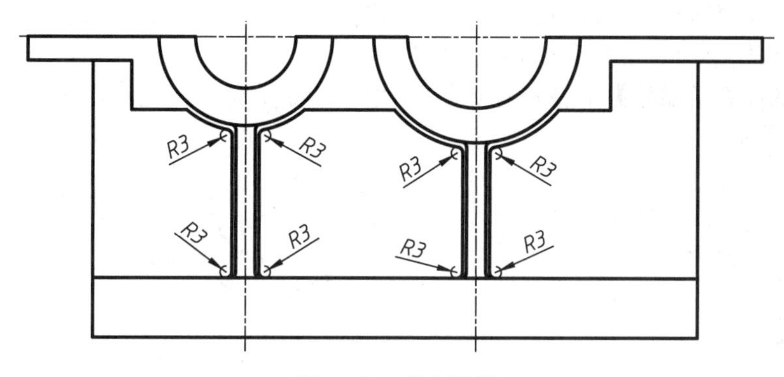

图 9-131 绘制肋板

（10）绘制底座安装孔。按之前的绘图方法，使用 O【偏移】、L【直线】命令绘制底座上的螺栓安装孔，如图 9-132 所示。

（11）绘制右侧剖切线。切换至【细实线】图层，在主视图右侧任意起点处绘制一样条曲线，用作主视图中的局部剖切，如图 9-133 所示。

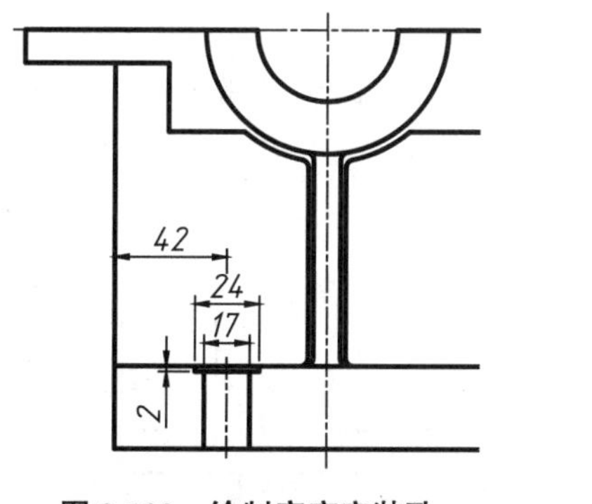

图 9-132 绘制底座安装孔

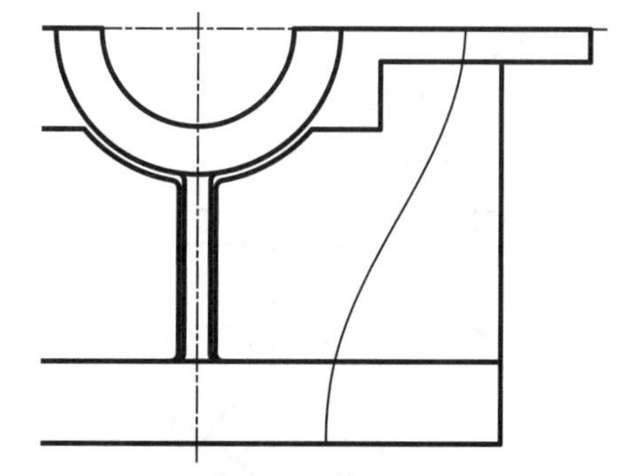

图 9-133 绘制剖切线

（12）绘制放油孔。执行 O【偏移】命令，将最下方的水平轮廓线向上偏移 13、18、24、30、35，最右侧的轮廓线向右偏移 6，如图 9-134 所示。

（13）切换回【轮廓线】层，调用【直线】命令，根据辅助线位置绘制轮廓线并删除多余辅助线，绘制放油孔如图 9-135 所示。

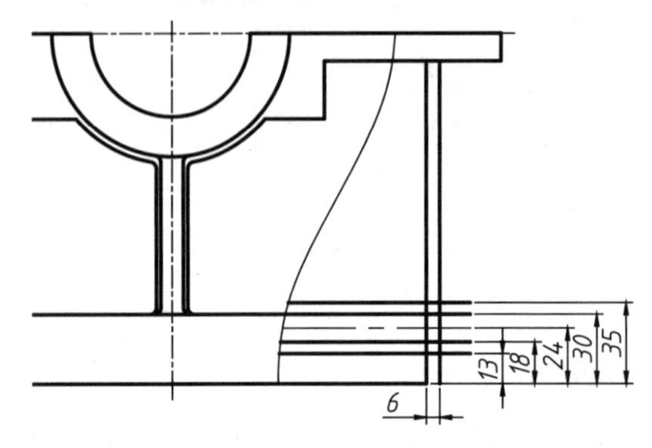

图 9-134 偏移放油孔中心线

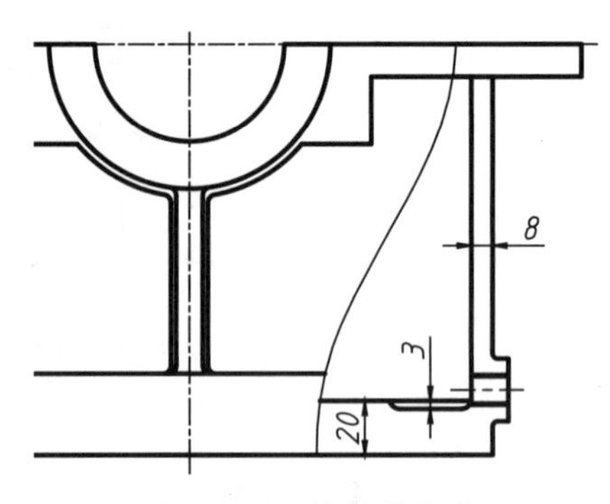

图 9-135 绘制放油孔

（14）绘制油标孔。将【中心线】图层设置为当前图层，执行 XL【构造线】命令，在右下角端点处绘制一 45° 的辅助线，如图 9-136 所示。

（15）执行 O【偏移】命令，将该辅助线向上偏移 50，在此基础之上对称偏移 8、14，效果如图 9-137 所示。

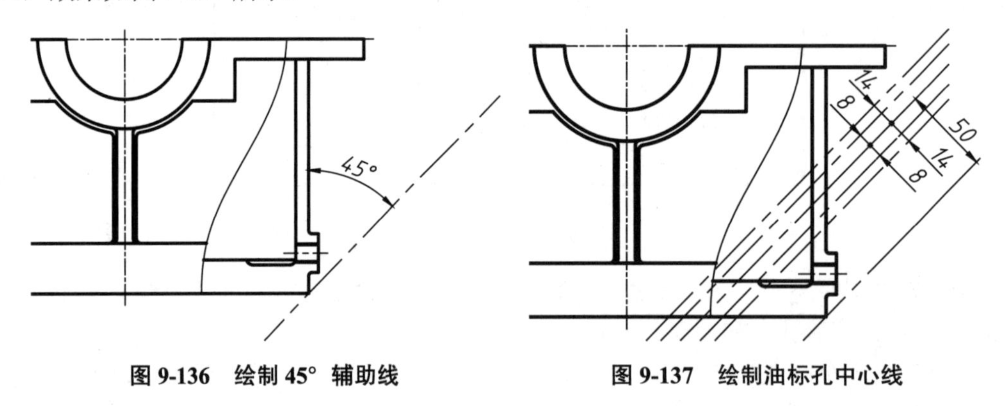

图 9-136 绘制 45° 辅助线

图 9-137 绘制油标孔中心线

（16）执行 L【偏移】命令，根据辅助线位置绘制油标孔轮廓，并删除多余辅助线，如图 9-138 所示。

（17）绘制油槽截面。在主视图的局部剖视图中，可以表现端面平台上的油槽截面，直接执行 L【直线】命令，绘制图形如图 9-139 所示。

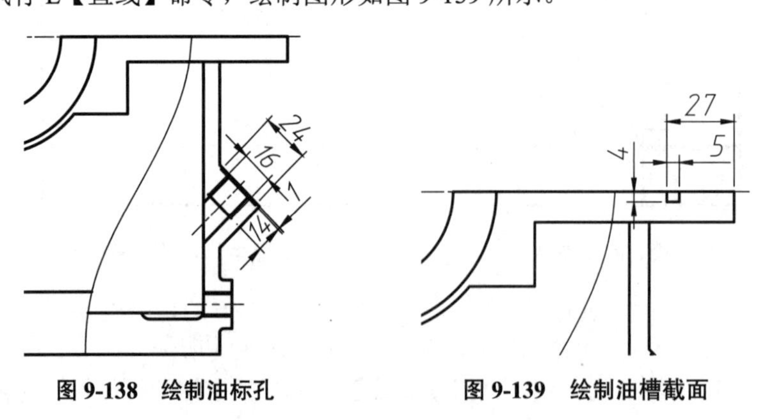

图 9-138 绘制油标孔

图 9-139 绘制油槽截面

（18）绘制吊耳。执行 L【直线】、C【圆】命令，并结合 TR【修剪】工具，绘制主视图上的吊钩，如图 9-140 所示。

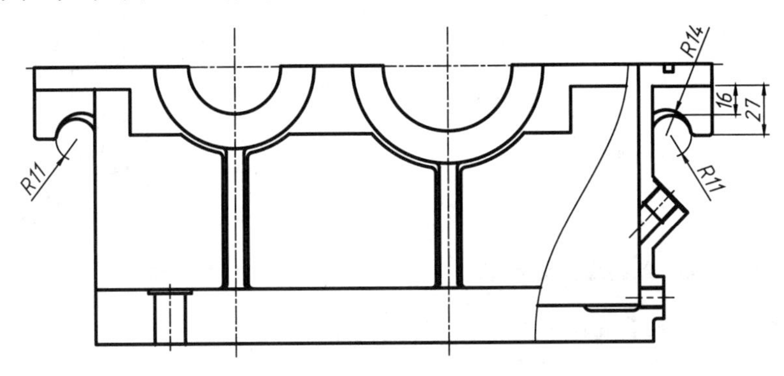

图 9-140　绘制吊耳图形

（19）绘制螺钉安装通孔。螺钉安装通孔用于连接箱座与箱盖，对称均布在端面平台上。执行 O【偏移】命令，将左侧轴承安装孔的中心线向右偏移 60，如图 9-141 所示。

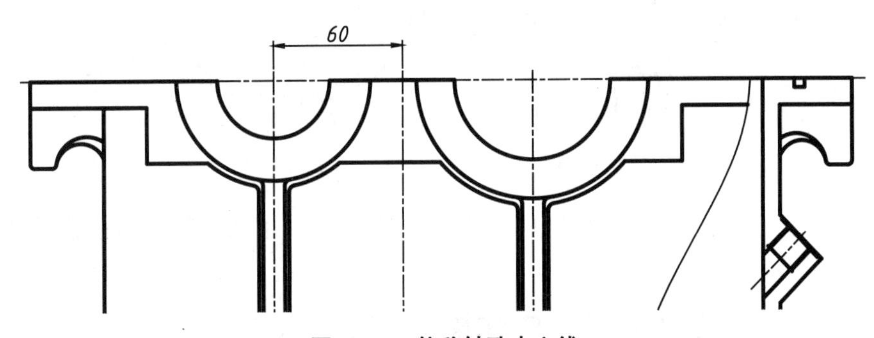

图 9-141　偏移轴孔中心线

（20）以端面平台与该辅助线的交点为圆心，绘制直径为 12 和 22 的圆，如图 9-142 所示。

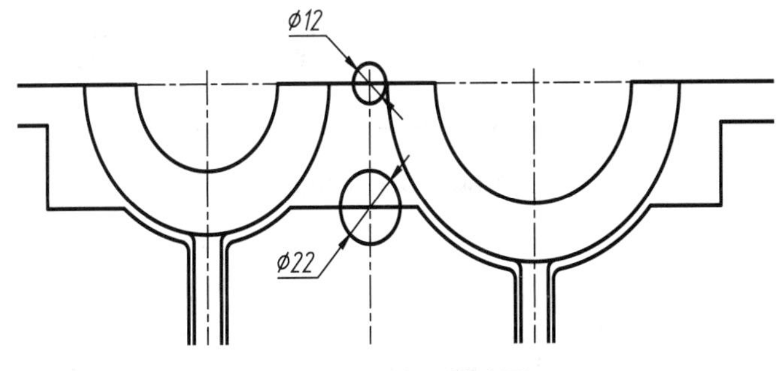

图 9-142　绘制辅助圆

（21）以圆的左右象限点为起点，执行 L【直线】命令，绘制如图 9-143 所示的图形。

（22）将【细实线】置为当前图层，在绘制通孔左右两侧绘制剖切边线，并使用

TR【修剪】命令进行修剪，如图 9-144 所示。

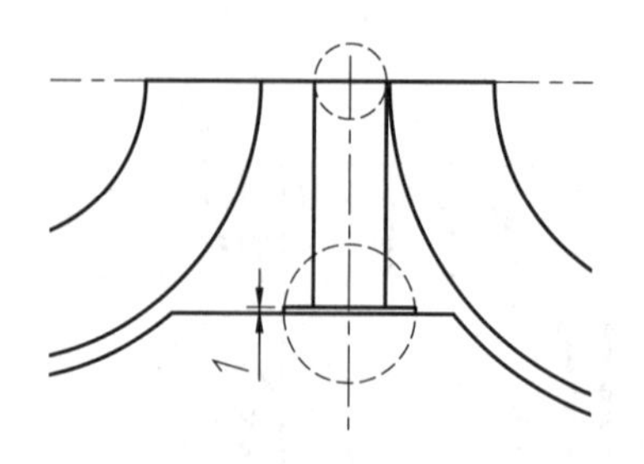

图 9-143　绘制螺钉安装通孔

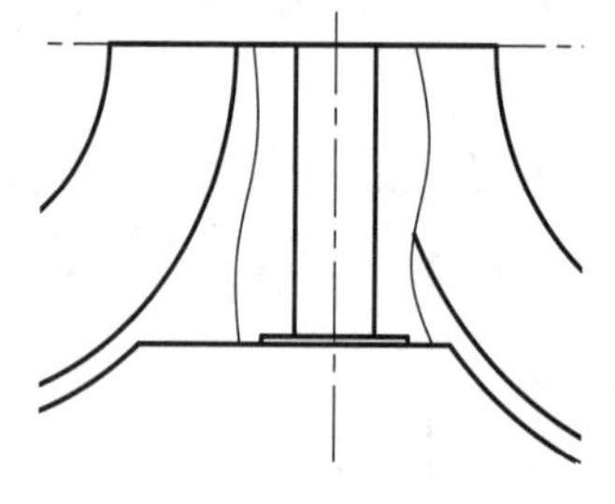

图 9-144　绘制剖切边线

（23）输入 O 执行【偏移】命令，将螺钉孔的中心线向左右两侧偏移 103 与 113，如图 9-145 所示，即以简化画法标明另外几处螺钉安装孔。

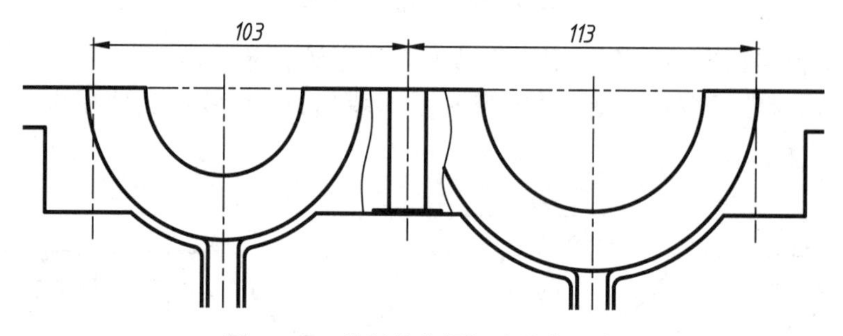

图 9-145　绘制其余螺钉孔处中心线

（24）将【剖面线】图层设置为当前图层，对主视图中的三处剖切位置进行填充，效果如图 9-146 所示。

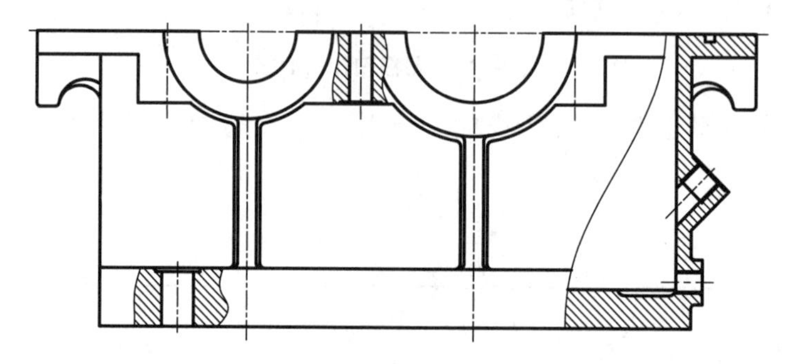

图 9-146　填充剖切区域

9.4.2　绘制俯视图

主视图的大致图形绘制完成后，就可以根据“长对正，高齐平，宽相等”的投影原则绘制箱座零件的俯视图和左视图。而根据箱座零件的具体特性，宜先绘制表达内部特征的俯视图，这样在绘制左视图时就不会出现较大的修改。

（1）切换至【中心线】图层，首先执行 XL【构造线】命令，在主视图下方绘制一条水平的中心线，然后执行 RAY【射线】命令，根据主视图绘制投影线，如图 9-147 所示。

（2）调用【偏移】命令，偏移俯视图中的水平中心线，如图 9-148 所示。

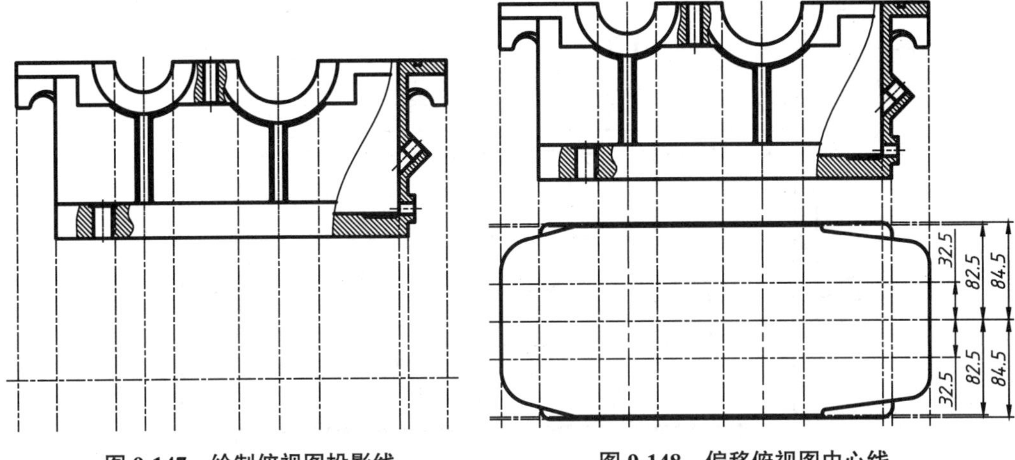

图 9-147　绘制俯视图投影线

图 9-148　偏移俯视图中心线

（3）绘制箱体内壁。箱座的俯视图绘制方法依照“先主后次”的原则，先绘制主要的尺寸部位。因此切换至【轮廓线】图层，执行 L【直线】命令，在俯视图中绘制如图 9-149 所示的箱体内壁。

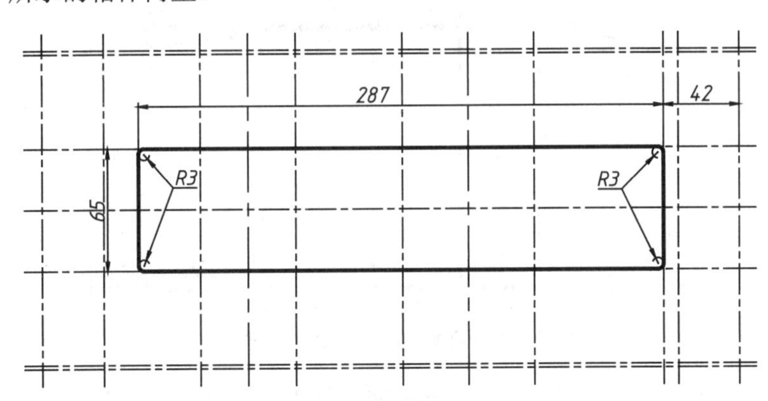

图 9-149　绘制箱体内壁

（4）再根据偏移出来的中心线，绘制俯视图中的轴承安装孔，效果如图 9-150 所示。

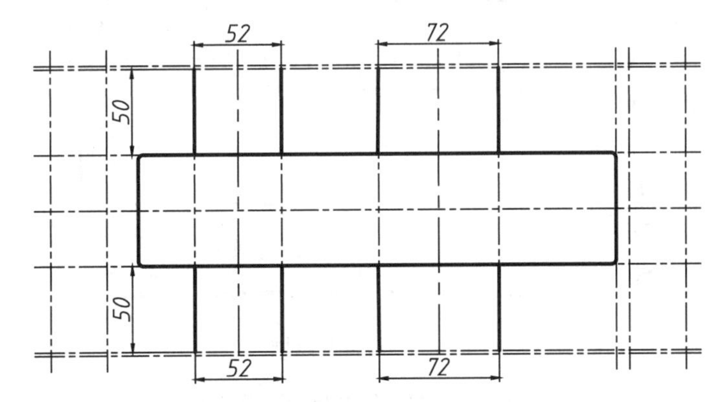

图 9-150　绘制俯视图中的轴承安装孔

（5）绘制俯视图外侧轮廓。内壁与轴承安装孔绘制完成后，就可以绘制俯视图的外侧轮廓，也是除主视图之外，箱座的主要外观表达。执行 L【直线】命令，连接各中心线的交点，绘制效果如图 9-151 所示。

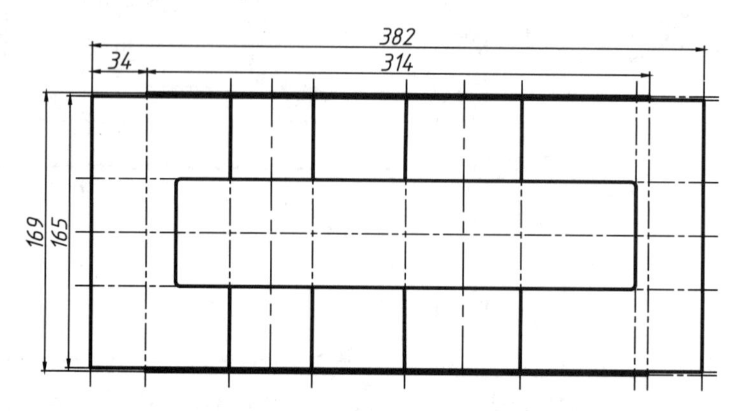

图 9-151　绘制俯视图中的外侧轮廓

（6）执行 L【直线】、CHA【倒角】、F【圆角】命令，对外侧轮廓进行修剪，效果如图 9-152 所示。

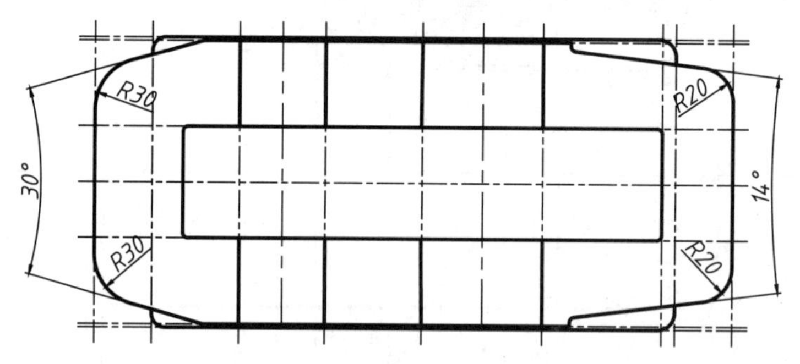

图 9-152　修剪俯视图中的外侧轮廓

（7）绘制油槽。根据主视图中的油槽截面与位置，执行 ML【多线】与 TR【修剪】命令，在俯视图中绘制如图 9-153 所示的油槽图形。

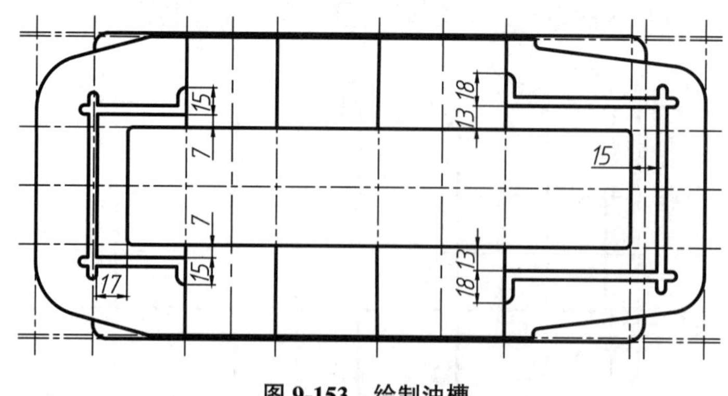

图 9-153　绘制油槽

（8）绘制螺钉孔。删除俯视图中多余的辅助线，然后将图层切换至【中心线】，接着执行 RAY【射线】命令，根据主视图中的螺钉孔中心线向俯视图绘制三条投影线，如图 9-154 所示。

（9）执行 O【偏移】命令，将俯视图中的水平中心线往上、下两侧对称偏移 60，如图 9-155 所示。

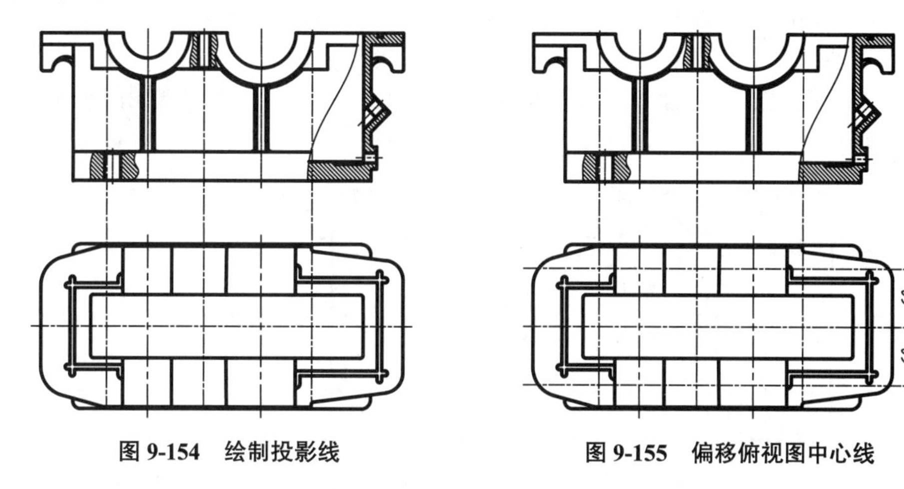

图 9-154 绘制投影线　　　图 9-155 偏移俯视图中心线

（10）将【轮廓线】图层置为当前，执行 C【圆】命令，在中心线的交点处绘制 Ø12 大小的圆，如图 9-156 所示。

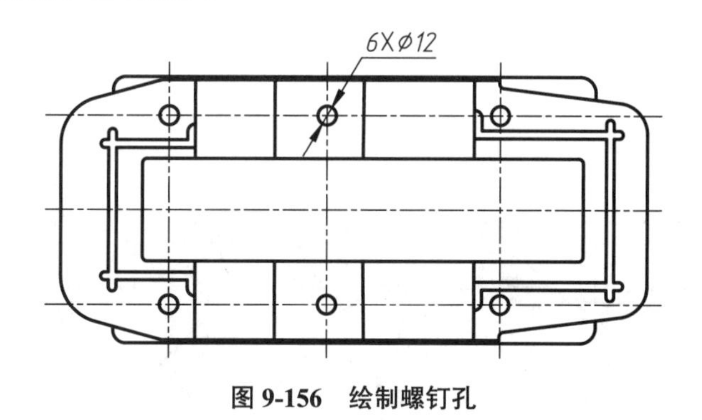

图 9-156 绘制螺钉孔

（11）绘制销钉孔等其他孔系。按相同方法，通过 O【偏移】命令得到辅助线，然后在交点处绘制销钉孔、起盖螺钉孔等其他孔，如图 9-157 所示。俯视图即绘制完成。

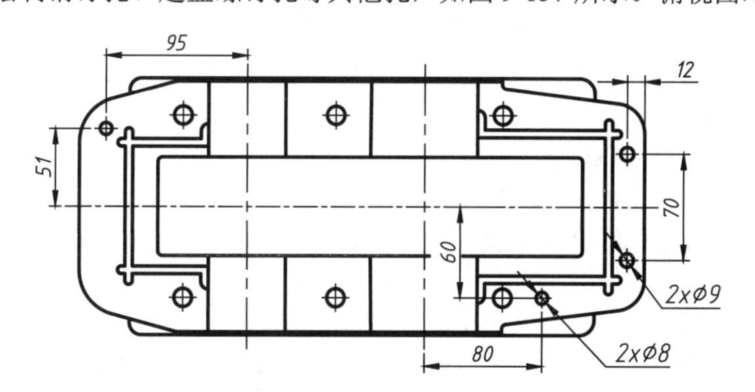

图 9-157 绘制销钉孔等其他孔系

9.4.3 绘制左视图

主视图、俯视图绘制完成后，箱座零件的尺寸就基本确定下来了，左视图的作用就是在此基础之上对箱座的外形以及内部构造进行一定的补充，因此在绘制左视图的时候，采用半剖的形式来表达：一侧表现外形，另一侧表现内部。

（1）切换至【中心线】图层，首先执行 XL【构造线】命令，在左视图的位置绘制一竖直的中心线，然后执行 RAY【射线】命令，根据主视图绘制左视图的投影线，如图 9-158 所示。

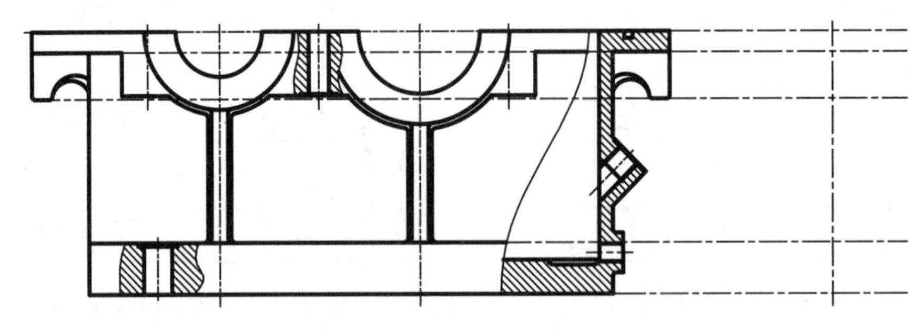

图 9-158　绘制左视图投影线

（2）调用【偏移】命令，将左视图中的竖直中心线向左偏移 40.5、60、80、82.5、84.5，如图 9-159 所示。

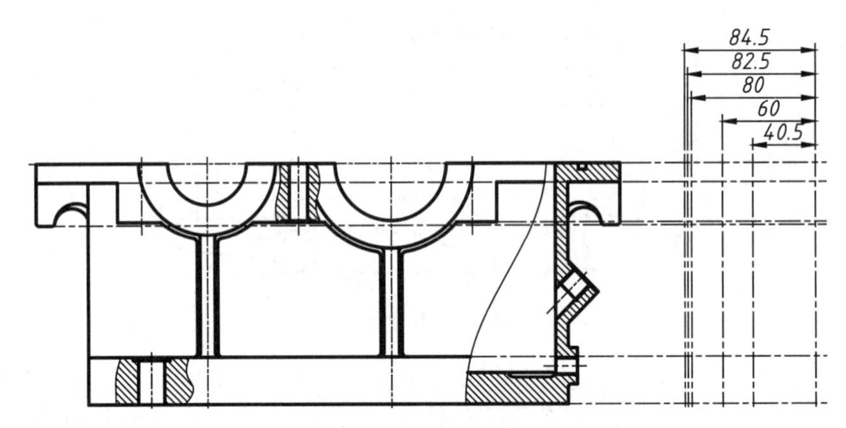

图 9-159　偏移左视图投影线

（3）绘制外形图。将【轮廓线】置为当前，根据左侧偏移的辅助线，绘制外形的轮廓线，如图 9-160 所示。

（4）偏移中心线。删除多余辅助线，再次执行 O【偏移】命令，将左视图的竖直中心线向右偏移 32.5、40.5、60.5、82.5、84.5，如图 9-161 所示。

（5）绘制内部图。结合主视图，执行 L【直线】命令，绘制左视图中的内部结构，如图 9-162 所示。

（6）绘制底座阶梯面。一般的箱体底座都会设计有阶梯面，以减少与地面的接触，增加稳定性，也减小加工面。执行 L【直线】命令，在左视图中绘制底层的阶梯面，并修剪主视图和左视图的对应图形，如图 9-163 所示。

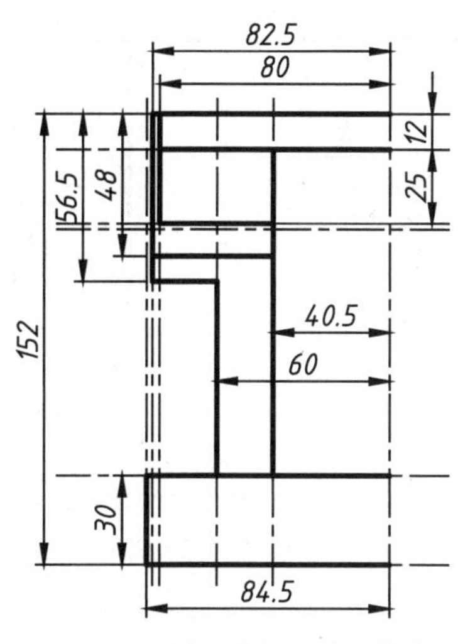

图 9-160　绘制俯视图外形轮廓

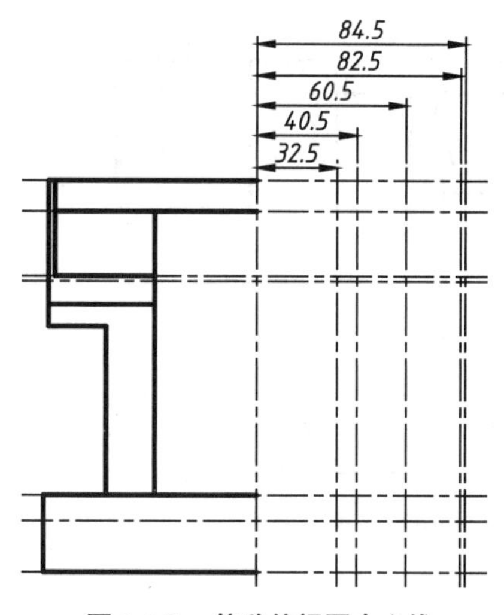

图 9-161　偏移俯视图中心线

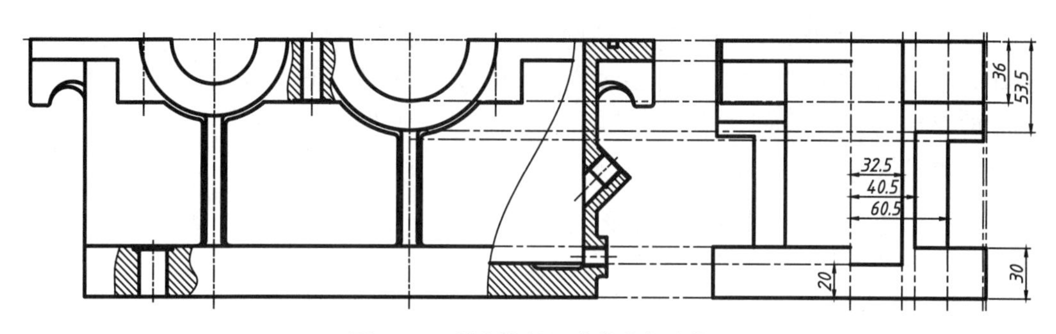

图 9-162　绘制左视图中的内部结构

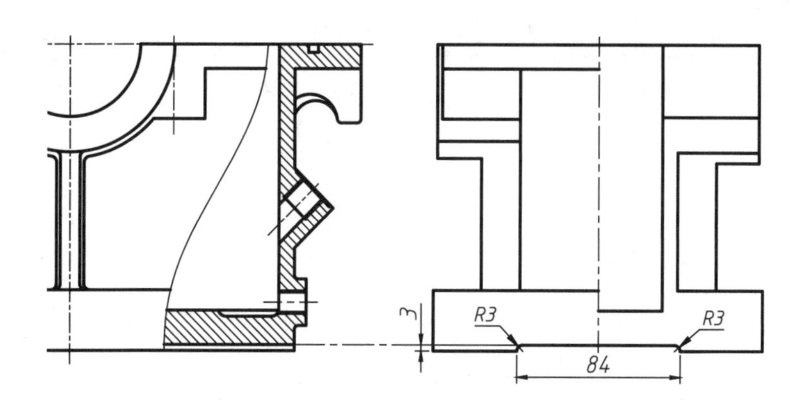

图 9-163　绘制底座阶梯面

（7）按相同的投影方法，使用 L【直线】、F【圆角】命令绘制左视图中的吊耳部分，如图 9-164 所示。

（8）修剪左视图。使用 F【圆角】命令对左视图进行编辑，然后执行 H【图案填充】命令，填充左视图右侧的半剖部分，如图 9-165 所示。左视图至此绘制完成。

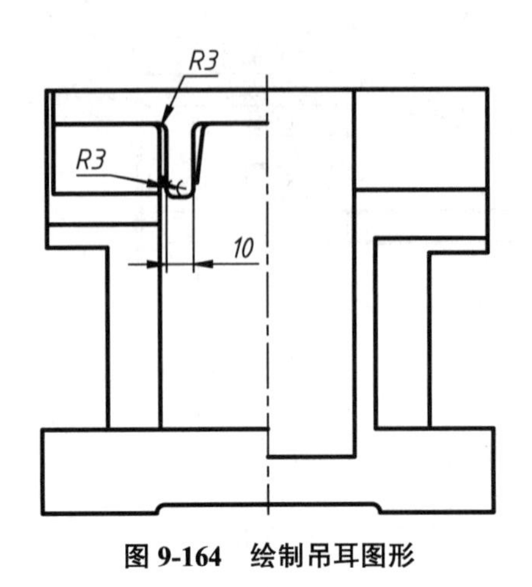

图 9-164 绘制吊耳图形

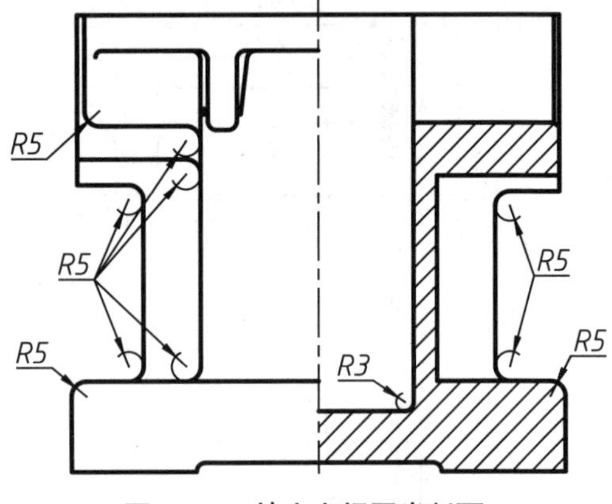

图 9-165 填充左视图半剖面

9.4.4 标注图形

主视图、俯视图、左视图绘制完成后，就可以对图形进行标注。在标注像箱座这类比较复杂的箱体类零件时，要注意避免重复标注，也不要遗漏标注。在标注时尽量以特征为参考，一个特征一个特征地进行标注，这样就可以减少出错率。

1. 标注尺寸

（1）在进行标注前要先检查图形，补画其中遗漏或缺失的细节，如主视图中轴承安装孔处的螺钉孔，补画如图 9-166 所示。

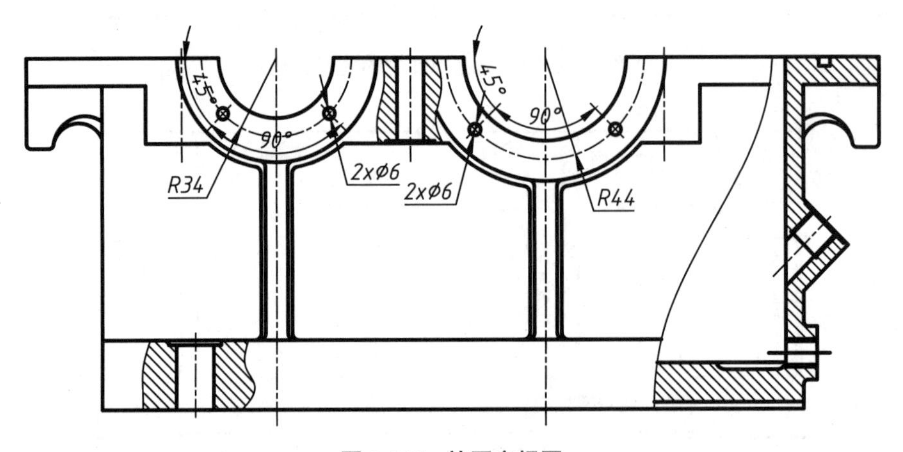

图 9-166 补画主视图

（2）标注主视图尺寸。切换到【标注线】图层，执行 DLI【线性】、DDI【直径】等标注命令，按之前介绍的方法标注主视图图形，如图 9-167 所示。

（3）标注主视图的精度尺寸。主视图中仅轴承安装孔孔径（52、72）、中心距（120）等三处重要尺寸需要添加精度，而轴承的安装孔公差为 *H*7，中心距可以取双向公差，对这些尺寸添加精度，如图 9-168 所示。

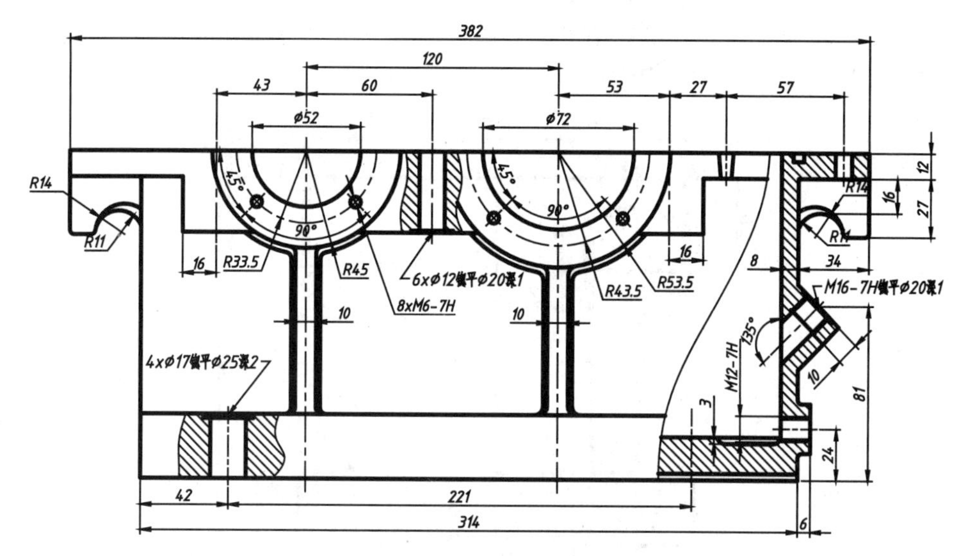

图 9-167 标注主视图尺寸

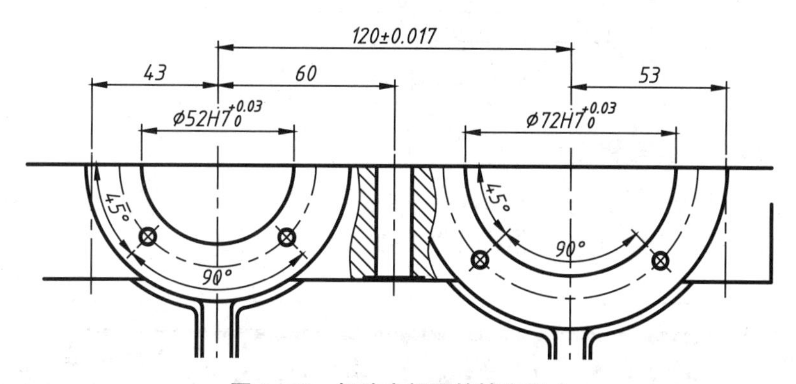

图 9-168 标注主视图的精度尺寸

（4）标注俯视图尺寸。俯视图的标注相对于主视图来说比较简单，没有很多重要尺寸，主要需标注一些在主视图上不好表示的轴、孔中心距尺寸，最后的标注效果如图 9-169 所示。

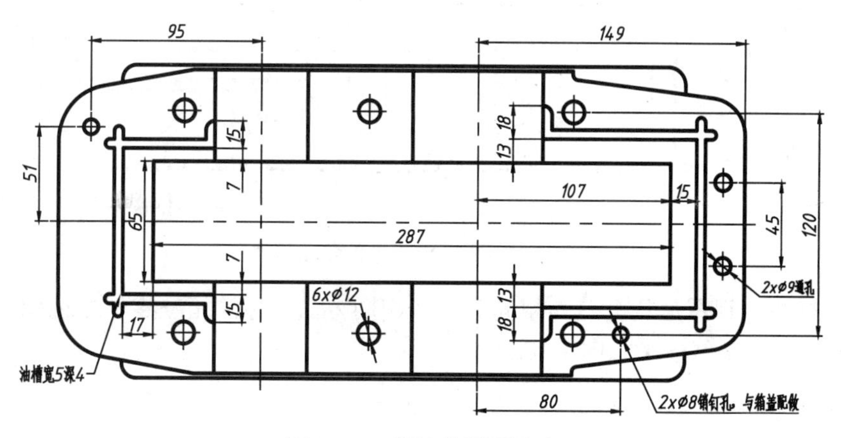

图 9-169 标注俯视图尺寸

（5）标注左视图尺寸。左视图主要需标注箱座零件的高度尺寸，如零件总高、底座高度等，具体标注如图 9-170 所示。

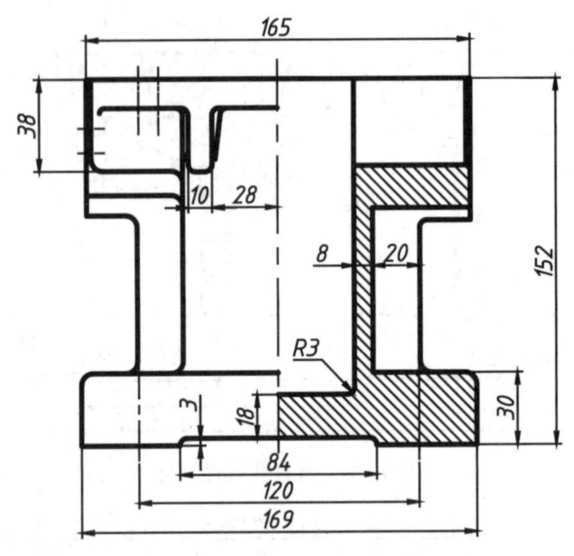

图 9-170　标注左视图尺寸

2. 标注形位公差与粗糙度

（1）标注俯视图形位公差与粗糙度。由于主视图上尺寸较多，因此此处选择俯视图作为放置基准符号的视图，具体标注效果如图 9-171 所示。

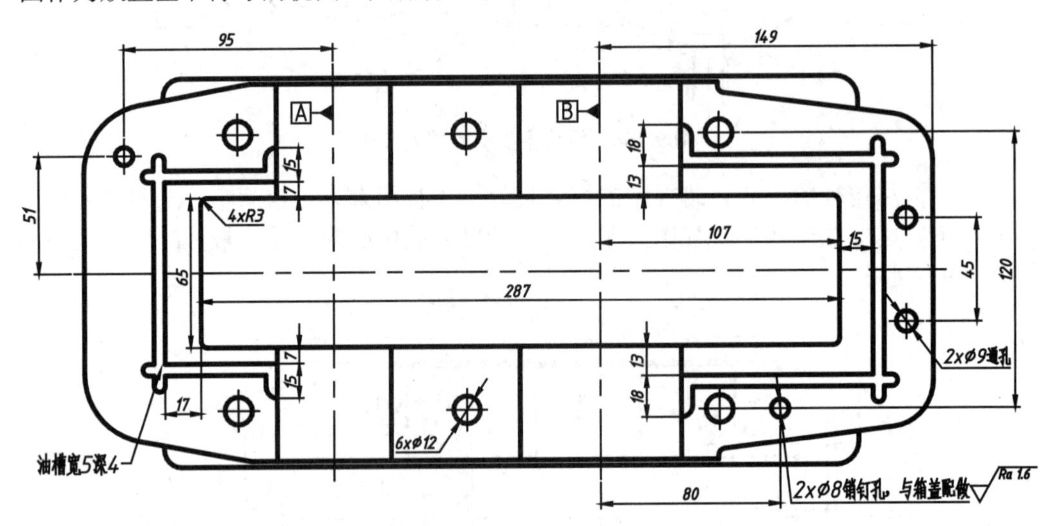

图 9-171　为俯视图添加形位公差与粗糙度

（2）标注主视图形位公差与粗糙度。按相同方法，标注箱座零件主视图上的形位公差与粗糙度，最终效果如图 9-172 所示。

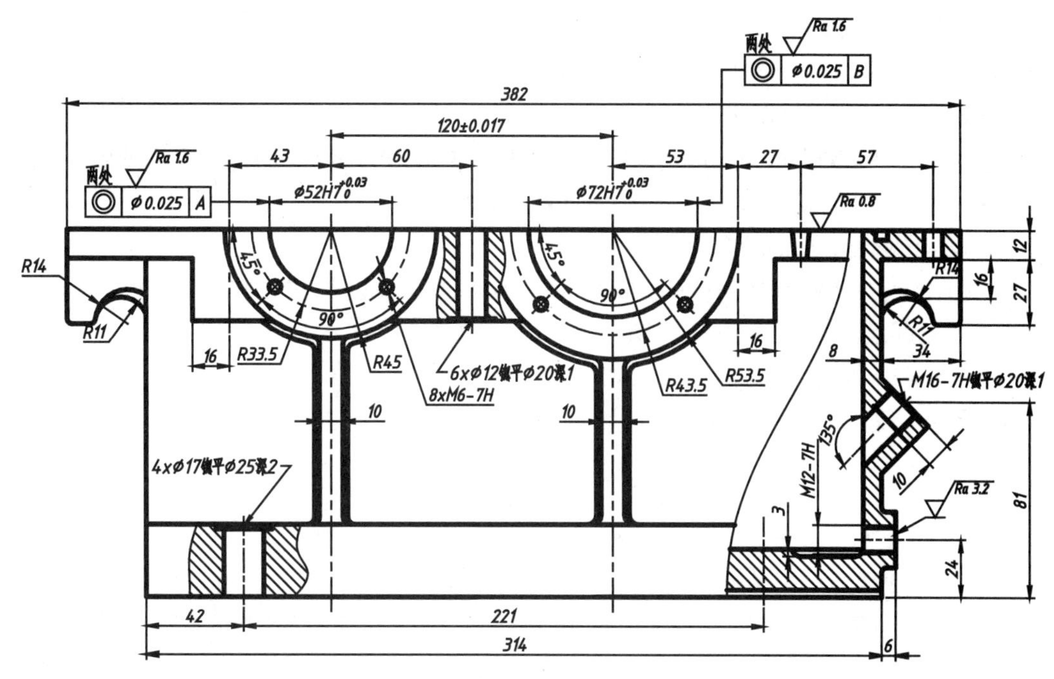

图 9-172 标注主视图的形位公差与粗糙度

（3）标注左视图形位公差与粗糙度。按相同方法，标注箱座零件左视图上的形位公差与粗糙度，最终效果如图 9-173 所示。

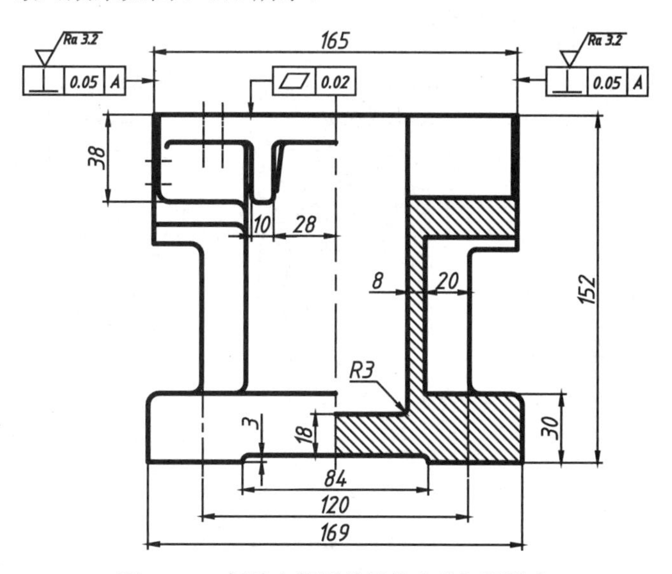

图 9-173 标注左视图的形位公差与粗糙度

3. 添加技术要求

（1）单击【默认】选项卡中【注释】面板中的【多行文字】按钮，在图标题栏上方的空白部分插入多行文字，输入技术要求如图 9-174 所示。

技术要求

1. 箱座铸成后，应清理并进行实效处理。
2. 箱盖和箱座合箱后，边缘应平齐，相互错位不大于2mm。
3. 应检查与箱盖接合面的密封性，用0.05mm塞尺塞入深度不得大于接合面宽度的1/3。用涂色法检查接触面积达一个斑点。
4. 与箱盖联接后，打上定位销进行镗孔，镗孔时结合面处禁放任何衬垫。
5. 轴承孔中心线对剖分面的位置度公差为0.3mm。
6. 两轴承孔中心线在水平面内的轴线平行度公差为0.020mm，两轴承孔中心线在垂直面内的轴线平行度公差为0.010mm。
7. 机械加工未注公差尺寸的公差等级为GB/T1804-m。
8. 未注明的铸造圆角半径R=3~5mm。
9. 加工后应清除污垢，内表面涂漆，不得漏油。

图 9-174 输入技术要求

（2）箱座零件图绘制完成，最终的图形效果如图 9-175 所示（详见素材文件“第 9 章 \9.6 绘制箱座零件图 -OK”）。

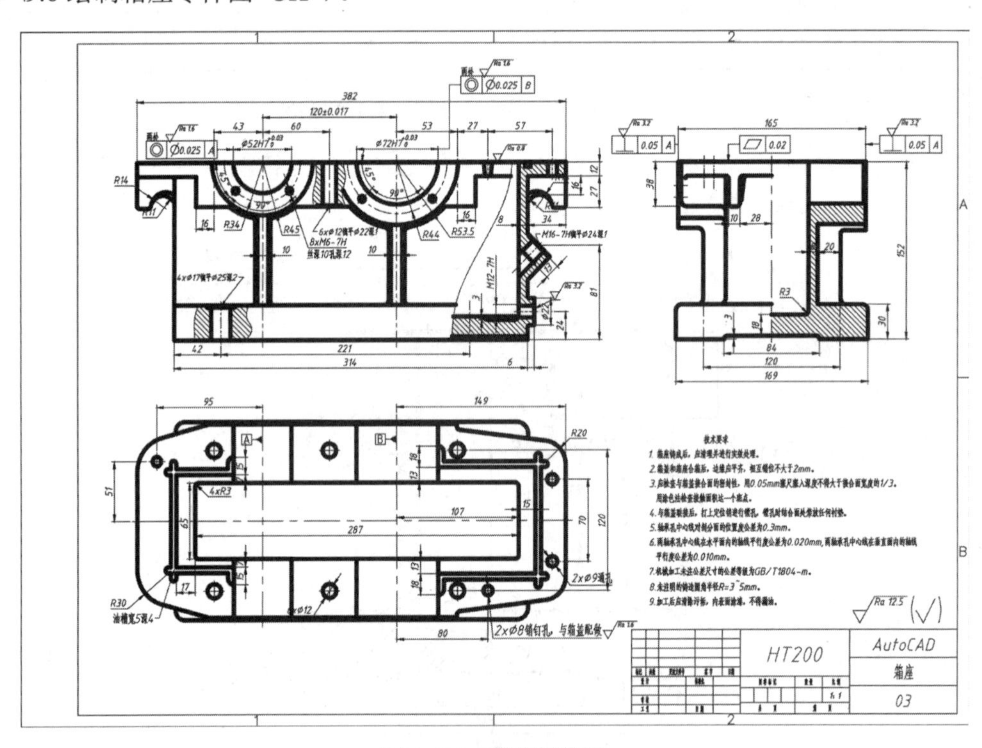

高清图

图 9-175 箱座零件图

9.5 绘制单级减速器装配图

首先设计轴系部件。通过绘图设计轴的结构尺寸，确定轴承的位置，传动零件、轴和轴承是减速器的主要零件，其他零件的结构和尺寸随这些零件而定。绘制装配图时，要先画主要零件，后画次要零件；由箱内零件画起，逐步向外画：先由中心线绘制大致轮廓线，结构细节可先不画；以一个视图为主，过程中兼顾其他视图。

9.5.1　绘图分析

可按表 9-1 中的数值估算减速器的视图范围，而视图布置可参考图 9-176。

表 9-1　视图范围估算表

	A	B	C
一级圆柱齿轮减速器	3*a*	2*a*	2*a*
二级圆柱齿轮减速器	4*a*	2*a*	2*a*
圆锥 - 圆柱齿轮减速器	4*a*	2*a*	2*a*
一级蜗杆减速器	2*a*	3*a*	2*a*

设计点拨： *a* 为传动中心距，对于二级传动来说，*a* 为低速级的中心距。

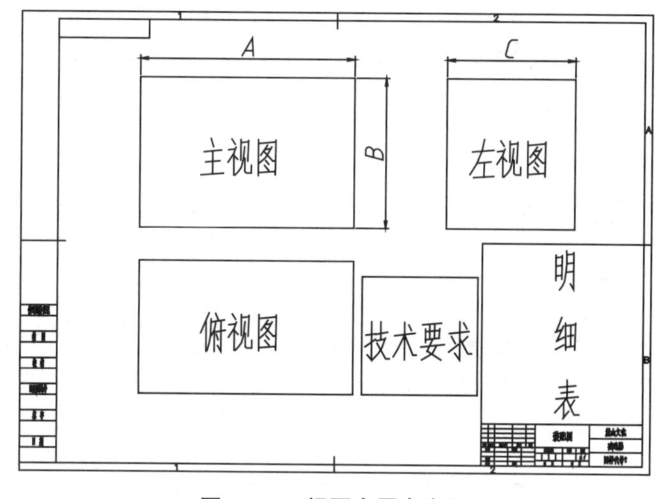

图 9-176　视图布置参考图

9.5.2　绘制俯视图

对于本例的单级减速器来说，其主要零件就是齿轮传动幅，因此在绘制装配图的时候，宜先绘制表达传动幅的俯视图，再根据投影关系反过来绘制主视图与左视图。在绘制的时候可以直接使用第 9 章中绘制过的素材，以复制、粘贴的方式绘制该装配图。

（1）打开素材文件“第 9 章\9.5 绘制箱座零件图.dwg”，素材中已经绘制好了一 1 ∶ 1 大小的 A0 图纸框，如图 9-177 所示。

（2）导入箱座俯视图。打开素材文件“第 9 章\箱座.dwg”，使用 Ctrl+C【复制】、Ctrl+V【粘贴】命令，将箱座的俯视图粘贴至装配图中的适当位置，如图 9-178

所示。

图 9-177　素材文件

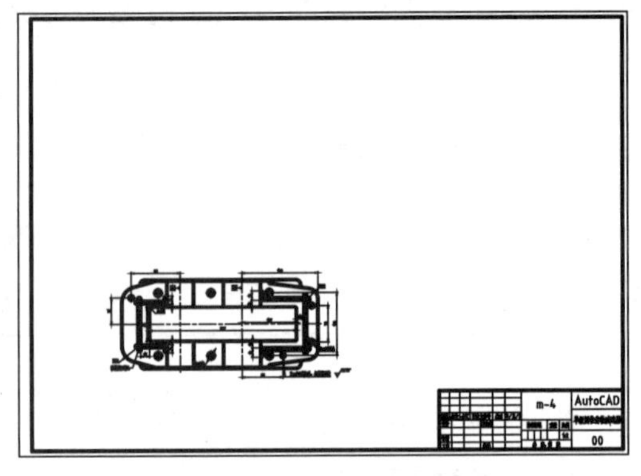

图 9-178　导入箱座俯视图

（3）使用 E【删除】、TR【修剪】等编辑命令，将箱座俯视图的尺寸标注全部删除，只保留轮廓图形与中心线，如图 9-179 所示。

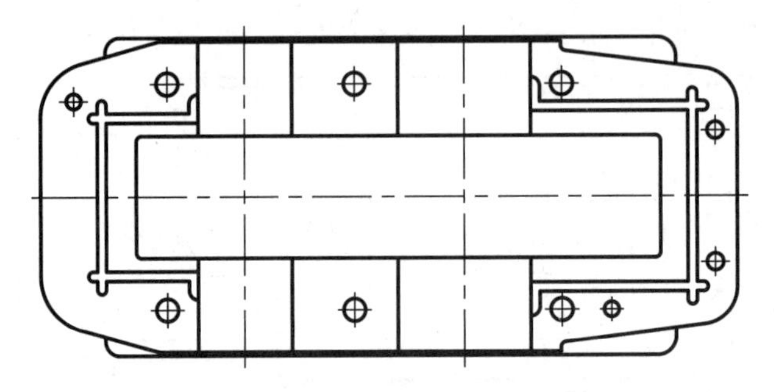

图 9-179　删减俯视图

（4）放置轴承端盖。打开素材文件“第 9 章 \ 轴承端盖 .dwg”，使用 Ctrl+C【复制】、Ctrl+V【粘贴】命令，将该轴承端盖的俯视图粘贴至绘图区，然后移动至对应的轴承安装孔处，执行 TR【修剪】命令删减被遮挡的线条，如图 9-180 所示。

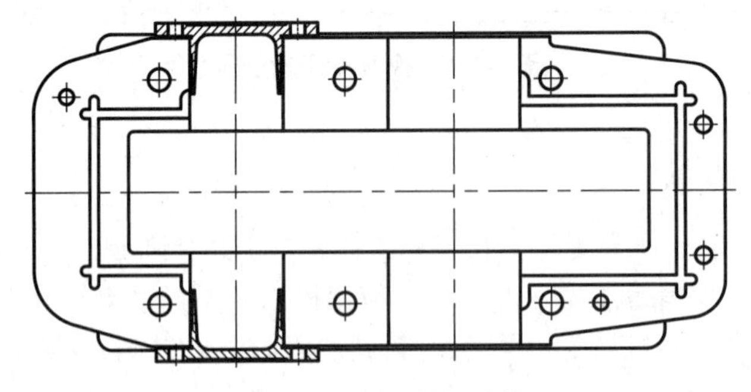

图 9-180　插入轴承端盖

（5）放置 6205 轴承。打开素材文件“第 9 章 \ 轴承 .dwg”，按相同方法将其中的 6205 轴承图形粘贴至绘图区，然后移动至俯视图上对应的轴承安装孔处，如图 9-181 所示。

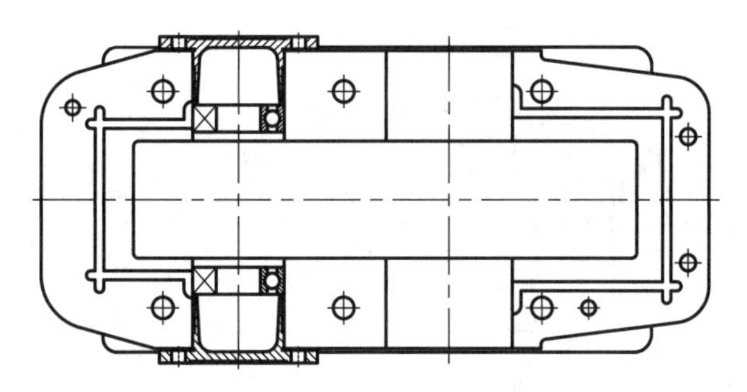

图 9-181　插入 6205 轴承

（6）导入齿轮轴。打开素材文件“第 9 章 \ 齿轮轴 .dwg”，同样使用 Ctrl+C【复制】、Ctrl+V【粘贴】命令，将齿轮轴零件粘贴进来，按中心线进行对齐，并靠紧轴肩，接着使用 TR【修剪】、E【删除】命令删除多余图形，如图 9-182 所示。

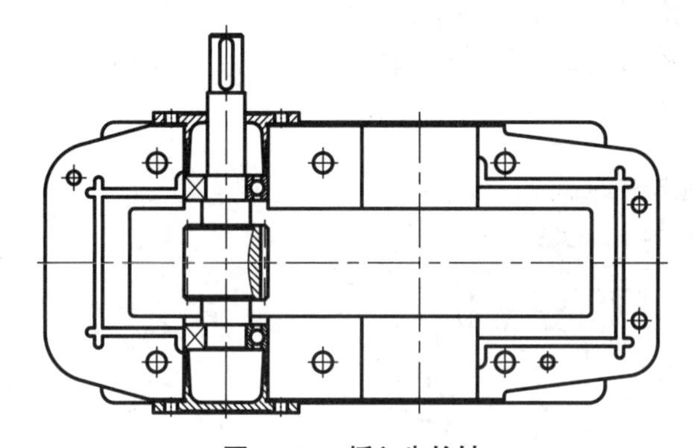

图 9-182　插入齿轮轴

（7）导入大齿轮。齿轮轴导入之后，就可以根据啮合方法导入大齿轮。打开素材文件“第 9 章 \ 大齿轮 .dwg”，按相同方法将其中的剖视图插入至绘图区中，再根据齿轮的啮合特征对齐，结果如图 9-183 所示。

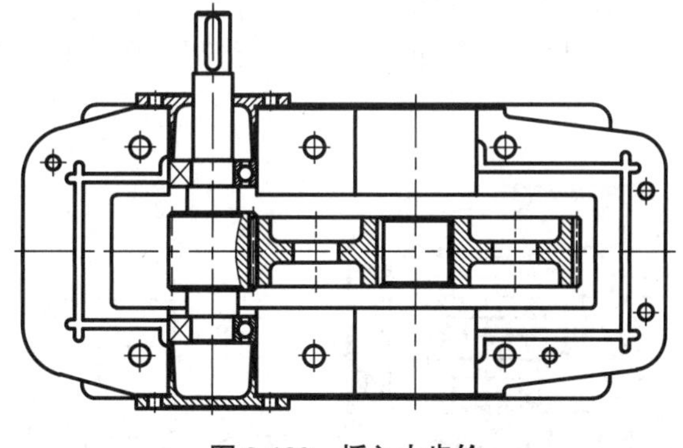

图 9-183　插入大齿轮

（8）导入低速轴。同理将“第 9 章 \ 低速轴 .dwg”素材文件导入至绘图区，然后执行 M【移动】命令，按大齿轮上的键槽位置进行对齐，修剪被遮挡的线条，结果如图 9-184 所示。

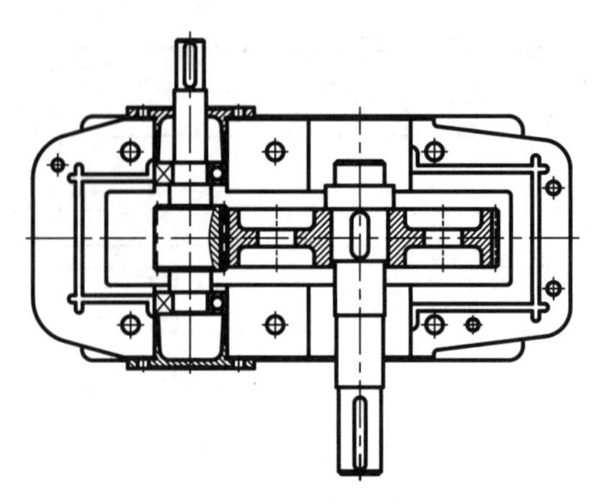

图 9-184　插入低速轴

（9）插入低速轴齿轮侧端盖与轴承。按相同方法插入低速轴一侧的轴承端盖和轴承，素材见“第 9 章 \ 轴承端盖 .dwg”“第 9 章 \ 轴承 .dwg”。插入后的效果如图 9-185 所示。

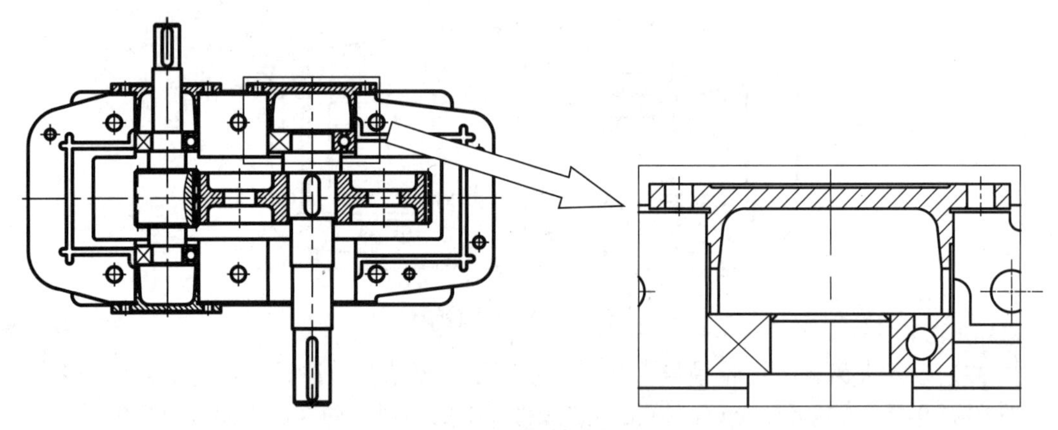

图 9-185　插入轴承与端盖

（10）插入低速轴输出侧端盖与轴承。该侧由于定位轴段较长，因此仅靠端盖无法压紧轴承，所以要在轴上绘制一个隔套进行固定，结果如图 9-186 所示。

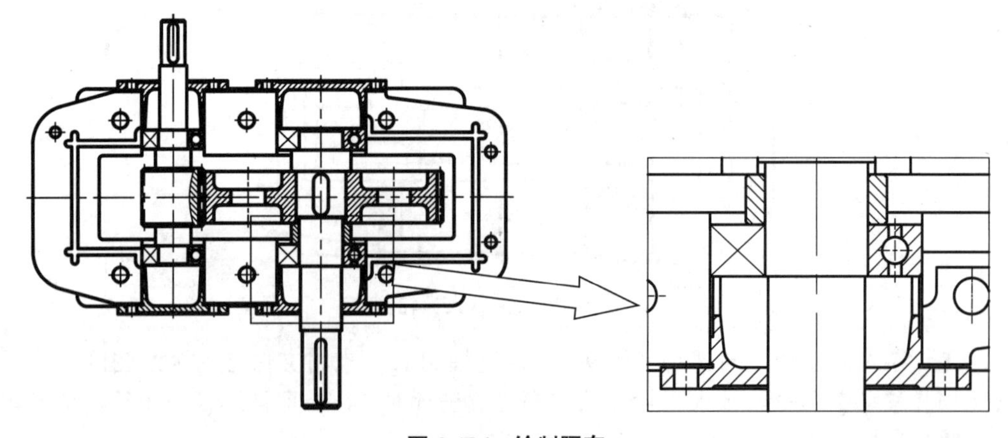

图 9-186　绘制隔套

9.5.3 绘制主视图

俯视图先绘制到该步，然后再利用现有的俯视图，通过投影的方法来绘制主视图的大致图形。

1. 绘制端盖部分

（1）绘制轴与轴承端盖。切换到【虚线】图层，执行 L【直线】命令，从俯视图中向主视图绘制投影线，如图 9-187 所示。

（2）切换到【轮廓线】图层，执行 C【圆】命令，按投影关系，在主视图中绘制端盖与轴的轮廓，如图 9-188 所示。

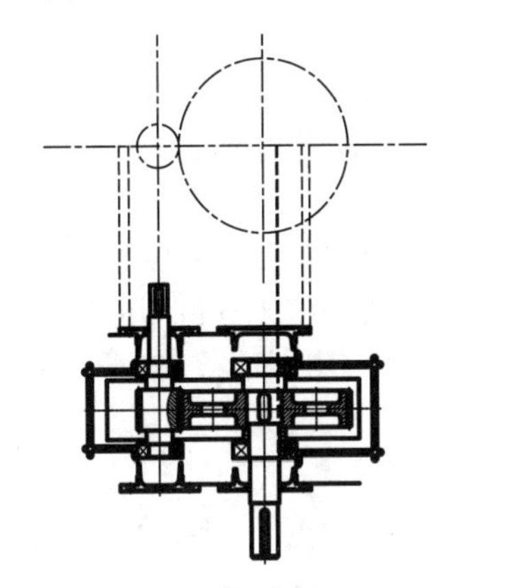

图 9-187 绘制主视图投影线

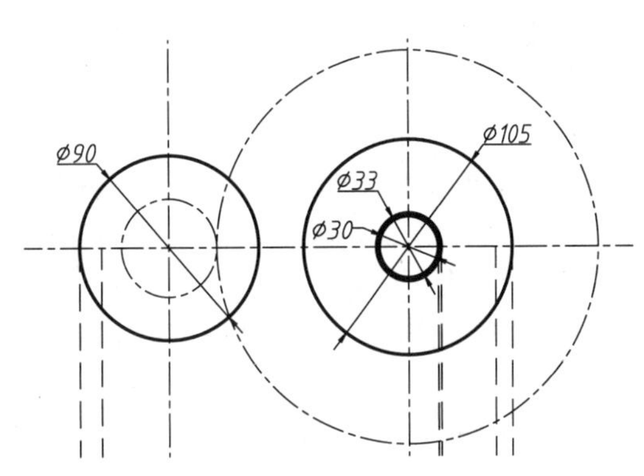

图 9-188 在主视图绘制端盖与轴

（3）绘制端盖螺钉。选用的螺钉为 GB/T 5783—2000 的外六角螺钉，查相关手册即可得螺钉的外形形状，然后切换到【中心线】图层，绘制出螺钉的布置圆，再切换回【轮廓线】图层，执行相关命令绘制螺钉即可，如图 9-189 所示。

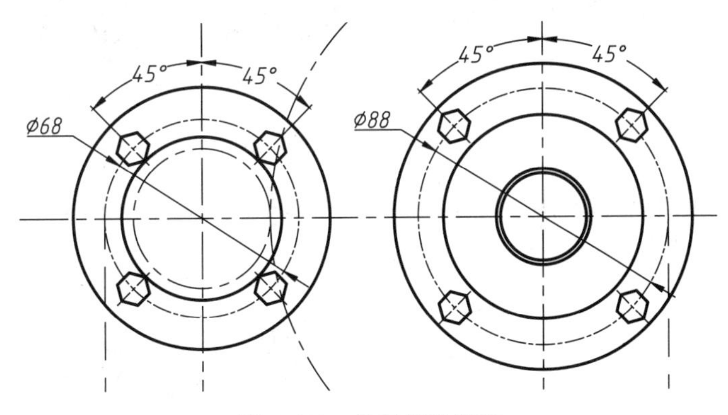

图 9-189 绘制端盖螺钉

2. 绘制凸台部分

（1）确定轴承安装孔两侧的螺栓位置。单击【修改】面板中的【偏移】按钮，执行 O【偏移】命令，将主视图中左侧的垂直中心线向左偏移 43mm，向右偏移 60mm；右侧的中心线向右偏移 53mm，作为凸台连接螺栓的位置，如图 9-190 所示。

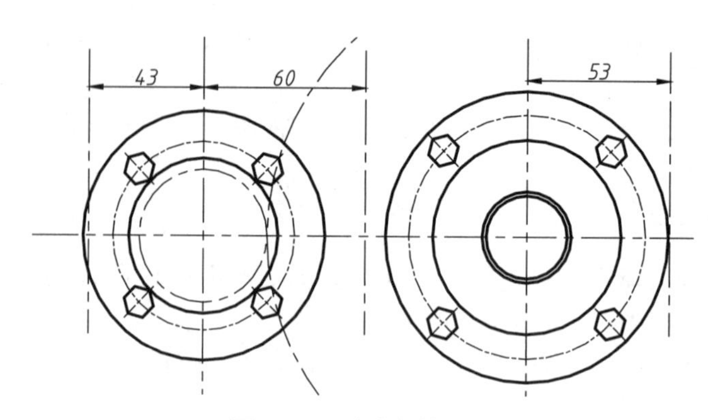

图 9-190 确定螺栓位置

设计点拨：轴承安装孔两侧的螺栓间距不宜过大，也不宜过小，一般取凸缘式轴承盖的外圆直径。距离过大，不设凸台轴承刚度差；距离过小，螺栓孔可能会与轴承端盖的螺栓孔干涉，还可能与油槽干涉，为保证扳手空间，将会不必要地加大凸台高度。

（2）绘制箱盖凸台。同样执行 O【偏移】命令，将主视图的水平中心线向上偏移 38mm，此即凸台的高度；然后偏移左侧的螺钉中心线，向左偏移 16mm，再将右侧的螺钉中心线向右偏移 16mm，此即凸台的边线；最后切换到【轮廓线】图层，执行 L【直线】命令将其连接即可，如图 9-191 所示。

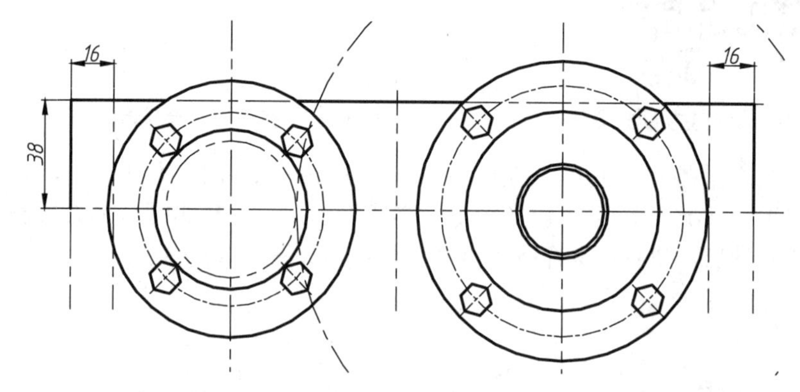

图 9-191 绘制箱盖凸台

（3）绘制箱座凸台。按相同方法，绘制下方的箱座凸台，如图 9-192 所示。

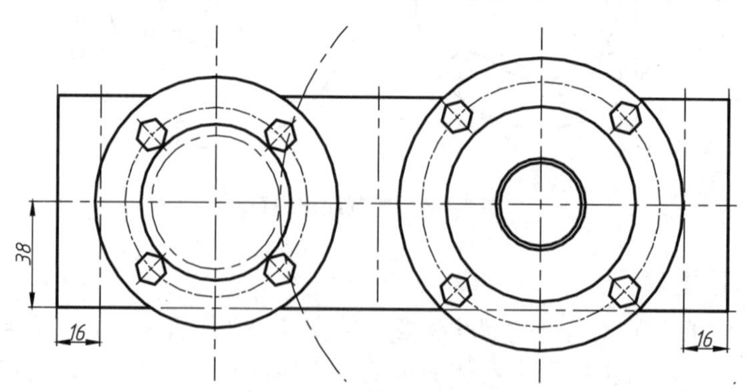

图 9-192 绘制箱座凸台

（4）绘制凸台的连接凸缘。为了保证箱盖与箱座的连接刚度，要在凸台上增加一凸缘，且凸缘应该较箱体的壁厚略厚，约为1.5倍壁厚。因此执行O【偏移】命令，将水平中心线向上、下偏移12mm，然后绘制该凸缘，如图9-193所示。

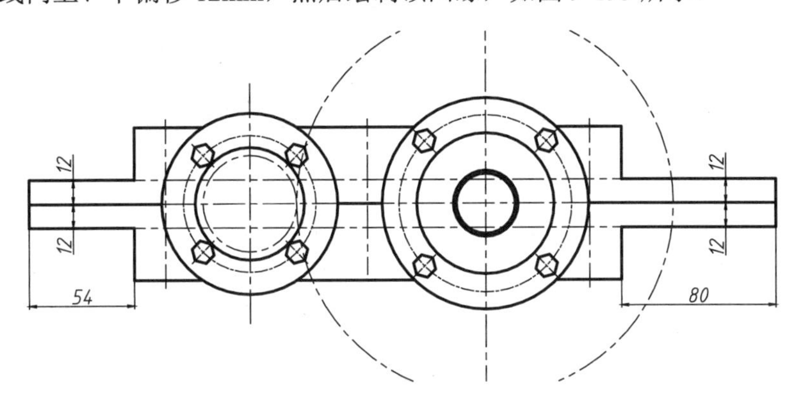

图 9-193　绘制凸台凸缘

（5）绘制连接螺栓。为了节省空间，在此只需绘制出其中一个连接螺栓（*M*10x90）的剖视图，其余用中心线表示即可，如图9-194所示。

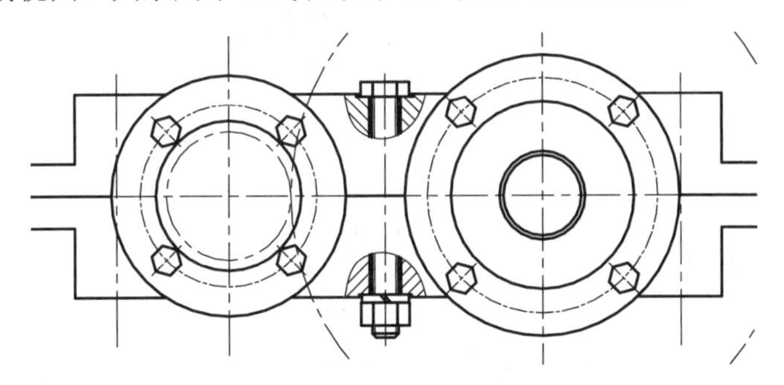

图 9-194　绘制连接螺栓

3. 绘制观察孔与吊环

（1）绘制主视图中的箱盖轮廓。切换到【轮廓线】图层，执行L【直线】、C【圆】等绘图命令，绘制主视图中的箱盖轮廓，如图9-195所示。

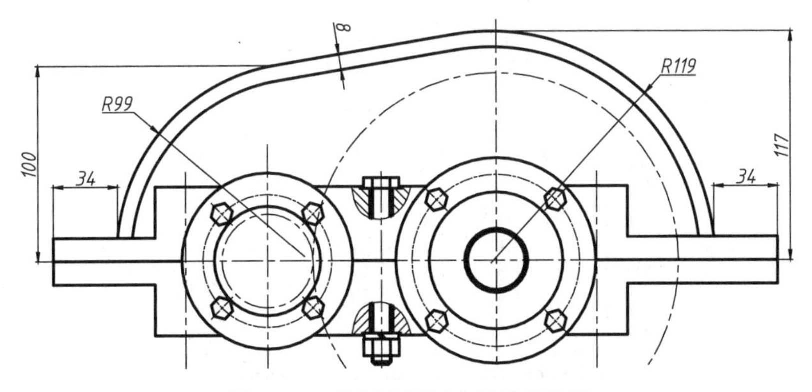

图 9-195　绘制主视图中的箱盖轮廓

（2）绘制观察孔。执行 L【直线】、F【倒圆角】等绘图命令，绘制主视图上的观察孔，如图 9-196 所示。

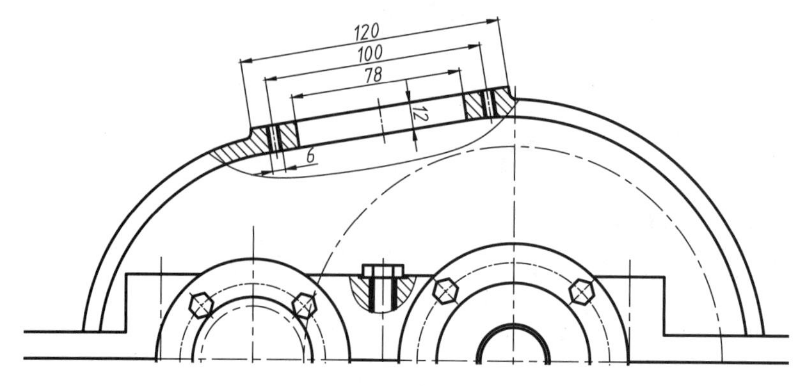

图 9-196　绘制主视图中的观察孔

（3）绘制箱盖吊环。执行 L【直线】、C【圆】等绘图命令，绘制箱盖上的吊钩，效果如图 9-197 所示（也可打开“第 9 章 \ 箱座盖 .dwg”素材文件进行插入）。

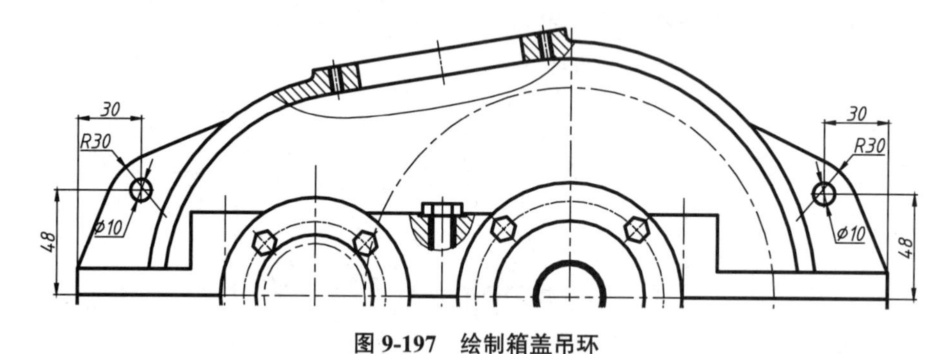

图 9-197　绘制箱盖吊环

4. 绘制箱座部分

（1）打开“第 9 章 \ 箱座 .dwg”素材文件，使用 Ctrl+C【复制】、Ctrl+V【粘贴】命令，将箱座的主视图粘贴至装配图中的适当位置，再使用 M【移动】、TR【修剪】命令进行修改，得到主视图如图 9-198 所示。

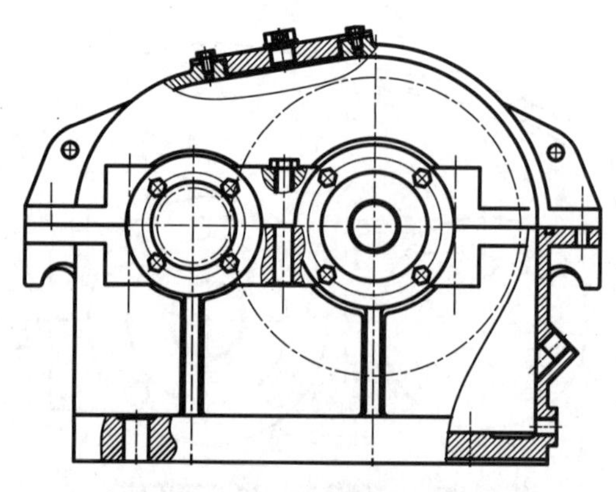

图 9-198　绘制箱座轮廓

（2）插入油标。打开素材文件“第 9 章 \ 油标 .dwg”，复制油标图形并放置在箱座的油标孔处，如图 9-199 所示。

（3）插入油塞。按相同方法，复制油塞图形并放置在箱座的放油孔处（素材文件“第 9 章 \ 油塞 .dwg”），如图 9-200 所示。

（4）绘制箱座右侧的连接螺栓。箱座右侧的连接螺栓为 *M*8x35，型号为 GB/T 5782—2000 的外六角螺栓，按之前所介绍的方法插入（素材文件“第 9 章 \ 螺栓 M8x35.dwg”），如图 9-201 所示。

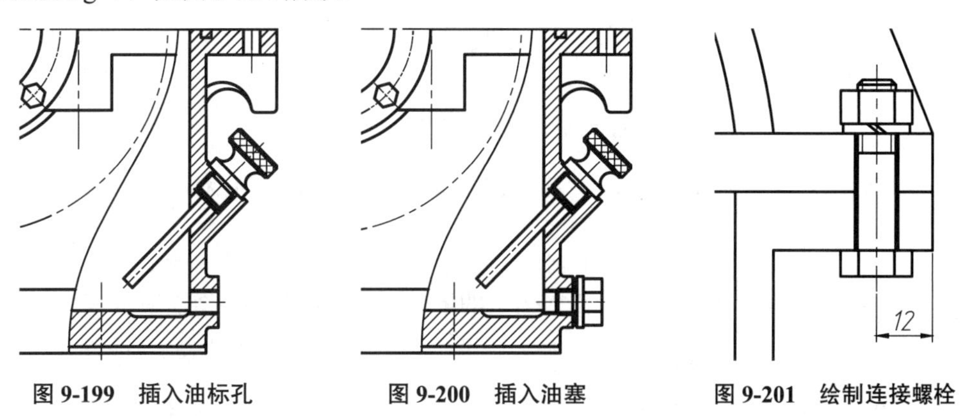

图 9-199　插入油标孔　　**图 9-200　插入油塞**　　**图 9-201　绘制连接螺栓**

（5）补全主视图。执行相应命令绘制主视图中的其他图形，如起盖螺钉、圆柱销等，再补上剖面线，最终的主视图图形如图 9-202 所示。

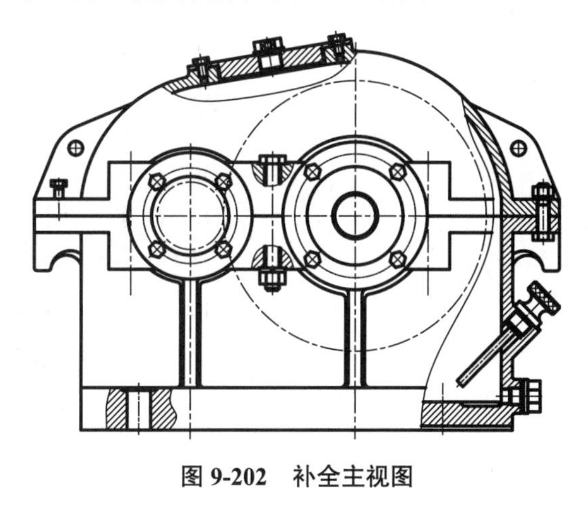

图 9-202　补全主视图

9.5.4　绘制左视图

主视图绘制完成后，就可以利用投影关系来绘制左视图。

1. 绘制左视图外形轮廓

（1）将【中心线】图层设置为当前图层，执行 L【直线】命令，在图纸的左视图位置绘制中心线，中心线长度任意。

（2）切换到【虚线】图层，执行 L【直线】命令，从主视图中向左视图绘制投影线，如图 9-203 所示。

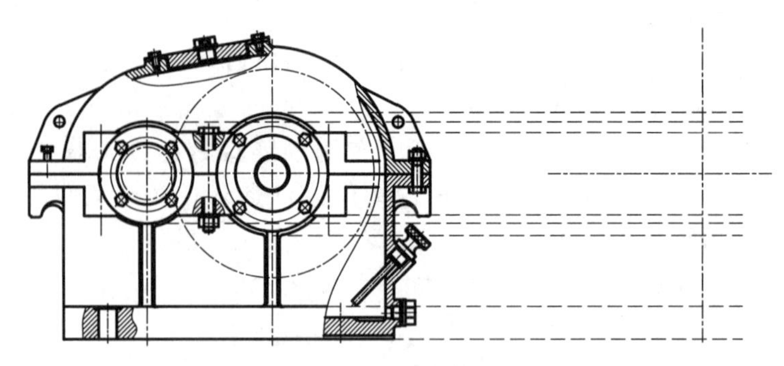

图 9-203　绘制左视图的投影线

（3）执行 O【偏移】命令，将左视图的垂直中心线向左右对称偏移 40.5、60.5、80、82、84.5，如图 9-204 所示。

（4）修剪左视图。切换到【轮廓线】图层，执行 L【直线】命令，绘制左视图的轮廓，再执行 TR【修剪】命令，修剪多余的辅助线，结果如图 9-205 所示。

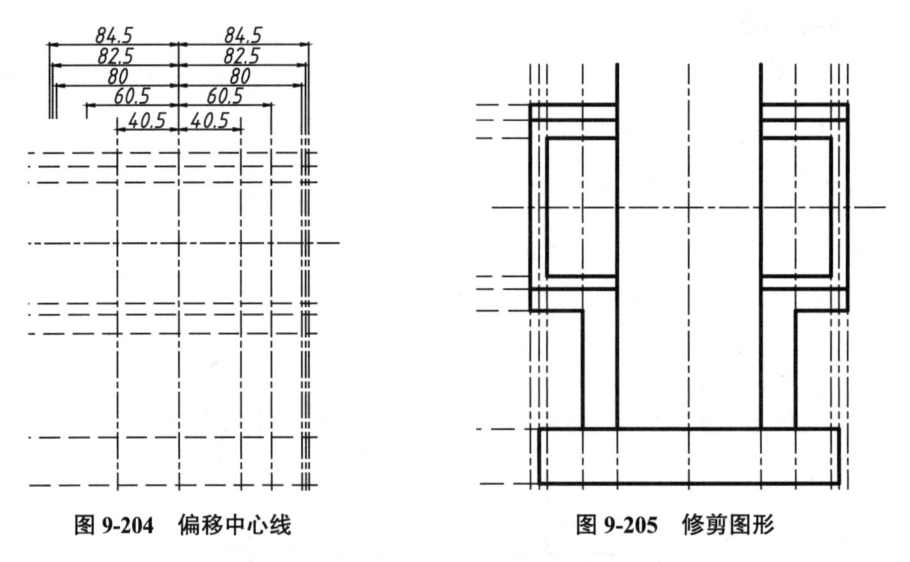

图 9-204　偏移中心线　　图 9-205　修剪图形

（5）绘制凸台与吊钩。切换到【轮廓线】图层，执行 L【直线】、C【圆】等绘图命令，绘制左视图中的凸台与吊钩轮廓，然后执行 TR【修剪】命令删除多余的线段，如图 9-206 所示。

（6）绘制定位销、起盖螺钉中心线。执行 O【偏移】命令，将左视图的垂直中心线向左、右对称偏移 60mm，作为箱盖与箱座连接螺栓的中心线位置，同样也是箱座地脚螺栓的中心线位置，如图 9-207 所示。

（7）绘制定位销与起盖螺钉。执行 L【直线】、C【圆】等绘图命令，在左视图中绘制定位销（6x35，GB/T 117—2000）与起盖螺钉（*M*6x15，GB/T 5783—2000），如图 9-208 所示。

（8）绘制端盖。执行 L【直线】命令，绘制轴承端盖在左视图中的可见部分，如图 9-209 所示。

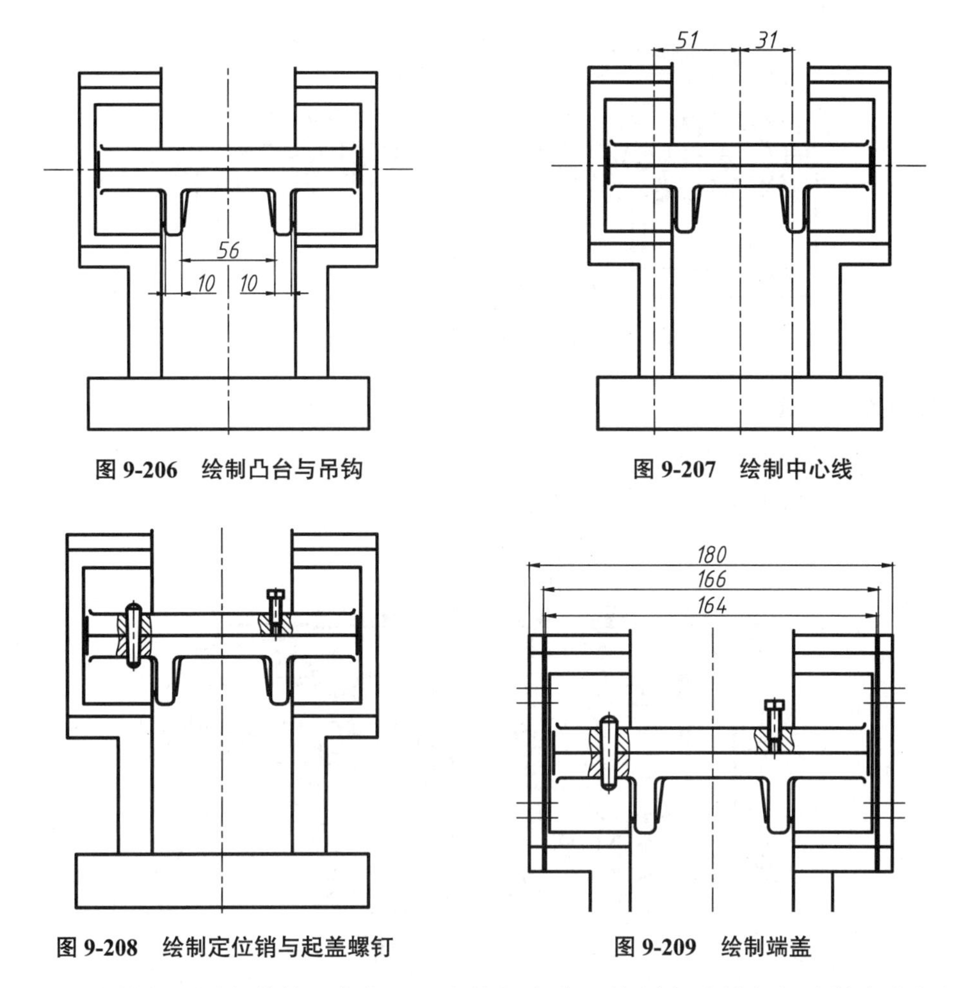

图 9-206　绘制凸台与吊钩

图 9-207　绘制中心线

图 9-208　绘制定位销与起盖螺钉

图 9-209　绘制端盖

（9）绘制左视图中的轴。执行 L【直线】命令，绘制高速轴与低速轴在左视图中的可见部分，伸出长度参考俯视图，如图 9-210 所示。

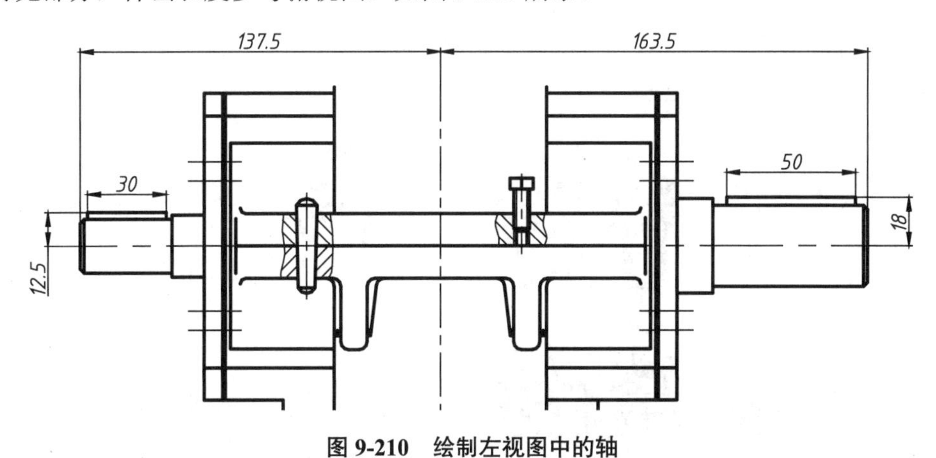

图 9-210　绘制左视图中的轴

（10）补全左视图。按投影关系，绘制左视图上方的观察孔以及封顶、螺钉等，最终效果如图 9-211 所示。

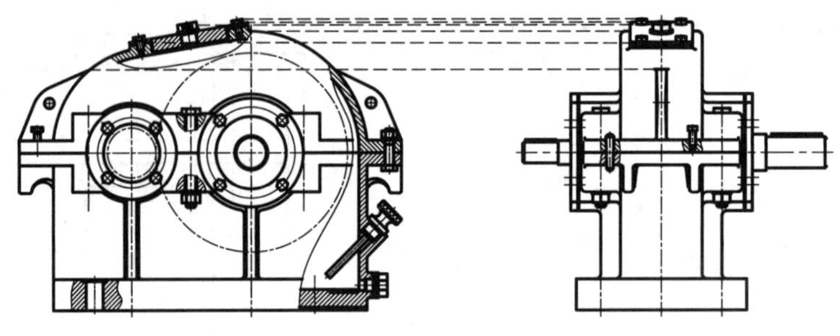

图 9-211 补全左视图

2. 补全俯视图

（1）补全俯视图。主视图、左视图的图形都已经绘制完毕，这时就可以根据投影关系，完整地补全俯视图，最终效果如图 9-212 所示。

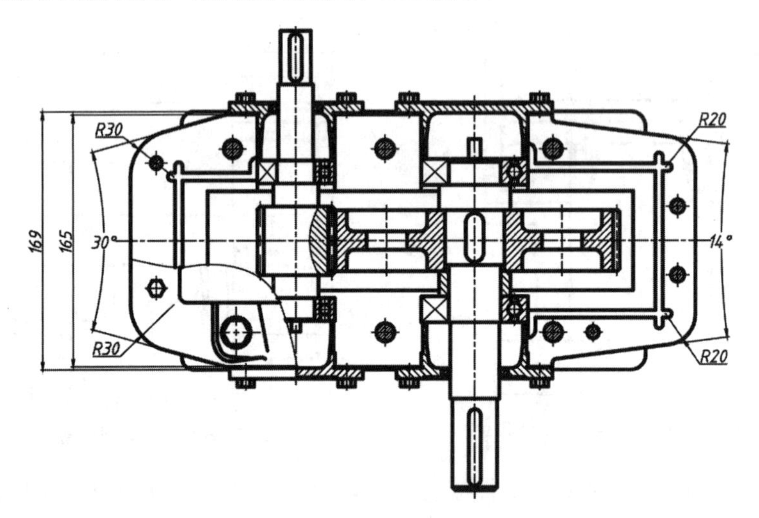

图 9-212 补全俯视图

（2）至此，装配图的三视图全部绘制完成，效果如图 9-213 所示。

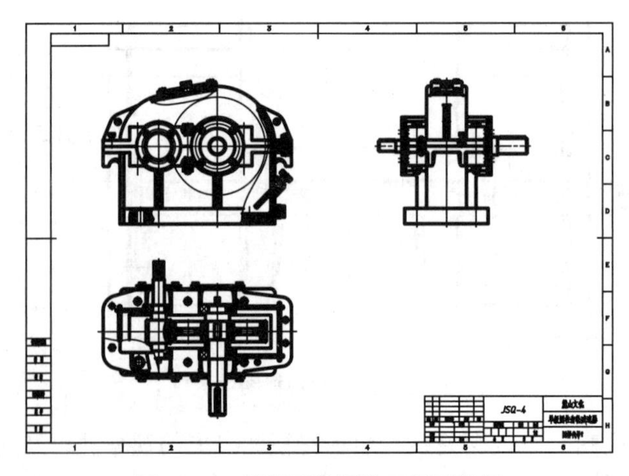

高清图

图 9-213 装配图的最终三视图效果

9.5.5 标注装配图

图形创建完毕后，就要对其进行标注。装配图中的标注包括标明序列号、填写明细表，以及标注一些必要的尺寸，如重要的配合尺寸、总长、总高、总宽等外形尺寸，以及安装尺寸等。

1. 标注尺寸

主要包括外形尺寸、安装尺寸以及配合尺寸，分别标注如下。

1）标注外形尺寸

由于减速器的上、下箱体均为铸造件，因此总的尺寸精度不高，而且减速器对于外形也没有过多要求，因此减速器的外形尺寸只需注明大致的总体尺寸即可。

标注总体尺寸。切换到【标注线】图层，执行 DLI【线性】等标注命令，按之前介绍的方法标注减速器的外形尺寸，主要集中在主视图与左视图上，如图 9-214 所示。

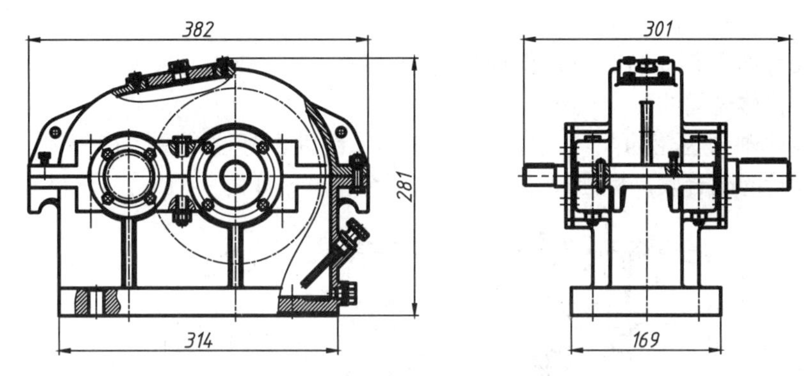

图 9-214 视图布置参考图

2）标注安装尺寸

安装尺寸即减速器在安装时所能涉及的尺寸，包括减速器上地脚螺栓的尺寸、轴的中心高度，以及吊环的尺寸等。这部分尺寸有一定的精度要求，需参考装配精度进行标注。

（1）标注主视图上的安装尺寸。主视图上可以标注地脚螺栓的尺寸，执行 DLI【线性】标注命令，选择地脚螺栓剖视图处的端点，标注该孔的尺寸，如图 9-215 所示。

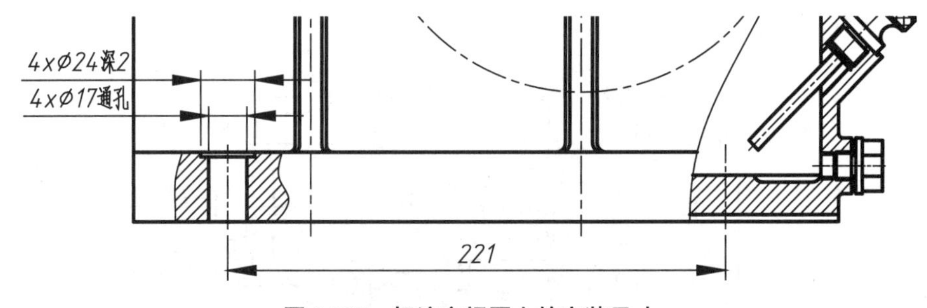

图 9-215 标注主视图上的安装尺寸

（2）标注左视图的安装尺寸。左视图上可以标注轴的中心高度，此即所连接联轴器与带轮的工作高度，标注如图 9-216 所示。

（3）标注俯视图的安装尺寸。俯视图中可以标注高、低速轴的末端尺寸，即与联轴器、带轮等的连接尺寸，标注如图 9-217 所示。

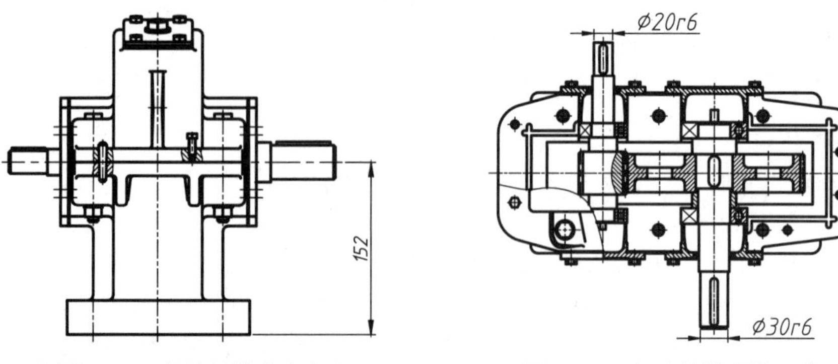

图 9-216　标注轴的中心高度　　图 9-217　标注轴的连接尺寸

3）标注配合尺寸

配合尺寸即零件在装配时需保证的配合精度，对于减速器来说，即轴与齿轮、轴承，轴承与箱体之间的配合尺寸。

（1）标注轴与齿轮的配合尺寸。执行 DLI【线性】标注命令，在俯视图中选择低速轴与大齿轮的配合段，标注尺寸，并输入配合精度，如图 9-218 所示。

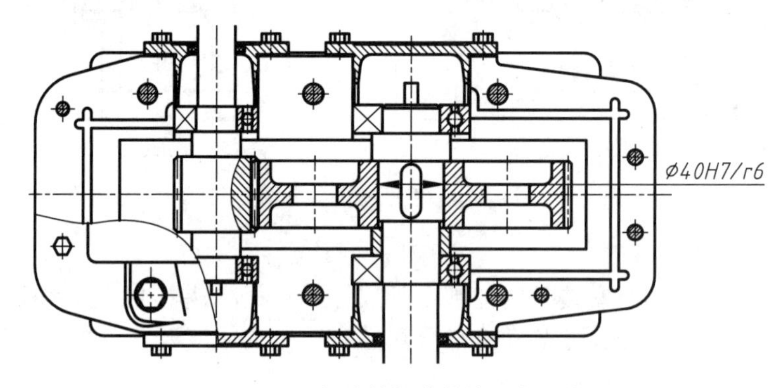

图 9-218　标注轴与齿轮的配合尺寸

（2）标注轴与轴承的配合尺寸。高、低速轴与轴承的配合尺寸均为 *H7/k6*，标注效果如图 9-219 所示。

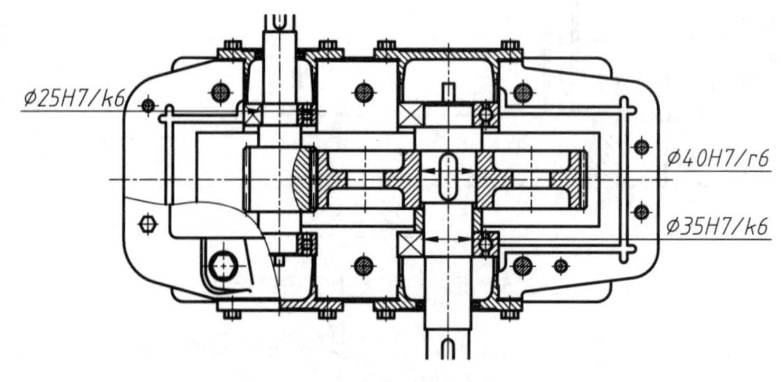

图 9-219　标注轴与轴承的配合尺寸

（3）标注轴承与轴承安装孔的配合尺寸。为了安装方便，轴承一般与轴承安装孔取间隙配合，因此可取配合公差为*H7*/*f*6，标注效果如图 9-220 所示。

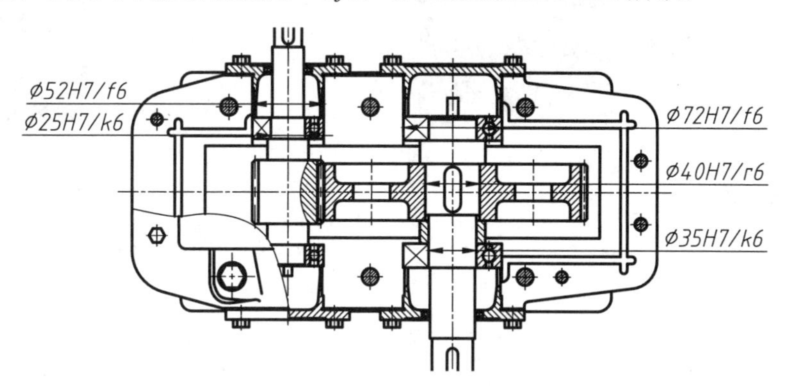

图 9-220 标注轴承与轴承安装孔的配合尺寸

（4）尺寸标注完毕。

2. 添加序列号

装配图中的所有零件和组件都必须编写序号。同一装配图中相同的零件编写相同的序号，而且一般只注明一次。另外，零件序号还应与事后的明细表中序号一致。

（1）设置引线样式。单击【注释】面板中的【多重引线样式】按钮，打开【多重引线样式管理器】对话框，如图 9-221 所示。

（2）单击其中的【修改】按钮，打开【修改多重引线样式：Standard】对话框，设置其中的【引线格式】选项卡如图 9-222 所示。

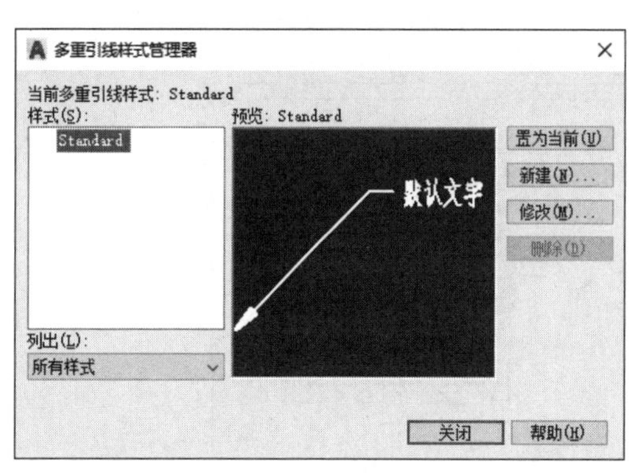

图 9-221 【多重引线样式管理器】对话框

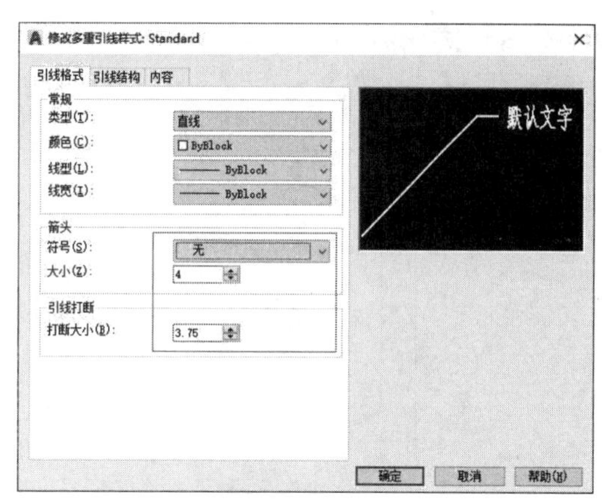

图 9-222 修改【引线格式】选项卡

（3）切换至【引线结构】选项卡，设置其中参数，如图 9-223 所示。

（4）切换至【内容】选项卡，设置其中参数，如图 9-224 所示。

（5）标注第一个序号。将【细实线】图层设置为当前图层，单击【注释】面板中的【引线】按钮，然后在俯视图的箱座处单击，引出引线，然后输入数字“1”，即表明该零件为序号为 1 的零件，如图 9-225 所示。

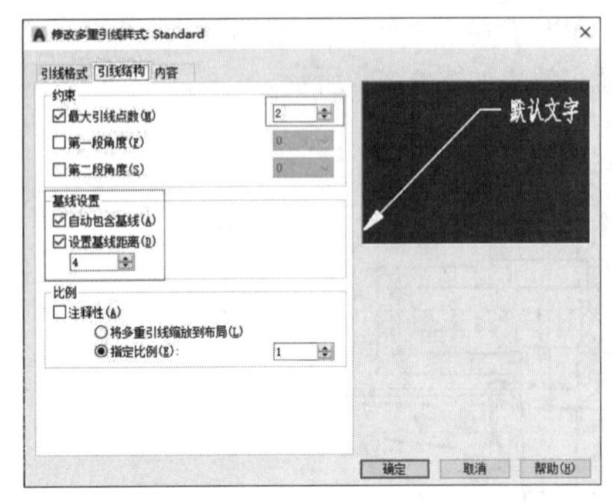

图 9-223　修改【引线结构】选项卡

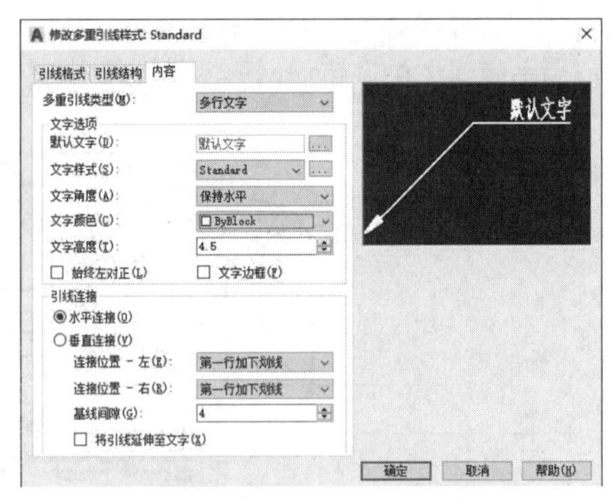

图 9-224　修改【内容】选项卡

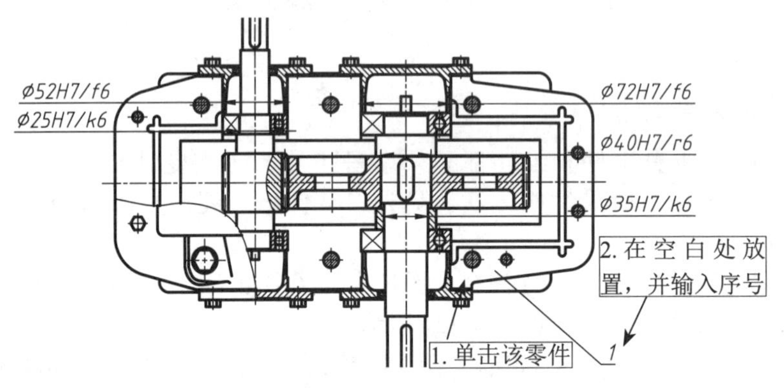

图 9-225　标注第一个序号

（6）按此方法，对装配图中的所有零部件进行引线标注，最终效果如图 9-226 所示。

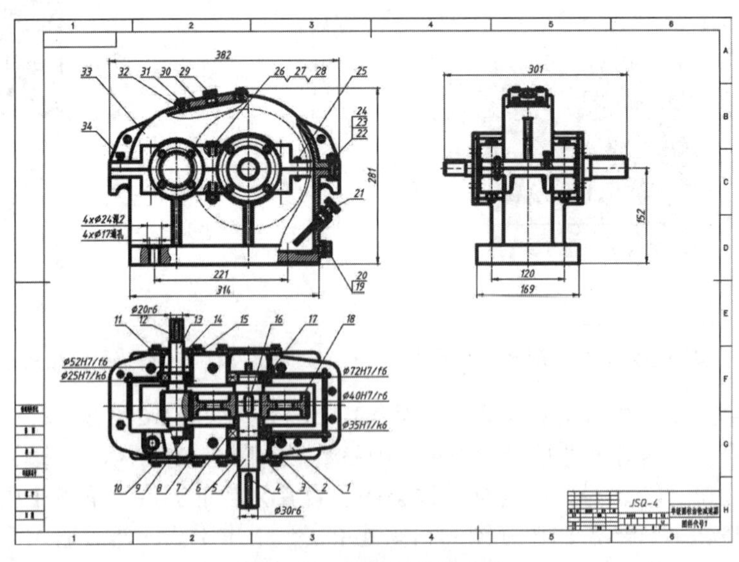

高清图

图 9-226　标注其余的序号

3. 填写明细表

（1）单击【绘图】面板中的【矩形】按钮，按第 1 章所介绍的装配图标题栏进行绘制，也可以打开素材文件“第 9 章 \ 装配图明细表 .dwg”直接进行复制，如图 9-227 所示。

4	-04	缸筒	1	45			
3	-03	连接法兰	2	45			
2	-02	缸头	1	QT400			
1	-01	活塞杆	1	45			
序号	代　号	名　称	数量	材　料	单件	总计	备　注
					重　量		

图 9-227　复制素材中的标题栏

（2）将该标题栏缩放至合适 A0 图纸的大小，然后按上述步骤添加的序列号顺序填写对应明细表中的信息。如上述步骤序列号 1 对应的零件为“箱座”，因此便在序号 1 的明细表中填写信息如图 9-228 所示。

1	JSQ-4-01	箱座	1	HT200			

图 9-228　按添加的序列号填写对应的明细表

（3）按相同方法，填写明细表上的所有信息，如图 9-229 所示。

20		封油圈	1	耐油橡胶			装配自制
19	JSQ-4-10	M12油口塞	1	45			
18	JSQ-4-09	大齿轮	1	45			m=2，z=96
17	GB/T 276	深沟球轴承 6207	2	成品			外购
16	GB/T 1096	键 C12x32	1	45			外购
15	JSQ-4-08	轴承端盖 (6207闷)	1	HT150			
14		封油毡圈 (小)	1	半粗羊毛毡			外购
13	JSQ-4-07	高速齿轮轴	1	45			m=2，z=24
12	GB/T 1096	键 C8x30	1	45			外购
11	JSQ-4-06	轴承端盖 (6205透)	1	HT150			
10	GB/T 5783	外六角螺钉 M6x25	16	8.8级			外购
9	GB/T 276	深沟球轴承 6205	2	成品			外购
8	JSQ-4-05	轴承端盖 (6205闷)	1	HT150			
7	JSQ-4-04	隔套	1	45			
6		封油毡圈φ45xφ33	1	半粗羊毛毡			外购
5	JSQ-4-03	低速轴	1	45			
4	GB/T 1096	平键 C8x50	1	45			外购
3	JSQ-4-02	轴承端盖 (6207透)	1	HT150			
2		调整垫片	2组	08F			装配自制
1	JSQ-4-01	箱座	1	HT200			
序号	代　号	名　称	数量	材　料	单件	总计	备　注
					重　量		

34	GB/T 5782	起盖螺钉	1	10.9级			外购
33	JSQ-4-14	箱盖	1	HT200			
32		视孔垫片	1	软钢纸板			装配自制
31	GB/T 5783	外六角螺钉 M6x10	4	8.8级			外购
30	JSQ-4-13	视孔盖	1	45			
29	JSQ-4-12	通气器	1	45			
28	GB 93	弹性垫圈 10	6	65Mn			外购
27	GB/T 6170	六角螺母 M10	6	10级			外购
26	GB/T 5782	外六角螺栓 M10x90	6	8.8级			外购
25	GB/T 117	圆锥销 8x35	2	45			外购
24	GB 93	弹性垫圈 8	2	65Mn			外购
23	GB/T 6170	六角螺母 M8	2	10级			外购
22	GB/T 5782	外六角螺栓 M8x35	2	8.8级			外购
21	JSQ-4-11	油标	1	组合件			
序号	代　号	名　称	数量	材　料	单件	总计	备　注
					重　量		

JSQ-4

麓山文化

单级圆柱齿轮减速器

课程设计-4

1:2

图 9-229　填写明细表

设计点拨：在对照序列号填写明细表的时候，可以选择【视图】选项卡，然后在

【视口配置】下拉选项中选择【两个：水平】选项，模型视图便从屏幕中间一分为二，且两个视图都可以独立运作。这时将一个视图移动至模型的序列号上，另一个视图移动至明细表处进行填写，如图 9-230 所示，这种填写方式就显得十分便捷了。

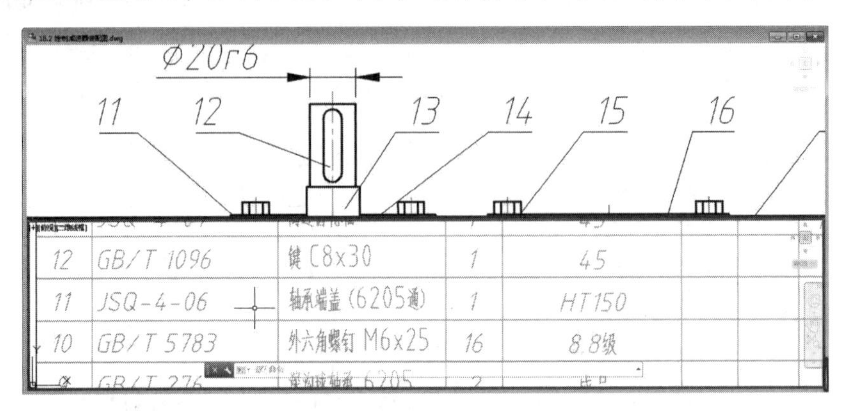

图 9-230 多视图对照填写明细表

4. 添加技术要求

减速器的装配图中，除了常规的技术要求外，还要有技术特性，即写明减速器的主要参数，如输入功率、传动比等，类似于齿轮零件图中的技术参数表。

（1）填写技术特性。绘制一简易表格，然后在其中输入文字如图 9-231 所示，尺寸大小任意。

技术特性

输入功率 kw	输入轴转速 r/min	传动比
2.09	376	4

图 9-231 输入技术特性

（2）单击【默认】选项卡中【注释】面板上的【多行文字】按钮，在图标题栏上方的空白部分插入多行文字，输入技术要求如图 9-232 所示。

技术要求

1. 装配前，滚动轴承用汽油清洗，其他零件用煤油清洗，箱体内不允许有任何杂物存在，箱体内壁涂耐磨油漆；
2. 齿轮副的测隙用铅丝检验，测隙值应不小于0.14mm；
3. 滚动轴承的轴向调整间隙均为0.05~0.1mm；
4. 齿轮装配后，用涂色法检验齿面接触斑点，沿齿高不小于45%，沿齿长不小于60%；
5. 减速器剖面分面涂密封胶或水玻璃，不允许使用任何填料；
6. 减速器内装L-AN15(GB443-89)，油量应达到规定高度；
7. 减速器外表面涂绿色油漆。

图 9-232 输入技术要求

（3）减速器的装配图绘制完成，最终的效果如图 9-233 所示。

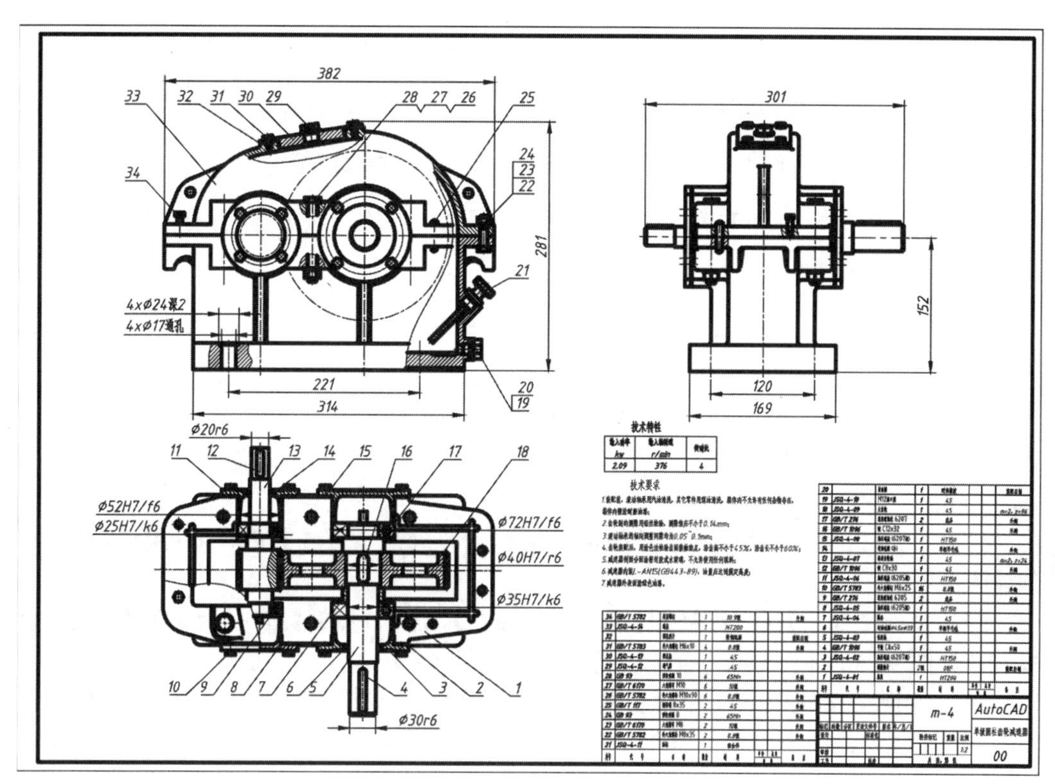

高清图

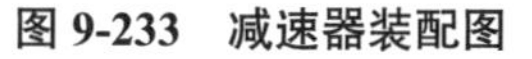
图 9-233 减速器装配图

9.6 创建各零件的三维模型

减速器由多个零件组装而成，因此要想创建完整的减速器三维模型，就必须先创建好各个零件的三维模型。而在之前的章节中，已经绘制好了各组件的零件图，所以就可以直接利用现有的零件图来创建对应的三维零件。

9.6.1 由零件图创建低速轴的三维模型

低速轴为一阶梯轴，形状比较简单，是一个纵向不等直径的圆柱体，因此可以用【旋转】命令直接创建出轴体，然后使用【拉伸】【差集】命令创建键槽即可，详细步骤讲解如下。

1. 从零件图中分离出低速轴的轮廓

（1）启动 AutoCAD 2022，执行【文件】|【新建】命令，系统弹出【选择样板】对话框，选择 acad.dwt 模板，单击【打开】按钮，创建一个新的空白图形文件，并将工作空间设置为【三维建模】。

（2）使用 Ctrl+C【复制】、Ctrl+V【粘贴】命令从低速轴的零件图中分离出轴的主要轮廓，然后放置在新建图纸的空白位置上，如图 9-234 所示。

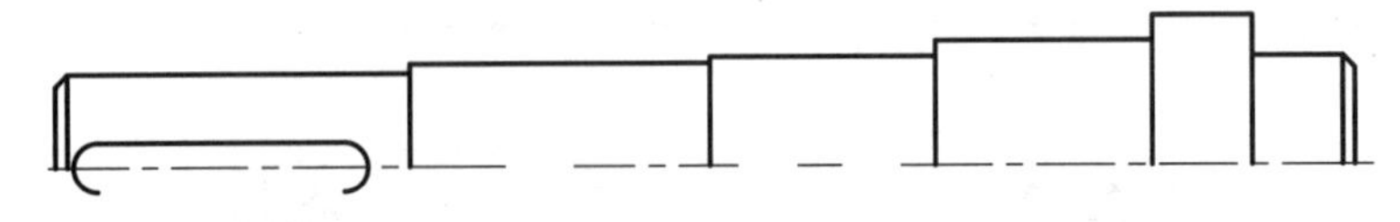

图 9-234　从零件图中分离出来的低速轴半边轮廓

（3）修剪图形。使用 TR【修剪】、E【删除】命令将图形中的多余线段删除，并封闭图形如图 9-235 所示。

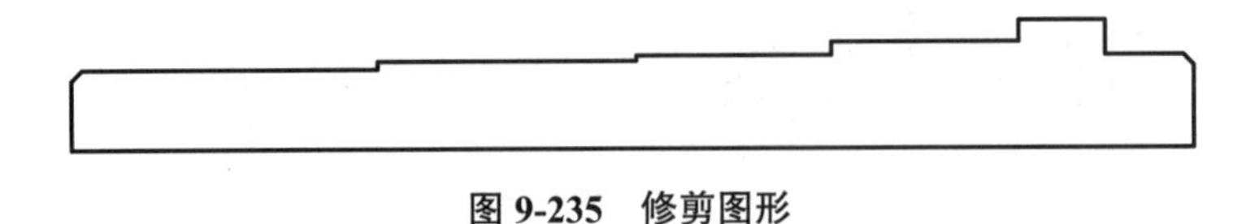

图 9-235　修剪图形

2. 创建轴体

（1）单击【绘图】面板中的【面域】按钮，执行【面域】命令，将绘制的图形创建为面域。

（2）执行【视图】|【三维视图】|【东南等轴测】命令，将视图转换为【东南等轴测】模式，如图 9-236 所示，以方便三维建模。

（3）将视觉样式改为【概念】模式，然后单击【建模】面板中的【旋转】按钮，根据命令行的提示，选择如轴的中心直线为旋转轴，将创建的面域旋转生成如图 9-237 所示的轴。

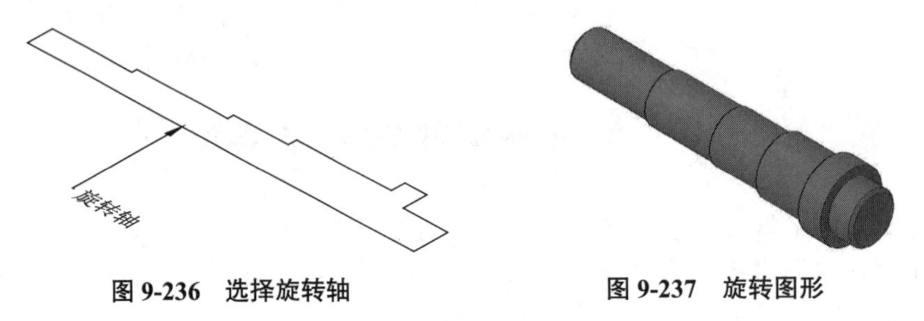

图 9-236　选择旋转轴　　**图 9-237　旋转图形**

3. 创建键槽

（1）切换视觉样式为【三维线框】，然后执行【视图】|【三维视图】|【前视图】命令，将视图转换为前视图。

（2）在前视图中按低速轴零件图上的键槽尺寸，绘制两个键槽截面图形，如图 9-238 所示。

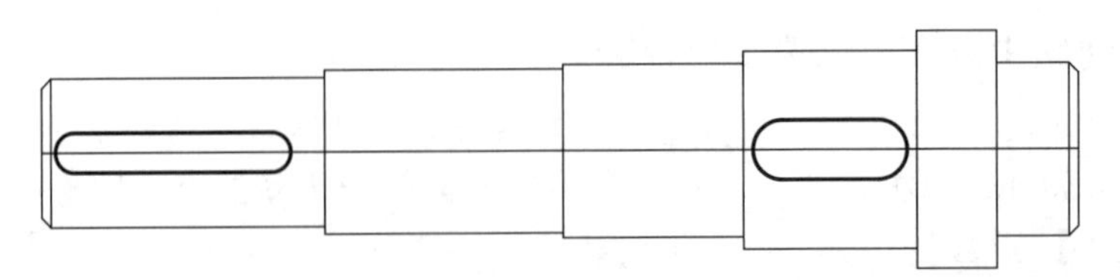

图 9-238　绘制键槽图形

提示：如果视图对应的是【前视图】【俯视图】【左视图】等基本视图，图形的绘制命令便会自动对齐至相应的基准平面上。

（3）单击【绘图】面板中的【面域】按钮，将两个键槽转换为面域。

（4）单击【建模】面板中的【拉伸】按钮，将小键槽面域向外拉伸 4mm，大键槽面域向外拉伸 5mm，并旋转视图方便观察，如图 9-239 所示。

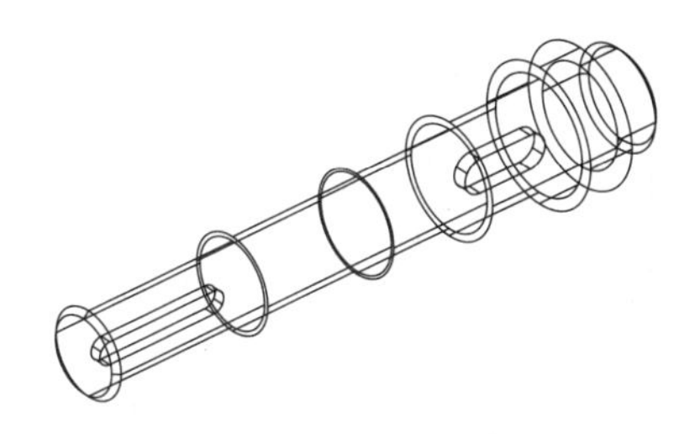

图 9-239　拉伸键槽

（5）将视图切换到【俯视图】，调用 M【移动】命令移动拉伸的两个实体，如图 9-240 所示。

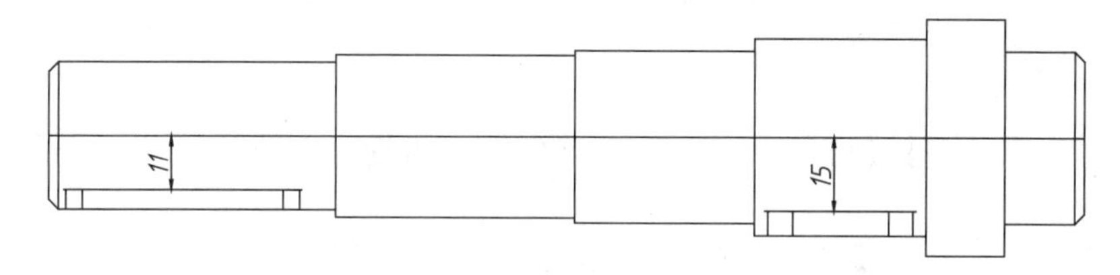

图 9-240　移动键槽

（6）将视觉样式切换为【概念】，执行 SUB【差集】命令，进行布尔运算，即可生成如图 9-241 所示的键槽。

图 9-241　差集运算创建键槽

9.6.2　由零件图创建大齿轮的三维模型

在零件图中，大齿轮的图形为简化画法，因此其中的齿轮齿形没有得到具体的体现，而在三维建模中，就必须创建出合适的齿形，才能完整地算成是“齿轮模型”。齿轮模型的创建方法同样简单，通过 EXT【拉伸】、SUB【差集】切除的方式便可以创建。具体步骤介绍如下。

1. 从零件图中分离出低速轴的轮廓

（1）启动 AutoCAD 2022，执行【文件】|【新建】命令，系统弹出【选择样板】对

话框，选择 acad.dwt 模板，单击【打开】按钮，创建一个新的空白图形文件，并将工作空间设置为【三维建模】。

（2）使用 Ctrl+C【复制】、Ctrl+V【粘贴】命令从大齿轮的零件图中分离出大齿轮的主要轮廓，然后放置在新建图纸的空白位置上，如图 9-242 所示。

（3）修剪图形。使用 TR【修剪】、E【删除】命令将图形中的多余线段删除，并补画轮毂处的孔，如图 9-243 所示。

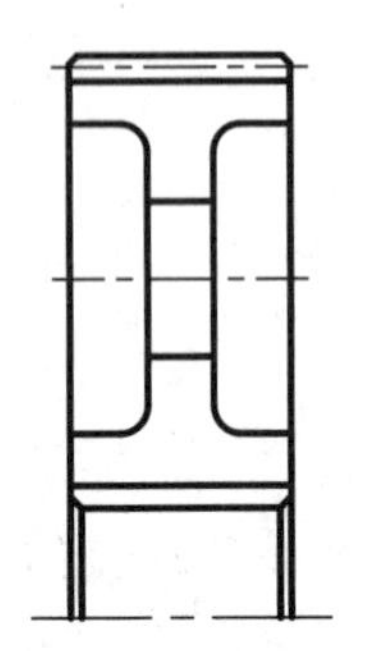

图 9-242　从零件图中分离出来的大齿轮半边轮廓

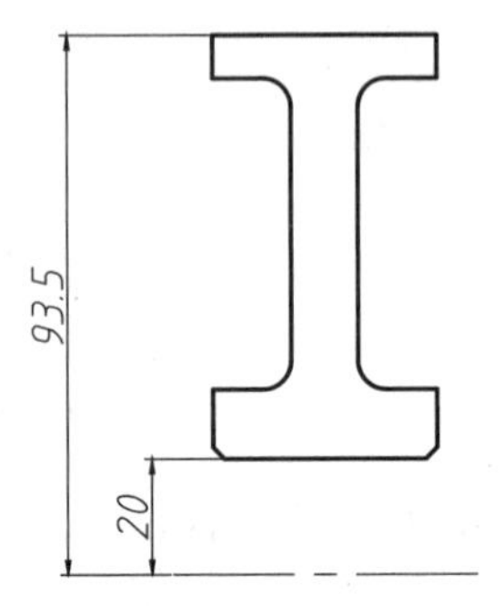

图 9-243　修剪齿轮截面

2. 创建齿轮体

（1）单击【绘图】面板中的【面域】按钮，执行【面域】命令，将绘制的齿轮截面创建为面域。

（2）将视图转换为【西南等轴测】模式，视觉样式为【概念】模式，如图 9-244 所示，以方便三维建模。

（3）单击【建模】面板中的【旋转】按钮，根据命令行的提示，选择现有的中心线为旋转轴，将创建的面域旋转生成如图 9-245 所示的大齿轮体。

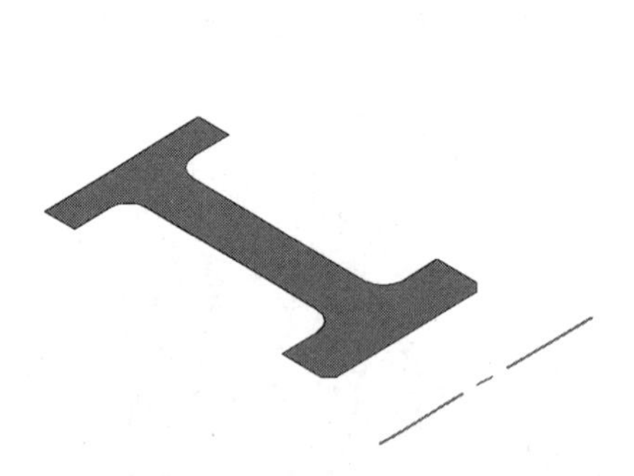

图 9-244　调整视图显示

图 9-245　旋转图形

3. 创建轮齿模型

根据大齿轮的零件图可知，大齿轮的齿数为 96，齿高 4.5，单个齿跨度即为 4mm，因此可以先绘制出单个轮齿，再进行阵列，即可得到完整的大齿轮模型。

（1）将视图切换为【左视图】方向，执行 L【直线】、A【圆弧】等绘图命令，绘制如图 9-246 所示的轮廓线。

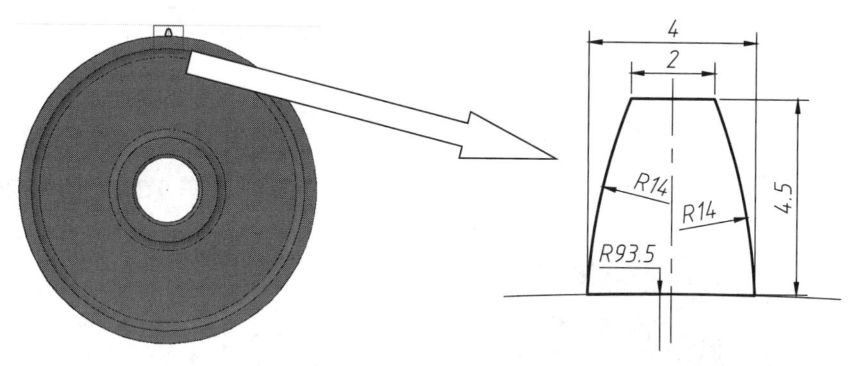

图 9-246 绘制轮齿图形

（2）单击【绘图】面板中的【面域】按钮，将绘制的齿形图形转换为面域。

（3）单击【建模】面板中的【拉伸】按钮，将齿形面域拉伸 40mm，如图 9-247 所示。

（4）阵列轮齿。单击【修改】面板中的【三维阵列】命令，选择轮齿为阵列对象，设置环形阵列，阵列项目为 96，进行阵列操作，结果如图 9-248 所示。

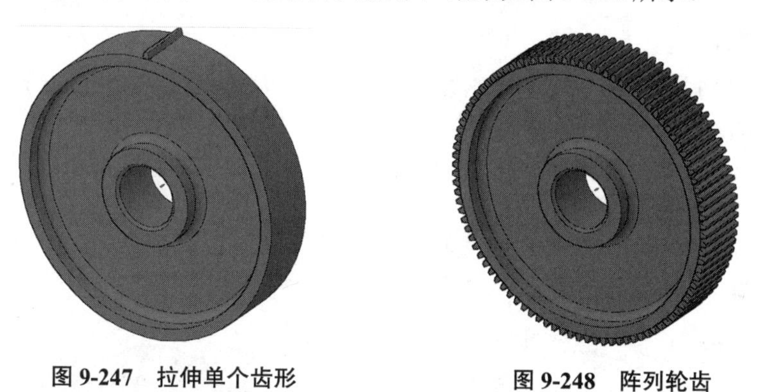

图 9-247 拉伸单个齿形　　图 9-248 阵列轮齿

（5）执行【并集】操作，将轮齿与齿轮体合并。

4. 创建键槽

（1）将视图切换到【左视图】，设置视觉样式为【二维线框】，绘制键槽图形如图 9-249 所示。

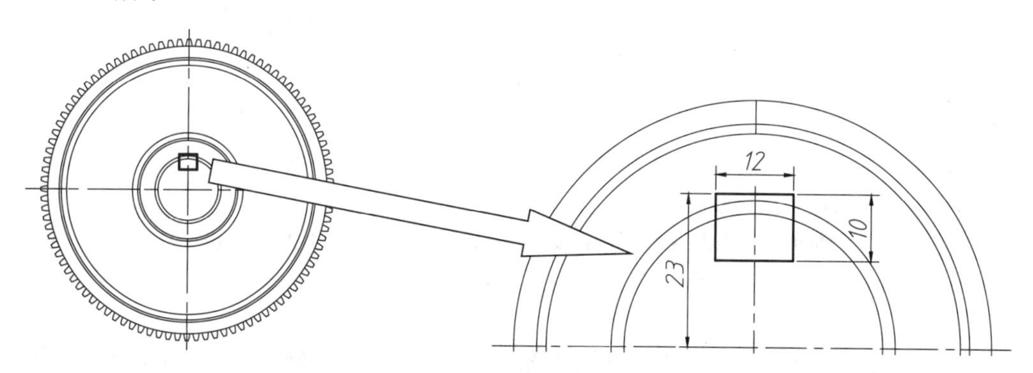

图 9-249 绘制键槽图形

（2）将视觉样式切换为【概念】，单击【绘图】面板中的【面域】按钮，将绘制的键槽图形转换为面域。

（3）单击【建模】面板中的【拉伸】按钮，将齿形面域拉伸40mm，并旋转视图方便观察，如图9-250所示。

（4）执行SUB【差集】命令，进行布尔运算，即可生成如图9-251所示的键槽。

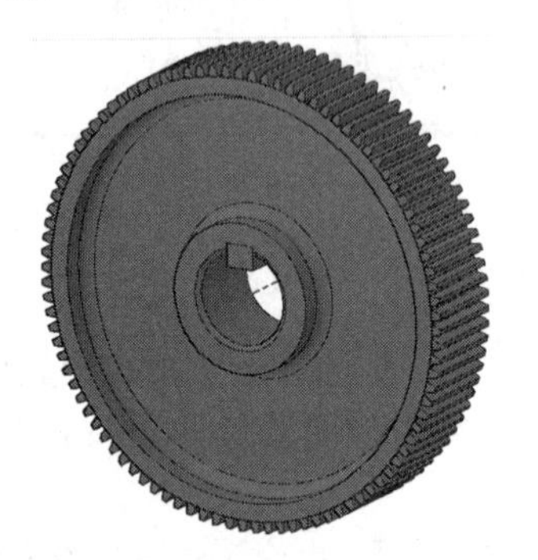

图 9-250　拉伸键槽

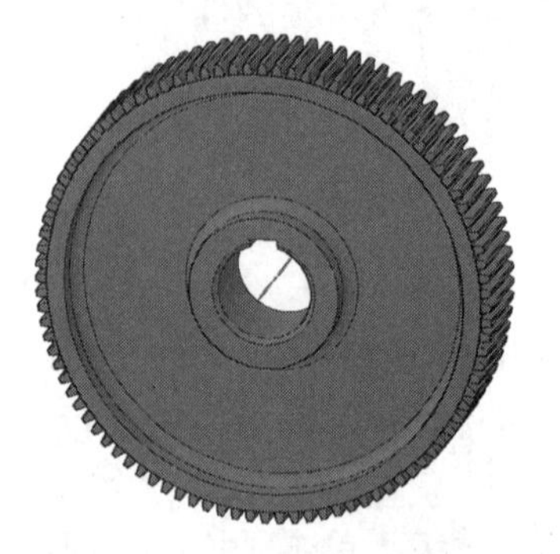

图 9-251　差集创建键槽

5. 创建腹板孔

（1）视图切换到【左视图】，设置视觉样式为【二维线框】，绘制腹板孔如图9-252所示。

（2）将视觉样式切换为【概念】，单击【绘图】面板中的【面域】按钮，将绘制的腹板孔图形转换为面域。

（3）单击【建模】面板中的【拉伸】按钮，将腹板孔反向拉伸，并旋转视图方便观察，如图9-253所示。

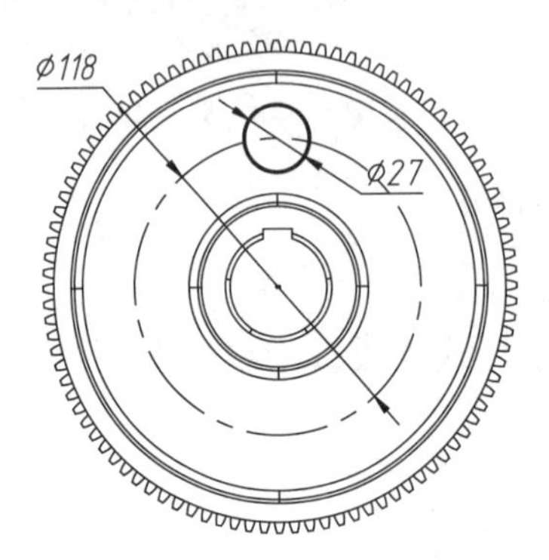

图 9-252　绘制腹板孔图形

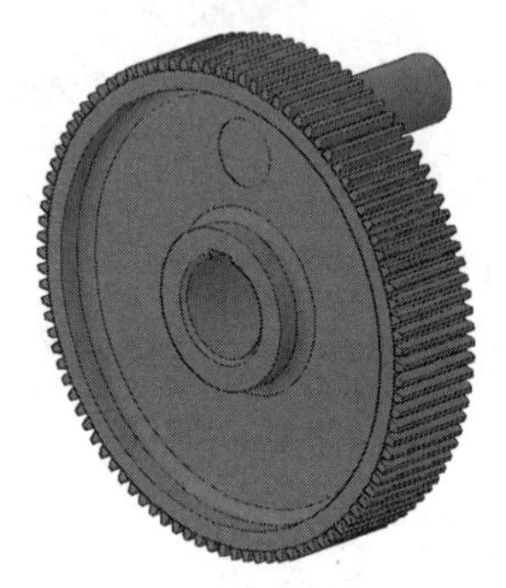

图 9-253　拉伸腹板孔

提示：如果拉伸是为了在模型中进行切除操作，那具体的拉伸数值可以给定任意值，只需大于切除对象即可。

（4）阵列腹板孔。单击【修改】面板中的【阵列】命令，选取腹板孔的拉伸效果为阵列对象，设置环形阵列，阵列项目为6，进行阵列操作，结果如图9-254所示。

（5）执行SUB【差集】命令，进行布尔运算，即可生成腹板孔，如图9-255所示。

图 9-254 阵列腹板孔

图 9-255 差集运算生成齿轮

9.6.3 由零件图创建箱座的三维模型

本节绘制减速器箱座的三维模型。相对于大齿轮与轴来说，箱座的模型要复杂很多，但用到的命令却很简单，主要使用的命令有基本体素、拉伸、布尔运算、圆角等。

1. 创建箱座的基本形体

（1）启动 AutoCAD 2022，执行【文件】|【新建】命令，系统弹出【选择样板】对话框，选择 acad.dwt 模板，单击【打开】按钮，创建一个新的空白图形文件，并将工作空间设置为【三维建模】。

（2）单击【建模】面板中的【长方体】按钮，创建一个 314×169×30 大小的长方体，如图 9-256 所示，其左下角点为坐标原点。命令行操作如下。

```
命令： _box                                      //执行【长方体】命令
指定第一个角点或 [中心(C)]: 0,0,0                 //指定坐标原点为第一个角点
指定其他角点或 [立方体(C)/长度(L)]: @314,169,30    //输入第二个角点
```

（3）在命令行中输入 UCS 并按 Enter 键，指定长方体上端面左下角点为坐标原点。再执行 BOX【长方体】命令，创建一个 314×81×122 的长方体，如图 9-257 所示，命令行操作如下。

```
命令： _box                                      //执行【长方体】命令
指定第一个角点或 [中心(C)]: 0,44,0                //指定第一个角点
指定其他角点或 [立方体(C)/长度(L)]: @314,81,122    //输入第二个角点
```

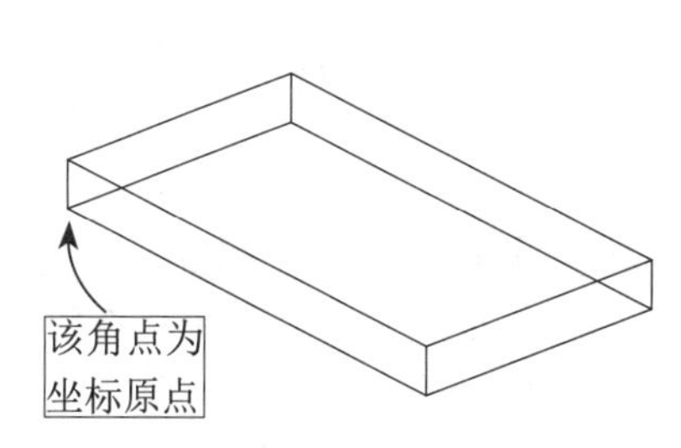

图 9-256 创建箱座底板

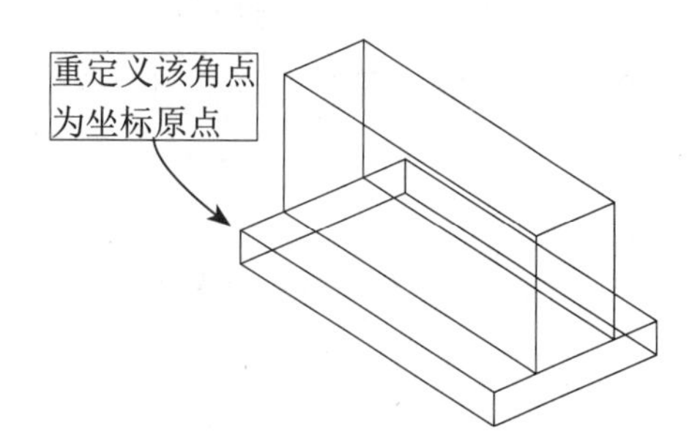

图 9-257 创建箱座主体

（4）使用同样的方法，在 314×81×122 长方体的上端面创建一个 382×165×12 的长方体，如图 9-258 所示。

（5）执行 UNI【并集】命令，将绘制的长方体 1、长方体 2、长方体 3 进行合并，得到一个实体。

2. 绘制轴承安装孔

（1）在命令行中输入 UCS 并按 Enter 键，选择如图 9-259 所示的面 1 为 XY 平面，坐标原点为 382×165×12 长方体的下端面左下角点，新建 UCS，再执行 C【圆】命令，分别绘制直径为 90、107 的两个圆，如图 9-259 所示。

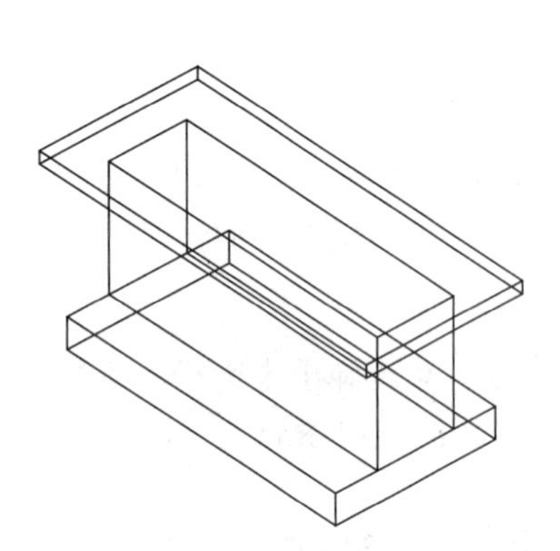

图 9-258 创建箱座面板

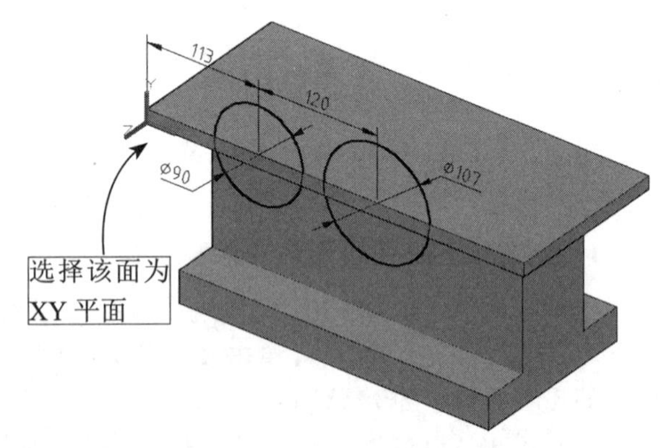

图 9-259 绘制轴承安装孔的外孔

（2）单击【建模】面板中的【拉伸】按钮，将绘制好的两个圆反向拉伸 165mm，如图 9-260 所示。

（3）单击【实体编辑】面板中的【剖切】按钮，将拉伸出来的两个圆柱按箱座面板的上表面进行剖切，保留平面下的部分，如图 9-261 所示。

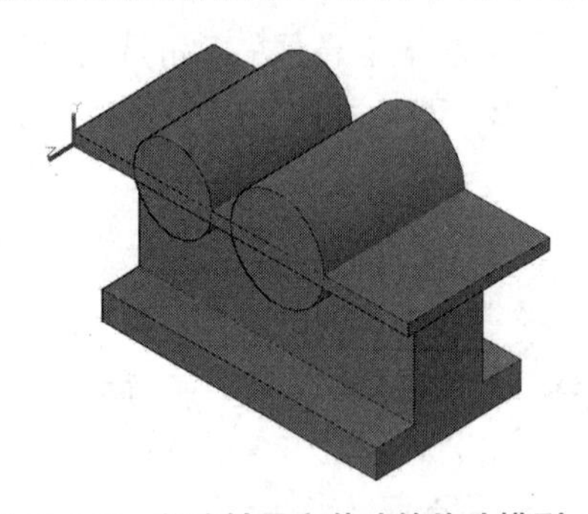

图 9-260 创建轴承安装孔的外孔模型

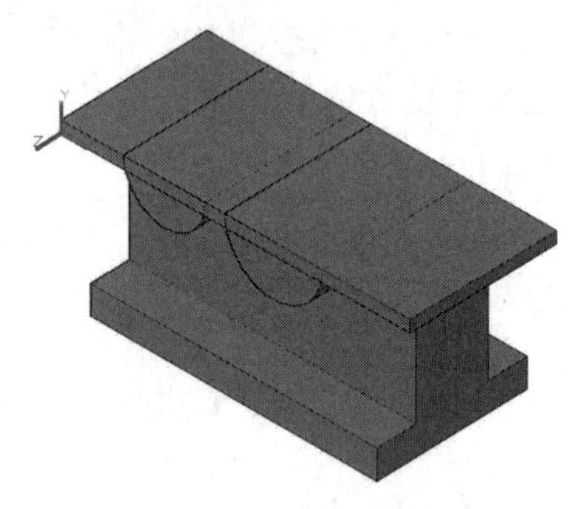

图 9-261 剖切轴承安装孔的外孔

提示： 由于“圆”本身就是一个封闭图形，因此可以直接进行拉伸操作，而不需要生成面域。

（4）执行 UNI【并集】命令，将剩下的两个半圆柱与箱座体合并，得到一个实体。

（5）按相同方法，分别在两个半圆的圆心处绘制 52 和 72 的圆，如图 9-262 所示。

（6）按相同方法，将这两个圆拉伸，然后与箱体模型进行差集运算，得到图形如图 9-263 所示。

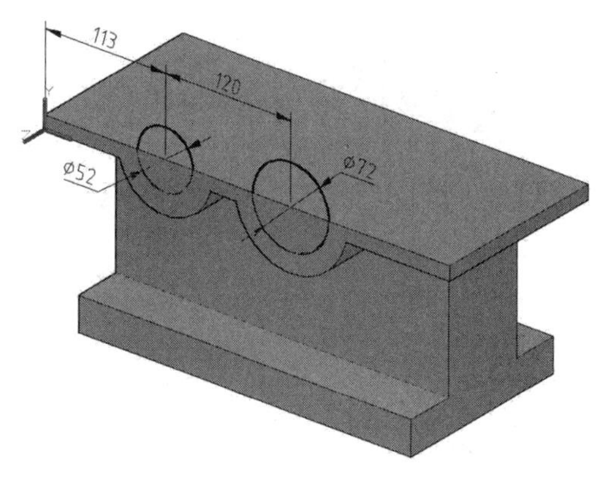

图 9-262　创建轴承安装孔的内孔

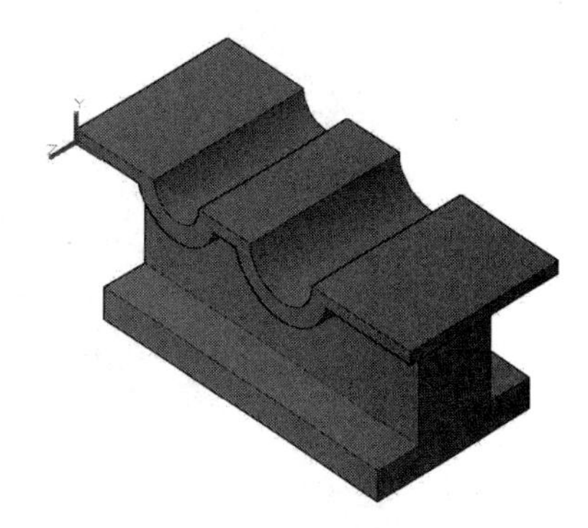

图 9-263　创建轴承安装孔的内孔

3. 创建肋板

（1）保持 UCS 不变，分别以（108，-30）、（228，-30）为起始角点，创建 10×90×20 的长方体，如图 9-264 所示。

（2）镜像肋板。单击【修改】面板中的【镜像】命令，选取两个肋板为镜像对象，箱座的中心线为镜像线，进行镜像操作，然后使用 UNI【并集】将其合并，结果如图 9-265 所示。

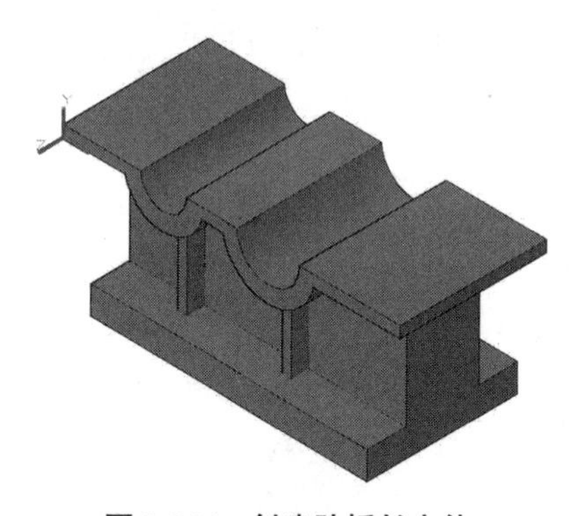

图 9-264　创建肋板长方体

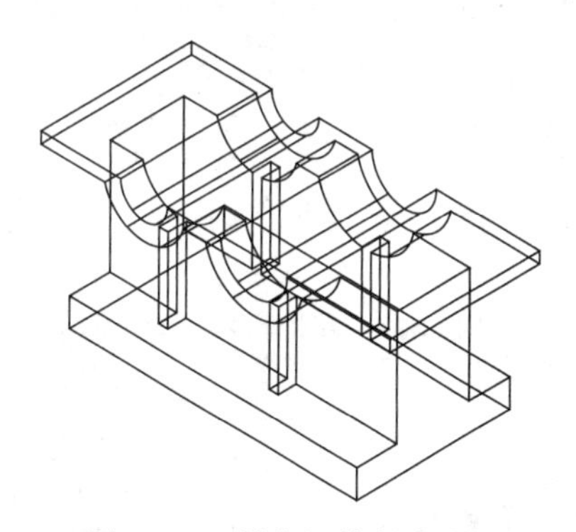

图 9-265　并集运算创建肋板

4. 创建箱座内壁

（1）在命令行中输入 UCS 并按 Enter 键，指定长方体上端面左上角点为坐标原点。再执行【长方体】命令，以点（50，53）为起始角点（该点由零件图中测量得到），向箱座内部创建一个 287×65×132 的长方体，如图 9-266 所示，命令行操作如下。

```
命令：_box                                          //执行【长方体】命令
指定第一个角点或 [中心(C)]: 50,53                    //指定坐标原点为第一个角点
指定其他角点或 [立方体(C)/长度(L)]: @287,65,-132     //输入第二个角点
```

（2）执行 SUB【差集】命令，进行布尔运算，即可生成箱座内壁，如图 9-267 所示。

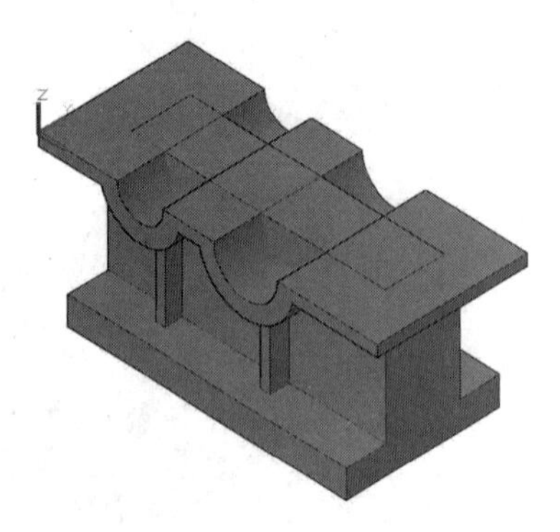

图 9-266 创建长方体

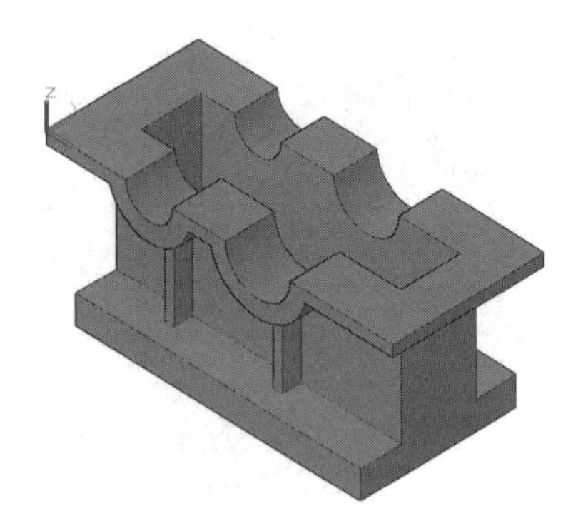

图 9-267 创建箱座内壁

5. 创建箱座上的孔

（1）创建箱座左侧的销钉孔。保持 UCS 不变，单击【建模】面板中的【圆柱体】按钮，以（18，113.5）为圆心，向下创建一 Ø8×15 的圆柱，如图 9-268 所示，命令行操作如下。

```
命令：_cylinder                                                    //执行【圆柱体】命令
指定底面的中心点或 [三点(3P)/两点(2P)/切点、切点、半径(T)/椭圆(E)]: 18,133.5
                                                                    //输入中心点
指定底面半径或 [直径(D)]: 4                                         //输入圆柱半径值
指定高度或 [两点(2P)/轴端点(A)] <-132.0000>: -15                    //指定圆柱高度值
```

（2）执行 SUB【差集】命令，进行布尔运算，即可创建该销钉孔，如图 9-269 所示。

（3）测量箱座零件图上的尺寸，按相同方法创建箱座上的其他孔，最终效果如图 9-270 所示。

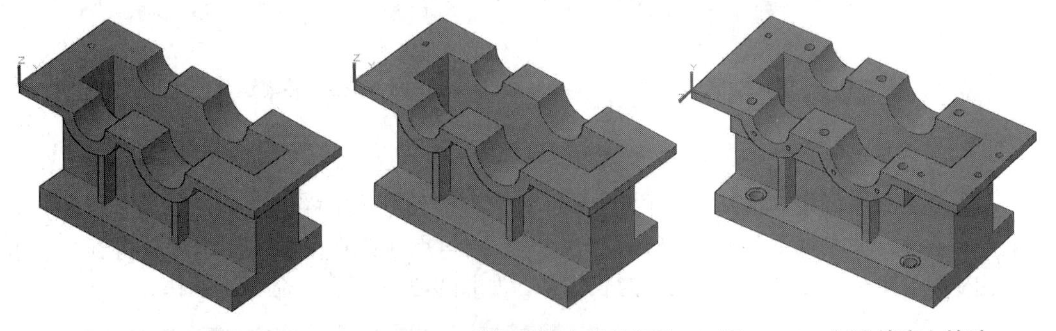

图 9-268 创建销钉孔圆柱体　　图 9-269 差集运算生成销钉孔　　图 9-270 创建箱座上的孔

6. 创建吊钩

（1）创建吊钩。将 UCS 放置在箱座上表面底边的中点上，调整方向如图 9-271 所示。

（2）按零件图的尺寸绘制吊钩的截面图，如图 9-272 所示。

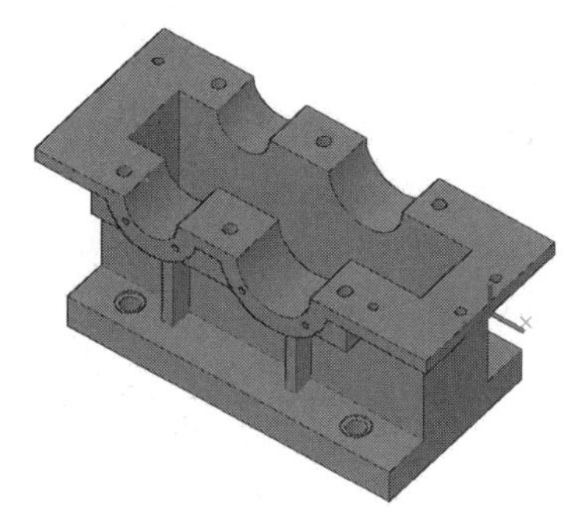

图 9-271　调整 UCS

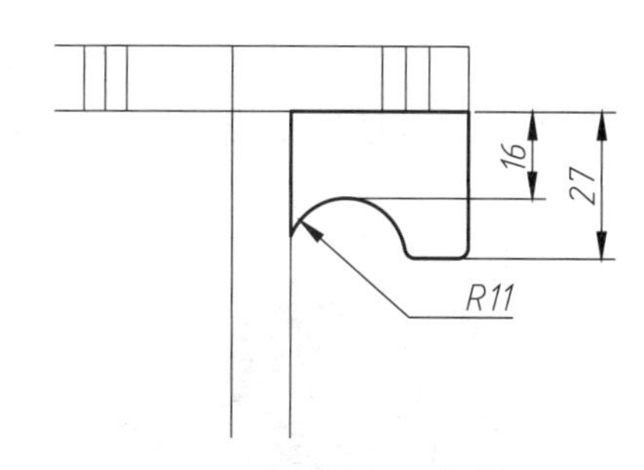

图 9-272　绘制吊钩截面

（3）单击【绘图】面板中的【面域】按钮，执行【面域】命令，将绘制的吊钩截面创建为面域。

（4）单击【建模】面板中的【拉伸】按钮，将吊钩面域拉伸 10mm，如图 9-273 所示。

（5）移动吊钩。执行 M【移动】命令，将吊钩向 +Z 轴方向移动 28mm，如图 9-274 所示。

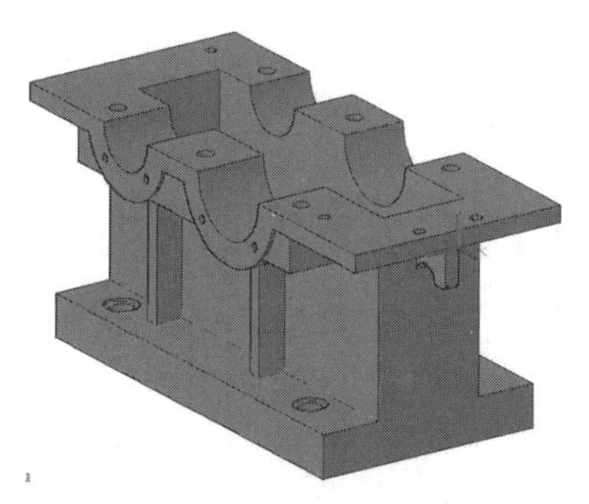

图 9-273　拉伸吊钩截面

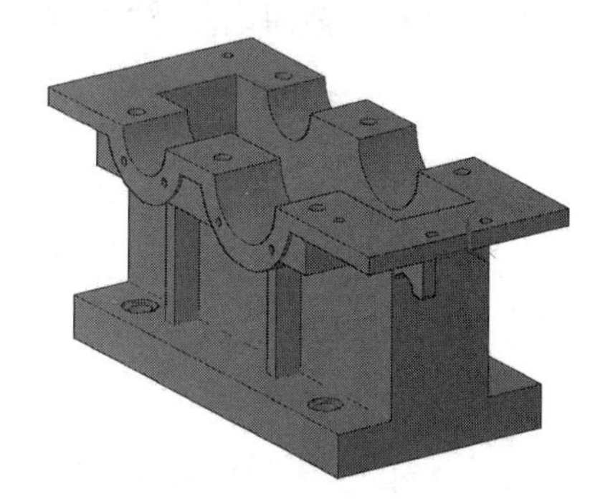

图 9-274　移动吊钩

（6）镜像吊钩。将绘制好的单个吊钩按箱座的中心线进行镜像，再按此方法创建对侧的吊钩，结果如图 9-275 所示。

图 9-275　创建剩余的吊钩

7. 创建油标孔与放油孔

（1）将 UCS 放置在箱座下表面底边的中点上，调整方向如图 9-276 所示。

（2）绘制油标孔的辅助线，如图 9-277 所示。

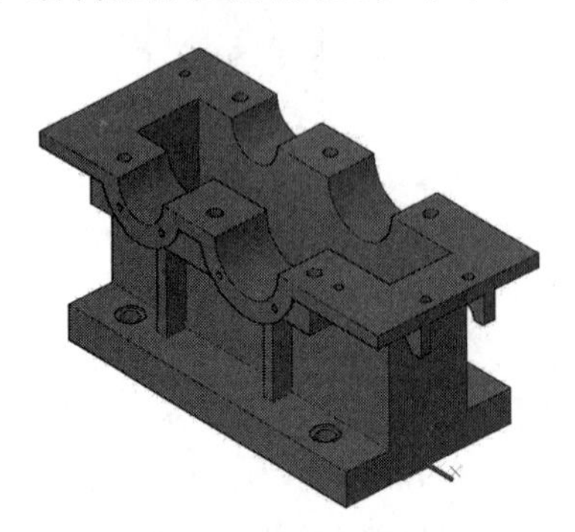

图 9-276　放置 UCS

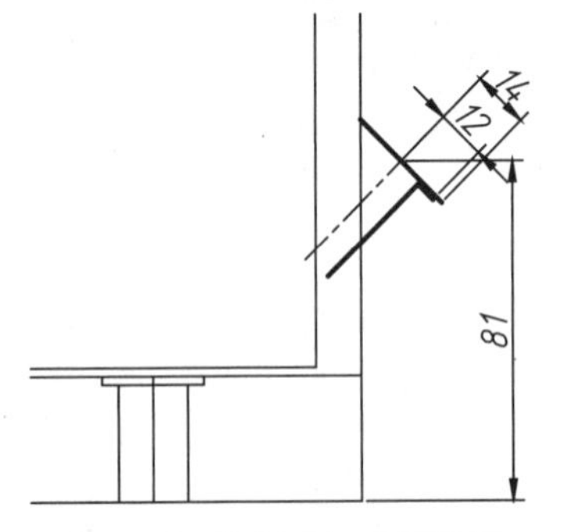

图 9-277　绘制油标孔辅助线

（3）调整 UCS，将 UCS 放置在绘制的辅助线端点上，然后调整方向如图 9-278 所示。

（4）绘制油标孔截面如图 9-279 所示。

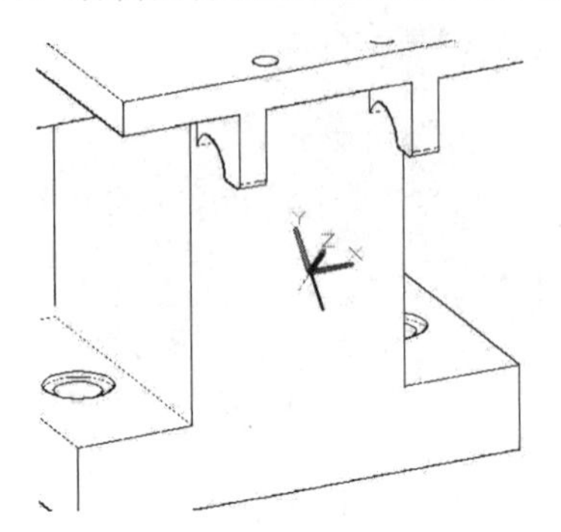

图 9-278　调整 UCS

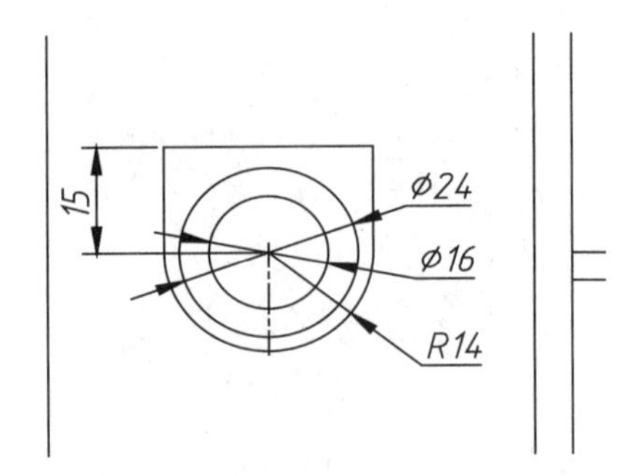

图 9-279　绘制油标孔截面

（5）分别将绘制好的截面创建面域，然后利用 EXT【拉伸】、SUB【差集】等操作即可创建出油标孔，如图 9-280 所示。

（6）按相同方法，创建放油孔如图 9-281 所示。

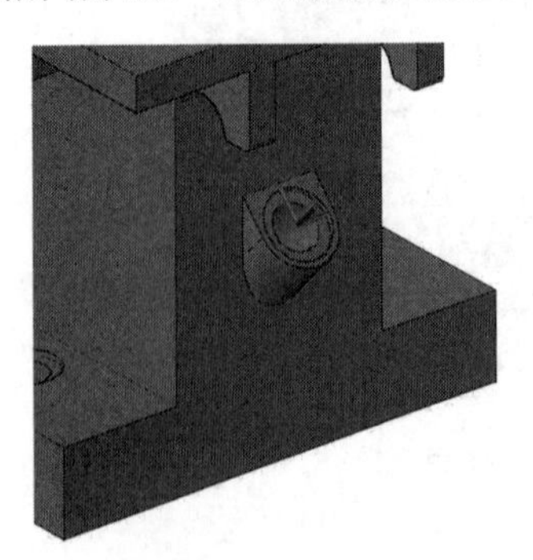

图 9-280　创建油标孔

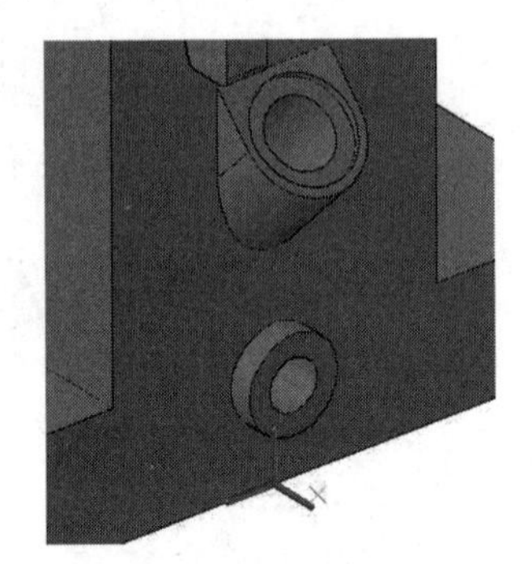

图 9-281　绘制放油孔

8. 修饰箱座细节

按零件图上的技术要求对箱座进行倒角，创建油槽，并修剪上表面，最终的箱座模型如图 9-282 所示。

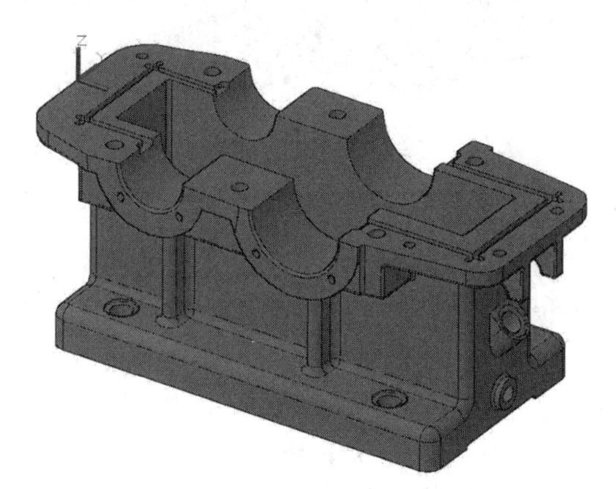

图 9-282 箱座模型完成图

9.7 组装减速器的三维装配体

三维造型装配图可以形象直观地反映机械部件或机器的整体组合装配关系和空间相对位置。因此本节将详细介绍减速器部件及整体的三维装配设计，通过本节的学习，读者可以掌握机械零件的三维装配设计的基本方法与技巧。

减速器的装配，可参考如下顺序。

（1）装配大齿轮与低速轴。

（2）啮合大齿轮与高速齿轮轴。

（3）装配轴上的轴承。

（4）将齿轮传动组件装配至箱座。

（5）装配箱盖。

（6）装配螺钉等其他零部件。

分别介绍如下。

9.7.1 装配大齿轮与低速轴

使用 AutoCAD 进行装配时，由于三维模型比较复杂，可能会导致软件运行不流畅，因此可以将要装配的三维模型依次转换为图块模型，这样可以有效减小占用的内存，而且以后再调用该三维零件时，便能以图块的方式快速插入到文件中。

1. 创建高速齿轮轴的图块

（1）打开素材文件“第 9 章 \ 配件 \ 高速齿轮轴三维模型 .dwg”，素材中已经创建好了齿轮轴的三维模型，如图 9-283 所示。

图 9-283　高速齿轮轴三维模型

（2）创建零件图块。单击【绘图】面板中的【创建块】按钮，打开【块定义】对话框，然后选择整个三维模型实体为对象，指定齿轮轴端面的圆心为基点，在【名称】文本框中输入“高速齿轮轴”，其他选项默认，如图 9-284 所示。

（3）保存零件图块。在命令行中输入“WB”，执行【写块】命令，打开【写块】对话框，在【源】下拉列表中选择【块】模式，从下拉列表中按路径选择【高速齿轮轴】图块，再在【目标】选项组中选择文件名和路径，完成零件图块的保存，如图 9-285 所示。

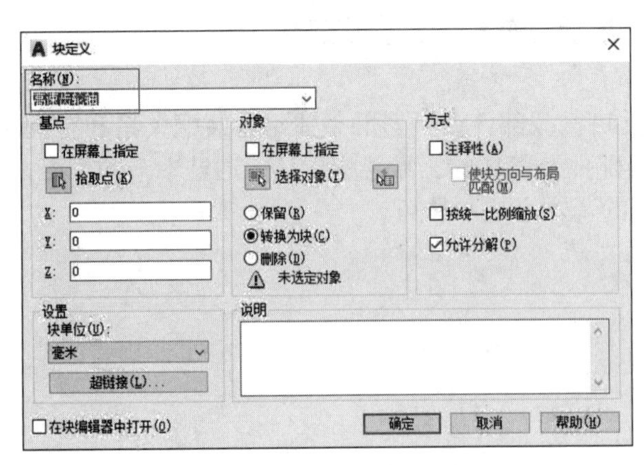

图 9-284　【块定义】对话框

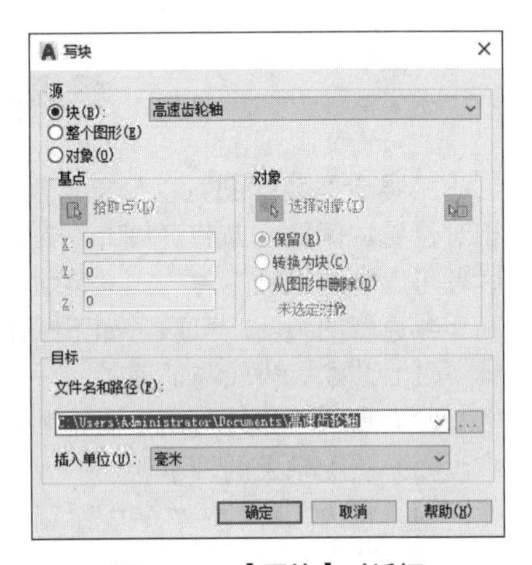

图 9-285　【写块】对话框

（4）按此方法创建大齿轮、低速轴等三维模型的图块。

2. 插入低速轴

（1）启动 AutoCAD 2022，执行【文件】|【新建】命令，系统弹出【选择样板】对话框，选择 acad.dwt 模板，单击【打开】按钮，创建一个新的空白图形文件，并将工作空间设置为【三维建模】。

（2）在命令行中输入 INSERT，执行【插入】命令，打开【块】选项板，如图 9-286 所示。

（3）单击【库】页面中的【浏览】按钮，打开【为块库选择文件夹或文件】对话框，按之前的保存路径，选择【低速轴 .dwg】图块，单击【打开】按钮，如图 9-287 所示。

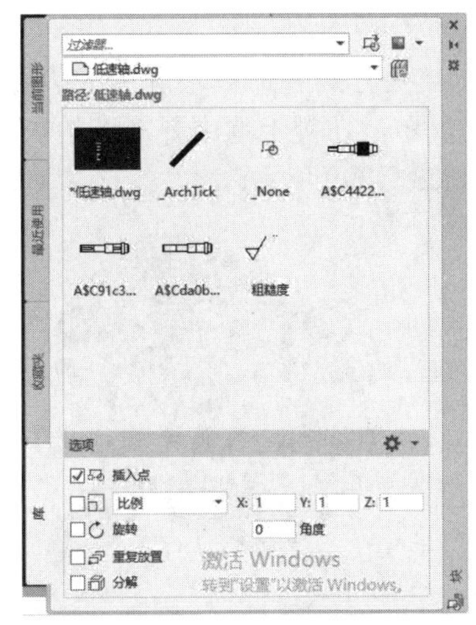

图 9-286　【插入】对话框

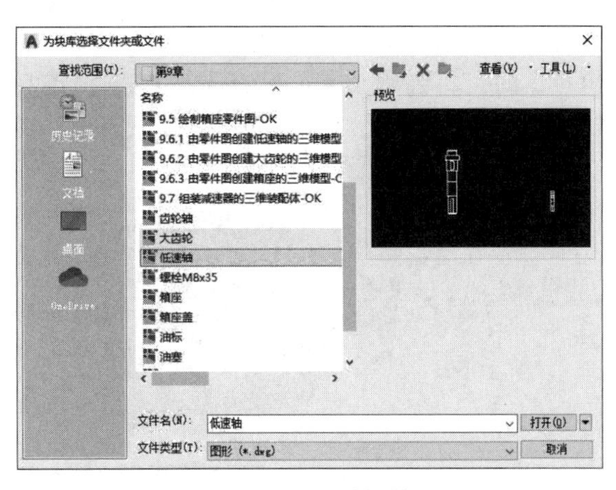

图 9-287　选择块

（4）此时【低速轴 .dwg】图块出现在【库】页面中，选择该图块，在视图中单击即可插入该三维模型图块，如图 9-288 所示。

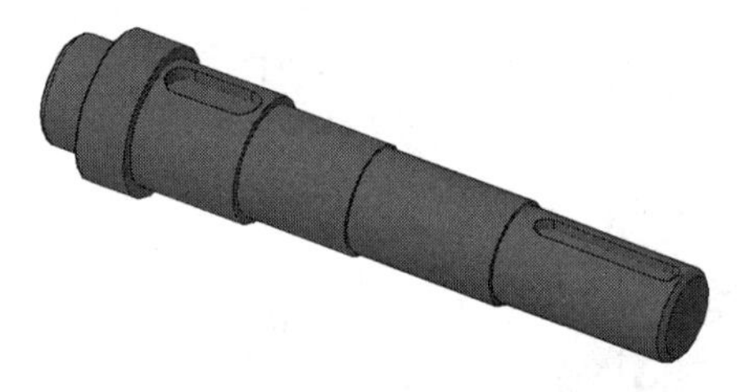

图 9-288　插入低速轴模型

3. 组装大齿轮与低速轴

（1）按相同方法插入低速轴上的键 C12×32，素材文件为“第 9 章 \ 配件 \ 键 C12×32.dwg”，放置在任意位置。

（2）单击【修改】面板中的【三维对齐】按钮，执行【对齐】命令，先选中新插入的键，然后分别指定键上的 3 个基点，再按命令行提示，在轴上选中要对齐的三个位置点，即可将键按三点一一定位的方式进行对齐，如图 9-289 所示。

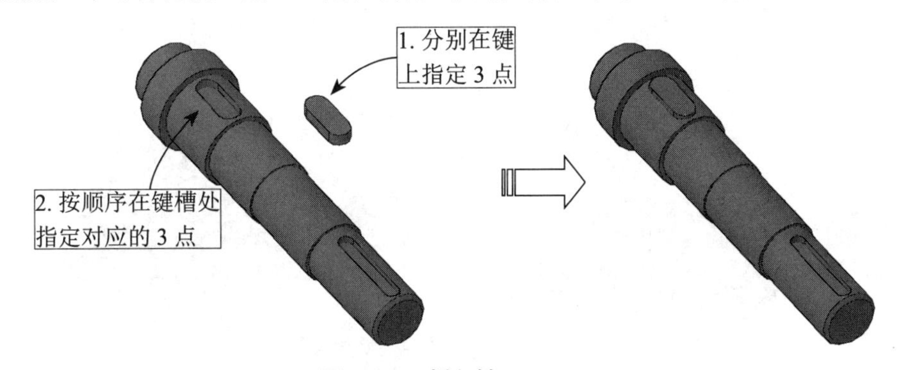

图 9-289　插入键 C12×32

（3）按相同方法插入大齿轮，放置在任意点处。

（4）单击【修改】面板中的【三维对齐】按钮，执行对齐命令，选中大齿轮，然后分别指定大齿轮轮毂上的3个基点，再按命令行提示，在键上选中要对齐的3个位置点，即可将键按3点一一定位的方式进行对齐，如图9-290所示。

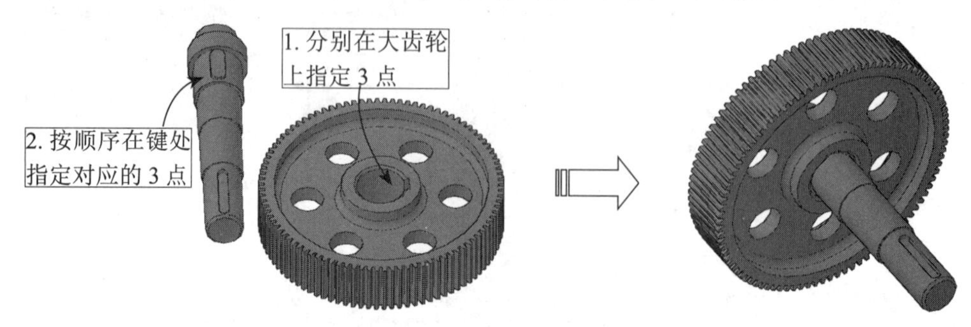

图 9-290　插入大齿轮

9.7.2　啮合大齿轮与高速齿轮轴

（1）按相同方法将高速齿轮轴转换为块，然后插入，放置在任意点处。

（2）选中高速齿轮轴，在模型上会显示出小控件，默认为【移动】，如图9-291所示。

（3）将鼠标置于小控件的原点，然后单击右键，即可弹出小控件的快捷菜单，在其中选择【旋转】，如图9-292所示。

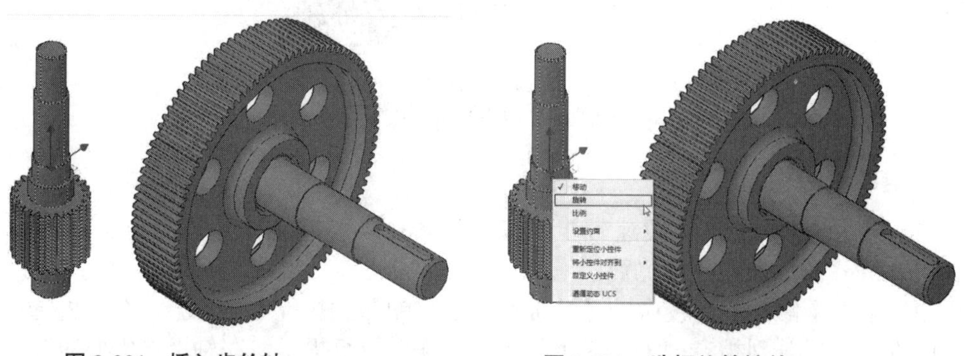

图 9-291　插入齿轮轴　　图 9-292　选择旋转控件

（4）切换至旋转控件后，即可按照新的控件进行旋转，如图9-293所示。

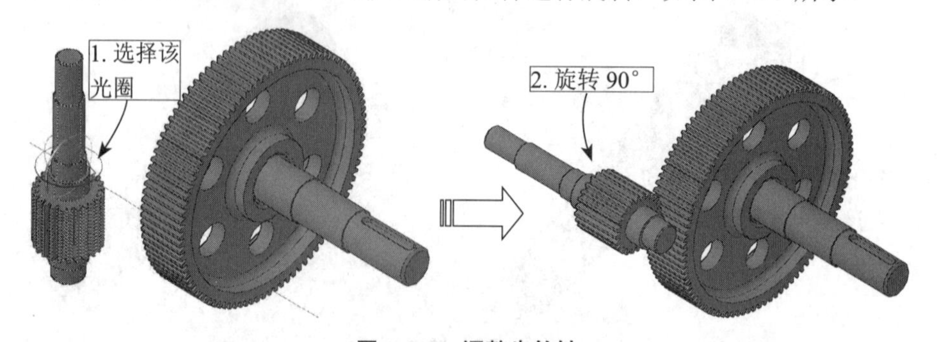

图 9-293　调整齿轮轴

（5）再使用 M【移动】命令，按与低速轴中心距为 120mm 的关系，将其移动至位置，然后使用 RO【旋转】命令调整至啮合状态，如图 9-294 所示。

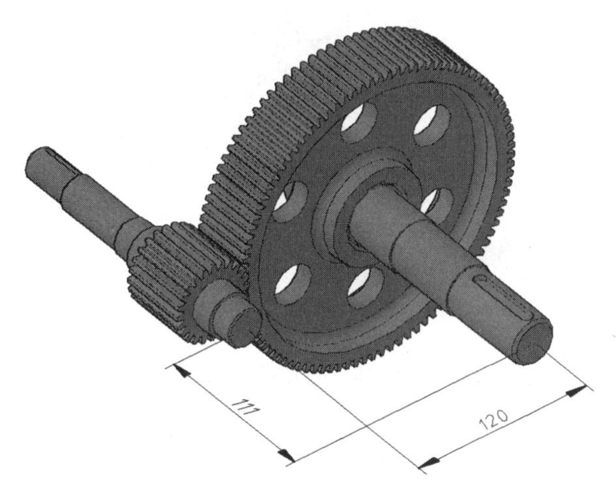

图 9-294 啮合大、小齿轮

9.7.3 装配轴上的轴承

（1）按相同方法插入高速齿轮轴上的轴承 6205，素材文件为“第 9 章 \ 配件 \ 轴承 6205.dwg”，放置在任意位置。

（2）直接执行 M【移动】命令，选择轴承的圆心为基点，然后移动至齿轮轴上的圆心处，即可对齐，如图 9-295 所示。

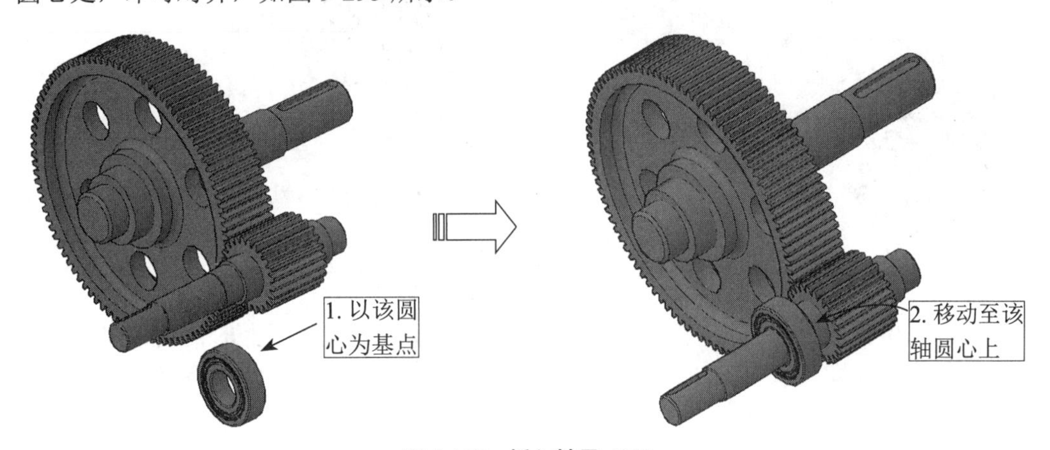

图 9-295 插入轴承 6205

（3）按相同方法，创建对侧的 6205 轴承，以及低速轴上的 6207 轴承，结果如图 9-296 所示。

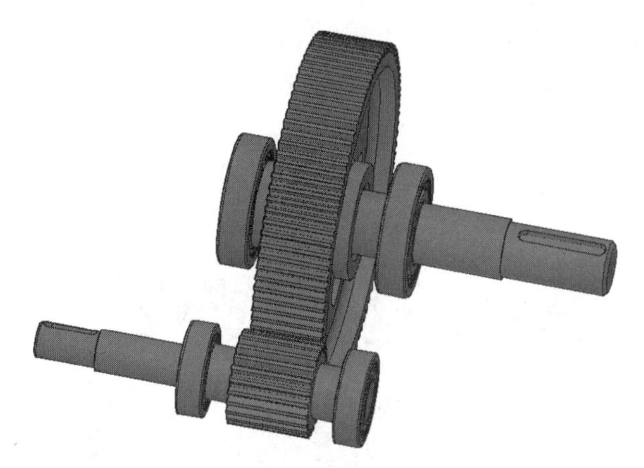

图 9-296 插入剩余轴承

9.7.4 将齿轮传动组件装配至箱座

传动机构（各齿轮与轴）已经全部装配完毕，这时就可以将传动组件一起安放至箱座当中，具体步骤如下。

（1）按相同方法插入箱座的模型图块，放置在任意位置，如图 9-297 所示。

（2）使用小控件，将箱座旋转至正确的角度，如图 9-298 所示。

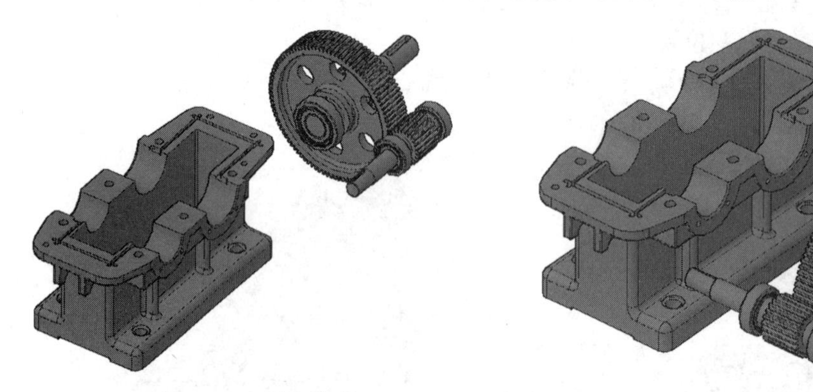

图 9-297 插入箱座　　图 9-298 旋转箱座

（3）利用箱座上表面与轴中心线平齐的特性，再测量装配图上的箱座边线中点与低速轴的距离，即可获得定位尺寸，然后执行 M【移动】命令，即可将箱座移动至合适的位置，如图 9-299 所示。

9.7.5 装配箱盖

至上一步，已经完成了减速器的主要装配，在实际生产中，如果确认无误，就可以进行封盖，即减速器成为完成品的标志。

（1）按相同方法插入箱盖的模型图块，放置在任意位置。

（2）移动箱盖，对齐至箱座的基点上接口，效果如图 9-300 所示。

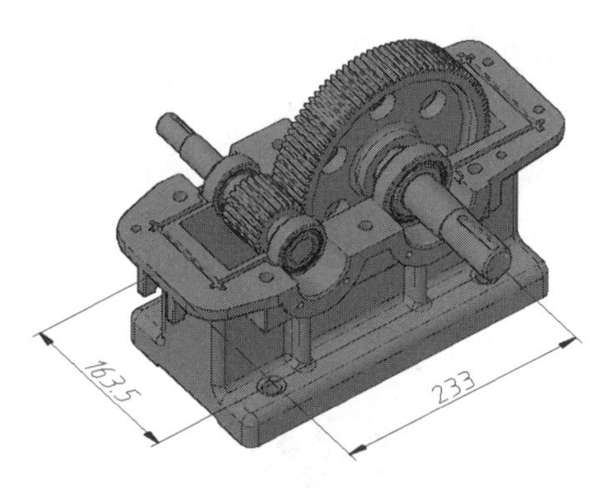

图 9-299 将箱座装配至尺寸

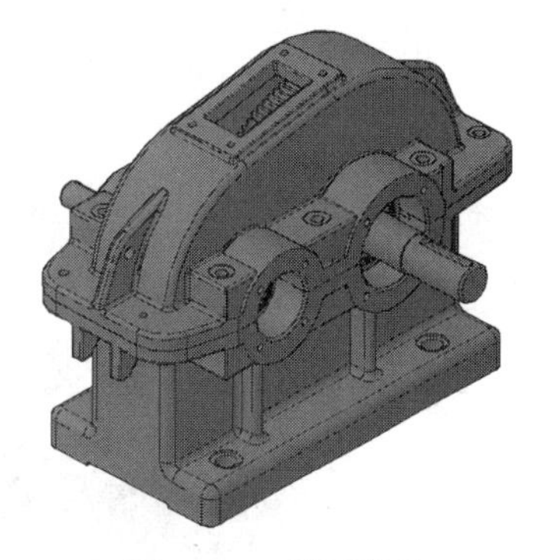

图 9-300 装配箱盖

9.7.6 装配螺钉等其他零部件

对照装配图，依次插入素材中的螺钉、螺母、销钉的模型，然后进行装配即可。

1. 插入定位销与螺钉、螺母

（1）在命令行中输入 INSERT，执行【插入】命令，打开素材文件“第 9 章 \ 配件 \ 圆锥销 8x35.dwg”，将该圆锥销的三维模型插入装配组件中，这时光标便带有该圆锥销的模型，如图 9-301 所示。

（2）将该圆锥销模型定位至装配体的锥销孔处，如图 9-302 所示。

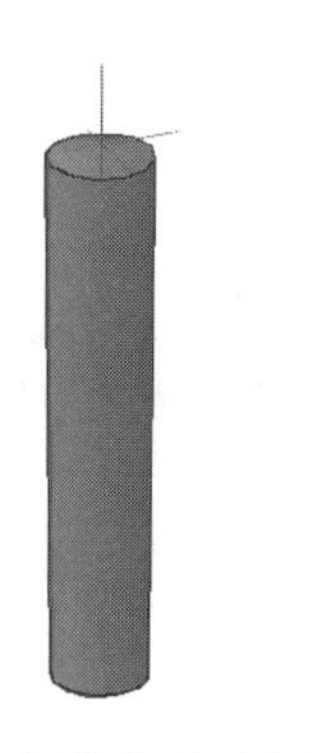

图 9-301 圆锥销附于光标上

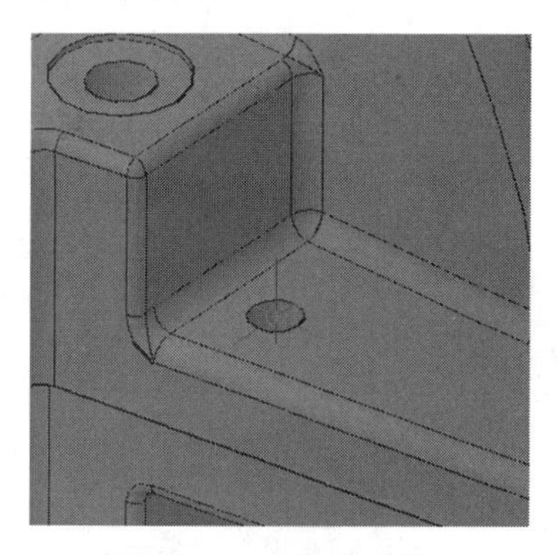

图 9-302 插入圆锥销

（3）按相同方法插入对侧的圆锥销，可以适当将圆锥销向上平移一定尺寸，使之符合装配关系，插入圆锥销之后的效果如图 9-303 所示。

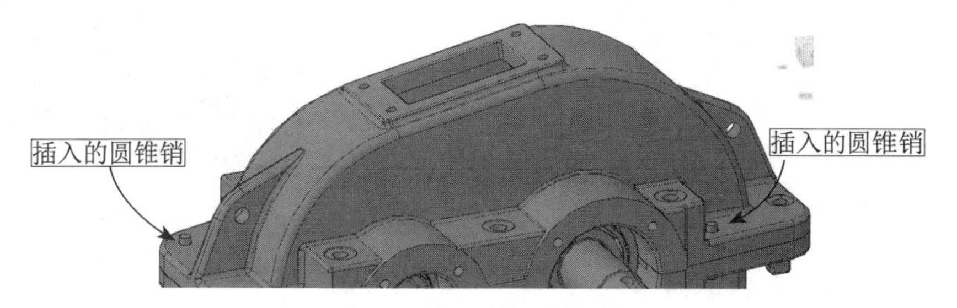

图 9-303 插入的圆锥销效果

（4）按相同方法插入箱盖、箱座上的连接螺钉（*M*10x90），并装配对应的弹性垫圈（10）与螺母（*M*10），图形效果如图 9-304 所示。

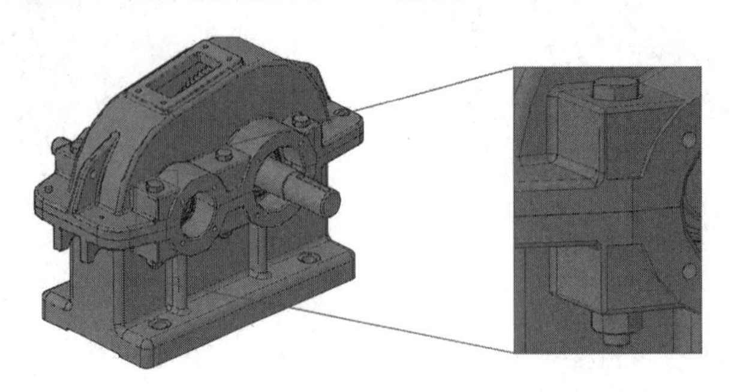

图 9-304　装配连接螺钉与对应的螺母

（5）再调整视图，插入油标孔上方的连接螺钉 *M*8x35，以及螺母 *M*8、弹性垫圈 8，效果如图 9-305 所示。

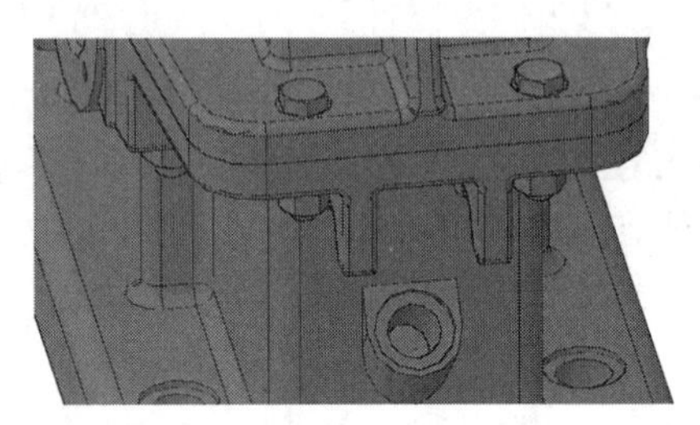

图 9-305　插入 *M*8 螺钉及其螺母、垫片

2. 装配轴承端盖

（1）按相同方法插入轴承端盖模型，按如图 9-306 所示进行装配。

（2）按插入螺钉的方法，插入轴承端盖上的 16 个安装螺钉（*M*6×25），效果如图 9-307 所示。

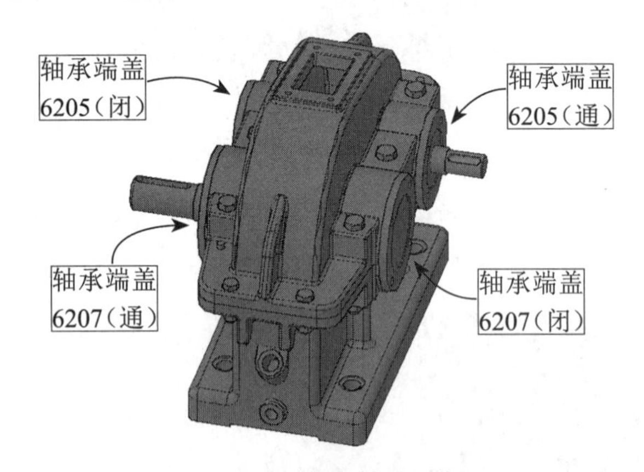

图 9-306　插入各轴承端盖

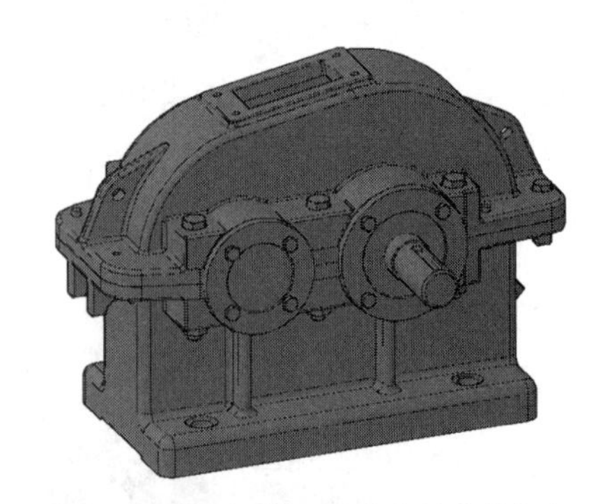

图 9-307　插入轴承端盖上的安装螺钉

3. 安装油标尺与放油螺塞

（1）在命令行中输入 INSERT，找到油标尺模型的素材文件“第 9 章\配件\油

标尺 .dwg”，将其插入至装配体中，然后使用 ALIGN 命令对齐至油标孔中，效果如图 9-308 所示。

（2）再次在命令行中输入 INSERT，找到油口塞模型的素材文件“第 9 章 \ 配件 \ 油口塞 .dwg”，将其插入至装配体中，然后使用 ALIGN 命令对齐至放油孔中，效果如图 9-309 所示。

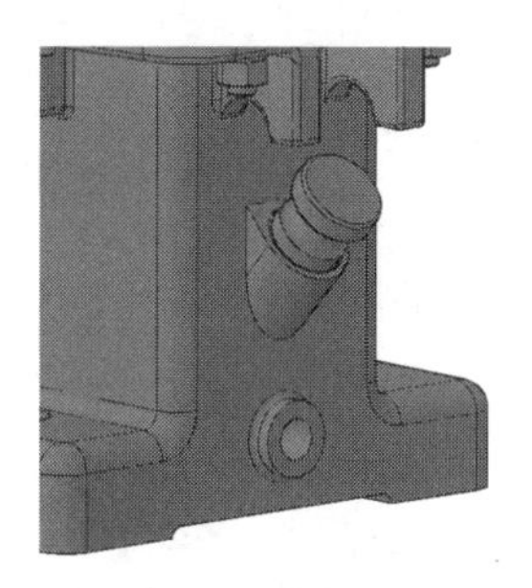

图 9-308　插入油标尺

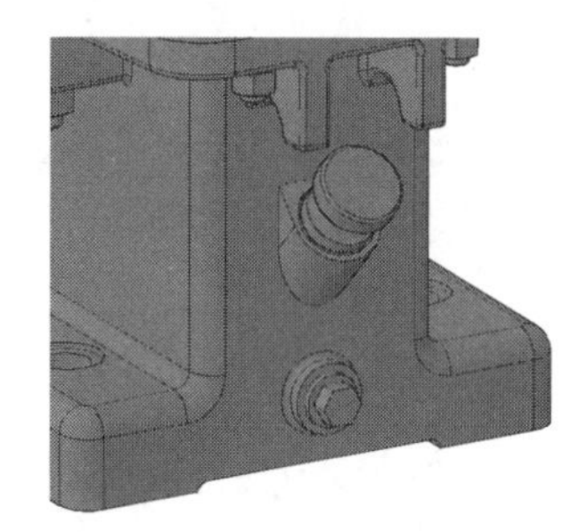

图 9-309　插入油口塞

4. 插入视孔盖与通气器

（1）按相同方法插入视孔盖模型，将模型对齐至箱盖的视口盖上，效果如图 9-310 所示。

（2）在命令行中输入 INSERT，找到通气器模型，然后插入至装配体中，使用【3D 对齐】命令装配至视孔盖上的孔中，如图 9-311 所示。

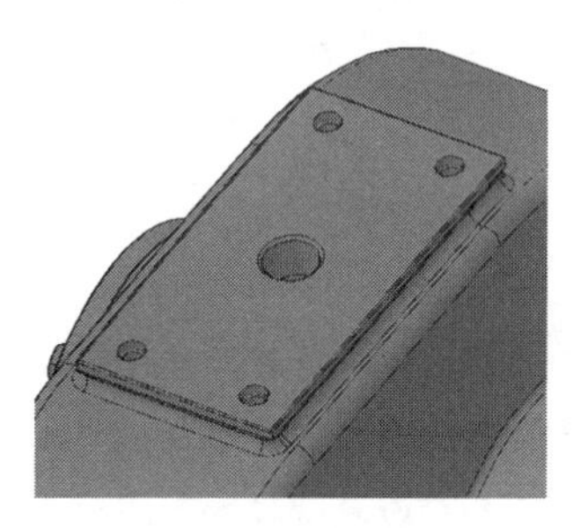

图 9-310　插入视孔盖

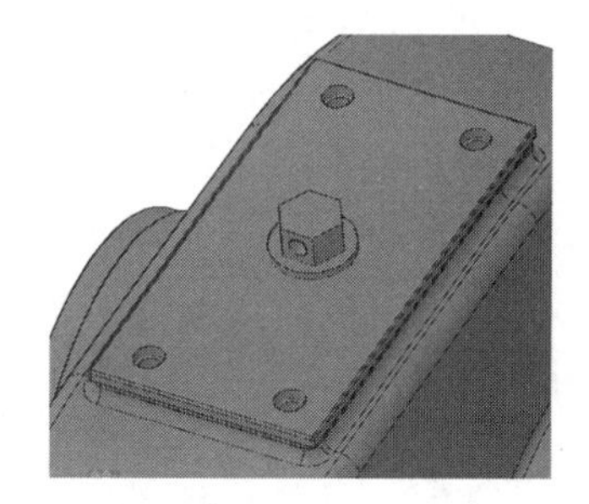

图 9-311　插入通气器

（3）调用素材文件“第 9 章 \ 配件 \ 螺钉 M6x10.dwg”，将其装配至视孔盖的 4 个螺钉孔处，效果如图 9-312 所示。

（4）至此，减速器全部装配完成，最终效果如图 9-313 所示。

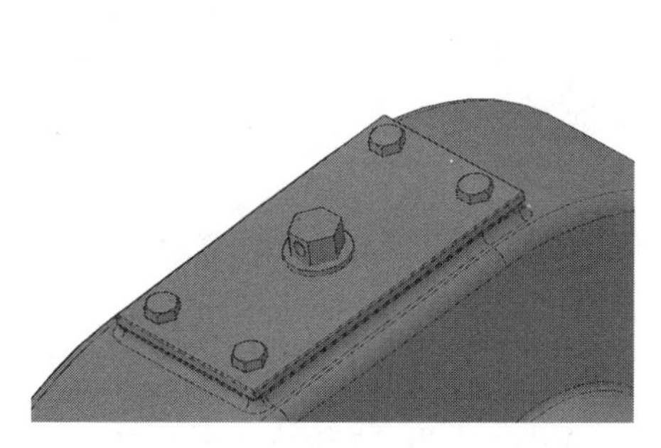

图 9-312　安装视孔盖上的螺钉

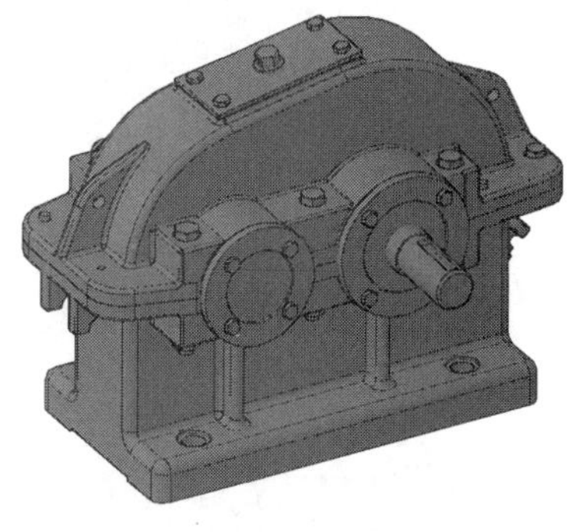

图 9-313　减速器最终装配图